向为创建中国卫星导航事业

并使之立于世界最前列而做出卓越贡献的北斗功臣们

致以深深的敬意！

国家出版基金项目
NATIONAL PUBLICATION FOUNDATION

"十三五"国家重点出版物
出版规划项目

卫星导航工程技术丛书

主　编　杨元喜
副主编　蔚保国

卫星导航时间同步与精密定轨

Time Synchronization and Precise Orbit Determination for Navigation Satellite System

刘利　郭睿　周善石　著

国防工业出版社
·北京·

内 容 简 介

本书以我国自主研制的北斗卫星导航系统为背景，对导航卫星高精度时间同步与精密定轨所涉及的理论方法进行系统总结，涵盖了基础理论、观测量误差修正模型、星地/站间各种时间比对技术及误差分析、高精度钟差预报方法、常规状态下导航卫星轨道精密测定与预报、已知钟差约束的精密定轨方法、基于星间链路的导航卫星自主时间同步和精密定轨方法等内容，并从用户应用角度，详细给出了北斗导航电文参数定义、模型、使用方法以及具体使用策略和建议。

本书包含了该领域国内外最新的一些进展和成果，适合于从事卫星导航数据精密处理的工程技术人员和科研人员使用，也可作为高等院校相关专业教学和广大北斗用户的参考书。

图书在版编目(CIP)数据

卫星导航时间同步与精密定轨 / 刘利，郭睿，周善石著. —北京：国防工业出版社，2021.3
（卫星导航工程技术丛书）
ISBN 978-7-118-12192-6

Ⅰ. ①卫… Ⅱ. ①刘… ②郭… ③周… Ⅲ. ①卫星导航-时间同步 Ⅳ. ①TN967.1

中国版本图书馆 CIP 数据核字(2020)第 201419 号

审图号 GS(2020)4743 号

※

国防工業出版社出版发行
（北京市海淀区紫竹院南路 23 号　邮政编码 100048）
天津嘉恒印务有限公司印刷
新华书店经售

*

开本 710×1000　1/16　**插页** 8　**印张** 26¾　**字数** 513 千字
2021 年 3 月第 1 版第 1 次印刷　**印数** 1—2000 册　**定价** 168.00 元

国防书店：(010)88540777　书店传真：(010)88540776
发行业务：(010)88540717　发行传真：(010)88540762

孙家栋院士为本套丛书致辞

探索中国北斗自主创新之路
凝练卫星导航工程技术之果

当今世界，卫星导航系统覆盖全球，应用服务广泛渗透，科技影响如日中天。

我国卫星导航事业从北斗一号工程开始到北斗三号工程，已经走过了二十六个春秋。在长达四分之一世纪的艰辛发展历程中，北斗卫星导航系统从无到有，从小到大，从弱到强，从区域到全球，从单一星座到高中轨混合星座，从RDSS到RNSS，从定位授时到位置报告，从差分增强到精密单点定位，从星地站间组网到星间链路组网，不断演进和升级，形成了包括卫星导航及其增强系统的研究规划、研制生产、测试运行及产业化应用的综合体系，培养造就了一支高水平、高素质的专业人才队伍，为我国卫星导航事业的蓬勃发展奠定了坚实基础。

如今北斗已开启全球时代，打造"天上好用，地上用好"的自主卫星导航系统任务已初步实现，我国卫星导航事业也已跻身于国际先进水平，领域专家们认为有必要对以往的工作进行回顾和总结，将积累的工程技术、管理成果进行系统的梳理、凝练和提高，以利再战，同时也有必要充分利用前期积累的成果指导工程研制、系统应用和人才培养，因此决定撰写一套卫星导航工程技术丛书，为国家导航事业，也为参与者留下宝贵的知识财富和经验积淀。

在各位北斗专家及国防工业出版社的共同努力下，历经八年时间，这套导航丛书终于得以顺利出版。这是一件十分可喜可贺的大事！丛书展示了从北斗二号到北斗三号的历史性跨越，体系完整，理论与工程实践相结合，突出北斗卫星导航自主创新精神，注意与国际先进技术融合与接轨，展现了“中国的北斗，世界的北斗，一流的北斗”之大气！每一本书都是作者亲身工作成果的凝练和升华，相信能够为相关领域的发展和人才培养做出贡献。

“只要你管这件事，就要认认真真负责到底。”这是中国航天界的习惯，也是本套丛书作者的特点。我与丛书作者多有相识与共事，深知他们在北斗卫星导航科研和工程实践中取得了巨大成就，并积累了丰富经验。现在他们又在百忙之中牺牲休息时间来著书立说，继续弘扬“自主创新、开放融合、万众一心、追求卓越”的北斗精神，力争在学术出版界再现北斗的光辉形象，为北斗事业的后续发展鼎力相助，为导航技术的代代相传添砖加瓦。为他们喝彩！更由衷地感谢他们的巨大付出！由这些科研骨干潜心写成的著作，内蓄十足的含金量！我相信这套丛书一定具有鲜明的中国北斗特色，一定经得起时间的考验。

我一辈子都在航天战线工作，虽然已年逾九旬，但仍愿为北斗卫星导航事业的发展而思考和实践。人才培养是我国科技发展第一要事，令人欣慰的是，这套丛书非常及时地全面总结了中国北斗卫星导航的工程经验、理论方法、技术成果，可谓承前启后，必将有助于我国卫星导航系统的推广应用以及人才培养。我推荐从事这方面工作的科研人员以及在校师生都能读好这套丛书，它一定能给你启发和帮助，有助于你的进步与成长，从而为我国全球北斗卫星导航事业又好又快发展做出更多更大的贡献。

2020 年 8 月

祝贺卫星导航工程技术丛书

圆满出版

杨元喜

于 2019 年第十届中国卫星导航年会期间题词。

期待卫星导航工程技术丛书

助力中国北斗系统发展

周承基

于 2019 年第十届中国卫星导航年会期间题词。

卫星导航工程技术丛书
编写委员会

主　　编　杨元喜

副 主 编　蔚保国

委　　员　（按姓氏笔画排序）

尹继凯　朱衍波　伍蔡伦　刘　利

刘天雄　李　隽　杨　慧　宋小勇

张小红　陈金平　陈建云　陈韬鸣

金双根　赵文军　姜　毅　袁　洪

袁运斌　徐彦田　黄文德　谢　军

蔡志武

丛书序

宇宙浩瀚、海洋无际、大漠无垠、丛林层密、山峦叠嶂，这就是我们生活的空间，这就是我们探索的远方。我在何处？我之去向？这是我们每天都必须面对的问题。从原始人巡游狩猎、航行海洋，到近代人周游世界、遨游太空，无一不需要定位和导航。

正如《北斗赋》所描述，乘舟而惑，不知东西，见斗则寤矣。又戒之，瀚海识途，昼则观日，夜则观星矣。我们的祖先不仅为后人指明了“昼观日，夜观星”的天文导航法，而且还发明了“司南”或“指南针”定向法。我们为祖先的聪颖智慧而自豪，但是又不得不面临新的定位、导航与授时（PNT）需求。信息化社会、智能化建设、智慧城市、数字地球、物联网、大数据等，无一不需要统一时间、空间信息的支持。为顺应新的需求，“卫星导航”应运而生。

卫星导航始于美国子午仪系统，成形于美国的全球定位系统（GPS）和俄罗斯的全球卫星导航系统（GLONASS），发展于中国的北斗卫星导航系统（BDS）（简称“北斗系统”）和欧盟的伽利略卫星导航系统（简称“Galileo 系统”），补充于印度及日本的区域卫星导航系统。卫星导航系统是时间、空间信息服务的基础设施，是国防建设和国家经济建设的基础设施，也是政治大国、经济强国、科技强国的基本象征。

中国的北斗系统不仅是我国 PNT 体系的重要基础设施，也是国家经济、科技与社会发展的重要标志，是改革开放的重要成果之一。北斗系统不仅“标新”“立异”，而且“特色”鲜明。标新于设计（混合星座、信号调制、云平台运控、星间链路、全球报文通信等），立异于功能（一体化星基增强、嵌入式精密单点定位、嵌入式全球搜救等服务），特色于应用（报文通信、精密位置服务等）。标新立异和特色服务是北斗系统的立身之本，也是北斗系统推广应用的基础。

2020 年 6 月 23 日，北斗系统最后一颗卫星发射升空，标志着中国北斗全球卫星导航系统卫星组网完成；2020 年 7 月 31 日，北斗系统正式向全球用户开通服务，标志着中国北斗全球卫星导航系统进入运行维护阶段。为了全面反映中国北斗系统建设成果,同时也为了推进北斗系统的广泛应用,我们紧跟北斗工程的成功进展,组织北斗系统建设的部分技术骨干,撰写了卫星导航工程技术丛书,系统地描述北斗系统的最新发展、创新设计和特色应用成果。丛书共 26 个分册,分别介绍如下:

卫星导航定位遵循几何交会原理,但又涉及无线电信号传输的大气物理特性以及卫星动力学效应。《卫星导航定位原理》全面阐述卫星导航定位的基本概念和基本原理,侧重卫星导航概念描述和理论论述,包括北斗系统的卫星无线电测定业务(RDSS)原理、卫星无线电导航业务(RNSS)原理、北斗三频信号最优组合、精密定轨与时间同步、精密定位模型和自主导航理论与算法等。其中北斗三频信号最优组合、自适应卫星轨道测定、自主定轨理论与方法、自适应导航定位等均是作者团队近年来的研究成果。此外,该书第一次较详细地描述了"综合 PNT"、"微 PNT"和"弹性 PNT"基本框架,这些都可望成为未来 PNT 的主要发展方向。

北斗系统由空间段、地面运行控制系统和用户段三部分构成,其中空间段的组网卫星是系统建设最关键的核心组成部分。《北斗导航卫星》描述我国北斗导航卫星研制历程及其取得的成果,论述导航卫星环境和任务要求、导航卫星总体设计、导航卫星平台、卫星有效载荷和星间链路等内容,并对未来卫星导航系统和关键技术的发展进行展望,特色的载荷、特色的功能设计、特色的组网,成就了特色的北斗导航卫星星座。

卫星导航信号的连续可用是卫星导航系统的根本要求。《北斗导航卫星可靠性工程》描述北斗导航卫星在工程研制中的系列可靠性研究成果和经验。围绕高可靠性、高可用性,论述导航卫星及星座的可靠性定性定量要求、可靠性设计、可靠性建模与分析等,侧重描述可靠性指标论证和分解、星座及卫星可用性设计、中断及可用性分析、可靠性试验、可靠性专项实施等内容。围绕导航卫星批量研制,分析可靠性工作的特殊性,介绍工艺可靠性、过程故障模式及其影响、贮存可靠性、备份星论证等批产可靠性保证技术内容。

卫星导航系统的运行与服务需要精密的时间同步和高精度的卫星轨道支持。《卫星导航时间同步与精密定轨》侧重描述北斗导航卫星高精度时间同步与精密定轨相关理论与方法,包括:相对论框架下时间比对基本原理、星地/站间各种时间比对技术及误差分析、高精度钟差预报方法、常规状态下导航卫星轨道精密测定与预报等;围绕北斗系统独有的技术体制和运行服务特点,详细论述星地无线电双向时间比对、地球静止轨道/倾斜地球同步轨道/中圆地球轨道(GEO/IGSO/MEO)混合星座精密定轨及轨道快速恢复、基于星间链路的时间同步与精密定轨、多源数据系统性偏差综合解算等前沿技术与方法;同时,从系统信息生成者角度,给出用户使用北斗卫星导航电文的具体建议。

北斗卫星发射与早期轨道段测控、长期运行段卫星及星座高效测控是北斗卫星发射组网、补网,系统连续、稳定、可靠运行与服务的核心要素之一。《导航星座测控管理系统》详细描述北斗系统的卫星/星座测控管理总体设计、系列关键技术及其解决途径,如测控系统总体设计、地面测控网总体设计、基于轨道参数偏置的 MEO 和 IGSO 卫星摄动补偿方法、MEO 卫星轨道构型重构控制评价指标体系及优化方案、分布式数据中心设计方法、数据一体化存储与多级共享自动迁移设计等。

波束测量是卫星测控的重要创新技术。《卫星导航数字多波束测量系统》阐述数字波束形成与扩频测量传输深度融合机理,梳理数字多波束多星测量技术体制的最新成果,包括全分散式数字多波束测量装备体系架构、单站系统对多星的高效测量管理技术、数字波束时延概念、数字多波束时延综合处理方法、收发链路波束时延误差控制、数字波束时延在线精确标校管理等,描述复杂星座时空测量的地面基准确定、恒相位中心多波束动态优化算法、多波束相位中心恒定解决方案、数字波束合成条件下高精度星地链路测量、数字多波束测量系统性能测试方法等。

工程测试是北斗系统建设与应用的重要环节。《卫星导航系统工程测试技术》结合我国北斗三号工程建设中的重大测试、联试及试验,成体系地介绍卫星导航系统工程的测试评估技术,既包括卫星导航工程的卫星、地面运行控制、应用三大组成部分的测试技术及系统间大型测试与试验,也包括工程测试中的组织管理、基础理论和时延测量等关键技术。其中星地对接试验、卫星在轨测试技术、地面运行控制系统测试等内容都是我国北斗三号工程建设的实践成果。

卫星之间的星间链路体系是北斗三号卫星导航系统的重要标志之一,为北斗系统的全球服务奠定了坚实基础,也为构建未来天基信息网络提供了技术支撑。《卫星导航系统星间链路测量与通信原理》介绍卫星导航系统星间链路测量通信概念、理论与方法,论述星间链路在星历预报、卫星之间数据传输、动态无线组网、卫星导航系统性能提升等方面的重要作用,反映了我国全球卫星导航系统星间链路测量通信技术的最新成果。

自主导航技术是保证北斗地面系统应对突发灾难事件、可靠维持系统常规服务性能的重要手段。《北斗导航卫星自主导航原理与方法》详细介绍了自主导航的基本理论、星座自主定轨与时间同步技术、卫星自主完好性监测技术等自主导航关键技术及解决方法。内容既有理论分析,也有仿真和实测数据验证。其中在自主时空基准维持、自主定轨与时间同步算法设计等方面的研究成果,反映了北斗自主导航理论和工程应用方面的新进展。

卫星导航“完好性”是安全导航定位的核心指标之一。《卫星导航系统完好性原理与方法》全面阐述系统基本完好性监测、接收机自主完好性监测、星基增强系统完好性监测、地基增强系统完好性监测、卫星自主完好性监测等原理和方法,重点介绍相应的系统方案设计、监测处理方法、算法原理、完好性性能保证等内容,详细描述我国北斗系统完好性设计与实现技术,如基于地面运行控制系统的基本完好性的监测体系、顾及卫星自主完好性的监测体系、系统基本完好性和用户端有机结合的监测体系、完好性性能测试评估方法等。

时间是卫星导航的基础,也是卫星导航服务的重要内容。《时间基准与授时服务》从时间的概念形成开始:阐述从古代到现代人类关于时间的基本认识,时间频率的理论形成、技术发展、工程应用及未来前景等;介绍早期的牛顿绝对时空观、现代的爱因斯坦相对时空观及以霍金为代表的宇宙学时空观等;总结梳理各类时空观的内涵、特点、关系,重点分析相对论框架下的常用理论时标,并给出相互转换关系;重点阐述针对我国北斗系统的时间频率体系研究、体制设计、工程应用等关键问题,特别对时间频率与卫星导航系统地面、卫星、用户等各部分之间的密切关系进行了较深入的理论分析。

卫星导航系统本质上是一种高精度的时间频率测量系统,通过对时间信号的测量实现精密测距,进而实现高精度的定位、导航和授时服务。《卫星导航精密时间传递系统及应用》以卫星导航系统中的时间为切入点,全面系统地阐述卫星导航系统中的高精度时间传递技术,包括卫星导航授时技术、星地时间传递技术、卫星双向时间传递技术、光纤时间频率传递技术、卫星共视时间传递技术,以及时间传递技术在多个领域中的应用案例。

空间导航信号是连接导航卫星、地面运行控制系统和用户之间的纽带,其质量的好坏直接关系到全球卫星导航系统(GNSS)的定位、测速和授时性能。《GNSS 空间信号质量监测评估》从卫星导航系统地面运行控制和测试角度出发,介绍导航信号生成、空间传播、接收处理等环节的数学模型,并从时域、频域、测量域、调制域和相关域监测评估等方面,系统描述工程实现算法,分析实测数据,重点阐述低失真接收、交替采样、信号重构与监测评估等关键技术,最后对空间信号质量监测评估系统体系结构、工作原理、工作模式等进行论述,同时对空间信号质量监测评估应用实践进行总结。

北斗系统地面运行控制系统建设与维护是一项极其复杂的工程。地面运行控制系统的仿真测试与模拟训练是北斗系统建设的重要支撑。《卫星导航地面运行控制系统仿真测试与模拟训练技术》详细阐述地面运行控制系统主要业务的仿真测试理论与方法，系统分析全球主要卫星导航系统地面控制段的功能组成及特点，描述地面控制段一整套仿真测试理论和方法，包括卫星导航数学建模与仿真方法、仿真模型的有效性验证方法、虚-实结合的仿真测试方法、面向协议测试的通用接口仿真方法、复杂仿真系统的开放式体系架构设计方法等。最后分析了地面运行控制系统操作人员岗前培训对训练环境和训练设备的需求，提出利用仿真系统支持地面操作人员岗前培训的技术和具体实施方法。

卫星导航信号严重受制于地球空间电离层延迟的影响，利用该影响可实现电离层变化的精细监测，进而提升卫星导航电离层延迟修正效果。《卫星导航电离层建模与应用》结合北斗系统建设和应用需求，重点论述了北斗系统广播电离层延迟及区域增强电离层延迟改正模型、码偏差处理方法及电离层模型精化与电离层变化监测等内容，主要包括北斗全球广播电离层时延改正模型、北斗全球卫星导航差分码偏差处理方法、面向我国低纬地区的北斗区域增强电离层延迟修正模型、卫星导航全球广播电离层模型改进、卫星导航全球与区域电离层延迟精确建模、卫星导航电离层层析反演及扰动探测方法、卫星导航定位电离层时延修正的典型方法等，体系化地阐述和总结了北斗系统电离层建模的理论、方法与应用成果及特色。

卫星导航终端是卫星导航系统服务的端点，也是体现系统服务性能的重要载体，所以卫星导航终端本身必须具备良好的性能。《卫星导航终端测试系统原理与应用》详细介绍并分析卫星导航终端测试系统的分类和实现原理，包括卫星导航终端的室内测试、室外测试、抗干扰测试等系统的构成和实现方法以及我国第一个大型室外导航终端测试环境的设计技术，并详述各种测试系统的工程实践技术，形成卫星导航终端测试系统理论研究和工程应用的较完整体系。

卫星导航系统 PNT 服务的精度、完好性、连续性、可用性是系统的关键指标，而卫星导航系统必然存在卫星轨道误差、钟差以及信号大气传播误差，需要增强系统来提高服务精度和完好性等关键指标。卫星导航增强系统是有效削弱大多数系统误差的重要手段。《卫星导航增强系统原理与应用》根据国际民航组织有关全球卫星导航系统服务的标准和操作规范，详细阐述了卫星导航系统的星基增强系统、地基增强系统、空基增强系统以及差分系统和低轨移动卫星导航增强系统的原理与应用。

与卫星导航增强系统原理相似，实时动态（RTK）定位也采用差分定位原理削弱各类系统误差的影响。《GNSS 网络 RTK 技术原理与工程应用》侧重介绍网络 RTK 技术原理和工作模式。结合北斗系统发展应用，详细分析网络 RTK 定位模型和各类误差特性以及处理方法、基于基准站的大气延迟和整周模糊度估计与北斗三频模糊度快速固定算法等，论述空间相关误差区域建模原理、基准站双差模糊度转换为非差模糊度相关技术途径以及基准站双差和非差一体化定位方法，综合介绍网络 RTK 技术在测绘、精准农业、变形监测等方面的应用。

GNSS 精密单点定位（PPP）技术是在卫星导航增强原理和 RTK 原理的基础上发展起来的精密定位技术，PPP 方法一经提出即得到同行的极大关注。《GNSS 精密单点定位理论方法及其应用》是国内第一本全面系统论述 GNSS 精密单点定位理论、模型、技术方法和应用的学术专著。该书从非差观测方程出发，推导并建立 BDS/GNSS 单频、双频、三频及多频 PPP 的函数模型和随机模型，详细讨论非差观测数据预处理及各类误差处理策略、缩短 PPP 收敛时间的系列创新模型和技术，介绍 PPP 质量控制与质量评估方法、PPP 整周模糊度解算理论和方法，包括基于原始观测模型的北斗三频载波相位小数偏差的分离、估计和外推问题，以及利用连续运行参考站网增强 PPP 的概念和方法，阐述实时精密单点定位的关键技术和典型应用。

GNSS 信号到达地表产生多路径延迟，是 GNSS 导航定位的主要误差源之一，反过来可以估计地表介质特征，即 GNSS 反射测量。《GNSS 反射测量原理与应用》详细、全面地介绍全球卫星导航系统反射测量原理、方法及应用，包括 GNSS 反射信号特征、多路径反射测量、干涉模式技术、多普勒时延图、空基 GNSS 反射测量理论、海洋遥感、水文遥感、植被遥感和冰川遥感等，其中利用 BDS/GNSS 反射测量估计海平面变化、海面风场、有效波高、积雪变化、土壤湿度、冻土变化和植被生长量等内容都是作者的最新研究成果。

伪卫星定位系统是卫星导航系统的重要补充和增强手段。《GNSS 伪卫星定位系统原理与应用》首先系统总结国际上伪卫星定位系统发展的历程，进而系统描述北斗伪卫星导航系统的应用需求和相关理论方法，涵盖信号传输与多路径效应、测量误差模型等多个方面，系统描述 GNSS 伪卫星定位系统（中国伽利略测试场测试型伪卫星）、自组网伪卫星系统（Locata 伪卫星和转发式伪卫星）、GNSS 伪卫星增强系统（闭环同步伪卫星和非同步伪卫星）等体系结构、组网与高精度时间同步技术、测量与定位方法等，系统总结 GNSS 伪卫星在各个领域的成功应用案例，包括测绘、工业控制、军事导航和 GNSS 测试试验等,充分体现出 GNSS 伪卫星的“高精度、高完好性、高连续性和高可用性”的应用特性和应用趋势。

GNSS 存在易受干扰和欺骗的缺点,但若与惯性导航系统(INS)组合,则能发挥两者的优势,提高导航系统的综合性能。《高精度 GNSS/INS 组合定位及测姿技术》系统描述北斗卫星导航/惯性导航相结合的组合定位基础理论、关键技术以及工程实践,重点阐述不同方式组合定位的基本原理、误差建模、关键技术以及工程实践等,并将组合定位与高精度定位相互融合,依托移动测绘车组合定位系统进行典型设计,然后详细介绍组合定位系统的多种应用。

未来 PNT 应用需求逐渐呈现出多样化的特征,单一导航源在可用性、连续性和稳健性方面通常不能全面满足需求,多源信息融合能够实现不同导航源的优势互补,提升 PNT 服务的连续性和可靠性。《多源融合导航技术及其演进》系统分析现有主要导航手段的特点、多源融合导航终端的总体构架、多源导航信息时空基准统一方法、导航源质量评估与故障检测方法、多源融合导航场景感知技术、多源融合数据处理方法等,依托车辆的室内外无缝定位应用进行典型设计,探讨多源融合导航技术未来发展趋势,以及多源融合导航在 PNT 体系中的作用和地位等。

卫星导航系统是典型的军民两用系统,一定程度上改变了人类的生产、生活和斗争方式。《卫星导航系统典型应用》从定位服务、位置报告、导航服务、授时服务和军事应用 5 个维度系统阐述卫星导航系统的应用范例。“天上好用,地上用好”,北斗卫星导航系统只有服务于国计民生,才能产生价值。

海洋定位、导航、授时、报文通信以及搜救是北斗系统对海事应用的重要特色贡献。《北斗卫星导航系统海事应用》梳理分析国际海事组织、国际电信联盟、国际海事无线电技术委员会等相关国际组织发布的 GNSS 在海事领域应用的相关技术标准,详细阐述全球海上遇险与安全系统、船舶自动识别系统、船舶动态监控系统、船舶远程识别与跟踪系统以及海事增强系统等的工作原理及在海事导航领域的具体应用。

将卫星导航技术应用于民用航空,并满足飞行安全性对导航完好性的严格要求,其核心是卫星导航增强技术。未来的全球卫星导航系统将呈现多个星座共同运行的局面,每个星座均向民航用户提供至少 2 个频率的导航信号。双频多星座卫星导航增强技术已经成为国际民航下一代航空运输系统的核心技术。《民用航空卫星导航增强新技术与应用》系统阐述多星座卫星导航系统的运行概念、先进接收机自主完好性监测技术、双频多星座星基增强技术、双频多星座地基增强技术和实时精密定位技术等的原理和方法，介绍双频多星座卫星导航系统在民航领域应用的关键技术、算法实现和应用实施等。

本丛书全面反映了我国北斗系统建设工程的主要成就，包括导航定位原理，工程实现技术，卫星平台和各类载荷技术，信号传输与处理理论及技术，用户定位、导航、授时处理技术等。各分册：虽有侧重，但又相互衔接；虽自成体系，又避免大量重复。整套丛书力求理论严密、方法实用，工程建设内容力求系统，应用领域力求全面，适合从事卫星导航工程建设、科研与教学人员学习参考，同时也为从事北斗系统应用研究和开发的广大科技人员提供技术借鉴，从而为建成更加完善的北斗综合 PNT 体系做出贡献。

最后，让我们从中国科技发展史的角度，来评价编撰和出版本丛书的深远意义，那就是：将中国卫星导航事业发展的重要的里程碑式的阶段永远地铭刻在历史的丰碑上！

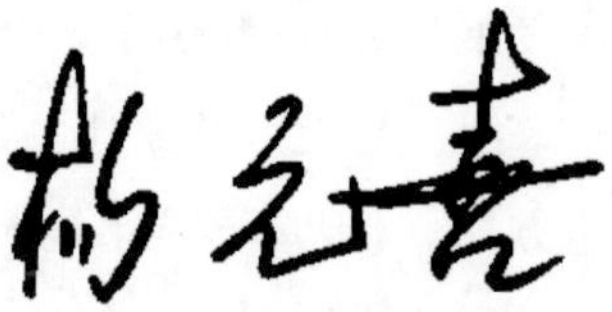

2020 年 8 月

前 言

随着科学技术的发展,人们正全面迈进信息化和智能化时代。时间、空间是物质存在的基本形式,也是人类活动的基本载体,是信息不可或缺的要素。因此,时间、空间的数字化是信息化和智能化的基础。现代高精度的空间测量技术几乎都是测时的,距离需通过光速与传播时间的乘积得到,因此空间测量实质上是时间测量。高精度的测量必须有高精度的理论模型与之对应。由于测量精度的不断提高,相对论和量子论已经成为大尺度时空测量的基本理论框架。

自 20 世纪 70 年代以来,具有全天时、全天候、高精度、广域覆盖特性的全球卫星导航系统(GNSS)得到迅猛发展,借助军民两用、价格低廉、小型便捷等优势,其快速取代传统的时空测量手段而成为人们定位、导航与授时(PNT)的首选,并广泛融入武器装备、交通、电力、通信、金融等国防建设和国民经济建设的各个领域。GNSS 已经成为国家重要的空间基础设施,因此,世界主要大国都在竞相发展自己的卫星导航系统,目前形成了美国全球定位系统(GPS)、俄罗斯全球卫星导航系统(GLONASS)、中国北斗卫星导航系统(BDS)和欧盟 Galileo 系统四大全球卫星导航系统格局,日本已于 2018 建成自己的准天顶卫星系统(QZSS),印度也已建成了印度区域卫星导航系统(IRNSS),新名称为印度导航星座(NavIC)。

卫星导航定位的基本原理是通过对 4 颗以上卫星发播信号的观测获得至少 4 个观测量,在已知每颗卫星空间位置和精密时间的前提下,确定用户的三维位置和一个钟差共 4 个未知数。可见,卫星空间位置和时间精度直接决定了卫星导航系统的服务性能,其精度指标直接反映了卫星导航系统的先进性。卫星空间位置和时间一般由地面运控系统通过精密定轨与时间同步来具体实现,经上行链路注入每颗卫星,再由卫星通过导航电文向广大用户发播。因此,卫星轨道的精密测定、卫星钟的高精度时间同步是地面运控的核心任务,也是卫星导航系统的关键技术。

与国外卫星导航系统相比,BDS 在技术体制上具有六个主要特点:一是空间卫星星座采用 GEO 卫星、IGSO 卫星、MEO 卫星共同组成的异构混合星座;二是提供全星座的 B1/B2/B3 三频定位、测速、授时服务;三是兼容一体化实现了星基增强、区域位置报告与报文通信、全球短报文通信、生命救援等服务;四是卫星钟与地面钟的高精度时间同步采用星地双向时间比对技术体制;五是利用星间链路实现卫星之间的测量与通信,来弥补地面跟踪站布设的局限性;六是采用独立的时空基准和导航电文参数。这些特点既有优势也有劣势,例如:异构混合星座可以用有限的卫星数实现国土及周边区域覆盖,但高轨卫星和有限范围的监测站布设给卫星精密定轨与时间同步带来了巨大挑战,为了实现卫星轨道误差与钟差误差分离,BDS 采用了星地双向时间比对技术。这一系列特殊性是无先例的,属于北斗首创。这就使得 BDS 不仅在地面运控数据处理上存在独特性,而且在用户使用的导航电文上与其他系统存在本质不同。由于长期使用 GPS 带来的习惯,用户经常会对 BDS 存在的差异理解不透而出现使用问题,造成 PNT 精度变差和用户体验上的"不好用"。事实上,这些信息使用层面的问题是完全可以避免的。我们一直试图能有效地帮助用户解决这些问题,但收效甚微。正是出于这样一个初衷,才促使我们写了本书。

本书主要结合北斗系统自身特点和建设服务情况,系统性论述导航卫星时间同步与精密定轨的理论方法和试验结果。全书共分 10 章:第 1 章为绪论,简要介绍世界主要卫星导航系统在精密定轨与时间同步技术方面的现状和发展趋势;第 2 章、第 3 章是时间同步和精密定轨的理论基础,讨论了理论模型和基本观测量的误差修正;第 4 章 ~ 第 6 章是时间同步部分,重点分析导航卫星与地面站之间、地面站与地面站之间实现高精度时间比对的各种技术方法,详细论述了常用的高精度钟差预报方法;第 7 章、第 8 章是精密定轨部分,论述各种状态下以及各类观测数据融合的精密定轨方法,重点讨论了时间同步支持下的精密定轨方法;第 9 章是基于星间链路的卫星时间同步与精密定轨方法,围绕星间链路和 BDS 区域布站的特点,研究了卫星自主时间同步和精密定轨所涉及的数据处理问题;第 10 章为北斗导航电文参数定义、模型及应用方法,针对北斗系统特性,给出了卫星星历、卫星钟差与硬件延迟、电离层延迟模型、卫星历书、广域差分与完好性、卫星健康信息等系列参数的应用方法,并结合用户使用北斗系统导航电文过程中出现的问题,给出了一些具体的使用策略和建议。

本书第 1 章 ~ 第 6 章、第 10 章以及第 9 章有关时间部分由刘利负责撰写,第 7 章、第 8 章以及第 2 章、第 9 章有关轨道部分由郭睿负责撰写,最后由刘利进行统稿,周善石进行大量数据计算处理,并提供了大量素材。

本书是作者所在团队近十几年工作成果的提炼总结,是作者所在团队集体智慧的结晶。特别感谢谭述森、韩春好、周建华、陈金平、唐波、吴斌、胡小工、廖新浩等人的指导和帮助,感谢朱陵凤、唐桂芬、李晓杰、何峰、常志巧、陈刘成、时鑫、刘晓萍、吴杉、徐君毅、黄华、曹月玲、唐成盼等人提供的素材以及为本书内容做出的重要贡献,感谢林鲲鹏、毛潇、姚李昊、蒲俊宇、刘帅、王梦兰、卫恒等人在书稿撰写过程中提供的帮助。

由于作者水平有限,书中难免存在错误、疏漏或不妥之处,恳请读者批评指正。

作者

2020 年 8 月

目 录

第1章 绪 论

1.1 高精度时间和空间的重要性

亘古以来,时间和空间都是关系战争胜败的要素。古人常以"天时、地利、人和"作为战争(战役)发起的基础,产生了《夜观天象》《借东风》等众多经典故事。这里讲的"天时""地利"核心就是正确的时间和地点(空间)。

在人们日常生活和工农业生产等一般情况下,人们对时间和空间的精度要求并不是很高。但是,在科学研究、高科技产业以及现代战争中,时间和空间的精确性至关重要。时间和空间的重要性主要体现在以下三个方面:

(1) 时间和空间是描述物质运动的基础。时间和空间是物质运动的基本形式,也是所有人类活动的基本载体,因此,时间和空间是信息不可或缺的基本要素,在大多数情况下,没有精确时间和空间概念的信息是毫无意义的。目前,时间单位"秒"和空间长度单位"米"是国际度量局维持的7个基本物理量中最基本的2个。随着科学技术的发展,人们对时间和空间的精度要求在不断提高。时间精度要求从古代的时(辰)、刻发展到近代的分、秒,一直到现代的毫秒、微秒甚至纳秒;空间精度要求从古代的丈、步发展到近代的米、分米,以至现代的厘米、毫米甚至更高。与此相应,时间计量手段由原始的沙漏、太阳观测发展到近代的机械钟表、恒星观测和现代的原子频标与地球自转的精密测定。时空计量的理论基础也由经典的牛顿理论发展为现代的广义相对论。

(2) 时间和空间是军事行动的决定性因素。统一的时间标准与空间基准是部队一体化行动和快速反应精确打击的基础。现代高技术战争是陆、海、空、天、电多领域、多军种高度配合下的信息化、立体化战争。体系与体系的对抗广泛涉及信息战、电子战、战场感知、精确打击、导弹攻防以及空间作战等各领域。没有统一的、高精度的时间和空间基准以及精确的测量比对手段,就不可能实现体系内各军兵种、各种武器装备在大尺度时空领域的协同作战。如今几乎所有的现代高技术设施和武器装备都需要高精度的时间频率作支撑,高精度的时间频率源已经成为电子设备的"心脏",没有高精度的时间频率源,就会影响通信、导航、雷达和电子对抗等各种高技术电子设备的有效性,进而影响部队的战斗力。现在,空间目标拦截、高速飞行器制导、电子侦察等高精尖武器装备对时间频率和空间基准的精度要求非常高,时间准确度达到微秒乃至纳秒、皮秒量级,空间准确度达到米乃至厘米、毫米量级,频率的稳定度和准确度达到10^{-15}以上。可以说，高精度时间和空间已经成为当今世界武器装备系统中的核心技术之一。

（3）高精度时间和空间是卫星导航定位的核心。由于几乎所有的现代高精度观测技术都是测时的，距离观测量是由时间观测量乘以光速得到的，也就是说，1ms 的时间误差将引起约 300km 的距离误差，因此，精确距离测量实质上是精确时间测量。如果没有高精度的时间频率，没有高精度的卫星空间位置，卫星导航定位系统就不可能实现高精度的导航定位和授时。

可见，时间和空间是既相互联系又相互统一的，空间测量实质上是时间测量，也就是说，时间是时空的核心和基础。为了实现高精度的导航定位和授时，卫星导航系统必须具有高精度的时间基准，并使卫星与卫星（星—星）之间、卫星与地面站（星—地）之间、主控站与监测站和注入站（地—地）之间保持严格的时间同步（纳秒量级甚至更高）。但是，由于主控站、注入站和监测站位于不同的地理位置，导航卫星也处于不同的空间环境，因此，卫星导航系统除要维持一个高精度的时间频率和坐标基准外，还需要通过远距离、高精度的时间比对技术将分布在不同空间位置的原子钟建立联系，才能使自己的时间基准在大尺度时空范围内有效，即必须定期或不定期地在主控站与其他地面站、地面站与卫星之间进行时间同步，以使各地面站以及卫星时间与系统时间基准保持在一定的偏差和误差范围内。

人们经常讲到的时间同步和时间比对两个概念既有区别又有联系。时间同步是个广义词，类似于通常讲的“精度”词，更强调不同时间系统的一致性结果；而时间比对是个狭义词，更强调不同时间系统之间的比对手段或动作。因此，本书所说的时间同步包含两层含义：一是各本地钟与参考基准的时间比对；二是时间预报。综上所述，卫星导航系统时间同步的基本任务主要包括：

（1）利用高性能的原子钟、高精度的时间测量与比对技术和科学的守时方法，在主控站建立高稳定性、高准确度的导航系统时间基准；

（2）利用站间时间比对技术，实现异地备份主控站或注入站与主控站时间基准的高精度比对测量，从而建立备份主控站或注入站本地时间与系统时间的联系；

（3）利用星地时间比对技术，实现导航卫星与主控站、备份主控站或注入站之间高精度的时间比对测量，从而建立导航卫星本地时间与系统时间的联系；

（4）利用星地、站间的各类时间比对测量结果，以系统时间基准为参考进行时差信息统一归算，实现卫星与卫星（星—星）之间、卫星与地面站（星—地）之间、主控站与备份主控站或注入站（地—地）之间的相互同步，从而维持整个系统的时间同步；

（5）利用时间预报和参数拟合技术，预报下一阶段地面钟、卫星钟的钟差数据，拟合出卫星钟差参数，并上注到卫星播发给广大用户使用。

此外，虽然高精度的距离测量是通过精确测时来具体实现的，但是，仅有精确时间还不能实现高精度导航定位，必须实时告诉用户每颗卫星在最近一段时间的三维空间位置，并使卫星与卫星、卫星与地面站、卫星与用户的空间位置保持在统一的参考框架下,相互之间不存在整体旋转。这就涉及导航卫星的精密轨道测定与预报问题。

1.2 卫星导航系统时间同步与精密定轨简介

1.2.1 中国北斗卫星导航系统

北斗卫星导航系统(BDS)是中国自主建设、独立运行,并与世界其他卫星导航系统兼容共用的全球卫星导航系统。BDS 按照“三步走”总体思路分步实施[1-3]:第一步是在 2000 年初步建成北斗试验系统,简称 BDS-1;第二步是在 2012 年建成北斗区域系统,简称 BDS-2;第三步是在 2020 年左右全面建成北斗全球系统,简称 BDS-3[4]。

BDS-1 为有源定位体制,向中国及周边地区广大用户提供卫星无线电测定业务(RDSS),其基本原理是[5]:用户通过 2 颗地球静止轨道(GEO)卫星向中心站发送响应信号,由中心站利用 2 颗卫星的两个观测量,再加上中心站存储的数字高程库或用户测高信息,完成用户三维位置的确定,并通过 GEO 卫星的通信链路将定位结果发送给用户以及与用户有隶属关系的上级用户。这样,用户在实现定位的同时完成了自身位置信息向上级的报告。由于空间卫星少和通信容量限制,该体制只能实现约 20m 的定位精度和 120 个汉字的短报文通信能力[3-4]。

BDS-2 在继承 BDS-1 RDSS 基础上,一体化设计实现了卫星无线电导航业务(RNSS)和星基增强系统(SBAS)[1,3],设计并实现了星地双向时间同步技术,星地同步精度优于 0.5ns [6],弥补了星载原子钟性能的不足,并在国际上首次采用了 5 颗 GEO 卫星、5 颗倾斜地球同步轨道(IGSO)卫星、4 颗中圆地球轨道(MEO)卫星三种类型卫星的混合星座,利用尽可能少的卫星实现了中国及周边区域高精度定位、导航与授时(PNT)及短报文通信服务[3-4]。BDS-2 仅用 14 颗左右的卫星星座(约相当于 GPS 星座卫星数量的一半)就实现了在中国及周边广大区域与 GPS 相当的可见卫星数量,重点服务区位置精度衰减因子(PDOP)为 2 ~ 3。BDS-2 空间星座 PDOP 值分布如图 1.1 所示,其中横轴表示地理经度,左边纵轴表示地理纬度,右边纵轴表示 PDOP 值。BDS-2 空间星座可见卫星数量如图 1.2 所示,右纵轴表示不同经、纬度地区的可见卫星数量。BDS-2 还是世界上第一个全星座三频服务系统,在三个频点每个支路都播发了独立的导航电文信息,用户接收任意一个支路信号和信息都可以实现导航定位,并且为用户提供了单频、双频、三频更多的选择。BDS-2 于 2012 年底正式投入运行服务以来,其导航信号测量精度、卫星轨道与钟差性能、定位精度和授时精度等均得到充分验证[5-17]。正常情况下,BDS-2 卫星的广播星历径向精度优于 0.5m,IGSO 和 MEO 卫星的精密星历径向精度优于 10cm,GEO 卫星的精密星历径向精度优于 50cm[8-9];卫星广播钟差精度优于 1ns,精密钟差优于 0.3ns[10-11]。BDS-2 的定位精度与授时精度也分别达到 5m 和 20ns,在中国及周边区域与 GPS 相当甚至

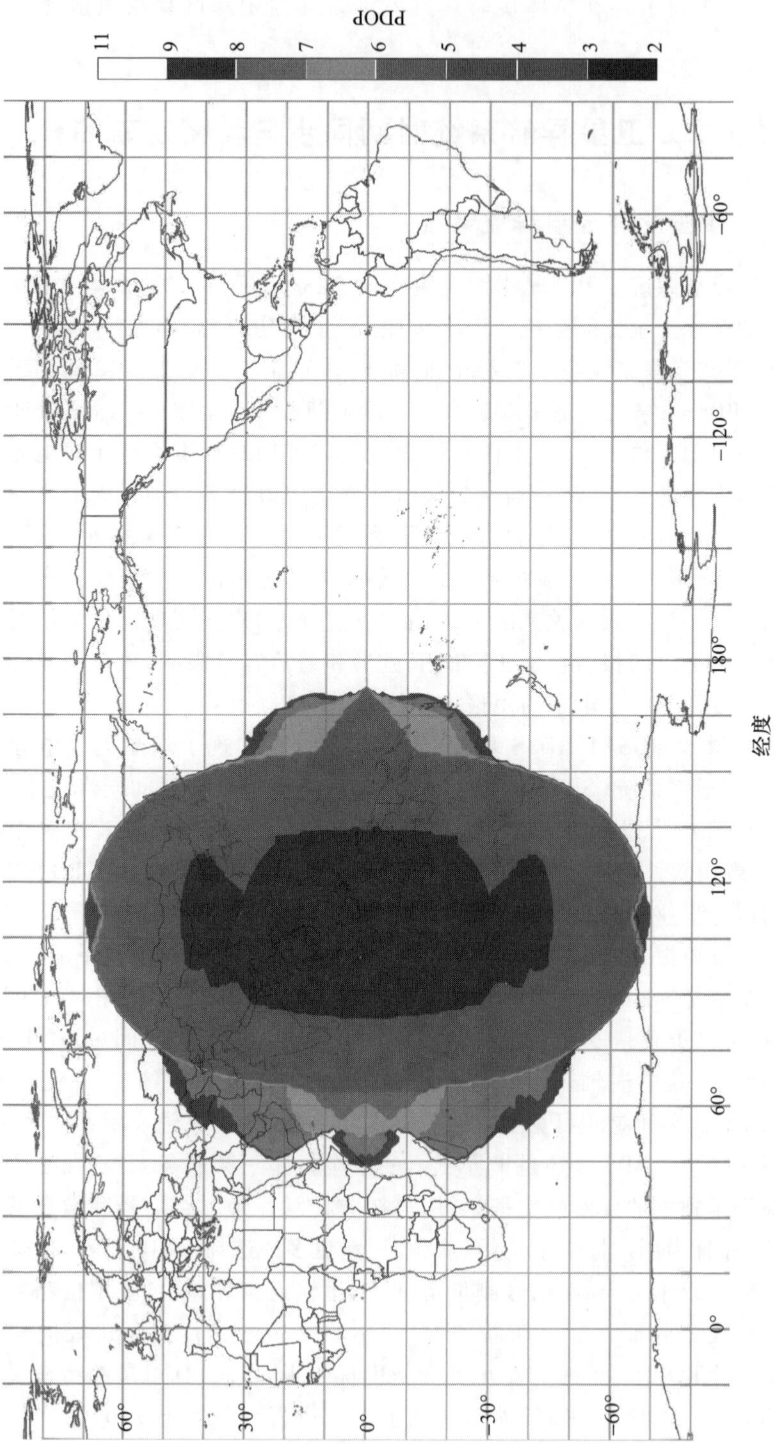

图 1.1 BDS-2 空间星座 PDOP 值分布(见彩图)

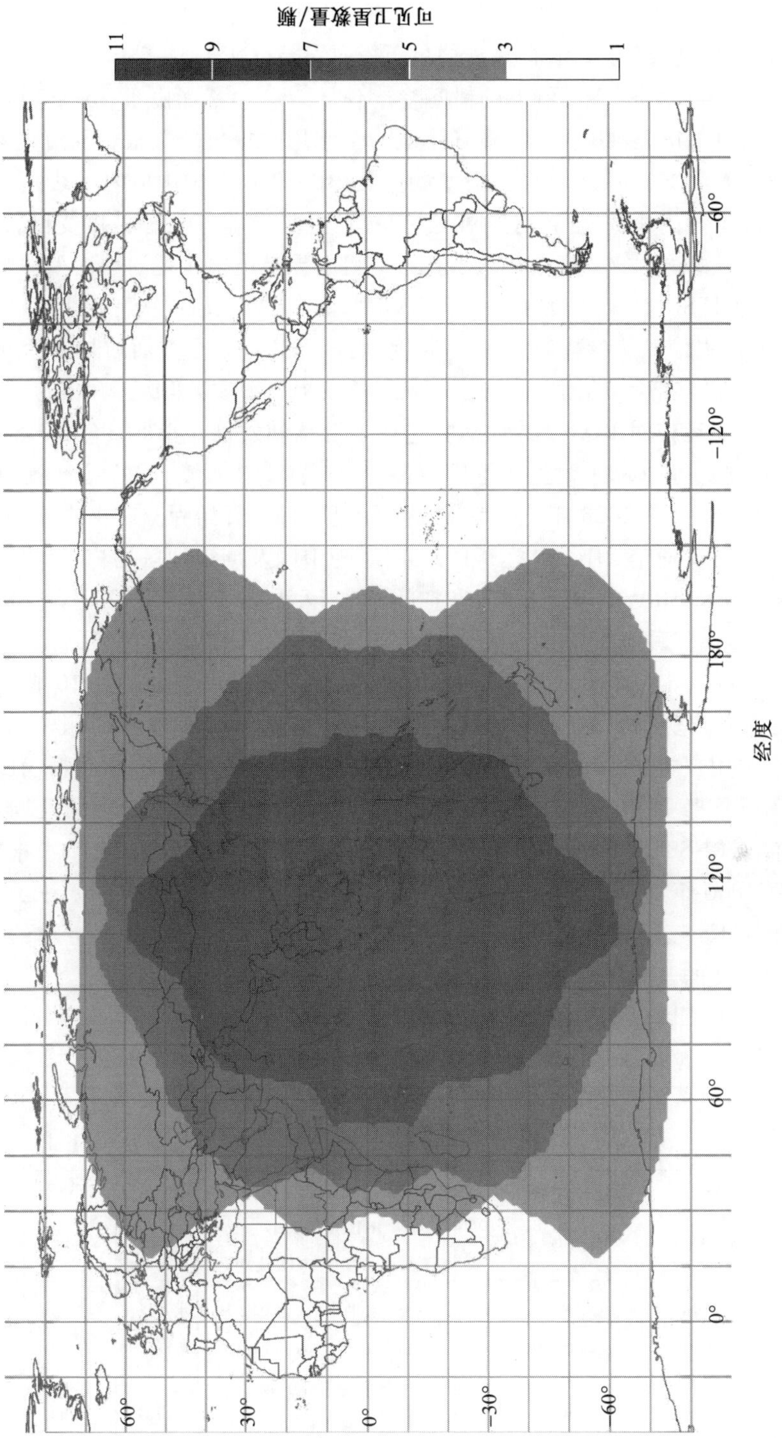

图 1.2 BDS-2 空间星座可见卫星数量（见彩图）

更优[12-13]。当卫星处于星蚀期间，特别是IGSO和MEO偏航姿态变化期间，卫星广播星历和精密星历精度都将有所降低，广播星历径向误差可达1.5~2.0m，精密星历径向误差也会超过10cm，但是卫星钟差的精度差异不大[14-15]。然而由于：BDS-2设计重点是为中国及周边用户提供服务，RDSS还不能为全球用户提供位置报告和短报文服务，短报文通信最大仅支持120个汉字，信息量有限；BDS-2仅在中国境内布站，造成MEO卫星可观测弧段约为1/3，地面运控对卫星轨道、卫星钟差等处理精度受限，IGSO和MEO卫星不能全弧段注入，使得IGSO、MEO卫星的导航电文不能每小时及时更新，用户在使用GEO、IGSO、MEO三类卫星进行PNT处理时需要采取一些特殊策略[16]；BDS-2发播的星基增强信息从参数类型、更新频度、用户算法等各个方面均与国际SBAS标准不兼容，也未提供精密定位服务信息。所以，需要提高和改进BDS-2系统。

BDS-3地面运控对BDS-2地面运控进行了继承和发展。BDS-3于2018年底共发射了5颗试验卫星和19颗正式组网卫星[17]，开始为"一带一路"地区提供RNSS初始试运行服务，并于2020年7月完成30颗卫星组网，开始为全球用户提供RNSS、位置报告与短报文通信、国际搜救等服务，同时为中国及周边地区用户提供更高性能的RNSS、RDSS和SBAS等服务[18]。在空间星座上，BDS-3继续采用3颗GEO、3颗IGSO、24颗MEO三种类型卫星的混合星座[4]，使全球范围PDOP优于2.5，中国及周边地区PDOP进一步降低到1左右，亚太地区常态可见卫星数量超过10颗，空间星座PDOP分布和可见卫星数量分别如图1.3、图1.4所示。通过MEO卫星的扩展，BDS-3向全球用户提供RNSS和位置报告与短报文通信服务，其中的6颗MEO卫星还将提供国际搜救服务；通过GEO、IGSO卫星区域增强，BDS-3向中国及周边用户提供更高性能RNSS、RDSS、SBAS和精密单点定位(PPP)特色服务，区域短报文通信容量扩展到1000个汉字，北斗SBAS参数实现了与国际SBAS兼容[18]。三类卫星之间建立了基于Ka频段的星间链路观测和通信，实现了IGSO和MEO卫星的全弧段观测和导航电文的及时更新[19-21]。

表1.1给出了世界主要卫星导航系统比较[3,5,17,22-24]。

表1.1 世界主要卫星导航系统比较

系统名称		BDS-1	BDS-2	BDS-3	GPS	GLONASS	Galileo系统
空间星座		3GEO	5GEO+5IGSO+4MEO	3GEO+3IGSO+24MEO	24MEO	24MEO	27MEO
服务类型		RDSS	RNSS +RDSS+SBAS	RNSS +RDSS+SBAS	RNSS	RNSS	RNSS
服务区域		中国及周边	中国及周边	RNSS(全球) RDSS和SBAS(中国及周边)	全球	全球	全球
服务精度	定位精度(95%)	水平20m 高程20m	水平10m 高程10m	RNSS:水平10m、高程10m SBAS:水平2m、高程3m	水平8m 高程13m	水平5m 高程9m	2.8m
	授时精度	50ns	50ns	RNSS:20ns RDSS:10ns	40ns	50ns	30ns
报文通信		120个汉字	120个汉字	约1000个汉字	无	无	无

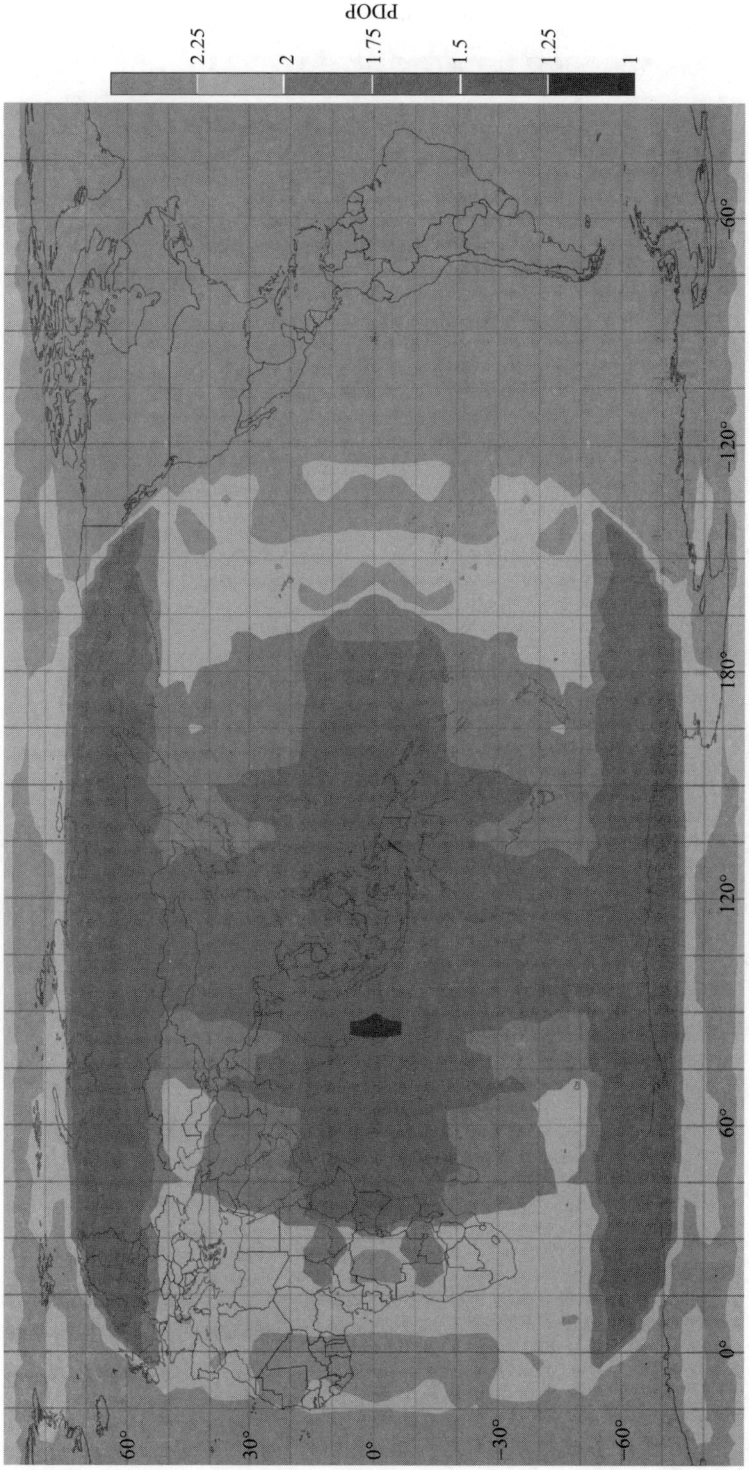

图1.3 BDS-3空间星座PDOP分布(见彩图)

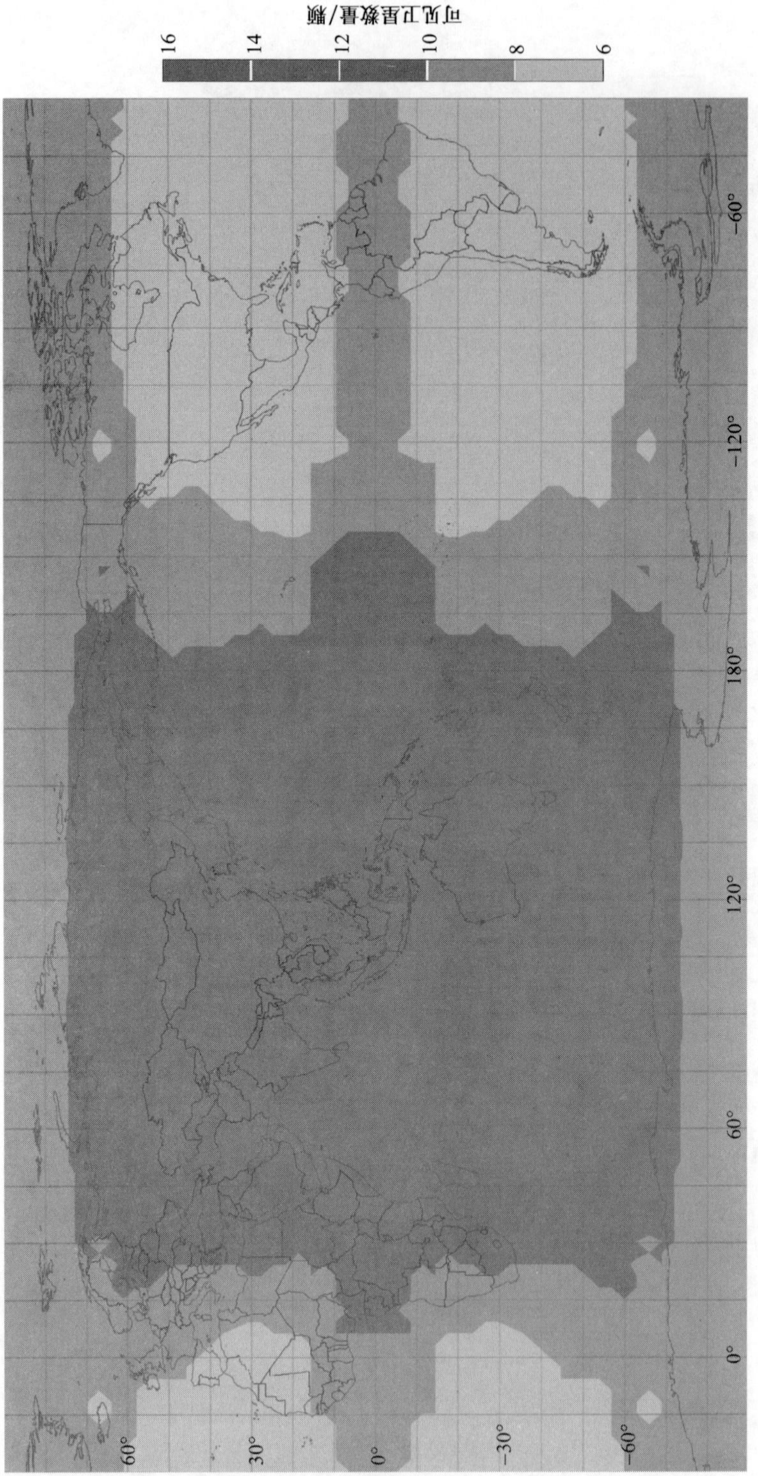

图 1.4　BDS-3 空间星座可见卫星数量（见彩图）

截至2021年3月,BDS实际在轨服务卫星共45颗,其中:BDS-2卫星15颗,BDS-3卫星30颗。按卫星类型分包括GEO卫星8颗,分别定点于东经58.75°、80°、84°、110.5°(2颗共轨)、140°、144.5°、160°;IGSO卫星10颗,轨道高度35786km,轨道倾角55°,星下点与赤道的交叉点经度分别为东经118°、112°和95°;MEO卫星27颗,分布在3个轨道面上,轨道倾角55°。

BDS地面控制部分由若干主控站、注入站和监测站组成。主控站收集各监测站、注入站的观测数据,进行精密定轨与时间同步等业务处理,生成卫星导航电文、广域差分与完好性信息。注入站在主控站的统一控制下,完成卫星导航电文、广域差分与完好性信息的注入以及有效载荷的控制管理。监测站对导航卫星进行连续观测,接收导航信号,实现各卫星的伪距和载波相位观测,并将观测数据发送到主控站,为主控站精密定轨与时间同步提供观测数据。

由于RNSS、RDSS、SBAS三大服务的数据处理都在地面主控站完成,并通过上行链路注入给各卫星播发使用,因此,地面主控站必须对三大服务的数据处理进行统筹一体化设计。为适应多业务一体化设计与处理需要,在地面站布设上:一方面建设了少量大范围分布的定轨监测站,以满足卫星的精密轨道和钟差测定所需尽可能好的几何分布;另一方面建设了较多尽可能分布均匀的差分完好性监测站,以支持SBAS业务处理需要,特别是满足格网点电离层改正数监测的密度要求。同时,在中国大范围地区布设了RDSS标校站,以满足系统性偏差的标校和用户服务性能的监测评估。所有监测站和标校站数据实时传送到主控站,由主控站统筹使用,完成各类业务的实时处理。另外,在空间星座上,为了提高单颗卫星平台利用率,所有卫星均搭载RNSS和星间链路载荷载荷,支持实现全球RNSS,GEO卫星同时搭载RDSS载荷和通信载荷,兼容支持实现RNSS、RDSS、SBAS三大服务以及站间通信业务,部分MEO卫星搭载全球短报文和激光星间链路载荷,支持实现全球位置报告和短报文通信服务以及激光星间链路试验试用。

地面主控站在保证RNSS、RDSS、SBAS三大业务统筹一体化设计的同时,又采用了分类处理模式,其主要特点有:①实现了时空基准的精确统一。所有监测站的站址坐标进行统一平差处理,并与国际地球参考框架(ITRF)建立联系和保持一致,从而确保了多个站址坐标的精确统一;主控站所有业务共用统一时频信号进行处理,并与国际原子时(TAI)或协调世界时(UTC)建立联系和保持一致,从而确保多业务时间的精确统一。这样有效减小了时空参考基准不一致带给用户服务的复杂性和差异性麻烦。②实现了观测数据的最大化利用。各监测站的全球卫星导航系统(GNSS)观测数据、气象数据等有效观测数据为三大服务提供了基础数据源,各业务软件可以根据自身处理需要灵活配置选择使用,这样在保证系统服务性能基础上极大地降低了综合建设成本。③实现了导航电文和广播信息的一体化编排与上注。RNSS导航电文和SBAS、RDSS广播信息在内部可以一体化编排,通过统一注入设备上行注入给卫星,再通过星间链路实现整个星座的转发更新。④实现了各业务分类运维管理。

针对三大服务的差异性，各业务软件实现了分类运行，地面人员可以对三大服务进行独立运维和操作管理。

BDS 的时间基准为北斗时（BDT）。BDT 采用国际单位制（SI）秒作为单位连续累计，不闰秒，时间起点为 UTC 2006 年 1 月 1 日 00:00:00。BDT 由多台原子钟采用综合原子时算法共同维持，目前的稳定度达到 2×10^{-15}/天[25]。BDT 实时时间频率信号由 1 台稳定性好的参考主钟向外提供，主控站内的各时频线缆末节点与 BDT 的高精度时间同步利用光纤时频传递方法实现[25]。同时，主控站实时监测 BDT 与 UTC 以及其他 GNSS 时间的偏差，至 2021 年 3 月，BDT 与 UTC 整秒部分相差 4s，秒以内部分的偏差值为几十纳秒到 100ns[26]。空间基准方面，2016 年 11 月前公布的 BDS 接口控制文件定义为 2000 中国大地坐标系（CGCS2000）[3,27-28]。2017 年 12 月至 2018 年 2 月公布的北斗系统接口控制文件定义为北斗坐标系（BDCS）[29-31]。BDCS 的原点、指向以及采用的椭球参数与 CGCS2000 完全相同，仅是坐标系维持的参考框架点、维持方法与更新周期不同[32]。BDCS 将以国内 10 个左右的地面站以及全球分布的至少几十个国际 GNSS 服务（IGS）站的连续运行数据为支撑，采用整体平差方法每年进行定期解算，并且根据各站坐标变化情况视情每年进行发布和更新[33]。

1.2.2 美国全球定位系统

美国全球定位系统（GPS）由空间段、地面控制段和用户段组成。GPS 设计的空间星座由 24 颗工作卫星和 3 颗备份卫星组成[24,34]，分布在 6 个轨道面上，每个轨道面 4 颗卫星，轨道倾角为 55°，轨道高度为 20180km，周期为 11h58min。该星座设计使同一地点每天出现的卫星分布图形基本相同，只是每天提前约 4min。GPS 的每颗卫星上都放置 3 台或 4 台原子钟，其中 1 台作为时间标准，其余备用。截至 2021 年 3 月，GPS 在轨工作卫星 31 颗，包括 8 颗 GPS ⅡR、7 颗 GPS ⅡR-M、12 颗 GPS ⅡF 和 4 颗 GPSⅢ导航卫星[35]。Block ⅡF 卫星整星质量为 1630kg，具备特高频（UHF）星间链路、核爆探测等设备，功率增强能力为 7dB。卫星上配置采用数字化星钟技术的 2 个铷钟和 1 个铯钟，以提高原子钟的稳定性，卫星设计寿命 12 年。与 Block ⅡR-M 相比，Block ⅡF 最大的技术特点是增加了 L5 信号和新的 M 码，增加星上信号功率调整能力和可重新编程能力，其中 L5 信号专门用于生命安全服务，将为商业航线运行和搜救任务提供支持。另外，从 Block ⅡF 卫星开始，GPS 卫星不再安装可降低服务精度的选择可用性硬件载荷。

美国正在积极推进下一代 GPS Ⅲ研制，即 GPS Ⅲ计划，该计划分为三个阶段实施，包括 8 颗 Block ⅢA、8 颗 Block ⅢB 和 16 颗 Block ⅢC 卫星，预计 2030 年完成[35]。第一阶段，在 Block ⅡF 卫星全部能力的基础上，Block ⅢA 卫星将增强军用 M 码信号对地球的覆盖，在 L1 频段增加与 Galileo 系统完全兼容并具有互操作性的 L1C 民用信号，且 Block ⅢA 卫星所采用的洛克希德·马丁公司的 A2100 平台将成为 Block ⅢC 发展的基础,已开展 GPS 星间链路的演示与验证工作,为 GPS 星间链路的建立奠定基础。与目前 GPS 卫星已经具有的星间链路不同,Block Ⅲ卫星星间链路采用 Ka 频段,目前采用的为 UHF 频段,星间链路的信号播发方式也由广播式改为点对点传输方式,大大提高了安全性。“星—星”与“星—地”间的通信能力也提高到 100Mbit/s。第二阶段,除具备 Block ⅢA 的全部能力外,Block ⅢB 卫星将增加星间链路能力,从而提高 GPS 导航服务的精度、完好性,增强自主导航能力,以及导航抗干扰所要求的指挥与控制能力。此外,Block ⅢB 还将采用高速上、下行链路天线,并增加搜索与援救(SAR)功能,为国际搜索与救援服务提供支持。同时,Block ⅢB 将开展导航抗干扰点波束能力的在轨演示与验证工作,为 GPS 最终具有点波束能力进行最后的验证与确认工作。第三阶段,除具备 Block ⅢB 的全部能力外,Block ⅢC 卫星将实现支持导航抗干扰的点波束能力,具有灵活的载荷配置能力和完好性监测能力,并增加空间环境探测有效载荷。2017 年,首颗 Block Ⅲ卫星和地面运行控制系统(OCS)Block 0 成功交付美国空军,标志着 GPS 现代化进入最后阶段,截至 2021 年 3 月已经发射了 4 颗 Block Ⅲ卫星,将于 2033 年左右完成全部卫星的更新部署[35-36]。

地面控制段由主控站、注入站、监测站组成。主控站部署在美军科罗拉多斯普林斯施里弗空军基地,最初在夏威夷、斯普林斯、南太平洋阿森松岛、印度洋迪戈加西亚、北太平洋夸贾林环礁共设置 5 个监测站,后来,又增加了 16 个大地测量站[24]。GPS 主控站和各监测站都装有高性能原子钟,主控站上的原子钟通过向美国海军天文台(USNO)时间溯源来进行实时校准。地面段各主要部分的原子钟通过时延已经精确标定的双向通信通道与主控站时间标准保持一致,采用双向定时技术和单向定时技术实现。同时,为了使各个卫星的星载钟与 GPS 主钟(MC)之间保持精密同步,采用一种自校准的闭环系统,使 GPS 卫星导航系统的星地时间同步和校准采用单程测距法与轨道测定同步进行。其工作过程是:分布在全球的各个轨道测定和时间同步监测站(都配置有铯原子钟)以本站的铯原子钟为参考基准,与系统时钟精确同步后,接收卫星发射给用户的双频伪码测距和记录的多普勒信号;主控站以 MC 为参考对来自各监测站测量的伪距值和轨道定位得到的卫星与同步站之间的距离,进行计算分析和处理,推算出新的合理数据,即可以得到卫星钟与地面钟的偏差;上行注入站将该偏差注入卫星,再广播给用户使用,并在适当的时候对卫星钟进行改正处理。这种方法既可以满足系统的精度要求,也使星上的设备比较简单[37]。GPS 卫星的星历和钟差参数每天由地面运控系统进行更新,一般每天上传一次,如果用户测距误差(URE)超限,则增加上传次数。GPS Block ⅡR 型卫星采用新型的铷原子钟,其频率稳定性提高了 1 个量级,并采用双向星间跟踪伪距观测进行自主定轨和时间同步。监测表明,2018 年 GPS 卫星的空间信号(SIS)精度最优为 0.375m,最差为 0.777m[36]。

GPS 运行服务和业务处理使用的时间基准为 GPS 时(GPST)。GPST 是连续的原子时系统，时间起点选取在 UTC 1980 年 1 月 6 日 00:00:00，因此，GPST 与 TAI 之间存在 19s 的常量偏差。为了满足精密导航和测量的需要，GPS 主控站、监测站和卫星都配有高精度的原子钟。GPS 是以组合钟的方式产生系统时间的，即 GPS 时间基准由地面主控站、监测站的原子钟以及 20 多个卫星的星载原子钟共同建立和维持。时间尺度由各原子钟进行加权平均得到，地面站钟的权重较大，科罗拉多的 Springs 和阿森松岛的铯钟的权重最大，星载钟的权重较小，一般只占百分之几[37]。GPST 溯源于 USNO 的协调世界时，即 UTC(USNO)，并与其保持同步。GPS MC 与 UTC(USNO)的时间偏差规定不超过 1μs，大于该指标时，要对 MC 进行调整。GPST 的频率稳定度优于 1.74×10^{-14}/天，与 UTC(USNO)的时间偏差小于 28ns[37]。虽然 GPST 与 UTC 在 GPST 起点时刻对齐没有偏差，但是随着地球自转的长期变慢，UTC 会产生跳秒改正，GPST 与 UTC 之间也会存在新的整秒偏差和秒以下小数部分偏差。截至 2018 年 11 月，GPST 已经比 UTC 超前 18s，这种整秒偏差以及两者之间秒以下部分偏差的转换参数会通过导航电文向用户播发，用户接收机根据接收到的导航电文信息自行进行修正，以实现 GPST 向 UTC 的转换。

GPS 运行服务和业务处理使用的空间坐标基准为 1984 世界大地坐标系（WGS-84）。WGS-84 的参考框架由一组分布在全球的地面监测站的坐标来具体实现，早期主要由美国空军的 5 个监测站和美国国防制图局（DMA）负责的 5 个监测站来最初实现，后来又增加了国家影像与制图局（NIMA）的 11 个站和美国空军管辖的部分站，并与部分国际 GNSS 服务（IGS）站进行整体数据处理，来共同建立和维持 WGS-84[38]。WGS-84 从建立到现在，先后经过了基准实现和 5 次更新。1984 年进行了初次实现 WGS-84(original)；1994 年进行了第一次更新得到 WGS-84(G730)，并于 1994 年 6 月 29 日被 GPS 控制中心正式使用；1996 年进行了第二次更新得到 WGS-84(G873)，并于 1997 年 1 月 29 日被 GPS 控制中心正式使用；2001 年进行了第三次更新得到 WGS-84(G1150)，并于 2002 年 1 月 20 日被 GPS 控制中心正式使用；2012 年进行了第四次更新得到 WGS-84(G1674)，并于 2012 年 2 月 8 日被 GPS 控制中心正式使用；2013 年进行了第五次更新得到 WGS-84(G1762)，并于 2013 年 10 月 16 日被 GPS 控制中心正式使用，参考框架与 ITRF2008 保持一致。WGS-84 的最新计算结果在 2018 年 10 月完成，参考框架与 ITRF2014 保持一致，但是还未被 GPS 控制中心正式使用[39]。经过 1994 年和 1997 年两次精化，WGS-84 与 ITRF 符合到 5cm 以内，又经过近年来的 3 次精化，WGS-84 与 ITRF 符合程度已达 1cm 以内[38-40]。考虑地壳板块运动的影响，在 GPS 广播星历生成中，每年 6 月利用站速度更新监测站的坐标，以消除板块运动的影响。同时要求，在有地震等特殊情况下，应实时更新监测站坐标。

1.2.3 俄罗斯全球卫星导航系统

俄罗斯全球卫星导航系统（GLONASS），又称为格洛纳斯系统。空间星座设计为 24 颗在轨卫星（3 颗备份星），分布在 3 个轨道面上，3 个轨道面互成 120°夹角，每个轨道面上 8 颗卫星，每颗卫星相位间隔为 45°，轨道高度为 19100km，轨道偏心率为 0.01，轨道倾角为 64.8°，周期为 11h5min44s，即每 8 天为一个回归周期，8 天绕地球 17 圈，每一圈相对于地面西移 21°。GLONASS 选用 8 天回归周期的 24 颗卫星轨道设计主要是考虑到俄罗斯的国土分布，为了降低解算参数之间的强相关性，使 GLONASS卫星与地球自转没有共振，提高定轨结果的稳定性，这样卫星运行很长一段时间内，其相位关系均不需要调整，也使用户应用的星历参数更稳定。该星座设计使用户同时可视 8 颗或 9 颗卫星的概率比 GPS 更高，在高纬度地区的可用性更好，整体结构比 GPS 更稳定，在两个轨道面 2 颗卫星同时故障的极端情况下也能保持服务性能[24,41-42]。截至 2021 年 3 月，GLONASS 在轨卫星共 27 颗，其中 GLONASS-M 卫星 25 颗、GLONASS-K1 卫星 2 颗；提供服务卫星 23 颗，2 颗处于调试状态，1 颗处于维护状态，1 颗进行在轨备份状态[35,43]。

早期的 GLONASS 卫星采用频分多址体制，每颗 GLONASS 卫星播发两种载波频率，即

$$\begin{cases} L_1 = 1602 + 0.5625n \quad (\mathrm{MHz}) \\ L_2 = 1246 + 0.4375n \quad (\mathrm{MHz}) \end{cases} \tag{1.1}$$

式中：n 为卫星编号取值。

从 GLONASS-M 卫星开始播发码分多址信号，以便实现与其他导航系统的兼容与互操作。

GLONASS 的时间基准采用 GLONASS 时（GLONASST）。GLONASST 由主控站的主钟定义，以中央同步器时间为基础产生，由中央同步器和系统控制中心一起维持整个系统时间同步。GLONASS 中央同步器通过氢钟组形成系统时间，目前用于 GLONASST 维持的氢钟组共有 8 台 CH-75A-01、4 台 CH1-1033 和 4 台新型氢钟，CH-75A-01的频率稳定度优于 5×10^{-16}/d，新型氢钟的频率稳定度优于 3×10^{-16}/d[44]。GLONASST 溯源于俄罗斯联邦国家时间空间计量研究所提供的俄罗斯国家标准时间 UTC(SU)，二者之间存在 3h 的固定偏差和小于 1ms 的附加改正数 τ_c，其准确度优于 1μs。当 UTC 闰秒时，GLONASST 也进行闰秒改正，计划进行的 GLONASST 闰秒修正，至少提前 8 周通过公报等形式通知用户，以便用户采取相应的处理。由于进行了闰秒改正，在 GLONASST 与 UTC(SU)之间不存在整秒偏差，因此在向用户广播系统时间与 UTC(SU)之间的偏差时可以缩减信息容量[37,42]。

$$t_{\mathrm{GLONASS}} = \mathrm{UTC(SU)} + 3\mathrm{h}00\mathrm{min} + \tau_c \qquad \tau_c < 1\mathrm{ms} \tag{1.2}$$

式中：t_{GLONASS}为以 GLONASST 表示的时间；τ_c 为 GLONASST 与 UTC(SU)之间的附加小数改正数，精度优于 1μs。

GLONASS 地面控制系统通过计算方法和设备方法保证星上时间和系统时间之间的同步[37]。

1）计算方法

在卫星精密轨道已知的前提下，利用监测站的站星距离观测资料，考虑相对论效

应和引力效应对星载钟的影响，计算出每台星载钟相对于系统时间的钟差、钟速参数；然后由地面注入站将其上行注入给卫星，对星载钟进行校准，并作为卫星导航电文信息向用户播发，用户在导航定位过程中进行卫星钟差的修正。卫星钟差改正数的计算采用星上时间相对于系统时间偏差的线性拟合算法，使用每一圈 30～60min 时间段内的观测资料，每天两次向卫星上行注入。GLONASS-M 之前卫星 12h 的预报误差平均为 14ns，GLONASS-M 卫星使用更稳定的铯原子钟后，12h 的预报误差提升到 5ns。具体计算方法如下。

（1）激光伪距法：激光测距仪精确测量监测站至卫星的准确距离，相位测量系统利用卫星的上、下行导航信号测定监测站至卫星的伪距，系统控制中心将得到的伪距和激光测距进行比较，得到星上时间与系统时间的差值，经平滑后对星上时标进行修正。

（2）雷达测距法：通过雷达站以询问的方式测定到卫星的距离，雷达的上行信号和下行信号可以是扩频信号，根据雷达原理测量出双向传输时延，据此确定地面时钟的时间序列传递到卫星钟的时间校正量，对卫星钟进行时间恢复、时标校正、时差平滑和钟校准处理，从而实现二者的时间同步。

2）设备方法

在 GLONASS 导航电文格式中，用 10bit 表示每颗卫星星上时间相对于 GLONASST 的改正数，其容量为 1.9ms。当星上时间偏差大于 1ms 时，计算方法将由设备修正方法来补充，以保证星上时间与中央同步器时间之差不超过 1ms。设备方法由地面控制系统通过星上相位微调器（精度为 10^{-17} 量级）对卫星钟进行微调校准。在地面系统进行卫星钟校准期间，通过导航电文发送“禁止使用该星进行导航”的标志。

GLONASS 每颗卫星载有 3 台或 4 台铯钟，确保卫星时间的形成和保持。前期发射的 GLONASS 卫星星载钟的频率稳定度优于 5×10^{-13}/天，与系统时间的同步精度为 20ns。GLONASS-M 卫星星载钟的频率稳定度优于 5×10^{-13}/天，与系统时间的同步精度为 8ns。未来，GLONASS 计划将时间同步精度提升到预报 1 天优于 15ns，并开展与 GPS 在时间方面的协调。GLONASS-M 卫星播发了将 GLONASST 转换到 UT1① 的两个时差参数，并播发与 GPST 的时差修正值，利用该参数就能将 GLONASST 转换到 GPST，转换精度优于 30ns[42]。

GLONASS 用于星历计算的各类观测数据由监测站通过网络传送到主控站，每颗卫星观测数据每天进行 10～12 次信息传输。GLONASS 共建设了 20 个激光测量站，主要用于 GLONASS 卫星精密定轨、大地坐标系和地球引力场模型确定、无线电雷达测量设备标校等。第二代标准激光测量站可在白天跟踪测量高度 20000km 的导航卫星（星等小于 13），在平均观测频度 15s 情况下，激光测距误差为 1.5～2cm，角度

① 世界时（UT）的一种形式。

误差为2″~3″。新一代激光测量站可跟踪测量高度40000km的导航卫星(星等为16),测距误差为1.5~1.8cm,角度误差为0.5″~2″。每颗GLONASS卫星上均安装了激光反射器,系统控制中心会定期调度激光测量站对卫星进行观测,并对监测站无线电测量设备进行标校,从而保证整个系统精密定轨和时间同步所需的高精度测量数据[42]。

在GLONASS主控站进行数据处理时,同时进行了地球自转参数的测定。从1984年起,GLONASS就根据各监测站观测数据,每天根据每颗卫星之前8天的观测数据计算卫星轨道和地球自转参数,解算的地球自转参数主要包括2个极移和1个地球自转速度共3个参数,并利用卫星轨道测定结果与行星历表进行比较来测定相对世界时偏差,从而形成每天的4个地球自转参数(X_P、Y_P、D、UT1-UTC)。主控站每周定期对每天的地球自转参数测定结果进行处理,以即时服务模式将计算结果发送到国家地球自转计算中心,在那里形成地球自转参数实时值和最终值,并以俄罗斯国家标准E系列公报形式对外公布[42]。

GLONASS在95%置信度下为民航组织承诺的标准服务精度为:在太阳活动极小年水平定位精度30m、高程精度50m,在太阳活动极大年水平定位精度60m、高程精度100m;授时精度为1μs。从GLONASS-M卫星开始,设计寿命至少为5年,采用了星间链路测量技术,显著提高了星座自主运行能力,设计的自主运行情况下的定位精度为平面10m、高程10m,授时精度几十纳秒[43-44]。

GLONASS采用的空间坐标基准为PZ-90地心坐标系。1988年,苏联开始实施新的统一地心坐标系CK90,并规定CK90与CK42并用。在民用方面,俄罗斯从1995年起改用CK-95新系统,之后俄罗斯国防部又推出了更精确的地心坐标系PZ-90,2007年统一采用国家地心坐标系PZ-90。PZ-90坐标框架从建立到现在,经历了基准实现和两次更新,预计未来每5年进行一次更新。1990年进行了初次实现,框架点坐标精度为1~2m;2005年进行了第一次更新得到PZ-90.02,框架点坐标精度为0.3~0.5m;2012年进行了第二次更新得到PZ-90.11,参考历元为2010.0,参考框架与ITRF2008保持一致,框架点坐标精度约为1cm[45-46]。2019年GLONASS发布最新版PZ-90.11,其参考历元为2010.0,参考框架与ITRF2014保持一致,框架点坐标精度约为1.2cm。后续PZ-90计划于2022年进行发布更新[47]。

1.2.4 欧盟Galileo卫星导航系统

Galileo卫星导航系统(Galileo系统)是由欧盟研制和建设的全球卫星导航系统,其空间星座设计由分布在3个轨道面上的30颗卫星组成,其中27颗工作星、3颗备份星,每个轨道面10颗卫星,每个轨道面上有1颗备份卫星,轨道高度为23616km,轨道倾角为56°,周期为14h21min36s[24,48-50]。Galileo系统第一颗试验卫星GIOVE-A于2005年12月28日发射,第一颗正式卫星于2011年8月21日发射,2016年12月15日在布鲁塞尔举行启用仪式,开始提供早期服务,截至2021年3月,已经发射了26

颗卫星,包括 4 颗在轨试验卫星 Galileo-IOV 和 22 颗 Galileo-FOC 卫星,其中提供在轨运行服务卫星 18 颗,具备了提供导航服务能力[35,51]。

按照系统总体设计,Galileo 系统将提供开放服务(OS)、商业服务(CS)、生命安全服务(SoLS)、公共监管服务(PRS)、搜索与援救(SAR)服务。Galileo 系统卫星播发E5a 1176.45MHz、E5b 1207.14MHz 、E6 1278.75MHz 、E1 1575.42MHz 共 4 个频率信号,其中 E1 与 GPS L1 在同一频段重叠使用,E5a 与 GPS 新增的 L5 在同一频段重叠使用,E5b 和 E6 是一个商业服务和特许服务的专用频率[50]。

Galileo 系统卫星设计寿命 12 年以上,每颗卫星质量为 675kg,每颗卫星搭载 2 台星载铷原子钟和 2 台氢原子钟,2 台铷原子钟互为热备份,2 台氢原子钟为冷备份。铷原子钟的稳定度为 $3 \times 10^{-13}/\mathrm{d}$,氢原子钟的稳定度为 $1 \times 10^{-14}/10^4\mathrm{s}$。由于铷原子钟具有体积小、质量小、短期稳定度好等特点,并且频率漂移模型容易建立,因此,铷原子钟一般作为主钟使用。卫星钟的状况由定轨和同步站进行监测。同时,每颗卫星还搭载了搜索与援救载荷,支持现有的国际搜救卫星 COSPAS-SARSAT 系统,并能够满足国际海事组织(IMO)和国际民航组织(ICAO)在求救信号探测方面的要求。SAR 有效载荷是一个质量约为 15kg、耗电量约为 50W 的变频转发器,能够同时转发 150 个信标信号,从信标到 SAR 地面站的传输时延小于 10min,数据传输率为 600bit/min,可靠性大于 99% 。该载荷能够在 406MHz 频带上检测出求救信号,并将其转换为 1544MHz 的 L6 紧急服务信号发送给地面救援系统。另外,它还能够将由搜救注入站在 C 频段上发送的救援指令转换为 L6 频段指令发送给搜救终端。这是一种集定位和搜救功能于一体的特殊服务,Galileo 系统卫星全部部署完成后将实现全球四重以上无缝覆盖[48]。

Galileo 系统地面段主要由导航系统控制中心、轨道与同步站网络、遥测跟踪与指令中心三部分组成,包括 2 个位于欧洲的控制中心,部属于德国奥博珀法芬霍芬(Oberpfaffenhofen)和意大利富奇诺(Fucino),分布于全球的 20 多个监测站、5 个 S 频段上行站、10 个 C 频段上行站。控制中心与监测站之间通过冗余通信网络相连。2 个控制中心互为备份,主要包括轨道同步处理模块、精密测时模块、完好性处理模块、任务控制模块、卫星控制模块、服务产品模块 6 大功能模块。地面站还提供与服务中心的接口和增值商业服务,并利用 Galileo 系统卫星搭载的 SAR 载荷与其他 COSPAS 卫星一起提供国际搜救服务[24,50]。

Galileo 系统的精密定轨与时间同步和 GPS 一样,计划采用单程测距,由分布在全球的 12 个跟踪站接收卫星发射的双频伪码信号并记录多普勒信号,每站配置铯原子钟,并与系统的主钟精确同步。卫星钟与地面钟之间的偏差通过测量的伪距值和由精密定轨得到的站星距求差得到。地面控制中心接收来自监测站的观测数据和通过共视法获得的 UTC(k)/TA(k)数据,经过预处理、定轨与时间同步处理模块处理、滤波产生钟差改正数和平均频率,钟差改正数通过上行注入站上传至卫星,平均频率作用于 Galileo 系统主钟产生系统时间基准。Galileo 系统每 30min

对星载钟更新一次校准数据，以满足时钟与轨道误差的综合误差不超过0.65m。Galileo系统校准时间间隔较小的主要原因是要减小卫星钟周跳的影响[37,50]。2020年第四季度的监测结果表明，Galileo系统在轨卫星的95%置信度下的空间信号精度为0.17～0.44m[51]。

Galileo系统的时间基准采用Galileo系统时（GST）。GST是一种连续的原子时，时间起点为UTC 1980年1月6日00:00:00。GST采用组合钟时间尺度，由所有地面原子钟组通过适当加权处理来建立和维持，实时信号由系统内的精确MC通过与欧洲4个主要时间实验室（意大利国家计量院、法国国家计量院、英国国家物理实验室、德国物理技术研究院）UTC(k)向UTC模1溯源产生。GST与TAI或UTC保持一致，与欧洲一个或几个时间实验室通过地球同步卫星进行双向时间比对，获得相对TAI/UTC的偏差。GST与TAI偏差小于30ns，在1年中，该偏差95%概率在50ns以内，该偏差值在导航电文中向用户广播。同时，Galileo系统利用高性能接收机观测GPS和Galileo系统卫星数据，定期计算GST与GPST之间的偏差，并通过导航电文向用户播发[50-51]。

Galileo系统的空间基准采用Galileo地球参考框架（GTRF）。GTRF由Galileo系统跟踪站建立和实现，并通过与IGS站数据联合处理进行参考框架的维持。GTRF已于2007年11月完成了初始实现，共计采用100个IGS站和13个伽利略监测站。目前，GTRF保持每年一次更新。GTRF最近一次更新为2018年7月发布的GTRF2018v01。此次更新共采用了193个测站111个监测点的数据，把IGS/ITRF的83个监测点作为控制点，采用最小约束解的方式将坐标约束到ITRF2014，数据时间跨度为2006年起共11.66年（406周），后于2019年更新[52]。

1.2.5 印度区域卫星导航系统

印度区域卫星导航系统（IRNSS）是印度建设的一个由GEO卫星和地球同步轨道（GSO）卫星组成的区域卫星导航系统，最新名称为印度导航星座（NavIC），主要为印度及周边1500km范围提供保证性能和7×24h 99.99%可用性的定位服务，将来为北纬50°～南纬30°、东经40°～140°扩展服务区提供服务[53]。IRNSS设计空间星座由3颗GEO和4颗GSO卫星组成。3颗GEO卫星分别定点于东经32.5°、83°、129.5°轨道上，轨道倾角为5°；4颗GSO星下点与赤道的交叉点经度分别为东经55°和111.75°，轨道倾角为27°，两个轨道面相位差为180°，每个轨道平面有2颗卫星[53-54]，平面内相位差为180°，平面内卫星间的相对相位为56°。印度全境全天24h都能连续可视这7颗卫星。

IRNSS卫星设计采用C、S和L频段载波信号。C频段主要用于测控，S频段和L频段主要用于导航定位服务。IRNSS所提供的基本服务包括标准定位服务以及采用加密技术的授权/受限服务。标准定位和受限服务均通过L5频段（1164～1215 MHz）和S频段（2483.5～2500 MHz）发射。IRNSS设计的单频服务性能为定位精度20m、授时精度100ns,双频服务性能为定位精度10m、授时精度15ns。2018年,在印度境内的监测评估结果表明,不同地区L5单频定位精度在5.73m以内,S单频定位精度在4.08m以内,双频定位精度在4.09m以内,双频定位精度整体上比S单频结果稍差,L5+GPS组合单频定位精度在2.04m以内,比仅IRNSS L5单频定位结果明显变好,提升约1倍[53]。

IRNSS地面段包括9个地面遥测、跟踪和控制站,2个航天控制中心,2个导航中心,17个区域和完好性监测站,2个授时中心,6个码分多址(CDMA)测距站和2条数据通信链路[35]。整个系统时间采用一组高精度钟组共同建立和维持,包括主动氢钟、被动氢钟和铯钟,所有卫星轨道精密测定利用的是单向和双向CDMA测距数据以及激光测距数据,估计参数包括卫星钟差、钟速和对流层延迟[54]。

截至2021年3月,IRNSS共有8颗在轨卫星,包括5颗GSO卫星和3颗GEO卫星[35]。

1.2.6 日本准天顶卫星系统

日本于2006年开始建设准天顶卫星系统(QZSS),目的是为亚太部分地区提供GPS兼容服务、GNSS增强服务和报文通信服务[55]。2010年发射首颗IGSO卫星,卫星倾角为41°,2017年又成功发射2颗IGSO卫星和1颗GEO卫星,完成了第一阶段的部署,2018年11月1日开始提供初始运行服务。根据第二阶段计划,2023年前将建成由7颗卫星组成的区域导航卫星系统,并提供服务[35]。

QZSS采用IGSO和GEO混合星座,可改善城市、峡谷、山区等遮挡严重地区以及南北极地区的导航服务水平,实现导航和增强功能的继承,具备短报文通信能力。QZSS播发三类信号[55-58]:第一类是基本导航信号,即L1 C/A、L1C、L2C、L5信号,提供辅助GPS的基本导航服务,在L1C和L5两个信号上实现与其他GNSS的互操作,95%置信度下的空间信号精度为2.6m。第二类是广域增强信号,即L1S信号,提供区域亚米级增强服务(SLAS),信号速率为250bit/s,在95%置信度下的水平定位精度为1.0 m,高程精度为2.0 m;同时,利用L1S信号为区域用户提供灾害和紧急情况下的报文通信服务,3颗GEO卫星还提供基于双向S频段的安全认证服务。第三类是精密定位信号,即L6信号,频点为1278.75MHz,提供区域厘米级增强服务(CLAS),信号速率为2000bit/s,采用载波相位数据和实时动态(RTK)精密单点定位算法,在95%置信度下的水平定位精度为6.0cm,高程精度为12.0cm。

QZSS的地面站包括2个主控站,分别位于常陆太田(Hitachi-Ota)和神户(Kobe);7个区域布设的卫星控制站,用于卫星的遥测遥控、跟踪和指挥控制;25个全球分布的监测站用于QZSS和GPS卫星定轨;10个日本区域站用于SLAS;日本全球定位系统永久性跟踪网(GEONET)和连续运行参考站(CORS)网1200多个站数据用于CLAS[55]。

1.3　本书的主要内容

全书共分10章,各章的主要内容是:

第1章为绪论,重点分析了高精度时空基准的重要性,简要介绍和总结了BDS、GPS、GLONASS、Galileo系统、IRNSS、QZSS等世界上主要卫星导航系统在精密定轨与时间同步方面的现状和发展趋势,给出了全书主要内容。

第2章为时间同步与精密定轨理论基础。①总结相对论时间比对原理,重点讨论相对论框架中爱因斯坦同时性、时空度规、原时及坐标时的概念和关系等一些与时间有关的基本问题,给出相对论框架中无线电时间比对的基本模型;②根据原时与坐标时的关系,详细讨论广义相对论框架下的时间频率调整与控制问题,给出地面钟和卫星钟的调整模型以及频率与相位控制方法;③在此基础上研究相对论框架下的时间比对问题;④全面给出常用的时间系统、坐标系统以及不同时空坐标系统之间的变换关系;⑤从卫星受摄运动角度简要介绍卫星精密定轨基本理论。

第3章为基本观测量及其误差修正。首先明确给出伪距和载波相位测量的基本概念与定义;其次推导伪距、载波相位、钟差、设备时延的关系,构建设备时延测定与伪距载波相位精度评估模型,讨论时标偏差对观测量的影响;最后讨论卫星导航观测数据涉及的对流层延迟修正、电离层延迟修正、卫星有关修正、测站有关修正等误差修正问题。

第4章为站间时间比对方法及误差分析。系统研究卫星双向时间频率传递(TWSTFT)、GNSS卫星共视法、北斗RDSS卫星共视法、北斗RNSS双向共视法、基于静止轨道的激光同步(LASSO)方法等站间时间比对技术,讨论各种技术方法的基本原理,给出各方法详细的计算模型,分析各方法的主要误差源,并采用实测数据进行试验分析。

第5章为星地时间比对方法及误差分析。系统研究卫星单向法、星地无线电双向法、激光与伪码测距法、激光双向法等星地时间比对技术方法,讨论各种技术方法的基本原理,给出各方法详细的计算模型,分析各方法的主要误差源,并采用实测数据进行试验分析。

第6章为高精度钟差预报方法。首先进行星载原子钟噪声类型分析,给出表征原子钟性能的主要指标及评估模型,在此基础上全面讨论多项式拟合方法、卡尔曼(Kalman)滤波方法、AR模型方法、状态噪声分段自适应补偿滤波方法、一种通用组合模型等多种高精度卫星钟差预报方法,并利用大量BDS和GPS实测数据进行试验验证。

第7章为导航卫星常规轨道精密测定与预报方法。首先简要介绍常用导航卫星测轨技术,给出导航卫星通用的轨道参数估计理论和多星联合定轨方法,同时,针对北斗GEO卫星定轨的特殊性,阐述多种测轨技术条件下的GEO卫星单星定轨方法,最后讨论分析导航卫星的高精度轨道预报方法,并给出实测数据试验分析结果。

第8章为已知钟差约束的精密定轨方法。简要介绍北斗卫星星座特点及面临的挑战,已知钟差支持的单星、多星精密定轨方法,对综合解算轨道与钟差的相关性进行理论分析。在此基础上,详细讨论已知钟差支持条件下的GEO卫星单星精密定轨方法、卫星轨道机动快速恢复方法以及多星联合定轨方法。

第9章为基于星间链路的卫星自主时间同步与精密定轨方法。介绍时分控制的星间链路观测模式与数据特点,推导给出非同时观测数据的归算模型及精度分析,详细讨论基于星间链路的卫星自主双向时间比对方法和基于星间链路的卫星自主精密定轨方法,探讨星基集中式和分布式自主守时方法,最后给出基于星地星间数据联合的精密定轨与时间同步方法。

第10章为北斗导航电文参数定义、模型及应用方法。介绍BDS播发信号特征与信息内容,分别详细给出卫星星历参数、卫星钟差与群时间延迟(TGD)参数、电离层延迟模型参数、卫星历书参数、广域差分与完好性参数、卫星健康信息参数、与其他系统时间同步参数等系列参数的定义、模型及应用方法,并针对BDS特性给出用户应用北斗导航电文参数的具体建议,最后给出使用算例,供用户校正软件和应用参考。

参考文献

[1] 广东北斗. RNSS与RDSS的集成[OL]. [2011-08-23]. http://www.beidou.org.cn/GnssDetail.aspx? Id=579&Code=0501.

[2] 冉承其. 北斗卫星导航系统运行与发展[J]. 卫星应用,2017,23(8):10-13.

[3] 中国卫星导航系统管理办公室. 北斗卫星导航系统公开服务性能规范(1.0版)[R]. 北京:中国卫星导航系统管理办公室,2013:12.

[4] 杨元喜,许扬胤,李金龙,等. 北斗三号系统进展及性能预测:试验验证数据分析[J]. 中国科学:地球科学,2018,48(5):584-594.

[5] 谭述森. 卫星导航定位工程[M]. 2版. 北京:国防工业出版社,2010.

[6] LIU L,ZHU L F,HAN C H. The model of radio two-way time comparison between satellite and station and experimental analysis[J]. Chinese Astronomy and Astrophysics,2009,33(4):431-439.

[7] YANG Y X,LI J L,WANG A B. Preliminary assessment of the navigation and positioning performance of BeiDou regional navigation satellite system[J]. Science China:Earth Sciences,2014,57(1):144-152.

[8] ZHOU S S,WU B,HU X G,et al. Signal-in-space accuracy for BeiDou navigation satellite system:Challenges and solutions[J]. Science China Physics,Mechanics & Astronomy,2017,60(1):84-86.

[9] SHI C,ZHAO Q L,LI M. Precise orbit determination of Beidou satellites with precise positioning[J]. Sci China Earth Sci,2012,55:1079-1086.

[10] MONTENBRUCK O,HAUSCHILD A,STEIGENBERGER P,et al. Intial assessment of the COMPASS/BeiDou-2 regional navigation satellite system[J]. GPS Solution,2013,17(2):211-222.

[11] MONTENBRUCK O, STEIGENBERGER P, HAUSCHILD A. Broadcast versus precise ephemerides: a multi-GNSS perspective[J]. GPS Solutions, 2015, 19(2): 321-333.

[12] TANG J, MONTENBRUCK O. Chinese navigation satellite systems[M]. Cham, Switzerland: Springer Handbook of Global Navigation Satellite Systems. Springer International Publishing, 2017.

[13] ZHOU S S, CAO Y L, ZHOU J H. Positioning accuracy assessment for the 4GEO/5IGSO/2MEO constellation of COMPASS[J]. Science China Physics, Mechanics & Astronomy, 2012, 55: 2290-2299.

[14] LI X J, ZHOU J H, HU X G, et al. Orbit determination and prediction for BeiDou GEO satellites at the time of the spring/autumn equinox[J]. Science China Physics, Mechanics & Astronomy, 2015, 58: 089501.

[15] GUO R, HU X G, LI X J, et al. Application characteristics analysis of the T20 solar radiation pressure model in orbit determination for COMPASS GEO satellites[C]//China Satellite Navigation Conference (CSNC) 2016 Proceedings: Volumc Ⅲ. Lecture Notes in Electrical Engineering, 2016.

[16] 刘利,时鑫,栗靖,等. 北斗基本导航电文定义与使用方法[J]. 中国科学物理学力学天文学, 2015, 45(7): 079509.

[17] MA J Q. Update on BeiDou navigation satellite system[R]. 13th Meeting of the International Committee on Global Navigation Satellite Systems, Xi'an, China, 2018.

[18] RAN C Q. The construction and development of the BeiDou satellite navigation system[C]//China Satellite Navigation Conference (CSNC) 2018 proceedings: Volume Ⅲ. Lectare Notes in Electrical Engineering, 2018.

[19] REN X, YANG Y X, ZHU J, et al. Orbit determination of the next-generation Beidou satellite with intersatellite link measurements and a priori orbit constrains[J]. Advances in Space Research, 2017.

[20] PAN J Y, HU X G, ZHOU S S, et al. Time synchronization of new-generation BDS satellites using inter-satellite link measurements[J/OL]. Advances in space research, 2018, 61: 145-153.

[21] TANG C P, HU X G, ZHOU S S, et al. Initial results of centralized autonomous orbit determination of the new-generation BDS satellites with inter-satellite link measurements[J]. Journal of geodesy, 2018, 92(10): 1155-1169.

[22] BRENT A, MIGNELA S, NICHVLAS B, et al. An analysis of Global positioning system (GPS) standard positioning service (SPS) performance for 2017[R/OL]. https://www.gps.gov/systems/gps/performance/2017 GPS SPS performance analysis.pdf.

[23] ENDERLE W. Galileo terrestrial reference frame status[R]. 11th Meeting of the International Committee on Global Navigation Satellite Systems, Sochi, Russia, 2016.

[24] 霍夫曼·韦伦霍夫,利希特内格尔,瓦斯勒. 全球卫星导航系统 GPS, GLONASS, Galileo 及其他系统[M]. 程鹏飞,蔡艳辉,文汉江,等译. 北京:测绘出版社,2009.

[25] ZHANG L. The recent status of BDT and the plan of the coming system upgrade[R]. 13th Meeting of the International Committee on Global Navigation Satellite Systems, Xi'an, China, 2018.

[26] GUANG W. Update of GNSS time offsets monitoring and BDS time transfer experiment[R]. 13th Meeting of the International Committee on Global Navigation Satellite Systems, Xi'an, China, 2018.

[27] 中国卫星导航系统管理办公室. 北斗卫星导航系统空间信号接口控制文件:公开服务信号(2.0)[Z]. 北京:中国卫星导航系统管理办公室,2013.

[28] 中国卫星导航系统管理办公室．北斗卫星导航系统空间信号接口控制文件:公开服务信号(2.1)[Z]．北京:中国卫星导航系统管理办公室,2016.

[29] 中国卫星导航系统管理办公室．北斗卫星导航系统空间信号接口控制文件:公开服务信号B1C(1.0)[Z]．北京:中国卫星导航系统管理办公室,2017.

[30] 中国卫星导航系统管理办公室．北斗卫星导航系统空间信号接口控制文件:公开服务信号B2a(1.0)[Z]．北京:中国卫星导航系统管理办公室,2017.

[31] 中国卫星导航系统管理办公室．北斗卫星导航系统空间信号接口控制文件:公开服务信号B3I(1.0)[Z]．北京:中国卫星导航系统管理办公室,2018.

[32] WU F M. BeiDou coordinate system and its first realization[R]. 13th Meeting of the International Committee on Global Navigation Satellite Systems, Xi'an, China, 2018.

[33] LIU L. Development and update strategy of Beidou reference frame[R]. 13th Meeting of the International Committee on Global Navigation Satellite Systems, Xi'an, China, 2018.

[34] 许其凤．空间大地测量学:卫星导航与精密定位[M]．北京:解放军出版社,2001.

[35] 刘春保．2018 年国外导航卫星发展综述[J]．国际太空,2019,482(2):44-49.

[36] ALEXANDER K. GPS program update[R]. 13th Meeting of the International Committee on Global Navigation Satellite Systems, Xi'an, China, 2018.

[37] 刘利．相对论时间比对与高精度时间同步技术[D]．郑州:解放军信息工程大学,2004.

[38] MALYS S. The WGS 84 terrestrial reference frame in 2016[R]. ICG-11, Sochi, Russia, 2016.

[39] MALYS S. Evolution of the world geodetic system 1984 (WGS 84) terrestrial reference frame [R]. 13th Meeting of the International Committee on Global Navigation Satellite Systems, Xi'an, China, 2018.

[40] 曾安敏,明锋,敬一帆．WGS84 坐标框架与我国 BDS 坐标框架的建设[J]．导航定位学报,2015,3(3):43-48.

[41] Information and analysis center for positioning navigation and timing. GLONASS constellation status [EB/OL]. (2020-05-06). http://www. glonass-center. ru/nagu. tet.

[42] 佩洛夫 A N,哈里索夫 B H. 格洛纳斯卫星导航系统原理[M]．刘忆宁,焦文海,张晓磊,等译．北京:国防工业出版社,2016.

[43] IVAN R. GLONASS system development and use[R]. 13th Meeting of the International Committee on Global Navigation Satellite Systems, Xi'an, China, 2018.

[44] NAUMOV A. Current status and development prospects of national time scale UTC(SU) [R]. 13th Meeting of the International Committee on Global Navigation Satellite Systems, Xi'an, China, 2018.

[45] MITRIKAS V V, KARUTIN S N, GUSEV I V. Accuracy assessment of PZ-90.11 reference frame based on orbital data processing of GLONASS[R]. ICG-11, Sochi, Russia, 2016.

[46] DOVIN V V, DOROFEEVA A. Global geocentric coordinate system of the Russian federation [R]. ICG-12, Japan, 2017.

[47] KUPRIYANOV A. New transformation parameters at epoch 2010.0 from PZ-90.11 to ITRF2014 [R]. 13th Meeting of the International Committee on Global Navigation Satellite Systems, Xi'an, China, 2018.

[48] European Space Agency. The future of positioning navigation and timing[OL]. [2019-06-07]. http:

//www. esa. int/export/esaSA/navigation. html.

[49] European GNSS Service Centre. System[OL]. [2019-03-06]. https://www. gsc-europa. eu.

[50] 陈秀万,方裕,尹军,等. 伽利略导航卫星系统[M]. 北京:北京大学出版社,2005.

[51] HAYES D. Galileo programme up-date[R]. 13th Meeting of the International Committee on Global Navigation Satellite Systems, Xi'an, China, 2018.

[52] ENDERLE W. Galileo terrestrial reference frame (GTRF)-status[R]. 13th Meeting of the International Committee on Global Navigation Satellite Systems, Xi'an, China, 2018.

[53] NILESH M. NavIC status: navigation with Indian constellation[R]. 13th Meeting of the International Committee on Global Navigation Satellite Systems, Xi'an, China, 2018.

[54] RAMAKRISHNA B N. Indian regional navigation satellite system (NavIC) ground segment [R]. 13th Meeting of the International Committee on Global Navigation Satellite Systems, Xi'an, China, 2018.

[55] KUGI M. QZSS update[R]. 13th Meeting of the International Committee on Global Navigation Satellite Systems, Xi'an, China, 2018.

[56] CHOY S. GNSS precise point positioning (PPP) from users' perspective[R]. 13th Meeting of the International Committee on Global Navigation Satellite Systems, Xi'an, China, 2018.

[57] Quasi-Zenith Satellite System. Performance standard (PS-QZSS) and interface specification (IS-QZSS) [OL]. [2019-12-27]. http://qzss. go. jp/en/technical/ps-is-qzss/ps-is-qzss. html.

[58] Quasi-Zenith Satellite System. QZSS satellite information [OL]. [2020-04-02]. http://qzss. go. jp/en/technical/qzssinfo/index. html.

第 2 章 时间同步与精密定轨理论基础

时间是基础物理量,也是长度等其他度量空间物理量的基础,因此,高精度的时间计量在科学技术、国防建设和国民经济建设中都具有十分重要的意义[1-2]。现在时间计量的精度已普遍好于 10^{-16},可以说,高精度时间计量已经成为当今世界高技术中的高技术[3-5]。高精度的观测必须有高精度的理论模型与之相适应。由于在地球附近空间,经典的牛顿理论只能精确到 10^{-8} 以内,远远不能满足时间计量精度的要求,爱因斯坦创立的广义相对论已经成为时空计量的理论基础,因此在相对论框架下研究时间的精确计量问题是非常必要的[6-8]。

早在 20 世纪 70 年代初,天文学工作者就开始在时间计量中考虑相对论效应。1976 年,第 16 届国际天文学联合会(IAU)做出决议,正式在天文学领域引进了相对论时间尺度。1979 年,第 17 届 IAU 大会进一步将所定义的相对论时标称为质心力学时(TDB)和地心力学时(TDT)。1985 年,IAU 在列宁格勒召开了相对论天体测量与天体力学专题讨论会,有力地推动了相对论的应用研究。众多学者开始研究包括时间在内的时空参考系问题,人们试图从根本上将时空参考系纳入相对论框架。1989 年,IAU 成立了参考系工作组并下设了时间分组,进一步讨论了相对论框架中关于时间的定义与实现问题。1991 年,IAU 第 21 次大会决议 A4 给出了地心天球参考系(GCRS)和太阳质心天球参考系(BCRS)时空度规形式,并引进了新的时标——地心坐标时(TCG)和太阳系质心坐标时(TCB)。1997 年 IAU 成立了"天体测量与天体力学中的相对论"工作组[9],并与国际计量局(BIPM)共同发起成立了时空参考系与计量学中的相对论联合委员会(JCR)[10],使相对论在天文学和计量学中的应用研究得到进一步深化。在这两个国际组织的共同努力下,在 2000 年召开的 IAU 第 24 次大会上通过了新的关于时空参考系和时间尺度的决议,并建议在这一领域作更深入的研究,例如成立关于 UTC 工作组等[11-12]。

目前,原子喷泉、离子阱等新技术可使时间的计量精度达到 10^{-17},甚至更好[13-15],而时间比对精度仅能达到约 0.1ns 量级,因此,时间比对精度已经限制了计时精度的进一步提高。为此,国外很多学者很早就研究了相对论框架下的时间比对问题[16-17],并推导了有关的计算模型;但是由于其他误差源修正精度还有待进一步提高以及一些实际使用中的问题,从而限制了这些模型的具体应用[18-19]。

2.1 相对论时间比对原理

自爱因斯坦创立相对论和相对论的一些预言先后被实验所证实以后,特别是 20

世纪 70 年代进行的空间钟时间比对实验验证了广义相对论以后，已有越来越多的人认识到，时间的计量问题必须以广义相对论作为理论基础，通过原时与坐标时的关系，在相对论框架中对时空问题进行统一处理，从而得到一个实用的坐标时系统[2,6]。因此，为了后面的讨论和分析，这里首先对爱因斯坦同时性、时空度规以及原时与坐标时等相对论框架中的一些基本问题进行总结。

2.1.1　爱因斯坦同时性

狭义相对论与经典力学有本质区别的概念就是关于同时性的定义。在经典力学中，同时性是瞬时的、绝对的。但是在实践中如何实现这种“绝对同时性”呢？如果存在一种传播速度为无穷大的信号，就可以利用这种信号传递信息来确定远处发生事件的真实时刻。然而，在自然界中人们还从来没有找到这样的信号。爱因斯坦分析了这一问题，提出：“如果要描述一个质点的运动，我们就要给出其坐标值的时间函数。这里我们必须记住，这样的数学描述只有我们十分清楚时间指的是什么之后才有物理意义。”如果只涉及某一地点的时间，那么用该地的一台钟来定义就足够了，“但是如果要把发生在不同地点的一系列事件在时间上联系起来，或者说要定出那些远离这台钟的地点所发生的事件的时间，那么这个定义就不够了。”例如，在空间 A 点放一台钟就可以定义 A 点处所发生事件的时间；在空间 B 点放一台同样结构的钟，就可以定义 B 点处所发生事件的时间。这样就定义了 A 时间和 B 时间。但是，如果不进一步定义 A 和 B 的公共时间，就不可能把 A 处的事件与 B 处的事件在时间上进行比较。然而，当通过定义光从 A 到 B 所需的时间等于它从 B 到 A 所需要的时间时，A 和 B 的公共时间也就定义了。

设观者 A 和 B 在一给定惯性坐标系中的不同地点保持静止。A 持有一个理想的标准钟和光脉冲发射器，B 持有一个反射镜。A 处的标准钟给出 A 处的时间，为建立 B 处的时间，设 A 在标准钟给出的时间 τ_1 时刻发射光脉冲，并于 τ_2 时刻记录光脉冲从 B 返回到 A 的时间。根据光速不变原理，光脉冲往程和返程的时间应相等，因此，很自然地 A 告诉 B，B 收到光脉冲的时刻为

$$t = (\tau_1 + \tau_2)/2 \tag{2.1}$$

以上做法的实质是认为 B 处收到光脉冲这一事件与 A 处发生于 $(\tau_1 + \tau_2)/2$ 的事件是同时的，这种同时性定义称为爱因斯坦同时性。用这种方法就能在观者 B 处建立时间。类似地，可以把 A 处的时间推广到整个惯性坐标系有效的时空中，从而建立一个时间尺度。

爱因斯坦同时性的定义从根本上动摇了时间的绝对性，因为在光速不变的假设下，不同参考系的同时性是不同的，也就是说，同时性与时空参考系有关。在某一惯性参考系中不同地点发生的两个同时事件，在另外的惯性参考系中看来就不再是同时发生的了。这就是同时性的相对性。

2.1.2 时空度规

在广义相对论中，坐标系是由与物质分布及引力场等有关的度规张量定义的。时空中四维不变弧元 ds^2 与度规张量的关系可以表示为[2,20]

$$ds^2 = \boldsymbol{g}_{\mu\nu} dx^\mu dx^\nu \tag{2.2}$$

式中：度规张量 $\boldsymbol{g}_{\mu\nu}$ 本身又是坐标 x^μ 的函数，时空度规和引力场之间的关系可由爱因斯坦场方程确定，即

$$\boldsymbol{G}_{\mu\nu} \equiv \boldsymbol{R}_{\mu\nu} - \frac{1}{2}\boldsymbol{g}_{\mu\nu} R = 8\pi G \boldsymbol{T}_{\mu\nu} \tag{2.3}$$

式中：$\boldsymbol{R}_{\mu\nu}$ 为里奇(Ricci)张量；R 为标量曲率；$\boldsymbol{T}_{\mu\nu}$ 为物质的能量动量张量；$\boldsymbol{G}_{\mu\nu}$ 为爱因斯坦张量。

可见，爱因斯坦场方程包括 6 个独立方程，而度规张量 $\boldsymbol{g}_{\mu\nu}$ 有 10 个独立分量，因此要完全确定 $\boldsymbol{g}_{\mu\nu}$ 还必须增加 4 个条件方程。事实上，这四个条件是显然的，因为 $\boldsymbol{g}_{\mu\nu}$ 不但取决于时空的结构，而且取决于坐标的选择，所以这四个条件称为坐标条件。坐标条件是可以任意选择的，它表明，如果 $\boldsymbol{g}_{\mu\nu}$ 是场方程的解，那么做任意变换 $x \to \tilde{x}$ 后的 $\tilde{\boldsymbol{g}}_{\mu\nu}$ 也是场方程的解。

由于爱因斯坦场方程的高阶非线性和物质、能量分布的复杂性，人们不可能给出场方程的严格解。因此，在实际应用中所采用的时空度规都是某种近似条件下得到的结果，现在已经得到了多种近似结果[21-22]。需要指出的是，后牛顿精度是指由该度规所给出的物质运动方程只能精确到 c^{-2}。特别是 1991 年 IAU 第 21 次大会决议 A4，第一次推荐采用广义相对论作为时空参考系的理论基础，并给出了如下形式的时空度规：

$$\begin{cases} g_{00} = -1 + \dfrac{2U}{c^2} \\ g_{0i} = 0 \\ g_{ij} = \delta_{ij}\left(1 + \dfrac{2U}{c^2}\right) \end{cases} \tag{2.4}$$

式中：U 为地球的牛顿引力势和太阳等外部天体的引潮力之和；δ_{ij} 为克罗内克符号（当 $i=j$ 时，$\delta_{ij}=1$；当 $i \neq j$ 时，$\delta_{ij}=0$）。

在上面的度规下，由于度规表达式中仅保留至 c^{-2} 级的项，因此在此框架下，坐标时的实现及时间转换的相应精度水平低于 10^{-16}。这对于一些精度要求不算很高的时间计量问题已经足够，但是对于高精度的原子钟的实现以及它们之间的比对问题必须进一步深入研究。

该决议还引进了新的时标——TCG 和 TCB，规定了这些坐标时的起点，明确了坐标时的度量单位必须与国际单位制秒一致。另外，该决议定义了地球时（TT）以及 TT 与 TCG 之间的定标因子 $L_G = W_0/c^2$。但该决议存在着某些局限性，例如：在此框

架下，坐标时的实现及时间转换的相应精度水平低于 10^{-16}，不能适应频标性能及时频比对水平的日益提高；该决议引入的常数 L_B 和 L_C（分别表示 TCB 与 TDB 之间和 TCB 与 TCG 之间的定标因子）没能被合适地定义，导致使用中的混淆。总之，需要在更高的精度水平上拓展原来框架，因此，第 21 届 IAU 全会决定成立 JCR，与 IAU 的关于“天体测量与天体力学中的相对论”工作组一起研究有关问题，基本目标定在太阳系中的时频应用，旨在时间坐标及时间转换能以不大于 5×10^{-18} 的不确定度得以实现。

IAU 明确定义了质心天球参考系和地心非旋转天球参考系，并给出了质心天球参考系和地心非旋转天球参考系使用的时空度规形式：

$$\begin{cases} G_{00} = -1 + \dfrac{2w}{c^2} - \dfrac{2w^2}{c^4} \\ G_{0i} = -\dfrac{4}{c^3}w^i \\ G_{ij} = \delta_{ij}\left(1 + \dfrac{2w}{c^2}\right) \end{cases} \tag{2.5}$$

式中：w、w^i 分别为引力场的牛顿势和矢量势。

$$\begin{cases} g_{00} = -1 + \dfrac{2U}{c^2} - \dfrac{2U^2}{c^4} \\ g_{0i} = -4\dfrac{U^i}{c^3} \\ g_{ij} = \delta_{ij}\left(1 + \dfrac{2U}{c^2}\right) \end{cases} \tag{2.6}$$

式中：U 为标量势，是地球引力势和太阳等外部天体的引潮力之和，$U = U_E + U_{ext}$；U^i 为矢量势，$U^i = U^i_E + U^i_{ext}$。

另外，由于原子钟一般处在地面上，它们在不停地随着地球自转，同时地面站的坐标也经常在地心旋转参考系中给出，因此，很多学者也讨论了地心旋转参考系中的时空度规形式[23]。这时，通常令地心旋转参考系绕地球自转轴以角速度 $\boldsymbol{\omega}$ 旋转，并且与地心非旋转参考系具有相同的坐标时，即如果以 $(T,\boldsymbol{X})$ 表示地心旋转参考系中的坐标，则有

$$\begin{cases} \mathrm{d}t = \mathrm{d}T \\ \mathrm{d}\boldsymbol{x} = \mathrm{d}\boldsymbol{X} + (\boldsymbol{\omega}\times\boldsymbol{X})\,\mathrm{d}T \end{cases} \tag{2.7}$$

将式(2.7)代入式(2.2)，可得地心旋转参考系中不变弧元 $\mathrm{d}s^2$ 与度规张量的关系为

$$\mathrm{d}s^2 = -c^2\left(1 - \frac{2U + \omega^2(X^2+Y^2)}{c^2}\right)\mathrm{d}T^2 + 2(\boldsymbol{\omega}\times\boldsymbol{X})\,\mathrm{d}\boldsymbol{X}\mathrm{d}T + \left(1 + \frac{2U}{c^2}\right)\mathrm{d}\boldsymbol{X}^2 \tag{2.8}$$

式(2.8)等号右端第一项中的 $2U + \omega^2(X^2+Y^2)$ 就是引力势和离心力势之和，即重力势。

2.1.3 原时与坐标时的关系

根据狭义相对论，时间和空间是相对的、统一的，没有绝对的空间，也没有绝对的时间，时间和空间有相互依赖性。对于相对运动的坐标系，其时间系统是不一样的。换句话说，对于时空中发生的两个确定的事件，如果有两个相对运动的观测者拿着同样的"尺子"和"钟"来测量事件发生的"空间距离"和"时间间隔"，那么其结果是不相同的。其差异依赖于两个观测者的相对速度，速度越大，差异就越大。这就是人们所说的狭义相对论效应。

根据广义相对论，由于引力场的存在，时空的几何性质是非欧的。引力场的存在，不但对物质的运动产生类似于牛顿的万有引力作用，而且影响时间的计量。钟在引力场中会"变慢"，其变慢的程度与引力场的强度有关。也就是说，场越强，钟越慢。这种现象称为时钟的广义相对论效应。

从以上讨论可知，地面上不同地点（高度）的钟是不同的，卫星上的钟与地面上的钟也是不同的。建立统一的标准时间频率系统需要解决两个方面的问题：一是根据所采用时标的定义，利用高稳定度的原子钟实现高稳定度的时间尺度（秒长）和频率基准；二是根据同时性的定义，利用先进的时间比对技术建立标准的时间（标准时刻和秒长）和频率，给出原子钟相对于标准钟的差值并做适当调整，并将在某地实现的标准时频传递推广到整个应用空间。

在广义相对论框架下进行的时空度量中，有两类不同性质的时间：一种是用于观者局域参考系并可由观者所携带的钟实现的时间；另一种是由全局坐标系时空度规所确定的用来作为时间坐标的类时变量。其中，由观者所携带的理想钟所计量的时间称为观者的原时，全局坐标系中的类时坐标称为坐标时。

显然，原时是可以根据秒长的定义由一个物理时钟或某种测量手段直接实现的，坐标时却不能，它只能根据原时与坐标时之间的数学关系，通过计算由原时间接得到。

1）原时与坐标时的基本关系

原时与坐标时之间的关系可以由时空度规给出。设某一全局坐标系中的时空坐标为(t, x^i)，相应的时空度规系数为$g_{\mu\nu}$，观者在坐标系中的速度为v^i，观者的原时为τ，那么根据式(2.2)可得

$$ds^2 = -c^2 d\tau^2 = g_{\mu\nu} dx^\mu dx^\nu = (g_{00} + g_{0i} v^i / c + g_{ij} v^i v^j / c^2) c^2 dt^2 \tag{2.9}$$

因此

$$d\tau = [-(g_{00} + g_{0i} v^i / c + g_{ij} v^i v^j / c^2)]^{1/2} dt \tag{2.10}$$

或者

$$\tau = \int_{t_0}^{t} [-(g_{00} + g_{0i} v^i / c + g_{ij} v^i v^j / c^2)]^{1/2} dt \tag{2.11}$$

这就是原时与坐标时之间的理论关系，它明显依赖于时空度规的选择。由于时空度规不是唯一的，因此坐标时也不是唯一的，不同的坐标系可以选择不同的

“时间”。

2）原时与 TCG 的关系

取坐标时为 TCG，根据式（2.4）可得

$$\frac{\mathrm{d}\tau}{\mathrm{dTCG}}=1-\frac{U+\frac{v^2}{2}}{c^2}+o(c^{-4}) \tag{2.12}$$

采用式（2.6），在地球附近保留所有大于 10^{-18} 项有

$$\frac{\mathrm{d}\tau}{\mathrm{dTCG}}=1-\frac{1}{c^2}\left(U_{\mathrm{E}}(x)+\frac{v^2}{2}+\boldsymbol{U}(\xi_{\mathrm{E}}+x)-\boldsymbol{U}(\xi_{\mathrm{E}})-\boldsymbol{U}_k(\xi_{\mathrm{E}})x^k\right) \tag{2.13}$$

式中：$U_{\mathrm{E}}(x)$ 为地球的牛顿引力势；$\boldsymbol{U}(\xi_{\mathrm{E}}+x)$、$\boldsymbol{U}(\xi_{\mathrm{E}})$ 为地球以外其他天体的引力势；$U_k(\xi_{\mathrm{E}})$ 为 x 的 k 阶导数的系数。

3）原时与 TT 的关系

地球时定义为一个与 TCG 相差一比例常数的时标，即

$$\frac{\mathrm{dTT}}{\mathrm{dTCG}}=1-L_{\mathrm{G}} \tag{2.14}$$

式中：L_{G} 为一个定义常数，它源于大地水准面上的重力位 W_0。

L_{G} 与 W_0 的关系可以表示为

$$L_{\mathrm{G}}=W_0/c^2=6.969290134\times10^{-10} \tag{2.15}$$

由 TT 的定义可以看出，TT 是一种新的坐标时。根据式（2.12）以及式（2.4），在后牛顿精度下，原时 τ 和地球时 TT 之间的关系可以表示为

$$\mathrm{d}\tau^2=\left[1-\left(\frac{2(U-W_0)}{c^2}+v^2/c^2\right)\right]\mathrm{d}(\mathrm{TT})^2 \tag{2.16}$$

即

$$\mathrm{d}\tau=\left[1-\left(U-W_0+\frac{1}{2}v^2\right)/c^2\right]\mathrm{d}(\mathrm{TT}) \tag{2.17}$$

或者

$$\mathrm{TT}=(\tau-\tau_0)+\frac{1}{c^2}\int_{\tau_0}^{\tau}\left(U-W_0+\frac{1}{2}v^2\right)\mathrm{d}\tau \tag{2.18}$$

式中：τ_0 为 TT＝0 时的原时钟读数（钟差）；v 为原子钟在地心非旋转参考系中的速度；积分项为时钟的相对论效应改正，其中速度项为狭义相对论效应，引力位项为广义相对论效应。

根据上面分析可知，与式（2.4）相对应的时间坐标为 TCG，而不是 TT，两者相差一个比例因子 $1-L_{\mathrm{G}}$。TT 的秒长与旋转大地水准面上的 SI 秒相同，而 TCG 的秒长则是在忽略外部潮汐势的情况下与距地心无穷远处的 SI 秒相同[23]。

当采用式（2.8）时，并考虑到式（2.8）中的 T 相当于 TCG，则有

$$\mathrm{d}\tau^2=\left(1-\frac{2W}{c^2}\right)\mathrm{d}(\mathrm{TCG})^2-\frac{2(\boldsymbol{\omega}\times\boldsymbol{X})}{c^2}\mathrm{d}\boldsymbol{X}\mathrm{d}(\mathrm{TCG})-\frac{1}{c^2}\left(1+\frac{2U}{c^2}\right)\mathrm{d}\boldsymbol{X}^2 \tag{2.19}$$

将式(2.19)坐标时化为TT并精确到c^{-2},可得

$$\mathrm{d}\tau=\left(1-\frac{W-W_0}{c^2}-\frac{1}{2}\frac{v^2}{c^2}-\frac{(\boldsymbol{\omega}\times\boldsymbol{X})\cdot v}{c^2}\right)\mathrm{d}(\mathrm{TT}) \tag{2.20}$$

式中:W为重力势;v为原时钟相对于地面的速度。

式(2.20)即为地固坐标系中原时与TT的关系式,它是地面附近空间搬运钟时间比对的理论基础。

2.1.4 无线电时间比对原理

如图2.1所示,$\mathfrak{R}_A$、$\mathfrak{R}_B$分别为A、B两个观测者的世界线,$\mathfrak{R}_C$是时间比对信号的测地线,与$\mathfrak{R}_A$、$\mathfrak{R}_B$分别相交于P_A和P_B两点,即信号由观测者A在P_A点发射,经传播被观测者B在P_B点接收。

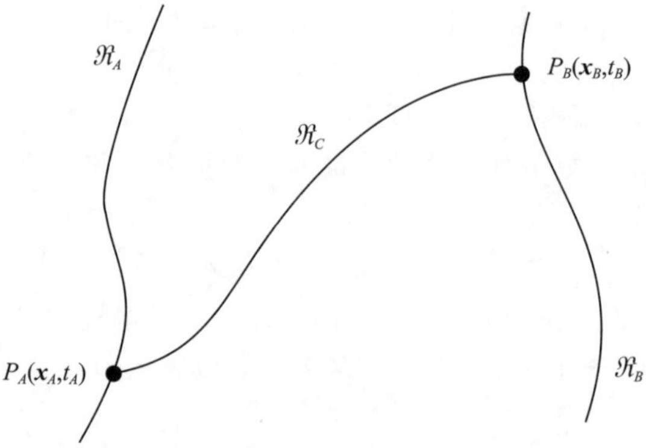

图2.1 时间比对基本原理图

设P_A、P_B两点在某一惯性坐标系中的时空坐标为$(\boldsymbol{x}_A,t_A)$和$(\boldsymbol{x}_B,t_B)$,则两点之间的空间坐标存在如下关系:

$$x_B^i(t_B)=x_A^i(t_A)+\int_{t_A}^{t_B}v_\mathrm{S}^i\mathrm{d}t \tag{2.21}$$

式中:v_S^i为信号在给定惯性坐标系中的三维传播速度。

对于电磁波信号,如果令

$$v_\mathrm{S}^i\equiv n_{AB}^i c+\delta v_\mathrm{S}^i \tag{2.22}$$

式中:δv_S^i为引力在传播路径上对速度的影响;n_{AB}^i为P_A、P_B两点之间的坐标方向,且有

$$n_{AB}^i\equiv\frac{x_B^i(t_B)-x_A^i(t_A)}{|\boldsymbol{x}_B(t_B)-\boldsymbol{x}_A(t_A)|}$$

则式(2.21)也可以表示为

$$x_B^i(t_B)-x_A^i(t_A)=n_{AB}^i c(t_B-t_A)+\int_{t_A}^{t_B}\delta v_\mathrm{S}^i\mathrm{d}t \tag{2.23}$$

式(2.23)两边点乘n_{AB}^i可得

$$c(t_B - t_A) = |\boldsymbol{x}_B(t_B) - \boldsymbol{x}_A(t_A)| - \int_{t_A}^{t_B} \delta_{ij} n_{AB}^i \cdot \delta v_S^j \mathrm{d}t \tag{2.24}$$

令

$$\tau_{AB}^{\mathrm{spa}} \equiv t_B - t_A, \quad \rho_{AB}^{\mathrm{geo}} \equiv |\boldsymbol{x}_B(t_B) - \boldsymbol{x}_A(t_A)|, \quad \Delta\tau_{AB} \equiv -\int_{t_A}^{t_B} \delta_{ij} n_{AB}^i \cdot \delta v_S^j \mathrm{d}t$$

则有

$$\tau_{AB}^{\mathrm{spa}} = \rho_{AB}^{\mathrm{geo}}/c + \Delta\tau_{AB} \tag{2.25}$$

式(2.25)即电磁波时间比对信号传播时延的基本表达式,它也是电磁波时间比对的基础。

对于两个静止站,如果不考虑设备时延和大气时延,则 $\Delta\tau_{AB}$ 主要表现为引力时延项[8,17],即

$$\Delta\tau_{AB} = \tau_{AB}^{\mathrm{G}} = \tau_{\mathrm{E}}^{\mathrm{G}} + \tau_{\mathrm{ex}}^{\mathrm{G}} \tag{2.26}$$

式中:τ_{AB}^{G}为地球和外部天体两部分引起的总的相对论引力时延;$\tau_{\mathrm{E}}^{\mathrm{G}}$ 为地球引起的引力时延;$\tau_{\mathrm{ex}}^{\mathrm{G}}$为外部天体引起的引力时延。它们可以分别表示为

$$\tau_{\mathrm{E}}^{\mathrm{G}} = \frac{2GM_{\mathrm{E}}}{c^2} \ln \frac{x_B + x_A + |\boldsymbol{x}_B - \boldsymbol{x}_A|}{x_B + x_A - |\boldsymbol{x}_B - \boldsymbol{x}_A|} + \cdots \tag{2.27}$$

$$\tau_{\mathrm{ex}}^{\mathrm{G}} = \sum_{\mathrm{D} \neq \mathrm{E}} \left\{ \frac{3}{c} Q_{ij}^{\mathrm{D}} x_A^i x_A^j (t_B - t_A) + 3 Q_{ij}^{\mathrm{D}} x_A^i n^j (t_B - t_A)^2 + c Q_{ij}^{\mathrm{D}} n^i n^j (t_B - t_A)^3 \right\} + \cdots \tag{2.28}$$

$$Q_{ij}^{\mathrm{D}} = \frac{GM_{\mathrm{D}}}{r_{\mathrm{ED}}^3} \left(\frac{r_{\mathrm{ED}}^i r_{\mathrm{ED}}^j}{r_{\mathrm{ED}}^2} - \frac{1}{3} \delta_{ij} \right) \tag{2.29}$$

式中:G 为万有引力常数;M_{E} 为地球质量;M_{D} 为外部天体 D 的质量。地球和外部天体 D 质心之间的欧氏(欧几里得)向径 $\boldsymbol{r}_{\mathrm{ED}} = \boldsymbol{x}_{\mathrm{E}} - \boldsymbol{x}_{\mathrm{D}}$。$P_A$、$P_B$ 两点间的单位矢量 $\boldsymbol{n}$ 为

$$\boldsymbol{n} = \frac{\boldsymbol{x}_B(t_B) - \boldsymbol{x}_A(t_A)}{|\boldsymbol{x}_B(t_B) - \boldsymbol{x}_A(t_A)|} \tag{2.30}$$

上面 $\tau_{\mathrm{E}}^{\mathrm{G}}$ 的计算中忽略了地球非球形和地球旋转的影响,这些项对电磁波传播的影响已经被很多学者研究[24-26],根据研究结果可以估计,忽略的总的影响小于 0.05ps,其中主要因素来自于忽略地球非球形的影响,而地球旋转引起的影响比非球形的影响小约 3 个数量级。

如果电磁波传播的范围在距地心 50000km 以内,则可以估计,地球引力场引起的时延小于 163ps,外部天体引起的时延小于 0.01ps,在外部天体的影响中,主要是太阳和月球。可见,在目前的时间比对精度下,相对论引力时延改正只需要考虑地球引力场的影响,而由于外部天体引起的时延可以忽略[17]。

此外,如果时间比对信号发射和接收时刻坐标时对应的钟面时分别为 $T_A(t_A)$ 和 $T_B(t_B)$,则根据钟差定义,t_B 时刻 A、B 站的相对钟差为

$$\Delta T_{AB}(t_B) \equiv T_B(t_B) - T_A(t_B) \tag{2.31}$$

由于

$$T_A(t_B) = T_A(t_A) + (1 + R_A)\tau_{AB}^{spa} \tag{2.32}$$

式中：R_A 为 A 钟的钟速。

通常 $R_A < 1 \times 10^{-10}$，由此产生的误差一般小于 0.02ns，可以忽略，结合伪距的定义

$$\rho'_{AB}(t_B) \equiv c \cdot (T_B(t_B) - T_A(t_A))$$

则有

$$\Delta T_{AB}(t_B) = \rho'_{AB}(t_B)/c - \tau_{AB}^{spa} - \tau_A^{e} - \tau_B^{r} \tag{2.33}$$

将式(2.25)代入式(2.33)可得

$$\Delta T_{AB}(t_B) = \rho'_{AB}(t_B)/c - \rho_{AB}^{geo}/c - \Delta\tau_{AB} - \tau_A^{e} - \tau_B^{r} \tag{2.34}$$

式中：$\Delta\tau_{AB}$ 为包括动力时延、大气时延等的时间延迟改正；τ_A^{e} 为 A 站的发射时延；τ_B^{r} 为 B 站的接收时延。

令 $\Delta\tau'_{AB} \equiv \Delta\tau_{AB} + \tau_A^{e} + \tau_B^{r}$，则有

$$\Delta T_{AB}(t_B) = \rho'_{AB}(t_B)/c - \rho_{AB}^{geo}/c - \Delta\tau'_{AB} \tag{2.35}$$

式(2.35)即无线电时间比对的基本模型。式(2.35)等号右边第一项为 B 站测得的伪距观测量，第二项为由两站坐标计算得到的几何时延，第三项是包括引力时延、大气时延和设备时延在内的时间延迟改正。

2.2 时间频率调整与控制

如前所述，原时虽然具有清晰的物理意义，但它随观者的时空位置和速度而变化，因此只能在观者的局域空间内使用，而不能在全局时空中使用同一个原时时间；坐标时虽然没有明确的物理意义，但在参考系的整个时空范围内有定义。由于时空度规可以给出局域原时与全局坐标时的明确关系，因此参考系内任意空间点的坐标时都可以通过调整本地钟所实现的原时得到。下面给出地面钟和卫星钟的调整方案。

2.2.1 地面钟的调整

对于地面上的钟，速度 $\boldsymbol{v}$ 可以表示为地球自转角速度矢量 $\boldsymbol{\omega}$ 与地心向径 $\boldsymbol{x}$ 之积，即

$$\boldsymbol{v} = \boldsymbol{\omega} \times \boldsymbol{x} \tag{2.36}$$

$$U + \frac{1}{2}v^2 = U + \frac{1}{2}(\boldsymbol{\omega} \times \boldsymbol{x})^2 = W \tag{2.37}$$

式中：W 为地面点的重力势。

考虑到钟在大地水准面附近，将重力势在大地水准面处展开并取到一次项，可得

$$W = W_0 + \frac{\partial W}{\partial h}h = W_0 - g(\varphi)h \tag{2.38}$$

式中：h 为地面点的海拔高程（正高）；$g(\varphi)$ 为大地水准面上纬度 φ 处的重力加速度，

且有

$$g(\varphi)=9.78027+0.05192\sin^2\varphi \tag{2.39}$$

因此,式(2.17)可以表示为

$$\mathrm{d}\tau=[1-g(\varphi)h/c^2]\mathrm{d}(\mathrm{TT}) \tag{2.40}$$

或者

$$\mathrm{TT}=(\tau-\tau_0)\left(1-\frac{g(\varphi)h}{c^2}\right) \tag{2.41}$$

显然,在大地水准面上,τ 与 TT 具有相同的钟速。考虑到 TAI 的秒长为定义在大地水准面上的 SI 秒,因此,TAI 可以看成是理想时标 TT 的具体实现,两者的关系为

$$\mathrm{TT}=\mathrm{TAI}+32.184\mathrm{s} \tag{2.42}$$

对于地面上的 TAI 守时钟,由于它不在大地水准面上,因此需要做相应的钟速调整。由式(2.41)可知,如果要使时间的计量精度达到 10^{-15},则时钟的高程 h 必须准确到 10m;为了达到 10^{-18},则时钟的高程 h 必须准确到 1cm,也就是说,对于现在精度约 10^{-17} 的高精度原子钟,原子钟本身的高度都必须计算在内。

2.2.2　卫星钟的调整

对于卫星上的钟,由二体问题可知

$$v^2=GM_{\mathrm{E}}\left(\frac{2}{r}-\frac{1}{a}\right) \tag{2.43}$$

式中:GM_{E} 乘积为地心引力常数;a 为卫星的轨道长半径;r 为卫星的地心距。

从而

$$U+\frac{1}{2}v^2=GM_{\mathrm{E}}\left(\frac{2}{r}-\frac{1}{2a}\right) \tag{2.44}$$

由于

$$r=a(1-e\cos E_{\mathrm{S}}) \tag{2.45}$$

$$\int\frac{1}{r}\mathrm{d}t=\frac{1}{na}\int\mathrm{d}E_{\mathrm{S}} \tag{2.46}$$

$$E_{\mathrm{S}}+e\sin E_{\mathrm{S}}=M \tag{2.47}$$

式中:M、E_{S} 和 e 分别为卫星的平近点角、偏近点角和轨道偏心率;n 为卫星平均角速度。

因此,根据式(2.18)可得

$$\mathrm{TT}=(\tau-\tau_0)+\frac{1}{c^2}\int_{\tau_0}^{\tau}\left\{\left(\frac{2}{r}-\frac{1}{2a}\right)GM_{\mathrm{E}}-W_0\right\}\mathrm{d}\tau \tag{2.48}$$

或者

$$\mathrm{TT}=\left[1-\left(W_0-\frac{3}{2}\frac{GM_{\mathrm{E}}}{a}\right)/c^2\right](\tau-\tau_0)+\frac{2}{c^2}\sqrt{aGM_{\mathrm{E}}}\cdot e\sin E_S \tag{2.49}$$

式(2.49)等号右端第一项为长期项,第二项为周期项。

由式(2.49)可见,为了避免卫星钟相对于TT的长期漂移,必须对卫星钟进行频率调整,即如果卫星钟的基频为f_0,则发射前应将其调整为

$$f=(1-k)f_0 \tag{2.50}$$

式中

$$k=\frac{1}{c^2}\left(W_0-\frac{3}{2}\frac{GM_E}{a}\right) \tag{2.51}$$

取$GM_E/c^2=0.443\text{cm}$,$W_0/c^2=6.969\times10^{-10}$,则:

(1) 对于MEO卫星,$a=2.661\times10^4\text{km}$,$k=4.472\times10^{-10}$;

(2) 对于GEO卫星,$a=4.216\times10^4\text{km}$,$k=5.551\times10^{-10}$。

2.3 时间比对问题

仅有高精度的原子钟对于实现一个大范围的时间标准是不够的,各个实验室时间标准的原子钟之间还必须时间同步。各个实验室时间标准之间的同步能够提高整个时间标准的精度,时间同步能够使人们发现并去除钟速率的系统偏差,随机部分的偏差能够通过统计方法来削弱。现在时钟之间的同步精度已经达到0.1ns量级,这比相对论主项的影响小了3~4个数量级,因此,时间同步必须在相对论框架中进行。

时钟同步需要通过时间比对来完成。不同地点的时钟比对,除与同时性的定义有关以外,还与信号的传播时延有关。由于光速和同时性的定义对于不同的坐标系是不一样的,因此在比对过程中必须严格保证所使用坐标系的正确性。对于TT、TAI和UTC的时间比对,必须采用地心非旋转参考系。下面针对相对论框架下的一般性时间比对进行讨论。如图2.2所示,任意两站A、B之间的时间比对就是考虑这样的情况:在t_0时刻(A站钟面时读数为T_A)电磁波信号由A站发射,经传播时延后,在t_1时刻(B站钟面时读数为T_B)到达B站,并被B站接收,从而测得时延值$P_{AB}(t_1)$。

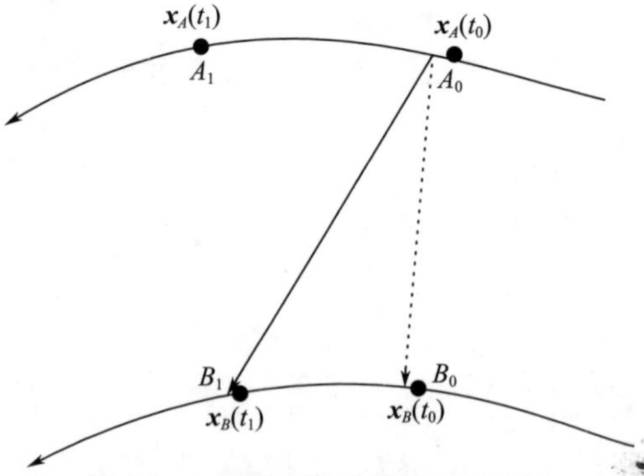

图2.2 任意两站时间比对示意图

根据式(2.33)可知,两站间的钟差为

$$\Delta T_{AB}(t_1)=P_{AB}(t_1)/c-\tau_{AB}^{\mathrm{spa}}-\tau_A^{\mathrm{e}}-\tau_B^{\mathrm{r}} \tag{2.52}$$

可见,为了计算两站钟差,一个重要的问题是在广义相对论框架下正确计算信号发射和接收之间的坐标时间隔 $\tau_{AB}^{\mathrm{spa}}=t_1-t_0$。

Petit 在忽略设备时延和大气延迟的情况下,给出了 t_0 时刻地心非旋转坐标系中总的传播时间 t_1-t_0 的表达式为(包含所有大于 1ps 的项)[16]

$$t_1-t_0=\frac{\rho_{AB}}{c}+\frac{\boldsymbol{\rho}_{AB}\cdot\boldsymbol{v}_B}{c^2}+\frac{\rho_{AB}}{2c^3}\left[v_B^2+\boldsymbol{\rho}_{AB}\cdot\boldsymbol{a}_B+\frac{(\boldsymbol{\rho}_{AB}\cdot\boldsymbol{v}_B)^2}{\rho_{AB}^2}\right]+\frac{2GM_{\mathrm{E}}}{c^3}\ln\frac{r_A+R_B+\rho_{AB}}{r_A+R_B-\rho_{AB}} \tag{2.53}$$

式中:ρ_{AB}为 A、B 两站的几何距离;r_A、R_B 分别为地心到 A、B 两站的几何距离;$\boldsymbol{\rho}_{AB}$、$\boldsymbol{v}_B$、$\boldsymbol{a}_B$ 分别为 A、B 两站间的距离矢量和 B 站在地心非旋转坐标系中的速度与加速度矢量,且有

$$\begin{cases}\boldsymbol{\rho}_{AB}=\boldsymbol{x}_B-\boldsymbol{x}_A\\ \boldsymbol{v}_B=\boldsymbol{\omega}\times\boldsymbol{x}_B+\boldsymbol{V}_B\\ \boldsymbol{a}_B=\boldsymbol{\omega}\times(\boldsymbol{\omega}\times\boldsymbol{x}_B)+\boldsymbol{\omega}\times\boldsymbol{V}_B+\boldsymbol{a}_{rB}\end{cases} \tag{2.54}$$

式中:$\boldsymbol{\omega}$ 为地球自转角速度;$\boldsymbol{V}_B$ 和 $\boldsymbol{a}_{rB}$分别为地心旋转坐标系中的速度和加速度。

需要特别指出的是,式(2.53)仅在地球附近 200000km 的范围内有效,因为当超过这一范围时,月球引力势的影响将大于 1ps。

当计算时间没有选在 t_0 时刻而是取为 t_0' 时刻时,如果令 $\Delta t_A\equiv t_0-t_0'$,$\Delta t_B\equiv t_1-t_1'$,则有

$$\boldsymbol{\rho}_{AB}^{\mathrm{geo}}=\boldsymbol{\rho}_{AB}-\boldsymbol{v}_A\Delta t_A-\frac{1}{2}\boldsymbol{a}_A\Delta t_A^2+\boldsymbol{v}_B\Delta t_B+\frac{1}{2}\boldsymbol{a}_B\Delta t_B^2 \tag{2.55}$$

式(2.55)左右点乘 $\boldsymbol{\rho}_{AB}^{\mathrm{geo}}$ 的转置并保留至二阶小量,可得

$$(\boldsymbol{\rho}_{AB}^{\mathrm{geo}})^2=\boldsymbol{\rho}_{AB}^2+2\boldsymbol{\rho}_{AB}\cdot\boldsymbol{v}_B\Delta t_B+\boldsymbol{\rho}_{AB}\cdot\boldsymbol{a}_B\Delta t_B^2+\boldsymbol{v}_B^2\Delta t_B^2-2\boldsymbol{\rho}_{AB}\cdot\boldsymbol{v}_A\Delta t_A-\boldsymbol{\rho}_{AB}\cdot\boldsymbol{a}_A\Delta t_A^2+\boldsymbol{v}_A^2\Delta t_A^2-2\boldsymbol{v}_A\cdot\boldsymbol{v}_B\Delta t_A\Delta t_B \tag{2.56}$$

即

$$\begin{aligned}\rho_{AB}^{\mathrm{geo}}=&\rho_{AB}+\frac{\boldsymbol{\rho}_{AB}\cdot\boldsymbol{v}_B}{\rho_{AB}}\Delta t_B+\frac{1}{2}\frac{\boldsymbol{\rho}_{AB}\cdot\boldsymbol{a}_B}{\rho_{AB}}\Delta t_B^2+\frac{1}{2}\frac{v_B^2}{\rho_{AB}}\Delta t_B^2-\\&\frac{1}{2}\frac{(\boldsymbol{\rho}_{AB}\cdot\boldsymbol{v}_B)^2}{\rho_{AB}^3}\Delta t_B^2-\frac{\boldsymbol{\rho}_{AB}\cdot\boldsymbol{v}_A}{\rho_{AB}}\Delta t_A-\frac{1}{2}\frac{\boldsymbol{\rho}_{AB}\cdot\boldsymbol{a}_A}{\rho_{AB}}\Delta t_A^2+\\&\frac{1}{2}\frac{v_A^2}{\rho_{AB}}\Delta t_A^2-\frac{1}{2}\frac{(\boldsymbol{\rho}_{AB}\cdot\boldsymbol{v}_A)^2}{\rho_{AB}^3}\Delta t_A^2-\frac{\boldsymbol{v}_A\boldsymbol{v}_B}{\rho_{AB}}\Delta t_A\Delta t_B+\\&\frac{(\boldsymbol{\rho}_{AB}\cdot\boldsymbol{v}_A)(\boldsymbol{\rho}_{AB}\cdot\boldsymbol{v}_B)}{\rho_{AB}^3}\Delta t_A\Delta t_B\end{aligned} \tag{2.57}$$

由式(2.53)和式(2.57),可得

$$
\begin{aligned}
c(t_1-t_0)=\rho_{AB}&+\frac{\boldsymbol{\rho}_{AB}\cdot\boldsymbol{v}_B}{\rho_{AB}}\Delta t_B+\frac{1}{2}\frac{\boldsymbol{\rho}_{AB}\cdot\boldsymbol{a}_B}{\rho_{AB}}\Delta t_B^2+\frac{1}{2}\frac{v_B^2}{\rho_{AB}}\Delta t_B^2-\frac{1}{2}\frac{(\boldsymbol{\rho}_{AB}\cdot\boldsymbol{v}_B)^2}{\rho_{AB}^3}\Delta t_B^2-\\
&\frac{\boldsymbol{\rho}_{AB}\cdot\boldsymbol{v}_A}{\rho_{AB}}\Delta t_A-\frac{1}{2}\frac{\boldsymbol{\rho}_{AB}\cdot\boldsymbol{a}_A}{\rho_{AB}}\Delta t_A^2+\frac{1}{2}\frac{v_A^2}{\rho_{AB}}\Delta t_A^2-\frac{1}{2}\frac{(\boldsymbol{\rho}_{AB}\cdot\boldsymbol{v}_A)^2}{\rho_{AB}^3}\Delta t_A^2-\\
&\frac{\boldsymbol{v}_A\cdot\boldsymbol{v}_B}{\rho_{AB}}\Delta t_A\Delta t_B+\frac{(\boldsymbol{\rho}_{AB}\cdot\boldsymbol{v}_A)(\boldsymbol{\rho}_{AB}\cdot\boldsymbol{v}_B)}{\rho_{AB}^3}\Delta t_A\Delta t_B+\\
&\frac{2GM_{\mathrm{E}}}{c^2}\ln\frac{r_A+R_B+\rho_{AB}}{r_A+R_B-\rho_{AB}}
\end{aligned}
\tag{2.58}
$$

式(2.58)即在任意时间计算两站坐标时间隔的公式。

实际上,对于现在常用的卫星与地面之间的时间比对,当考虑到 1ps 量级的计算模型时,还必须考虑设备时延和大气延迟的影响。在考虑设备时延和大气延迟影响时,如果认为设备时延可以在计算前以足够的精度单独扣除,大气延迟可以采用模型或其他方法改正,并且将大气延迟看作一阶小量(约 10^{-6}s),则在 t_0 时刻式(2.53)就应写为

$$
\begin{aligned}
t_1-t_0=\frac{\rho_{AB}}{c}&+\tau_B^{\mathrm{r}}+\tau_{AB}^{\mathrm{tro}}+\tau_{AB}^{\mathrm{ion}}+\frac{\boldsymbol{\rho}_{AB}\cdot\boldsymbol{v}_B}{c^2}+\frac{\boldsymbol{\rho}_{AB}\cdot\boldsymbol{v}_B}{c\rho_{AB}}\tau_{AB}^{\mathrm{at}}+\\
&\frac{\rho_{AB}}{2c^3}\left[v_B^2+\boldsymbol{\rho}_{AB}\cdot\boldsymbol{a}_B+\frac{(\boldsymbol{\rho}_{AB}\cdot\boldsymbol{v}_B)^2}{\rho_{AB}^2}\right]+\\
&\frac{2GM_{\mathrm{E}}}{c^3}\ln\frac{r_A+R_B+\rho_{AB}}{r_A+R_B-\rho_{AB}}
\end{aligned}
\tag{2.59}
$$

式中:τ_B^{r} 为 B 站的设备接收时延;τ_{AB}^{tro}、τ_{AB}^{ion} 和 τ_{AB}^{at} 分别为由 A 到 B 的对流层时延、电离层时延和大气时延(包括对流层时延和电离层时延)。

无线电单向时间比对是其他无线电时间比对方法和授时的基础。根据式(2.59)可见,影响单向时间比对的主要因素可分为几何时延、传播介质时延和相对论时延三部分。几何时延可以根据两站的坐标计算得到,因此,几何时延的误差主要表现的是两站的坐标误差。坐标误差对时间比对的影响在后面站间时间比对章节中还会详细讨论,这里不再赘述。

传播介质时延主要包含设备时延和大气时延。设备时延直接反映到时延测量值中。为去除设备时延的影响,一般采用在观测前对其进行标定的方法,因此,设备时延误差主要是标定测量的误差。为了与要求的时间比对精度相适应,设备时延的标定测量精度应当比要求比对结果的精度至少高 1 个数量级。大气时延主要包括对流层时延和电离层时延,在后面还会对大气时延单独讨论,因此,这里也不再赘述。

下面分析式(2.59)各项相对论效应改正的影响量级。在地心非旋转坐标系中,地面站 i 的速度和加速度可以近似表示为

$$
\begin{cases}
\boldsymbol{v}_i=\boldsymbol{\omega}\times\boldsymbol{x}_i\\
\boldsymbol{a}_i=\boldsymbol{\omega}\times(\boldsymbol{\omega}\times\boldsymbol{x}_i)
\end{cases}
\tag{2.60}
$$

可以估计，地面站在地心非旋转坐标系中的运动速度最大约为 0.46km/s，加速度最大约为 0.034m/s^2，这里和后面均采用这些值进行分析。

对于现在一般在卫星与地面站之间进行的时间比对，可以分析，对于地球同步卫星与地面站之间的单向时间比对，式(2.59)中的

$$\frac{\boldsymbol{\rho}_{AB}\cdot\boldsymbol{v}_B}{c^2}=\frac{-\boldsymbol{x}_A\cdot(\boldsymbol{\omega}\times\boldsymbol{x}_B)}{c^2} \tag{2.61}$$

即为经典的萨格奈克(Sagnac)效应改正项，该项的影响最大约为 200ns。$\frac{\boldsymbol{\rho}_{AB}\cdot\boldsymbol{v}_B}{c\rho_{AB}}\tau_{AB}^{\mathrm{at}}$项为大气时延对 Sagnac 效应的影响，如果取 $\rho_{AB}\approx 4\times10^7$m，路径的电离层时延为 500ns，对流层时延为 100ns，则该项的影响约为 0.9ps。$\frac{\rho_{AB}\boldsymbol{\rho}_{AB}\cdot\boldsymbol{a}_B}{2c^3}$项为 B 站加速度的影响，它的影响约为 1ps。$\frac{\rho_{AB}v_B^2}{2c^3}$和$\frac{(\boldsymbol{\rho}_{AB}\cdot\boldsymbol{v}_B)^2}{2c^3\rho_{AB}}$项为 B 站速度二次幂的影响，每项的影响约为 0.15ps。最后一项为引力时延的影响，对于地球同步卫星与地面站之间的单向时间比对，该项的影响约为 63ps。

对于 MEO 类型的导航卫星与地面站之间的单向时间比对，Sagnac 效应改正项的影响约为 120ns；如果取 $\rho_{AB}\approx 2.4\times10^7$m，路径的电离层时延为 500ns，对流层时延为 100ns，大气时延对 Sagnac 效应的影响约为 0.9ps；B 站加速度的影响约为 0.36ps；B 站速度二次幂的影响约为 0.09ps；最后引力时延的影响约为 50ps。

综上分析，在不考虑大气延迟、设备时延和坐标误差的影响下，对于地球同步卫星和 MEO 类型的导航卫星与地面站之间的单向时间比对。当要求到纳秒量级的时间比对精度时，相对论改正项只需要考虑 Sagnac 效应项；当要求到 0.1ns 量级的时间比对精度时，除了 Sagnac 效应项以外，还需要考虑引力时延的影响。

2.4　时空坐标系统及其变换

2.4.1　常用时间系统

时间是物质的存在和运行的客观形式，必须按照下面的基本原则来建立时间系统，即选择一种连续而均匀的物质运动周期作为计量时间单位的标准，而且这种运动周期是可以测定和复制的[27]。

根据这一原则，目前已选用下面三种物质运动形式来建立时间单位：

(1) 转动体的自由转动，主要是地球的自转运动，它是建立世界时时间基准的基础。

(2) 开普勒运动，如行星绕太阳的运动，它是建立力学时时间基准的基础。

(3) 谐波振荡运动，如电子、原子的谐波振荡等，它是建立原子时时间基准的

基础。

2.4.1.1 恒星时

选春分点作为参考点,用它的周日视运动周期所确定的时间计量系统,称为恒星时(ST)系统。春分点连续两次通过测站上中天所经历的时间段称为一个恒星日[27-28]。恒星日是恒星时的基本单位。以春分点上中天瞬间为测站恒星日的开始(恒星时00:00:00)。

恒星时的起点是春分点的上中天时刻,恒星时 S 在数值上等于春分点时角 t_{r},即

$$S = t_{\mathrm{r}} \tag{2.62}$$

然而,春分点是观测不到的,只能通过观测恒星来间接地推算春分点所在位置。春分点的时角等于任一颗恒星的时角与其赤经之和,即

$$S = t_{\mathrm{r}} = t + \alpha \tag{2.63}$$

由于岁差章动的影响,春分点在天空的位置并不固定。根据春分点的运动情况,可以把它分为平春分点和真春分点。平春分点只受岁差的影响,它在黄道上沿着与太阳运动相反的方向运动,真春分点既受岁差又受章动的影响,它除了随同平春分点运动外,还相对平春分点作复杂的周期性运动。对应平春分点和真春分点有格林尼治平恒星时(GMST)和格林尼治真恒星时(GAST)之分,两者之间的关系为

$$\mathrm{GAST} = \mathrm{GMST} + \delta\varphi\cos\varepsilon \tag{2.64}$$

式中:$\delta\varphi$ 为黄经章动;ε 为所论时刻真赤道相对于黄道的夹角;ε 为平赤道相对于黄道的夹角。

2.4.1.2 太阳时

1) 真太阳时(视太阳时)

选取真太阳(太阳视面中心)为参考点,并以其周日视运动周期为基准所建立的一种时间计量系统,称为真太阳时(或视太阳时),简称真时(或视时)。真太阳连续两次通过测站上中天所经历的时间段称为一个真太阳日[4,28]。真太阳日是真太阳时的基本单位。真太阳上中天瞬间为测站真太阳日的开始。

2) 平太阳时(MST)

(1) 平太阳。由于真太阳时具有较大的不均匀性而不便于使用,为了建立一种既与真太阳时相差不大,而长度又均匀的时间单位,假定一个"假太阳",它是在赤道上对恒星作均匀运动的一个假想的动点,它的周年运动速度等于真太阳的周年视运动的平均速度,其赤经尽可能接近真太阳的平黄经。这样设立的"假太阳"称为赤道平太阳(简称平太阳)。

(2) 平太阳日和平太阳时。选取平太阳为参考点,并以其周日视运动周期为基准所建立的一种时间计量系统,称为平太阳时,简称平时,用 T 表示。平太阳连续两次通过测站下中天所经历的时间段称为一个平太阳日。平太阳日是平太阳时的基本单位。平太阳下中天瞬间为测站平太阳时的开始。人们日常生活中使用的是平太阳时。

2.4.1.3　世界时

世界时(UT)是以地球自转为基准的时间尺度,也称为地球时。世界时是地球自转的反映,计量天体为恒星和平太阳,所得时间尺度分别称恒星时和平太阳时。世界时定义为平太阳(以太阳沿黄道周年运动的平均速度沿赤道做匀速运动的假太阳)相对格林尼治子午面的时角加12h。由于地球自转的不均匀性和极移的影响,世界时也是一种不均匀的时间系统,通常有UT0、UT1和UT2三种形式[27-28]。

UT0是由观测直接得到的,通过全球分布的多个观测站观测恒星的视运动确定。UT0加入极移改正即可得到UT1,即

$$\mathrm{UT1}-\mathrm{UT0}=-(x\sin\lambda+y\cos\lambda)\tan\varphi \tag{2.65}$$

式中:λ、φ为观测地点的天文经度和纬度(λ的计量方向为向东);x、y为极点坐标(x指向0°,y指向东经270°)。

UT1在数值上代表地球自转的角度,UT1 - UT0的最大幅度可达20ms。由于UT1真正反映了地球自转角速度的变化,因此,在卫星导航等许多领域中仍被广泛使用,只是它不再作为时间尺度,主要用于建立地固坐标系与惯性坐标系之间的转换关系,用来计算格林尼治子午面的真恒星时。

在UT1上扣除季节性变化改正得到UT2。1956年世界时已被历书时(ET)所取代。1976年,更加稳定的原子时又在许多领域代替了ET。

在三种世界时中,由于UT1代表地球的实际旋转,因此最为重要。由于地球自转速率的不均匀性,因此UT1是不均匀的。由于各种物理机制的影响(其中之一是潮汐的影响),所以UT1有许多周期(或半周期)及长期变化。UT1中潮汐变化包含短周期和长周期分量,其中定义UT1R为已从UT1中消去短周期潮汐变化部分(至35天)。UT1R与UT1相比,其更平滑,因此UT1R容易内插。但UT1能反映地球的实际运动,内插的UT1R必须换回到UT1。UT1的值由甚长基线干涉测量(VLBI)、卫星激光测距(SLR)和月球激光测距(LLR)观测获得。初始及预报值可从国际地球自转服务(IERS)公报A获得,精确值可从公报B获得。

2.4.1.4　国际原子时

随着空间技术的发展和大地测量学新技术的应用,对时间的准确度和稳定度要求越来越高,即时间系统的原点的唯一性和尺度的均匀性。基于稳定的原子跃迁所建立的原子时是目前最理想的时间系统。

由于原子钟的稳定度远远高于地球时,所以在1967年第13届国际计量委员会大会把铯133原子在两个基态的超精细结构的能级跃迁辐射的电磁振荡9192631770周所经历的时间称为国际秒,并定义为物理学上时间的单位。由原子钟导出的时间称为原子时(AT)。原子时沿用了UT的时刻起点,仅把AT和UT实际比对后进行调整,让它们衔接起来[27,29]。

国际原子时是前国际时间局(BIH)(现为BIPM)于1972年1月1日引入的,原点为UT2 1958年1月1日00:00:00,即在这一瞬间国际原子时和世界时的时刻相

同,单位间隔恰好为海平面处 SI 秒。由于技术上的原因,两者之间存在一些差异:UT2 - AT = +0.0039s,这一差异就被历史事实保留下来了。后来 TAI 与 UT1 之间的差异通过天文和空间观测所决定。UT1 - TAI 的结果由 IERS 收集和出版。

单个原子钟所决定的原子时有不同的误差,同时由于相对论的影响,单钟所决定的原子时还应加上与地域有关的修正,但通过多钟组合可以保持高精度。国际原子时使用了大量的原子钟,由许多独立国际时间服务机构和标准实验室来维持,是国际所接受的基本时间尺度。目前,大概由分布于世界各国许多研究所的几百台原子钟为 TAI 提供数据,在这些数据的基础上,BIPM 应用一种叫作 ALGOS 的计算方法(一种加权平均方法),首先计算出中间时标,即自由原子时(EAL),然后用几台实验室频率基准数据对 EAL 进行准确度控制。在我国,中国计量科学研究院、国家授时中心以及台湾电信研究所均各自建立了地方原子时,他们每月向国际计量局报告数据,并同其他国家研究所的数据一块发表在 BIPM 的月报及年报上。

2.4.1.5 协调世界时

为了保持时间的连续性,原子时选择 1958 年 1 月 1 日 00:00:00 的 UT2 与原子时相等。但后来发现,由于地球自转的周期性变化,特别是长周期的变化,原子时和 UT1 之间的差异变得越来越大,即 TAI - UTC 随时间增长,1958 年大约为 0s,2020 年已增长到 37s。另外,不同的使用者对时间有不同的要求,测地、地球动力学者要求得到观测时刻的 UT1,而频率工作者对 TAI 感兴趣。为了避免这种不断增长的差异,同时既保持时间尺度的均匀性,又能近似地反映地球自转的变化,在 1965 年提出 UTC。UTC 是一种折中办法,其频率与 TAI 有关,而时刻接近于 UT1,即它采用原子时秒长,但与原子时差一整秒数,与 UT1 时刻之差不超过 1s。1972 年,国际无线电咨询委员会第 458 号决定:从 1972 年 1 月 1 日起,UTC 的频率与 TAI 的频率相同,其时刻与 UT1 保持小于 0.9s,在大于 0.9s 时要跳秒,即一般讲的闰秒。闰秒就是在每年 12 月 31 日或 6 月 30 日 UTC 最后一秒中引入 ±1s,使 UT1 - UTC 的绝对值小于 0.9s。闰秒由 IERS 决定并公布,UTC 的修正值由 BIPM 提供[4,29]。

UTC 是均匀但不连续的时间尺度,它广泛地被国际科学和商业界采用为时间和频率的实用标准。UT1 - UTC 或 TAI - UTC 主要用于地固坐标系和惯性坐标系之间的转换。除了闰秒,UTC 其他方面同原子时。闰秒影响了 UTC 的连续性,因此 UTC 不能用作一个独立的量来描述天体的运动。天文年历的时间是基于 UTC 编制的,受闰秒的影响。

2.4.1.6 力学时

由天体力学定律确定,用于描述天体运动方程式中的时间,或者天体历表中作为自变量的时间,称为力学时。

1) 历书时

历书时是以地球公转运动为基础建立的一种时间测量基准。它以纽康(Newcomb)给出的反映地球绕太阳公转的太阳运行历表作为定义 ET 的基础,于 1952 年在罗马召开的第 8 届 IAU 大会决议中被提出来作为时间基准，定义 1900 回归年的 1/30556925.9747 为历书时秒，太阳平黄经 279°41′48″.4 对应的 ET 为 1900 年 1 月 1 日 12 时。这也是首次提出力学时的概念。ET 的实现必须观测太阳的精确位置，由于太阳的视运动较慢和光度强，难以观测，精度为 0.5″，相应的历书时的精度为 10s，ET 的时间尺度达到 10^{-8}需要 30 年的观测间隔。因此，提出了用观测月球来得到历书时的尺度，用不同的月历表得到的历书时分别以 ETi 表示[4,29]。

ET0 基于 Brown 月球理论的改良月历推算的历书时。

ET1 在 Brown 改良月历表中引入了 1964 年 IAU 常数系统和改正了月历表中一个系数的误差。

ET2 在 ET1 的改良月历表中太阳扰动用了 Eckert 方法。

尽管测月技术不断提高，月历表不断完善，但测月存在不可避免的误差，历书时只能达到约 10^{-10}量级的均匀性。1976 年 IAU 决议，从 1984 年起采用地球力学时和太阳系质心力学时取代历书时。

2）地球力学时

当考虑到相对论效应时，实验室所测的原子时不再一致。时间作为运动方程中一个独立的量，使用了复杂的动力学时间系统。地球动力学时用于表示地心参考架的力学时，主要用于解算相对于地心惯性坐标系的动力学问题，它与国际原子时相差 32.184s，单位与原子时相同。它是连续且均匀的时间系统，是卫星运动方程的时间引数。

地球动力学时是建立在国际原子时基础上的。为了保持 TDT 与历书时的连续性，规定 1977 年 1 月 1 日 00:00:00TAI 瞬间，对应的 TDT 为 1977 年 1 月 1 日 00:00:32.184，这一差值为该瞬间历书时与国际原子时的差值。所以 TDT 能和 ET 很好地衔接，而且可以把过去历表中的时间变量历书时改为地球力学时继续使用。

1991 年 IAU 将 TDT 改称为 TT。TT 的意义进一步明确为：①视地心历表的时间参考基准是 TT；②TT 是与 TCG 相差一个比例常数的时标，其计量单位的选择应与大地水准面上的 SI 秒相一致；③在 1977 年 1 月 1 日 00:00:00 TAI 瞬间，TT 的读数为 1977 年 1 月 1 日 00:00:32.184。由于 TT 的单位与大地水准面上的 SI 秒相一致，因此可以根据原时与坐标时的关系给出，在大地水准面上对地球参考系相对静止的观测者的世界线所给出的原时就是 TT[29-30]。

3）质心力学时

随着观测精度的提高，1991 年在阿根廷的布宜诺斯艾利斯召开的第 21 届 IAU 决议中，提出了在广义相对论框架下时空坐标的概念。在该坐标系中，原点在地球质量中心或太阳系质心的坐标时分别称为 TCG 和 TCB。

TT 和 TAI 一样，在旋转的大地水准面上，它的秒长与那里的 SI 秒相同。在忽略外部潮汐势的情况下，TCG 的秒长则和距地心无穷远处的 SI 秒相同，同样，在距太阳系质心无穷远处，TCB 的秒长等于那里的 SI 秒。TCG 可用作绕地球的天体运动方程的自变量,而 TCB 可作为绕太阳旋转的天体运动方程的自变量。

2.4.1.7 北斗时

我国北斗卫星导航系统所建立、保持和使用的时间系统定义为北斗时(BDT)。BDT 由主控站、时间同步/注入站、监测站以及卫星所拥有的高精度原子钟共同维持。主控站根据各站的内部钟差测量数据和异地钟差比对数据,采用综合原子时算法进行计算,并通过 UTC(NTSC(中国科学院国家授时中心))与国际计量局(BIPM)保持的 UTC 建立联系。

BDT 采用原子时“秒”为基本单位,时间起点为 UTC 2006 年 1 月 1 日 00:00:00。在 BDS 的 RNSS 中,BDT 以“整周”(WN)计数和“周内秒”(SOW)计数表示,整周计数不超过 8192。在 BDS 的 RDSS 中,BDT 以“整年”(YN)计数和“年内分钟”(MOY)计数表示。BDT 是一个连续的时间系统,它与 UTC 之间存在跳秒改正。BDT 与 UTC 的偏差(模 1s)小于 50ns[31-33]。

2.4.1.8 GPS 时

美国 GPS 建立、保持和使用的时间系统定义为 GPS 时(GPST)。GPST 由 GPS 主控站原子钟组、监测站钟、卫星钟共同维持。GPST 是连续的原子时系统,不需要进行协调世界时的跳秒改正,它以 GPS 周加秒形式记数,最大秒计数不超过 604800s。其秒长与国际单位制原子时秒相同,但时间起点与 TAI 不同。GPST 起点选取在 UTC 1980 年 1 月 6 日 00:00:00,因此,GPST 与 TAI 之间存在 19s 的常量偏差,即[18,34]

$$\text{TAI} - \text{GPST} = 19\text{s} \tag{2.66}$$

GPST 与 UTC 的时刻在 1980 年 1 月 6 日 00:00:00 相一致,其后随着时间的积累两者之间将出现整秒的偏差,即

$$\text{GPST} = \text{UTC} + n \times 1\text{s} - 19\text{s} \tag{2.67}$$

式中:n 为整秒调整参数。

2.4.1.9 GLONASS 时

俄罗斯 GLONASS 所建立、保持和使用的时间系统定义为 GLONASS 时(GLONASST)。GLONASST 由主控站的主钟定义,以中央同步器时间为基础产生,由中央同步器和系统控制中心一起维持整个系统时间同步。GLONASS 中央同步器通过氢钟组形成系统时间[18,35-36]。

GLONASST 溯源于俄罗斯联邦国家时间空间计量研究所提供的俄罗斯国家标准时间 UTC(SU),二者之间存在 3h 的固定偏差和小于 1ms 的附加改正数。GLONASST 为不连续的时间系统,当 UTC 跳秒时,GLONASST 也进行跳秒改正,因此,GLONASST 与 UTC(SU)之间没有整秒偏差。

2.4.1.10 Galileo 时

欧盟 Galileo 卫星导航系统所建立、保持和使用的时间系统定义为 Galileo 系统时(GST)。GST 采用组合钟时间尺度,由所有地面原子钟组以及星载运行原子钟通过

适当加权处理来建立和维持,实时信号由系统内的精确主钟通过与欧洲4个主要时间实验室UTC(*k*)向UTC溯源产生[37-38]。

GST是一种连续的原子时系统,其秒长与国际单位制原子时秒相同,时间起点为1980年1月6日UTC 00:00:00,因此,GST与TAI之间存在19s的常量偏差[37]。

2.4.2　时间系统之间的相互转换

对于上面常用的不同时间系统,它们之间的转换关系如图2.3所示(这里仅给出各卫星导航系统时间之间的整秒偏差,秒以内部分偏差随时间在变化,用户可以利用导航卫星播发的各系统时间之间的转换参数进行换算)。

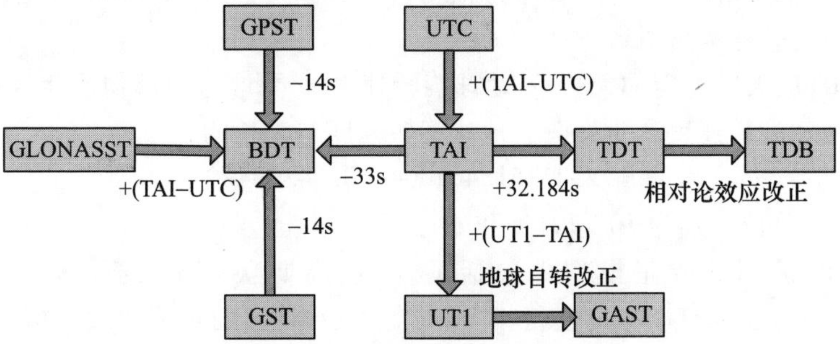

图2.3　时间系统之间的转换关系

2.4.2.1　TAI与UTC之间的关系

TAI-UTC可以由IERS公报查取:图2.4给出的是1958年1月1日至2018年1月7日的TAI-UTC,其中,横轴表示修正儒略日(MJD),纵轴表示TAI-UTC。

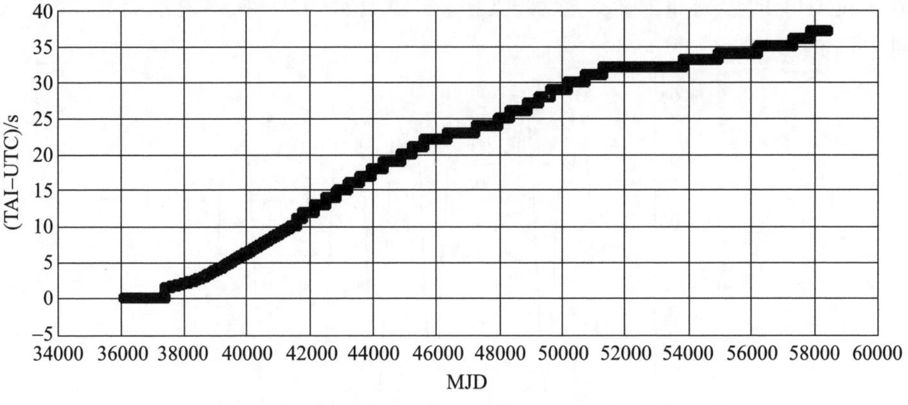

图2.4　UTC与TAI差异

2.4.2.2　UTC与UT的转换关系

UT1为地球自转的角度,根据精度要求不同,UT1与UTC的时间偏差可采用下列三种方法求得。

1）IERS 公报 D 直接计算

IERS Bulletin D 提供的 DUT1 的精度为 ±0.1s。

2）IERS 公报 B 内插计算

UTC 与 UT1 也可以通过以下转换关系转换[39-40]：

$$\mathrm{UT1-UTC=(UT1-UT1R)+(UT1R-UTC)} \tag{2.68}$$

UT1R－UTC 部分可以通过 IERS 公报 B 的第一部分做线性内插获取。另外，由极向惯量矩的潮汐形变引起的 UT1 的短周期变化可表示为

$$\mathrm{UT1-UT1R}=\sum_{k=1}^{41}A_k\cdot\sin(\eta_{k1}\cdot l+\eta_{k2}\cdot l'+\eta_{k3}\cdot F+\eta_{k4}\cdot D+\eta_{k5}\cdot\Omega) \tag{2.69}$$

式中：A_k 为振幅；$\eta_{ki}(i=1,2,\cdots,5)$ 为幅角，详细内容可参考 MERIT 规范；l、l'、F、D、Ω 为章动序列的基本角引数。

由于 UT1、天文测定的天长 D、地球旋转速度 ω 受地球内部物质运动的影响，对天长以及地球旋转速度产生影响。地球旋转速度与天长的关系为

$$\omega=72921151.467064-0.843994803D \tag{2.70}$$

式中：ω、D 的单位分别为 10^{-6}rad/s 和 ms。

在 IERS 采用的改正模型中包括了 62 项周期从 6.5 天到 18.6 年的改正。UT1R、DR、ωR 是对 UT1、D、ω 进行 41 项周期小于 35 天的短周期改正值。改正精度 $|\mathrm{UT1R-UT1}|\leqslant 2.5\mathrm{ms}$，$|\mathrm{LODR-LOD}|\leqslant 1\mathrm{ms}$。LOD 为 D 与国际原子时天长（86400SI）之间的偏差。

3）IERS 公报 B 的地球定向参数（EOP）内插再加改正项

UT1 与 UTC 的转换也可以通过在 IERS 公报 B 中给出的间隔 1 天的 EOP 数据进行内插，再加上周日和半周日变化量改正获得。海洋潮汐和日月变化的周日、半周日效应对 UT1 的影响如图 2.5 所示，其中，横轴表示 MJD，纵轴表示周日、半周日效应对 UT1 的影响。

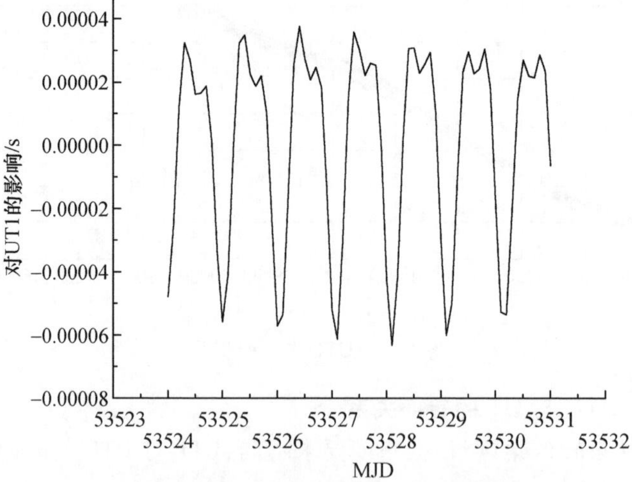

图 2.5　周日、半周日效应对 UT1 的影响

从图2.5可以计算得出，周日、半周日海潮、日月引力对UT1的影响幅度约为10^{-4}s，对坐标转换精度的影响在厘米级。

另外，UT0与UT1的转换关系为

$$UT0 = UT1 + \tan B \cdot (x \cdot \sin L + y\cos L) \tag{2.71}$$

式中：x、y为IERS公报A公报的极移量，需要注意x、y是以角秒(as)的形式公布的，使用时需转换到时间秒，即1时秒相当于15角秒；B、L为测站的大地纬度和经度。

UT2与UT1的转换关系为

$$UT2 = UT1 + 0.022\sin 2\pi t - 0.012\cos 2\pi t - 0.006\sin 4\pi t + 0.007\cos 4\pi t \tag{2.72}$$

式中：t为贝塞尔年，且有

$$t = 2000.0 + (MJD - 51544.03)/365.2422 \tag{2.73}$$

2.4.2.3 TCB与TCG的转换关系

IAU决议给出TCB和TCG关系式[4,18]：

$$\begin{aligned} TCB - TCG = {} & c^{-2}\left[\int_{t_0}^{t}\left(\frac{v_E^2}{2} + W_{0ext}x_E\right)dt + v_E^i r_E^i\right] - \\ & c^{-4}\left[\int_{t_0}^{t}\left(-\frac{1}{8}v_E^4 - \frac{3}{2}v_E^2 W_{0ext}x_E + 4v_E^i W_{0ext}^i x_E + \frac{1}{2}W_{0ext}^2 x_E\right)dt + \right. \\ & \left.\left(3W_{0ext}x_E + \frac{1}{2}v_E^2\right)v_E^i r_E^i\right] \end{aligned} \tag{2.74}$$

式中：等号右端第一项即IAU定义式中的右端；第二项是速率(dTCB/dTCG)的积分，是长期项和准周期项；下标ext为除地球外太阳系所有天体。

对某天体A有

$$W_A^i(t,x) = G\left[\frac{-(\boldsymbol{r}_A \times \boldsymbol{s}_A)^i}{2r_A^3} + \frac{M_A v_A^i}{r_A}\right] \tag{2.75}$$

式(2.75)的精度为5×10^{-18}，可以近似写为

$$TCB - TCG = L_C(JD - 2443144.5) \times 86400 + c^{-2}\boldsymbol{v}_E(\boldsymbol{x} - \boldsymbol{x}_E) + P \tag{2.76}$$

式中：L_C为长期项系数，$L_C = 1.48082686741\times10^{-8}(\pm1\times10^{-17})$；$P$为周期项，其中最主要的周期项由太阳引起，振幅约为1657μs。等号右端第二项的值依赖于事件发生地点的地心坐标，若在地心，则该项的值为零，对于地面上静止的观测者，该项是以日为周期的周期项，最大振幅约为2.1μs。

TCB－TCG的估计公式为

$$TCB - TCG = \frac{L_C \times (TT - TT_0) + P(TT) - P(TT_0)}{1 - L_B} + c^{-2}\boldsymbol{v}_e \cdot (\boldsymbol{x} - \boldsymbol{x}_e) \tag{2.77}$$

式中：TT_0对应于儒略日(JD)2443144.5TAI(1977年1月1日零时)；周期项$P(TT)$的最大变化幅度大约为1.6ms；$P(TT) - P(TT_0)$可由一个数值时间历表获得，如TE405。它利用美国喷气推进实验室(JPL)的行星/月球历表DE405计算了1600～

2200 年的 $P(\mathrm{TT})-P(\mathrm{TT}_0)$值,精度达到了 0.1ns。有人已经证明 TE405 和 FB 分析模型在历表的时间跨度 1600~2200 年相差不超过 15ns,而在距现在的前后几十年内其差别仅为几纳秒。另外一个序列 HF2002 提供了以 TT 为引数 1600~2200 年的 $L_C\times(\mathrm{TT}-\mathrm{TT}_0)+P(\mathrm{TT})-P(\mathrm{TT}_0)$值。它和 TE405 基本上是一致的,它们的差异在 1600~2200 年不超过 3ns(均方根(RMS)为 0.5ns)。需要注意的是,以上计算中采用的时间引数为 TT,而在实际计算中 DE405 采用的是历书时。

时间历表 TE405 以切比雪夫(Chebyshev)多项式的形式发布在 ftp://astroftp.phys.uvic.ca(类似于 DE405),目录为/pub/irwin/tephemeris。2001 版的 FB 分析模型发布在 ftp://maia.usno.navy.mil,目录为 /conv2000/chapter10/software。相关文件包括 fb2001.f、fb2001.dat、fb2001.in、fb2001.out 和 README.fb2001.f。HF2002 模型也可从相同的位置获得,相关文件包括 xhf2002.f、hf2002.dat 和 hf2002.out。

2.4.2.4 TCB 与 TDB 的转换关系

TCB 和 TCG 的时刻之差既有周期变化也有长期变化,因而 TCB 和作为视地心历表时间变量的 TT 间也存在长期变化。如果在编制质心坐标系动力学历表时采用 TCB 作为时间变量,则该历表的时间变量和视地心历表时间变量 TT 间将出现长期漂移。为了消除长期漂移的影响,引入 TDB,它和 TT 间没有长期漂移只有周期变化,即[4,18]

$$\mathrm{TDB}-\mathrm{TT}=c^{-2}\boldsymbol{v}_e\cdot(\boldsymbol{x}-\boldsymbol{x}_e)+P \tag{2.78}$$

经过推导可得

$$\mathrm{TCB}-\mathrm{TDB}=L_B(\mathrm{JD}-2443144.5)\times 86400+P_0 \qquad P_0\approx 6.55\times 10^{-5}(\mathrm{s}) \tag{2.79}$$

根据估计

$$L_B=1.55051976772\times 10^{-8}(\pm 2.0\times 10^{-17})$$

L_B、L_C 和 L_G 的关系为

$$L_B=L_C+L_G-L_CL_G \tag{2.80}$$

尽管 IAU 决议已明确规定,但按照人们以往的习惯,历书的引数仍然是 TDB,而并没有使用 TCB。由于一些天文常数与所采用的时间尺度有关,因此使用这些天文常数时必须说明与什么时间尺度匹配。

2.4.3 常用坐标系统

坐标系统是研究点间几何位置的一种数学手段,研究不同的问题可能采用不同的坐标系定义和数学形式。这主要取决于所研究问题的性质和方法(技术途径)。对一些具体问题而言,采用合适的坐标系会使问题的研究简化。在一定意义上,所研究问题的特殊性决定或影响了采用坐标系的定义和数学形式。

2.4.3.1 常用坐标表达形式及其相互转换

从定义上,同一坐标系可以有不同的数学形式,即采用不同的参数。下面简要介

绍在卫星导航中常用的几种坐标选择形式[27,29]。

1）空间笛卡儿坐标系

空间笛卡儿坐标系如图2.6所示，空间一点P的坐标在坐标系$O-XYZ$中可表示为$P(x,y,z)$，其中x,y,z取P点到三个坐标轴的距离。

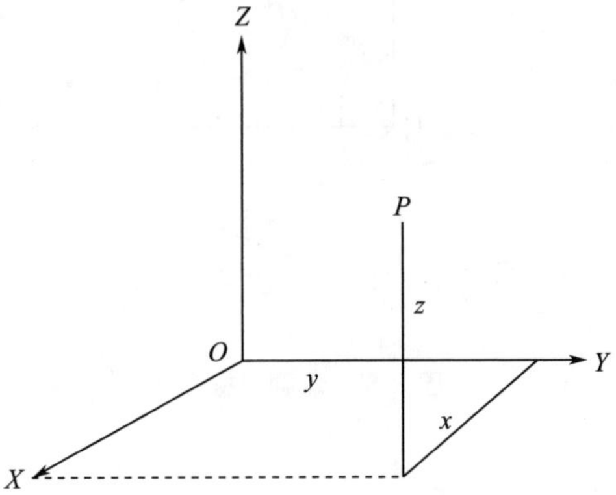

图2.6 空间笛卡儿坐标系

坐标系的原点为O，它有三个自由度。坐标系三个坐标轴的指向：第一坐标轴的指向有两个自由度；第二坐标轴的指向有一个自由度（因需满足与第一坐标轴垂直的约束条件）；由于第三坐标轴需满足与第一坐标轴和第二坐标轴垂直（两个约束条件），无自由度，只需指定哪个方向为正（通常以右手规则指定，也称右旋坐标系）就定义了第三坐标轴。

一经定义了坐标系的原点、坐标轴指向和长度单位，空间一点就对应唯一的一组坐标(x,y,z)；反之，一组坐标值也对应唯一的空间点。通常把一点所对应的三个坐标(x,y,z)称为点位的坐标参数。

坐标系定义不同（指原点、三个坐标轴的指向和长度单位有所不同），即使同一几何点，其坐标也不同。进而两个点间的几何关系（如长度、方位和坐标差）也会有所不同。

2）球面坐标系

同一定义的坐标系可以有不同的数学形式，即采用不同的参数。球面坐标系如图2.7所示，其原点与笛卡儿坐标系的原点重合，三轴指向也相同。以原点O到所讨论点P的距离r作为第一参数；第二参数θ为OP与OZ的夹角，实际工作中常用$\delta=\pi/2-\theta$来代替；第三参数α为ZOX平面与ZOP平面的夹角。

同一点位的这两种参数之间的关系为

$$\begin{cases} x = r\cos\alpha\cos\delta \\ y = r\sin\alpha\cos\delta \\ z = r\sin\delta \end{cases} \tag{2.81}$$

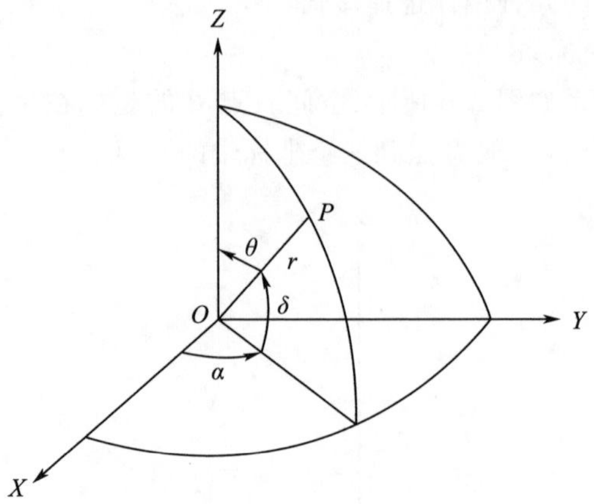

图 2.7　球面坐标系

或者

$$\begin{cases} r = \sqrt{x^2 + y^2 + z^2} \\ \alpha = \arctan \dfrac{y}{z} \\ \delta = \arctan \dfrac{z}{\sqrt{x^2 + y^2}} \end{cases} \tag{2.82}$$

尽管同一点位的这两种坐标表示的数学形式不同(坐标参数不同),但它们的原点、坐标轴指向和长度单位相同,它们之间存在唯一的变换关系。可以称它们为等价的坐标系(至少在引用中是等价的)。原点、坐标轴指向和长度单位定义不同的坐标系,可以称它们为不同定义的坐标系(简称不同坐标系)。

3）大地坐标系

大地坐标系是一种椭球面坐标系,它是大地测量中经常使用的一种坐标系,也是空间笛卡儿坐标系的一种等价坐标系。大地坐标系通过一个椭球(参考椭球)来定义坐标系,可以认为它是在前述球面坐标系基础上的发展。

大地坐标系选择椭球作为参考球,其半长轴为 a,半短轴为 b。如图 2.8 所示,定义其原点(椭球中心)与相应笛卡儿坐标系原点重合,且 OZ 轴为椭球短轴,OX 轴也与笛卡儿坐标系重合。第一参数为地面任意一点 P 到椭球面的距离(过 P 点的椭球面法线),称为大地高 H;第二参数为通过 P 点椭球面法线与 OZ 轴夹角的余角,称为大地纬度 B;第三参数为 ZOX 平面与 ZOP 平面的夹角,称为大地经度 L。

大地坐标系和空间笛卡儿坐标系也是等价的,它们之间存在唯一的变换关系:

$$\begin{cases} x = (N + H)\cos B \cos L \\ y = (N + H)\cos B \sin L \\ z = [N(1 - e^2) + H]\sin B \end{cases} \tag{2.83}$$

式中:N 为该点卯酉圈曲率半径;e 为椭球第一偏心率。且有

$$N = \frac{a}{\sqrt{1 - e^2 \sin^2 B}}, \quad e^2 = \frac{a^2 - b^2}{a^2} \tag{2.84}$$

其逆变换关系也是唯一的,即

$$\begin{cases} B = \arctan \dfrac{z(N+H)}{\sqrt{x^2+y^2}\,[N(1-e^2)+H]} \\ L = \arctan \dfrac{y}{x} \\ H = \dfrac{z}{\sin B} - N(1-e^2) \end{cases} \tag{2.85}$$

由于式(2.85)右端含有待求参数,因此需要迭代求解。

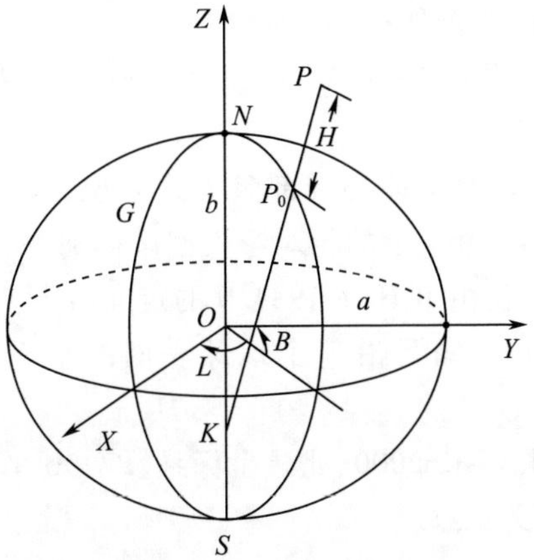

图 2.8　大地坐标系

2.4.3.2　地心惯性坐标系

导航卫星精密定轨中常使用地心惯性坐标系。目前,常使用的惯性坐标系为 J2000.0 地心惯性坐标系。其原点在地球质心,基本平面为 J2000 地球平赤道面,X 轴正向指向 J2000.0 的平春分点,Z 轴垂直于 J2000.0 平赤道指向北极,Y 轴与 Z 轴和 X 轴构成右手坐标系。

J2000.0 地心惯性坐标系是一种协议惯性坐标系(CIS),是通过 FK5 星表中的基本恒星的位置和自行的星表实现的。卫星的运动方程是在 J2000.0 地心惯性坐标系中建立和解算的。

2.4.3.3　地心地固坐标系

地心地固坐标系以规定的方式同地壳相连,其原点在地球质心,Z 轴指向协议的平均地极,X 轴指向赤道上的经度零点(格林尼治平均天文台),Y 轴与 Z 轴和 X 轴构成右手坐标系。

地心地固坐标系由一组参考架、理论和常数定义,参考架由选择的参考站的位置

和运动所决定。不同坐标系的实现用于不同的目的,如 WGS-84、CGCS2000、PZ-90 坐标系等[29]。

2.4.3.4 国际地球参考系

国际大地测量学和地球物理学联合会(IUGG)于 1991 年决定由 IERS 负责国际地球参考系(ITRS)的定义、实现和维持。决议推荐 ITRS 的定义如下[4,18]:

(1) 协议地球参考系(CTRS)定义为地心非旋转参考系通过一个适当的空间旋转而得到的准笛卡儿坐标系。

(2) 地球质心非旋转参考系是指由 IAU 决议所定义的地球参考系。

(3) CTRS 和地球参考系的时间坐标采用的是 TCG。

(4) CTRS 的原点应该是包含海洋和大气的整个地球的质量中心。

(5) CTRS 相对地球表面的水平运动来说没有整体性的剩余旋转。

ITRS 还必须满足下面的条件:

(1) ITRS 是地心参考系,原点定义在包括海洋和大气的整个地球的质量中心。

(2) 长度单位是 SI 米,对于地心局部参考系来说,这一尺度与 IAU 和 IUGG 定义的 TCG 时间尺度一致,并由一定的相对论模型来得到。

(3) 坐标轴的定向最初由 BIH 在 1984.0 的定向给出。

(4) 定向随时间的演变满足沿整个地球表面的水平板块运动无整体旋转的条件。

下面提到的 WGS-84、CGCS2000、北斗坐标系、PZ-90 坐标系的原点、长度单位和坐标轴定向均与 ITRS 定义一致。

国际地球参考系通过 IERS 的 ITRS 产品中心以国际地球参考框架(ITRF)的形式提供,也就是说,ITRF 是 ITRS 的具体实现。ITRF 被公认为目前精度最高、使用最为广泛的地球参考框架。ITRF 的产生过程是:IERS 数据分析中心根据不同的测地技术,如 VLBI、LLR、SLR、GNSS 和星基多普勒轨道和无线电定位组合系统(DORIS),得到各自单独的地球参考架(主要包括测站坐标、速度以及 SINEX 格式提供的完整协方差矩阵),再对各种地球参考架进行综合处理,最后得到一个统一的 ITRF。这种组合的方法就是利用具有两个或更多的测地技术的并置站进行局部连接,局部连接是实现 ITRF 的关键,因此,它们必须具有很高的精度或至少与实现地球参考框架的某一空间大地测量技术的精度相当。

2.4.3.5 WGS-84

WGS-84 是由美国国防部建立的世界大地坐标系,它是一种协议地球坐标系。WGS-84 定义如下[41-42]:

(1) 原点:地球质心,包括海洋和大气的整个地球质量中心。

(2) Z 轴:指向 BIH 1984.0 定义的协议地球极(CTP)方向。

(3) X 轴:指向 BIH 1984.0 定义的零子午面和 CTP 赤道的交点。

(4) Y 轴:与 Z 轴、X 轴构成右手坐标系。

WGS-84 由 GPS 跟踪站和部分国际 GNSS 服务(IGS)跟踪站建立和维持。WGS-84 于 1987 年取代 WGS72 坐标系正式成为 GPS 广播星历的参考框架,并一直沿用至今。为了维持和提高 WGS-84 精度,并实现与 ITRF 的对准,美国先后对 WGS-84 进行了五次精化处理,相继发布了 WGS-84(G730)、WGS-84(G873)、WGS-84(G1150)、WGS-84(G1674)、WGS-84(1762)等版本。得益于跟踪站分布逐渐合理完善、数据质量不断提高、数据处理方法不断优化,WGS-84 的精度以及与 ITRF 的一致性水平得到显著提高,各基准点坐标分量的精度已优于 1cm。

2.4.3.6　CGCS2000

CGCS2000 是我国新一代大地坐标系,它是利用国家 A、B 级网,全国一、二级网,中国地壳运动观测网络工程三个全国性网,以及地壳形变监测网等共 2666 个大地点(其中,国外点 124 个,国内点 2542 个)数据经过综合平差处理得到,已在全国正式实施[43-44]。CGCS2000 属于协议地球坐标系,它的原点、长度单位和坐标轴定向均与 ITRS 定义一致。

CGCS2000 是右手地固空间笛卡儿坐标系,具体定义如下:

(1) 原点:整个地球质量中心。

(2) Z 轴:指向 IERS 参考极方向。

(3) X 轴:IERS 参考子午面(IRM)与通过原点且同 Z 轴正交的赤道面的交线。

(4) Y 轴:构成右手地心地固笛卡儿坐标系。

CGCS2000 采用 CGCS2000 参考椭球,它的原点与 CGCS2000 参考椭球的几何中心重合,它的 Z 轴与参考椭球的旋转轴重合。CGCS2000 参考椭球的四个基本常数如下:

半长轴	$a = 6378137.0$ m
地心引力常数(包含大气层)	$GM = 3986004.418 \times 10^8 \mathrm{m}^3/\mathrm{s}^2$
椭球扁率的倒数	$1/f = 298.257222101$
地球自转角速度	$\omega = 7292115.0 \times 10^{-11}$ rad/s

CGCS2000 还包括地球参考系椭球基本常数导出的一些物理、几何常数,如二阶带谐项系数、椭球半短轴、第一偏心率、参考椭球的正常重力位、赤道上的正常重力,以及 CGCS2000 的椭球重力计算公式、CGCS2000 的地球引力位模型、CGCS2000 的大地水准面等。

CGCS2000 的 Z 轴指向与 BIH 协议参考极的指向在历元 1984.0 相差在 ±5mas 以内;IERS 参考子午面与 BIH 的零子午面相差在 ±5 mas 以内(历元 1984.0)。其基本常数与 WGS-84 的差异如表 2.1 所列。

由上面的定义和表 2.1 可以看出,CGCS2000 与 WGS-84 的坐标系定义基本相同,但是部分基本常数两者存在差异。对于扁率造成的差别,地面上的用户最大差异小于 1mm,一般认为该差异是可以忽略的。

表 2.1　CGCS2000 基本常数与 WGS-84 的差异

基本常数	CGCS2000	WGS-84	差异
半长轴/m	6378137.0	6378137.0	无
地心引力常数/(m^3/s^2)	3.986004418×10^{14}	3.986005×10^{14}	有
扁率	1/298.257222101	1/298.257223563	有
地球自转角速度/(rad/s)	7.292115×10^{-5}	$7.2921151467\times10^{-5}$	有

2.4.3.7　北斗坐标系

根据 BDS 最新接口控制文件(ICD),BDS 采用北斗坐标系(BDCS)。BDCS 的定义符合 IERS 规范,与 CGCS2000 定义一致,与 CGCS2000 仅是参考框架点、维持方法与更新周期不同[45-46]。

BDCS 以中国境内 10 个左右的地面站以及全球分布的 IGS/MGEX 站连续运行数据为支撑,每年进行定期解算,并视情每年进行发布和更新[46]。

2.4.3.8　PZ-90 坐标系

目前,GLONASS 采用的地心坐标系命名为 PZ-90 坐标系。PZ-90 坐标系定义符合 IERS 规范,其原点、长度单位和坐标轴定向均与 ITRS 定义一致。PZ-90 坐标系也是一个右手地固空间笛卡儿坐标系。

根据国际机构和俄罗斯长期观测数据,2008 年,GLONASS 对 PZ-90 坐标系进行了升级,对尺度参数和定向参数进行了改变,新的坐标系被命名为 PZ-90.02,升级后的 PZ-90.02 参数更接近 ITRF 采用值[35]。2012 年 12 月 28 日,俄罗斯联邦政府发布《统一国家坐标系》的第 No.1463 决议,决定自 2014 年 1 月 1 日起,GLONASS 采用最新版全球地心坐标系“1990 地球参数”(PZ-90.11)[35,47-48]。

PZ-90 坐标系与 PZ-90.02 坐标系的变换关系为[35]

$$\begin{bmatrix} x \\ y \\ z \end{bmatrix}_{90.02} = (1-0.22\times10^{-6})\begin{bmatrix} 1 & -0.6303\times10^{-6} & 0 \\ -0.6303\times10^{-6} & 1 & 0 \\ 0 & 0 & 1 \end{bmatrix}\cdot \begin{bmatrix} x \\ y \\ z \end{bmatrix}_{90} + \begin{bmatrix} -1.07 \\ -0.03 \\ 0.02 \end{bmatrix} \tag{2.86}$$

2.4.3.9　IGS 参考框架

IGS 参考框架为 IGS 精密轨道和卫星钟差等产品提供了联系稳定的可靠的地球参考框架。IGS 参考框架与 ITRF 系列不同,其仅基于 GNSS 跟踪技术实现,从而保证了 IGS 产品的内部一致性。IGS 已相继发布了 IGS96、IGS97、IGS00、IGb00、IGS05、IGS08 等参考框架,IGS05 参考框架与 ITRF2005 对准,IGS08 参考框架与 ITRF2008 保持对准。

2.4.3.10　星固坐标系

星固坐标系的原点在卫星质心,Z 轴指向地球质心,Y 轴指向卫星至地心的矢量与太阳至卫星的矢量的矢量积方向，X 轴与 Z 轴、Y 轴构成右手系。星固坐标系轴在 J2000.0 惯性坐标系中的单位矢量可以借助惯性坐标系中的卫星位置矢量和太阳位置矢量表示。星固坐标系与 J2000.0 惯性坐标系的关系如图 2.9 所示。

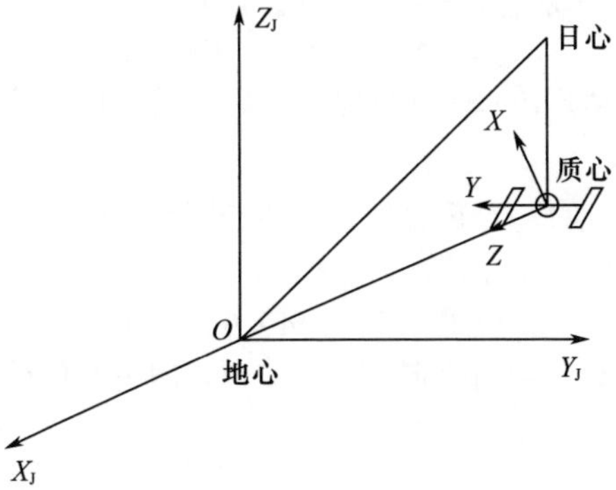

图 2.9　星固坐标系与 J2000.0 惯性坐标系的关系

星固坐标系在惯性坐标系中三个方向的单位矢量 $\boldsymbol{e}_x$、$\boldsymbol{e}_y$、$\boldsymbol{e}_z$ 表示为

$$
\begin{cases}
\boldsymbol{e}_x = \boldsymbol{e}_y \times \boldsymbol{e}_z \\
\boldsymbol{e}_y = \dfrac{\boldsymbol{\Delta} \times \boldsymbol{R}}{|\boldsymbol{\Delta} \times \boldsymbol{R}|} \\
\boldsymbol{e}_z = -\dfrac{\boldsymbol{R}}{|\boldsymbol{R}|}
\end{cases}
\tag{2.87}
$$

式中：$\boldsymbol{\Delta} = \boldsymbol{R}_s - \boldsymbol{R}$，其中 $\boldsymbol{R}$ 和 $\boldsymbol{R}_s$ 分别为卫星及太阳在 J2000.0 惯性坐标系中的位置矢量。

2.4.4　坐标系之间的相互转换

在导航卫星精密定轨中，经常使用惯性坐标系和地固坐标系。由轨道预报所获得的卫星位置和速度一般是在 J2000.0 惯性坐标系下的，而广播星历参数和历书参数是在地固坐标系下的，因此，需要首先将惯性坐标系下的位置和速度转换到地固坐标系。

2.4.4.1　惯性坐标系与地固坐标系的坐标转换

惯性坐标系与地固坐标系的转换关系如图 2.10 所示[39,49]。

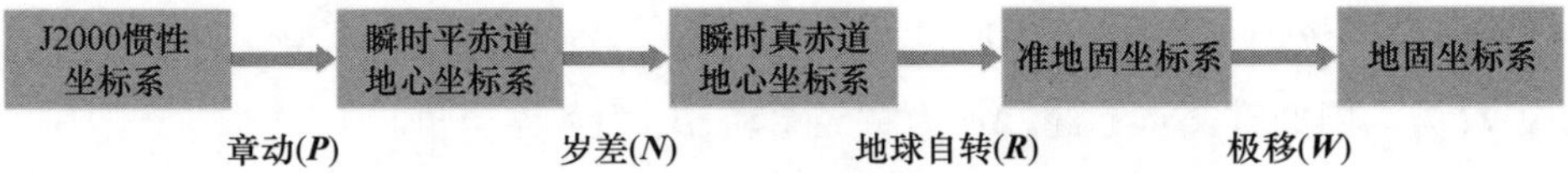

图 2.10　惯性坐标系与地固坐标系的转换关系

岁差和章动通常采用模型进行计算，其中章动模型的部分参数需要基于 JPL 星历进行计算，地球极移和自转矩阵的计算需要地球定向参数。

将岁差、章动合并到一起，则惯性坐标系到地固坐标系的转换模型可写为

$$\boldsymbol{r}_{\mathrm{CTS}}=\boldsymbol{W}(t)\boldsymbol{R}(t)\boldsymbol{PN}(t)\boldsymbol{r}_{\mathrm{CIS}} \tag{2.88}$$

式中：下角 CTS 表示协议地球坐标系；CIS 表示地心惯性坐标系。

地固坐标系到惯性坐标系的转换模型可写为

$$\boldsymbol{r}_{\mathrm{CIS}}=\boldsymbol{PN}^{\mathrm{T}}(t)\boldsymbol{R}^{\mathrm{T}}(t)\boldsymbol{W}^{\mathrm{T}}(t)\boldsymbol{r}_{\mathrm{CTS}} \tag{2.89}$$

式中：$\boldsymbol{PN}(t)$ 为岁差、章动矩阵；$\boldsymbol{R}(t)$ 为地球自转矩阵；$\boldsymbol{W}(t)$ 为极移矩阵；上标 T 表示转置矩阵（也是逆矩阵）。

这四个矩阵将协议地球极下的地固坐标转换到平春分点和天球历书极下的 J2000.0 平赤道坐标系下。参数 t 定义为

$$t=(\mathrm{TT}-2451545.0)/36525 \tag{2.90}$$

式中：TT 为观测时刻的质心动力学时（地球时）；2451545.0 对应 2000 年 1 月 1 日 12 点整。

极移矩阵为

$$\boldsymbol{W}(t)=\boldsymbol{R}_1(y_{\mathrm{p}})\cdot\boldsymbol{R}_2(x_{\mathrm{p}}) \tag{2.91}$$

式中：x_{p}、y_{p} 为极移参数，即天球历书极 CEP 相对 IERS 参考极（IRP）或国际协议原点（CIO）的坐标。它为 1980 IAU 章动理论所依据的参考极。采用该极后，它在 J2000.0 天球坐标系或者在地固坐标系中的运动没有周日或近周日变化，在惯性坐标系中只受到日月受迫章动（可计算部分），在地固坐标系中相对于 CIO 极的运动只包含极移（完全由观测决定），从而使计算部分不包含无法计算的自由章动，而观测部分又不包含可预测部分。正是因为采用了 CEP（天球历书极），所以无须再对 UT1 进行近周日受迫周期运动的改正。

$$\boldsymbol{R}(t)=\boldsymbol{R}_3(-\mathrm{GAST}) \tag{2.92}$$

式中：GAST 为 t 时刻对应的格林尼治真恒星时，它可由观测时刻的世界时 UTC 计算得到。

世界时零时对应的格林尼治恒星时为

$$\begin{aligned}\mathrm{GAST}_{0\mathrm{hUT1}}=&\,6\mathrm{h}41\mathrm{min}50.54841\mathrm{s}+8640184.812866\mathrm{s}\cdot T'_{\mathrm{u}}+\\&0.093104\mathrm{s}\cdot T'^{2}_{\mathrm{u}}-6.2\times10^{-6}\mathrm{s}\cdot T'^{3}_{\mathrm{u}}\end{aligned} \tag{2.93}$$

式中：$T'_{\mathrm{u}}=d'_{\mathrm{u}}/36525$；$d'_{\mathrm{u}}$ 为过 J2000.0 UT1 的天数，其值为 ±0.5、±1.5 等。

$$\mathrm{GMST}=\mathrm{GMST}_{0\mathrm{hUT1}}+r[(\mathrm{UT1}-\mathrm{UTC})+\mathrm{UTC}] \tag{2.94}$$

UT1 − UTC 由 IERS 公报得到。

$$r=1.002737909350795+5.9006\times10^{-11}T'_{\mathrm{u}}-5.9\times10^{-15}T'^{2}_{\mathrm{u}} \tag{2.95}$$

$$\mathrm{GAST}=\mathrm{GMST}+\Delta\psi\cos\varepsilon_{\mathrm{A}}+0.00264''\sin\Omega+0.000063''\sin2\Omega \tag{2.96}$$

式中：Ω 为太阳的升交点赤经；$\Delta\psi$ 为黄经章动；ε_{A} 为黄赤交角。

$$\boldsymbol{PN}(t)=\boldsymbol{P}\cdot\boldsymbol{N} \tag{2.97}$$

$$\boldsymbol{P}=\boldsymbol{R}_3(\zeta_{\mathrm{A}})\cdot\boldsymbol{R}_2(-\theta_{\mathrm{A}})\cdot\boldsymbol{R}_3(z_{\mathrm{A}}) \tag{2.98}$$

$$\boldsymbol{N}=\boldsymbol{R}_1(-\varepsilon_{\mathrm{A}})\cdot\boldsymbol{R}_2(\Delta\psi)\cdot\boldsymbol{R}_1(\varepsilon_{\mathrm{A}}+\Delta\varepsilon) \tag{2.99}$$

式中：$\Delta\varepsilon$ 为交角章动。

IAU1976 岁差模型的岁差角计算公式为

$$\zeta_A = 2306.2181''t + 0.30188''t^2 + 0.017998''t^3 \tag{2.100}$$

$$\theta_A = 2004.3109''t - 0.42665''t^2 - 0.041833''t^3 \tag{2.101}$$

$$z_A = 2306.2181''t + 1.09468''t^2 + 0.018203''t^3 \tag{2.102}$$

$$\varepsilon_A = 84381.448'' - 46.8150''t - 0.00059''t^2 + 0.001813''t^3 \tag{2.103}$$

$$\Delta\psi = \Delta\psi(\text{LAU1980}) + \delta\Delta\psi \tag{2.104}$$

$$\Delta\varepsilon = \Delta\varepsilon(\text{LAU1980}) + \delta\Delta\varepsilon \tag{2.105}$$

式中：$\delta\Delta\varepsilon$ 和 $\delta\Delta\psi$ 可由 IERS 公报得到；$\Delta\psi(\text{LAU1980})$ 和 $\Delta\varepsilon(\text{LAU1980})$ 根据 IAU 1980 章动理论可得

$$\Delta\psi(\text{LAU1980}) = \sum_{i=1}^{106}(A_i + A_i't)\sin(\sum N_iF_i) \tag{2.106}$$

$$\Delta\varepsilon(\text{LAU1980}) = \sum_{i=1}^{106}(B_i + B_i't)\cos(\sum N_iF_i) \tag{2.107}$$

式中：系数 A_i、B_i、A_i'、B_i'、N_i 可由章动表系数文件得到；F_1 为月球平近点角，F_2 为太阳平近点角，F_3 为月球平升点交角距，F_4 为日月平角距，F_5 为月球轨道对黄道平均升交点黄经，且有

$$F_1 = l = 134.96340251° + 1717915923.2178''t + 31.8792''t^2 + 0.051635''t^3 - 0.00024470''t^4 \tag{2.108}$$

$$F_2 = l' = 357.52910918° + 129596581.048''t - 0.5532''t^2 - 0.000136''t^3 - 0.00001149''t^4 \tag{2.109}$$

$$F_3 = F = L - \Omega = 93.27209062° + 1739527262.8478''t - 12.7512''t^2 - 0.001037''t^3 + 0.00000417''t^4 \tag{2.110}$$

$$F_4 = D = 297.85019547° + 1602961601.2090''t - 6.3706''t^2 + 0.006593''t^3 - 0.00003169''t^4 \tag{2.111}$$

$$F_5 = \Omega = 125.0445501° - 6962890.2665''t + 7.4722''t^2 + 0.007702''t^3 - 0.00005939''t^4 \tag{2.112}$$

实际计算时，黄经章动和交角章动采用的是 IAU 理论模型计算值，与实际观测有一定误差，即忽略了 $\delta\Delta\varepsilon$ 和 $\delta\Delta\psi$ 的影响，由此引起的星座整体旋转为

$$\mathfrak{R} = \begin{bmatrix} 1 & -\delta\Delta\psi\cos\bar{\varepsilon}_A & -\delta\Delta\psi\sin\bar{\varepsilon}_A \\ \delta\Delta\psi\cos\bar{\varepsilon}_A & 1 & \delta\Delta\varepsilon \\ \delta\Delta\psi\sin\bar{\varepsilon}_A & \delta\Delta\varepsilon & 1 \end{bmatrix} \tag{2.113}$$

式中：$\bar{\varepsilon}_A = \varepsilon_A + \Delta\varepsilon$；黄经章动 $\delta\Delta\psi$ 的误差通常为几到几十毫角秒；交角章动 $\delta\Delta\varepsilon$ 的误差为几毫角秒。这些误差，引起星座有最大几十毫角秒的整体旋转。

2.4.4.2 惯性坐标系与地固坐标系的速度转换

J2000.0 惯性坐标系下的速度矢量转换到地固坐标系同样需要经过四次变换。

(1) J2000.0 惯性坐标系 $\boldsymbol{v}$ 到瞬时平赤道坐标系 $\boldsymbol{v}_{\mathrm{M}}$：

$$\boldsymbol{v}_{\mathrm{M}} = (\boldsymbol{PR})\boldsymbol{v} \tag{2.114}$$

(2) 瞬时平赤道坐标系 $\boldsymbol{v}_{\mathrm{M}}$ 至瞬时真赤道坐标系 $\boldsymbol{v}_{\mathrm{T}}$：

$$\boldsymbol{v}_{\mathrm{T}} = (\boldsymbol{NR})\boldsymbol{v}_{\mathrm{M}} \tag{2.115}$$

(3) 瞬时真赤道坐标系 $\boldsymbol{v}_{\mathrm{T}}$ 至准地固坐标系 $\boldsymbol{v}'_{\mathrm{b}}$：

$$\boldsymbol{v}_{\mathrm{b}} = \boldsymbol{R}(t)\boldsymbol{v}_{\mathrm{T}} + \dot{\boldsymbol{R}}(t)\boldsymbol{r} \tag{2.116}$$

式中

$$\dot{\boldsymbol{R}}(t) = \begin{bmatrix} -\sin S_0 & \cos S_0 & 0 \\ -\cos S_0 & -\sin S_0 & 0 \\ 0 & 0 & 1 \end{bmatrix}\dot{S} \tag{2.117}$$

$$\dot{S} = \left(1 + \frac{8640184.812866}{86400 \times 36525} + \frac{2 \times 0.093104}{86400 \times 36525}T_{\mathrm{u}} - \frac{3 \times 6.2 \times 10^{-6}}{86400 \times 36525}T_{\mathrm{u}}^2\right)\frac{2\pi}{86400} \cdot \frac{\mathrm{dJD(UT1)}}{\mathrm{d}t} \tag{2.118}$$

S_0 为格林尼治真恒星时，式(2.118)中略去了

$$\frac{\mathrm{d}(\Delta\psi\cos(\bar{\varepsilon} + \Delta\varepsilon))}{\mathrm{d}t} \approx 10^{-5} \tag{2.119}$$

$$\frac{\mathrm{dJD(UT1)}}{\mathrm{d}t} = 1 + \frac{\mathrm{d(UT1R - TAI)}}{\mathrm{d}t} + \frac{\mathrm{d(UT1 - UT1R)}}{\mathrm{d}t} \tag{2.120}$$

式(2.120)等号右边第二项查 IERS 报告中列表 UT1R－TAI，求得差商替代，即 D_{R} 日长变化；第三项对应短周期变化部分的计算可以查阅 IERS 的年度报告。

$$\frac{\mathrm{d(UT1 - UT1R)}}{\mathrm{d}t} = \sum_{k=1}^{41} A_k(n_{k1}i + \cdots + n_{k5}\dot{\Omega})\cos(n_{k1}l + \cdots + n_{k5}\Omega) \tag{2.121}$$

(4) 准地固坐标系 $\boldsymbol{v}'_{\mathrm{b}}$ 至地固坐标系 $\boldsymbol{v}_{\mathrm{b}}$：

$$\boldsymbol{v}_{\mathrm{b}} = \boldsymbol{W}(t)\boldsymbol{v}'_{\mathrm{b}} \tag{2.122}$$

地固坐标系到惯性坐标系的速度转换为上述过程的逆过程，各步转换矩阵为上述过程中矩阵的逆矩阵。

2.4.4.3 惯性坐标系到星固坐标系的转换

惯性坐标系到星固坐标系的转换关系式主要用于精密定轨中的卫星天线相位中心修正计算。由星固坐标系的定义可知，位置矢量在 J2000.0 惯性坐标系到星固坐标系的转换矩阵为

$$\boldsymbol{C}(3,i) = -\frac{\boldsymbol{r}}{r}, \quad \boldsymbol{C}(2,i) = -\frac{\boldsymbol{r} \times \boldsymbol{v}}{|\boldsymbol{r} \times \boldsymbol{v}|}, \quad \boldsymbol{C}(1,i) = \boldsymbol{C}(2,j) \times \boldsymbol{C}(3,k) \tag{2.123}$$

式中：$i = 1,2,3$ 对应于转换矩阵 $\boldsymbol{C}$ 中每个行矢量的三个分量，$\boldsymbol{C}(2,j)$ 和 $\boldsymbol{C}(3,k)$ 为矩阵 $\boldsymbol{C}$ 中第 2 行和第 3 行的行矢量。

2.4.4.4　导航系统坐标系之间的转换

ITRF2000 与 PZ-90.02 坐标系的变换关系为[35]

$$\begin{bmatrix} X \\ Y \\ Z \end{bmatrix}_{PZ-90.02} = \begin{bmatrix} X \\ Y \\ Z \end{bmatrix}_{ITRF-2000.0} + \begin{bmatrix} 0.36 \\ -0.08 \\ -0.18 \end{bmatrix} \tag{2.124}$$

WGS-84 与 PZ-90 坐标系的变换关系为

$$\begin{bmatrix} X \\ Y \\ Z \end{bmatrix}_{PZ-90} = (1+0.12\times10^{-6}) \begin{bmatrix} 1 & 0.9696\times10^{-6} & 0 \\ 0.9696\times10^{-6} & 1 & 0 \\ 0 & 0 & 1 \end{bmatrix} \begin{bmatrix} X \\ Y \\ Z \end{bmatrix}_{WGS-84} + \begin{bmatrix} 1.10 \\ 0.30 \\ 0.90 \end{bmatrix} \tag{2.125}$$

2.5　卫星精密定轨摄动理论

卫星精密定轨是利用一系列地面观测资料测定卫星空间位置的过程。这一过程通常采用动力学方法，这就需要对卫星轨道运动所对应的基本力学模型进行分析建模。卫星在空间围绕地球运动过程中受到多种作用力影响，这些作用力主要包括两类：一类为保守力，主要包括地球引力，日、月、行星引力以及地球非球形摄动、地球潮汐摄动等；另一类为非保守力，主要包括大气阻力、卫星姿态控制力、太阳光压辐射摄动、地球反照和红外辐射压力摄动等。理论上，卫星运动一般描述为有摄二体问题，即卫星受到的地球引力近似看作二体问题，其他作用力看作二体问题的摄动力。有关二体问题的六个积分、运动展开式和方程解法在很多文献中均有描述，这里不再赘述。本节主要针对导航卫星精密定轨中涉及的各种摄动力进行阐述与分析。

2.5.1　引力摄动

把地球作为质点计算卫星所受的加速度，即二体问题。实际上，地球内部质量分布不均匀，而且它的形状是近似的一个椭球体。另外，由于地球本身不是一个刚体，在日、月引力作用下，地球内部和地球表面的海洋及大气都发生潮汐现象，潮汐使地球的质量分布随时间而变化，因此地球引力的位函数是时间的函数。地球非球形部分的引力和潮汐引起的地球质量的再分布对卫星运动都将产生重要的影响，在精密定轨中必须予以考虑。

由于地球引力是保守力，因此它能表示为位函数 V 的梯度，即

$$\nabla V = \nabla(V_S + \Delta V_{St} + \Delta V_{Ot} + \Delta V_{rt} + \Delta V_a) \tag{2.126}$$

式中：∇V 为 V 在地固坐标系中的梯度；V_S 为地球引力的位函数；ΔV_{St} 为固体潮引起的

地球位函数的变化部分；ΔV_{0t}为海潮引起的地球位函数的变化部分；ΔV_{rt}为地球旋转形变引起的地球位函数的变化部分；ΔV_a 为大气潮汐引起的地球位函数的变化部分。

2.5.1.1 地球非球形摄动

地球是一个密度分布不均匀的非球形天体，当卫星的地心距、经度、纬度分别为 r、λ、φ 时，则地球引力位在地固坐标系中的球谐函数展开式为

$$V_S = V_0 + V' = \frac{GM_E}{r} + \frac{GM_E}{r}\Big[\sum_{n=2}^{\infty} C_{n0}\left(\frac{R_E}{r}\right)^n P_n(\sin\varphi) + \sum_{n=2}^{\infty}\sum_{m=1}^{n}\left(\frac{R_E}{r}\right)^n P_{nm}(\sin\varphi)(C_{nm}\cos(m\lambda) + S_{nm}\sin(m\lambda))\Big] \tag{2.127}$$

式中：V_0 为二体引力位，即将卫星和地球看作质点，星地之间的万有引力位；V'为非球形摄动引力位；R_E 为地球赤道的平均半径。

为了便于计算，将式(2.127)进行规则化，则地球非球形部分的摄动函数为

$$V' = \frac{GM_E}{r}\Big\{\sum_{n=2}^{\infty} \bar{C}_{n0}\left(\frac{R_E}{r}\right)^n \bar{P}_n(\sin\varphi) + \sum_{n=2}^{\infty}\sum_{m=1}^{n}\left(\frac{R_E}{r}\right)^n \bar{P}_{nm}(\sin\varphi)[\bar{C}_{nm}\cos(m\lambda) + \bar{S}_{nm}\sin(m\lambda)]\Big\} \tag{2.128}$$

式中：$\bar{C}_{nm}$、$\bar{S}_{nm}$为归一化的引力场系数；$\bar{P}_{nm}(\sin\varphi)$为归一化的勒让德(Legendre)多项式。

V'的梯度 gradV'即为地球非球形引力摄动加速度，其中归一化保证了球面函数的坐标与地球质心一致，因此存在关系式

$$\bar{C}_{10} = \bar{C}_{11} = \bar{S}_{11} = 0 \tag{2.129}$$

引力场模型的选取对导航卫星定轨精度有一定的影响。目前还没有很好地适应各种卫星的引力场摄动模型，主要原因是引力系数是待估出来的，隐含了许多未模制(即模型化表达)的摄动因素，这些摄动对各种卫星的影响并不一样。对某种类型的卫星而言，最好选用由该类型卫星的观测资料拟合出来的引力场模型。对于高轨的导航卫星，球谐系数只要取到10阶，即可满足精度要求[40,50-51]。

2.5.1.2 潮汐摄动

由于地球不是刚体，在日、月引力的作用下会发生形变，从而引起地球引力场的变化。地球的这种形变可分为固体潮、海潮和大气潮三种类型。

固体潮汐源于地球陆地部分发生的弹性形变，它可使地球外壳的起伏振幅达到20~30cm。固体潮汐的存在除影响地球自转外，还对卫星的轨道产生两种直接影响：一种是地壳的起伏和位移使得地面跟踪站的位置发生改变，称“几何潮汐”，这一改变在测量模型中消除；另一种是固体潮汐使得地球内部质量分布随时间变化，使得地球的引力场也随时间变化，这一影响称为“动力潮汐”。

在日、月引力潮的影响下，海洋发生潮汐涨落现象，海潮的发生导致了海水质量

的重新分布,造成地球外部引力位的变化。这种变化可分为两个方面:一是海水负荷载的直接引力变化所导致引力位变化;二是海水负荷载引起的变形,从而产生附加位变化,这就是海洋潮汐的影响。

同样,围绕在地球外部的大气也有潮汐现象,有两种原因:一是太阳和月球引力形成的引力潮位;二是太阳的热源,这是大气潮汐的主要原因。在三种潮汐摄动中,大气潮汐摄动最小,固体潮汐对卫星轨道摄动影响仅占 2.5% ,可以并入海洋潮汐摄动,只修正相应的海潮波潮汐系数。

此外,地球自转的不均匀性也会引起地球的形变,称为地球自转形变。伴随形变产生的地球形态和质量分布的改变,也将影响地球重力场。

目前,潮汐模型大多以 Wahr 模型为基础,该模型是以地球引力场位函数展开式系数的变化来表达的。下面重点介绍固体潮汐、海洋潮汐和地球自转形变。

1) 固体潮汐

固体潮汐引起地球外部引力位的变化为

$$\Delta V_{\mathrm{St}} = \frac{GM_{\mathrm{E}}}{R_{\mathrm{E}}^{2}} \sum_{n=2}^{(3)} \sum_{m=0}^{n} \sum_{k(n,m)} H_{k} \mathrm{e}^{\mathrm{i}(\Theta_{k}+\chi_{k})} k_{k}^{0} \left[\left(\frac{R_{\mathrm{E}}}{r}\right)^{n+1} Y_{m}^{n}(\varphi,\lambda) + k_{k}^{+} \left(\frac{R_{\mathrm{E}}}{r}\right)^{n+3} Y_{m}^{n+2}(\lambda,\varphi) \right] \tag{2.130}$$

式中:$Y_{m}^{n}(\varphi,\lambda)=(-1)^{m}\sqrt{\frac{(2n+1)}{4\pi}\frac{(n-m)!}{(n+m)!}}P_{nm}(\sin\varphi)\mathrm{e}^{\mathrm{i}m\lambda}$;$H_k$ 为与频率无关的分波潮 k 的振幅;k_k^0、k_k^+ 为分波潮 k 的 LOVE 数;Θ_k、χ_k 分别为分波潮 k 的幅角和相位改正,其中

$$\chi_{k} = \begin{cases} 0 & n-m \text{ 为偶数} \\ -\pi/2 & n-m \text{ 为奇数} \end{cases} \tag{2.131}$$

固体潮引起的地球非球形引力位的系数变化为

$$\Delta \bar{C}_{nm} = \frac{(-1)^{m}}{R_{\mathrm{E}}\sqrt{4\pi(2-\delta_{0m})}} \sum_{k} k_{k}^{0} H_{k} \begin{cases} \cos\Theta_{k} & n-m \text{ 为偶数} \\ \cos\Theta_{k} & n-m \text{ 为奇数} \end{cases} \tag{2.132}$$

$$\Delta \bar{S}_{nm} = \frac{(-1)^{m}}{R_{\mathrm{E}}\sqrt{4\pi(2-\delta_{0m})}} \sum_{k} k_{k}^{0} H_{k} \begin{cases} -\sin\Theta_{k} & n-m \text{ 为偶数} \\ \cos\Theta_{k} & n-m \text{ 为奇数} \end{cases} \tag{2.133}$$

式中:δ_{0m} 为克罗内克函数;$\Delta\bar{C}_{nm}$、$\Delta\bar{S}_{nm}$ 分别为由于潮汐引起的地球引力位随时间的变化量。有些文献将上述变化量分成两部分:一部分是与频率无关的洛夫数 k_2 引起的变化;另一部分是对洛夫数 k_2 进行不同频率分潮波的相关修正。

2) 海洋潮汐

海洋潮汐引起地球外部引力位的变化为[39]

$$\Delta V_{\mathrm{Ot}} = 4\pi G\rho_{\mathrm{w}} R_{\mathrm{E}} \sum_{k} \sum_{n=0}^{\infty} \sum_{m=0}^{n} \sum_{+}^{-} \frac{1+k_{n}'}{2n+1} \left(\frac{R_{\mathrm{E}}}{r}\right)^{n+1} \times \left[C_{knm}^{\pm}\cos(\Theta_{k} \pm m\lambda) + S_{knm}^{\pm}\sin(\Theta_{k} \pm m\lambda) \right] P_{nm}(\sin\varphi) \tag{2.134}$$

式中：Θ_k 为分波潮 k 的幅角；ρ_w 为海水平均密度；k'_n 为负荷形变系数；$C^{\pm}_{knm}$、$S^{\pm}_{knm}$ 分别为未归一化的"顺行波"和"逆行波"的系数。

海洋潮汐引起的地球非球形引力位的系数变化为

$$\begin{cases}\Delta\bar{C}_{nm} = F_{nm}\sum_k A_{knm} \\ \Delta\bar{S}_{nm} = F_{nm}\sum_k B_{knm}\end{cases} \tag{2.135}$$

式中

$$F_{nm} = \frac{4\pi R_E^2\rho_w}{M_E}\sqrt{\frac{(n+m)}{(n-m)!\ (2n+1)(2-\delta_{0m})}}\frac{1+k'_n}{2n+1} \tag{2.136}$$

$$\begin{bmatrix}A_{knm}\\ B_{knm}\end{bmatrix} = \begin{bmatrix}C^+_{knm}+C^-_{knm}\\ S^+_{knm}-S^-_{knm}\end{bmatrix}\cos\Theta_k + \begin{bmatrix}S^+_{knm}+S^-_{knm}\\ C^-_{knm}-C^+_{knm}\end{bmatrix}\sin\Theta_k \tag{2.137}$$

在地球非球形部分摄动位函数中，系数 $\bar{C}_{nm}$ 和 $\bar{S}_{nm}$ 表明了地球内部质量的表态分布情况。这些系数都是常数，但是由于潮汐等原因，使得地球内部的质量分布随时间而变化，从而使地球外部的引力场也随时间而变化。因此，$\bar{C}_{nm}$ 和 $\bar{S}_{nm}$ 不再是常数，而成为时间的函数。

3）地球自转形变

潮汐影响地球的自转和离心力的变化，从而引起地球旋转的不均匀性。地球自转的不均匀性也会引起地球的形变，称为地球自转形变。这种地球自转形变导致离心力位的变化为

$$V_C = \frac{1}{3}\omega^2 r^2 + \Delta V_C \tag{2.138}$$

$$\begin{aligned}\Delta V_C = {} & \frac{r^2}{6}(\omega_1^2+\omega_2^2-2\omega_3^2)P_{20}(\sin\varphi) - \frac{r^2}{3}(\omega_1\omega_3\cos\lambda+\omega_2\omega_3\sin\lambda)P_{21}(\sin\varphi) + \\ & \frac{r^2}{12}(\omega_2^2-\omega_1^2\cos2\lambda-2\omega_{12}\omega_{23}\sin2\lambda)P_{22}(\sin\varphi)\end{aligned} \tag{2.139}$$

其中

$$\omega_1 = \Omega m_1,\quad \omega_2 = \Omega m_2,\quad \omega_3 = \Omega(1+m_3),\quad \omega^2 = \omega_1^2+\omega_2^2+\omega_3^2$$

式中：Ω 为地球旋转的平均角速度；m_1 和 m_2 与地球极移运动有关，m_3 描述旋转角速度的变化，它们与地球自转参数的关系表达式为

$$m_1 = x_p,\quad m_2 = -y_p,\quad m_3 = \frac{d(UT1-TAI)}{d(TAI)} \tag{2.140}$$

在式(2.140)中，第一项可以忽略。地球自转形变引起地球外部引力位的变化为

$$V_{rd} = \left(\frac{R_E}{r}\right)^3 k_2\Delta V_C(R_E) \tag{2.141}$$

上述变化引起地球非球形引力位的系数变化为

$$\begin{cases}\Delta C_{20}=\dfrac{R_{\mathrm{E}}^2}{6GM_{\mathrm{E}}}[m_1^2+m_2^2-2(1+2m_3)^2]\Omega^2k_2\approx\dfrac{R_{\mathrm{E}}^2}{3GM_{\mathrm{E}}}(1+2m_3)^2\Omega^2k_2\\ \Delta C_{21}=\dfrac{-R_{\mathrm{E}}^2}{3GM_{\mathrm{E}}}m_1(1+m_3)^2\Omega^2k_2\approx\dfrac{-R_{\mathrm{E}}^2}{3GM_{\mathrm{E}}}m_1\Omega^2k_2\\ \Delta S_{21}=\dfrac{-R_{\mathrm{E}}^2}{3GM_{\mathrm{E}}}m_2(1+m_3)\Omega^2k_2\approx\dfrac{-R_{\mathrm{E}}^2}{3GM_{\mathrm{E}}}m_2\Omega^2k_2\\ \Delta C_{22}=\dfrac{-R_{\mathrm{E}}^2}{12GM_{\mathrm{E}}}(m_2^2-m_1^2)^2\Omega^2k_2\approx 0\\ \Delta S_{22}=\dfrac{-R_{\mathrm{E}}^2}{6GM_{\mathrm{E}}}m_2m_1\Omega^2k_2\approx 0\end{cases}\tag{2.142}$$

综合上面各式,地球引力位在地固坐标系中的球谐函数展开式可表示为

$$V=\frac{GM_{\mathrm{E}}}{r}+\frac{GM_{\mathrm{E}}}{r}\left\{\sum_{n=2}^{\infty}(\bar{C}_{n0}+\Delta\bar{C}_{n0})\left(\frac{RE_{\mathrm{E}}}{r}\right)^n\bar{P}_n(\sin\varphi)+\right.$$
$$\left.\sum_{n=2}^{\infty}\sum_{m=1}^{n}\left(\frac{R_{\mathrm{E}}}{r}\right)^n\bar{P}_{nm}(\sin\varphi)[(\bar{C}_{nm}+\Delta\bar{C}_{nm})\cos(m\lambda)+(\bar{S}_{nm}+\Delta\bar{S}_{nm})\sin(m\lambda)]\right\}\tag{2.143}$$

式中:$\Delta\bar{C}_{n0}$、$\Delta\bar{C}_{nm}$、$\Delta\bar{S}_{nm}$分别为固体潮、海潮和地球自转形变引起的球谐系数的周期变化。

2.5.1.3　*N*体摄动

卫星在围绕地球运行时,不但受到中心天体地球引力的影响,而且受到太阳、月球和其他行星引力的影响。这里,把中心天体地球之外的其他天体称为摄动天体,人造地球卫星称为被摄动体。考虑该影响时,摄动天体、中心天体和被摄动体都看作是质点。

假设在惯性坐标系中,$\boldsymbol{r}$为卫星位置矢量,$\boldsymbol{r}_j$、M_j分别为第j颗摄动天体的位置矢量和质量,则摄动天体对卫星产生的摄动加速度为

$$\boldsymbol{a}_{NB}=-\sum_{j=1}^{n}GM_j\left(\frac{\boldsymbol{r}_j}{r_j^3}+\frac{\boldsymbol{\Delta}_j}{\Delta_j^3}\right)\tag{2.144}$$

式中:$\boldsymbol{\Delta}_j=\boldsymbol{r}-\boldsymbol{r}_j$。

在太阳系中月球摄动、太阳摄动量级达到10^{-7},木星摄动量级达到10^{-12},其他行星摄动量级小于10^{-13}。根据上述摄动力大小分析,第三体摄动只需考虑月球摄动和太阳摄动。在导航卫星的精密定轨中,可以统一采用 JPL DE403 行星历表。

2.5.1.4　广义相对论效应摄动

相对论效应使卫星在非旋转地心坐标系中的运动方程增加了一项相对论效应加速度[39]:

$$\boldsymbol{a}_{\mathrm{RL}}=\boldsymbol{a}_{\mathrm{RL1}}+\boldsymbol{a}_{\mathrm{RL2}}+\boldsymbol{a}_{\mathrm{RL3}}=$$
$$\frac{GM_{\mathrm{E}}}{c^2r^3}\left\{\left[2(\beta+\gamma)\frac{GM_{\mathrm{E}}}{r}-\gamma V^2\right]\boldsymbol{r}+2(1+\gamma)(\boldsymbol{r}\cdot\boldsymbol{V})\boldsymbol{V}+\right.$$

$$2(\boldsymbol{\Omega}\times\boldsymbol{V})+\frac{GM_{\mathrm{E}}}{c^{2}r^{3}}(1+\gamma)\left[\frac{3}{r^{2}}(\boldsymbol{r}\times\boldsymbol{V})(\boldsymbol{r}\cdot\boldsymbol{J})+(\boldsymbol{V}\times\boldsymbol{J})\right] \tag{2.145}$$

式中：$\boldsymbol{a}_{\mathrm{RL1}}$、$\boldsymbol{a}_{\mathrm{RL2}}$、$\boldsymbol{a}_{\mathrm{RL3}}$为地球自转和扁率的广义相对论效应，$\boldsymbol{a}_{\mathrm{RL1}}$为 Schwarzschild 项，$\boldsymbol{a}_{\mathrm{RL2}}$为测地岁差项，$\boldsymbol{a}_{\mathrm{RL3}}$为 Lense-Thirring 岁差项；$\boldsymbol{r}$、$\boldsymbol{V}$分别为卫星的地心位置矢量和速度矢量；$\boldsymbol{J}$为地球单位质量的角动量，$|\boldsymbol{J}|=9.8\times10^{8}\mathrm{m}^{2}/\mathrm{s}$；$\beta$、$\gamma$分别为相对论效应的第一、第二参数，取值均为1，也可作为被估量；$\boldsymbol{\Omega}$为

$$\boldsymbol{\Omega}\approx\frac{3}{2}(\boldsymbol{V}_{\mathrm{E}}-\boldsymbol{V}_{\mathrm{S}})\times\left[-\frac{GM_{\mathrm{S}}}{C^{2}r_{\mathrm{ES}}^{3}}\boldsymbol{\Delta}_{\mathrm{ES}}\right] \tag{2.146}$$

式中：$\boldsymbol{V}_{\mathrm{E}}$、$\boldsymbol{V}_{\mathrm{S}}$分别为地球和太阳在太阳系质心中的速度矢量；$\boldsymbol{\Delta}_{\mathrm{ES}}$、$r_{\mathrm{ES}}$分别为地球到太阳的矢量和距离。

式(2.145)中的第一项 Schwarzschild 项是相对论效应的主项，如对 Lageos 卫星，该项可使轨道近地点幅角ω产生9 mas/d 的摄动。测地岁差项和 Lense-Thirring 岁差项对卫星轨道的摄动很小，比第一项小两个量级，对应目前的定轨精度可忽略不计。

2.5.2 非引力摄动

2.5.2.1 大气阻力摄动

高层大气会对卫星的运动产生阻力，称为大气阻力摄动。大气阻力是一种耗散力。对于低轨卫星而言，它的影响非常明显，是低轨卫星的主要摄动源之一。但是，对于中高轨卫星而言，该项摄动可以忽略不计[39]。大气阻力产生的摄动加速度为

$$\boldsymbol{a}_{\mathrm{D}}=\boldsymbol{a}_{\mathrm{DB}}+\boldsymbol{a}_{\mathrm{DP}} \tag{2.147}$$

式中：$\boldsymbol{a}_{\mathrm{DB}}$为卫星星体部分的大气阻力摄动加速度；$\boldsymbol{a}_{\mathrm{DP}}$为卫星太阳面板部分的大气阻力摄动加速度。

卫星星体部分的大气阻力摄动加速度为

$$\boldsymbol{a}_{\mathrm{DB}}=-\frac{1}{2}C_{\mathrm{D}}\cdot\rho\cdot\left(\frac{S_{\mathrm{P}}}{m}\right)v_{\mathrm{R}}\boldsymbol{v}_{\mathrm{R}} \tag{2.148}$$

式中：C_{D}为大气阻力系数；$\frac{S_{\mathrm{P}}}{m}$为卫星面质比，S_{P}为太阳帆板的面积，m为卫星质量；ρ为大气密度；$\boldsymbol{v}_{\mathrm{R}}$为卫星相对于大气的速度矢量，$\boldsymbol{v}_{\mathrm{R}}=\boldsymbol{r}-\boldsymbol{\omega}\times\boldsymbol{r}$，$\boldsymbol{\omega}$是在 J2000 惯性坐标系中地球自转角速度矢量，假定大气与地球一同自转，其自转角速度与地球自转角速度相同。

不同的卫星，其太阳面板的安装角度和对太阳定向的控制方式是不同的，因此大气阻力的方向和大小也不相同。下面给出太阳面板对太阳全定向方式下大气阻力摄动加速度的计算方法。基于该控制方式，太阳面板始终指向太阳，大气阻力摄动加速度为

$$\boldsymbol{a}_{\mathrm{DP}}=-\frac{1}{2}C_{\mathrm{D}}\cdot\rho\left(\frac{S_{\mathrm{P}}}{m}\right)v_{\mathrm{R}}(\boldsymbol{v}_{\mathrm{R}}\cdot\boldsymbol{\Delta}_{\mathrm{S}})\boldsymbol{\Delta}_{\mathrm{S}} \tag{2.149}$$

式中：$\boldsymbol{\Delta}_S$ 为太阳面板的法向单位矢量。

大气阻力系数 C_D 与卫星的表面材料、形状、大气成分等因素相关，因此，它的数值很难准确确定，一般情况下，C_D 为 1.0 ~ 2.0。卫星的横截面积往往也难以确定。由于卫星姿态的变化，与运动方向垂直的横截面积随时间变化，所以在轨道确定中往往把 $C_D\left(\frac{S_P}{m}\right)$ 作为未知量与卫星的运动状态进行估计。同时考虑到 C_D 的时间变化率，则可写成

$$C_D = C_{D0} + \dot{C}_D \cdot \text{Day} \tag{2.150}$$

式中：C_{D0} 为常数；$\dot{C}_D$ 为 C_{D0} 的变化率，可作为待估参数；Day 为从初始历元起算的天数。

由于目前对高层大气密度及其变化的机制尚未完全掌握，且影响高层大气密度的各种因素非常复杂，因此目前所使用的各种大气密度模型都属于半经验公式。大气密度模型主要可分为两类：一类只考虑大气密度随高度的变化，这类模型称为“一维大气密度模型”；另一类不但考虑大气密度随高度的变化，而且考虑大气密度随季节和纬度的变化，包括周日变化和其他周期性变化，这类模型称为“三维大气密度模型”。目前常用的大气模型为指数模型、改进的 Harris - Priester 模型、Jacchia71、Jacchia77、DTM 和 MSIS90 模型，后面 4 个模型都属于三维大气模型[52-53]。

2.5.2.2　太阳辐射光压摄动

太阳辐射光压摄动是由于太阳光辐射到卫星上对卫星产生压力造成的，也称为光压摄动。太阳光压摄动由两部分组成：

$$\boldsymbol{a}_{SR} = \boldsymbol{a}_{SRB} + \boldsymbol{a}_{SRP} \tag{2.151}$$

式中：$\boldsymbol{a}_{SRB}$ 为卫星星体部分的太阳光压摄动加速度；$\boldsymbol{a}_{SRP}$ 为卫星太阳面板部分的太阳光压摄动加速度。

光压摄动涉及的地影可采用圆柱形地影模型或双锥形地影模型，二者的差别非常小。在圆柱形地影中将圆柱半径取为地球参考椭球体赤道半径 a_e，略去的地球非球形和大气消光的衰减效应引起的差别也只有 10^{-3} 的量级。

1）卫星星体部分的光压摄动加速度

卫星星体部分的光压摄动加速度为

$$\boldsymbol{a}_{SRB} = -F\rho_{SR}\left(\frac{A_U}{\Delta_S}\right)^2(1 + \eta + \dot{\eta}\Delta T)\left(\frac{A}{m}\right)\frac{\boldsymbol{\Delta}_S}{\Delta_S} \tag{2.152}$$

式中：F 为阴影因子；ρ_{SR} 为在地球附近的太阳光压常数，$\rho_{SR} = 4.5605 \times 10^{-6}\,\text{N/m}^2$；$\eta$ 为卫星受照表面的反射系数；$\dot{\eta}$ 为 η 的时间变化率；当 η、$\dot{\eta}$ 作为弧段相关参数时，ΔT 为 t 到本弧段起始时刻的时间间隔，当 η、$\dot{\eta}$ 作为全局参数时，ΔT 为 t 到卫星状态历元时刻的时间间隔；A 为垂直于 $\boldsymbol{\Delta}_S$ 的卫星横截面积。

一般说来，卫星的外形不一定是圆球体，在运行过程中垂直于 $\boldsymbol{\Delta}_S$ 的横截面积 A

也在变化，这与卫星的外形和姿态有关。对于主轴始终与卫星的地心向径 $\boldsymbol{r}$ 方向一致的外形，其横截面积计算方法如下：

设卫星垂直于 $\boldsymbol{\Delta}_S$ 的横截面积平均值为 A_0，变化部分为 ΔA，则有

$$A = A_0 + \Delta A\cos 2\theta = A_0 + \Delta A\left[2\left(\frac{\boldsymbol{r}\cdot\boldsymbol{\Delta}_S}{r}\right)^2 - 1\right] \tag{2.153}$$

式中：θ 为卫星主轴方向与卫星-太阳向径 $\boldsymbol{\Delta}_S$ 之间的夹角，且有

$$\cos\theta = \frac{1}{r}\boldsymbol{r}\cdot\boldsymbol{\Delta}_S \tag{2.154}$$

2）太阳面板部分的光压摄动加速度

不同的卫星，其太阳面板的安装角度和对太阳定向的控制方式可能是不同的，太阳辐射对太阳面板压力的方向也就不同，因此，要根据各卫星太阳面板的具体情况计算太阳辐射摄动加速度。如果卫星在围绕地球运动过程中，其太阳面板的法向始终是指向太阳，那么太阳帆板摄动加速度为

$$\boldsymbol{a}_{SRP} = -F\rho_{SR}\left(\frac{A_U}{\Delta_S}\right)^2\left(\frac{A_P}{m}\right)(1+\beta)\frac{\boldsymbol{\Delta}_S}{\Delta_S} \tag{2.155}$$

式中：A_P 为太阳帆板的面积；β 为太阳帆板辐射的反射系数，可作为被估计值。

3）常用的太阳光压模型

除了经典的 Box-Wing 球模型外，目前精密定轨中常用的光压模型主要有 7 种，分别是 SPHRC、SRDYZ、SRXYZ、SRDYB、BERNESE、BERN1 和 BERN2（ECOM）模型[39,54]。

首先定义几个坐标轴，$\boldsymbol{e}_x$、$\boldsymbol{e}_y$、$\boldsymbol{e}_z$ 为星固坐标系坐标轴的单位矢量（其中 $\boldsymbol{e}_z$ 指向地球中心），$\boldsymbol{e}_D$ 为太阳至卫星方向的单位矢量，并且有 $\boldsymbol{e}_y = \boldsymbol{e}_z \times \boldsymbol{e}_D$，$\boldsymbol{e}_x = \boldsymbol{e}_y \times \boldsymbol{e}_z$。各种太阳光压模型参数如表 2.2 所列。

表 2.2　各种太阳光压模型参数

模型类型	坐标轴	参数个数	模型类型	坐标轴	参数个数
SPHRC	$\boldsymbol{e}_D,\boldsymbol{e}_y,\boldsymbol{e}_z$	3	BERNESE	$\boldsymbol{e}_D,\boldsymbol{e}_y,\boldsymbol{e}_z$	9
SRDYZ	$\boldsymbol{e}_D,\boldsymbol{e}_y,\boldsymbol{e}_z$	3	BERN1	$\boldsymbol{e}_D,\boldsymbol{e}_y,\boldsymbol{e}_z$	9
SRXYZ	$\boldsymbol{e}_x,\boldsymbol{e}_y,\boldsymbol{e}_z$	3	BERN2	$\boldsymbol{e}_D,\boldsymbol{e}_y,\boldsymbol{e}_z$	6
SRDYB	$\boldsymbol{e}_D,\boldsymbol{e}_y,\boldsymbol{e}_B$	3			

SPHRC 模型加速度计算公式为

$$a_S = \frac{A_U^2}{\boldsymbol{\Delta}_S^2}\cdot D_0\cdot[F\cdot \mathrm{SRP}(1)\cdot\boldsymbol{e}_D + \mathrm{SRP}(2)\cdot\boldsymbol{e}_y + \mathrm{SRP}(3)\cdot\boldsymbol{e}_z] \tag{2.156}$$

式中：$\mathrm{SRP}(i)$（$i=1,2,3$）为三轴方向辐射压系数，作为待估参数；D_0 为 ROCK 模型计算出来的太阳辐射压产生的加速度的理论值，单位为 $10^{-5}\,\mathrm{m/s^2}$，其取值与卫星型号和质量有关。

SRDYZ 模型加速度计算公式为

$$a_S = \frac{A_U^2}{\boldsymbol{\Delta}_S^2} \cdot [D_0 \cdot (F \cdot SRP(1) \cdot \boldsymbol{e}_D + SRP(2) \cdot \boldsymbol{e}_y + SRP(3) \cdot \boldsymbol{e}_z) + F \cdot (X(B) \cdot \boldsymbol{e}_x + Z(B) \cdot \boldsymbol{e}_z)] \tag{2.157}$$

式中：$X(B)$、$Z(B)$分别为太阳光压在 $\boldsymbol{e}_x$、$\boldsymbol{e}_z$ 方向上的周期项，其单位为 $10^{-8}\mathrm{m/s^2}$。

SRXYZ 模型加速度计算公式为

$$a_S = \frac{A_U^2}{\boldsymbol{\Delta}_S^2} \cdot (F \cdot SRP(1) \cdot X(B) \cdot \boldsymbol{e}_x + SRP(2) \cdot D_0 \cdot \boldsymbol{e}_y + F \cdot SRP(3) \cdot Z(B) \cdot \boldsymbol{e}_z) \tag{2.158}$$

SRDYB 模型加速度计算公式为

$$a_S = \frac{A_U^2}{\boldsymbol{\Delta}_S^2} \cdot D_0 \cdot (SRP(1) \cdot \boldsymbol{e}_D + SRP(2) \cdot \boldsymbol{e}_y + F \cdot SRP(3) \cdot \boldsymbol{e}_B) \tag{2.159}$$

式中：$e_B = e_D \times e_y$。

BERNE 模型加速度计算公式为

$$a_S = \frac{A_U^2}{\boldsymbol{\Delta}_S^2} \cdot [D(u) \cdot \boldsymbol{e}_D + Y(u) \cdot \boldsymbol{e}_y + B(u) \cdot \boldsymbol{e}_B] \tag{2.160}$$

式中

$$\begin{cases} D(u) = D_0 \cdot [F \cdot SRP(1) + SRP(4) \cdot \cos u + SRP(5) \cdot \sin u] \\ Y(u) = D_0 \cdot [SRP(2) + SRP(6) \cdot \cos u + SRP(7) \cdot \sin u] \\ B(u) = D_0 \cdot [SRP(3) + SRP(8) \cdot \cos u + SRP(9) \cdot \sin u] \end{cases} \tag{2.161}$$

式中：$SRP(i)(i=1,2,\cdots,9)$为待估参数；u 为卫星在轨道平面上距升交点的角度。BERNESE 模型在 3 个轴方向上增加了周期性摄动系数。

BERN1 模型加速度计算公式为

$$a_S = \frac{A_U^2}{\boldsymbol{\Delta}_S^2} \cdot [D(u,\beta) \cdot \boldsymbol{e}_D + Y(u,\beta) \cdot \boldsymbol{e}_y + B(u,\beta) \cdot \boldsymbol{e}_B + (X_1(\beta) \cdot \sin(u-u_0) + X_3(\beta) \cdot \sin(3u-u_0)) \cdot \boldsymbol{e}_x + Z(\beta) \cdot \sin(u-u_0) \cdot \boldsymbol{e}_z] \tag{2.162}$$

式中：$D(u,\beta)$、$Y(u,\beta)$、$B(u,\beta)$分别为 e_D、e_y、e_B 轴上光压摄动周期项；$X_1(\beta)$、$X_3(\beta)$为e_x 轴上光压摄动周期项；$Z(\beta)$为e_z 轴上光压摄动周期项。

该模型认为e_D、e_y、e_B、e_x、e_z 轴上存在光压摄动周期项，模型参数包括e_D、e_y、e_B 三轴方向的光压摄动系数以及该三个方向的周期项摄动系数，e_x、e_z 轴上的周期摄动系数不作为参数估计。

BERN2 模型加速度计算公式为

$$a_S = \frac{A_U^2}{\boldsymbol{\Delta}_S^2} \cdot [D(\beta) \cdot \boldsymbol{e}_D + Y(\beta) \cdot \boldsymbol{e}_y + B(\beta) \cdot \boldsymbol{e}_B + (X_1(\beta) \cdot \sin(u-u_0) + X_3(\beta) \cdot \sin(3u-u_0)) \cdot \boldsymbol{e}_x + Z(\beta) \cdot \sin(u-u_0) \cdot \boldsymbol{e}_z] \tag{2.163}$$

式中：$D(\beta)$、$Y(\beta)$、$B(\beta)$分别为e_D、e_y、e_B轴上光压摄动周期项。

该模型又称为 ECOM 模型，它认为e_x、e_z轴上存在光压摄动周期项。

2.5.2.3 地球反照和红外辐射压力摄动

当地球吸收了太阳的辐射能量之后，会以光学辐射和红外辐射释放一部分能量。两种方式都会对卫星的运动产生影响，称为地球反照和红外辐射压力摄动。

如果卫星是球形，则光学辐射对该卫星将产生径向和横向摄动加速度。当卫星处于地球的日照半球的中心上空时，径向压力达到最大；当卫星处于地球的日照半球边缘的上空时，横向压力最大；当卫星处于地球无日照半球上空时，横向和径向压力均为0，红外辐射对球形卫星主要产生径向摄动加速度，它不依赖于太阳入射角。不论卫星是在日照半球，还是无日照半球，均受到地球红外辐射的压力，地球的红外辐射和光学辐射均随地球纬度和季节而变化。

地球反照和红外辐射压力的数学模型的精化主要问题在于反射率系数与辐射率系数的确定，受地面、海面和空间云层等各种复杂物理因素的影响，无法给出精确分析表达式，只能根据大量的测量数据进行拟合。有了反射率和辐射率的分析表达式，即可积分求出地球反照和红外辐射压力的摄动加速度。一般将地球被卫星可见部分分为中心冠和中心冠之外的 N_r 个圆环，第 i 环分成 $6(i-1)$ 个小段，采用近似方法计算。

中心冠的地球反照和红外辐射压力的摄动加速度为

$$\boldsymbol{a}_{\mathrm{ER0}} = F\left(a_{10}\cos\theta_s + \frac{1}{4}E_{\mathrm{m0}}\right)\frac{\boldsymbol{r}}{r} \tag{2.164}$$

式中：θ_s 为中心冠法向与太阳位置矢量的夹角；F 为

$$F = \rho_{\mathrm{SR}}\left(\frac{A_{\mathrm{U}}}{r_s}\right)^2\left(\frac{A_{\mathrm{E}}}{m}\right)(1+\eta_1+\dot{\eta}_1\Delta T)2(1-\cos\alpha_1) \tag{2.165}$$

式中：A_{E} 为在地球反照和红外辐射压力摄动中所需考虑的卫星截面积；r_s 为太阳到地球的距离；η_1、$\dot{\eta}_1$ 分别为地球反照和红外辐射的反射系数及其变化率，可作为待估参数；α_1 为中心冠面积元法向与卫星位置矢量的夹角。

第 i 环第 j 段的地球反照和红外辐射压力的摄动加速度为

$$\boldsymbol{a}_{\mathrm{ER}ij} = F\left(A_{1ij}\cos\theta_{sij} + \frac{1}{4}E_{\mathrm{m}ij}\right)\frac{\boldsymbol{P}_{ij}}{P_{ij}} \tag{2.166}$$

式中：A_{1ij}、$E_{\mathrm{m}ij}$分别为第 i 环第 j 段的地球反照率和红外辐射率；θ_{sij}为第 i 环第 j 段面积元的法向与太阳位置矢量的夹角；$\boldsymbol{P}_{ij}$为第 i 环第 j 段面积元指向卫星的矢量。

将中心冠与各圆环各小段的地球反照和红外辐射的加速度相加，即得到总的地球反照和红外辐射加速度。

2.5.2.4 经验力摄动

为了弥补一些作用在卫星上但未能精确模型化的力学因素，通常将一些经验参数引入轨道方程的求解，包括径向、切向及法向的线性经验摄动和周期性经验摄动参数,以及欧洲定轨中心(CODE)最先提出并应用于 GPS 卫星精密定轨的虚拟脉冲加速度摄动参数等。这些经验力模型的应用能较好地吸收动力模型的误差,在精密定轨过程中能较好地进行动力模型补偿。

1) 经验线性 RTN 摄动

卫星运动过程中受力非常复杂,通常非保守力未能模型化,在切向(T)尤为突出,因此在很多文献中均在切向附加了经验力,并通过频繁调节来弥补模型误差。实际上很多卫星,特别是低轨近极卫星切向和法向(N)的模型误差也很复杂。本节针对低轨卫星的动力环境,在径向(R)、切向和法向均增加了经验参数,并随着时间线性变化。具体公式如下:

$$\bar{\boldsymbol{P}}_{\text{line}} = \left[\frac{t - t_i}{t_{i+1} - t_i} \begin{bmatrix} C_{\text{R}} \\ C_{\text{T}} \\ C_{\text{N}} \end{bmatrix}_{t_i} + \frac{t_{i+1} - t}{t_{i+1} - t_i} \begin{bmatrix} C_{\text{R}} \\ C_{\text{T}} \\ C_{\text{N}} \end{bmatrix}_{t_{i+1}} \right] \cdot \begin{bmatrix} \boldsymbol{u}_{\text{R}} \\ \boldsymbol{u}_{\text{T}} \\ \boldsymbol{u}_{\text{N}} \end{bmatrix} \qquad t_i \leqslant t < t_{i+1} \tag{2.167}$$

式中:C_{R}、C_{T}、C_{N} 为经验摄动参数;$\boldsymbol{u}_{\text{R}}$、$\boldsymbol{u}_{\text{T}}$、$\boldsymbol{u}_{\text{N}}$ 为径向、切向和法向的单位矢量。

2) 周期性 RTN 摄动

剩余的未能模型化的在径向、切向和法向的周期性摄动可以用以下公式来模型化:

$$\bar{\boldsymbol{P}}_{\text{RTN}} = \begin{bmatrix} P_{\text{R}} \\ P_{\text{T}} \\ P_{\text{N}} \end{bmatrix} = \begin{bmatrix} C_{\text{R}}\cos u + S_{\text{R}}\sin u \\ C_{\text{T}}\cos u + S_{\text{T}}\sin u \\ C_{\text{N}}\cos u + S_{\text{N}}\sin u \end{bmatrix} \tag{2.168}$$

式中:P_{R} 为周期性径向摄动;P_{T} 为周期性切向摄动;P_{N} 为周期性法向摄动;u 为卫星纬度;C_{R}、S_{R} 为周期性摄动径向参数;C_{T}、S_{T} 为周期性摄动切向参数;C_{N}、S_{N} 为周期性摄动法向参数。

上述经验力参数是吸收模型误差的有效方法,在实际定轨过程中,需要考虑分段估计,即频繁调节具体参数,通常在卫星运行每一周求解一次。

参考文献

[1] 王义遒. 建设我国独立自主时间频率系统的思考[C]//全国时间频率年会,北京,2003.
[2] 韩春好. 相对论框架中的时空度量[C]//陈俊勇大地测量学论文专集,北京,1999.
[3] 杨宇飞. 小型天文测量计时器研究[D]. 郑州:信息工程大学,2013.
[4] 韩春好. 时空测量原理[M]. 北京:科学出版社,2017.
[5] 潘炼德. 毫秒脉冲星在时间计量中的可能应用[J]. 陕西天文台台刊,2001,24(1):1-8.
[6] 韩春好. 相对论框架中的时间计量[J]. 天文学进展,2002,20(2):107-113.
[7] 潘炼德. 广义相对论在时频计量中的应用[J]. 陕西天文台台刊,2001,24(2):81-91.
[8] 韩春好. 相对论框架中的地心参考系和天球参考系[D]. 南京:南京大学,1990.
[9] SOFFEL M,KLIONER S A. The IAU2000 resolutions for astrometry, celestial mechanics and metrol-

ogy in the relativistic framework: explanatory supplement[J]. Astronomical Journal,2003,126:2687-2706.

[10] PETIT G. Proceedings of IAU colloquium 180[C/OL]. Cambridge University Press,2000. https://doi. org/10. 1017/S0252921100000403.

[11] RICKMAN H. Proceeding of the 24th general assembly[R]. Transactions of IAU Vol 24,2000.

[12] 金文敬,夏一飞,韩春好. 第24届IAU大会决议和天体测量的前沿课题[J]. 天文学进展,2001,19(2):271.

[13] 缪凯. 镉离子微波原子钟[D]. 北京:清华大学,2016.

[14] 阮军. 守时型铯原子喷泉钟关键技术的研究和实现[D]. 西安:中国科学院国家授时中心,2012.

[15] 王心亮. NTSC-F1铯原子喷泉钟性能改进及二阶塞曼频移研究[D]. 西安:中国科学院国家授时中心,2017.

[16] PETIT G,WOLF P. Relativistic theory for picosecond time transfer in the vicinity of the Earth [J]. Astronomy Astrophysics,1994,286:971-977.

[17] KLIONER S A. The problem of clock synchronization: A relativistic approach[J]. Celestial Mechanics and Dynamical Astronomy,1992,53:81-109.

[18] 刘利. 相对论时间比对与高精度时间同步技术[D]. 郑州:解放军信息工程大学,2004.

[19] 刘利. 卫星导航系统时间同步技术研究(博士后出站报告)[R]. 中国科学院上海天文台,2008.

[20] BRUMBERG V A. Essential relativistic celestial mechanics[M]. Qxford:Taglor & Francis Group,1991.

[21] BRUMBERG V A,KOPEIKIN S M. Relativistic reference systems and motion of test bodies in the vicinity of the earth[J]. Nuovo Cimento B,1989,103(1):63-98.

[22] 杨福民,李鑫,等. 激光时间传递技术的进展[C]//全国时间频率学术年会,北京,2003.

[23] 夏一飞,黄天衣. 球面天文学[M]. 南京:南京大学出版社,1995.

[24] RICHTER G W,MATZNER R A. Gravitational deflection of the light at 3/2 PPN order [J]. Astrophysics and Space Science,1981,79(1):119-127.

[25] RICHTER G W,MATZNER R A. Second-order contributions to gravitational deflection of light in the parametrized post-Newtonian formalism[J]. Physics Review,1982,26(6):1219-1224.

[26] KLIONER S A. Influence of the quadrupole field and rotation of objects on light propagation [J]. Soviet Astronomy,1991,35(4):523-526.

[27] 牛国华,郑晓龙,李雪瑞,等. 大地天文测量[M]. 北京:国防工业出版社,2016.

[28] IRWIN A W,TOSHIO F. A numerical time ephemeris of the earth[J]. Astronomy and Astrophysics,1999,348(2):642-652.

[29] 马高峰. 地-月参考系及其转换研究[D]. 郑州:解放军信息工程大学,2005.

[30] HUANG T Y. The concepts of TAI and TDT[J]. Astronomy Astrophysics,1989,220:329-334.

[31] 北京卫星导航中心. 卫星导航定位系统授时协议:国家军用标准GJB 5066A-2013[S]. 北京:北京卫星导航中心,2013.

[32] 刘利,时鑫,栗靖,等. 北斗基本导航电文定义与使用方法[J]. 中国科学物理学力学天文学,2015,45:7:079509.

[33] ZHANG L. The recent status of BDT and the plan of the coming system upgrade[R]. 13th Meeting of the International Committee on Global Navigation Satellite Systems, Xi'an, China, 2018.
[34] ALEXANDER K. GPS program update[R]. 13th Meeting of the International Committee on Global Navigation Satellite Systems, Xi'an, China, 2018.
[35] 佩洛夫 A N，哈里索夫 B H. 格洛纳斯卫星导航系统原理[M]. 刘忆宁，焦文海，张晓磊，等译. 北京：国防工业出版社，2016.
[36] NAUMOV A. Current status and development prospects of national time scale UTC(SU)[R]. 13th Meeting of the International Committee on Global Navigation Satellite Systems, Xi'an, China, 2018.
[37] 陈秀万，方裕，尹军，张怀清. 伽利略导航卫星系统[M]. 北京：北京大学出版社，2005.
[38] HAYES D. Galileo programme up-date[R]. 13th Meeting of the International Committee on Global Navigation Satellite Systems, Xi'an, China, 2018.
[39] 郭睿. 北斗区域导航卫星精密定轨研究[D]. 上海：中国科学院上海天文台，2010.
[40] 李晓杰. 区域导航卫星高精度轨道确定及预报技术研究[D]. 郑州：解放军信息工程大学，2012.
[41] MALYS S. The WGS 84 terrestrial reference frame in 2016[R]. ICG-11, Sochi, Russia, 2016.
[42] MALYS S. Evolution of the World Geodetic System 1984 (WGS 84) terrestrial reference Frame [R]. 13th Meeting of the International Committee on Global Navigation Satellite Systems, Xi'an, China, 2018.
[43] 陈俊勇，杨元喜，王敏，等. 2000 国家大地控制网的构建和它的技术进步[J]. 测绘学报，2007，36(1)：1-8.
[44] 魏子卿. 2000 中国大地坐标系[J]. 大地测量与地球动力学，2008，28(6)：1-5.
[45] WU F M. BeiDou coordinate system and its first realization[R]. 13th Meeting of the International Committee on Global Navigation Satellite Systems, Xi'an, China, 2018.
[46] LIU L. Development and update strategy of Beidou reference frame[R]. 13th Meeting of the International Committee on Global Navigation Satellite Systems, Xi'an, China, 2018.
[47] MITRIKAS V V, KARUTIN S N, GUSEV I V. Accuracy assessment of PZ-90. 11 reference frame based on orbital data processing of GLONASS[R]. ICG-11, Sochi, Russia, 2016.
[48] KUPRIYANOV A. New transformation parameters at epoch 2010. 0 from PZ-90. 11 to ITRF2014 [R]. 13th Meeting of the International Committee on Global Navigation Satellite Systems, Xi'an, China, 2018.
[49] 郑作亚. GPS 数据预处理和星载 GPS 运动学定轨研究及其软件实现[D]. 上海：中国科学院上海天文台，2004.
[50] 黄勇. 嫦娥一号探月飞行器的轨道计算研究[D]. 上海：中国科学院上海天文台，2006.
[51] 吴江飞. 星载 GPS 卫星定轨中若干问题的研究[D]. 上海：中国科学院上海天文台，2006.
[52] OLIVER M, EBERHARD G. 卫星轨道—模型、方法和应用[M]. 王家松，祝开建，胡小工，译. 北京：国防工业出版社，2012.
[53] 赵齐乐. GPS 导航星座及低轨卫星的精密定轨理论和软件研究[D]. 武汉：武汉大学，2004.
[54] 周善石. 基于区域监测网的卫星导航系统精密定轨方法研究[D]. 上海：中国科学院上海天文台，2011.

第3章　基本观测量及其误差修正

利用卫星导航系统进行导航定位工作的基本原理是用户同时接收不少于4颗卫星的导航信号,从而测得4个以上伪距/载波相位观测量,在卫星位置、卫星钟差已知的情况下,经过电离层、对流层、设备时延、天线相位中心等各项修正,用户就能计算出自己的三维位置和钟差。与用户导航定位基本原理相反,卫星导航系统精密定轨与时间同步就是在已知地面站位置和时间基础上,利用监测站观测的伪距与载波相位数据计算卫星的准确位置和钟差[1-4]。因此,伪距/载波相位是卫星导航系统最基本的观测量,高精度伪距/载波相位测量技术是卫星导航系统的关键技术之一[5-6],伪距/载波相位的观测精度直接决定了卫星轨道和钟差的计算精度,也最终决定了系统的导航定位服务精度[7-11]。

高精度伪距/载波相位测量技术的发展首先需要解决伪距/载波相位测量不确定度和设备时延的稳定性评估问题[5]。由于伪距/载波相位的测量精度不但取决于接收机,而且与信号源有关,而信号发射设备与信号接收设备固有的设备时延又很难从伪距/载波相位观测量中精确剥离,因此,伪距/载波相位测量设备的时延稳定性和测量不确定度评估是一个值得深入探讨的技术问题。

伪距/载波相位测量涉及钟差、真距、设备时延、观测时刻等多个物理量,要实现伪距/载波相位测量不确定度和设备时延稳定性的精确评估,必须厘清它们的基本概念和定义。这在高动态条件下尤为重要。为此,本章首先从基本概念入手,给出定义和明确物理含义,讨论几者相互之间的数学关系,进而探讨设备时延的测定与伪距/载波相位精度评估问题,最后进一步阐述时标偏差、对流层、电离层以及卫星和测站有关的误差修正问题。

3.1　伪距和载波相位测量的基本概念与定义

3.1.1　钟差与时间的空间参考点

钟差是指同一时刻两台钟的钟面时之差。任意一台原子钟与系统时间的钟差定义为[5]

$$\Delta T_i(t) \equiv T_i(t) - t \tag{3.1}$$

式中:$T_i(t)$为原子钟钟面时;t为系统时间。

两台钟之间的钟差定义为两台钟在同一时刻的钟面时之差,即

$$\Delta T_{AB}(t) \equiv T_B(t) - T_A(t) \tag{3.2}$$

式中：$T_B(t)$为原子钟B在系统时间t时刻的钟面时；$T_A(t)$为原子钟A在系统时间t时刻的钟面时。

在现代高技术应用中，时间测量的精度要求已达到纳秒甚至皮秒量级。精确的时间信号通常用脉冲信号表示，如1PPS（秒脉冲）、10PPS、100PPS分别表示每秒1个、10个和100个脉冲信号。

众所周知，信号传播是需要花费时间的，因此"钟面时"必须指定其时间的空间参考点，也就是说由一台钟给出的时刻必须指明是相对于设备上哪一个空间参考点的，如原子钟的1PPS端口或1PPS输出的50m电缆端口等。

3.1.2 信号空间传播时延（真距）

在无线电测量中，信号通过发射天线发射，经空间传播后由接收天线接收。信号空间传播时延是指信号在空间传播过程中所花费的时间，其定义为信号由发射天线相位中心到接收天线相位中心所经历的传播时间[5]，即

$$\tau_{AB}^{\text{spa}} \equiv t_B^{\text{r}} - t_A^{\text{e}} \tag{3.3}$$

式中：t_B^{r}为信号到达接收天线相位中心B的时刻；t_A^{e}为信号离开发射天线相位中心A的时刻。

由于传播时延是客观物理量，与具体的观测者无关，因此这里的t指的是理想时标。信号空间传播时延反映了信号所走过的真实"路程"（时间与光速之积），因此在取光速为1的情况下，可将其简单地称为"真距"。

3.1.3 设备发射时延

设备发射时延定义为信号离开发射天线相位中心时刻的本地钟面时与信号（如伪噪声码）的表征时间值之差[5]。对于A站发射，设备发射时延可以表示为

$$\tau_A^{\text{e}} \equiv T_A(t_A^{\text{e}}) - T_A^{\text{c}}(t_A^{\text{e}}) \tag{3.4}$$

式中：$T_A^{\text{c}}(t_A^{\text{e}})$为$t_A^{\text{e}}$时刻$A$站发射天线相位中心发射信号（如伪噪声码）所携的表征时间；$T_A(t_A^{\text{e}})$为t_A^{e}时刻A站的本地钟面时。

由以上定义看出，这里的"设备发射时延"并不一定是码发生器到发射天线相位中心的信号传播时间，它取决于本地时间参考点的选择。如果将发射站的时间参考点定义在码发生器输出端口，那么τ_A^{e}是码发生器到发射天线相位中心的信号传播时间。

实际上，选择设备内部的某一点作时间参考点是很不方便的。由于码发生器输出端口在设备内部，一般不具备可测试性，因此将它定义为时间参考点，尽管能使"发射时延"具有较明确的物理含义，但从可测试性上讲并非一个好的选择。从原则上讲，时间参考点是可以任意选定的。如果定义发射设备的本地时间参考点为1PPS的输出端口，设备时延就具有很好的可测试性。因此，τ_A^{e}在广义上可以是"正值"，也

可以是“负值”，并不一定是真正意义上的“时延”。从这种意义上讲，也可以将其称为“设备发射零值”。

3.1.4 设备接收时延

设备接收时延定义为接收机标称的信号接收时刻（本地钟面时）与信号实际到达接收天线相位中心时的本地钟面时之差[5]。对于 B 站接收，设备接收时延可表示为

$$\tau_B^r \equiv T_B^r - T_B(t_B^r) \tag{3.5}$$

式中：$T_B(t_B^r)$ 为信号到达接收天线相位中心时的 B 站钟面时；T_B^r 为 B 站标称的信号本地钟面接收时刻。

与设备发射时延类似，这里的“设备接收时延”也不一定是接收天线相位中心到码采样时钟之间的信号传播时间，它同样取决于接收机本地时间参考点的选择。如果接收设备的时间参考点不是定义在码采样时钟与接收信号的作用点上，那么其值也不是真正意义上的“时延”，也是可“正”、可“负”的，因而广义上也可以将其称为“设备接收零值”。

3.1.5 伪距

伪距可以定义为信号的本地接收时刻（本地钟面时）与信号所携的表征时间值之差[5]。设信号由 A 站发射，B 站接收，则伪距 $\rho'_{AB}(T_B^r)$ 可以表示为

$$\rho'_{AB}(T_B^r) \equiv c(T_B^r - T_A^c(t_A^e)) \tag{3.6}$$

式中：$T_A^c(t_A^e)$ 为 A 站 t_A^e 时刻发射信号（伪噪声码）的表征时间值；T_B^r 为 B 站接收该信号时的本地钟面时刻。

在一般概念上，伪距是指真距（信号传播时延）与钟差之和。但从式（3.6）很难直接得出这一结论。事实上，这一定义与常规概念并不矛盾，只是这里给出的伪距定义在数学上更加严谨。为了获取其一致性关系，下面讨论伪距、钟差及设备时延之间的数学关系。

3.1.6 载波相位

载波相位测量值定义为接收机产生信号的载波相位与卫星发射信号的载波相位之差。设信号由 A 站发射，B 站接收，则载波相位可以表示为

$$\varphi_{AB}(T_B^r) = \varphi_B(T_B^r) - \varphi_A(t_A^e) \tag{3.7}$$

式中：$\varphi_A(t_A^e)$ 为 A 站 t_A^e 时刻发射信号的载波相位；$\varphi_B(T_B^r)$ 为 B 站 T_B^r 时刻接收机本地信号载波相位。

载波相位观测量可以是小数相位测量值，也可以是累积相位观测值。在累积相位观测情况下，每当拍频信号过正零交叉时，相位从360°变为0°，计数器加1，计数器产生的整周计数与小数相位之和即为累积相位观测值。

与伪距测量不同,载波相位测量是一种模糊测量,无论是小数相位测量值还是累积相位测量值,都有一部分未知的整周数,这部分未知的整周数通常称为整周模糊度。对于累积相位测量:如果信号不失锁,就仅有一个初始模糊度;如果信号失锁,就会发生整周数的丢失,即使重新捕获也会发生模糊度跳变,该跳变通常称为“周跳”。载波相位观测量噪声一般小于1mm,其测量精度高,是目前精密定轨和精密定位的基本观测量。

3.2 伪距、载波相位、钟差、设备时延的关系

根据式(3.4)~式(3.6)可得[5]

$$\rho'_{AB}(T_B^{\mathrm{r}}) = c(T_B(t_B^{\mathrm{r}}) - T_A(t_A^{\mathrm{e}}) + \tau_A^{\mathrm{e}} + \tau_B^{\mathrm{r}}) \tag{3.8}$$

而

$$\begin{aligned} T_B(t_B^{\mathrm{r}}) - T_A(t_A^{\mathrm{e}}) = T_B(t_B^{\mathrm{r}}) - T_A(t_B^{\mathrm{r}}) + \frac{\partial T_A}{\partial t}(t_B^{\mathrm{r}} - t_A^{\mathrm{e}}) = \\ \Delta T_{AB}(t_B^{\mathrm{r}}) + \frac{\partial T_A}{\partial t}\tau_{AB}^{\mathrm{spa}} + \frac{1}{2}\frac{\partial^2 T_A}{\partial t^2}(\tau_{AB}^{\mathrm{spa}})^2 + O(\tau_{AB}^{\mathrm{spa}})^3 \end{aligned} \tag{3.9}$$

式中:τ_{AB}^{spa}为A站到B站的空间几何距离时延。

式(3.9)等号右边第二项表现的是原子钟准确度的影响,第三项表现的是原子钟漂移率的影响。

通常情况下,原子钟的准确度会优于1×10^{-9},即

$$\left|\frac{\partial T_A}{\partial t} - 1\right| < 1\times10^{-9} \tag{3.10}$$

原子钟的漂移率会优于1×10^{-12},即

$$\left|\frac{\partial^2 T_A}{\partial t^2}\right| < 1\times10^{-12} \tag{3.11}$$

因此,在$\tau_{AB}\leqslant 0.1\mathrm{s}$和$0.1\mathrm{ns}$的时间同步精度要求下

$$T_B(t_B^{\mathrm{r}}) - T_A(t_A^{\mathrm{e}}) = \Delta T_{AB}(t_B^{\mathrm{r}}) + \tau_{AB}^{\mathrm{spa}} \tag{3.12}$$

另外,根据式(3.5)可得

$$T_B(t_B^{\mathrm{r}}) = T_B^{\mathrm{r}} - \tau_B^{\mathrm{r}} \tag{3.13}$$

$$\Delta T_{AB}(t_B^{\mathrm{r}}) \equiv \Delta T_{AB}(T_B(t_B^{\mathrm{r}})) = \Delta T_{AB}(T_B^{\mathrm{r}} - \tau_B^{\mathrm{r}}) \tag{3.14}$$

而

$$\begin{cases} \tau_B^{\mathrm{r}} \ll 1\mathrm{s} \\ \left|\dfrac{\partial \Delta T_{AB}}{\partial t}\right| < 1\times10^{-9} \end{cases} \tag{3.15}$$

因此,伪距、钟差与设备时延之间的关系可以表示为

$$\rho'_{AB}(T_B^{\mathrm{r}}) = c(\Delta T_{AB}(T_B^{\mathrm{r}}) + \tau_{AB}^{\mathrm{spa}} + \tau_A^{\mathrm{e}} + \tau_B^{\mathrm{r}}) \tag{3.16}$$

不失一般性，以 T_B 取代 T_B^{r}，可得

$$\rho'_{AB}(T_B)=c(\Delta T_{AB}(T_B)+\tau_{AB}^{\mathrm{spa}}+\tau_A^{\mathrm{e}}+\tau_B^{\mathrm{r}}) \tag{3.17}$$

式(3.17)是伪距的一般表达式。可见，在不考虑设备时延的情况下，伪距可视为真距（信号空间传播时延）与钟差之和。

同理，根据载波相位定义，不加推导直接给出载波相位的一般表达式以及载波相位与钟差和设备时延之间的关系：

$$\lambda\varphi_{AB}(T_B)=c[\Delta T_{AB}(T_B)+\tau_{AB}^{\mathrm{spa}}+\tau_A^{\mathrm{e}}+\tau_B^{\mathrm{r}}]+\lambda N \tag{3.18}$$

式中：λ 为波长；N 为整周模糊度。

3.3 设备时延测定与伪距载波相位精度评估

3.3.1 钟差法组合时延测定

若定义设备收发时延 τ_{AB}^{er} 为 A 站发射时延与 B 站接收时延之和，则根据式(3.17)可得[5]

$$\tau_{AB}^{\mathrm{er}}\equiv\tau_A^{\mathrm{e}}+\tau_B^{\mathrm{r}}=\rho'_{AB}(T_B)/c-\Delta T_{AB}(T_B)-\tau_{AB}^{\mathrm{spa}} \tag{3.19}$$

由此可见，设备组合时延可以通过将伪距测量值扣除钟差和真距之后得到。也就是说，测定伪距和钟差后就可以获得设备的组合时延。

在实际工作中，钟差通常采用时间间隔计数器进行测量。时间间隔计数器测量的是两个脉冲信号之间的差值。若以 B 钟的 1PPS 为开门信号，以 A 钟的 1PPS 为关门信号，则由时间间隔计数器直接测量的钟差为

$$\Delta t_{AB}^{\mathrm{p}}\equiv t_A^{\mathrm{p}}-t_B^{\mathrm{p}} \tag{3.20}$$

式中：$t_A^{\mathrm{p}}\equiv t(T_A^{\mathrm{p}})$、$t_B^{\mathrm{p}}\equiv t(T_B^{\mathrm{p}})$ 为 A 钟和 B 钟 1PPS 本地钟面时 T_A^{p}、T_B^{p} 对应的时间间隔计数器参考时标。

根据钟差的定义可得

$$\begin{aligned}\Delta T_{AB}(t_B^{\mathrm{p}})\equiv T_B(t_B^{\mathrm{p}})-T_A(t_B^{\mathrm{p}})=&\\ T_B(t_B^{\mathrm{p}})-T_A(t_A^{\mathrm{p}}-\Delta t_{AB}^{\mathrm{p}})=&\\ T_B(t_B^{\mathrm{p}})-T_A(t_A^{\mathrm{p}})+\frac{\partial T_A}{\partial t}\Delta t_{AB}^{\mathrm{p}}&\end{aligned} \tag{3.21}$$

如果 A 钟和 B 钟 1PPS 为同一个秒信号，即 $T_B(t_B^{\mathrm{p}})=T_A(t_A^{\mathrm{p}})$，则

$$\Delta T_{AB}(t_B^{\mathrm{p}})=\frac{\partial T_A}{\partial t}\Delta t_{AB}^{\mathrm{p}}=[1+R_A]\Delta t_{AB}^{\mathrm{p}} \tag{3.22}$$

式中：R_A 为 A 钟相对于时间间隔计数器参考时标的钟速，该项是否可以忽略取决于具体的应用条件。

将式(3.22)代入式(3.19)，可得

$$\tau_{AB}^{\text{er}} = \rho'_{AB}(T_B^{\text{p}})/c - (1 + R_A)\Delta t_{AB}^{\text{p}}(T_B^{\text{p}}) - \tau_{AB}^{\text{spa}} \tag{3.23}$$

式(3.23)是采用时间间隔计数器测定伪距测量设备组合时延的基本公式。

由于时间间隔计数器具有很高的测量精度(几十皮秒甚至更小),空间传播路径(有线或无线)可以事先设定,因此组合时延是可以精确测定的,其测定原理如图3.1所示。

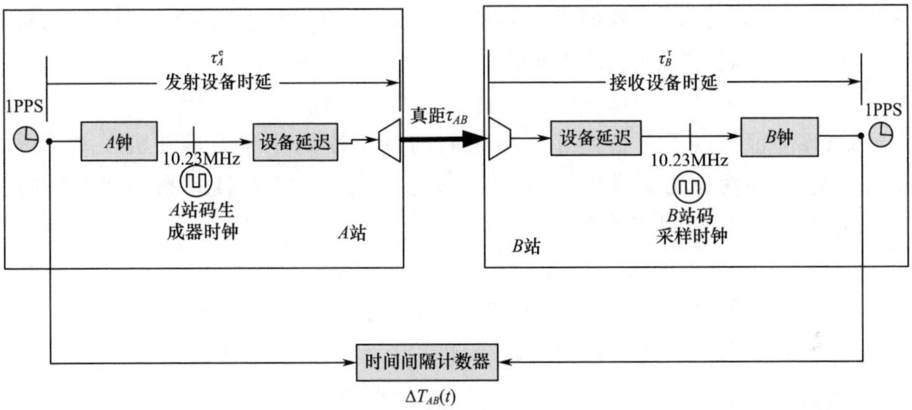

图3.1 伪距、真距、钟差及设备时延之间的关系

该方法也可以测量同种伪距测量设备(信号源或接收机)的相对设备时延差值。以接收机为例,如果测量了相对于同一信号源的收发组合时延,就可以获得两接收机之间的接收时延差值。

3.3.2 并置共钟设备时延测定

由于设备时延测定与伪距、载波相位、钟差具有紧密关系,标定设备时延必须准确测定伪距、钟差,并计算真距。这在实际环境下有时是很困难的,特别是当进行天空中的卫星观测时,不仅无法准确测定钟差,而且伪距、载波相位观测量中会引入电离层、对流层、多路径等环境误差,这些误差不仅量级远大于设备时延标定精度要求,而且更大的问题是精确修正非常困难。因此,在实际环境下精确标定设备时延,一般采取对消方法消除上述影响因素对标定结果的影响。另外,上面钟差法虽然能够获得较精确的组合时延,但实际工作中更多需要的是设备单独时延,而这些设备单独时延一般也是相对于某一基准的,还必须研究设备时延的其他精确标定方法。

并置共钟法是实际工程中精度高且常用有效的设备时延测定方法,其基本原理是先以一台精度高、稳定性好的测量设备 B 作为基准(认为其设备时延为0),将一台待标定设备 C 与基准设备并置放置,接入一台原子钟作为共用时频信号源,并利用一副共用天线接收相同测距信号,则两台测量设备相同时刻观测同一信号源 A(比如实际卫星发射的测距信号)的测量值分别为

$$\begin{cases}\rho'_{AB}=c[\Delta T_B-\Delta T_A+\tau_{AB}^{\text{spa}}+\tau_A^{\text{e}}+\tau_B^{\text{r}}]+\varepsilon_{\rho_B}\\ \rho'_{AC}=c[\Delta T_C-\Delta T_A+\tau_{AC}^{\text{spa}}+\tau_A^{\text{e}}+\tau_C^{\text{r}}]+\varepsilon_{\rho_C}\end{cases}\tag{3.24}$$

式中：ε_{ρ_B}、ε_{ρ_C}分别为 B、C 的观测噪声。

由于从 A 发射信号到接收设备所经历的路程相同，仅是从同一天线分出两路信号后两台测量设备不同，并且两台测量设备共钟，接收钟差也相同，因此，对两台测量设备同一时刻观测值求差，就能完全消除信号源 A、空间传输、接收天线、接收钟差、多路径效应等共同误差影响，从而可得

$$\Delta_{BC}(t_i)\equiv\rho'_{AC}(t_i)-\rho'_{AB}(t_i)=c(\tau_C^{\text{r}}-\tau_B^{\text{r}})+\varepsilon_{\rho_C}-\varepsilon_{\rho_B}\tag{3.25}$$

可见，该差值反映了两台测量设备之间的系统性偏差和测量随机误差的叠加。前面已经说明，因为认为基准设备 B 的设备时延 τ_B^{r} 已知，并且其测量精度更高（忽略 ε_{ρ_B}），所以式(3.25)可以简化为

$$\Delta_{BC}(t_i)=c\tau_C^{\text{r}}+\varepsilon_{\rho_C}\tag{3.26}$$

如果伪距测量误差符合随机误差特性，那么对 ε_{ρ_C} 的统计均值应该为 0。也就是说，对上面多次测量的一次差结果进行统计分析，其均值即为待测设备相对于基准设备的设备时延。

3.3.3 伪距测量精度评估

如上所述，伪距测量值与设备的收发时延密切相关，如果设备的收发时延随时间变化，就很难将它们精确剥离。由于设备收发时延不但取决于接收机，而且与信号源有关，从而进一步增加了单一设备的评价困难。为此，首先把问题简单化，假设信号源的发射时延是稳定的。

根据式(3.17)，在测定了伪距和钟差的情况下，可以构造如下统计观测量[5]：

$$\Delta_{AB}\equiv\rho'_{AB}(T_B)/c-\Delta T_{AB}(T_B)-\tau_{AB}^{\text{spa}}-(\tau_A^{\text{e}}+\tau_B^{\text{r}})\tag{3.27}$$

在设备收发时延准确标定的情况下，Δ_{AB} 的期望值应该为 0，其随机抖动反映的是伪距测量的随机误差。如果 Δ_{AB} 的均值不为 0，则说明设备收发时延标定存在偏差；如果 Δ_{AB} 有随时间变化的特征，则说明设备收发时延不是常值，而是随时间变化的。因此，可以通过对 Δ_{AB} 进行滑动平均的方法去除伪距观测噪声的影响，获取设备时延的偏差及其随时间的变化规律，即

$$\Delta\tau_{AB}^{\text{er}}(t)=\frac{1}{2m+1}\sum_{i=0}^{2m}\Delta_{AB}(t-m+i)\tag{3.28}$$

显然，在 Δ_{AB} 中将时延标定偏差扣除后，就可以用来对伪距的测量精度进行评价。

事实上，对于接收机而言，接收时延必须稳定，伪距观测时刻也必须准确，因此，并不一定需要对各项指标进行分开评价。如果信号源的发射时延是稳定的，那么在评价过程中可以简单地扣除设备收发时延的均值，将剩余部分一起作为测量误差来进行综合评价。

需要特别注意的是,设备时延稳定性和伪距测量精度往往与收发设备的运动特性、环境温度、信号强度等测量条件有关,因此要使标定的结果具有普适性和可信性,测量伪距必须尽可能地遍历各种技术状态,如开关机、静态、低动态、高动态及多种信号接收强度等。

为了扣除信号源发射时延的影响,可以将同一厂家生产的两台相同型号的接收机进行同时观测,以构造与发射时延无关的统计观测量。若将另一台接收机用 C 表示,则根据式(3.27)可得

$$\Delta_{BC} \equiv \Delta_{AC} - \Delta_{AB} = [\rho'_{AC}(T_C) - \rho'_{AB}(T_B)]/c - \Delta T_{BC} - (\tau_{AC} - \tau_{AB}) - (\tau_C^{\mathrm{r}} - \tau_B^{\mathrm{r}}) \tag{3.29}$$

很明显,由式(3.29)构成的观测方程可以对同一型号的接收机进行伪距精度评估,其评估结果与信号的发射设备无关。但是,根据式(3.29),如果两台接收机的接收时延具有相同的变化特性,则它们的变化就会相互抵消,也难以反映其不稳定性。为此需要为 B、C 接收机构造不同的观测技术状态,以破坏其接收时延的相关性。

由于载波相位与伪距存在相关性,并且载波相位测量精度至少比伪距精度高一两个数量级,因此,伪距测量精度还可以借助载波相位进行评估。利用高精度的载波相位作为参考(认为误差可忽略),可以采用伪距相位求差法评估伪距测量精度。

伪距相位求差法的基本原理是在考虑电离层、对流层等实际环境误差情况下,利用同一接收机观测同一卫星(或信号源)相同时刻的伪距与载波相位求差,即

$$\Delta_{AB}(t_i) \equiv \lambda\varphi_{AB}(t_i) - \rho'_{AB}(t_i) = \lambda N(t_i) - 2c \cdot \tau_{AB}^{\mathrm{ion}}(t_i) - \varepsilon_\rho(t_i) \tag{3.30}$$

式中:t_i 为第 i 个历元观测时刻;$\Delta_{AB}(t_i)$ 为第 i 历元时刻伪距与载波相位一次差;$N(t_i)$ 为第i 历元时刻载波相位整周模糊度;$\tau_{AB}^{\mathrm{ion}}(t_i)$ 为 A 到 B 传播路径上的电离层时延;$\varepsilon_\rho(t_i)$ 为第 i 历元时刻伪距观测噪声。

可见,经过伪距与载波相位求差,从而得到只含 2 倍电离层、相位整周模糊度、伪距和载波相位硬件延迟差、伪距观测噪声的观测量。由于硬件延迟差稳定,如果在紧邻历元间(一般为 1s)相位整周模糊度未发生周跳,并且忽略紧邻历元间电离层延迟瞬时变化影响,对上面伪距相位一次差观测量再在不同历元时刻求差,就能消除硬件延迟、电离层、相位整周模糊度影响,得到仅含有两个历元单频伪距测量噪声的二次差观测量,即

$$\nabla_\rho(t_i) \equiv [\lambda\varphi_{AB}(t_{i+1}) - \rho'_{AB}(t_{i+1})] - [\lambda\varphi_{AB}(t_i) - \rho'_{AB}(t_i)] = \varepsilon_\rho(t_{i+1}) - \varepsilon_\rho(t_i) \tag{3.31}$$

式中:$\nabla_\rho(t_i)$ 为第 $i+1$ 历元时刻与第 i 历元时刻伪距载波相位一次差之差,即伪距载波相位二次差。

如果各历元观测伪距独立并且等精度,则对上面二次差观测量进行统计分析,即可获得伪距测量精度为

$$\sigma_\rho = \frac{1}{\sqrt{2}}\sqrt{\frac{1}{n}\sum_{i=1}^{n} \nabla_\rho^2(t_i)} \tag{3.32}$$

式中:n 为二次差观测量个数。

3.3.4 载波相位测量精度评估

由于载波相位是目前实际环境下测量精度最高的观测量,因此,对于实际环境下的载波相位测量精度评估,只能利用载波相位观测数据本身进行,通过对一些公共误差进行对消或对多历元观测数据进行拟合,获得载波相位测量精度。

与伪距测量精度类似,载波相位测量精度评估可采用双频求差法。双频求差法的基本原理是在考虑电离层、对流层等实际环境误差情况下,利用同一接收机观测同一卫星(或信号源)相同时刻的双频载波相位求差,得到含有电离层延迟、频率间偏差、双频载波相位组合噪声的观测量,即

$$\begin{aligned}\Delta_{\varphi 12}(t_i) \equiv \lambda_2\varphi_{2AB}(t_i) - \lambda_1\varphi_{1AB}(t_i) = c(\tau_{2A}^{\mathrm{e}} - \tau_{1A}^{\mathrm{e}}) + c(\tau_{2B}^{\mathrm{r}} - \tau_{1B}^{\mathrm{r}}) + \\ c(\tau_{1AB}^{\mathrm{ion}} - \tau_{2AB}^{\mathrm{ion}}) + \lambda_2 N_2(t_i) - \lambda_1 N_1(t_i) + \varepsilon_2(t_i) - \varepsilon_1(t_i)\end{aligned} \tag{3.33}$$

式中:下标 1、2 分别表示两个频率信号。

在设备时延稳定情况下,如果在紧邻历元间(一般为 1s)相位整周模糊度未发生周跳,并且忽略紧邻历元间电离层延迟瞬时变化影响,对上面双频载波相位一次差观测量再在不同历元时刻间求差,就能消除电离层延迟、频率间偏差、整周模糊度等误差影响,获得仅含双频载波相位组合测量噪声的二次差观测量,即

$$\begin{aligned}\nabla_{\varphi}(t_i) \equiv [\lambda_2\varphi_{2AB}(t_{i+1}) - \lambda_1\varphi_{1AB}(t_{i+1})] - [\lambda_2\varphi_{2AB}(t_i) - \lambda_1\varphi_{1AB}(t_i)] = \\ \varepsilon_2(t_{i+1}) - \varepsilon_1(t_{i+1}) - \varepsilon_2(t_i) + \varepsilon_1(t_i)\end{aligned} \tag{3.34}$$

如果两个频点以及各历元观测载波相位独立并且等精度,则对上面二次差观测量进行统计分析,可获得载波相位测量精度,即

$$\sigma_{\varphi} = \frac{1}{2}\sqrt{\frac{1}{n}\sum_{i=1}^{n} \nabla_{\varphi}^2(t_i)} \tag{3.35}$$

3.4 时标偏差对观测量的影响

3.4.1 时标偏差定义

时标偏差是指标记的伪距测量时刻与真实的伪距测量时刻之差。按照伪距标记时刻要求,伪距的测量时刻应该标记为信号的本地接收时刻(本地钟面时)。如果由于各种可能原因,本地钟面时 T_0 时刻(对应系统时间 t_0 时刻)测量的伪距给出的时标不是 T_0,而是另外一个时刻 T_0'(对应系统时间 t_1 时刻),但是用户仍然将 T_0' 当成 T_0 使用,此时就认为该伪距测量值中包含时标偏差的影响。同时,定义时标偏差为[12-13]

$$\Delta t \equiv T_0' - T_0 = t_1 - t_0 \tag{3.36}$$

3.4.2　时标偏差影响分析

下面以导航卫星与地面站之间的观测伪距为例，详细分析时标偏差对用户使用该伪距测量值的具体影响。

根据伪距定义，如果假设用户 k 在本地钟面时 T_0（对应系统时间 t_0）时刻观测卫星 S 得到的伪距观测值为

$$\rho'_{Sk}(t_0) = c \cdot (T_0(t_0) - T_S(t_S)) \tag{3.37}$$

式中：$T_S(t_S)$ 为卫星 S 在系统时间 t_S 时刻发射信号（伪噪声码）的表征时间值；T_0 为用户 k 接收该信号时的本地钟面时刻。

如图 3.2 所示，正常情况下，用户在 t_0、t_1 时刻的伪距观测值分别为 $\rho'_{Sk}(t_0)$ 和 $\rho'_{Sk}(t_1)$，但是现在用户将 t_1 时刻观测值 $\rho'_{Sk}(t_1)$ 当成 t_0 时刻观测值 $\rho'_{Sk}(t_0)$ 使用，此时就认为该伪距测量值中包含了时标偏差的影响。

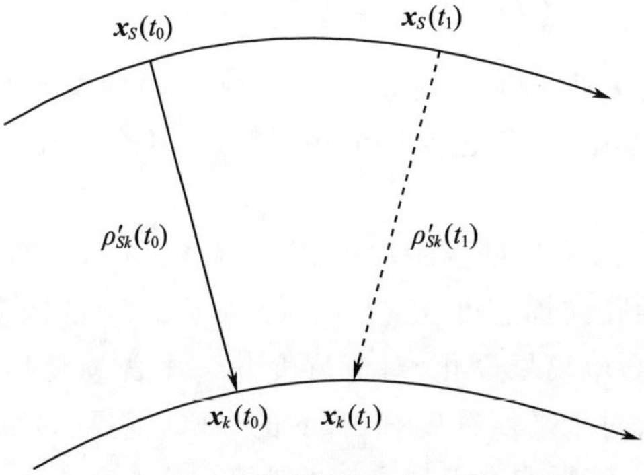

图 3.2　时标偏差对伪距影响示意图

如果将打错时标的伪距 $\rho'_{Sk}(t_1)$ 在 t_0 时刻进行泰勒级数展开，并仅保留到二阶项，则可得[6,12]

$$\rho'_{Sk}(t_1) = \rho'_{Sk}(t_0) + \dot{\rho}'_{Sk}(t_0)\Delta t + \frac{1}{2}\ddot{\rho}'_{Sk}(t_0)\Delta t^2 \tag{3.38}$$

式中：$\dot{\rho}'_{Sk}(t_0)$、$\ddot{\rho}'_{Sk}(t_0)$ 分别为伪距变化的一阶和二阶导数，且有

$$\dot{\rho}'_{Sk}(t_0) = \sum_{i=1}^{3} \frac{\partial \rho'_{Sk}(t_0)}{\partial x_k^i(t_0)} \frac{\partial x_k^i(t_0)}{\partial t} + \sum_{i=1}^{3} \frac{\partial \rho'_{Sk}(t_0)}{\partial x_S^i(t_0)} \frac{\partial x_S^i(t_0)}{\partial t} \tag{3.39}$$

$$\ddot{\rho}'_{Sk}(t_0) = \sum_{i=1}^{3} \frac{\partial^2 \rho'_{Sk}(t_0)}{\partial x_k^{2i}(t_0)} \frac{\partial^2 x_k^i(t_0)}{\partial t^2} + \sum_{i=1}^{3} \frac{\partial^2 \rho'_{Sk}(t_0)}{\partial x_S^{2i}(t_0)} \frac{\partial^2 x_S^i(t_0)}{\partial t^2} \tag{3.40}$$

其中：$x_k^i(t_0)$、$x_S^i(t_0)$ 分别为 t_0 时刻地面站 k 和卫星 S 在地心非旋转坐标系下对应的第 i 维坐标。

在地固坐标系中，t_0 时刻的正常伪距可以表示为

$$\rho'_{Sk}(t_0)=\rho_{Sk}+\frac{\boldsymbol{\rho}'_{Sk}\cdot \boldsymbol{V}_S(t_0)}{c}+\frac{\omega}{c}(X_S Y_k-X_k Y_S)+ c\cdot(\tau_{Sk}^{\mathrm{G}}+\tau_{Sk}^{\mathrm{ion}}+\tau_{Sk}^{\mathrm{tro}}+\tau_S^{\mathrm{e}}+\tau_k^{\mathrm{r}})+c\cdot\Delta T_{Sk}(t_0) \tag{3.41}$$

式中:$\boldsymbol{\rho}'_{Sk}$为 t_0 时刻地面站 k 和卫星 S 在地固坐标系中的空间矢量;$\boldsymbol{V}_S(t_0)$为 t_0 时刻卫星 S 在地固坐标系的速度矢量;ω 为地球自转角速度;X_k、Y_k 分别为 t_0 时刻地面站 k 在地固坐标系 X 和 Y 方向的坐标分量;X_S、Y_S 分别为对应 t_0 时刻卫星 S 在地固坐标系 X 和 Y 方向的坐标分量;τ_{Sk}^{G}、τ_{Sk}^{ion}、τ_{Sk}^{tro}、τ_S^{e}、τ_k^{r} 分别为信号由卫星传播到地面站 k 路径上的引力时延、电离层延迟、对流层延迟、卫星发射设备延迟和地面站接收设备延迟。

式(3.41)代入式(3.38)可得观测值与计算值之差(O－C)为

$$\Delta\rho\equiv\rho'_{Sk}(t_1)-\rho'_{Sk}(t_0)=\rho'_{Sk}(t_1)-\rho_{Sk}-\frac{\boldsymbol{\rho}'_{Sk}\cdot \boldsymbol{V}_S(t_0)}{c}- \frac{\omega}{c}(X_S Y_k-X_k Y_S)-c\cdot(\tau_{Sk}^{\mathrm{G}}+\tau_{Sk}^{\mathrm{ion}}+\tau_{Sk}^{\mathrm{tro}}+\tau_S^{\mathrm{e}}+\tau_k^{\mathrm{r}})\approx \Delta T_{Sk}(t_0)+\dot{\rho}'_{Sk}(t_0)\Delta t+\frac{1}{2}\ddot{\rho}'_{Sk}(t_0)\Delta t^2 \tag{3.42}$$

显然,如果用户将 t_1 时刻观测值 $\rho'_{Sk}(t_1)$当成 t_0 时刻观测值 $\rho'_{Sk}(t_0)$使用,在得到的观测值与计算值之差中,不仅包含星地相对钟差,还会存在时标偏差引起的后面两项改正。

由式(3.38)可见,如果测量伪距时标存在偏差,对用户的影响将主要体现在伪距变率 $\dot{\rho}'_{Sk}(t_0)$和伪距径向加速度 $\ddot{\rho}'_{Sk}(t_0)$。影响 $\dot{\rho}'_{Sk}(t_0)$的因素主要有多普勒频移、伪距径向加速度、钟速、电离层变化、对流层变化。多普勒频移大小取决于卫星和地面站之间的径向速度,对于高度约 2×10^4km 的 MEO 卫星,多普勒频移引起的伪距变率最大可达约 900m/s,该影响在卫星入境时为负,在高度角最大处为 0,而在卫星出境时为正。对于 MEO 卫星,伪距径向加速度约为 0.5m/s^2。钟速影响大小主要取决于原子钟性能,对于导航卫星上的星载原子钟,其钟速一般小于 0.3m/s。电离层对电磁波信号的影响主要与太阳活动状况、地方时、地理纬度等有关,对流层对电磁波信号的影响主要与温度、气压和湿度有关。通常情况下,电离层和对流层变化比较缓慢,在信号传播时间 t_1-t_0 内可以认为基本不变。可见,相对于伪距变率,其他各项的影响至少小了 1 个数量级,也就是说,时标偏差影响主要体现的是伪距变率项。

对于 MEO 卫星来说,如果时标偏差小于 1s,在其某一个过境弧段内,$\ddot{\rho}'_{Sk}(t_0)$项及其他项引起的影响相对于伪距变率可以忽略。另外,考虑到短期内的钟差变化主要取决于钟速以及时标偏差一般不会改变,因此,式(3.42)右边 $\Delta T_{Sk}(t_0)$、$\dot{\rho}'_{Sk}(t_0)\Delta t$ 都将呈线性变化,从而使包含时标偏差的 O－C 曲线也主要呈线性变化,具体表现形式如图 3.3 所示。

图 3.3 中,实线表示不含时标偏差的真实 O－C 曲线,虚线表示含时标偏差的 O－C曲线。可见,如果观测伪距含有时标偏差,将会使 O－C 曲线的斜率变大,使 O－C曲线变长,并且时标偏差越大影响越大。

但是，如图3.3所示，对于MEO卫星的多个过境弧段，由于时标偏差使真实的O－C曲线斜率发生了变化，并且每个弧段的变化趋势一致，因此，多个弧段来看，O－C曲线将呈现出“锯齿”状，这也使得每个弧段计算的拟合参数不能进行跨弧段预报。

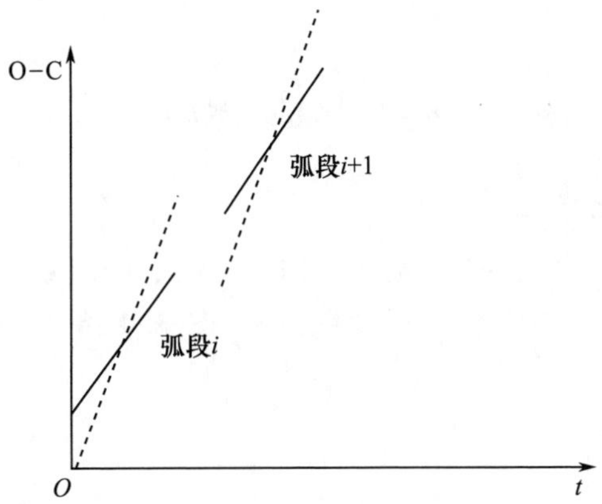

图3.3 时标偏差对O－C的影响示意图

3.4.3 时标偏差计算模型

由于伪距观测量中包含卫星轨道、星地钟差、电离层延迟、对流层延迟、相对论延迟、设备时延等影响，因此，必须消除各项影响才能得到准确的时标偏差。对于电离层延迟、对流层延迟、相对论延迟可以采用模型进行修正。设备时延可以事先标定，在实际使用时可以看作常数。但是，经过上述修正后的伪距中依然包含卫星轨道和星地钟差的影响。为了计算时标偏差：一种方法是卫星轨道、星地钟差和时标偏差同时进行解算；另一种方法是利用先验轨道，首先计算伪距O－C，然后解算星地钟差和时标偏差。第一种方法需要对定轨软件进行相应改造，为此，这里采用了第二种相对简单的方法[6,12]。

根据式(3.42)，在忽略高阶项影响以及假设时标偏差不变的情况下，在每个弧段内，设待估参数为钟差 a_0、钟速 a_1 和时标偏差 Δt。如果进行了 n 次测量，则误差方程为

$$\begin{pmatrix} v_1 \\ \vdots \\ v_n \end{pmatrix} = \begin{pmatrix} 1 & t_1 & \dot{\rho}'_{Sk}(t_1) \\ \vdots & \vdots & \vdots \\ 1 & t_n & \dot{\rho}'_{Sk}(t_n) \end{pmatrix} \begin{pmatrix} a_0 \\ a_1 \\ \Delta t \end{pmatrix} - \begin{pmatrix} \Delta\rho_1 \\ \vdots \\ \Delta\rho_n \end{pmatrix} \tag{3.43}$$

式(3.43)用矩阵表示为

$$\boldsymbol{V} = \boldsymbol{AY} + \boldsymbol{L} \tag{3.44}$$

式中

$$\boldsymbol{V}=\begin{pmatrix} v_1 \\ \vdots \\ v_n \end{pmatrix},\quad \boldsymbol{A}=\begin{pmatrix} 1 & t_1 & \dot{\rho}'_{Sk}(t_1) \\ \vdots & \vdots & \vdots \\ 1 & t_n & \dot{\rho}'_{Sk}(t_n) \end{pmatrix},\quad \boldsymbol{Y}=\begin{pmatrix} a_0 \\ a_1 \\ \Delta t \end{pmatrix},\quad \boldsymbol{L}=\begin{pmatrix} -\Delta\rho_1 \\ \vdots \\ -\Delta\rho_n \end{pmatrix}$$

如果认为 n 次测量独立且等精度,那么根据参数平差可以得到待求参数估值 $\hat{Y}$ 为

$$\hat{\boldsymbol{Y}}=(\boldsymbol{A}^{\mathrm{T}}\boldsymbol{A})^{-1}(\boldsymbol{A}^{\mathrm{T}}\boldsymbol{L}) \tag{3.45}$$

3.4.4 实测数据分析

我们利用 2007 年 9 月 18 日至 20 日连续 3 天 4 个观测弧段,地面站与北斗 MEO 卫星测量的伪距数据进行了试验分析,图 3.4 给出了 4 个弧段观测数据 O－C结果。

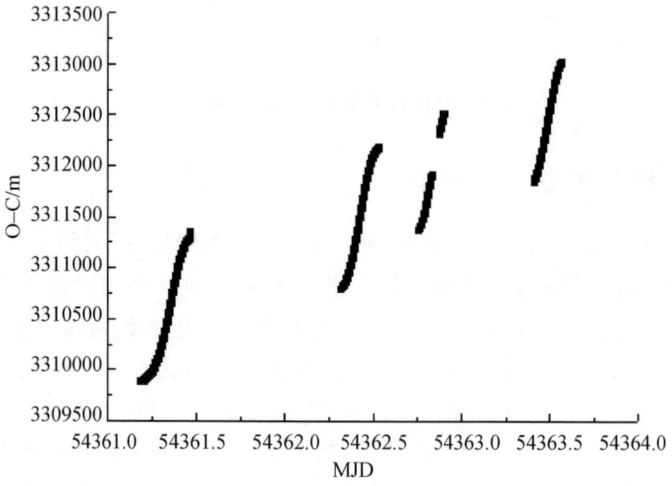

图 3.4 观测数据 O－C 结果

根据上面理论分析,结合图 3.4 可见,伪距观测数据存在时标偏差。经确认,真实的时标偏差为 1s。表 3.1 给出的是利用上面 O－C 结果计算的时标偏差以及时标偏差计算值与真实值的误差。

表 3.1 每个弧段计算的时标偏差及与真实值的误差

时间	9 月 18 日	9 月 19 日	9 月 20 日弧段 1	9 月 20 日弧段 2	平均值
时标偏差真实值/s	1	1	1	1	1
时标偏差计算值/s	0.977	0.984	0.993	0.915	0.967
真误差/s	0.023	0.016	0.007	0.085	0.033

图 3.5 给出了实测含有时标偏差 O－C 结果、理论 O－C 结果和扣除解算时标偏差后的 O－C 结果,其中,用不同颜色表示不同类型 O－C 结果。

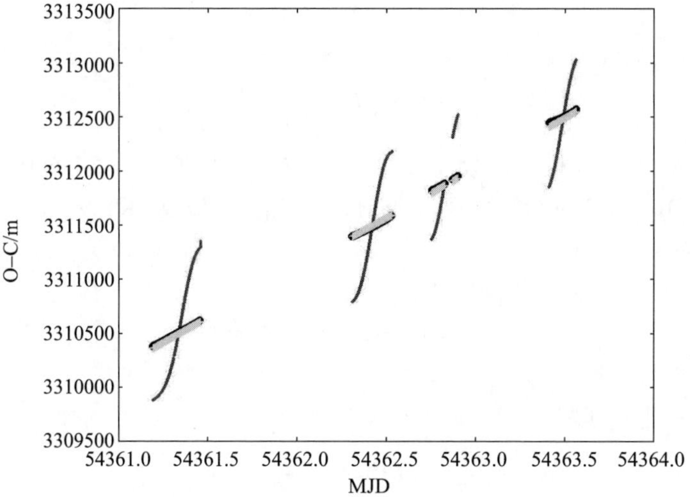

图3.5 几种O-C结果比较(见彩图)

说明:蓝色“.”表示含时标偏差的实测O-C结果;黄色“+”表示扣除解算时标偏差后的O-C结果;黑色“o”表示不含时标偏差的理论O-C结果。

由图3.5可见,扣除时标偏差后的O-C计算结果与理论结果基本一致,说明这里给出的时标偏差计算模型是正确的。但是,解算的时标偏差结果与真实值相比还存在几十毫秒的误差,这主要是先验轨道存在误差引起的。

3.5 对流层延迟修正

3.5.1 对流层延迟表达式

对流层延迟泛指非电离大气对电磁波的折射。非电离大气主要包括对流层和平流层,是大气层中从地面向上约50km的部分。由于离地面更近,因此大气密度远比电离层的密度大,大气的状态也将随着地面的气候变化而变化,这就使得对流层延迟的影响比较复杂。对流层延迟的80%~90%是由大气中的干燥气体引起的,称为干分量,10%~20%是由水蒸气引起的,称为湿分量。在天顶方向,干分量延迟为2~3m,湿分量延迟为1~80cm。对流层延迟主要与温度、气压、湿度、卫星高度角和气候有关。对于低高度角卫星,对流层总延迟最大可达30m。因此,对流层延迟是影响卫星导航定位的主要误差源之一[14-16]。

当电磁波信号通过对流层时,传播速度会变慢,路径也会产生弯曲,这就是对流层延迟。路径弯曲只有在高度角很小时才能表现出来,一般不需要考虑。在天顶方向的对流层延迟一般表达为[16]

$$d_{\text{trop}}^{z} = 10^{-6}\int_{r_u}^{r_t} N\mathrm{d}r \tag{3.46}$$

式中：r_u 为用户接收机的地心距；r_t 为对流层顶端的地心距；dr 为积分元；N 为折射指数，可表示为[17]

$$N = K_1\left(\frac{P_d}{T}\right)Z_d^{-1} + \left[K_2\left(\frac{e}{T}\right) + K_3\left(\frac{e}{T^2}\right)\right]Z_w^{-1} \tag{3.47}$$

其中：K_1、K_2、K_3 为大气折射常数，$K_1 = 77.604$，$K_2 = 64.79$，$K_3 = 377600$；P_d 为干气压（mbar，1bar = 100kPa）；e 为湿气压（mbar）；T 为热力学温度（K）；Z_d、Z_w 分别为干气、湿气的压缩因子。

假设大气处于理想状态，则有

$$P_d = P - e, \quad Z_d = Z_w = 1 \tag{3.48}$$

式中：P 为总气压。

则式（3.47）可写为

$$N = K_1\frac{P}{T} + (K_2 - K_1)\left(\frac{e}{T}\right) + K_3\left(\frac{e}{T^2}\right) \tag{3.49}$$

另外，式（3.47）还可以写为

$$N = K_1 R_d \rho + \left(K_2' \frac{e}{T} + K_3 \frac{e}{T^2}\right)Z_w^{-1} \tag{3.50}$$

其中

$$K_2' = K_2 - K_1\frac{R_d}{R_w} \tag{3.51}$$

式中：R_d、R_w 分别为干气、湿气的气体常数，$R_d = 8.314/28.9644$，$R_w = 8.314/18.0152$；ρ 为气体密度。

式（3.50）等号右边第一项为对流层干分量的折射指数，第二、三项为对流层湿分量的折射指数。令天顶方向干分量延迟和湿分量延迟分别为

$$d_{dry}^z = 10^{-6}\int_{r_u}^{r_t} K_1 R_d \rho dr = 10^{-6} K_1 R \frac{P}{g_m} \tag{3.52}$$

$$d_{wet}^z = 10^{-6}\int_{r_u}^{r_t}\left(K_2' \frac{e}{T} + K_3 \frac{e}{T^2}\right)Z_w^{-1} dr = \frac{10^{-6}(T_m K_2' + K_3)R_d}{g_m\lambda' - \beta R_d} \cdot \frac{e}{T} \tag{3.53}$$

式中：g_m 为平均重力，$g_m \approx 9.784(1 - 0.002626\cos 2\varphi - 0.00028h)$，$\varphi$、$h$ 分别为用户纬度和高程（km）；$\lambda' = \lambda + 1$，λ 为水蒸气梯度；T_m 为水蒸气平均温度，且有

$$T_m = T\left(1 - \frac{\beta R_d}{g_m \lambda'}\right)$$

其中：β 为温度垂直梯度（K/km）。将式（3.50）代入式（3.46）可得

$$d_{trop}^z = 10^{-6}\int_{r_u}^{r_t} K_1 R_d \rho dr + 10^{-6}\int_{r_u}^{r_t}\left(K_2' \frac{e}{T} + K_3 \frac{e}{T^2}\right)Z_w^{-1} dr = d_{dry}^z + d_{wet}^z \tag{3.54}$$

另外，对流层延迟改正的干分量和湿分量都可以由天顶方向的延迟及一个与高度角有关的投影函数来表示，即卫星观测值所受到的对流层延迟可以写为

$$d_{trop} = d_{dry}^z \cdot M_{dry}(E) + d_{wet}^z \cdot M_{wet}(E) \tag{3.55}$$

式中：$M_{dry}(E)$、$M_{wet}(E)$分别为干、湿分量的投影函数；E 为卫星的高度角。

可见，对流层延迟的计算精度主要取决于对流层天顶延迟模型、投影函数以及地面气象元素的精度。

3.5.2 对流层延迟模型

目前有许多对流层延迟模型，比较著名的有 Hopfield 模型、改进的 Hopfield 模型、Saastamoinen 模型等[18-22]。下面给出这三种常用模型的具体计算公式。

3.5.2.1 Hopfield 模型

经典 Hopfield 模型的具体形式为[18]

$$d_{dry}^{z} = 10^{-6} K_1 \frac{P}{T} \cdot \frac{h_d - h}{5} \tag{3.56}$$

$$d_{wet}^{z} = 10^{-6}(K_3 + 273(K_2 - K_1))\frac{e}{T^2}\frac{h_w - h}{5} \tag{3.57}$$

$$h_d = 40136 + 148.72(T - 273.16) \tag{3.58}$$

$$h_w = 11000\text{m} \tag{3.59}$$

式中：h_d、h_w 分别为干、湿大气层顶高度(m)；h 为用户高程(m)。

上式中，各气象参数的标准值为 $P = 1013.25\text{mbar}$、$T = 288.15\text{K}$ 和 $e = 11.691\text{mbar}$。上式估计有 7mm 左右的全球代表性误差，标准的干温和气压的变化也会引起干延迟每年大于 2cm 的变化，湿延迟的精度仅有 3～5cm。另外，地区性、季节性引起的变化也会超过 3cm。

3.5.2.2 改进的 Hopfield 模型

下面给出改进的 Hopfield 模型[19-20]。令 $i = \text{dry}, \text{wet}$，于是干分量和湿分量的对流层延迟距离改正为

$$d_i^z = 10^{-6} \cdot N_i\left[\sum_{k=1}^{9} \frac{\alpha_{k,j}}{k} r_i^k\right] \tag{3.60}$$

式(3.60)中的干分量和湿分量的地面折射指数由下式给出：

$$\begin{cases} N_{dry} = (0.776 \times 10^{-4}) \cdot P/T \\ N_{wet} = 0.373 \cdot e/T^2 \\ e = \dfrac{\text{RH}}{100}\exp[-37.2465 + 0.213166T - 0.000256908T^2] \end{cases} \tag{3.61}$$

式中：RH 为相对湿度。

式(3.60)中的 r_{dry}、r_{wet}分别表示用户到干湿折射指数趋于零的边界面交点的距离，由下式计算：

$$r_i = \sqrt{(r_u + h_i)^2 - (r_u \cos E)^2} - r_u \sin E \tag{3.62}$$

式中：$h_i(i = \text{dry}, \text{wet})$ 为干分量和湿分量大气层顶高度，计算公式见式(3.58)和式(3.59)。

式(3.60)中的系数为

$$\begin{cases}\alpha_{1,i}=1\\ \alpha_{2,i}=4a_i\\ \alpha_{3,i}=6a_i^2+4b_i\\ \alpha_{4,i}=4a_i(a_i^2+3b_i)\\ \alpha_{5,i}=a_i^4+12a_i^2b_i+6b_i^2\\ \alpha_{6,i}=4a_ib_i(a_i^2+3b_i)\\ \alpha_{7,i}=b_i^2(6a_i^2+4b_i)\\ \alpha_{8,i}=4a_ib_i^3\\ \alpha_{9,i}=b_i^4\end{cases} \tag{3.63}$$

式中

$$\begin{cases}a_i=-\dfrac{\sin E}{h_i}\\ b_i=-\dfrac{\cos^2 E}{2h_ir_u}\end{cases} \tag{3.64}$$

3.5.2.3 Saastamoinen 模型

Saastamoinen 模型是最早的把对流层延迟和高度角联系在一起的模型之一。在此模型的干大气中,对流层中的气压是一个一维线性模型,对流层顶为一个恒温模型。对应的数学表达式为[21]

$$T=T_0+\beta(r_u-r_c) \tag{3.65}$$

$$P=P_0\left(\frac{T}{T_0}\right)^{\frac{g_m}{R_d\beta}} \tag{3.66}$$

式中:r_c 为参考站的地心距;P_0、T_0 分别为参考站的气压、温度。

对于湿分量,有如下关系式:

$$e=e_0\left(\frac{T}{T_0}\right)^{4\frac{g_m}{R_w\beta}} \tag{3.67}$$

式中:e_0 为参考站的湿大气压。

Saastamoinen 模型的改正公式为

$$d_{dry}^z=0.002277P/f(\varphi,h) \tag{3.68}$$

$$d_{wet}^z=0.002277\cdot e\cdot\left(\frac{1255}{T}+0.005\right)/f(\varphi,h) \tag{3.69}$$

式中:$f(\varphi,h)=1-0.0026\cos2\varphi-0.00028h$,$h$ 以 km 为单位。

后来 Saastamoinen 又对上面的模型进行了改进,得到了下面的 Saastamoinen 模型的改进形式[22],即

$$d_{\text{trop}}=0.002277(1+D)\left[P+\left(\frac{1255}{T}+0.005\right)e-B\tan^2 Z\right]M(Z)+\delta_R \quad (3.70)$$

式中：Z 为卫星天顶距，$Z=90°-E$；$D=0.0026\cos2\varphi+0.00028h$；$M(Z)$ 为投影函数；B、δ_R 分别为与用户高程和卫星高度角有关的量，其值可以由引数列表插值得到。

在提供了测站精确的气象数据(P,T,e)的情况下，Saastamoinen 模型给出的对流层干大气延迟量可以达到毫米级的精度，湿大气延迟量的精度为 3cm 左右。

3.5.2.4 投影函数

投影函数是将天顶方向的对流层延迟量映射为传播路径上的延迟量，常用的投影函数有 Hopfield 投影函数、Chao 投影函数和 CFA 投影函数等。

Hopfield 模型的投影函数为[19]

$$M_i(E)=\frac{1}{\sin\left(\sqrt{E^2+\theta_i^2}\right)} \qquad i=\text{dry},\text{wet} \quad (3.71)$$

式中：$\theta_{\text{dry}}=2.5°$；$\theta_{\text{wet}}=1.5°$。

Chao 投影函数通过对无线电探空观测的平均折射率剖面的经验拟合得出，与地面气象和测站高度无关。用 i 表示干、湿下标，则投影函数为[23]

$$M_i(E)=\frac{1}{\sin E+\dfrac{a_i}{\tan E+b_i}} \quad (3.72)$$

式中：$i=\text{dry}$ 时为干延迟，$a=0.00143$，$b=0.0445$；$i=\text{wet}$ 时为湿延迟，$a=0.00035$，$b=0.0170$。

后来，Chao 又根据观测资料对上面的常数进行了改进[24]，得到 $a_{\text{dry}}=0.00147$，$b_{\text{dry}}=0.040$。

Chao 投影函数受折射率剖面变化和水平梯度的影响。为了改进在低高度角上的精度以及较好地适应剖面结构的局部和季节变化，Davis 在流体静力学基础上给出了新的修正公式，通常称为 CFA 投影函数：

$$M(E)=\frac{1}{\sin E+\dfrac{a}{\tan E+\dfrac{b}{\sin E+c}}} \quad (3.73)$$

式中

$$\begin{cases} a=0.001185[1+0.6071\times10^{-4}(P-1000)-0.1471\times10^{-3}e+\\ \qquad 0.003072(T-20)+0.01965(\beta+6.5)-0.005645(h_t-11.231)] \\ b=0.001144[1+0.1164\times10^{-4}(P-1000)+0.2795\times10^{-3}e+\\ \qquad 0.003109(T-20)+0.03038(\beta+6.5)-0.01217(h_t-11.231)] \\ c=-0.009 \end{cases} \quad (3.74)$$

其中：h_t 为对流层顶高度(km)。

各气象参数的标准值为 $P=1000\text{mbar}, e=0, T=20℃, \beta=-6.5\text{K/km}$, $h_t=11.23\text{km}$。a、b、c 是由双层射线跟踪分析得到的，当高度角大于5°时，模型具有5mm左右的精度。

3.6 电离层延迟修正

电离层是指距离地面50～1000km的大气层。由于太阳辐射，其中的部分原子被电离形成大量的正离子和电子，构成电离层。当电磁波信号穿过电离层时，信号路径会产生弯曲（但其影响很小，一般可不考虑），且传播速度会发生变化，所以用真空中的光速乘上传播时间所得到的距离，不等于卫星到测站接收机的几何距离。对于卫星导航测量来讲，这种距离差在天顶方向可达几米至几十米，而在信号高度角接近地平时，则可达几十米至100多米。因此，电离层延迟是卫星导航定位的重要误差源之一[8,15]。

3.6.1 电离层延迟表达式

由于电离层为弥散性介质（与折射率和信号频率有关），根据等离子理论，当电磁波频率远远大于等离子频率时，可认为是直线传播，其折射率为电子密度的线性函数，对于相折射率，经展开并考虑到地磁场的影响有[25]

$$n_p = 1 - k_1 N_e f^{-2} \pm k_2 N_e (H_0 \cos\theta) f^{-3} - k_3 N_e^2 f^{-4} \tag{3.75}$$

式中：N_e 为电子密度；H_0 为地磁场的大小；θ 为地磁场矢量 $\boldsymbol{H}_0$ 和信号传播方向的夹角；f 为信号的频率；k_1、k_2 和 k_3 分别为

$$k_1 = \frac{e^2}{8\pi^2 \varepsilon_0 m_e}, \quad k_2 = \frac{\mu_0 \cdot e^3}{16\pi^3 \varepsilon_0 m_e^2}, \quad k_3 = \frac{e^4}{128\pi^4 \varepsilon_e^2 m_e^2}$$

式中：m_e 为电子的质量；e 为电子所带的电量；ε_0 为真空中的介电常数；μ_0 为真空中的磁导率。

相应的相速度为

$$V_p = \frac{c}{n_p} \tag{3.76}$$

对于卫星导航对应的频率信号，式（3.75）中的 k_1 项可达100m，而 k_2 项影响只有 10^{-5}m，k_3 项也仅为 10^{-3}m。对于卫星双向时间频率传递（TWSTFT）和激光对应的频率信号，k_2 项和 k_3 项的影响更小，后两项一般略去不计。

如果取 $e=1.6022\times10^{-19}\text{C}$，$m_e=9.10961\times10^{-31}\text{kg}$，$\varepsilon_0=8.8542\times10^{-12}\text{F/m}$，则由式（3.75）可得

$$n_p = 1 - 40.28 \cdot N_e f^{-2} \tag{3.77}$$

在电磁波信号穿过电离层时，折射率变化引起的电离层延迟一般可写为

$$d_{\text{ion}} = \int_s (n-1)\,\mathrm{d}s \tag{3.78}$$

载波相位测量的电离层距离延迟为

$$d_{\text{ion}} = -40.28\frac{1}{f^2}\int_s N_{\text{e}}\mathrm{d}s \tag{3.79}$$

伪码测量群延迟的电离层距离延迟为

$$d_{\text{ion}} = 40.28\frac{1}{f^2}\int_s N_{\text{e}}\mathrm{d}s \tag{3.80}$$

相应的电离层时间延迟表达式为

$$\tau_{\text{ion}} = \frac{40.28}{cf^2}\int_s N_{\text{e}}\mathrm{d}s = \frac{40.28}{cf^2}\text{TEC} \tag{3.81}$$

式中：TEC 为电子总含量，即沿着信号传播路径 S 对电子密度 N_{e} 进行积分，即底面积为 1m^2 贯穿整个电离层柱体内所含的电子数，$\text{TEC} = \int_s N_{\text{e}}\mathrm{d}s$。

式(3.81)即为常用的载波相位和伪码观测量电离层延迟的基本表达式。

3.6.2　电离层延迟模型

由式(3.81)可以看出，为求得信号传播路径的电离层延迟量，需要求得信号传播路径上每点的电子密度，然后进行积分。但电子密度是一个与太阳活动、地方时、测站位置、观测方向、地磁场状况、季节等很多复杂因素有关的量，并受一些随机因素的影响，加上对有些影响机制研究的还不很清楚，所以一般不能给出严格的理论模型。实际上，采用的模型大多是根据一定理论构造出来的经验估算模型，通常采用天顶方向的延迟量乘上一个投影函数来间接求得信号传播路径上的延迟量。常见的电离层延迟模型有 GPS Klobuchar 模型、BDS 电离层延迟模型、双频改正模型等[25-29]。

3.6.2.1　GPS Klobuchar 模型

Klobuchar 模型是将电离层中的电子集中到一个单层上，用该单层来代替整个电离层的单层模型，这个单层称为中心电离层。Klobuchar 模型把白天的电离层延迟量看成余弦波中正的部分，而把夜间的延迟量 D 看作常数。余弦波的相位项 T_{p} 也按常数处理，而余弦波的振幅 A 和周期 P_{ion} 分别用信号路径与中心电离层交点处的地磁纬度的一个三阶多项式来表示。其时延模型为[25]

$$\tau_{\text{ion}} = \left[D + A\cos\frac{t-T_{\text{p}}}{P_{\text{ion}}}2\pi\right]\cdot \text{MF} \tag{3.82}$$

也可写为实用公式，即

$$\tau_{\text{ion}} = \left[D + A\cos\frac{t-T_{\text{p}}}{P_{\text{ion}}}2\pi\right]\cdot \text{MF} \tag{3.83}$$

式中：D 为电离层延迟的夜间值，$D = 5\text{ns}$；A 为振幅；t 为地方时；T_{p} 为初始相位，$T_{\text{p}} = 50400\text{s}$（地方时 14 点）；$P_{\text{ion}}$ 为周期。

A 和 P_{ion} 的计算公式为

$$\begin{cases} A = \alpha_1 + \alpha_2 \phi_m + \alpha_3 {\phi_m}^2 + \alpha_4 {\phi_m}^3 \\ P_{ion} = \beta_1 + \beta_2 \phi_m + \beta_3 {\phi_m}^2 + \beta_4 {\phi_m}^3 \end{cases} \tag{3.84}$$

式中:ϕ_m 为电离层穿透点的地磁纬度;α_i、β_i($i = 1,2,3,4$)为卫星广播的电离层参数,它是根据观测日期(共有 37 组反映季节变化的常数)和前 5 天太阳平均辐射流量(共 10 组数据)得到的常数。GPS 主控站从 370 组数据中选择并编入导航电文向用户播发。

式(3.83)中 MF 为投影函数,它是将刺穿点天顶方向电离层延迟变换成信号传播方向的电离层延迟。MF 的计算公式为

$$\mathrm{MF} = \frac{R_E}{R_E + h_{ion}} \sin Z \tag{3.85}$$

式中:Z 为接收机天顶距;R_E 为地球平均半径,一般取为 6371km;h_{ion} 为电离层平均高度,一般取为 350km ~ 400km。

3.6.2.2 北斗电离层延迟模型

BDS 设计采用了 8 参数、14 参数和 9 参数三种不同模型[26-29],前两种模型主要在 BDS-2 卫星和 BDS-3 卫星的 B1I、B3I/Q 信号播发,9 参数模型主要在 BDS-3 卫星的 B1C、B2a 等新信号播发。8 参数模型和 9 参数模型在第 10 章中有详细介绍,这里不再赘述。下面简要给出 14 参数模型的具体表达式。

14 参数模型将夜间的电离层延迟量 τ 看成随纬度线性变化,用线性多项式表示,而把白天的电离层延迟量看成余弦波中正的部分,幅值 A、周期 P 和初始相位 T_p 分别用三阶多项式表示。天顶方向的电离层延迟模型为[26]

$$I' = \tau + A \cdot \cos \frac{2\pi(t - T_p)}{P} \tag{3.86}$$

式中:τ 用参数 A_1 和 A_2 表达;幅值 A、周期 P 和初始相位 T_p 分别用 α_n($n = 0,1,2,3$)参数、β_n($n = 0,1,2,3$)参数和 γ_n($n = 0,1,2,3$)表达。

用户利用 14 参数计算电离层延迟改正的步骤如下:

(1) 根据 α_n($n = 0,1,2,3$)参数计算幅值,即

$$A = \begin{cases} \sum_{n=0}^{3} \alpha_n |\phi_p|^n & A \geqslant 0 \\ 0 & A < 0 \end{cases} \tag{3.87}$$

(2) 根据 β_n($n = 0,1,2,3$)参数计算周期,即

$$P = \begin{cases} 172800 & P \geqslant 172800 \\ \sum_{n=0}^{3} \beta_n |\phi_p|^n & 172800 > P > 72000 \\ 72000 & P \leqslant 72000 \end{cases} \tag{3.88}$$

(3) 根据 $\gamma_n(n=0,1,2,3)$ 参数计算初始相位,即

$$T_{\mathrm{p}}=\begin{cases}50400+\sum_{n=0}^{3}\gamma_n\,|\phi_{\mathrm{p}}|^n & 43200<T_{\mathrm{p}}<55800\\43200 & T_{\mathrm{p}}\leqslant 43200\\55800 & T_{\mathrm{p}}\geqslant 55800\end{cases}\tag{3.89}$$

(4) 根据计算的幅值 A、周期 P、初始相位 T_{p} 与接收的 A_1、A_2 参数计算天顶方向 B_1 频点电离层延迟量,即

$$I'_{\mathrm{B1}}(t)=\begin{cases}(A_1-A_2|\phi_{\mathrm{p}}|)\times 10^{-9}+A\cdot\cos\dfrac{2\pi(t-T_{\mathrm{p}})}{P} & |t-T_{\mathrm{p}}|<\dfrac{P}{4}\\(A_1-A_2|\phi_{\mathrm{p}}|)\times 10^{-9} & |t-T_{\mathrm{p}}|\geqslant\dfrac{P}{4}\end{cases}\tag{3.90}$$

式中:t 为电离层穿刺点 P 处的地方时(s),取值范围为 0 ~ 86400s。

(5) 计算卫星到用户视线方向的电离层延迟,即

$$I_{\mathrm{B1}}(t)=I'_{\mathrm{B1}}(t)\cdot\frac{1}{\cos z}\tag{3.91}$$

BDS 电离层延迟模型参数的参考频点为 B1,因此,对于 B2 单频或 B3 单频用户,应乘以一个与频率有关的比例因子进行电离层延迟换算,即

$$\begin{aligned}I'_{\mathrm{B2}}(t)&=k_{12}(f)\cdot I'_{\mathrm{B1}}(t)\\I'_{\mathrm{B3}}(t)&=k_{13}(f)\cdot I'_{\mathrm{B1}}(t)\end{aligned}\tag{3.92}$$

对于 B2 频点用户,该比例因子为

$$k_{12}(f)=\frac{f_1^2}{f_2^2}=1.6724\tag{3.93}$$

对于 B3 频点用户,该比例因子为

$$k_{13}(f)=\frac{f_1^2}{f_3^2}=1.5145\tag{3.94}$$

式中:f_1、f_2、f_3 为三个频点的频率值。

3.6.2.3　双频改正模型

由于电离层延迟与信号频率有关,因此,当接收机为双频时,电离层延迟也可以采用双频模型进行计算。利用 f_1、f_2 两个频率伪距观测量 ρ'_1 和 ρ'_2 改正 f_1 频率电离层时延的计算模型为[1]

$$\tau_{\mathrm{ion}}(f_1)=\frac{1}{c}\frac{\rho'_2-\rho'_1}{k_{12}(f)-1}\tag{3.95}$$

3.7　卫星有关修正

3.7.1　卫星天线相位中心修正

伪距/相位测量值均指卫星天线相位中心至接收机天线相位中心的观测量,而精

密定轨中确定的轨道为卫星质心轨道，由于卫星发射天线相位中心与卫星质心不重合，精密定轨前应对观测量进行相位中心修正，使观测量修正到卫星质心。根据卫星位置和速度的概值、相位中心在星固坐标系的位置，采用矢量相减的方法计算卫星天线相位中心改正。

相位中心在星固坐标系的位置需要在卫星发射前测量。相位中心改正值约为米级，由卫星天线相位中心与卫星的质心不重合产生。对不同频率可能略有不同，动态与静态略有差异，不同方向也略有差异，但一般差别为厘米级[9,30-31]。

卫星星固坐标系的坐标原点在卫星质心，Z 轴指向地球质心，Y 轴指向卫星至地心的矢量与太阳至卫星的矢量的矢量积方向，X 轴与 Z、Y 轴构成右手系。

若已知相位中心在星固坐标系中的坐标为 $\bar{\boldsymbol{r}}_{\mathrm{a}}=(x_{\mathrm{a}},y_{\mathrm{a}},z_{\mathrm{a}})^{\mathrm{T}}$，则在地固坐标系中为

$$\bar{\boldsymbol{r}}_{\mathrm{ea}}=\boldsymbol{R}_{\mathrm{a}}\cdot\bar{\boldsymbol{r}}_{\mathrm{a}} \tag{3.96}$$

式中：$\boldsymbol{R}_{\mathrm{a}}$ 为星固坐标系到地固坐标系的转换矩阵，且有

$$\boldsymbol{R}_{\mathrm{a}}=(\hat{\boldsymbol{e}}_x,\hat{\boldsymbol{e}}_y,\hat{\boldsymbol{e}}_z) \tag{3.97}$$

$$\hat{\boldsymbol{e}}_z=-\frac{\bar{\boldsymbol{r}}}{|\bar{\boldsymbol{r}}|},\quad \hat{\boldsymbol{e}}_y=\frac{\bar{\boldsymbol{\Delta}}\times\bar{\boldsymbol{r}}}{|\bar{\boldsymbol{\Delta}}\times\bar{\boldsymbol{r}}|},\quad \hat{\boldsymbol{e}}_x=\frac{\bar{\boldsymbol{r}}\times\hat{\boldsymbol{e}}_y}{|\bar{\boldsymbol{r}}\times\hat{\boldsymbol{e}}_y|} \tag{3.98}$$

式中：$\bar{\boldsymbol{\Delta}}=\bar{\boldsymbol{r}}_{\mathrm{s}}-\bar{\boldsymbol{r}}$，$\bar{\boldsymbol{r}}$、$\bar{\boldsymbol{r}}_{\mathrm{s}}$ 分别为卫星和太阳在地固坐标系中的坐标矢量。

卫星天线相位中心偏差对观测距离的影响为

$$\Delta\rho_{\mathrm{a}}=\bar{\boldsymbol{r}}_{\mathrm{ea}}\cdot\hat{\boldsymbol{\rho}} \tag{3.99}$$

式中：$\hat{\boldsymbol{\rho}}$ 为测站至卫星方向在地固坐标系下的单位矢量。

3.7.2 卫星天线相位缠绕修正

理想的卫星信号发出的是一种右圆偏振无线电波，理想的接收机只接收右圆偏振无线电波，因此，观测的载波相位与卫星和接收机天线的指向有关，无论卫星或接收机天线围绕它的垂直轴旋转，都将改变所测的载波相位，最大达 1 周（1 个波长）的变化，它完全是由于天线旋转的结果。卫星的天线会随着太阳能板对太阳的朝向变化产生一个很缓慢的旋转；此外，在日蚀期间，卫星会快速旋转，即“中午旋转”和“子夜旋转”使太阳能电池板朝向太阳，在中午和午夜交替时，卫星天线在不到 0.5h 内完成一次旋转。相位数据需要改正这一效应或者简单编辑删除。相位缠绕计算公式如下[9,30-31]：

$$\Delta\varphi=\mathrm{sign}(\xi)\arccos\frac{\bar{\boldsymbol{D}}'\cdot\bar{\boldsymbol{D}}}{|\bar{\boldsymbol{D}}'||\bar{\boldsymbol{D}}|} \tag{3.100}$$

式中：$\xi=\hat{\boldsymbol{k}}\cdot(\bar{\boldsymbol{D}}'\times\bar{\boldsymbol{D}})$，$\hat{\boldsymbol{k}}$ 为卫星到接收机的单位矢量；$\bar{\boldsymbol{D}}$ 为由当地坐标系下的单位矢量$(\hat{x},\hat{y},\hat{z})$计算得到的接收机有效的偶极矢量；$\bar{\boldsymbol{D}}'$为由星固坐标系下的单位矢量

$(\hat{x}',\hat{y}',\hat{z}')$计算得到的卫星有效的偶极矢量，且有

$$\bar{\boldsymbol{D}}' = \hat{x}' - \hat{\boldsymbol{k}}(\hat{k} \cdot \hat{x}') - \hat{\boldsymbol{k}} \times \hat{y}' \tag{3.101}$$

3.8 测站有关修正

3.8.1 接收机相位中心修正

与卫星天线相位中心修正类似，接收机天线相位中心与地面已知点不重合，需计算接收机相位中心相对于站坐标基点的改正值。不同方位和高度卫星的改正差异为几厘米。改正值可用接收机硬件的参数和仪器基点与站坐标点之间的联测值进行计算。改正时需要已知测站坐标和偏心联测值 $\Delta\boldsymbol{r}_{\mathrm{k}}$，即[9,30-31]

$$\Delta\boldsymbol{r}_{\mathrm{k}} = \boldsymbol{r}_{\mathrm{k}} - \boldsymbol{r}_{\mathrm{E}} \tag{3.102}$$

式中：$\boldsymbol{r}_{\mathrm{k}}$、$\boldsymbol{r}_{\mathrm{E}}$ 分别为地固坐标系中接收机相位中心和基点的位置矢量。

接收机相位中心偏差常用局部坐标表示，即天线相位中心相对于基点的垂直方向偏差 ΔH、北方向偏差 ΔN 和东方向偏差 ΔE 表示，因此，必须通过旋转矩阵将局部坐标系中的偏心矢量转换至地固坐标系中，即

$$\Delta\boldsymbol{r}_{\mathrm{k}} = (\Delta E_{\mathrm{k}}, \Delta N_{\mathrm{k}}, \Delta H_{\mathrm{k}})^{\mathrm{T}} \tag{3.103}$$

$$\Delta\boldsymbol{r}_{\mathrm{ek}} = R_H(270° - \lambda) R_E(\varphi - 90°) \Delta\boldsymbol{r}_{\mathrm{k}} = \begin{bmatrix} -\sin\lambda & -\cos\lambda\sin\varphi & \cos\lambda\cos\varphi \\ \cos\lambda & -\sin\lambda\sin\varphi & \sin\lambda\cos\varphi \\ 0 & \cos\varphi & \sin\varphi \end{bmatrix} \tag{3.104}$$

式中：λ、φ 分别为测站的地心经度、纬度。

接收机相位中心偏差对观测距离的影响为

$$\Delta\rho_{\mathrm{k}} = \Delta\boldsymbol{r}_{\mathrm{ek}} \cdot \hat{\boldsymbol{\rho}} \tag{3.105}$$

式中：$\hat{\boldsymbol{\rho}}$ 为测站至卫星方向在地固坐标系下的单位矢量。

3.8.2 潮汐修正

地球不是刚体，在太阳和月球的万有引力作用下，固体地球要产生周期性的弹性形变，称为固体潮。固体潮现象使测站的实际坐标随时间作周期性变化，这一潮汐形变引起的台站位移矢量为[9]

$$\bar{\Delta}\boldsymbol{r} = \sum_{j=2}^{3}\left(\frac{GM_j r^4}{GM_{\mathrm{E}} R_j^3}\right)\left\{[3l_2(\hat{\boldsymbol{R}}_j \quad \hat{\boldsymbol{r}})]\hat{\boldsymbol{R}}_j + \left[3\left(\frac{h_2}{2} - l_2\right)(\hat{\boldsymbol{R}}_j \quad \hat{\boldsymbol{r}})^2 - \frac{h_2}{2}\right]\hat{\boldsymbol{r}}\right\} \tag{3.106}$$

式中：GM_j 乘积为月球($j=2$)或太阳($j=3$)引力常数；GM_{E} 乘积为地心引力常数；$\hat{\boldsymbol{R}}_j$、R_j 分别为月球、太阳的地心单位矢量和矢量长度；$\hat{\boldsymbol{r}}$、r 分别为台站地心单位矢量和矢量长度；h_2、l_2 分别为标称的二次 LOVE 数和 SHIDA 数。

式(3.106)中未能顾及LOVE数的频率变化,需对LOVE数与标称值有差异的波进行修正,若h_2、l_2的标称值分别为0.6090和0.0852,径向位移截至0.005m,目前只对k_1波径向位移作修正,它可作为台站高度的周期变化来实现:

$$\delta h = -0.02527066\sin\varphi\sin(\theta_g + \lambda) \tag{3.107}$$

式中:θ_g为零子午线的平恒星时,该项影响在$\varphi = 45°$时最大,最大值为0.013m。

固体潮的影响除了使台站产生周期性形变外,其引潮位的零频项还将引起台站一个永久性位移,如果仍取h_2、l_2的标称值为0.6090和0.0852,那么被引进的永久性形变如下:

径向

$$U_r = -0.12083\left(\frac{3}{2}\sin^2\varphi - \frac{1}{2}\right) \tag{3.108}$$

南北方向

$$U_{NS} = -0.05071\cos\varphi\sin\varphi \tag{3.109}$$

在标称台站坐标中是否包括永久性台站位移,取决于发表的台站坐标。若发表的台站坐标不包括永久性台站位移,则由k_1频率和零频引起的台站坐标在地心坐标系中的改正为

$$\Delta \boldsymbol{r}_1 = R_Z(-\lambda)R_Y(\varphi)\begin{bmatrix} U_r - \delta h \\ 0 \\ U_{NS} \end{bmatrix} \tag{3.110}$$

因此,固体潮引起的台站坐标位移$\Delta \boldsymbol{r}_{ET} = \Delta \boldsymbol{r} - \Delta \boldsymbol{r}_1$。

3.8.3 多路径修正

多路径效应是在一定观测环境下产生的,其后果是使卫星导航接收机跟踪和锁定卫星信号的过程产生异常,从而导致接收机输出的观测量受到影响。

根据GNSS测量原理,伪距观测量中包括卫星轨道、卫星钟差、接收机位置、接收机钟差、电离层延迟、中性大气延迟、多路径误差以及随机噪声;相比之下,载波相位观测量中也包括与伪距相同的卫星轨道、卫星钟差、接收机位置、接收机钟差、中性大气延迟,但载波相位观测量中包含特有的相位模糊度,并且电离层延迟与同频点伪距的电离层延迟绝对值相同、符号相反(忽略高阶电离层延迟影响,一般为1~2cm),多路径误差和随机噪声也不同于伪距。根据多路径产生的原理,载波相位中的多路径噪声不超过波长的1/4或更小(对导航使用的L频段,为4~5cm),其绝对量级比伪距的多路径误差小1~2个数量级[32-33]。基于此假设,可以利用载波相位数据为参考,分离出伪距多路径误差。

如果忽略载波相位中的多路径和噪声误差,利用伪距和载波相位组合观测值提取单频点伪距多路径噪声的公式如下[34]:

$$\begin{cases} M_{\rho_1'} = \rho_1' + \dfrac{1 + k_{12}(f)}{1 - k_{12}(f)}\varphi_1 \cdot \lambda_1 - \dfrac{2}{1 - k_{12}(f)}\varphi_2 \cdot \lambda_2 \\ M_{\rho_2'} = \rho_2' + \dfrac{2k_{12}(f)}{1 - k_{12}(f)}\varphi_1 \cdot \lambda_1 - \dfrac{1 + k_{12}(f)}{1 - k_{12}(f)}\varphi_2 \cdot \lambda_2 \\ M_{\rho_3'} = \rho_3' + \dfrac{2k_{13}(f)}{1 - k_{13}(f)}\varphi_1 \cdot \lambda_1 - \dfrac{1 + k_{13}(f)}{1 - k_{13}(f)}\varphi_3 \cdot \lambda_3 \end{cases} \tag{3.111}$$

式中：$M_{\rho_1'}$、$M_{\rho_2'}$、$M_{\rho_3'}$分别为三个频点载波相位和伪距组合观测量；φ_1、φ_2、φ_3 分别为三个频点的载波相位观测量；λ_1、λ_2、λ_3 分别为三个频点的波长。

可以容易地验证，式(3.111)中消除了星地几何距离、钟差、各项误差改正和大气延迟改正，仅残余模糊度和通道时延的组合值、多路径误差和噪声。模糊度和通道时延组合值作为模糊度浮点解求解固定后，则 M_ρ 仅与多路径和噪声相关。

对于多路径效应误差，可以采用码减载波(CMC)算法进行建模修正，基于任意频点伪距载波相位观测的 CMC 方法为[34-36]

$$\text{CMC} = \rho' - \lambda \cdot \varphi = 2d_{\text{ion}} + d_{\text{mul}} - N \cdot \lambda + \varepsilon_\rho \tag{3.112}$$

式中：d_{ion}为电离层延迟；d_{mul}为多路径延迟；ε_ρ 为伪距测量误差。

式(3.112)也可以表示为

$$d_{\text{mul}} + \varepsilon_\rho = \rho' - \lambda \cdot \varphi - 2d_{\text{ion}} + N \cdot \lambda \tag{3.113}$$

根据双频载波相位观测量可以计算电离层延迟改正，B1、B2 双频载波相位观测量之差为

$$\lambda_1 \cdot \varphi_1 - \lambda_2 \cdot \varphi_2 = (d_{\text{ion}2} - d_{\text{ion}1}) + b_{12} \tag{3.114}$$

式中：b_{12}为包含了双频载波相位整周模糊度之差以及频率间偏差量，在模糊度不变(没有周跳发生)时，在后续的估计中作为常数。

经过推导，可得到 B1 频点的电离层延迟为

$$d_{\text{ion}1} = \frac{f_2^2}{f_1^2 - f_2^2}(\varphi_1 \cdot \lambda_1 - \varphi_2 \cdot \lambda_2 - b_{12}) = k_{\text{B1}}(\varphi_1 \cdot \lambda_1 - \varphi_2 \cdot \lambda_2) - k_{\text{B1}} \cdot b_{12} \tag{3.115}$$

式中：k_{B1}为比例因子，且有

$$k_{\text{B1}} = \frac{f_2^2}{f_1^2 - f_2^2}$$

同理，可得 B2 频点的电离层延迟为

$$d_{\text{ion}2} = \frac{f_1^2}{f_1^2 - f_2^2}(\varphi_1 \cdot \lambda_1 - \varphi_2 \cdot \lambda_2 - b_{12}) = k_{\text{B2}}(\varphi_1 \cdot \lambda_1 - \varphi_2 \cdot \lambda_2) - k_{B_2} \cdot b_{12} \tag{3.116}$$

式中：k_{B2}为比例因子，且有

$$k_{\text{B2}} = \frac{f_1^2}{f_1^2 - f_2^2}$$

将式(3.115)代入式(3.113)可得

$$d_{\text{mul}1}+\varepsilon_{\rho_1}=\rho_1'-\lambda_1\cdot\varphi_1-2k_{\text{B}1}(\lambda_1\cdot\varphi_1-\lambda_2\cdot\varphi_2)+2k_{\text{B}1}\cdot b_{12}+N_1\cdot\lambda_1= \\ \rho_1'-\lambda_1\cdot\varphi_1-2k_{\text{B}1}(\lambda_1\cdot\varphi_1-\lambda_2\cdot\varphi_2)+\text{Bias}_1 \tag{3.117}$$

式中：Bias_1 为系统性偏差，$\text{Bias}_1=2k_{\text{B}1}\cdot b_{12}+N_1\cdot\lambda_1$。

同理，可以推导出其他两个频点的伪距多路径和噪声计算公式。以某个频点 i 为例，实时进行伪距和多路径改正的 CMC 算法如下[34]：

t_0 时刻初始化为

$$\begin{cases}\text{Bias}_i(t_0)=\rho_i'(t_0)-\lambda_i\cdot\varphi_i(t_0)-2d_{\text{ion}\,i}(t_0)\\ d_{\text{mul}i}(t_0)+\varepsilon_{\rho_i}(t_0)=0\end{cases} \tag{3.118}$$

后续递推为

$$\begin{cases}\text{Bias}_i(t_n)=\text{Bias}_i(t_{n-1})+\dfrac{1}{n}[\rho_i'(t_n)-\lambda_i\cdot\varphi_i(t_n)-\text{Bias}_i(t_{n-1})-2d_{\text{ion}\,i}(t_n)]\\ d_{\text{mul}i}(t_n)+\varepsilon_{\rho_i}(t_n)=\rho_i'(t_n)-\lambda_i\cdot\varphi_i(t_n)-2d_{\text{ion}\,i}(t_n)-\text{Bias}_i(t_n)\end{cases} \tag{3.119}$$

式中：t_n 为从初始化开始的第 n 个历元时刻，n 为递推个数。

当检测到周跳时，重新开始初始化递推过程。

3.8.4 周跳探测方法

电离层残差法是周跳探测方法中比较常用的一种。电离层残差法探测周跳是利用双频载波相位观测量的电离层残差组合观测量来探测和修复周跳的方法。

电离层残差组合的定义为

$$L_{\text{I}}=L_1-L_2 \tag{3.120}$$

该组合也称无几何组合，对于伪距也有类似组合。该组合与接收机钟差、卫星轨道以及测站坐标无关，仅含有电离层延迟和初始相位模糊度。

式(3.120)可以写为

$$L_{\text{I}}=\lambda_1\varphi_1-\lambda_2\varphi_2=\lambda_1N_1-\lambda_2N_2-\frac{I}{f_1^2}+\frac{I}{f_2^2} \tag{3.121}$$

将式(3.121)两端同除以 λ_1，则有

$$\frac{L_{\text{I}}}{\lambda_1}=\varphi_1-\frac{f_1}{f_2}\varphi_2=N_1-\frac{f_1}{f_2}N_2-\frac{I}{\lambda_1f_1^2}+\frac{I}{\lambda_1f_2^2} \tag{3.122}$$

令 $\varphi_{\text{I}}=\dfrac{L_{\text{I}}}{\lambda_1}$，则式(3.122)可写为

$$\varphi_{\text{I}}=N_1-\frac{f_1}{f_2}N_2-\Delta_{\text{ion}} \tag{3.123}$$

式中：$\Delta_{\text{ion}}=\dfrac{f_2^2-f_1^2}{f_2^2}\cdot\dfrac{I}{\lambda_1f_1^2}$，当利用 B1 频率 $f_1=1561.098\text{MHz}$ 和 B2 频率 $f_2=1268.52\text{MHz}$ 时，φ_{I} 还将电离层延迟的影响减小了约 49%（因为 $(f_2^2-f_1^2)/f_2^2\approx 51\%$），它与载体的运动状态无关，在没有周跳时，它随时间变化缓慢，一旦有周跳产

生,它就会有比较显著的变化。因此其相邻历元的差值可以用来检测周跳,其差值为

$$\begin{cases} \delta\varphi_1 = \varphi_{I,k+1} - \varphi_{I,k} = \delta N_1 - \dfrac{f_2^2 - f_1^2}{f_2^2} \cdot \dfrac{\delta I}{\lambda_1 f_1^2} + \delta\varepsilon_1 \\ \delta N_1 = \delta N_1 - \dfrac{f_1}{f_2}\delta N_2 \end{cases} \tag{3.124}$$

式中:δN_1、δN_2 分别为载波相位观测值 φ_1、φ_2 的周跳;δI、$\delta\varepsilon_1$ 分别为电离层延迟和观测值噪声的变化量。当观测值没有周跳时,δN_1 和 δN_2 都为零。若前后两个历元间隔较短(如几秒),则 $|\delta\varphi_I|$ 一般小于 0.05 周;但若前后两个历元间隔时间较长(如几分钟),则 $|\delta\varphi_I|$ 会超过 0.1 周。

周跳检测时通过设定相应的阈值,判断是否发生了周跳。如果周跳检测阈值设置过小,多径干扰会被误认为周跳发生,发生误判;如果周跳检测阈值设置过大,某些周跳不能准确检测,会造成模糊度解算误差,最终在相位计算的改正信息中引入较大偏差。通过对各监测站伪距波动现象的分析,宽相关数据单频点多径扰动幅度最大在 4 ~ 5m,窄相关和抗多径数据单频点多径扰动幅度最大在 1 ~ 2m。根据实际数据质量来设置周跳阈值。

在高精度数据处理,如精密单点定位过程中,常采用非差模型解算。由于载波相位观测量的引入,模糊度与接收机坐标、接收机钟差等待估参数一起估计。在未发生周跳时,模糊度当作一个常数处理;在发生周跳后,模糊度作为一个新的常数参数进行处理。

采用 Bootstrapping 方法进行整周模糊度的固定。Bootstrapping 方法是直接取整法和序贯条件最小二乘法的结合,考虑了实数模糊度元素之间的相关性。该方法将模糊度的浮点解按其方差-协方差阵的主对角线元素进行升序排列后,首先对第一个元素直接取整。在第一个元素固定为整数的条件下,依据剩余的 $n-1$ 个元素与第一个元素的相关性,对 $n-1$ 个元素进行改正,然后对改正后的第二个元素直接取整。同样的,依据剩余的 $n-2$ 个元素与第二个元素的相关性,对余下 $n-2$ 个元素进行改正。依此处理,直到处理完所有的元素。

由于模糊度向量元素的顺序不同,获得的 Bootstrapping 估计值也不同。为了得到较高精度的估计值,一般对模糊度方差 - 协方差阵的主对角线元素进行升序或降序排列,从方差最小的一个元素开始逐个固定。

参考文献

[1] 许其凤. GPS 卫星导航与精密定位[M]. 北京:解放军出版社,1994.
[2] 许其凤. 空间大地测量学——卫星导航与精密定位[M]. 北京:解放军出版社,2001.
[3] 陈秀万,方裕,尹军,张怀清. 伽利略导航卫星系统[M]. 北京:北京大学出版社,2005.
[4] 霍夫曼·韦伦霍夫,利希特内格尔,瓦斯勒. 全球卫星导航系统 GPS, GLONASS, Galileo 及其

他系统[M]. 程鹏飞,蔡艳辉,文汉江,等译. 北京:测绘出版社,2009.
[5] 韩春好,刘利,赵金贤. 伪距测量的概念、定义与精度评估方法[J]. 宇航学报,2009,11(6):2421-2425.
[6] 刘利. 卫星导航系统时间同步技术研究(博士后出站报告)[R]. 上海:中科院上海天文台,2008.
[7] YANG Y X,LI J L,WANG A B. Preliminary assessment of the navigation and positioning performance of BeiDou regional navigation satellite system[J]. Science China:Earth Sciences,2014,57:144-152.
[8] 刘利. 相对论时间比对与高精度时间同步技术[D]. 郑州:解放军信息工程大学,2004.
[9] 郭睿. 北斗区域导航卫星精密定轨研究[D]. 上海:中国科学院上海天文台,2010.5.
[10] ZHOU S S,CAO Y L,ZHOU J H. Positioning accuracy assessment for the 4GEO/5IGSO/2MEO constellation of COMPASS[J/OL]. Science China Physics, Mechanics & Astronomy, 2012, 55:2290-2299.
[11] ZHOU S S,WU B,HU X G,et al. Signal-in-space accuracy for BeiDou navigation satellite system: Challenges and solutions[J]. Science China Physics,Mechanics & Astronomy,2017,60:019531.
[12] 刘利,唐桂芬,郭睿,等. 伪距测量中的时标偏差影响分析[J]. 时间频率学报,2012,35(2):105-111.
[13] 刘利,朱陵凤,时鑫,等. 时标偏差对卫星双向时间传递影响分析[C]//第一届中国卫星导航学术年会论文集,北京,2010.
[14] 何海波. 高精度 GPS 动态测量及质量控制[D]. 郑州:解放军信息工程大学,2002.
[15] 杨力. 大气对 GPS 测量影响的理论与研究[D]. 郑州:解放军信息工程大学,2001.
[16] 周忠谟. GPS 卫星测量原理与应用[M]. 北京:测绘出版社,1995.
[17] THAYER G D. An improved equation for the radio refractive index of air[J]. Radio Science,1974, 9(10):803-807.
[18] HOPFIELD H. Two-quartic tropospheric refractivity profile for correction satellite data[J]. Journal of Geophysical Research,1969,74(18):4487-4499.
[19] HOPFIELD H. Improvement in the tropospheric Refraction correction for range measurement[C]// Phil. Trans. Royal Society,London,1980.
[20] GOAD C C,GOODMAN L. A modified Hopfield tropospheric refraction correction model[C]// Presented at the Fall Annual Meeting American Geophysical Union,San Francisco,1974.
[21] SAASTAMOINEN J. Atmosphere correction for the troposphere and stratosphere in radio ranging of satellite, in the use of artificial satellites for geodesy[J]. Geophysics Monograph Series,1972,15 247-251.
[22] SAASTAMOINEN J. Contribution to the theory of atmospheric refraction[J]. Bulletin Geodesique 1973,107:13-34.
[23] CHAO C C. A preliminary estimation of tropospheric influence on the range and range rate data during the closest approach of the MM'71 Mars Mission[J]. JPL Technical Memorandum,1970 391-129.
[24] CHAO C C. The aerospace corporation[R]. El Segundo,California,1994.
[25] 刘基余. 全球定位系统原理及应用[M]. 北京:测绘出版社,1993.

[26] 章红平. 基于地基 GPS 的中国区域电离层监测与延迟改正研究[D]. 上海:中科院上海天文台,2006.

[27] YUAN Y B. A next generation broadcast model(BDSSH) and its implementation scheme of ionospheric time delay correction for BDS/GNSS[R]. ION GNSS + 2014 conference, Tampa, Florida, USA, 2014.

[28] 吴晓莉,戴春丽,刘利,等. 地理与地磁坐标系下的 K 氏电离层延迟模型分析比较[C]//第一届中国卫星导航学术年会论文集,北京,2010.

[29] YUAN Y B. BDS-3 globally broadcast ionospheric time delay correction model(BDGIM) for single-frequency users[R]. 13th Meeting of the International Committee on Global Navigation Satellite Systems, Xi'an, China, 2018.

[30] 赵齐乐. GPS 导航星座及低轨卫星的精密定轨理论和软件研究[D]. 武汉:武汉大学,2004.

[31] 周善石. 基于区域监测网的卫星导航系统精密定轨方法研究[D]. 上海:中国科学院上海天文台,2011.

[32] 朱响. GNSS 多路径效应与观测噪声削弱方法研究[D]. 西安:长安大学,2017.

[33] 马晓东. BDS 多路径误差特性研究[D]. 徐州:中国矿业大学,2017.

[34] WU X L, ZHOU J H, WANG G, et al. Multipath error detection and correction for GEO/IGSO satellites[J]. Science China Physics, Mechanics & Astronomy, 2012, 55(7):1147-1334.

[35] FENG X C, WU X L, ZHANG Z X, et al. Multipath mitigation technique based on modifications to GNSS monitor station antennas field[C]//China Satellite Navigation Conference (CSNC) 2012 Proceedings, 2012.

[36] 吴晓莉,周善石,胡小工,等. 区域导航系统伪距波动分析[C]//第二届中国卫星导航学术年会论文集,上海,2011.

第4章　站间时间比对方法及误差分析

不同时间信号之间的比对称为时间比对。经过时间比对，不同时钟之间就可以完成时间同步。远距离、高精度的时间比对技术不仅是世界各国共同参考的标准时间的形成、各国或各实验室标准时间准确度保持的需要，而且是卫星导航系统高精度时间基准建立和维持，以及将分布在各地面站和空间卫星的原子钟进行高精度比对的需要，因此，高精度的时间比对技术是实现高精度时间系统的关键[1-2]。可以说，没有高精度的时间比对技术就不可能使分布在不同地方的地面实验室、不同空间飞行器和不同用户的时钟保持高精度的时间同步，也就不可能实现高精度的守时和授时。

时间比对的方法有多种，如声音传递、搬运钟法和无线电法等。其中：搬运钟法是将位于不同地点的时钟搬到同一个地点进行比对[1]；无线电法是通过向对方发送无线电信号来进行时间比对[2-3]。众所周知，在20世纪90年代以前，不同地点原子钟之间的时间比对还主要靠搬运钟、短波和长波授时以及Loran C比对来完成，比对的精度受到模型和比对方法本身的限制只能达到毫秒量级、微秒量级[3-5]。

随着卫星技术和通信技术的发展，在高精度的时间比对方面，原来的方法逐步被卫星时间比对代替。最早发展起来的卫星时间比对技术是卫星单向时间比对方法，但是单向法只能达到约20ns的精度，不能满足现代实验室之间高精度时间比对的需要[6]。在此基础上，人们又提出了卫星共视法。共视法能够使两站间的共同误差得到消除或削弱，因此大大提高了时间比对的精度[7]。从1995年开始，BIPM时间部在计算国际原子时的时候，就依靠各时间实验室的单通道单频GPS接收机每天48次跟踪卫星，把全球约50个时间实验室200多台钟的资料通过共视比对处理，统一归算成UTC(OP) - Clock(i)[2]。目前，卫星共视法是国际原子时系统中应用最广泛的比对手段。近年来，为了与原子频标的发展相适应，TWSTFT、GPS多通道时间比对、GLONASS P码时间比对、GPS载波相位时频比对、GNSS共视时间比对等技术应运而生，它们已经在TAI的计算中逐步应用[8-13]。另外，有人提出了GPS/GLONASS一体化共视比对方法，进行的比对实验也取得了很好的结果[14-15]；有人也提出将测地型GPS接收机用于时间比对，并在BIPM计算TAI中得到了应用[16]；还有人进行了激光时间比对试验，也取得了很好的结果[17-19]。

近年来，TWSTFT技术越来越成熟。由于参与TWSTFT比对的一对地面站同时向同一颗卫星发送时间信号，并接收对方发送经卫星转发的信号，发送和接收的信号路径基本相同,因此,该技术有效地抵消了卫星位置和地面站位置不确定而造成的测量误差以及电离层异常和对流层干扰引起的时延误差,使 TWSTFT 的精度达到几十皮秒,已有几十条卫星双向链正式参加 TAI 的计算,同期的 GPS 共视法资料作为备份[20-25]。欧洲的 8 个和美国的 2 个时间实验室租用国际通信卫星,用于欧洲内部和美洲与欧洲间的时间比对;亚太地区则建立了包括日本、中国和澳大利亚在内的亚太 TWSTFT 网,此网是全球欧洲、美洲、亚洲三大洲 TWSTFT 链接的一部分。BIPM 希望有条件的国家和地区建立全球的 TWSTFT 比对技术,预计今后将有更多的 TWSTFT 比对链参加 TAI 的计算,因此,TWSTFT 是重要的时间比对方法之一。TWSTFT的最新发展是多站 TWSTFT 比对技术,该方法基于伪随机码技术,在同一频率同时发送几个信号而不产生干扰。新的多站 TWSTFT 调制解调器采用多通道技术,每一个站用不同的伪随机码,卫星接收所有台站的信号,合并后送回地面站,解调后求得各台站基准和本地基准的时刻差。如日本通信综合研究所研制的调制解调器有 11 个通道,发送通道为 3 个(1 个用于发送秒脉冲,2 个用于地面站的时延测定),接收通道为 8 个(6 个用于接收其他台站间时间基准信号,2 个用于校正地面站的时延)。由于地面站时延是实时监测的,因此整个系统更稳定[26]。

另外的实验表明,LASSO 和 GPS 载波相位两种技术在长于 1min 的稳定度方面均优于 TWSTFT。LASSO 实验的精度为 100ps,预期第二代 LASSO 的精度可达 30ps。但是,由于激光会受到天气条件的影响,不适合用于常规工作。GPS 载波相位技术比 LASSO 和 TWSTFT 具有更好的稳定性[17-18]。

时间比对技术已经由过去的搬运钟和罗兰 C 比对,发展到现在的卫星共视比对、卫星全视比对、TWSTFT、GNSS 载波时频比对以及激光时间比对等多种技术共存和互补的状态。时间比对精度也由以前的毫秒量级、微秒量级发展到现在的纳秒量级、0.1ns 量级甚至更高。本章主要对搬运钟、TWSTFT、GNSS 卫星共视法、北斗 RDSS 单向共视法、北斗 RDSS 双向共视法、北斗 RNSS 卫星双向共视法、LASSO 等地面站之间的时间比对方法进行总结阐述。

4.1 搬运钟法

搬运钟法是一种较早采用的时间比对技术。它的目的是通过搬运钟 C,将 A 站的时间标准传递给 B 站,从而实现 A 站与 B 站的时间同步。它的基本原理:设有一个搬运钟 C,开始前,A 钟和 C 钟并址,在某一坐标时 t_0,将 A 钟和 C 钟进行比较,即分别读出 A、C 钟的读数 τ_{A0} 和 τ_{C0},然后 C 钟沿着已知的路径 $x_C(t)$ 搬运到 B 站,并与 B 钟进行比较,即在坐标时 t_1 时刻分别读出 B、C 钟的读数 τ_{B1} 和 τ_{C1},这样,坐标时 t_1 就可以由 t_0、τ_{C0}、τ_{C1} 和 $x_C(t)$ 来计算,再根据 B 站原时和坐标时的关系,就能调整 B 站的钟[27-28]。

对于搬运钟,它的世界线应满足式(2.9),根据搬运钟的基本原理并积分式(2.9),

可得

$$c(\tau_{C1}-\tau_{C0})=-\int_{t_0}^{t_1}\sqrt{\boldsymbol{g}_{\mu\nu}\boldsymbol{\nu}^{\mu}\boldsymbol{\nu}^{\nu}}\,\mathrm{d}t \tag{4.1}$$

由于搬运钟时间比对的计算一般在地心地固坐标系中进行，因此，根据地面附近空间搬运钟时间比对的理论模型式(2.20)，并考虑将重力位 W 在大地水准面处展开到二阶项，可得

$$W=W_0+\frac{\partial W}{\partial h}h+\frac{1}{2}\frac{\partial^2 W}{\partial h^2}h^2=W_0-gh+\frac{1}{2}nh^2 \tag{4.2}$$

将式(4.2)代入式(2.20)可得[27]

$$\begin{aligned}\frac{\mathrm{d}\tau}{\mathrm{d}t}=&1+\frac{g}{c^2}h-\frac{n}{2c^2}h^2-\frac{1}{2c^2}v^2-\frac{1}{c^2}(\boldsymbol{\omega}\times\boldsymbol{x}_C)\boldsymbol{v}\approx\\&1+1.08821\times10^{-16}h+5.77\times10^{-19}h\sin^2\varphi-1.716\times10^{-23}h^2-\\&5.563\times10^{-18}v^2-5.175\times10^{-15}v\cos\varphi\cos\theta+\\&1.74\times10^{-17}v\cos\varphi\sin^2\varphi\cos\theta+\cdots\end{aligned} \tag{4.3}$$

式中：t 为坐标时；g 为搬运钟所处的重力加速度（$\mathrm{m/s^2}$）；h 为搬运钟的海拔高度（m）；$\boldsymbol{\omega}$ 为地球自转矢量（rad/s）；$\boldsymbol{v}$ 为搬运钟相对于地球表面的速度矢量（m/s）；v 为 $\boldsymbol{v}$ 的模；φ 为搬运钟所在地纬度（rad）；θ 为搬运钟运动方向与东方向的夹角（rad）。

积分式(4.3)可得

$$\begin{aligned}t_1-t_0=&\tau_{C1}-\tau_{C0}-1.08821\times10^{-16}\int_{\tau_0}^{\tau_1}h(\tau)\mathrm{d}\tau-\\&5.77\times10^{-19}\int_{\tau_0}^{\tau_1}h(\tau)\sin^2\varphi(\tau)\mathrm{d}\tau+1.716\times10^{-23}\int_{\tau_0}^{\tau_1}h^2(\tau)\mathrm{d}\tau+\\&5.563\times10^{-18}\int_{\tau_0}^{\tau_1}v^2(\tau)\mathrm{d}\tau+5.175\times10^{-15}\int_{\tau_0}^{\tau_1}v(\tau)\cos\tau\cos\theta\mathrm{d}\tau-\\&1.74\times10^{-17}\int_{\tau_0}^{\tau_1}v(\tau)\cos\varphi(\tau)\sin^2\varphi(\tau)\cos\theta\mathrm{d}\tau\end{aligned} \tag{4.4}$$

需要注意的是：$\Delta\tau_C=\tau_{C1}-\tau_{C0}$ 为搬运钟 C 的原时读数，在一般的文献中均将其作为观测值直接使用。这样处理隐含了一个基本假设，即钟 C 与钟 A 具有相同的钟速。但是事实上，钟 A 经过调整可以看作标准钟，而钟 C 一般不能看作标准钟，这样经过一段时间以后，钟 C 的读数会与标准钟的读数存在一个差值。要将钟 C 看作标准钟以便使它的读数能够使用，就必须去除它与标准钟的钟速差。为了测得这一钟速差，可以采用在搬运前观测一段时间或采用往返搬运比对的方法。对于单向搬运钟时间比对，只能采用在搬运前观测一段时间的方法，要不然就只能加经验改正或不加改正。往返搬钟的方法就是将搬运钟搬到 B 处比对之后再返回 A 处重新与钟 A 进行比对，从而测得钟 A 和搬运钟 C 在搬运过程的

两个时间差，即

$$\begin{cases}\Delta\tau_A^2 = \tau_{A2} - \tau_{A0} \\ \Delta\tau_C^2 = \tau_{C2} - \tau_{C0}\end{cases} \tag{4.5}$$

式中：τ_{A2}、τ_{C2}为搬运钟返回 A 处重新与钟 A 进行比对测得的钟 A 和搬运钟 C 的读数。

如果搬运钟 C 的读数 $\Delta\tau_C^2$ 按照式(4.4)扣除搬运过程的影响后的结果为 $\Delta\tau_C'^2$，那么搬运钟 C 与钟 A 的钟速差 R_C 可采用下式计算：

$$R_C = \frac{\Delta\tau_C'^2 - \Delta\tau_A^2}{\Delta\tau_A^2} \tag{4.6}$$

将求得的钟速差代入式(4.4)即为搬运钟方法进行时间比对考虑钟速差改正的计算模型。它的误差主要取决于搬运钟的状况和持续时间。

如果通过飞机进行搬运钟比对，假设飞机速度为300m/s，飞行高度为12km，飞行时间为8h，则式(4.4)几项改正的影响最大约为37.6ns、0.2ns、0.07ns、14.4ns、44.7ns和0.06ns，总的影响为67.9ns[1,28]。可见，影响搬运钟时间比对的主要因素为搬运钟相对于大地水准面的高度和搬运钟的速度。

4.2　卫星双向时间频率传递

4.2.1　基本原理

如图4.1所示，地面站 A、B 分别在自己钟面时 T_A（对应坐标时 t_0）和 T_B（对应坐标时 $t_0+\Delta T_{AB}$）时刻互发信号，它们分别在坐标时 t_S 和 t_S' 时刻到达卫星，又经卫星转发分别被 B 站在自己钟面时 T_B'（对应坐标时 t_B'）和 A 站在自己钟面时 T_A'（对应坐标时 t_A'）时刻接收，从而测得两个时延值 R_A 和 R_B，然后，两站交换数据并计算相对钟差[1,28]。

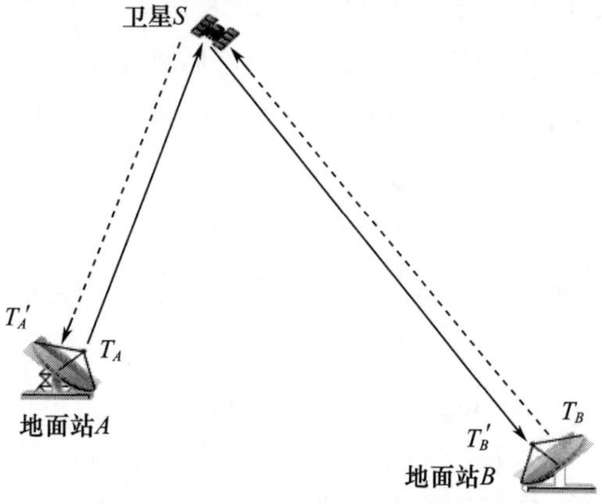

图4.1　TWSTFT的基本原理图

根据 TWSTFT 的基本原理和第 2 章无线电时间比对的基本模型可得

$$\Delta T_{AB} = \frac{1}{2}(R_A - R_B) + \frac{1}{2}(t_{AS} + t_{SB} - t_{BS} - t_{SA}) \tag{4.7}$$

式中：ΔT_{AB} 为两站间相对钟差；R_A、R_B 分别为 A、B 两站测量值，$R_A = T'_A - T_A$，$R_B = T'_B - T_B$；t_{AS}、t_{SB}、t_{BS} 和 t_{SA} 分别为两站与卫星间的信号传播时延，且有

$$\begin{cases} t_{AS} = t_S - t_0 \\ t_{SB} = t'_B - t_S \\ t_{BS} = t'_S - t_0 - \Delta T_{AB} \\ t_{SA} = t_A - t'_S \end{cases} \tag{4.8}$$

式(4.7)为 TWSTFT 计算两站相对钟差的基本原理公式，其中右边第一项为两站测得的时差值之差，第二项为两站间信号传播时延之差。

4.2.2 两站配对计算模型

为了得到精确的两站间相对钟差，必须详细计算式(4.7)右边的最后一项。一般来说，该项的计算既可以在地心非旋转坐标系中处理，也可以在地心地固坐标系中处理，只要考虑的计算模型具有足够的精度。现在国际上实际应用的 TWSTFT 计算模型为 ITU-R 计算模型[29-30]，其是在地固坐标系中进行的，因此，下面首先推导给出地心非旋转坐标系的计算模型，并对现有的几种计算模型进行总结、比较和分析。

4.2.2.1 地心非旋转坐标系计算模型

讨论地心非旋转坐标系中 TWSTFT 的计算模型就是给出式(4.7)最后一项在地心非旋转坐标系中的具体表达式。这里以 A 站在坐标时 t_0 时刻发射被 B 站所接收的信号为例进行分析[1,28,31]。本章后面如无特别说明，地心地固坐标系中的坐标用 (T,X) 表示，地心非旋转坐标系中的坐标用 (t,x) 表示。

如果 A 站在钟面时 T_A(对应坐标时 t_0)时刻发射信号，经设备发射时延 τ_A^{e} 后到达发射天线相位中心，再经空间传播时延 τ_{AS}^{spa} 到达卫星接收天线相位中心，经卫星转发时延 τ_S^{AB} 后被卫星发射，又经空间传播时延 τ_{SB}^{spa} 后到达 B 站接收天线相位中心，最后经 B 站设备接收时延 τ_B^{r} 为 B 站在钟面时 T'_B(对应坐标时 t'_B)所接收，则有

$$\begin{cases} t_{AS} = \tau_A^{\mathrm{e}} + \tau_{AS}^{\mathrm{spa}} \\ t_{SB} = \tau_S^{AB} + \tau_{SB}^{\mathrm{spa}} + \tau_B^{\mathrm{r}} \end{cases} \tag{4.9}$$

式中：τ_{AS}^{spa}、τ_{SB}^{spa} 分别为地面站 A 到卫星和卫星到地面站 B 的空间传播时延，且有

$$\begin{cases} \tau_{AS}^{\mathrm{spa}} = \tau_{AS}^{\mathrm{tro}} + \tau_{AS}^{\mathrm{ion}} + \tau_{AS}^{\mathrm{G}} + \tau_{AS}^{\mathrm{geo}} \\ \tau_{SB}^{\mathrm{spa}} = \tau_{SB}^{\mathrm{tro}} + \tau_{SB}^{\mathrm{ion}} + \tau_{SB}^{\mathrm{G}} + \tau_{SB}^{\mathrm{geo}} \end{cases} \tag{4.10}$$

式中：τ_{AS}^{tro}、τ_{AS}^{ion}、τ_{AS}^{G}、τ_{AS}^{geo} 分别为 A 站到卫星路径上的对流层时延、电离层时延、相对论引力时延、发射时刻天线相位中心到接收时刻天线相位中心的几何距离时延；τ_{SB}^{tro}、τ_{SB}^{ion}、τ_{SB}^{G}、τ_{SB}^{geo} 分别为卫星到 B 站路径上的对流层时延、电离层时延、相对论引力时延

发射时刻天线相位中心到接收时刻天线相位中心的几何距离时延。

考虑到设备发射和接收时延为已知值，因此，A、B 两站信号也可以认为分别是在 $t_0+\tau_A^{e}$ 和 $t_0+\Delta T_{AB}+\tau_B^{e}$ 时刻发射，在 $t'_B-\tau_B^{r}$ 和 $t'_A-\tau_A^{r}$ 时刻接收，其中 τ_B^{e} 为 B 站设备发射时延，τ_B^{r} 为 A 站设备接收时延。为了与后面其他计算模型比较，这里选取 A 站发射信号的坐标时 $t_0+\tau_A^{e}$ 时刻作为归算时间(为了表述简单，下面所有的发射和接收时间均用对应的时间加上设备时延改正后的值来表示，如 $t_0+\tau_A^{e}$ 均用 t_0 来表示，$t'_A-\tau_A^{r}$ 均用 t'_A 来表示)，则 τ_{AS}^{geo} 可以表示为

$$\begin{aligned}\tau_{AS}^{geo}&\equiv\rho_{AS}^{geo}/c\equiv\tau_{AS}+\Delta\tau_{AS}\\ \rho_{AS}^{geo}&=|\boldsymbol{x}_S(t_S)-\boldsymbol{x}_A(t_0)|=\rho_{AS}+\Delta\rho_{AS}\end{aligned}\tag{4.11}$$

式中：c 为光速；τ_{AS} 为归算时刻地面站 A 到卫星的几何距离时延，$\tau_{AS}=\rho_{AS}/c$；$\Delta\tau_{AS}$ 为归算时刻地面站 A 到卫星的几何距离改正时延，$\Delta\tau_{AS}=\Delta\rho_{AS}/c$；$\boldsymbol{x}_A$、$\boldsymbol{x}_S$ 分别为地面站 A 和卫星天线在地心非旋转坐标系的位置矢量；ρ_{AS}、$\Delta\rho_{AS}$ 分别为归算时刻地面站 A 发射天线中心到卫星接收天线中心的几何距离和几何距离改正，即

$$\begin{cases}\boldsymbol{\rho}_{AS}=\boldsymbol{x}_S(t_0)-\boldsymbol{x}_A(t_0)\\ \rho_{AS}=|\boldsymbol{x}_S(t_0)-\boldsymbol{x}_A(t_0)|\end{cases}\tag{4.12}$$

式中：$\boldsymbol{\rho}_{AS}$ 为归算时刻地面站 A 发射天线中心到卫星接收天线中心的距离矢量。

令 $\boldsymbol{v}_A$、$\boldsymbol{a}_A$、$\boldsymbol{v}_B$、$\boldsymbol{a}_B$ 和 $\boldsymbol{v}_S$、$\boldsymbol{a}_S$ 分别为 A、B 两站和卫星在归算时刻 t_0 的速度和加速度矢量，则将 $\Delta\rho_{AS}$ 展开到速度的二次幂和加速度的一次幂，可得[1,28,32]

$$\begin{aligned}\Delta\rho_{AS}=&\frac{\boldsymbol{\rho}_{AS}\cdot\boldsymbol{v}_S}{\rho_{AS}}(t_S-t_0)+\frac{1}{2}\frac{\boldsymbol{\rho}_{AS}\cdot\boldsymbol{a}_S}{\rho_{AS}}(t_S-t_0)^2+\\ &\frac{1}{2}\frac{\boldsymbol{v}_S\cdot\boldsymbol{v}_S}{\rho_{AS}}(t_S-t_0)^2-\frac{1}{2}\frac{(\boldsymbol{\rho}_{AS}\cdot\boldsymbol{v}_S)^2}{\rho_{AS}^3}(t_S-t_0)^2\end{aligned}\tag{4.13}$$

类似地，可得

$$\begin{cases}\tau_{SB}^{geo}\equiv\rho_{SB}^{geo}/c\equiv\dfrac{1}{c}|\boldsymbol{x}_B(t'_B)-\boldsymbol{x}_S(t_S+\tau_S^{AB})|=\dfrac{1}{c}(\rho_{SB}+\Delta\rho_{SB})\\ \tau_{BS}^{geo}\equiv\rho_{BS}^{geo}/c\equiv\dfrac{1}{c}|\boldsymbol{x}_S(t'_S)-\boldsymbol{x}_B(t_0+\Delta T_{AB})|=\dfrac{1}{c}(\rho_{BS}+\Delta\rho_{BS})\\ \tau_{SA}^{geo}\equiv\rho_{SA}^{geo}/c\equiv\dfrac{1}{c}|\boldsymbol{x}_A(t'_A)-\boldsymbol{x}_S(t'_S+\tau_S^{BA})|=\dfrac{1}{c}(\rho_{SA}+\Delta\rho_{SA})\end{cases}\tag{4.14}$$

将 $\Delta\rho_{SB}$、$\Delta\rho_{BS}$ 和 $\Delta\rho_{SA}$ 也展开到速度的二次幂和加速度的一次幂，可得

$$\begin{aligned}\Delta\rho_{SB}=&-\frac{\boldsymbol{\rho}_{SB}\cdot\boldsymbol{v}_S}{\rho_{SB}}(t_S+\tau_S^{AB}-t_0)-\frac{1}{2}\frac{\boldsymbol{\rho}_{SB}\cdot\boldsymbol{a}_S}{\rho_{SB}}(t_S+\tau_S^{AB}-t_0)^2+\\ &\frac{1}{2}\frac{\boldsymbol{v}_S\cdot\boldsymbol{v}_S}{\rho_{SB}}(t_S+\tau_S^{AB}-t_0)^2+\frac{1}{2}\frac{(\boldsymbol{\rho}_{SB}\cdot\boldsymbol{v}_S)^2}{\rho_{SB}^3}(t_S+\tau_S^{AB}-t_0)^2+\\ &\frac{\boldsymbol{\rho}_{SB}\cdot\boldsymbol{v}_B}{\rho_{SB}}(t'_B-t_0)+\frac{1}{2}\frac{\boldsymbol{\rho}_{SB}\cdot\boldsymbol{a}_B}{\rho_{SB}}(t'_B-t_0)^2+\\ &\frac{1}{2}\frac{\boldsymbol{v}_B\cdot\boldsymbol{v}_B}{\rho_{SB}}(t'_B-t_0)^2-\frac{1}{2}\frac{(\boldsymbol{\rho}_{SB}\cdot\boldsymbol{v}_B)^2}{\rho_{SB}^3}(t'_B-t_0)^2\end{aligned}\tag{4.15}$$

$$\Delta\rho_{BS} = -\frac{\boldsymbol{\rho}_{BS}\cdot\boldsymbol{v}_B}{\rho_{BS}}(\Delta T_{AB}) - \frac{1}{2}\frac{\boldsymbol{\rho}_{BS}\cdot\boldsymbol{a}_B}{\rho_{BS}}(\Delta T_{AB})^2 + \frac{1}{2}\frac{\boldsymbol{v}_B\cdot\boldsymbol{v}_B}{\rho_{BS}}(\Delta T_{AB})^2 + \frac{1}{2}\frac{(\boldsymbol{\rho}_{BS}\cdot\boldsymbol{v}_B)^2}{\rho_{BS}^3}(\Delta T_{AB})^2 + \frac{\boldsymbol{\rho}_{BS}\cdot\boldsymbol{v}_S}{\rho_{BS}}(t'_S - t_0) + \frac{1}{2}\frac{\boldsymbol{\rho}_{BS}\cdot\boldsymbol{a}_S}{\rho_{BS}}(t'_S - t_0)^2 + \frac{1}{2}\frac{\boldsymbol{v}_S\cdot\boldsymbol{v}_S}{\rho_{BS}}(t'_S - t_0)^2 - \frac{1}{2}\frac{(\boldsymbol{\rho}_{BS}\cdot\boldsymbol{v}_S)^2}{\rho_{BS}^3}(t'_S - t_0)^2 \tag{4.16}$$

$$\Delta\rho_{SA} = -\frac{\boldsymbol{\rho}_{SA}\cdot\boldsymbol{v}_S}{\rho_{SA}}(t'_S + \tau_S^{BA} - t_0) - \frac{1}{2}\frac{\boldsymbol{\rho}_{SA}\cdot\boldsymbol{a}_S}{\rho_{SA}}(t'_S + \tau_S^{BA} - t_0)^2 + \frac{1}{2}\frac{\boldsymbol{v}_S\cdot\boldsymbol{v}_S}{\rho_{SA}}(t'_S + \tau_S^{BA} - t_0)^2 + \frac{1}{2}\frac{(\boldsymbol{\rho}_{SA}\cdot\boldsymbol{v}_S)^2}{\rho_{SA}^3}(t'_S + \tau_S^{BA} - t_0)^2 + \frac{\boldsymbol{\rho}_{SA}\cdot\boldsymbol{v}_A}{\rho_{SA}}(t'_A - t_0) + \frac{1}{2}\frac{\boldsymbol{\rho}_{SA}\cdot\boldsymbol{a}_A}{\rho_{SA}}(t'_A - t_0)^2 + \frac{1}{2}\frac{\boldsymbol{v}_A\cdot\boldsymbol{v}_A}{\rho_{SA}}(t'_A - t_0)^2 - \frac{1}{2}\frac{(\boldsymbol{\rho}_{SA}\cdot\boldsymbol{v}_A)^2}{\rho_{SA}^3}(t'_A - t_0)^2 \tag{4.17}$$

上面各式中

$$\begin{cases} t_S - t_0 = \tau_{AS}^{\mathrm{tro}} + \tau_{AS}^{\mathrm{ion}} + \tau_{AS}^{\mathrm{G}} + \tau_{AS} + \Delta\tau_{AS} \\ t'_B - t_0 = \tau_{AS}^{\mathrm{tro}} + \tau_{AS}^{\mathrm{ion}} + \tau_{AS}^{\mathrm{G}} + \tau_S^{AB} + \tau_{AS} + \Delta\tau_{AS} + \tau_{SB}^{\mathrm{tro}} + \tau_{SB}^{\mathrm{ion}} + \tau_{SB}^{\mathrm{G}} + \tau_{SB} + \Delta\tau_{SB} \\ t'_S - t_0 = \Delta T_{AB} + \tau_{BS}^{\mathrm{tro}} + \tau_{BS}^{\mathrm{ion}} + \tau_{BS}^{G} + \tau_{BS} + \Delta\tau_{BS} \\ t'_A - t_0 = \Delta T_{AB} + \tau_{BS}^{\mathrm{tro}} + \tau_{BS}^{\mathrm{ion}} + \tau_{BS}^{\mathrm{G}} + \tau_S^{BA} + \tau_{BS} + \Delta\tau_{BS} + \tau_{SA}^{\mathrm{tro}} + \tau_{SA}^{\mathrm{ion}} + \tau_{SA}^{\mathrm{G}} + \tau_{SA} + \Delta\tau_{SA} \end{cases} \tag{4.18}$$

式中：$\Delta\tau_{SB}$、$\Delta\tau_{BS}$、$\Delta\tau_{SA}$分别为归算时刻卫星到地面站 B、地面站 B 到卫星和卫星到地面站 A 的几何距离改正时延，$\Delta\tau_{SB}\equiv\Delta\rho_{SB}/c$，$\Delta\tau_{BS}\equiv\Delta\rho_{BS}/c$，$\Delta\tau_{SA}\equiv\Delta\rho_{SA}/c$。

将式(4.9)～式(4.18)代入式(4.7)可以得到地心非旋转坐标系中 TWSTFT 的计算公式为

$$\Delta T_{AB} = \frac{1}{2}(R_A - R_B) + \frac{1}{2}[(\tau_{AS} - \tau_{SA}) - (\tau_{BS} - \tau_{SB})] + \frac{1}{2}[(\tau_A^{\mathrm{e}} + \tau_B^{\mathrm{r}}) - (\tau_B^{\mathrm{e}} + \tau_A^{\mathrm{r}})] + \frac{1}{2}[(\tau_{AS}^{\mathrm{ion}} - \tau_{SA}^{\mathrm{ion}}) - (\tau_{BS}^{\mathrm{ion}} - \tau_{SB}^{\mathrm{ion}})] + \frac{1}{2}[(\tau_{AS}^{\mathrm{tro}} - \tau_{SA}^{\mathrm{tro}}) - (\tau_{BS}^{\mathrm{tro}} - \tau_{SB}^{\mathrm{tro}})] + \frac{1}{2}[(\tau_{AS}^{\mathrm{G}} - \tau_{SA}^{\mathrm{G}}) - (\tau_{BS}^{\mathrm{G}} - \tau_{SB}^{\mathrm{G}})] + \frac{1}{2}[\tau_S^{AB} - \tau_S^{BA}] + \frac{1}{2}[(\Delta\tau_{AS} - \Delta\tau_{SA}) - (\Delta\tau_{BS} - \Delta\tau_{SB})] \tag{4.19}$$

式(4.19)右边第一项为两站测得的时延值之差，第二项为两站相对卫星上行和下行信号几何时延之差，第三项为两站设备的发射和接收时延之差，第四项为两站相对卫星上行和下行信号电离层时延之差，第五项为两站相对卫星上行和下行信号对流层时延之差，第六项为两站相对卫星上行和下行信号引力时延之差，第七项为两条链路的卫星转发器时延之差，第八项为由于地面站和卫星运动引起的距离改正项时延之差。

由于上面各距离时延改正项计算公式中包含卫星接收时间等未知数，因此，各改正项计算公式还需要做进一步展开。下面给出的是距离时延改正项的实用计算公式。

在 TWSTFT 的实际操作中，为了减小误差，往往要求卫星接收两站发射信号的时间尽量相同。但是，由于卫星在地固坐标系的运动、相对钟差的存在以及两站相对卫星不一定能保持对称，因此，不一定能满足这一条件。为了减小不对称带来的影响，地面站一般通过轻微调整发射时延（小于 17ms）进行补偿，当采用轻微调整发射时延的方法仍不能补偿时，这一影响必须加以改正[29-30]。因为补偿量既可以看作发射时延，又能看作相对钟差，为了与后面其他几种计算模型进行比较，这里将补偿量看作相对钟差。因此，如果认为相对钟差为零阶小量，速度项、设备时延、卫星转发器时延和空间传播时延为一阶小量，加速度项为二阶小量，则在 $\rho_{BS}+c\Delta T_{AB}\approx\rho_{AS}$（认为采用轻微调整发射时延的方法能够补偿不对称影响）情况下，将式（4.19）第八项完全展开到二阶小量，可得距离时延改正项的实用计算公式为（保留了所有大于 1ps 量级的项）

$$
\begin{aligned}
\delta=&\frac{1}{2}[(\Delta\tau_{AS}-\Delta\tau_{SA})-(\Delta\tau_{BS}-\Delta\tau_{SB})]=\\
&\frac{\boldsymbol{\rho}_{AS}\cdot\boldsymbol{v}_A}{c^2}-\frac{\boldsymbol{\rho}_{BS}\cdot\boldsymbol{v}_B}{c^2}+\frac{1}{2}\frac{\boldsymbol{\rho}_{AS}\cdot\boldsymbol{v}_A}{c\rho_{AS}}(\tau_{AS}^{\mathrm{at}}+\tau_{SA}^{\mathrm{at}})-\frac{1}{2}\frac{\boldsymbol{\rho}_{BS}\cdot\boldsymbol{v}_B}{c\rho_{BS}}(\tau_{BS}^{\mathrm{at}}+\tau_{SB}^{\mathrm{at}})+\\
&\frac{\rho_{AS}\boldsymbol{\rho}_{AS}\cdot\boldsymbol{a}_A}{c^3}-\frac{\rho_{AS}\boldsymbol{v}_A\cdot\boldsymbol{v}_A}{c^3}+\frac{\rho_{AS}\boldsymbol{v}_S\cdot\boldsymbol{v}_A}{c^3}-\frac{\rho_{BS}\boldsymbol{\rho}_{BS}\cdot\boldsymbol{a}_B}{c^3}+\frac{\rho_{BS}\boldsymbol{v}_B\cdot\boldsymbol{v}_B}{c^3}-\frac{\rho_{BS}\boldsymbol{v}_S\cdot\boldsymbol{v}_B}{c^3}-\\
&\frac{\boldsymbol{\rho}_{BS}\cdot\boldsymbol{a}_B}{c^2}\Delta T_{AB}+\frac{\boldsymbol{v}_B\cdot\boldsymbol{v}_B}{c^2}\Delta T_{AB}-\frac{\boldsymbol{v}_S\cdot\boldsymbol{v}_B}{c^2}\Delta T_{AB}
\end{aligned}
\tag{4.20}
$$

式中：τ_{iS}^{at} 和 τ_{Si}^{at} 分别为 i（$i=A$ 或 B）站到卫星和卫星到 i 站之间的大气时延（包括对流层时延和电离层时延）。

当 $\rho_{AS}-\rho_{BS}-c\Delta T_{AB}=\delta t\neq0$ 时，即认为采用轻微调整发射时延的方法仍不能补偿不对称影响。如果取 $\delta t\approx0.003\mathrm{s}$，并认为它为零阶小量，则式（4.19）第八项距离时延改正项的实用计算公式为（保留了所有大于 1ps 量级的项）

$$
\begin{aligned}
\delta=&\frac{1}{2}[(\Delta\tau_{AS}-\Delta\tau_{SA})-(\Delta\tau_{BS}-\Delta\tau_{SB})]=\\
&\frac{\boldsymbol{\rho}_{AS}\cdot\boldsymbol{v}_A}{c^2}-\frac{\boldsymbol{\rho}_{BS}\cdot\boldsymbol{v}_B}{c^2}+\frac{1}{2}\frac{\boldsymbol{\rho}_{AS}\cdot\boldsymbol{v}_S}{c\rho_{AS}}\delta t-\frac{1}{2}\frac{\boldsymbol{\rho}_{AS}\cdot\boldsymbol{v}_A}{c\rho_{AS}}\delta t+\frac{1}{2}\frac{\boldsymbol{\rho}_{BS}\cdot\boldsymbol{v}_S}{c\rho_{BS}}\delta t-\frac{1}{2}\frac{\boldsymbol{\rho}_{BS}\cdot\boldsymbol{v}_B}{c\rho_{BS}}\delta t+\\
&\frac{1}{2}\frac{\boldsymbol{\rho}_{AS}\cdot\boldsymbol{v}_A}{c\rho_{AS}}(\tau_{AS}^{\mathrm{at}}+\tau_{SA}^{\mathrm{at}})-\frac{1}{2}\frac{\boldsymbol{\rho}_{BS}\cdot\boldsymbol{v}_B}{c\rho_{BS}}(\tau_{BS}^{\mathrm{at}}+\tau_{SB}^{\mathrm{at}})+\\
&\frac{\rho_{AS}\boldsymbol{\rho}_{AS}\cdot\boldsymbol{a}_A}{c^3}-\frac{\rho_{AS}\boldsymbol{v}_A\cdot\boldsymbol{v}_A}{c^3}+\frac{\rho_{AS}\boldsymbol{v}_S\cdot\boldsymbol{v}_A}{c^3}-\frac{\rho_{BS}\boldsymbol{\rho}_{BS}\cdot\boldsymbol{a}_B}{c^3}+\frac{\rho_{BS}\boldsymbol{v}_B\cdot\boldsymbol{v}_B}{c^3}-\frac{\rho_{BS}\boldsymbol{v}_S\cdot\boldsymbol{v}_B}{c^3}-
\end{aligned}
$$

$$\frac{\boldsymbol{\rho}_{BS}\cdot\boldsymbol{a}_B}{c^2}\Delta T_{AB}+\frac{\boldsymbol{v}_B\cdot\boldsymbol{v}_B}{c^2}\Delta T_{AB}-\frac{\boldsymbol{v}_S\cdot\boldsymbol{v}_B}{c^2}\Delta T_{AB}+$$

$$\frac{1}{2}\frac{\boldsymbol{\rho}_{AS}\cdot\boldsymbol{a}_S}{c^2}\delta t+\frac{1}{2}\frac{\boldsymbol{v}_S\cdot\boldsymbol{v}_S}{c^2}\delta t-\frac{\boldsymbol{\rho}_{AS}\cdot\boldsymbol{a}_A}{c^2}\delta t+\frac{\boldsymbol{v}_A\cdot\boldsymbol{v}_A}{c^2}\delta t-3\frac{\boldsymbol{v}_S\cdot\boldsymbol{v}_A}{c^2}\delta t+$$

$$\frac{1}{2}\frac{\boldsymbol{\rho}_{BS}\cdot\boldsymbol{a}_S}{c^2}\delta t+\frac{1}{2}\frac{\boldsymbol{v}_S\cdot\boldsymbol{v}_S}{c^2}\delta t-\frac{\boldsymbol{\rho}_{BS}\cdot\boldsymbol{a}_B}{c^2}\delta t+\frac{\boldsymbol{v}_B\cdot\boldsymbol{v}_B}{c^2}\delta t-3\frac{\boldsymbol{v}_S\cdot\boldsymbol{v}_B}{c^2}\delta t \tag{4.21}$$

由于卫星和地面站在不断地运动，而信号的传播速度又是有限的，并且两地面站时间的不同步以及各种设备时延的存在，都会使计算时刻的地面站和卫星位置与测量时刻不同，因此，在计算两站间相对钟差时，必须加上卫星和地面站运动引起的时延改正。下面进一步分析各改正项的影响量级。

如果取地面站在地心非旋转坐标系中的运动速度为460m/s，加速度为0.034m/s^2；地球同步卫星在地心非旋转坐标系中的运动速度为3km/s，加速度为0.2m/s^2。则可以分析，在式(4.21)中：

$\frac{\boldsymbol{\rho}_{AS}\cdot\boldsymbol{v}_A}{c^2}$、$\frac{\boldsymbol{\rho}_{BS}\cdot\boldsymbol{v}_B}{c^2}$分别为$A$站和$B$站的Sagnac效应项，对于地面站与卫星之间的每条单一路径，Sagnac效应的影响约为200ns。$\frac{1}{2}\frac{\boldsymbol{\rho}_{AS}\cdot\boldsymbol{v}_S}{c\rho_{AS}}\delta t$、$\frac{1}{2}\frac{\boldsymbol{\rho}_{AS}\cdot\boldsymbol{v}_A}{c\rho_{AS}}\delta t$、$\frac{1}{2}\frac{\boldsymbol{\rho}_{BS}\cdot\boldsymbol{v}_S}{c\rho_{BS}}\delta t$、$\frac{1}{2}\frac{\boldsymbol{\rho}_{BS}\cdot\boldsymbol{v}_B}{c\rho_{BS}}\delta t$分别为由于$\delta t$的存在对计算Sagnac效应产生的改正项，如果取$\rho_{iS}\approx 4\times10^7$m($i=A$或$B$)，$\delta t\approx0.003$s，则该四项每项的影响约为2.3ns，因此，当要求1ns量级甚至更高比对精度时，该四项必须加以改正。

$\frac{1}{2}\frac{\boldsymbol{\rho}_{AS}\cdot\boldsymbol{v}_A}{c\rho_{AS}}(\tau_{AS}^{\text{at}}+\tau_{SA}^{\text{at}})$、$\frac{1}{2}\frac{\boldsymbol{\rho}_{BS}\cdot\boldsymbol{v}_B}{c\rho_{BS}}(\tau_{BS}^{\text{at}}+\tau_{SB}^{\text{at}})$分别为对应的大气延迟影响，如果取单条路径的电离层时延为10ns，对流层时延为100ns，则每项大气延迟的影响约为0.165ps。

$\frac{\rho_{AS}\boldsymbol{\rho}_{AS}\cdot\boldsymbol{a}_A}{c^3}$、$\frac{\rho_{AS}\boldsymbol{v}_A\cdot\boldsymbol{v}_A}{c^3}$、$\frac{\rho_{AS}\boldsymbol{v}_S\cdot\boldsymbol{v}_A}{c^3}$、$\frac{\rho_{BS}\boldsymbol{\rho}_{BS}\cdot\boldsymbol{a}_B}{c^3}$、$\frac{\rho_{BS}\boldsymbol{v}_B\cdot\boldsymbol{v}_B}{c^3}$、$\frac{\rho_{BS}\boldsymbol{v}_S\cdot\boldsymbol{v}_B}{c^3}$分别为地面站加速度项、速度二次幂项以及卫星速度与地面站速度交叉项的影响，如果取地面站与卫星间的几何距离为4×10^7m，则其中加速度项的影响约为2ps，速度二次幂项的影响约为0.3ps，速度交叉项的影响约为2ps。

$\frac{\boldsymbol{\rho}_{BS}\cdot\boldsymbol{a}_B}{c^2}\Delta T_{AB}$、$\frac{\boldsymbol{v}_B\cdot\boldsymbol{v}_B}{c^2}\Delta T_{AB}$、$\frac{\boldsymbol{v}_S\cdot\boldsymbol{v}_B}{c^2}\Delta T_{AB}$分别为由于相对钟差的存在，地面站$B$加速度项、速度二次幂项以及卫星速度与$B$站速度交叉项的影响，如果取地面站$B$与卫星间的几何距离为$4\times10^7$m，相对钟差为0.017s，则该三项改正分别约为0.3ps、0.05ps和0.3ps。

$\frac{1}{2}\frac{\boldsymbol{\rho}_{AS}\cdot\boldsymbol{a}_S}{c^2}\delta t$、$\frac{1}{2}\frac{\boldsymbol{v}_S\cdot\boldsymbol{v}_S}{c^2}\delta t$、$\frac{\boldsymbol{\rho}_{AS}\cdot\boldsymbol{a}_A}{c^2}\delta t$、$\frac{\boldsymbol{v}_A\cdot\boldsymbol{v}_A}{c^2}\delta t$、$3\frac{\boldsymbol{v}_S\cdot\boldsymbol{v}_A}{c^2}\delta t$、$\frac{1}{2}\frac{\boldsymbol{\rho}_{BS}\cdot\boldsymbol{a}_S}{c^2}\delta t$、$\frac{1}{2}$

$\frac{\boldsymbol{v}_S\cdot\boldsymbol{v}_S}{c^2}\delta t$、$\frac{\boldsymbol{\rho}_{BS}\cdot\boldsymbol{a}_B}{c^2}\delta t$、$\frac{\boldsymbol{v}_B\cdot\boldsymbol{v}_B}{c^2}\delta t$、$3\frac{\boldsymbol{v}_S\cdot\boldsymbol{v}_B}{c^2}\delta t$ 分别为由于 δt 的存在，卫星和地面站加速度项、速度二次幂项以及卫星速度与地面站速度交叉项的影响。在上面取值情况下，可以计算：卫星加速度和速度二次幂项的影响约为 0.13ps；地面站加速度项的影响约为 0.045ps；地面站速度二次幂项的影响约为 0.007ps；卫星速度与地面站速度交叉项的影响约为 0.14ps。

综上分析，可得各改正项对相对钟差的影响结果如表 4.1 所列。

表 4.1 各改正项对相对钟差的影响结果

影响因素	影响量级
单一路径的 Sagnac 效应	约 200ns
每项 δt 对 Sagnac 效应的改正	约 2.3ns
每项大气延迟	约 0.165ps
地面站加速度项	约 2ps
地面站速度二次幂项	约 0.3ps
卫星与地面站速度交叉项	约 2ps
ΔT_{AB} 对地面站 B 加速度项	约 0.3ps
ΔT_{AB} 对地面站 B 速度二次幂项	约 0.05ps
ΔT_{AB} 对卫星与地面站 B 速度交叉项	约 0.3ps
δt 对卫星加速度和速度二次幂项	约 0.13ps
δt 对地面站加速度项	约 0.045ps
δt 对地面站速度二次幂项	约 0.007ps
δt 对卫星与地面站速度交叉项	约 0.14ps

4.2.2.2　ITU-R 计算模型

这里先不加推导地给出 ITU - R 推荐的 TWSTFT 在地固坐标系中的计算模型[29-30,33]

$$\Delta T_{AB}=\frac{1}{2}(R_A-R_B)+\frac{1}{2}[(\tau_{AS}-\tau_{SA})-(\tau_{BS}-\tau_{SB})]+\frac{1}{2}[(\tau_A^{\mathrm{e}}-\tau_A^{\mathrm{r}})-(\tau_B^{\mathrm{e}}-\tau_B^{\mathrm{r}})]+\frac{1}{2}[(\tau_{AS}^{\mathrm{ion}}-\tau_{SA}^{\mathrm{ion}})-(\tau_{BS}^{\mathrm{ion}}-\tau_{SB}^{\mathrm{ion}})]+\frac{1}{2}[(\tau_{AS}^{\mathrm{tro}}-\tau_{SA}^{\mathrm{tro}})-(\tau_{BS}^{\mathrm{tro}}-\tau_{SB}^{\mathrm{tro}})]+\frac{1}{2}(\tau_S^{AB}-\tau_S^{BA})+\tau^{\mathrm{sag}} \tag{4.22}$$

式中：τ^{sag} 为 Sagnac 效应引起的时延改正。

Sagnac 效应是由于采用了随地球旋转的坐标系（地心地固坐标系）引起的，由于地球的自转，地固坐标系并非一个惯性坐标系，因此，当信号在空间的传播时延存在时，就会导致空间传播路径长度的变化。对于卫星与地面站 i（i 表示 A 或 B）的每一单独路径，Sagnac 效应 τ_{Si}^{sag} 可表示为

$$\tau_{Si}^{sag}=\frac{\omega E}{c^2} \tag{4.23}$$

式中：ω 为地球自转角速度；E 为卫星、地面站和地心连线构成的三角形在赤道面上投影所围成的面积，且有

$$E=X_S Y_i - Y_S X_i \tag{4.24}$$

式中：X_S、Y_S 为卫星在地心地固坐标系 X、Y 方向的坐标分量；X_i、Y_i 为地面站 i 在地心地固坐标系 X、Y 方向的坐标分量。它们可由卫星和地面站的地理坐标表示，即

$$\begin{cases} X_S = r_S\cos\varphi_S\cos\lambda_S \\ Y_S = r_S\cos\varphi_S\sin\lambda_S \end{cases} \tag{4.25}$$

$$\begin{cases} X_i = R_E\cos\varphi_i\cos\lambda_i \\ Y_i = R_E\cos\varphi_i\sin\lambda_i \end{cases} \tag{4.26}$$

式中：r_S、R_E 分别为卫星轨道半径和地球半径；λ_S、φ_S 分别为卫星的地理经、纬度；λ_i、φ_i 分别为地面站 i 的地理经、纬度。

因此，式(4.22)中 A、B 两站之间 TWSTFT 的 Sagnac 效应引起的时延改正为

$$\tau^{sag}=\frac{\omega}{c^2}[Y_S(X_A-X_B)-X_S(Y_A-Y_B)] \tag{4.27}$$

4.2.2.3 Klioner 计算模型

如图 4.2 所示，在忽略地面站设备时延、卫星转发器时延和大气延迟情况下，Klioner 在相对论框架中给出了地心非旋转坐标系精确到 0.1ns 量级的 TWSTFT 计算模型（本章称为 Klioner 计算模型）[27]。

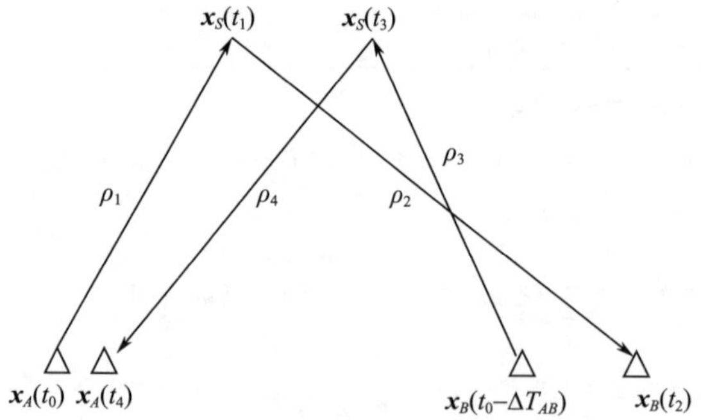

图 4.2 卫星双向时间比对示意图

具体计算模型为

$$\Delta T_{AB}=\frac{1}{2}(R_A-R_B)+\delta+\delta_{gr} \tag{4.28}$$

式中：δ、δ_{gr}分别为相对论改正项和引力时延改正项，且有

$$\delta=\frac{1}{2c}(\rho_1+\rho_2-\rho_3-\rho_4) \tag{4.29}$$

$$\delta_{gr} = \frac{1}{2}(\tau_{AS}^{G} + \tau_{SB}^{G} - \tau_{BS}^{G} - \tau_{SA}^{G}) \tag{4.30}$$

$$\begin{cases} c(t_1 - t_0) = \rho_1 + c\tau_{AS}^{G}, & \boldsymbol{\rho}_1 \equiv \boldsymbol{x}_S(t_1) - \boldsymbol{x}_A(t_0) \\ c(t_2 - t_1) = \rho_2 + c\tau_{SB}^{G}, & \boldsymbol{\rho}_2 \equiv \boldsymbol{x}_S(t_1) - \boldsymbol{x}_B(t_2) \\ c(t_3 - t_0 - \Delta T_{AB}) = \rho_3 + c\tau_{BS}^{G}, & \boldsymbol{\rho}_3 \equiv \boldsymbol{x}_S(t_3) - \boldsymbol{x}_B(t_0 + \Delta T_{AB}) \\ c(t_4 - t_3) = \rho_4 + c\tau_{SA}^{G}, & \boldsymbol{\rho}_4 \equiv \boldsymbol{x}_S(t_3) - \boldsymbol{x}_A(t_4) \end{cases} \tag{4.31}$$

式中：$\boldsymbol{\rho}_1$、$\boldsymbol{\rho}_2$、$\boldsymbol{\rho}_3$ 和 $\boldsymbol{\rho}_4$ 为地面站与卫星之间的距离；τ_{AS}^{G}、τ_{SA}^{G}分别为 A 站到卫星和卫星到 A 站两条路径的引力时延；τ_{BS}^{G}、τ_{SB}^{G}分别为 B 站到卫星和卫星到 B 站两条路径的引力时延。

在式(4.30)中，尽管每条路径引力时延的影响可达几十皮秒，但是改正项 δ_{gr} 引起的影响不会超过 1ps，在实际计算时引力时延改正可以忽略。

令

$$\begin{cases} \Delta\boldsymbol{x}_A \equiv \boldsymbol{x}_A(t_4) - \boldsymbol{x}_A(t_0) \\ \Delta\boldsymbol{x}_B \equiv \boldsymbol{x}_B(t_2) - \boldsymbol{x}_B(t_0 + \Delta T_{AB}) \\ \Delta\boldsymbol{x}_S \equiv \boldsymbol{x}_S(t_3) - \boldsymbol{x}_S(t_1) \\ \boldsymbol{n}_A \equiv \dfrac{\boldsymbol{\rho}_1}{\rho_1}, \quad \boldsymbol{n}_B \equiv \dfrac{\boldsymbol{\rho}_2}{\rho_2} \end{cases} \tag{4.32}$$

经过推导，δ 项的最终表达式为

$$\delta = \frac{1}{2c}(\boldsymbol{n}_A \Delta\boldsymbol{x}_A - \boldsymbol{n}_B \Delta\boldsymbol{x}_B - (\boldsymbol{n}_A + \boldsymbol{n}_B)\Delta\boldsymbol{x}_S + o(|\Delta x|^2/\rho)) \tag{4.33}$$

式中

$$\begin{cases} \Delta\boldsymbol{x}_A \equiv \boldsymbol{\omega} \times \boldsymbol{x}_A(t_0) R_A + \dfrac{1}{2}\boldsymbol{\omega} \times (\boldsymbol{\omega} \times \boldsymbol{x}_A(t_0)) R_A^2 \\ \Delta\boldsymbol{x}_B \equiv \boldsymbol{\omega} \times \boldsymbol{x}_B(t_0 + \Delta T_{AB}) R_B + \dfrac{1}{2}\boldsymbol{\omega} \times (\boldsymbol{\omega} \times \boldsymbol{x}_B(t_0 + \Delta T_{AB})) R_B^2 \\ \Delta\boldsymbol{x}_S \equiv \boldsymbol{v}_S(t_1) t_S + \dfrac{1}{2}\boldsymbol{a}_S(t_1) t_S^2 \end{cases} \tag{4.34}$$

式中：$t_S = t_3 - t_1$；$\boldsymbol{a}_S \approx -\dfrac{GM_E}{x_S^3}\boldsymbol{x}_S$，$GM_E$ 乘积为地心引力常数。

4.2.2.4　Petit 计算模型

在忽略地面站设备时延、卫星转发器时延和大气延迟情况下，Petit 在相对论框架中给出了地心地固坐标系精确到 1ps 量级的 TWSTFT 计算模型（本章称为 Petit 计算模型）[34]：

$$\Delta T_{AB} = \frac{1}{2}(R_A - R_B) + \delta \tag{4.35}$$

式中

$$\delta = \frac{1}{2c}(\rho_1 + \rho_2 - \rho_3 - \rho_4) \tag{4.36}$$

注意:式(4.35)忽略了引力时延引起的改正项,正如上面所述,忽略的误差小于1ps。

经过推导,Petit 给出 δ 项的最终表达式为

$$\delta = \frac{1}{c^2}\{\boldsymbol{D}_{BA} \cdot (\boldsymbol{\omega} \times \boldsymbol{X}_S) + [(\rho_{AS} - \rho_{BS} - c\Delta T_{AB})(\rho_{BS}\boldsymbol{\rho}_{AS} + \rho_{AS}\boldsymbol{\rho}_{BS}) \cdot \boldsymbol{V}_S]/ (2\rho_{AS}\rho_{BS})\} + o((v/c)(V_S/c)\Delta T_{AB}) \tag{4.37}$$

式中:$\boldsymbol{D}_{BA}$为两地面站A、B的基线矢量,$\boldsymbol{D}_{BA} = \boldsymbol{X}_B - \boldsymbol{X}_A$,$\boldsymbol{X}_A$、$\boldsymbol{X}_B$分别为两地面站$A$、$B$在地心地固坐标系的位置矢量;$\boldsymbol{X}_S$、$\boldsymbol{V}_S$分别为卫星在地固坐标系中的位置矢量和速度矢量。

4.2.3 几种计算模型比较

上面推导了地心非旋转坐标系中的 TWSTFT 计算模型,并给出了几位学者推导的其他三种计算模型。由于本节地心非旋转坐标系计算模型与其他几种模型的形式不同,而几位学者推导的计算模型又具有不同的精度,因此,各计算模型在什么精度上是等价的、在什么精度上存在差异需要详细分析。本节对这一问题进行详细讨论。

4.2.3.1 与 ITU-R 模型比较

为了分析本节新推导的地心非旋转坐标系计算模型与 ITU-R 模型异同,采用的方法是由前面推导的新模型入手,通过地心非旋转坐标系与地固坐标系之间的坐标变换推导出新模型在地固坐标系中的表达式,并与 ITU-R 的计算模型进行比较,从而得到两种计算模型之间的关系。

当地心非旋转坐标系计算模型的距离时延改正项只取到速度的一次幂时,比较式(4.19)和式(4.22)可以看出,两式的差别仅在第二项和最后一项。因此,将地心非旋转坐标系计算模型转化为地固坐标系计算模型就是转化式(4.19)中的第二项和最后一项。下面仍以由A站发射被卫星S接收的信号为例进行证明。

如果地心非旋转坐标系中的坐标用(t,x)表示,地固坐标系中的坐标用(T,X)表示,则两坐标系之间的变换可表示为[35-37]

$$\begin{cases} \boldsymbol{x} = \boldsymbol{PNRWX} \\ \boldsymbol{X} = \boldsymbol{W}^{\mathrm{T}}\boldsymbol{R}^{\mathrm{T}}\boldsymbol{N}^{\mathrm{T}}\boldsymbol{P}^{\mathrm{T}}\boldsymbol{x} \end{cases} \tag{4.38}$$

式中:$\boldsymbol{P}$、$\boldsymbol{N}$、$\boldsymbol{R}$、$\boldsymbol{W}$分别为岁差矩阵、章动矩阵、自转矩阵和极移矩阵。

由于$\boldsymbol{P}$、$\boldsymbol{N}$、$\boldsymbol{W}$为慢变量,在信号传播过程中的变化可以忽略,因此地心非旋转坐标系中的速度$\boldsymbol{v}$与地固坐标系中的速度$\boldsymbol{V}$变换关系为

$$\begin{cases} \boldsymbol{v} = \boldsymbol{PN}\dot{\boldsymbol{R}}\boldsymbol{WX} + \boldsymbol{PNRWV} \\ \boldsymbol{V} = \boldsymbol{W}^{\mathrm{T}}\dot{\boldsymbol{R}}^{\mathrm{T}}\boldsymbol{N}^{\mathrm{T}}\boldsymbol{P}^{\mathrm{T}}\boldsymbol{x} + \boldsymbol{W}^{\mathrm{T}}\boldsymbol{R}^{\mathrm{T}}\boldsymbol{N}^{\mathrm{T}}\boldsymbol{P}^{\mathrm{T}}\boldsymbol{v} \end{cases} \tag{4.39}$$

式中:$\dot{\boldsymbol{R}}$为自转矩阵的一阶导数矩阵。

对于地面站,由于它在地固坐标系中的运动速度很小,因此式(4.39)后面地面

站速度一项可以忽略。同时,如果也忽略卫星在地固坐标系中的运动速度,则对于 A 站发射卫星 S 接收的路径,根据式(4.13)可得[35]

$$|\boldsymbol{\rho}_{AS}+\Delta\boldsymbol{\rho}_{AS}| = |(\boldsymbol{x}_S(t_0)-\boldsymbol{x}_A(t_0))+\boldsymbol{v}_S(t_0)(t_S-t_0)| = |\boldsymbol{PNRW}(\boldsymbol{X}_S(t_0)-\boldsymbol{X}_A(t_0))+\boldsymbol{PN}\dot{\boldsymbol{R}}\boldsymbol{WX}_S(t_0)(t_S-t_0)| \tag{4.40}$$

式中:$\boldsymbol{x}_S(t_0)$和 $\boldsymbol{x}_A(t_0)$分别为归算时间 t_0 时刻对应的卫星和地面站 A 在地心非旋转坐标系中的坐标和速度矢量;$\boldsymbol{v}_S$ 为归算时间 t_0 时刻对应的卫星在地心非旋转坐标系中的速度矢量;$\boldsymbol{X}_S(t_0)$和 $\boldsymbol{X}_A(t_0)$分别为归算时间 t_0 时刻对应的卫星和地面站 A 在地心地固坐标系中的坐标矢量。

由于计算都是在归算时间 t_0 进行的,因此下面各公式中用到的坐标量省略对应的时间 t_0。令

$$\delta\boldsymbol{X}_{\text{sag}} \equiv -\boldsymbol{W}^{\text{T}}\boldsymbol{R}^{\text{T}}\dot{\boldsymbol{R}}\boldsymbol{WX}_S(t_S-t_0) \tag{4.41}$$

则

$$|\boldsymbol{\rho}_{AS}+\Delta\boldsymbol{\rho}_{AS}| = |\boldsymbol{PNRW}(\boldsymbol{X}_S-\boldsymbol{X}_A-\delta\boldsymbol{X}_{\text{sag}})| \tag{4.42}$$

由于旋转矩阵不改变矢量的模,因此

$$\rho_{AS}+\Delta\rho_{AS} = |\boldsymbol{X}_S-\boldsymbol{X}_A-\delta\boldsymbol{X}_{\text{sag}}| = |\boldsymbol{X}_S-\boldsymbol{X}_A| - \frac{\boldsymbol{\rho}_{AS}}{\rho_{AS}}\cdot\delta\boldsymbol{X}_{\text{sag}} \tag{4.43}$$

显然,式(4.33)右边的第一项就是 ITU-R 计算模型中第二项对应的 A 站到卫星 S 的时延,所以,现在只需要证明式(4.43)右边的第二项就是 ITU-R 计算模型中最后一项对应的 A 站到卫星的时延改正。

令

$$\Delta t_{AS}^{\text{sag}} \equiv -\frac{1}{c}\frac{\boldsymbol{X}_S-\boldsymbol{X}_A}{\rho_{AS}}\cdot\delta\boldsymbol{X}_{\text{sag}} = \frac{1}{c}\frac{\boldsymbol{X}_S-\boldsymbol{X}_A}{\rho_{AS}}\cdot\boldsymbol{W}^{\text{T}}\boldsymbol{R}^{\text{T}}\dot{\boldsymbol{R}}\boldsymbol{WX}_S(t_S-t_0) \tag{4.44}$$

忽略极移的影响,并考虑到

$$\boldsymbol{R}^{\text{T}}\dot{\boldsymbol{R}} = \begin{bmatrix} 0 & -\omega & 0 \\ \omega & 0 & 0 \\ 0 & 0 & 0 \end{bmatrix} \tag{4.45}$$

则有

$$\Delta t_{AS}^{\text{sag}} = \frac{1}{c}\frac{\boldsymbol{X}_S-\boldsymbol{X}_A}{\rho_{AS}}\cdot\boldsymbol{R}^{\text{T}}\dot{\boldsymbol{R}}\boldsymbol{X}_S(t_S-t_0) = \frac{\omega}{c^2}(X_AY_S-X_SY_A)+\frac{\omega(X_AY_S-X_SY_A)}{c\rho_{AS}}(\tau_{AS}^{\text{tro}}+\tau_{AS}^{\text{ion}}+\tau_{AS}^{\text{G}})+\frac{\omega(X_AY_S-X_SY_A)}{c\rho_{AS}}\Delta t_{AS}^{\text{sag}}+\cdots \tag{4.46}$$

式(4.46)右边第一项为经典的地固坐标系中的Sagnac效应改正,第二项为大气延迟和引力时延引起的改正项,第三项为Sagnac效应改正的二次项,最后为忽略的高次项。

对于卫星S发射B站接收的路径,同样可得

$$\Delta t_{SB}^{\text{sag}}=\frac{\omega}{c^2}(X_SY_B-X_BY_S)+\frac{\omega(X_SY_B-X_BY_S)}{c\rho_{SB}}(\tau_{SB}^{\text{tro}}+\tau_{SB}^{\text{ion}}+\tau_{SB}^{\text{G}})+2\frac{\omega(X_SY_B-X_BY_S)}{c\rho_{SB}}\Delta t_{SB}^{\text{sag}}+\cdots \tag{4.47}$$

同理,根据A、B两站的等价性,对于由B站到A站的信号可得

$$\Delta t_{BS}^{\text{sag}}=\frac{\omega}{c^2}(X_BY_S-X_SY_B)+\frac{\omega(X_BY_S-X_SY_B)}{c\rho_{BS}}(\tau_{BS}^{\text{tro}}+\tau_{BS}^{\text{ion}}+\tau_{BS}^{\text{G}})+\frac{\omega(X_BY_S-X_SY_B)}{c\rho_{BS}}\Delta t_{BS}^{\text{sag}}+\cdots \tag{4.48}$$

$$\Delta t_{SA}^{\text{sag}}=\frac{\omega}{c^2}(X_SY_A-X_AY_S)+\frac{\omega(X_SY_A-X_AY_S)}{c\rho_{SA}}(\tau_{SA}^{\text{tro}}+\tau_{SA}^{\text{ion}}+\tau_{SA}^{\text{G}})+2\frac{\omega(X_SY_A-X_AY_S)}{c\rho_{SA}}\Delta t_{SA}^{\text{sag}}+\cdots \tag{4.49}$$

根据式(4.46)~式(4.49)可得

$$\begin{aligned}\frac{1}{2}[(\Delta\tau_{AS}-\Delta\tau_{SA})-(\Delta\tau_{BS}-\Delta\tau_{SB})]&=\frac{1}{2}[(\Delta t_{AS}^{\text{sag}}-\Delta t_{SA}^{\text{sag}})-(\Delta t_{BS}^{\text{sag}}-\Delta t_{SB}^{\text{sag}})]=\\&\frac{\omega}{c^2}[Y_S(X_A-X_B)-X_S(Y_A-Y_B)]+\\&\frac{\omega(X_SY_B-X_BY_S)}{2c\rho_{SB}}(\tau_{BS}^{\text{tro}}+\tau_{BS}^{\text{ion}}+\tau_{BS}^{\text{G}}+\tau_{SB}^{\text{tro}}+\tau_{SB}^{\text{ion}}+\tau_{SB}^{\text{G}})-\\&\frac{\omega(X_SY_A-X_AY_S)}{2c\rho_{SA}}(\tau_{SA}^{\text{tro}}+\tau_{SA}^{\text{ion}}+\tau_{SA}^{\text{G}}+\tau_{AS}^{\text{tro}}+\tau_{AS}^{\text{ion}}+\tau_{AS}^{\text{G}})+\\&\frac{\omega(X_SY_B-X_BY_S)}{2c\rho_{SB}}\Delta t_{SB}^{\text{sag}}-\frac{\omega(X_SY_A-X_AY_S)}{2c\rho_{SA}}\Delta t_{SA}^{\text{sag}}\end{aligned} \tag{4.50}$$

将式(4.50)与ITU-R的计算模型式(4.22)比较可知,如果仅取上式右边第一项,忽略后边各项,则本节新推导的地心非旋转坐标系计算模型与ITU-R计算模型等价。前面已经分析,如果取单条路径的电离层时延为10ns,对流层时延为100ns,则忽略式(4.50)右边第二项或第三项的误差约为0.165ps;因为单条路径的Sagnac效应约为200ns,所以,式(4.50)右边每项Sagnac二次项的影响约为0.15ps。

需要注意的是[1,28]:上面的讨论中忽略了式(4.19)中地面站运动速度的二次幂与加速度项和卫星运动速度的二次幂与加速度项的影响。可以分析,地面站运动速度的二次幂与加速度项的影响约在1ps量级;卫星运动速度的二次幂与加速度项的影响约在10ps量级。因此,ITU-R计算模型的精度为0.1ns量级。

4.2.3.2　与 Klioner 模型比较

下面分析地心非旋转坐标系计算模型与 Klioner 模型的关系。

根据式(4.13)、式(4.15)~式(4.17),在地心非旋转坐标系计算模型中,如果忽略大气延迟和设备时延的影响,则地面站 A 运动速度一次幂和加速度项对计算相对钟差的影响为[1,28]

$$\delta_1 = \frac{\boldsymbol{\rho}_{AS} \cdot \boldsymbol{v}_A}{2c\,\rho_{AS}} R_A + \frac{1}{4c}\frac{\boldsymbol{\rho}_{AS} \cdot \boldsymbol{a}_A}{\rho_{AS}} R_A^2 \tag{4.51}$$

地面站 B 运动速度一次幂和加速度项对计算相对钟差的影响为

$$\delta_2 = -\frac{\boldsymbol{\rho}_{BS} \cdot \boldsymbol{v}_B}{2c\rho_{BS}} R_B - \frac{1}{4c}\frac{\boldsymbol{\rho}_{BS} \cdot \boldsymbol{a}_B}{\rho_{BS}} R_B^2 \tag{4.52}$$

卫星运动速度一次幂和加速度项对计算相对钟差的影响为

$$\begin{aligned}\delta_3 = &-\frac{1}{2c}\left(\frac{\boldsymbol{\rho}_{AS}}{\rho_{AS}} + \frac{\boldsymbol{\rho}_{BS}}{\rho_{BS}}\right) \cdot \boldsymbol{v}_S(t_3 - t_1 - \Delta T_{AB}) - \\ &\frac{1}{4c}\left(\frac{\boldsymbol{\rho}_{AS}}{\rho_{AS}} + \frac{\boldsymbol{\rho}_{BS}}{\rho_{BS}}\right) \cdot \boldsymbol{a}_S(t_3 - t_1 - \Delta T_{AB})^2\end{aligned} \tag{4.53}$$

地面站运动速度二次幂项对计算相对钟差的影响为

$$\delta_4 = \frac{v_B^2(1 + \cos^2\gamma')}{4c\rho_{BS}} \Delta T_{AB}^2 - \frac{v_B^2 \sin^2\gamma'}{4c\rho_{BS}}(\tau_{ASBS})^2 + \frac{v_A^2(1 - \cos^2\gamma)}{2c\rho_{AS}}(\tau_{ASBS} - \Delta T_{AB})^2 \tag{4.54}$$

式中:γ 为矢量 $\boldsymbol{\rho}_{AS}$ 与矢量 $\boldsymbol{v}_A$ 的夹角;γ' 为矢量 $\boldsymbol{\rho}_{BS}$ 与矢量 $\boldsymbol{v}_B$ 的夹角;v_A 为速度矢量 $\boldsymbol{v}_A$ 的模,$v_A = |\boldsymbol{v}_A|$;v_B 为速度矢量 $\boldsymbol{v}_B$ 的模,$v_B = |\boldsymbol{v}_B|$;$\tau_{ASBS} = \tau_{AS} + \tau_{BS}$。

卫星运动速度二次幂项对计算相对钟差的影响为

$$\delta_5 = \frac{v_S \Delta x_S[\rho_{AS}\sin^2\alpha + \rho_{BS}\sin^2\beta]}{4c\rho_{AS}\rho_{BS}}(\tau_{BS} - \Delta T_{AB} + \tau_{AS}) \tag{4.55}$$

式中:α、β 分别为 $\boldsymbol{v}_S$ 与 $\boldsymbol{\rho}_{AS}$ 和 $\boldsymbol{\rho}_{BS}$ 的夹角;v_S 为卫星速度矢量 $\boldsymbol{v}_S$ 的模,$v_S = |\boldsymbol{v}_S|$;Δx_S 为卫星运动引起的位置误差,$\Delta x_S \equiv v_S(\tau_{BS} - \Delta T_{AB} - \tau_{AS})$。

地面站 i 的速度和加速度可以表示为

$$\begin{cases} \boldsymbol{v}_i = \boldsymbol{\omega} \times \boldsymbol{x}_i(t_0) \\ \boldsymbol{a}_i = \boldsymbol{\omega} \times (\boldsymbol{\omega} \times \boldsymbol{x}_i(t_0)) \end{cases} \tag{4.56}$$

将式(4.56)代入式(4.51)和式(4.52),并与 Klioner 计算模型比较可知,式(4.51)和式(4.52)就是式(4.33)的前两项。式(4.53)与 Klioner 计算模型中对应的卫星速度和加速度项比较可知,当忽略相对钟差影响时,式(4.53)就是式(4.33)的第三项。但是,需要特别指出的是,Klioner 计算模型忽略了式(4.54)和式(4.55)两项的影响,可以分析,忽略的误差约在 10ps 量级。因此,Klioner 指出其计算模型精度为 0.1ns 量级是正确的。

4.2.3.3　与 Petit 模型比较

下面分析地心非旋转坐标系计算模型式(4.19)或式(4.21)与 Petit 模型的

关系。需要注意的是，Petit 计算模型中的量为地心地固坐标系中的坐标量，而本节新推导的计算模型中的量为地心非旋转坐标系坐标量，由于 Petit 在推导公式时假设 t_0 时刻地心非旋转坐标系与地心地固坐标系重合，因此，两坐标系中的坐标量等值。

在 Petit 模型中，式(4.37)中的第一项可以表示为

$$\frac{1}{c^2}\boldsymbol{D}_{BA}(\boldsymbol{\omega}\times\boldsymbol{X}_S)=\frac{1}{c^2}(\boldsymbol{\rho}_{AS}-\boldsymbol{\rho}_{BS})(\boldsymbol{\omega}\times\boldsymbol{X}_S)=$$

$$\frac{\omega}{c^2}[Y_S(X_A-X_B)-X_S(Y_A-Y_B)] \tag{4.57}$$

式(4.57)正是 ITU-R 模型中的 Sagnac 效应项。也可以证明，在 t_0 时刻地心非旋转坐标系与地心地固坐标系重合时，式(4.57)也即为地心非旋转坐标系计算模型式(4.21)中的前两项。

在地心非旋转坐标系计算模型与 ITU-R 模型进行比较时，曾忽略了卫星在地固坐标系中的运动速度，即认为卫星在地固坐标系中的运动速度为 0。当这一假设不能成立时，卫星在地心非旋转坐标系中的速度应该表示为

$$\boldsymbol{v}_S=\boldsymbol{\omega}\times\boldsymbol{x}_S+\boldsymbol{V}_S \tag{4.58}$$

式中：$\boldsymbol{V}_S$ 为卫星在地心地固坐标系中的运动速度。

将式(4.58)代入式(4.21)，并考虑到 $\boldsymbol{\rho}(\boldsymbol{\omega}\times\boldsymbol{x}_S)$ 项就是前面推导 Sagnac 效应时用到的对应项，因此，这里仅需要分析上面有关卫星在地固坐标系中的运动速度项对计算的相对钟差影响。可以计算卫星在地固坐标系中的运动速度对计算的相对钟差影响为

$$\delta_6=\frac{1}{2c^2\rho_{AS}\rho_{BS}}[(\rho_{AS}-\rho_{BS}-c\Delta T_{AB})(\rho_{AS}\boldsymbol{\rho}_{BS}+\rho_{BS}\boldsymbol{\rho}_{AS})\boldsymbol{V}_S] \tag{4.59}$$

可见，式(4.59)是 Petit 计算模型式(4.37)中的第二项。

将式(4.58)代入地心非旋转坐标系计算模型式(4.21)，并考虑到卫星在地固坐标系中的运动速度为 0 时，则有

$$\frac{\boldsymbol{\rho}_{iS}\boldsymbol{v}_i}{c^2}=\frac{\boldsymbol{\rho}_{iS}\boldsymbol{v}_S}{c^2}$$

同样可得式(4.21)中 δt 对计算 Sagnac 效应产生的四项改正之和为

$$\delta_6=\frac{(\rho_{AS}\boldsymbol{\rho}_{BS}+\rho_{BS}\boldsymbol{\rho}_{AS})\boldsymbol{V}_S}{2c^2\rho_{AS}\,\rho_{BS}}\delta t \tag{4.60}$$

式(4.60)也即为 Petit 计算模型式(4.37)中的第二项。Petit 已经分析过，卫星在地固坐标系中的运动速度改正项 δ_6 主要与 $\boldsymbol{V}_S$ 和 δt 有关，该项的影响可以达到几百皮秒，一般情况下也为几十皮秒。

通过上面证明可知，Petit 计算模型仅考虑了地面站和卫星速度一次幂以及卫星在地心地固坐标系中速度的影响，而没有考虑大气时延引起的 Sagnac 效应项、地面

站加速度项、速度二次幂项以及卫星与地面站速度交叉项的影响。上面的量级分析表明,Petit 计算模型忽略的各项影响为几个皮秒量级,因此,Petit 计算模型并不能达到 1ps 量级,也不能像 Petit 所说的那样仅仅忽略了小于 10^{-2}ps 的项[34],它的模型精度应为 10ps 量级。

4.2.4 多站平差计算模型

如图 4.3 所示,假设有 n 个地面站在本地钟控制下同时进行一发多收的伪距测量,则每个地面站 i 在本地钟面时整秒时刻 T_i(对应坐标时 t_0)都可以接收到来自其他 $n-1$ 个地面站的信号,从而测得 $n-1$ 个观测伪距,然后所有地面站观测数据经通信链路发送给中心站,最后由中心站统一进行相对钟差计算。

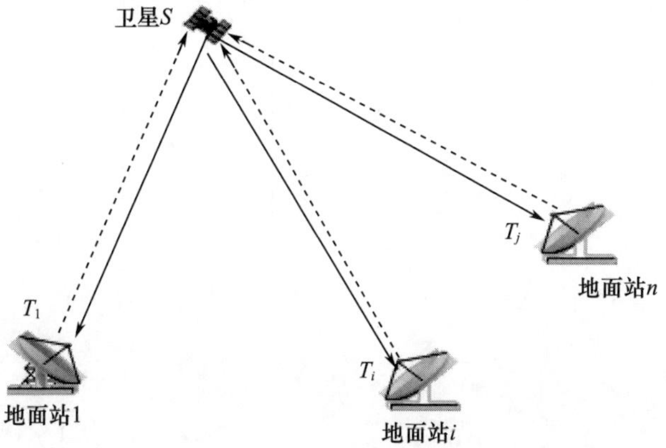

图 4.3 多站 TWSTFT 基本原理

假设 i 站在本地钟面时 T_k 时刻测得相对其他 $n-1$ 个站的伪距分别为 $P_{ji}(T_k)$ $(j=1,\cdots,n-1;j\neq i)$,则结合伪距定义可得[28]

$$P_{ji}(T_k)=\rho_{ji}^{\text{geo}}+c(\Delta T_i(T_k)-\Delta T_j(T_k)+\Delta\tau'_{ji}) \tag{4.61}$$

式中:$\Delta\tau'_{ji}$为 j 站到 i 站传播路径的各项时延改正;ρ_{ji}^{geo}为 j 站列 i 站的空间传播几何距离。

同理,考虑地面站采用的都是原子钟,原子钟的准确度一般为 10^{-12} 量级甚至更优,因此,在信号传播时间内钟速的影响可以忽略。结合上面配对计算模型,对于任意两站 i、j 有

$$\Delta T_i(T_k)-\Delta T_j(T_k)\approx\frac{1}{2c}[P_{ji}(T_k)-P_{ij}(T_k)]+\frac{1}{2c}[\rho_{iS}^{\text{geo}}+\rho_{Sj}^{\text{geo}}-\rho_{jS}^{\text{geo}}-\rho_{Si}^{\text{geo}}]+\frac{1}{2}(\Delta\tau'_{ij}-\Delta\tau'_{ji}) \tag{4.62}$$

式中:$\Delta\tau'_{ij}$为 i 站到 j 站传播路径的各项时延改正。

假设主站的站号为 1,其相对系统时间的钟差为 0,则需要计算的是其他 $n-1$ 个站相对于主站的钟差,因此,总的未知量个数为 $n-1$,总的观测量个数为 $n\times(n-1)$。

根据式(4.61),n 个站在本地钟面时 T_k 时刻的观测值组成的观测方程为(由于以下讨论均是在本地钟面时 T_k 时刻进行,因此均省略时间引数 T_k)

$$\begin{bmatrix} -1 & 0 & \cdots & 0 & 0 \\ 0 & -1 & \cdots & 0 & 0 \\ \vdots & \vdots & & \vdots & \vdots \\ 0 & 0 & \cdots & 0 & -1 \\ 1 & 0 & \cdots & 0 & 0 \\ 1 & -1 & \cdots & 0 & 0 \\ \vdots & \vdots & & \vdots & \vdots \\ 1 & 0 & \cdots & 0 & -1 \\ \vdots & \vdots & & \vdots & \vdots \\ 0 & 0 & \cdots & 0 & 1 \\ -1 & 0 & \cdots & 0 & 1 \\ \vdots & \vdots & & \vdots & \vdots \\ 0 & 0 & \cdots & -1 & 1 \end{bmatrix} \cdot \begin{bmatrix} \Delta T_2 \\ \vdots \\ \Delta T_n \end{bmatrix} = \begin{bmatrix} P'_{21} \\ P'_{31} \\ \vdots \\ P'_{n1} \\ P'_{12} \\ P'_{32} \\ \vdots \\ P'_{n2} \\ \vdots \\ P'_{1n} \\ P'_{2n} \\ \vdots \\ P'_{n-1n} \end{bmatrix} \tag{4.63}$$

式中:$P'_{ij}=\dfrac{1}{c}(P_{ij}-\rho_{ij}^{\mathrm{geo}})-\Delta\tau_{ij}(i=1,2,\cdots,n;j=1,2,\cdots,n;i\neq j)$。

误差方程为

$$\begin{bmatrix} v_{21} \\ v_{31} \\ \vdots \\ v_{n-1n} \end{bmatrix} = \begin{bmatrix} -1 & 0 & \cdots & 0 & 0 \\ 0 & -1 & \cdots & 0 & 0 \\ \vdots & \vdots & & \vdots & \vdots \\ 0 & 0 & \cdots & 0 & -1 \\ 1 & 0 & \cdots & 0 & 0 \\ 1 & -1 & \cdots & 0 & 0 \\ \vdots & \vdots & & \vdots & \vdots \\ 1 & 0 & \cdots & 0 & -1 \\ \vdots & \vdots & & \vdots & \vdots \\ 0 & 0 & \cdots & 0 & 1 \\ -1 & 0 & \cdots & 0 & 1 \\ \vdots & \vdots & & \vdots & \vdots \\ 0 & 0 & \cdots & -1 & 1 \end{bmatrix} \cdot \begin{bmatrix} \Delta T_2 \\ \vdots \\ \Delta T_n \end{bmatrix} - \begin{bmatrix} P'_{21} \\ P'_{31} \\ \vdots \\ P'_{n1} \\ P'_{12} \\ P'_{32} \\ \vdots \\ P'_{n2} \\ \vdots \\ P'_{1n} \\ P'_{2n} \\ \vdots \\ P'_{n-1n} \end{bmatrix} \tag{4.64}$$

式(4.64)记为

$$\boldsymbol{V}=\boldsymbol{AX}+\boldsymbol{L} \tag{4.65}$$

式中:$\boldsymbol{A}$ 为系数阵;$\boldsymbol{L}$ 为观测矢量;$\boldsymbol{X}$ 为待估参数矢量。它们可分别表示为

$$A=\begin{bmatrix}-1 & 0 & \cdots & 0 & 0\\ 0 & -1 & \cdots & 0 & 0\\ \vdots & \vdots & & \vdots & \vdots\\ 0 & 0 & \cdots & 0 & -1\\ 1 & 0 & \cdots & 0 & 0\\ 1 & -1 & \cdots & 0 & 0\\ \vdots & \vdots & & \vdots & \vdots\\ 1 & 0 & \cdots & 0 & -1\\ \vdots & \vdots & \vdots & \vdots & \vdots\\ 0 & 0 & \cdots & 0 & 1\\ -1 & 0 & \cdots & 0 & 1\\ \vdots & \vdots & & \vdots & \vdots\\ 0 & 0 & \cdots & -1 & 1\end{bmatrix},\quad L=-\begin{bmatrix}P'_{21}\\ P'_{31}\\ \vdots\\ P'_{n1}\\ P'_{12}\\ P'_{32}\\ \vdots\\ P'_{n2}\\ \vdots\\ P'_{1n}\\ P'_{2n}\\ \vdots\\ P'_{n-1n}\end{bmatrix},\quad X=\begin{bmatrix}\Delta T_2\\ \vdots\\ \Delta T_n\end{bmatrix}$$

根据参数平差计算公式有

$$X=(A^{\mathrm{T}}A)^{-1}A^{\mathrm{T}}L\equiv N^{-1}U \tag{4.66}$$

式中

$$N\equiv A^{\mathrm{T}}A=\begin{bmatrix}2n-3 & -2 & \cdots & -2\\ -2 & 2n-3 & \cdots & -2\\ \vdots & \vdots & & \vdots\\ -2 & -2 & \cdots & 2n-3\end{bmatrix},\quad U\equiv A^{\mathrm{T}}L=\begin{bmatrix}\sum\limits_{\substack{i=1\\ i\neq 2}}^{n}(P'_{i2}-P'_{2i})\\ \sum\limits_{\substack{i=1\\ i\neq 3}}^{n}(P'_{i3}-P'_{3i})\\ \vdots\\ \sum\limits_{i=1}^{n-1}(P'_{in}-P'_{ni})\end{bmatrix}$$

如果 $n=4$,则有

$$N=A^{\mathrm{T}}A=\begin{bmatrix}5 & -2 & -2\\ -2 & 5 & -2\\ -2 & -2 & 5\end{bmatrix} \tag{4.67}$$

$$N^{-1}=\frac{1}{49}\begin{bmatrix}21 & 14 & 14\\ 14 & 21 & 14\\ 14 & 14 & 21\end{bmatrix} \tag{4.68}$$

$$U=A^{\mathrm{T}}L=\begin{bmatrix}\sum\limits_{\substack{i=1\\ i\neq 2}}^{4}(P'_{i2}-P'_{2i})\\ \sum\limits_{\substack{i=1\\ i\neq 3}}^{4}(P'_{i3}-P'_{3i})\\ \sum\limits_{i=1}^{3}(P'_{i4}-P'_{4i})\end{bmatrix} \tag{4.69}$$

钟差参数估值为

$$\hat{\boldsymbol{X}}=\begin{bmatrix}\Delta T_2\\ \Delta T_3\\ \Delta T_4\end{bmatrix}=\frac{1}{49}\begin{bmatrix}21\sum_{\substack{i=1\\ i\neq 2}}^{4}(P'_{i2}-P'_{2i})+14\sum_{\substack{i=1\\ i\neq 3}}^{4}(P'_{i3}-P'_{3i})+14\sum_{i=1}^{3}(P'_{i4}-P'_{4i})\\ 14\sum_{\substack{i=1\\ i\neq 2}}^{4}(P'_{i2}-P'_{2i})+21\sum_{\substack{i=1\\ i\neq 3}}^{4}(P'_{i3}-P'_{3i})+14\sum_{i=1}^{3}(P'_{i4}-P'_{4i})\\ 14\sum_{\substack{i=1\\ i\neq 2}}^{4}(P'_{i2}-P'_{2i})+14\sum_{\substack{i=1\\ i\neq 3}}^{4}(P'_{i3}-P'_{3i})+21\sum_{i=1}^{3}(P'_{i4}-P'_{4i})\end{bmatrix}\tag{4.70}$$

4.2.5 误差分析

由 TWSTFT 的计算模型可知，影响 TWSTFT 时间比对精度的主要误差源有测量误差、设备时延误差（包含地面站发射和接收设备时延误差、卫星转发器时延误差）、传播路径误差（包括传播路径几何延迟误差、电离层延迟误差、对流动延迟误差、引力时延误差）、卫星和地面站位置误差、卫星和地面站速度误差等。下面分别对它们进行详细分析。

4.2.5.1 测量误差

测量误差项对应于式（4.19）中的第一项。在 TWSTFT 中，地面站之间的时延差一般由高精度的计数器测量得到，对于通常的计数器，测量误差约为 0.1ns，现在高精度计数器的测量精度已经达到几十皮秒[21]，因此，该项误差对于 1ns 量级的比对精度可以忽略，但对于 0.1ns 量级的比对精度不能忽略。

4.2.5.2 设备时延误差

设备时延误差对应于式（4.19）中的第一项、第三项和第七项，主要包括地面站测量误差、卫星转发器时延误差和地面站设备发射与接收时延误差。

1）地面站发射和接收设备时延误差

对于 TWSTFT，A 站的时间基准 1PPS 经调制变成中频信号，再由天线变成发射频率后传送至卫星，卫星转发器把信号变成下行频率送至 B 站，B 站天线接收后变频为中频信号，经终端解调后求得本地时间基准与 A 站秒脉冲的时刻差。因此，地面站发射与接收设备时延主要包括电缆时延、调制和解调器时延、上下行频率转换时延、反馈时延以及发射和接收天线时延等。

测定地面站发射与接收设备时延的方法主要有并址法、流动站并址法及使用卫星模拟器和标定电缆法。其中，最后一种方法花费最低，而且可以经常使用。这种方法由辅助电缆的标定、发射和接收时延和的测量、辅助电缆时延与接收时延和的测量以及通过测量结果计算发射和接收时延几个部分组成[22]。

信号经调制和解调都会产生误差，因此，内部调制解调器的发射和接收时延差也必须进行准确标定。标定可以通过下面方法进行：

(1) 并址两个调制解调器，然后测量一个调制解调器的发射时延和另一个调制解调器的接收时延和；

(2) 通过连接每个调制解调器的 IF 输入与 IF 输出测量发射和接收时延和，利用示波器测量发送的 1PPS 和调制解调器的 IF 相位调制输出信号之间的发射时延。调制解调器的接收时延由上面测量的时延和减去发射时延得到。

国际上 TWSTFT 采用的调制解调器主要是 MITREX 和 ATLANTIS 两类[21]，估计其误差一般为 30～100ps。

随着 TWSTFT 精度的不断提高，其结果误差已经与地面站的设备时延误差达到同一量级，也就是说，地面站的设备时延误差已经成为限制 TWSTFT 精度进一步提高的最大障碍[22]。而且，地面站设备时延误差的产生机制还没有完全弄清，很多学者倾向于将其归结为设备受温度影响的误差。因此，该问题受到国内外很多学者的重视，并进行了大量的研究和实验[23-25,38]。特别是 Hackman 等人采用共钟的方法精确地测定了各项设备的时延值[38]，测得仅有计数器时误差约为 50ps；加上调制解调器后的误差约为 150ps；再经过卫星转发后的误差约为 330ps。

为了精确测定设备时延与气象因素的关系，很多学者也做了大量的试验。我国陕西天文台孙宏伟等人的研究结果指出[39]，户外单元(包括发射和接收系统)与温度的关系最大，一般温度系数为 -85ps/℃，整个温度系数为 -(100±30)ps/℃。美国国家标准与技术研究所(NIST)的学者们也做了这方面试验[22]，结果是接收时延温度系数为 -(150±10)ps/℃，发射延迟温度系数为 -(50±10)ps/℃，整个温度系数为 -(100±30)ps/℃。该项误差可通过温度控制和对数据的温度补偿得到降低。

综上可见，地面站发射与接收系统的时延能够事先测定并加以扣除，其误差一般为 0.2～0.5ns[21-22,38]。

2) 卫星转发器时延误差

在两站间进行时间信号的比对时，都需要先将自己的时间信号发送给卫星，经卫星转发器转发后再传送到对方比对站。卫星转发器时延主要包括收发天线时延和转发通道时延，卫星转发器的时延一般约为 20ns。当收发天线和转发通道对两站的信号完全相同时，两站间的卫星转发器时延相等，即 $\tau_S^{BA}=\tau_S^{AB}$。但是，当每个站采用不同的收发频率、不同的转发通道或采用不同的天线波束时，两站间的卫星转发器时延并不相等，例如使用大西洋上的国际通信卫星就是这样。在这种情况下，对于 τ_S^{AB} 和 τ_S^{BA} 或者两者的差值 $\tau_S^{BA}-\tau_S^{AB}$ 应该在卫星发射前进行测量，或者采用其他更精确的时间比对方法加以测量和标定。但是，卫星转发器时延经两条路径相减能够较好地消除或削弱，其误差一般不会超过 80ps[21]。

4.2.5.3　传播路径误差

传播路径时延对应于式(4.19)中的第二项、第四项、第五项和第六项，它的误差主要包括传播路径几何延迟误差、电离层延迟误差、对流层延迟误差以及引力时延等成分。

传播路径几何延迟对应于式(4.19)中的第二项。该项改正可以根据卫星和地面站在归算时刻的地心非旋转坐标系坐标计算得到,对于地面站与卫星间的每条路径,时延为0.12~0.14s。但是对于相同的归算时刻,正、反两条路径相减,该项改正得到抵消。

对流层延迟主要取决于卫星仰角、空气中的水蒸气含量、空气的密度和温度,一般采用对流层延迟模型进行改正。由于对流层延迟是频率不相关的,并且每一地面站上、下行链路的时间间隔一般小于0.3s,在这么短的时间内,地面站的气象参数和地固坐标系看来的卫星仰角都基本不变,因此,经上、下两条路径相减,对流层延迟能够很好地消除,它引起的不对称部分一般不再考虑。

由于电离层延迟与信号频率的平方成反比,因此,根据电离层延迟的一般表达式,对于TWSTFT每个地面站i的上、下行路径,电离层延迟可以采用下式进行改正:

$$\tau_i^{\text{ion}} = \frac{40.28\,\text{TEC}_{iS}}{c}\left(\frac{1}{f_{\text{U}}^2} - \frac{1}{f_{\text{D}}^2}\right) \tag{4.71}$$

式中:f_{U}、f_{D}分别为地面站i的上行和下行信号频率。

如果信号传播路径的电子总含量(TEC)取为典型值1×10^{18}个/m^2,对于国际TWSTFT中采用的Ku频段频率($f_{\text{U}}\approx14.0\text{GHz}$,$f_{\text{D}}\approx12.0\text{GHz}$),上、下行路径电离层延迟之差约为0.25ns,则每个地面站电离层延迟对计算的相对钟差影响约为0.125ns[29-30]。对于北斗采用的C频段频率($f_{\text{U}}\approx6\text{GHz}$,$f_{\text{D}}\approx4\text{GHz}$),上、下行路径电离层延迟之差约为0.46ns,则每个地面站电离层延迟对计算的相对钟差影响约为0.23ns。

因为在短时间内,地固坐标系看来地面站与卫星间的两条信号传播路径基本不变,所以根据式(4.19)可知,总的电离层延迟对计算结果的影响为

$$\tau^{\text{ion}} = \frac{20.14(\text{TEC}_{AS} - \text{TEC}_{BS})}{c}\left(\frac{1}{f_{\text{U}}^2} - \frac{1}{f_{\text{D}}^2}\right) \tag{4.72}$$

可见,经过双向传递,总的电离层延迟的影响经过两站求差能进一步减小。如果两站间电离层延迟具有70%的相关性,则在TEC取典型值的情况下,对于Ku频段总的电离层延迟产生的误差约为37.5ps,对于C频段总的电离层延迟产生的误差约为69ps。因此,电离层延迟误差对于要求到0.1ns量级的计算精度可以忽略,但对要求到10ps量级的计算精度时则需要进一步考虑。

相对论引力时延对应于式(4.19)的第五项。在地球附近,仅考虑地球引力场的相对论引力时延可以采用式(2.26)进行计算,它引起的距离改正约为厘米量级,而忽略的地球非球形和地球旋转的影响以及外部天体引起的影响小于1ps(见第2章分析)。对于TWSTFT,由于地面站的上、下两条路径基本相同,也就是说,引力时延引起的改正经过求差之后可基本消除,可以估计,由于两条路径不完全对称产生的剩余误差对计算结果影响小于1ps[27],因此,引力时延的影响可以不予考虑。

4.2.5.4　卫星和地面站位置误差影响

卫星和地面站运动引起的误差对应于式(4.19)的最后一项,主要是由于卫星和地面站在不断地运动,而信号的传播速度是有限的,并且两地面站时间的不同步以及各种设备时延的存在,都会使计算时刻的地面站和卫星位置与测量时刻的位置不同,因此,在计算两站间相对钟差时,必须加上卫星和地面站运动引起的时延改正。该项改正可以由式(4.20)或式(4.21)进行计算。根据前面量级分析可知,距离改正项中地面站加速度项、速度的二次幂项以及卫星速度与地面站速度交叉项的影响相对较小,因此,在下面的误差分析时忽略它们的影响。

1) 地面站位置误差影响

当 A 站或 B 站位置含有误差时,式(4.21)分别对 A、B 两站位置坐标求导并顾及 t_0 时刻两坐标系重合可得

$$\mathrm{d}\Delta T_{AB} = -\frac{\boldsymbol{v}_A \cdot \mathrm{d}\boldsymbol{x}_A}{c^2} - \frac{\boldsymbol{V}_S \cdot \mathrm{d}\boldsymbol{x}_A}{2c\rho_{AS}}\delta t - \frac{(\boldsymbol{\rho}_{AS} \cdot \boldsymbol{V}_S)(\boldsymbol{\rho}_{AS} \cdot \mathrm{d}\boldsymbol{x}_A)}{2c\rho_{AS}^3}\delta t \tag{4.73}$$

$$\mathrm{d}\Delta T_{AB} = \frac{\boldsymbol{v}_B \cdot \mathrm{d}\boldsymbol{x}_B}{c^2} - \frac{\boldsymbol{V}_S \cdot \mathrm{d}\boldsymbol{x}_B}{2c\rho_{BS}}\delta t - \frac{(\boldsymbol{\rho}_{BS} \cdot \boldsymbol{V}_S)(\boldsymbol{\rho}_{BS} \cdot \mathrm{d}\boldsymbol{x}_B)}{2c\rho_{BS}^3}\delta t \tag{4.74}$$

如果取 $|\boldsymbol{V}_S| < 10\text{m/s}$, $|\delta t| < 0.003\text{s}$,则可以分析,式(4.73)和式(4.74)的主项为第一项,后面 δt 项的影响相对于第一项约为 0.001,因此,这里只取式(4.73)和式(4.74)第一项进行误差分析,忽略后面 δt 项的影响。

可见,当 A 站或 B 站位置含有 1m 误差时,将对计算的相对钟差产生最大约 0.005ps 的误差。也就是说,为达到 0.1ns 的计算精度,单台站的位置误差不能超过 20km;为达到 10ps 的计算精度,单台站的位置误差不能超过 2km。

当 A、B 两站位置均含有误差时,式(4.21)对 A、B 两站位置坐标微分并顾及 t_0 时刻两坐标系重合可得

$$\begin{aligned}\mathrm{d}\Delta T_{AB} = & -\frac{\boldsymbol{v}_A \cdot \mathrm{d}\boldsymbol{x}_A}{c^2} - \frac{\boldsymbol{V}_S \cdot \mathrm{d}\boldsymbol{x}_A}{2c\rho_{AS}}\delta t - \frac{(\boldsymbol{\rho}_{AS} \cdot \boldsymbol{V}_S)(\boldsymbol{\rho}_{AS} \cdot \mathrm{d}\boldsymbol{x}_A)}{2c\rho_{AS}^3}\delta t + \\ & \frac{\boldsymbol{v}_B \cdot \mathrm{d}\boldsymbol{x}_B}{c^2} - \frac{\boldsymbol{V}_S \cdot \mathrm{d}\boldsymbol{x}_B}{2c\rho_{BS}}\delta t - \frac{(\boldsymbol{\rho}_{BS} \cdot \boldsymbol{V}_S)(\boldsymbol{\rho}_{BS} \cdot \mathrm{d}\boldsymbol{x}_B)}{2c\rho_{BS}^3}\delta t\end{aligned} \tag{4.75}$$

同样,如果忽略后面 δt 项的影响并假设 $|\boldsymbol{v}_A| \approx |\boldsymbol{v}_B| \approx |\boldsymbol{v}_i|$,则根据式(4.75)可得

$$|\mathrm{d}\Delta T_{AB}| \leqslant \frac{|\boldsymbol{v}_i| \cdot |\nabla \mathrm{d}\boldsymbol{x}_{BA}|}{c^2} \tag{4.76}$$

式中:$\nabla \mathrm{d}\boldsymbol{x}_{BA}$ 为 A、B 两站相对位置误差矢量,$\nabla \mathrm{d}\boldsymbol{x}_{BA} = \mathrm{d}\boldsymbol{x}_B - \mathrm{d}\boldsymbol{x}_A$。

由式(4.76)可见,当 A 站和 B 站位置均含有误差时,计算的相对钟差精度与 A、B 两站的相对位置误差有关。1m 的 A、B 两站相对位置误差将对计算的相对钟差产生最大约 0.005ps 的误差,因此,为达到 0.1ns 的计算精度,两站的相对位置误差不能超过 20km;为达到 10ps 的计算精度,两站的相对位置误差不能超过 2km。

考虑到现在时间实验室 TWSTFT 天线的绝对定位精度一般好于 10m，相对精度好于 1m，因此，由于地面站位置误差引起的改正一般小于 0.05ps，可以忽略。

2）卫星位置误差影响

当卫星位置含有误差时，式（4.21）对卫星位置坐标求导并顾及 t_0 时刻两坐标系重合可得

$$\mathrm{d}\Delta T_{AB}=\frac{\boldsymbol{v}_A\cdot\mathrm{d}\boldsymbol{x}_S}{c^2}+\frac{\boldsymbol{V}_S\cdot\mathrm{d}\boldsymbol{x}_S}{2c\rho_{AS}}\delta t+\frac{V_S\cos\alpha(\boldsymbol{\rho}_{AS}\cdot\mathrm{d}\boldsymbol{x}_S)}{2c\rho_{AS}^2}\delta t-\frac{\boldsymbol{v}_B\cdot\mathrm{d}\boldsymbol{x}_S}{c^2}+\frac{\boldsymbol{V}_S\cdot\mathrm{d}\boldsymbol{x}_S}{2c\rho_{BS}}\delta t+\frac{V_S\cos\beta(\boldsymbol{\rho}_{BS}\cdot\mathrm{d}\boldsymbol{x}_S)}{2c\rho_{BS}^2}\delta t \tag{4.77}$$

式中：α、β 分别为 $\boldsymbol{V}_S$ 与 $\boldsymbol{\rho}_{AS}$ 和 $\boldsymbol{\rho}_{BS}$ 的夹角；$V_S=|\boldsymbol{V}_S|$。

假设 $|\boldsymbol{v}_A|\approx|\boldsymbol{v}_B|\approx|\boldsymbol{v}_i|$，$\rho_{AS}\approx\rho_{BS}\approx\rho$，$\cos\beta\approx-\cos\alpha$，则式（4.77）也可写为

$$\mathrm{d}\Delta T_{AB}=\frac{\nabla\boldsymbol{v}_{AB}\cdot\mathrm{d}\boldsymbol{x}_S}{c^2}+\frac{\boldsymbol{V}_S\cdot\mathrm{d}\boldsymbol{x}_S}{c\rho}\delta t+\frac{V_S\cos\alpha(\boldsymbol{D}_{BA}\cdot\mathrm{d}\boldsymbol{x}_S)}{2c\rho^2}\delta t \tag{4.78}$$

式中：$\nabla\boldsymbol{v}_{AB}$ 为 A、B 两站的相对速度矢量，$\nabla\boldsymbol{v}_{AB}=\boldsymbol{v}_A-\boldsymbol{v}_B$；$\boldsymbol{D}_{BA}$ 为 A、B 两站的基线矢量，$\boldsymbol{D}_{BA}=\boldsymbol{\rho}_{AS}-\boldsymbol{\rho}_{BS}$。

由式（4.78）可见，当卫星位置含有误差时，计算的相对钟差精度与 A、B 两站的相对速度、基线矢量、两站相对于卫星的位置以及卫星在地心地固坐标系中的速度有关。如果忽略后面 δt 项的影响（忽略的误差相对于第一项约为 0.01），并取 A、B 两站间相对速度最大约 460m/s 时，则 1m 的卫星位置误差将对计算的相对钟差产生最大约 0.005ps 的误差。也就是说，为达到 0.1ns 的计算精度，卫星位置误差不能超过 20km；为达到 10ps 的计算精度，卫星位置误差不能超过 2km。

考虑到现在地球同步卫星的定轨精度一般好于 10km，由此引起的改正小于 0.05ns，因此，该项误差对于约 0.5ns 的时间比对可以忽略，但是对于将来更高精度的时间比对必须加以考虑。

4.2.5.5 卫星和地面站速度误差影响

1）地面站速度误差影响

当地面站 A 或 B 速度存在误差时，式（4.21）对 A 站或 B 站的速度求导并顾及 t_0 时刻两坐标系重合可得

$$\mathrm{d}\Delta T_{AB}=\frac{\boldsymbol{\rho}_{AS}\cdot\mathrm{d}\boldsymbol{v}_A}{c^2} \tag{4.79}$$

$$\mathrm{d}\Delta T_{AB}=-\frac{\boldsymbol{\rho}_{BS}\cdot\mathrm{d}\boldsymbol{v}_B}{c^2} \tag{4.80}$$

由式（4.79）和式（4.80）可见，如果取 $\rho_{AS}\approx\rho_{BS}\approx4\times10^7$m，则当地面站 A 或 B 速度含有 1m/s 误差时，将对计算的相对钟差产生最大约 0.44ns 误差。也就是说，为了达到 0.1ns 的计算精度，地面站 A 或 B 的速度误差不能超过 0.23m/s；为了达到 10ps 的计算精度，地面站 A 或 B 的速度误差不能超过 0.023m/s。

当地面站 A 和 B 速度均存在误差时,式(4.21)对 A、B 两站的速度求导并顾及 t_0 时刻两坐标系重合可得

$$\mathrm{d}\Delta T_{AB}=\frac{\boldsymbol{\rho}_{AS}\cdot\mathrm{d}\boldsymbol{v}_A}{c^2}-\frac{\boldsymbol{\rho}_{BS}\cdot\mathrm{d}\boldsymbol{v}_B}{c^2}\tag{4.81}$$

如果顾及 $\boldsymbol{\rho}_{SA}\approx\boldsymbol{\rho}_{SB}\approx\boldsymbol{\rho}$,则式(4.81)也可写为

$$\mathrm{d}\Delta T_{AB}=\frac{\boldsymbol{\rho}\cdot\nabla\mathrm{d}\boldsymbol{v}_{AB}}{c^2}\tag{4.82}$$

式中:$\nabla\mathrm{d}\boldsymbol{v}_{AB}$ 为 A、B 两站的相对速度误差矢量,$\nabla\mathrm{d}\boldsymbol{v}_{AB}=\mathrm{d}\boldsymbol{v}_A-\mathrm{d}\boldsymbol{v}_B$。

可见,当地面站 A 和 B 速度均存在误差时,计算的相对钟差精度与 A、B 两站的相对速度误差有关。1m/s 的 A、B 两站相对速度误差将产生最大约 0.44ns 的计算误差,因此,为了达到 0.1ns 的计算精度,地面站 A、B 的相对速度误差不能超过0.23m/s。

考虑地面站在地心地固坐标系中的速度约为0,也就是说,在地心非旋转坐标系中,地面站的速度主要由地球的旋转角速度 ω 和地面站的地心坐标决定,当取 $\omega=7.29\times10^{-5}$rad/s 时,对于 10m 的地面站坐标误差将产生约 0.0007m/s 的速度误差,由此引起的相对钟差改正约为 0.3ps,可以忽略。

2)卫星速度误差影响

当卫星速度存在误差时,式(4.21)对卫星速度求导并顾及 t_0 时刻两坐标系重合可得

$$\mathrm{d}\Delta T_{AB}=\frac{\boldsymbol{\rho}_{AS}\cdot\mathrm{d}\boldsymbol{V}_S}{2c\rho_{AS}}\delta t+\frac{\boldsymbol{\rho}_{BS}\cdot\mathrm{d}\boldsymbol{V}_S}{2c\rho_{BS}}\delta t=\frac{(\cos\alpha'+\cos\beta')\cdot\mathrm{d}V_S}{2c}\delta t\tag{4.83}$$

式中:α'、β'分别为 $\mathrm{d}\boldsymbol{V}_S$ 与 $\boldsymbol{\rho}_{AS}$和 $\boldsymbol{\rho}_{BS}$的夹角;$\mathrm{d}V_S=|\mathrm{d}\boldsymbol{V}_S|$。

根据式(4.83)可得

$$|\mathrm{d}\Delta T_{AB}|\leqslant\frac{|\delta t|}{2c}(|\cos\alpha'|+|\cos\beta'|)\cdot|\mathrm{d}V_S|\tag{4.84}$$

由式(4.84)可知,当卫星速度存在误差时,计算的相对钟差精度与 A、B 两站相对于卫星的位置、地面站发射时延的补偿剩余量 δt 以及卫星在地心地固坐标系中的速度有关。由于卫星速度主要为沿迹方向,则对于地球同步卫星,α'和 β'的最小值约为 82°,因此,如果取 $\delta t=0.003$s,那么,1m/s 的卫星速度误差将对计算的相对钟差产生最大约 1.4ps 的误差。也就是说,为了达到 0.1ns 的计算精度,卫星的速度误差不能超过 71.4m/s;为了达到 10ps 的计算精度,卫星的速度误差不能超过 7.1m/s。

卫星在地心非旋转坐标系中的速度误差主要包含卫星位置引起的误差和卫星在地固坐标系中的速度两部分。对于地球同步卫星,考虑由于卫星位置误差(小于10km)引起的速度误差一般小于 0.73m/s,而卫星在地固坐标系中的速度通常小于10m/s,因此,由于卫星速度误差引起的相对钟差改正约为 15ps,所以该项误差对于

现在约 0.1ns 的时间比对可以忽略，但是对于将来更高精度的时间比对必须加以考虑。

3）两站到卫星的距离不等引起的误差

如图 4.4 所示，当地面站 A 和 B 到卫星的距离不等时，即信号由地面站到卫星的传播时延不等，由于卫星的运动，卫星就在不同的位置收到信号，这将会使两地面站间的两条比对路径不能完全对称，从而引起计算的两站间钟差产生误差。

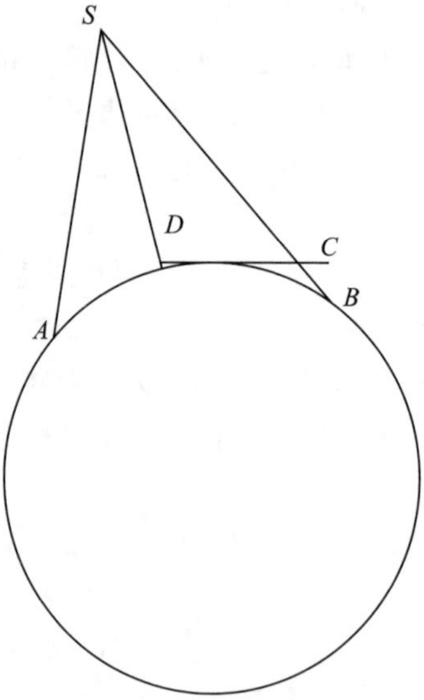

图 4.4　两地面站到卫星距离不等时的最大距离差

可以概略估计，当两地面站到卫星的距离差为 300km（约 1ms）时，由此引起的钟差计算误差最大约为 30ps。因此，在设计作为一对的两个比对站时，应尽量使采用的地球同步卫星处于两比对站中间。可以近似认为，在两地面站经度与卫星经度差划算成距离为 300km 时，该项误差最大约为 30ps。在当前 0.1ns 精度下，该项误差可以忽略，但是随着比对精度的提高，当考虑到 10ps 量级的精度时，必须考虑该项误差。

4）两站钟面时不同步引起的误差

因为两个地面站的钟是不完全同步的，所以两个信号的发射时间不同，这也将导致一定误差，但用一般方法把两个钟先粗同步在 10μs 内是容易做到的。对于参加卫星双向法的时间比对站，它们事先已经同步到很高的精度（一般小于 1μs），所以，仅由于两站间钟面时的不同步（取为 1μs）引起的卫星位置变化约为 10^{-5}m，划算为时间约在 10^{-14}量级，完全可以忽略。

4.2.5.6　理论精度分析

综上所述[1,28]，上面的误差分析结果如表 4.2 所列。

表 4.2　各误差源对卫星双向时间比对的影响

误差源		影响量级/ps	纳秒量级	亚纳秒量级	10ps 量级
设备时延误差	调制解调器	200	可忽略	不可忽略	不可忽略
	计数器	100	可忽略	不可忽略	不可忽略
	地面发射和接收设备（包括电缆）	200 ~ 500	可忽略	不可忽略	不可忽略
	卫星转发器	80	可忽略	可忽略	不可忽略
路径延迟误差	电离层延迟	100	可忽略	不可忽略	不可忽略
	对流层延迟	0	可忽略	可忽略	可忽略
卫星和地面站运动误差	两站到卫星距离差 300km	30	可忽略	可忽略	不可忽略
	两站时间不同步（1μs）	0.03	可忽略	可忽略	可忽略
	卫星位置误差 1km	15	可忽略	可忽略	不可忽略
	地面站位置误差 10m	2	可忽略	可忽略	可忽略

假设各同类误差源独立等精度、不同类误差源互相独立，则根据式(4.19)可得

$$m_{\Delta T}^2 = \frac{1}{2}m_{\mathrm{R}}^2 + m_{\mathrm{e}}^2 + \frac{1}{2}m_{\mathrm{ion}}^2 + \frac{1}{2}m_S^2 + k_1^2 m_x^2 + k_2^2 m_{x_S}^2 + k_3^2 m_{v_S}^2 \tag{4.85}$$

式中：$m_{\Delta T}$为计算钟差的误差；m_{R} 为计数器的测量误差；m_{e} 为地面站单一发射或接收设备时延误差；m_{ion}为每一地面站上、下行路径的电离层延迟误差；m_S 为卫星转发器时延误差；m_x 为地面站之间的相对位置误差；m_{x_S}为卫星的位置误差；m_{v_S}为卫星的速度误差；k_1 为地面站之间的相对位置误差系数；k_2 为卫星的位置误差系数；k_3 为卫星的速度误差系数；k_1、k_2 和 k_3 系数可以由前面对卫星和地面站运动引起的误差分析得到。

根据上面对每一单独误差源的误差分析，表 4.3 给出了在各误差源取不同误差值情况下计算钟差的精度。

表 4.3　各误差源取不同误差值情况下计算钟差的精度

m_{R}/ps	m_{e}/ps	m_{ion}/ps	m_S/ps	m_x/m	m_{x_S}/km	m_{v_S}/(m/s)	$m_{\Delta T}$/ps
200	500	250	100	10	10	10	556
100	200	125	80	1	1	5	237
50	100	50	50	0.1	0.1	1	117

由表 4.3 可见，对于目前 TWSTFT 各误差源的精度水平，现在 TWSTFT 的理论精度也仅能达到几百皮秒量级。其中限制 TWSTFT 精度的主要误差源为各设备时延误差和电离层延迟误差。

4.2.6　试验分析

4.2.6.1　基于 Ku 频段的 TWSTFT 试验

1）PTB、NIST 和 NPL 之间的比对

为了分析 TWSTFT 的精度，这里分别采用德国物理技术研究院（PTB）与美国国

家标准与技术研究所(NIST)、NIST 与英国国家物理实验室(NPL)以及 NPL(英国)与 PTB 之间在 MJD52276 ~ MJD52333 的测量数据进行了计算,计算结果如图 4.5 ~ 图 4.7所示。图中,■表示由原始观测数据计算的 TWSTFT 结果,光滑曲线表示对 TWSTFT 的计算值采用 4 阶多项式进行拟合后的结果,r 为拟合结果的相关系数,SD 为标准偏差,后面其他各图含义相同。

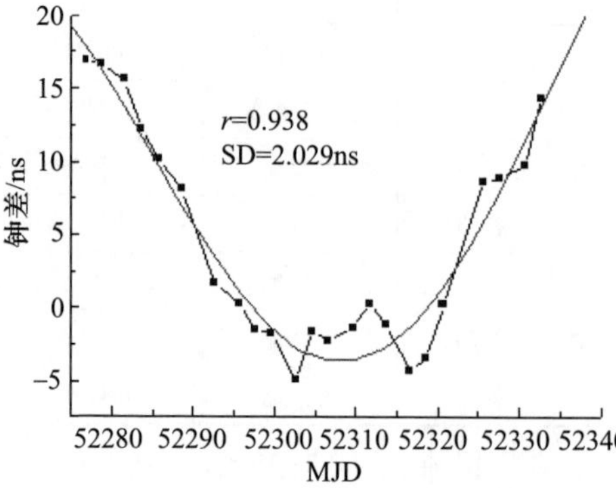

图 4.5　PTB 与 NIST 之间的计算结果

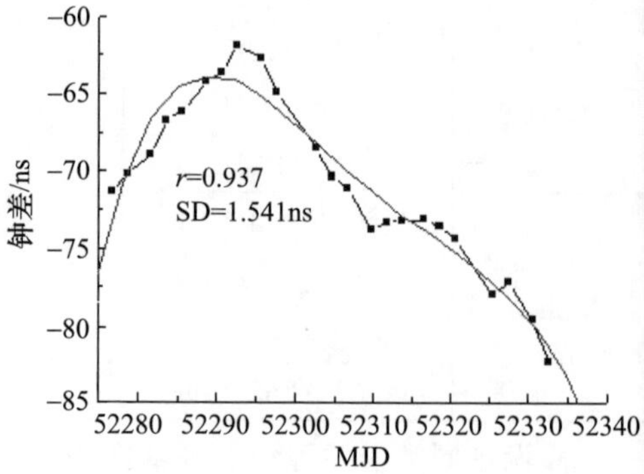

图 4.6　NIST 与 NPL 之间的计算结果

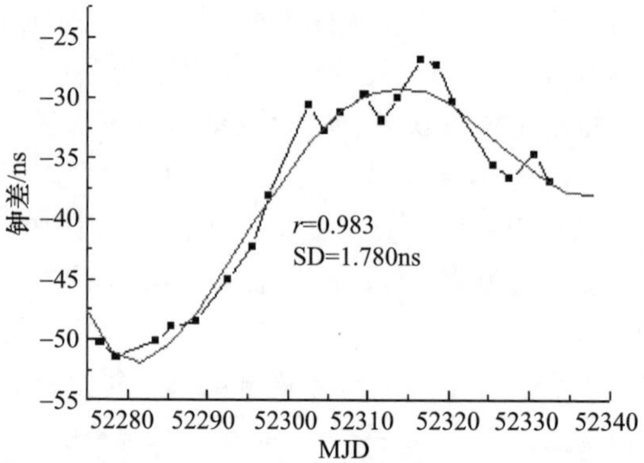

图 4.7　NPL 与 PTB 之间的计算结果

由图 4.5 ~ 图 4.7 可以看出:对于上面三条链路,原始计算结果相对于 4 阶多项式拟合值之间的相关性为 0.90 ~ 0.94,标准偏差为 1.5 ~ 2.1ns。

由于上面三条链路可以组成一条闭合环,因此,图 4.8 给出了由上面三条链路原始计算值内插得到相同时刻的钟差,然后计算的闭合差,即

$$\Delta = (\text{PTB} - \text{NIST}) + (\text{NPL} - \text{PTB}) + (\text{NIST} - \text{NPL})$$

由图 4.8 可见,三条链路组成的闭合差平均值为 −104.539ns,闭合差比较大是因为 NPL 与 NIST 和 PTB 比对时采用的不是同一台原子钟,三条链路组成的闭合差的标准差为 0.412ns。如果认为三条链路为等精度观测,则根据误差传播定律可知单条链路的观测误差约为 0.238ns。

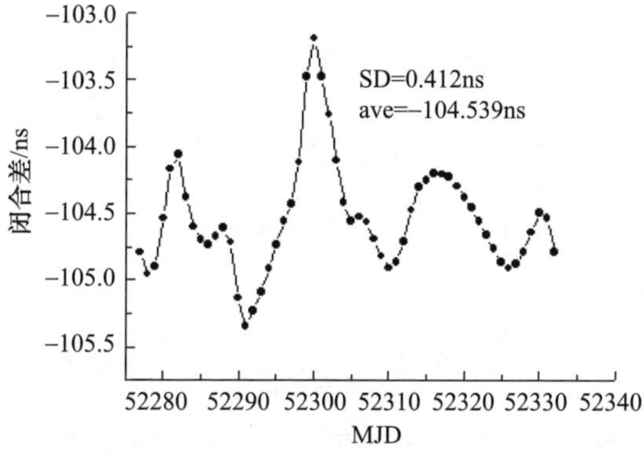

图 4.8　NIST、PTB 和 NPL 三条链路的闭合差

2）PTB、NIST 和 VSL 之间的比对

图 4.9 和图 4.10 给出的是由 PTB、NIST 和 VSL 之间在 MJD52276 ~ MJD52333 期间的观测数据计算的每两站间的钟差值。

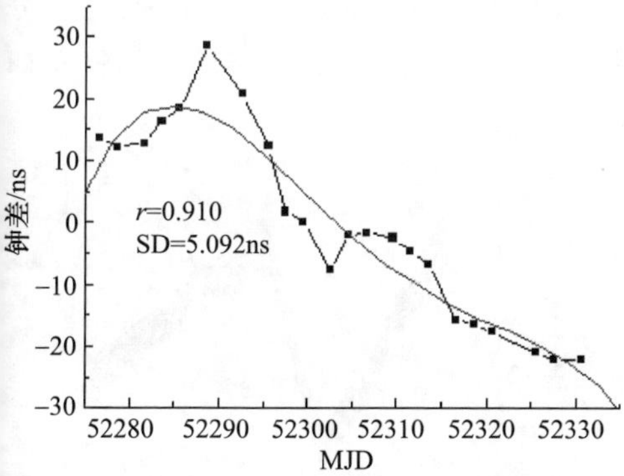

图 4.9　PTB 与 VSL 之间的计算结果

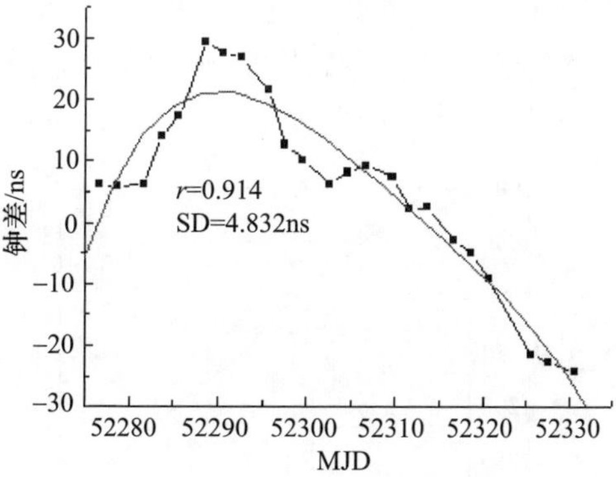

图 4.10　NIST 与 VSL 之间的计算结果

由图 4.5、图 4.9 和图 4.10 同样可以看到，对于上面三条链路，原始计算结果相对于 4 阶多项式拟合值之间的相关性为 0.910 ~ 0.914，标准偏差为 4.8 ~ 5.1ns。

同样，PTB、NIST 和 VSL 之间也可以组成一条闭合环，图 4.11 给出了由三条链路原始计算值内插得到相同时刻的钟差后计算的闭合差，即

$$\Delta = (\text{PTB} - \text{VSL}) - (\text{NIST} - \text{VSL}) - (\text{PTB} - \text{NIST})$$

由图 4.11 可见，三条链路组成的闭合差平均值为 -8.669ns，标准差为 0.594ns。同样，如果认为三条链路为等精度观测，则根据误差传播定律可知单条链路的观测误差为 0.343ns。

综合两个算例结果可知，TWSTFT 单条链路的观测误差为几百皮秒，这说明 TWSTFT是一种高精度的时间比对手段。

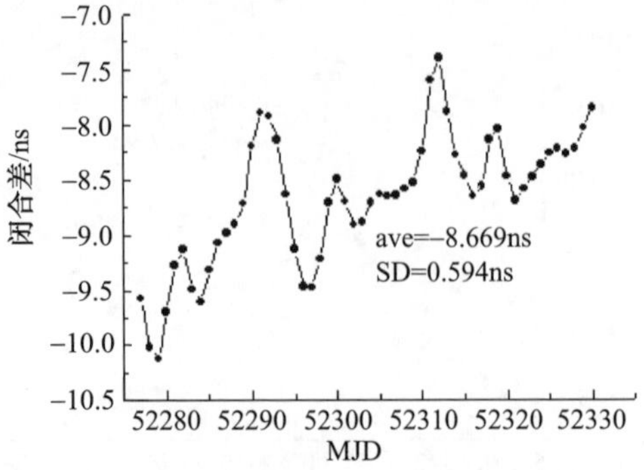

图 4.11　NIST、PTB 和 VSL 三条链路的闭合差

4.2.6.2　基于北斗 GEO 卫星 C 频段的 TWSTFT 试验

与国际 TWSTFT 不同的是,北斗 TWSTFT 采用了 C 频段信号,并且各站之间每秒均进行测量和时间比对,从而实现了站间钟差的实时监测。为了试验基于北斗 C 频段的 TWSTFT 精度和对站间钟差的实时监测效果,选择经北斗 GEO 卫星转发的连续 6 天的实测数据进行试验分析,数据采样频率为 1 次/s,选择了 3 个地面站,分别称为 01、03、05 站,以 01 站为基准,计算得到的 03 站、05 站与 01 站的站间钟差如图 4.12 ~ 图 4.15 所示。

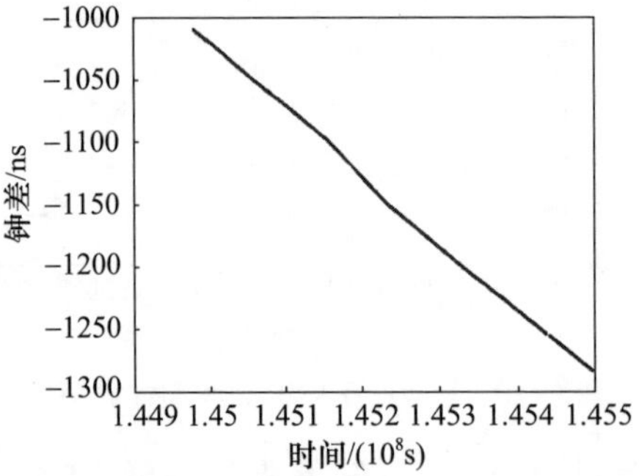

图 4.12　01-03 站 TWSTFT 钟差结果

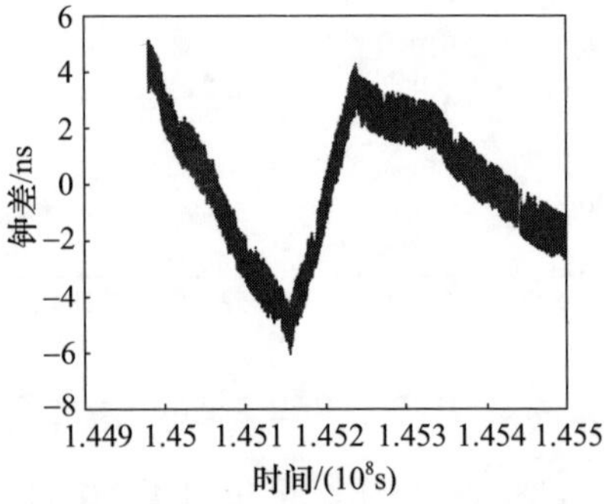

图 4.13　01-03 站钟差二阶多项式拟合残差

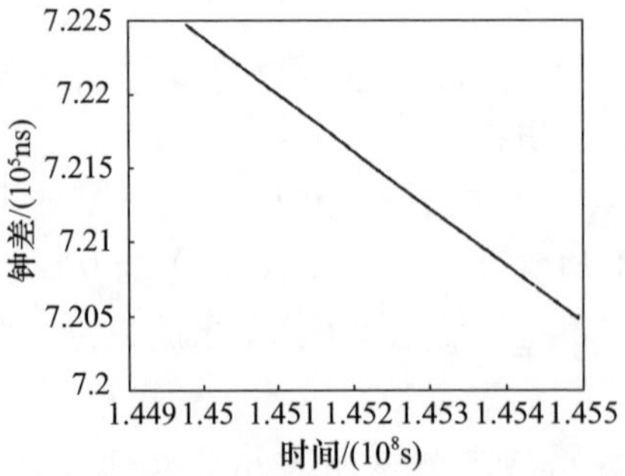

图 4.14　01-05 站 TWSTFT 钟差结果

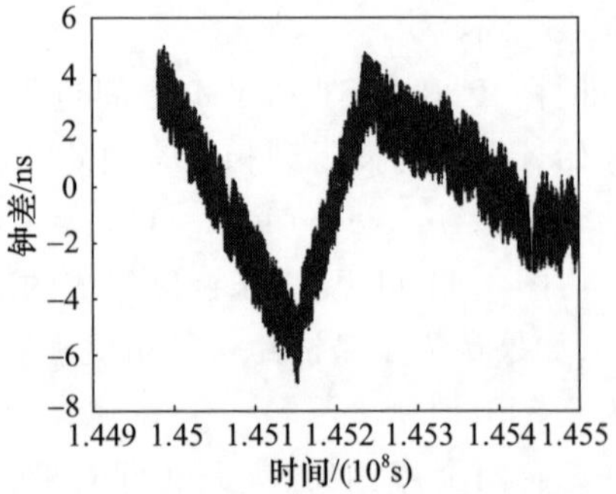

图 4.15　01-05 站钟差二阶多项式拟合残差

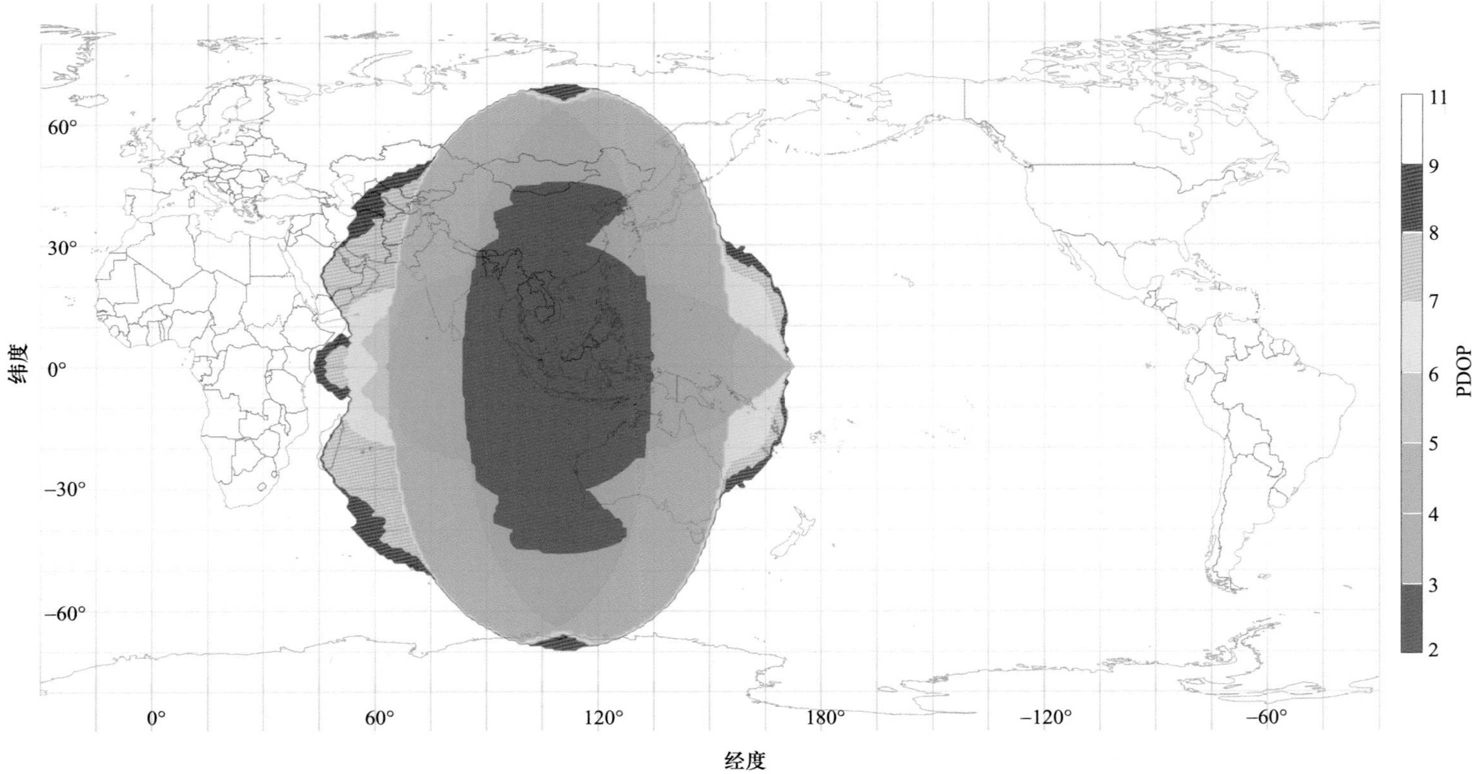

图 1.1 BDS-2 空间星座 PDOP 值分布

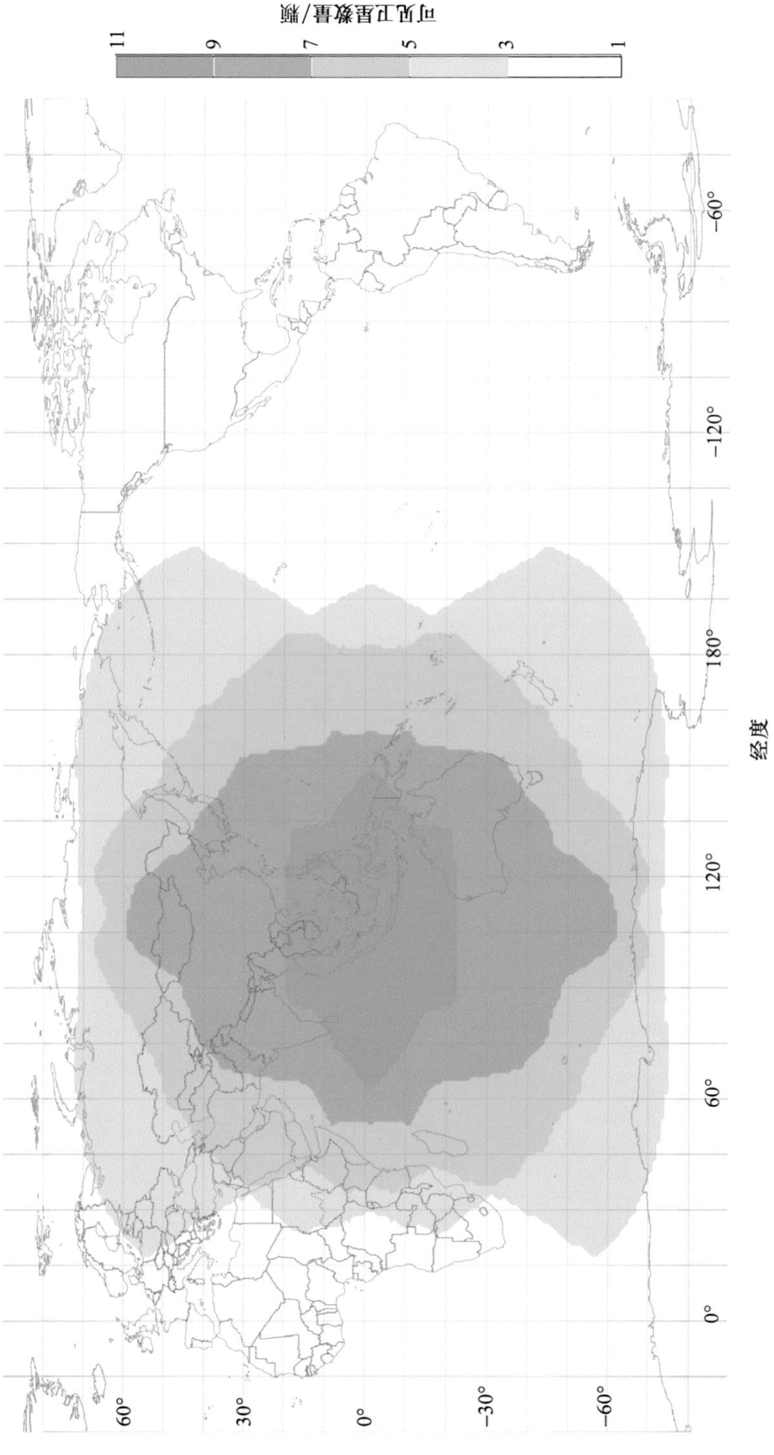

图 1.2　BDS-2 空间星座可见卫星数量

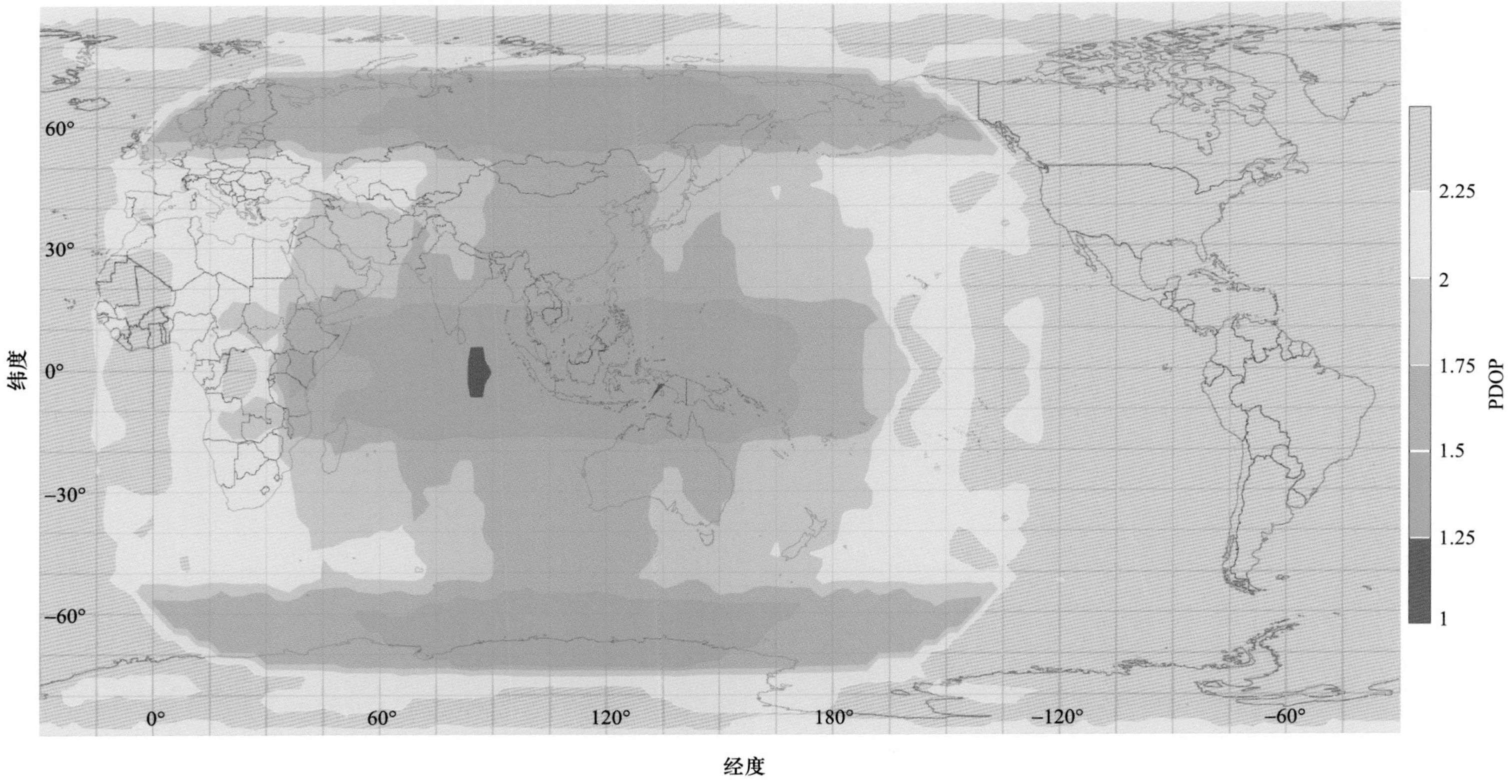

图 1.3　BDS-3 空间星座 PDOP 分布

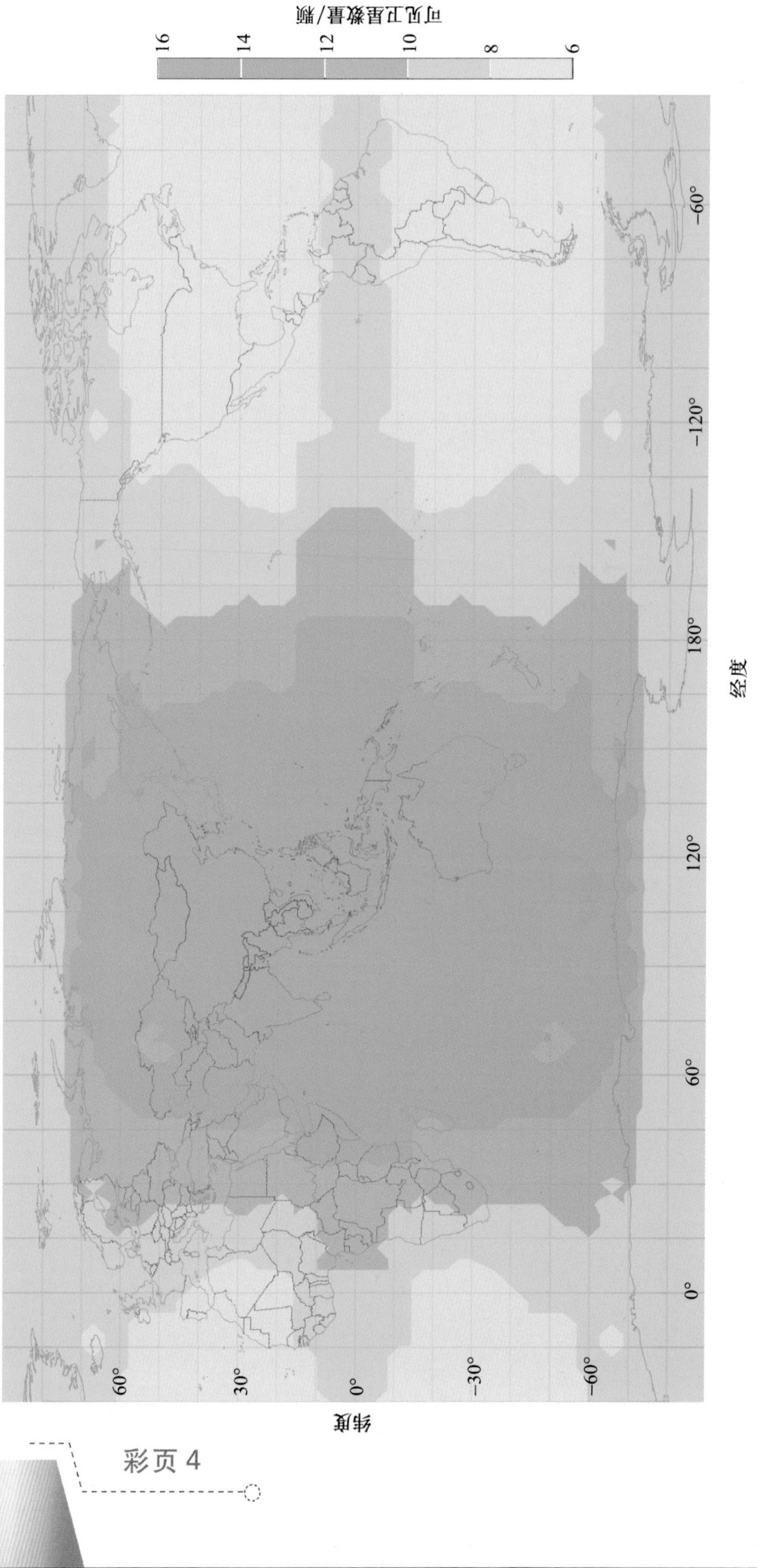

图 1.4 BDS-3 空间星座可见卫星数量

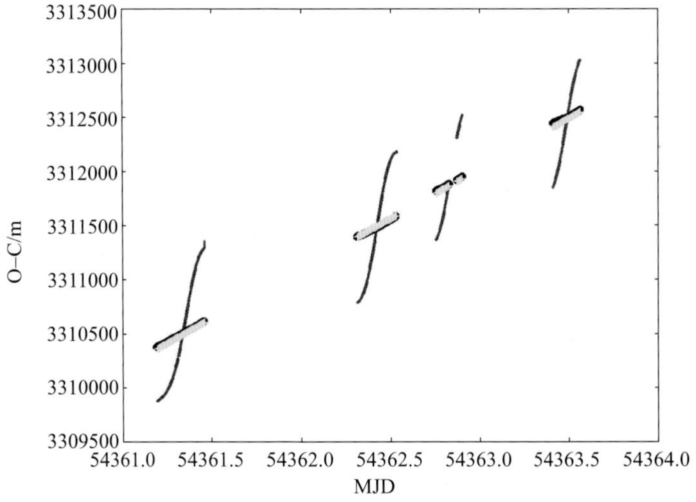

图 3.5　几种 O-C 结果比较

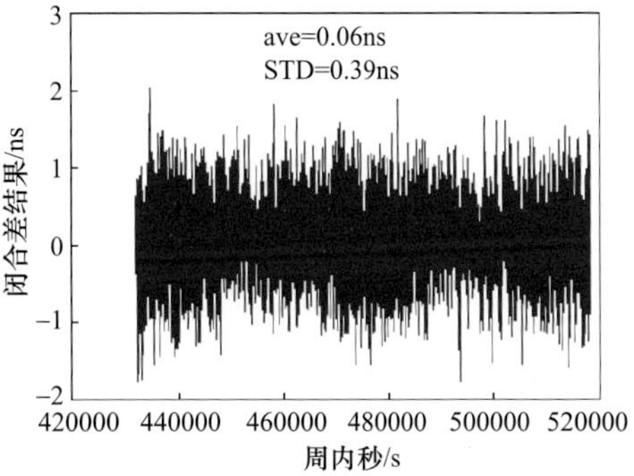

图 4.16　第 1 天 01-03-05 站闭合差结果

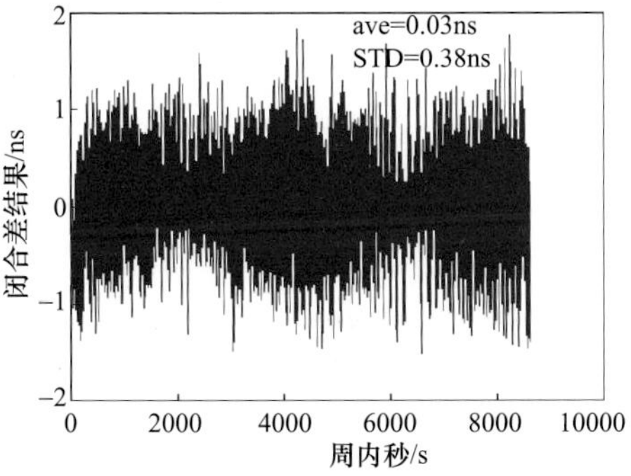

图 4.17　第 3 天 01-03-05 站闭合差结果

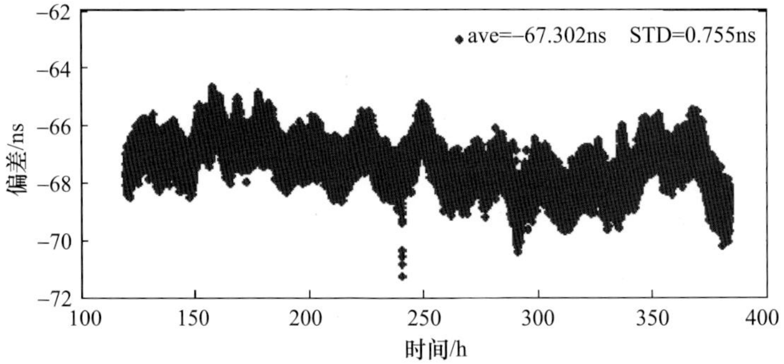

图 4.35　03 站与 01 站卫星共视法与 TWSTFT 方法结果比较

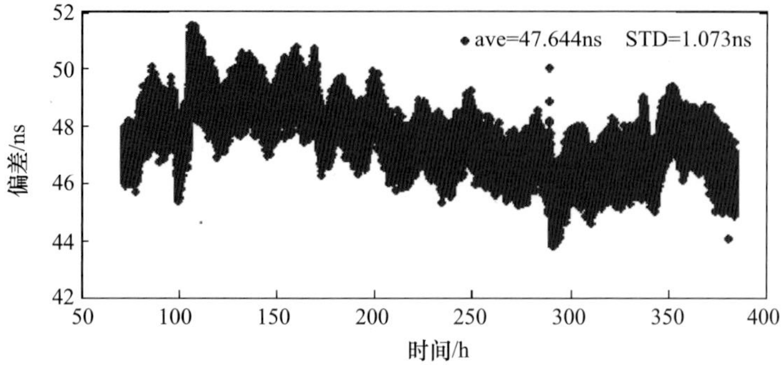

图 4.36 05 站与 01 站卫星共视法与 TWSTFT 方法结果比较

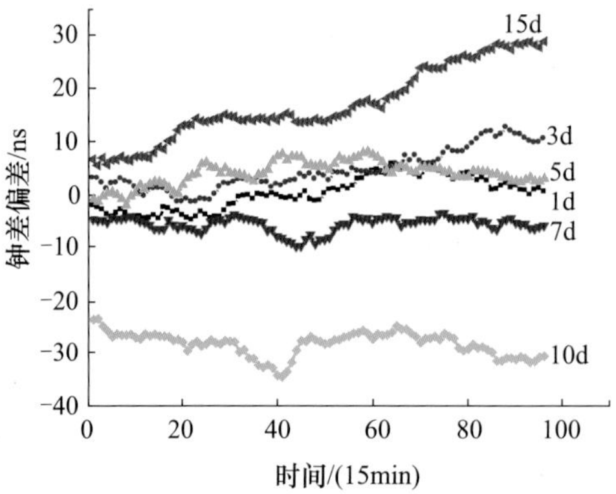

图 6.13 线性多项式拟合方法预报结果

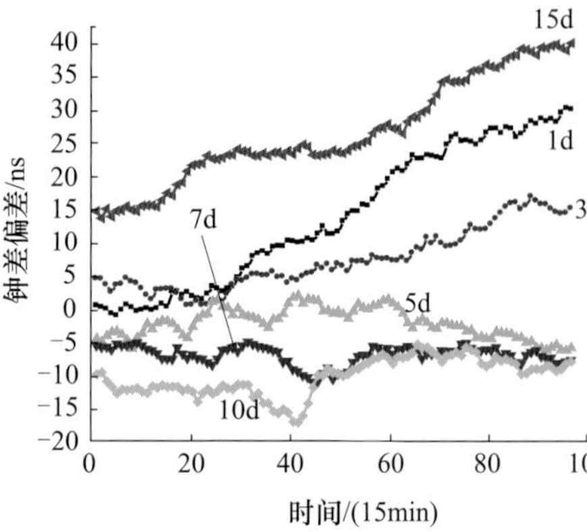

图 6.14 二阶多项式拟合方法预报结果

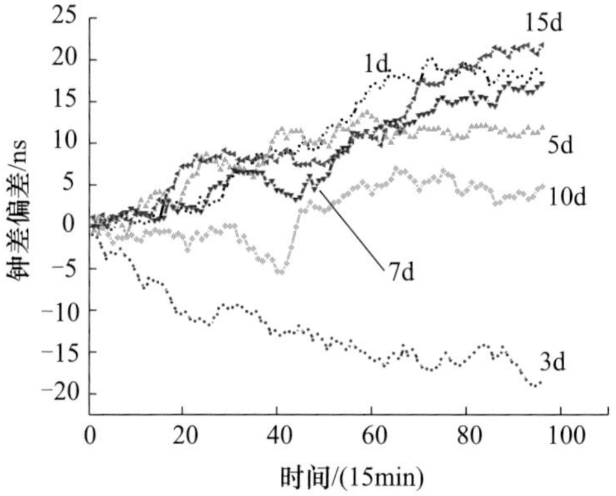

图 6.15 线性卡尔曼滤波方法预报结果

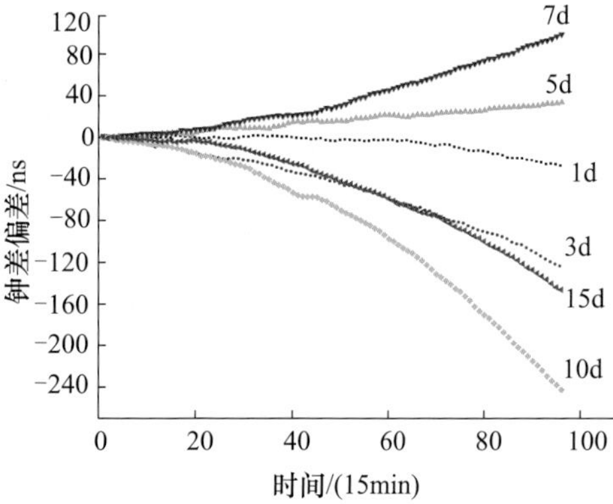

图 6.16 二阶卡尔曼滤波方法预报结果

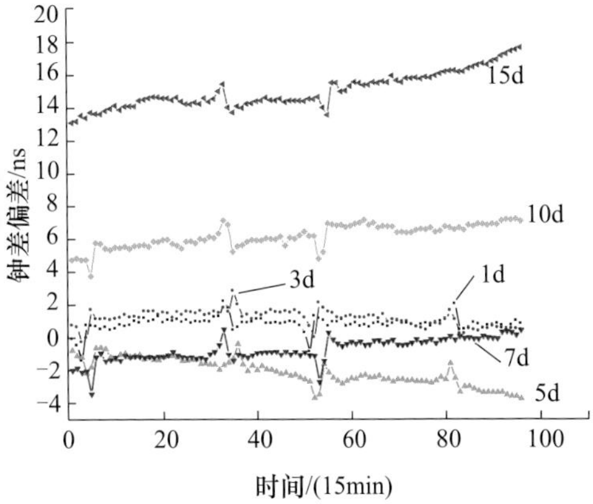

图 6.17　线性多项式拟合方法预报结果

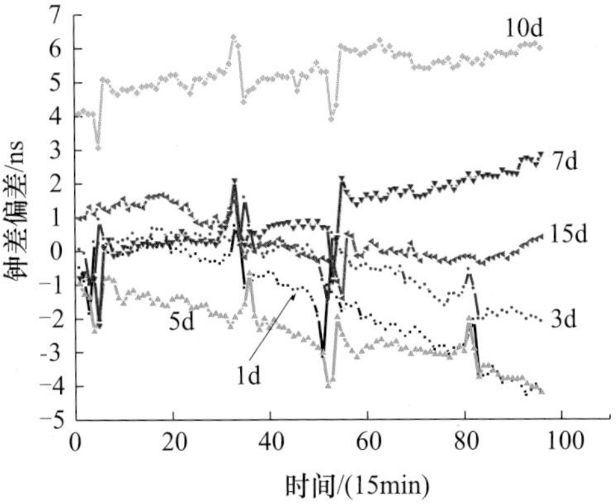

图 6.18　二阶多项式拟合方法预报结果

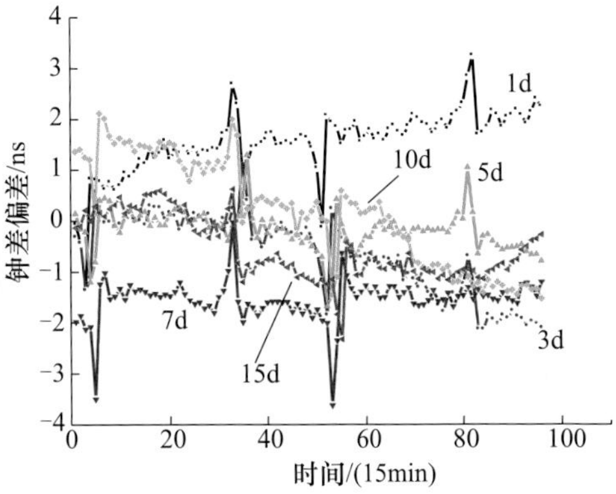

图 6.19　线性卡尔曼滤波方法预报结果

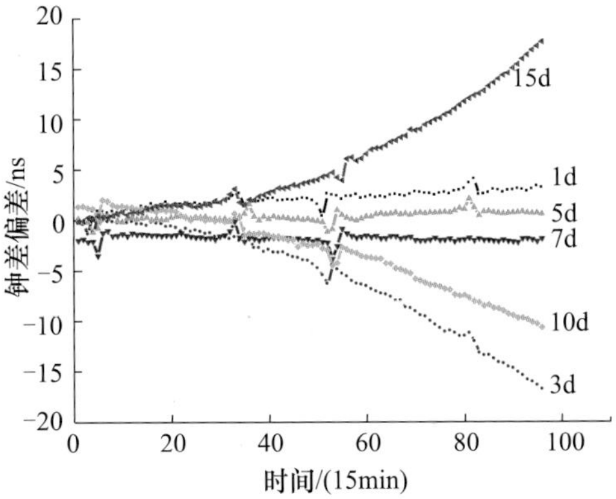

图 6.20　二阶卡尔曼滤波方法预报结果

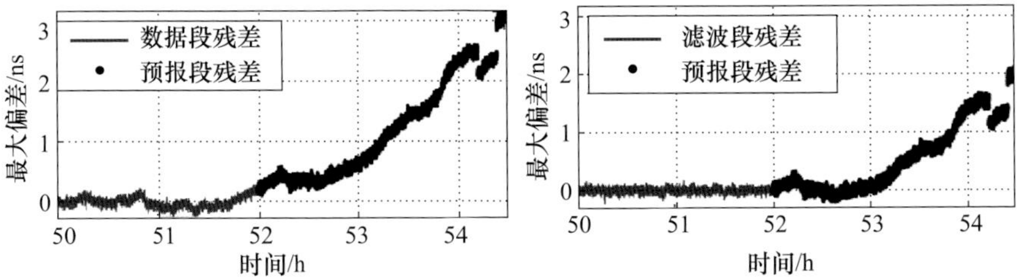

(a) Batch算法结果　　(b) EKF2算法结果

图 6.24　第 50 段 EKF2 预报偏差最大值与 Batch 算法结果对比

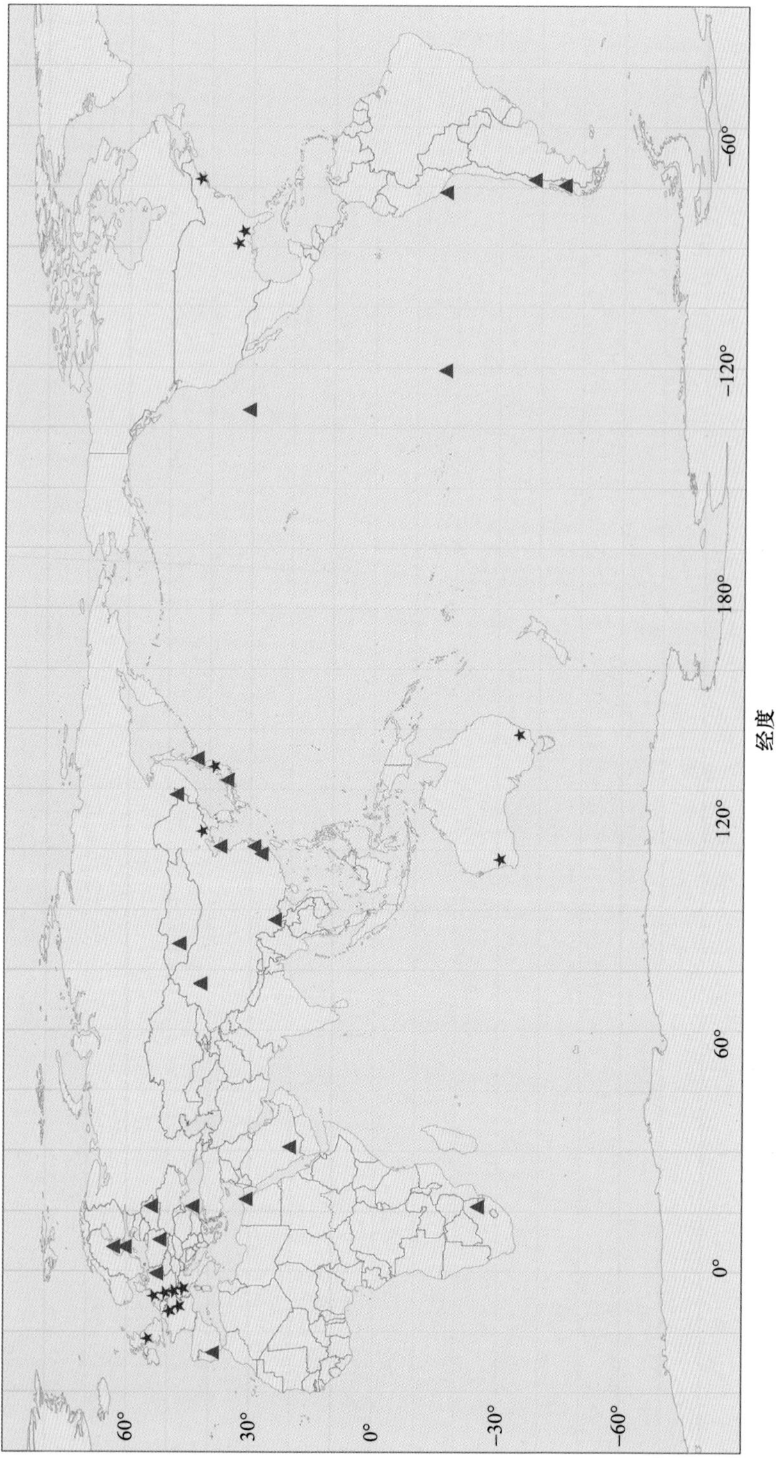

图 7.3 SLR 全球观测网的地理分布

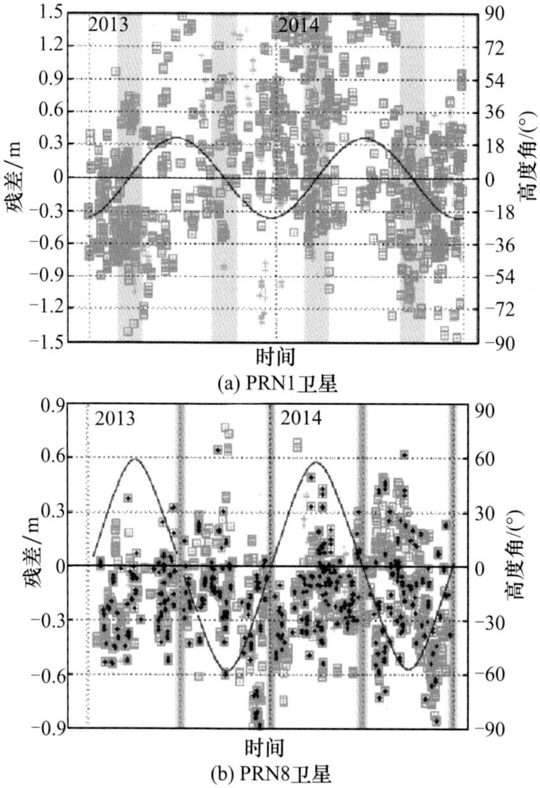

图 7.4　SLR 检核 BDS 卫星轨道的残差序列

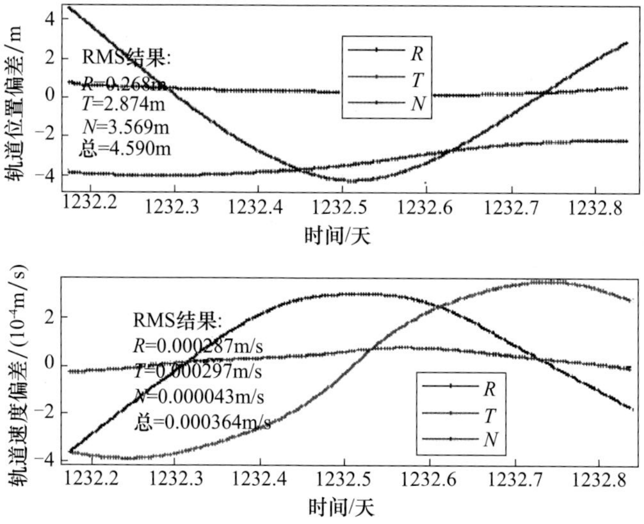

图 7.8　CC－LC 定轨结果比较

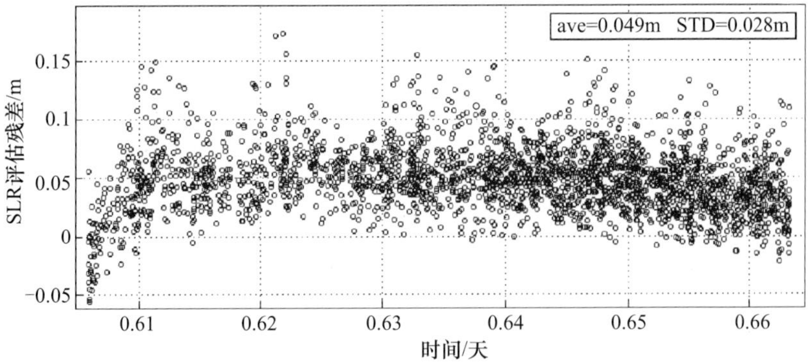

图 7.10　2009 年 5 月 18 日 SLR 评估联合定轨的视向精度

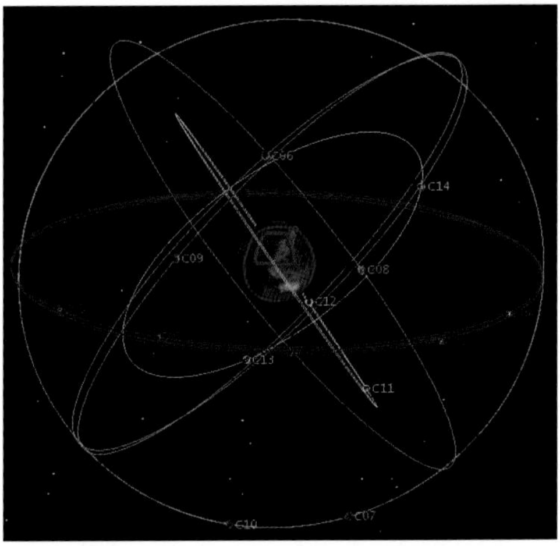

图 8.1　BDS-2 空间星座构成

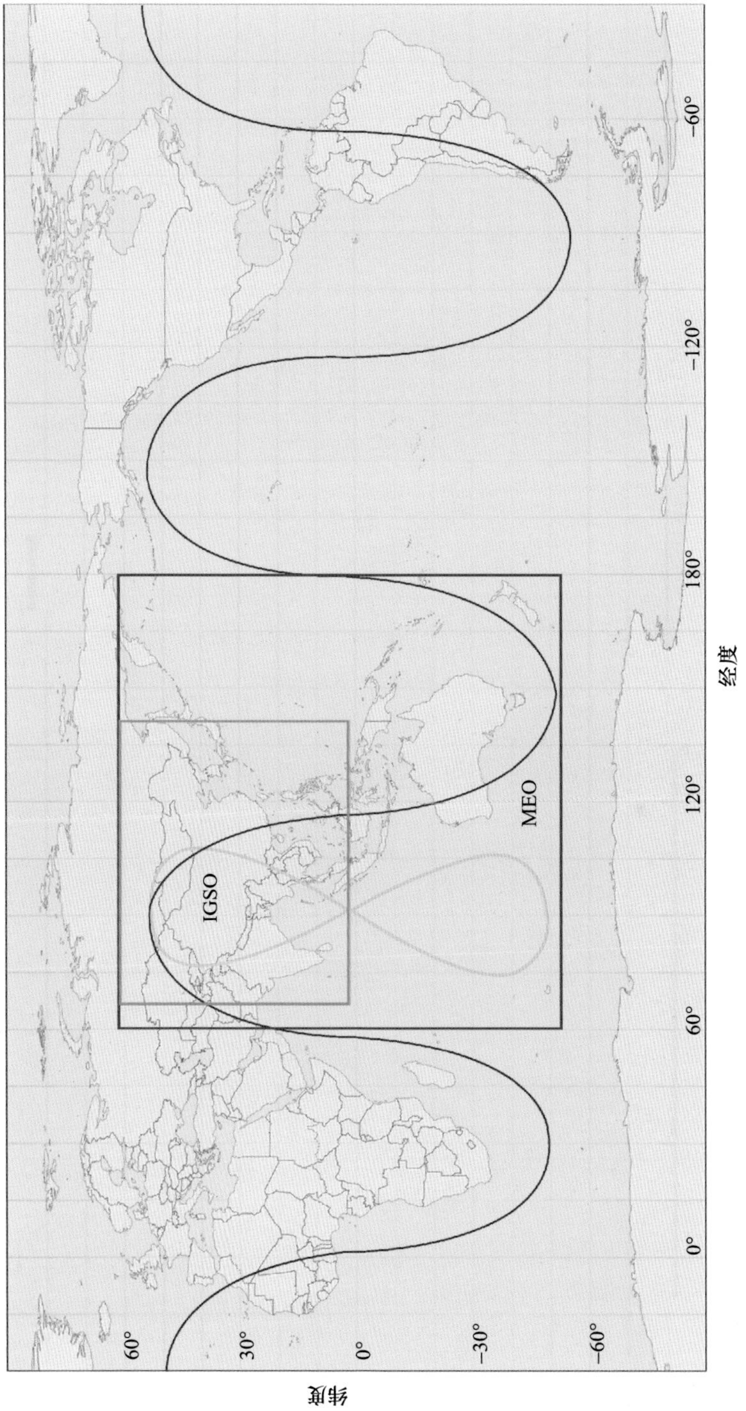

图 8.4 BDS-2 卫星的星下点轨迹

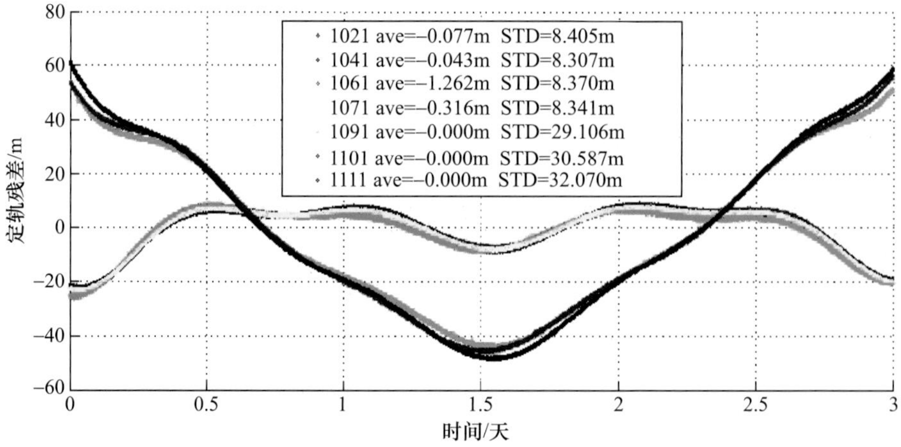

图 8.11 方案 2 定轨残差图

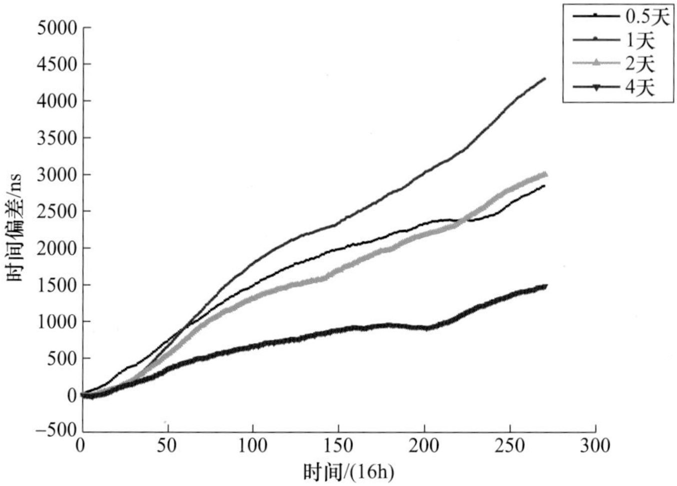

图 9.4 6 次取样和平均稳定度取最大权下不同计算间隔计算的结果

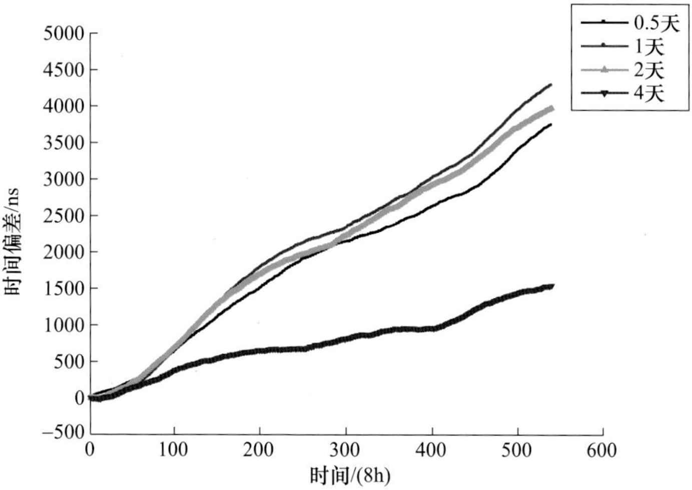

图 9.5　12 次取样和平均稳定度取最大权下不同计算间隔计算的结果

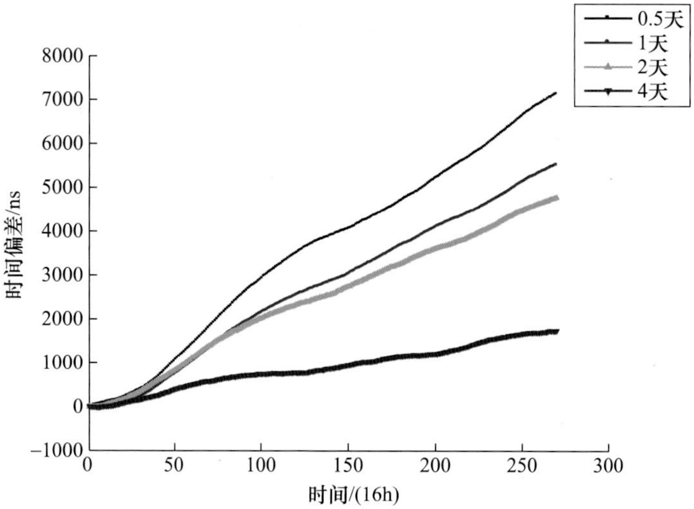

图 9.6　3 倍平均稳定度取最大权和 6 次取样下不同计算间隔计算的结果

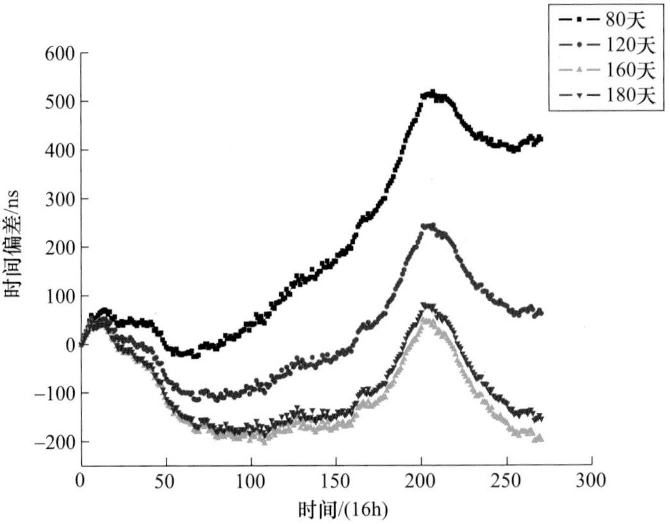

图 9.7　6 次取样 4 天计算间隔下去除钟速差结果

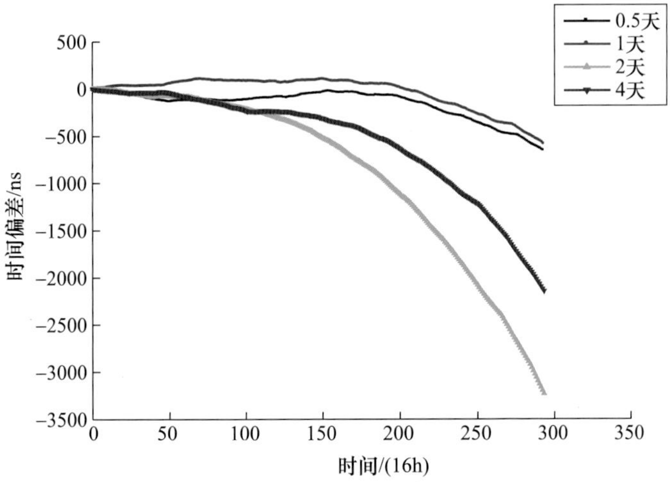

图 9.8　6 次取样和平均稳定度取最大权下不同计算间隔计算的结果

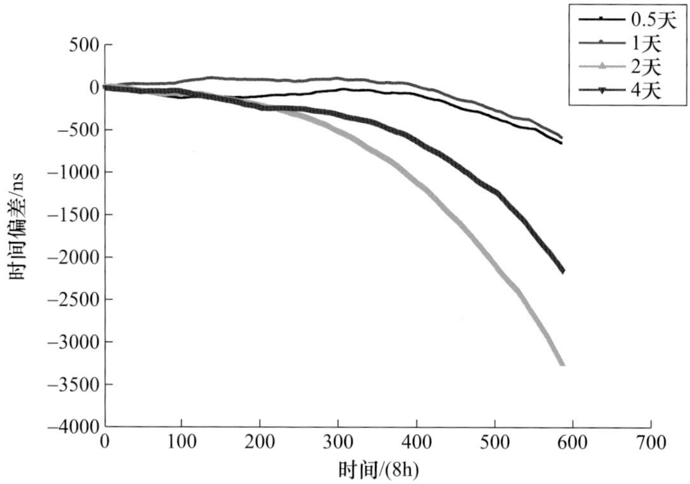

图 9.9　12 次取样和平均稳定度取最大权下不同计算间隔计算的结果

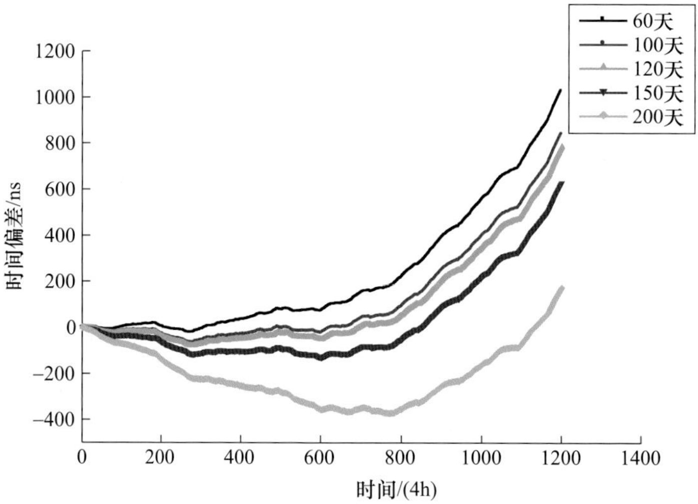

图 9.10　6 次取样 1 天计算间隔下去除钟速差结果

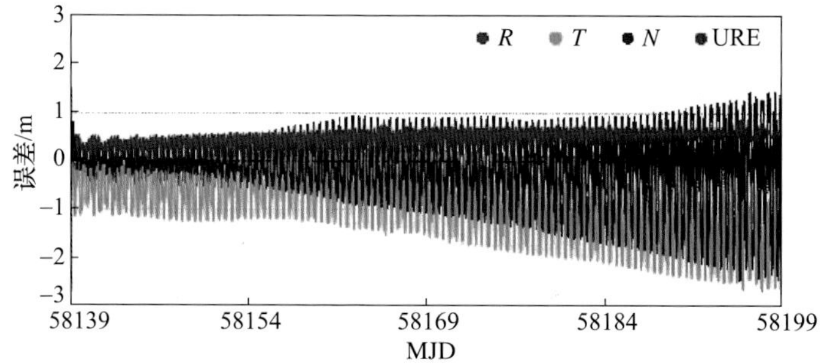

图 9.13　PRN19 号星的自主定轨误差结果

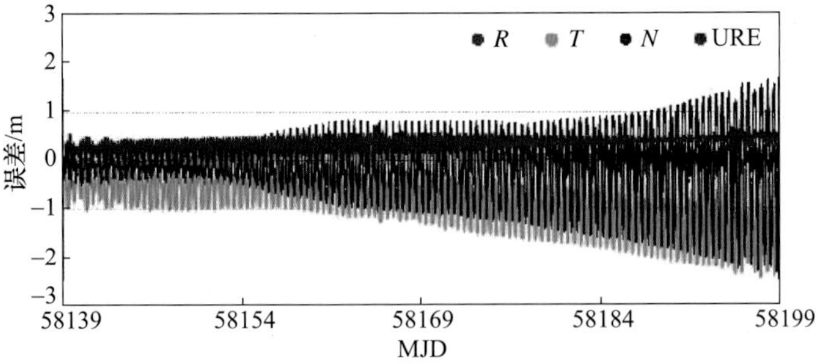

图 9.14　PRN24 号星的自主定轨误差结果

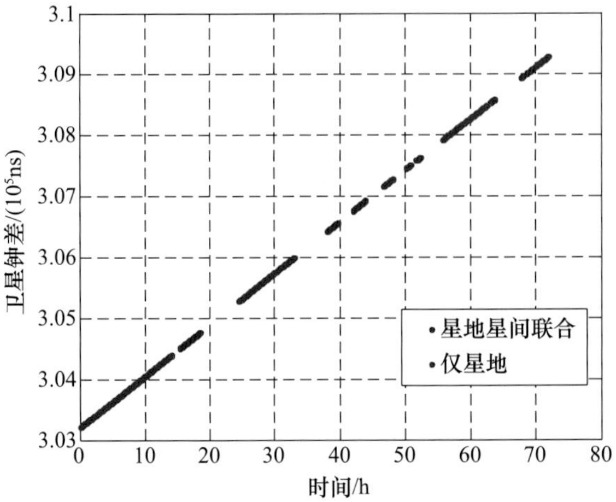

图 9.15　IGSO 卫星钟差测定试验结果

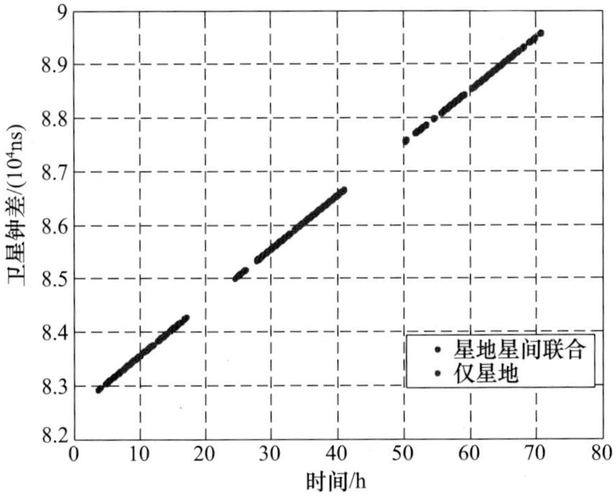

图 9.16　MEO 卫星钟差测定试验结果

由上面 TWSTFT 钟差二阶多项式拟合残差结果可以看出，在第 3 天和第 4 天起始时间钟差结果明显存在两个拐点，并且 03 和 05 两个站的钟差结果变化趋势完全一致，说明是由共同因素引起。经分析，该两次拐点变化均为 01 站参考主钟在零点进行频率微调所致，这也说明 TWSTFT 可以用来实现地面钟的调频（跳频）和调相（跳相）变化的实时监测。为了进一步分析 TWSTFT 精度和有效性，分别对 6 天的站间时间比对结果进行二阶多项式拟合，拟合参数如表 4.4 和表 4.5 所列。

表 4.4　01-03 站 TWTFT 钟差结果拟合参数及拟合残差

时间	a_0/ns	a_1/(s/s)	a_2/(s/s^2)	均方根(RMS)/ns
第 1 天	-1027.358	-4.818×10^{-13}	-6.769×10^{-19}	0.311
第 2 天	-1070.353	-4.847×10^{-13}	-5.423×10^{-19}	0.267
第 3 天	-1096.427	-6.325×10^{-13}	-4.394×10^{-19}	0.297
第 4 天	-1152.100	-5.036×10^{-13}	-4.877×10^{-19}	0.263
第 5 天	-1197.585	-4.798×10^{-13}	-3.872×10^{-19}	0.280
第 6 天	-1240.612	-4.749×10^{-13}	-5.012×10^{-19}	0.262
平均值	—	—	—	0.280

表 4.5　01-05 站 TWTFT 钟差结果拟合参数及拟合残差

时间	a_0/ns	a_1/(s/s)	a_2/(s/s^2)	RMS/ns
第 1 天	722452.105	-3.842×10^{-12}	3.686×10^{-19}	0.506
第 2 天	722126.386	-3.822×10^{-12}	7.123×10^{-20}	0.516
第 3 天	721811.712	-3.974×10^{-12}	2.414×10^{-19}	0.499
第 4 天	721469.227	-3.814×10^{-12}	-5.174×10^{-19}	0.502
第 5 天	721137.806	-3.832×10^{-12}	2.820×10^{-19}	0.586
第 6 天	720807.590	-3.796×10^{-12}	-8.078×10^{-19}	0.568
平均值	—	—	—	0.530

由每天的钟差序列拟合结果可见：

(1) 01 站在第 3 天和第 4 天起始时间进行了频率微调，该结果已经在第 3 天和第 4 天拟合的钟速 a_1 中明显体现出来，频率调整量约为 1.5×10^{-13}，虽然第 3 天和第 4 天进行了频率微调，但是从原始钟差结果中没能明显体现出来，这主要是因为 03、05 两站钟速本身较大。

(2) 03 站的钟天漂移率比较稳定，在 -4×10^{-14}/天左右，而 05 站的钟天漂移率不太稳定，在 $-6.98\times10^{-14}\sim-6.15\times10^{-15}$/天之间变化。

(3) 上面连续 6 天各观测弧段的拟合残差 RMS 最大为 0.586ns，最小为 0.262ns，两站平均值分别为 0.28ns 和 0.53ns，说明 C 频段 TWSTFT 具有很高并且稳定的时间比对精度。

图 4.16 和图 4.17 给出的是利用第 1 天和第 3 天两天 01、03、05 站 TWSTFT 比

对结果计算的三站闭合差结果。

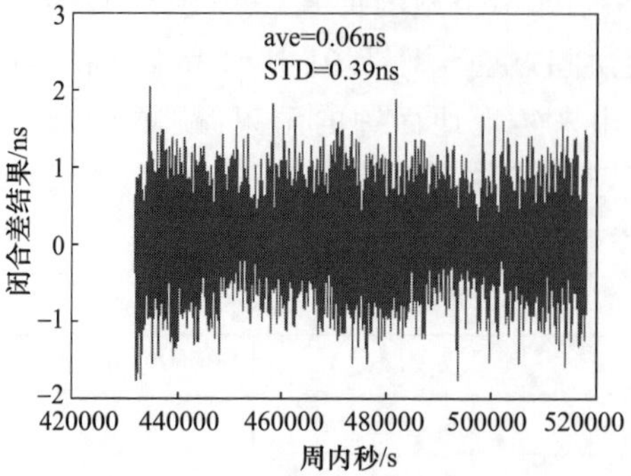

图 4.16 第 1 天 01-03-05 站闭合差结果(见彩图)

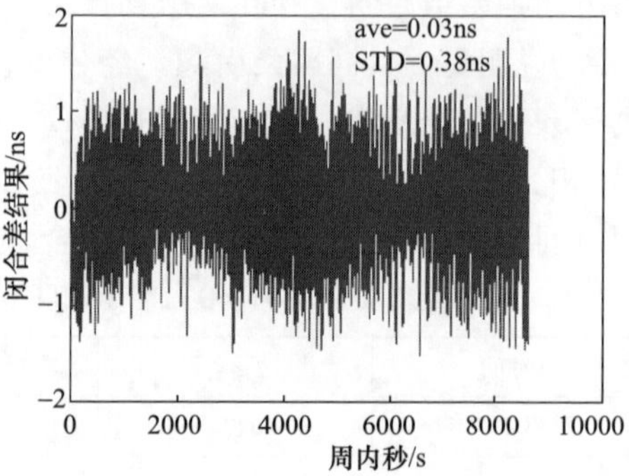

图 4.17 第 3 天 01-03-05 站闭合差结果(见彩图)

由上面三站闭合差结果可见,三站之间闭合差的均值为 0.03 ~ 0.06ns,不存在明显系统差,闭合差的标准差为 0.4ns 左右,也进一步说明基于北斗 C 频段的 TWSTFT 具有很高的时间比对精度。

4.3 GNSS 卫星共视法

由于卫星导航系统具有高精度的时间系统和授时功能,因此,自从卫星导航系统建成运行以来,利用导航卫星进行时间比对就一直受到人们的重视。采用卫星进行精确的时间比对主要有单向法、飞越法、共视法[40]。其中以单向法最为简单,并且能够满足大部分用户的定时精度要求,所以也就最先得到了发展和应用。但是单向法只能达到约 20ns 的精度,不能满足现代高精度实验室之间时间比对的需要,在此基础上,人们提出了共视法[7]。共视法能够使两站间的共同误差得到消除或削弱,因此大大提高了时间比对的精度[41-42]。目前,随着世界主要大国快速发展全球卫星导航系统,GNSS 共视法正在成为包括 TAI 在内的很多时间系统中最广泛应用的比对手段[43-44]。由于各卫星导航系统卫星共视法的原理相同,仅是时间比对结果采用了不同的时间系统,但是对于两站之间的相对比对结果没有影响(有影响也是由不同观测设备之间的系统性偏差造成),为此,本节对 GNSS 卫星共视法进行统一讨论。

4.3.1 基本原理

GNSS 卫星共视法是利用 GNSS 卫星实现两站或多站之间时间比对的技术。下面以两站之间的时间比对来说明 GNSS 卫星共视法的基本原理[43-44]。如图 4.18 所示,GNSS 卫星共视法是基于两个不同地点的接收机同时(准确到秒)跟踪同一颗 GNSS 卫星,根据卫星共视跟踪表,两个共视地面站 i、j 选择共视跟踪时间和跟踪卫星,在选好的跟踪时间内,基于本地钟 1PPS 信号控制,地面站 i 和地面站 j 同时接收

卫星 S 发射的导航信号，进行跟踪观测，从而测得本地钟与卫星钟之间的时差，经过一系列改正后得到本地钟与系统时间的钟差，然后两站交换数据，由于数据为两站在同一时间对同一颗卫星的跟踪结果，因此，两站间求差就能获得两站间高精度的相对钟差，从而实现两站间的时间比对。

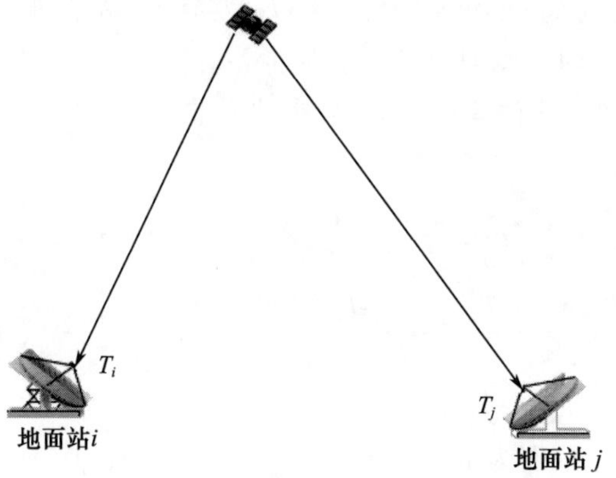

图 4.18　卫星共视法的基本原理图

4.3.2　计算模型

对于 i、j 两站在本地钟面时 T_k 时刻的测量伪距，根据无线电时间比对的基本原理有[45]

$$\begin{cases}\Delta T_{Si}(T_k)=\dfrac{1}{c}[P_{Si}(T_k)-\rho_{Si}^{\mathrm{geo}}(T_k)]-\Delta\tau'_{Si}\\ \Delta T_{Sj}(T_k)=\dfrac{1}{c}[P_{Sj}(T_k)-\rho_{Sj}^{\mathrm{geo}}(T_k)]-\Delta\tau'_{Sj}\end{cases}\tag{4.86}$$

式中：$\Delta T_{Si}(T_k)$、$\Delta T_{Sj}(T_k)$分别为 i、j 两站伪距观测时刻 T_k 对应的星地钟差；$P_{Si}(T_k)$、$P_{Sj}(T_k)$分别为地面站 i、j 在 T_k 时刻观测的伪距；$\rho_{Si}^{\mathrm{geo}}(T_k)$、$\rho_{Sj}^{\mathrm{geo}}(T_k)$分别为信号由卫星传播到地面站 i、j 的空间延迟；$\Delta\tau'_{Si}$、$\Delta\tau'_{Sj}$分别为信号由卫星传播到地面站 i、j 的路径上引力时延、大气时延和设备时延等引起的时间延迟改正。

由于钟差的存在，地面站 i、j 同一本地钟面时 T_k 对应的系统时间不同，因此解算出的对应卫星钟差也不完全相同。但是，考虑导航卫星星载原子钟的频率准确度一般均好于 1×10^{-10}，两个地面站与卫星的相对钟差也会控制在 1ms 之内，因此，通常情况下，可以近似认为两站同一本地钟面时 T_k 时刻解算出的卫星钟差相等，即

$$\Delta T_S(t_1)\approx\Delta T_S(t_0)\tag{4.87}$$

式中：$\Delta T_S(t_0)$为由 i 站本地钟面时 T_k 时刻观测伪距计算出的卫星钟差；$\Delta T_S(t_1)$为由 j 站本地钟面时 T_k 时刻观测伪距计算出的卫星钟差。

对式(4.86)中的两式求差,可得

$$\Delta T_{ji}(T_k) \equiv \Delta T_i(T_k) - \Delta T_j(T_k) = \frac{1}{c}[P_{Si}(T_k) - \rho_{Si}^{\mathrm{geo}}(T_k)] - \frac{1}{c}[P_{Sj}(T_k) - \rho_{Sj}^{\mathrm{geo}}(T_k)] + \Delta\tau'_{Sj} - \Delta\tau'_{Si} \tag{4.88}$$

式中:$\Delta T_{ji}(T_k)$为T_k时刻i、j两站的钟差;$\Delta T_i(T_k)$为i站T_k时刻相对系统时间的钟差;$\Delta T_j(T_k)$为j站T_k时刻相对系统时间的钟差。

根据基于伪距测量的钟差计算模型,在地心非旋转坐标系中仅考虑到速度一次幂有[45]

$$\Delta T_{ji}(T_k) = \frac{1}{c}[P_{Si}(T_k) - \rho_{Si}(T_k)] - \frac{1}{c}[P_{Sj}(T_k) - \rho_{Sj}(T_k)] - \left(\frac{\boldsymbol{\rho}_{Si}(T_k)\cdot\boldsymbol{v}_i(T_k)}{c^2} - \frac{\boldsymbol{\rho}_{Sj}(T_k)\cdot\boldsymbol{v}_j(T_k)}{c^2}\right) - (\tau_{Si}^{\mathrm{tro}} - \tau_{Sj}^{\mathrm{tro}}) - (\tau_{Si}^{\mathrm{ion}} - \tau_{Sj}^{\mathrm{ion}}) - (\tau_{Si}^{\mathrm{G}} - \tau_{Sj}^{\mathrm{G}}) - (\tau_i^{\mathrm{r}} - \tau_j^{\mathrm{r}}) \tag{4.89}$$

式中:$\rho_{Si}(T_k)$、$\rho_{Sj}(T_k)$分别为卫星到i、j两站的几何距离;$\boldsymbol{v}_i$、$\boldsymbol{v}_j$分别为i、j两站在地心非旋转坐标系中的速度;τ_{Si}^{tro}、τ_{Sj}^{tro}分别为卫星到i、j两站路径上的对流层延迟;τ_{Si}^{ion}、τ_{Sj}^{ion}分别为卫星到i、j两站路径上的电离层延迟;τ_{Si}^{G}、τ_{Sj}^{G}分别为卫星到i、j两站路径上的引力时延;τ_i^{r}、τ_j^{r}分别为i、j两站的接收设备时延。

在地心地固坐标系中,有

$$\Delta T_{ji}(T_k) = \frac{1}{c}[P_{Si}(T_k) - P_{Sj}(T_k)] - \frac{1}{c}[\rho_{Si}(T_k) - \rho_{Sj}(T_k)] - \left(\frac{\boldsymbol{X}_i\cdot\boldsymbol{V}_S}{c^2} - \frac{\boldsymbol{X}_j\cdot\boldsymbol{V}_S}{c^2}\right) - \frac{\omega}{c^2}[X_S(Y_i - Y_j) - Y_S(X_i - X_j)] - (\tau_{Si}^{\mathrm{tro}} - \tau_{Sj}^{\mathrm{tro}}) - (\tau_{Si}^{\mathrm{ion}} - \tau_{Sj}^{\mathrm{ion}}) - (\tau_{Si}^{\mathrm{G}} - \tau_{Sj}^{\mathrm{G}}) - (\tau_i^{\mathrm{r}} - \tau_j^{\mathrm{r}}) \tag{4.90}$$

式中:$\boldsymbol{X}_i$、$\boldsymbol{X}_j$分别为i、j两站在地心地固坐标系的位置矢量;X_i、Y_i分别为i站在地心地固坐标系X、Y方向上的分量;X_j、Y_j分别为j站在地心地固坐标系X、Y方向上的分量。

式(4.89)和式(4.90)即为卫星共视法的计算模型。

可见,经过两站之间求差,与卫星有关的共同部分误差得到消除,具有空间强相关特性的误差(如电离层延迟、对流层延迟)得到削弱,从而使计算的两站钟差精度得到大大提高。

4.3.3 计算过程

为了保证国际上时间比对的统一性,BIPM 制定了统一的卫星共视时间比对计算过程。为了详细说明卫星共视的计算过程,下面以 GPS 共视法为例,通过定时接收机生成规定的时间频率咨询委员会(CCTF)文件[9],然后由 BIPM 生成计算 TAI 所需钟差数据的过程进行说明,其他 GNSS 共视法计算过程类似。

每个时间实验室都定义一个地方 UTC,称为 UTC(k),实验室中的其他原子钟通过一个时间间隔计数器与 UTC(k)进行比对。为了连接不同的 UTC(k),时间实验室通过装备的时间接收机按照 BIPM 提供的国际跟踪表观测 GPS 卫星,并利用时间接收机内部软件计算 UTC(k) - GPST。每一实验室原子钟与 UTC(k)的偏差以及 UTC(k) - GPST偏差被一起送到 BIPM,BIPM 采用共视法得到不同 UTC(k)之间的偏差。这些钟差按照一种称为 CCTF 的数据格式被收集在一起,用于 TAI 的计算,BIPM 同时计算 CCTF 文件之间的偏差,以便得到 UTC(k)之间的关系。正因为如此,只有在所有的时间接收机都正确地进行了生成 CCTF 文件的程序时,BIPM 计算出的 TAI 才是准确的。

以前大部分的时间接收机都是单通道的,但是现在接收机一般采用全视方法进行时间比对[46],也就是同时跟踪所有 BIPM 跟踪表内可见的卫星。为了能同时接收 GPS 和 GLONASS 数据,CCTF 标准也相应地发展到 GGTTS(GPS/GLONASS Time Transfer Standard)标准[14]。

BIPM 提供的跟踪表每天有 48 个跟踪段,每个跟踪段相应于一颗卫星可进行 13min 的观测,跟踪表能够保证处于同一区的不同时间接收机在同一时间观测到相同的卫星。时间接收机与 UTC(k)发送的 1PPS 相连。

CCTF 文件的数据由一个已经设计好的内部分析程序计算得到[47],这个程序可以概括为以下几个步骤:

第一步:对于每一次单独的 GPS 卫星跟踪,时间接收机使用 1s 采样率持续 13min(共 780 个数据采样)的伪距,这些伪距数据是由接收机钟与卫星钟之间的时差算得的,接收机钟与卫星钟之间的时差是接收信号通过一个最大为 1s 的时间间隔综合后得到的。需要注意的是,在确定钟之间的时差量时,地面站的坐标是固定不变的,而卫星坐标采用广播星历来确定。

第二步:在测量接收机钟与卫星钟之间时差的同时,一个内部的计数器确定时间接收机 1PPS 与 UTC(k)发送来的 1PPS 之间的时差。

第三步:由上面获得的两类时差量来确定 UTC(k)与卫星钟之间的时差。

第四步:每个跟踪周期的 780 个伪距采样数据被分成 52 块,每块 15 个采样数据,每块内的 1s 采样数据采用二阶多项式进行平滑处理,从而得到每块内二次多项式拟合的中点值。

第五步:程序利用 52 个相应于每块内二次多项式拟合的中点值进行下面改正。

(1) 几何延迟改正。几何延迟是卫星到地面站的几何距离时延,可采用归算时刻地面站的天线坐标和卫星坐标按两点间距离进行计算,即

$$\tau_{Sn} = \frac{1}{c}\sqrt{\sum_{m=1}^{3}(X_n^m - X_S^m)^2} \tag{4.91}$$

式中:X_n^m 为地面站 $n(n=i$ 或 $j)$ 的第 m 维坐标;X_S^m 为卫星 S 的第 m 维坐标,卫星坐标由广播星历计算。

(2) 电离层延迟改正。在单频 GPS 定时接收机中,电离层延迟改正采用 Klobuchar 模型来计算。

(3) 对流层延迟改正。对流层延迟改正采用 Hopfield 模型进行计算,但是通常测站不提供气象参数,因此,该项改正一般根据 Hopfield 模型的标准大气参数计算。其计算公式为

$$\tau_{Sn}^{\text{tro}}=\frac{1}{c}\left(\frac{2.312}{\sin(\sqrt{E^2+0.001904})}+\frac{0.084}{\sin(\sqrt{E^2+0.0006854})}\right) \tag{4.92}$$

式中:τ_{Sn}^{tro}为地面站 $n(n=i$ 或 $j)$ 的对流层延迟改正;E 为卫星高度角。

(4) Sagnac 效应改正。Sagnac 效应是由于采用了随地球旋转的坐标系引起的。卫星共视法中 Sagnac 效应的计算公式为

$$\tau^{\text{sag}}=\frac{\omega}{c^2}[X_S(Y_i-Y_j)-Y_S(X_i-X_j)] \tag{4.93}$$

(5) 相对论周期项改正。相对论周期项改正与卫星的轨道根数有关,也就是与卫星选择的轨道有关。其计算公式为

$$\tau^{\text{rel}}=Fe\sqrt{a}\sin(E_{\text{S}}) \tag{4.94}$$

式中:$F=\frac{-2\mu^{1/2}}{c^2}=-4.442807633\times10^{-10}$,$\mu$ 为地球引力参数,$\mu=3.98600\times10^{14}\text{m}^3/\text{s}^2$;$e$ 为卫星的轨道偏心率;a 为卫星的轨道长半径;E_{S}为卫星的轨道偏近点角。

参数 e、a 和 E_{S}可由卫星播发的导航电文参数进行计算。

(6) L1-L2 群延迟改正。L1-L2 群延迟改正是因为卫星 L1 和 L2 通道设备延迟不同引起的,该项改正在采用双频电离层延迟改正时不用考虑,非双频用户则需要由卫星发播的导航电文参数中的群时间延迟(TGD)进行计算。

(7) 接收机延迟改正。接收机延迟改正由事先测定值改正。

(8) 天线和地方钟的电缆延迟改正。天线和地方钟的电缆延迟改正也由事先测定值改正。

第六步:对应于此颗卫星跟踪的最终 CCTF 计算结果由两次线性拟合后获得:第一次线性拟合是利用 52 个改正的数据点以及本次跟踪值;第二次线性拟合是利用 52 个改正的数据点加上采用广播的多项式系数计算的卫星钟偏差。第二次线性拟合中点的值就是本次跟踪的最终 UTC(k) - GPST 结果。

生成了 CCTF 文件以后,BIPM 就利用各实验室定期传送来的 CCTF 文件计算 TAI。各时间实验室 GPS 接收机输出文件中的 REFGPS 是各自的参考时间 UTC(k)和卫星钟的比对结果,其中已经加入了由广播星历和天线坐标采用值计算出的几何时延改正、由电离层模型计算出的时延改正以及与地球自转有关的时延改正。在计算共视比对的程序中,按两个 GPS 接收机的输出文件中各个记

录的 PRN（卫星伪随机码编号）、CL（共视类别）、MJD、HHMMSS（跟踪起始时间）和 TRKL（跟踪长度）作为两个文件中的记录是否共视的判断依据，选出两个文件中的所有共视记录，从而得到每颗卫星共视跟踪时间段（780s）中间时刻两个时间实验室参考时间的比对值 UTC(i) - UTC(j)。由于各种原因，两个共视文件中的记录数、跟踪的起始时刻及跟踪长度经常不一致，这就需要灵活掌握是否共视的判断条件。

对一系列的共视记录得到一列 UTC(i) - UTC(j) 的原始值后，先对其进行某种程度的平滑，根据原始值对平滑值的残差剔除错误的原始值。如果比对结果中不含有系统误差，即可进一步适当的平滑，以削弱噪声，并按所需历元进行内插，得到所需的两个时间实验室的参考时间的准确比对结果，以供 BIPM 的 ALGOS 算法计算 TAI 使用。

4.3.4　误差分析

GNSS 卫星共视时间比对的误差主要有测量误差、传播路径误差、卫星星历误差、地面站坐标误差。

4.3.4.1　测量误差

地面站的测量误差主要包括测量分辨率误差和接收机噪声。测量分辨率取决于码元宽度，通常认为测量分辨率可以达到一个码元的 1/100。接收机噪声则涉及因素较多，通常伪距观测值是利用码跟踪环路取得的，码跟踪环路的工作原理是利用早发码与迟发码所产生的误差信号经滤波器驱动压控时钟而实现码跟踪的，这一动态过程的误差可以等效于接收机测量噪声。接收机的伪距测量精度约为 0.5m，载波相位测量精度约为 1mm[48]。但是由于接收机的测量噪声为随机误差，经多次观测平滑可减小其影响，这也正是卫星共视法计算过程采用数据平滑的原因。

另外，GNSS 接收设备还会受到环境的影响，特别是天线的时延受温度变化的影响较大，不同接收机时延的温度系数范围一般为 0.1 ~ 2ns/℃[49]。近年来发展的恒温天线提高了时间比对的精度。环境影响的另一个因素是地面的多路径干扰，实验表明，在接收机上加抗干扰环可有效解决这一问题[50]。

1）载波相位测量精度分析

对于载波相位测量精度，可以采用双频求差法进行分析。双频求差法的基本原理在第 3 章已经介绍，其主要过程：首先利用同一接收机观测同一颗卫星相同时刻的双频载波相位求差，得到含有电离层延迟、频率间偏差、不同频点相位中心偏差、双频载波相位组合噪声的观测量；然后在忽略紧邻历元间（一般为 1s）电离层延迟瞬时变化的情况下，对上面双频载波相位一次差观测量再在不同历元时刻求差，从而消除了电离层延迟、频率间偏差、不同频点相位中心偏差等误差影响；最后获得仅含双频载波相位组和测量噪声的观测量。由于二次差观测量包含了两个历元双频载波相位的测量噪声，因此，在假设双频点载波相位测量噪声相同情况下，对二次差观测量进行统计分析，即可获得单频点载波相位测量精度。

图4.19和图4.20给出的是采用上面双频求差法得到的北京和四川各一台接收机观测北斗B1C/B2a双频载波相位观测量二次差结果，观测时段为2020年5月5日全天，观测卫星号为PRN19。

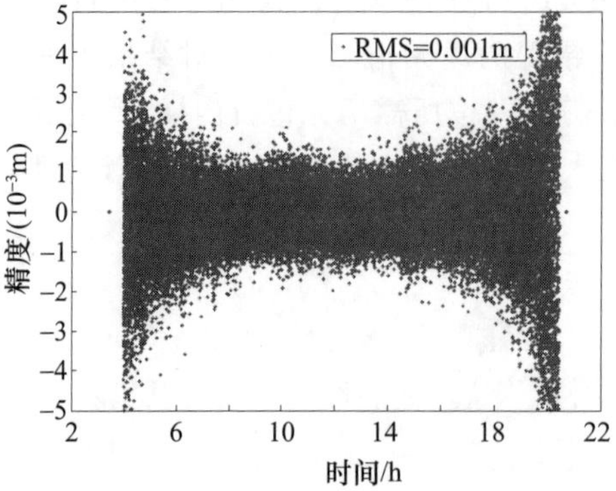

图4.19 北京接收机B1C/B2a双频载波相位二次差结果

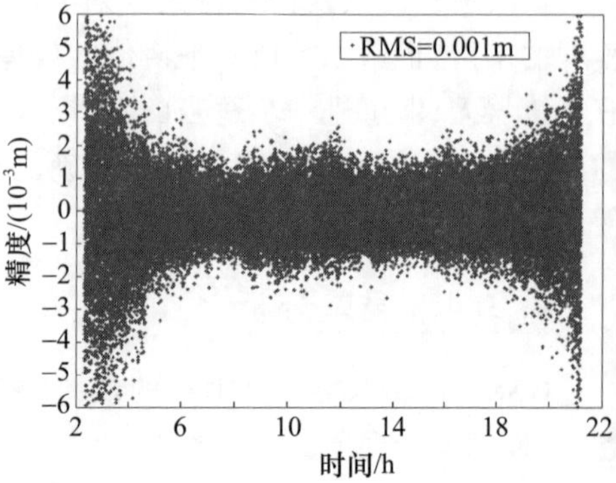

图4.20 四川接收机B1C/B2a双频载波相位二次差结果

对上面结果进行统计分析可知，B1C/B2a双频载波相位二次差统计误差约为1mm，说明北斗接收机载波相位的单个频点测量精度优于1mm。

2）伪距测量精度分析

对于伪距测量精度，可以采用与上面载波相位相同的双频求差法进行分析，其前提是假设两个频点的伪距测量精度相等，两个频点测量精度差异较大时会使结果不准。另一种方法是可以采用伪距相位求差法进行分析。伪距相位求差法的基本原理在第3章已经介绍，其主要过程：首先利用同一接收机观测同一颗卫星相同时刻的伪距与载波相位求差，得到只含2倍电离层、相位模糊度和伪距观测噪声的观测量；然后在忽略紧邻历元间（一般为1s）电离层延迟瞬时变化的情况下，对上面伪距相位一次差观测量再在不同历元时刻求差，从而消除了电离层、模糊度影响，得到含有2倍单频伪距测量误差的二次差观测量；最后对二次差观测量进行统计分析，即可获得单频点伪距测量精度。

图4.21给出的是采用上面伪距相位求差法得到的北京站一台接收机观测北斗B1频点的伪距测量误差分析结果。图（a）、（b）分别表示B1C信号数据码和导频码的测量精度。

由上面结果可见，B1C信号数据码测量精度约为0.035m，导频码测量精度约为0.016m，导频码测量精度明显高于数据码。

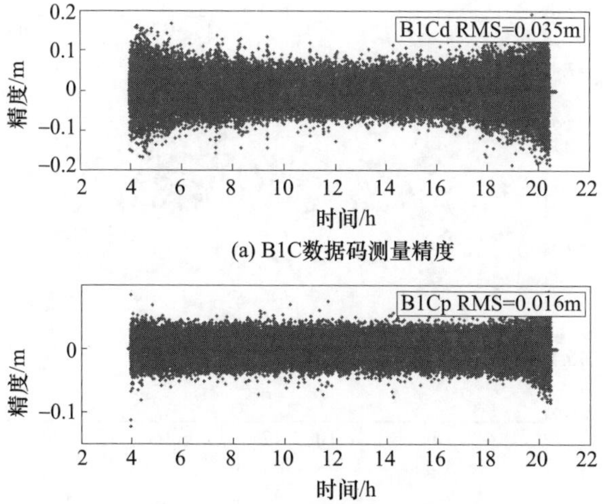

(a) B1C数据码测量精度

(b) B1C导频码测量精度

图 4.21　北京接收机 B1C 频点伪距测量误差

3）同站异机一致性分析

一方面，为了保证比对结果的连续性，每个地面站一般至少并置放置两台以上的接收机，为了使同站不同接收机之间获得的钟差具有一定程度的一致性，就必须对同站的不同接收机之间的系统差进行校准，并对不同接收机之间的一致性进行分析；另一方面，为了使异地之间的 GNSS 共视法能够保持结果的一致性，通常在部署之前先进行接收机系统差的校准，接收机校准一般以一台时延已知的基准接收机为准，采用并置共钟共天线方法进行。

并置共钟共天线方法进行同站异机一致性校准的基本原理是：同站的两台接收机并置放置，以一台原子钟作为共同时频信号源，利用一副共用天线接收相同卫星信号，对两台接收机相同时刻观测同一颗卫星的测量值求差，从而消除卫星、空间传输、接收天线、地面钟差、多路径效应等共同误差影响，该差值反映了两台接收机之间的系统性偏差和测量误差的叠加，对系统性偏差求均值即为两接收机之间的系统差，对剩余的随机误差进行统计分析就能获得两接收机组合的测量误差。如果一台接收机为基准接收机，即认为其时延已知，测量精度更高，那么，上面求得的系统差就是另一台待标定设备的设备时延，随机误差也主要反映了该设备的测量误差。

图 4.22 给出的是北京站两台接收机采用上面并置共钟共天线方法得到的伪距一致性分析结果，利用的数据为 BDS B2a 导频码数据。

对上面结果进行分析可知，两台接收机的伪距之间存在 46.98m 的系统差，该差值主要是由两台接收机的硬件延迟不同引起的，两台接收机伪距组合的测量误差为 0.145m。在假设两台接收机测量精度相等情况下，则单台接收机的测量精度约为 0.103m。

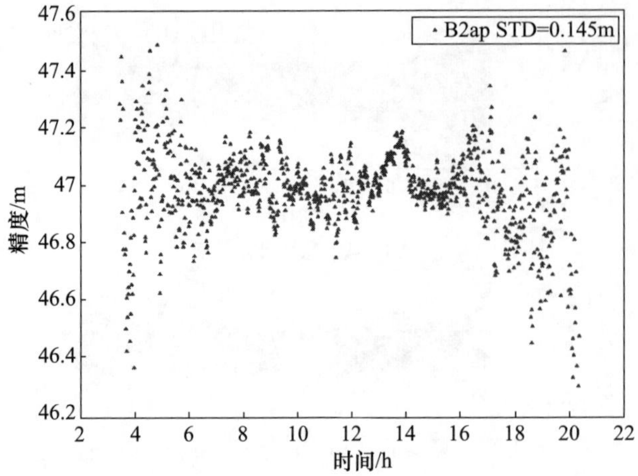

图 4.22　同站异机一致性分析结果

4.3.4.2　传播路径误差

传播路径时延主要包括电离层时延、对流层时延和相对论引力时延。

在 GNSS 共视时间比对中，电离层延迟一般利用卫星导航电文中提供的模型改正参数进行计算。各卫星导航系统均有自己的电离层延迟模型，GPS 采用的是基于历史数据获得的经验 Klobuchar 模型，BDS 采用的是基于实测数据拟合的 8 参数、9 参数和 14 参数模型，Galileo 采用的是基于历史数据和实测数据获得的 NeQuick 模型。根据电离层延迟一般模型，如果电子含量取典型值 1×10^{18} 个/m^2，对于北斗 B1 频点载波频率为 1.57GHz，则电离层时延约为 5.45ns。当太阳活动高峰年电离层活跃期，或者对于北斗 B2、B3 两个更低的频率信号，电离层时延会更大。假设经过单频电离层延迟模型改正，可以改正约 50% 的电离层时延，则剩余误差为 2.72ns；改正 70% 时，剩余误差为 1.63ns。如果卫星到两观测站的两条路径具有 60% 的空间相关性，则经两条路径相减，剩余误差能够进一步减小到 0.65 ~ 1.09ns，这正是采用共视法能够提高时间比对精度的一个因素。不过也可看到，采用 Klobuchar 等单频电离层延迟模型进行改正，模型误差对时间比对精度的影响很大，即使采用了共视技术，它的影响也在纳秒量级。因此，为了提高共视时间比对的精度，电离层延迟误差需要仔细考虑。现在，BIPM 已经开始采用 IGS 站提供的电离层电子含量图来进行电离层延迟的修正[51]。

对流层延迟主要与气压、温度、湿度和卫星仰角有关。对于常用的 Hopfield 模型，当各参数取为典型值时，单条路径对流层时延的影响为 8 ~ 32ns(高度角 15°以上的卫星)。根据共视法计算公式可知，对流层延迟对共视时间比对结果的影响与两站间对流层延迟之差有关。5.1 节卫星单向法中即将分析，在测站不加测气象参数并且处理软件不加改正的情况下，对于 1000m 以下的测站，由于气象参数温度和大气压误差产生的误差最大分别约为 4ns 和 3.5ns，即总的误差约为 5.3ns。如果两条路径具有 70% 空间相关性，经两条路径相减，最后的剩余误差约为 1.6ns。因此，对于纳秒量级的共视时间比对，对流层延迟误差必须考虑。而对于卫星高度角约 45°的一般情况下，即使在 -20℃ 的寒冷天气，对于 1000m 以下的测站，由于气象参数温度和大气压误差产生的误差最大分别约为 1.27ns 和 1.23ns，即总的误差约为 1.8ns。当两条路径具有 70% 空间相关性时，最后的剩余误差约为 0.5ns，对于纳秒量级的共视时间比对，此时对流层延迟误差可以忽略。

可以分析，在地球附近，对于中高轨道卫星与地面站之间的传播路径[1,28]，引力时延 τ_{Si}^{C} 引起的时延改正约为 50ps。对于两条路径，引力时延 τ_{Si}^{C} 引起的改正经过求差之后可进一步减小。因此，对于目前约 1ns 量级的共视时间比对可以不予考虑，这也正是现在卫星共视计算中没有考虑该项影响的原因。

4.3.4.3　卫星星历误差

由式(4.90)对卫星位置求导，并忽略 Sagnac 效应的影响可得

$$d\Delta T_{ij}=\frac{1}{c}\left(\frac{\boldsymbol{\rho}_{Si}}{\rho_{Si}}-\frac{\boldsymbol{\rho}_{Sj}}{\rho_{Sj}}\right)\cdot \mathrm{d}\boldsymbol{X}_S \tag{4.95}$$

式中：$\boldsymbol{\rho}_{Si}$、$\boldsymbol{\rho}_{Sj}$ 分别为 t_0 时刻卫星 S 到地面站 i 和 j 的几何距离矢量，$\boldsymbol{\rho}_{Si}=\boldsymbol{X}_i(t_0)-\boldsymbol{X}_S(t_0)$，$\boldsymbol{\rho}_{Sj}=\boldsymbol{X}_j(t_0)-\boldsymbol{X}_S(t_0)$；$\mathrm{d}\boldsymbol{X}_S$ 为卫星在地固坐标系（如 WGS-84、CGCS2000 等）中的位置误差矢量。

如果顾及 $\rho_{Si}\approx\rho_{Sj}\approx\rho$，则式(4.95)可以表示为

$$\mathrm{d}\Delta T_{ij}=\frac{1}{c}\frac{\boldsymbol{\rho}_{Si}-\boldsymbol{\rho}_{Sj}}{\rho}\cdot \mathrm{d}\boldsymbol{X}_S=\frac{1}{c}\frac{\boldsymbol{D}_{ij}}{\rho}\cdot \mathrm{d}\boldsymbol{X}_S \tag{4.96}$$

式中：$\boldsymbol{D}_{ij}$ 为 i、j 两站的基线矢量，$\boldsymbol{D}_{ij}=\boldsymbol{\rho}_{Si}-\boldsymbol{\rho}_{Sj}$。

进而有

$$|\mathrm{d}\Delta T_{ij}|\leqslant\frac{1}{c}\frac{|\boldsymbol{D}_{ij}|}{\rho}\cdot|\mathrm{d}\boldsymbol{X}_S| \tag{4.97}$$

由式(4.97)可知，卫星星历误差对计算的相对钟差的影响与两站间的距离有关。根据 BIPM 划分的共视区，在同一共视区内的时间实验室相距一般不超过 3000km，因此，如果取 $\rho\approx2.4\times10^7$m，1m 的卫星星历误差对计算的相对钟差的影响最大约为 0.4ns。可见，为达到 1ns 的计算精度，卫星星历误差不能超过 2.5m；为达到 0.1ns 的计算精度，卫星星历误差不能超过 0.25m。

另外，一般卫星位置误差可分解为相对地心矢径方向的径向误差 $\mathrm{d}X_S^{\mathrm{r}}$、在卫星瞬时轨道面内垂直于矢径并指向卫星运动方向的沿轨方向误差 $\mathrm{d}X_S^{\mathrm{T}}$ 以及沿瞬时轨道面法线并按右手法则得到的垂直轨道方向误差 $\mathrm{d}X_S^{\mathrm{W}}$ 三个分量。根据式(4.90)，对于单次测量卫星位置误差对每一站计算钟差的影响为

$$c\cdot\delta_{Si}^{k}=\mathrm{d}X_S^{\mathrm{r}}\cos\alpha_{Si}^{k}+\mathrm{d}X_S^{\mathrm{T}}\cos\beta_{Si}^{k}+\mathrm{d}X_S^{\mathrm{W}}\cos\gamma_{Si}^{k} \tag{4.98}$$

式中：δ_{Si}^{k} 为跟踪段内测量时刻 k 卫星位置误差对 i 站的计算钟差产生的误差；α_{Si}^{k}、β_{Si}^{k} 和 γ_{Si}^{k} 分别为跟踪段内测量时刻 k 测站 i 到卫星的矢量 $\boldsymbol{\rho}_{Si}$ 与卫星位置误差的径向分

量 d $\boldsymbol{X}_S^{\mathrm{r}}$、沿轨方向分量 d$\boldsymbol{X}_S^{\mathrm{T}}$ 和垂直轨道方向分量 d$\boldsymbol{X}_S^{\mathrm{W}}$ 之间的夹角。

对于 MEO 卫星,由于卫星观测方向与地心矢径方向的夹角小于 14°,因此,卫星位置误差的径向分量将以不小于其 97% 的形式反映到观测量的误差中,另外两个分量将以不大于其 24% 的形式反映到观测量的误差中。可见,卫星位置误差的径向分量将直接影响计算误差,其他两个分量也有影响,但它们的影响比径向分量小约 1 个数量级。卫星定轨中要求径向分量的精度比其他两个方向的精度至少要高 1 个数量级。

如果在跟踪段中间时刻测站 i 到卫星的矢量 $\boldsymbol{\rho}_{Si}$ 与卫星位置误差的径向分量 d$\boldsymbol{X}_S^{\mathrm{r}}$、沿轨方向分量 d$\boldsymbol{X}_S^{\mathrm{T}}$ 和垂直轨道方向分量 d$\boldsymbol{X}_S^{\mathrm{W}}$ 之间的夹角分别为 α_{Si}^0、β_{Si}^0、γ_{Si}^0,并取 $\Delta\alpha_i^k$、$\Delta\beta_i^k$ 和 $\Delta\gamma_i^k$ 为测量时刻与中间时刻的夹角差,$\Delta\alpha_i^k=\alpha_{Si}^k-\alpha_{Si}^0$,$\Delta\beta_i^k=\beta_{Si}^k-\beta_{Si}^0$,$\Delta\gamma_i^k=\gamma_{Si}^k-\gamma_{Si}^0$,则在认为每个跟踪段内卫星位置误差三个分量的量值保持不变的情况下,α_{Si}^k、β_{Si}^k和 γ_{Si}^k分别在 α_{Si}^0、β_{Si}^0、γ_{Si}^0处展开并取一次近似,可得

$$\begin{cases}\cos\alpha_{Si}^k=\cos(\alpha_{Si}^0+\Delta\alpha_i^k)=\cos\alpha_{Si}^0-\Delta\alpha_i^k\sin\alpha_{Si}^0\\ \cos\beta_{Si}^k=\cos(\beta_{Si}^0+\Delta\beta_i^k)=\cos\beta_{Si}^0-\Delta\beta_i^k\sin\beta_{Si}^0\\ \cos\gamma_{Si}^k=\cos(\gamma_{Si}^0+\Delta\gamma_i^k)=\cos\gamma_{Si}^0-\Delta\gamma_i^k\sin\gamma_{Si}^0\end{cases}\tag{4.99}$$

考虑每次跟踪均以其中点值作为一次全长跟踪的最终结果,它是采用 52 个值进行线性拟合得到的。如果取每 13min 的跟踪段中点处的时间为 0,则对于每一次全长跟踪,在中点两侧会各有 26 个数据点,并且互相对称。因此,跟踪中点值可以表示为

$$\delta_{Si}^0=\frac{\sum_{k=1}^{52}\delta_{Si}^k}{52}\tag{4.100}$$

可见,经过线性拟合,卫星位置误差被多次观测平滑。

同理,共视站 j 也同样能得到同一跟踪段中点值 δ_{Sj}^0。则对于 GNSS 共视时间比对的两测站,经两站间求差可得

$$c\cdot\delta_{ij}\equiv c\cdot(\delta_{Si}^0-\delta_{Sj}^0)=\mathrm{d}X_S^{\mathrm{r}}(\cos\alpha_{Si}^0-\cos\alpha_{Sj}^0)+\mathrm{d}X_S^{\mathrm{T}}(\cos\beta_{Si}^0-\cos\beta_{Sj}^0)+\mathrm{d}X_S^{\mathrm{W}}(\cos\gamma_{Si}^0-\cos\gamma_{Sj}^0)\tag{4.101}$$

式中:δ_{ij}为卫星位置误差对两站间计算的相对钟差产生的影响;α_{Sj}^0、β_{Sj}^0、γ_{Sj}^0分别为跟踪段中间时刻测站 j 到卫星的矢量 $\boldsymbol{\rho}_{Sj}$与卫星位置误差的径向分量 d$\boldsymbol{X}_S^{\mathrm{r}}$、沿轨方向分量 d$\boldsymbol{X}_S^{\mathrm{T}}$ 和垂直轨道方向分量 d$\boldsymbol{X}_S^{\mathrm{W}}$ 之间的夹角。

由式(4.101)可见,对于进行卫星共视的两测站,当两站位于共视卫星轨道面和卫星最大高度角的同一侧时,显然,两站视线方向与卫星位置误差三个分量之间夹角的余弦值同号。因此,经过求差,卫星位置误差的影响能够进一步减小。对于相距 1000km 的两站,它们卫星视线之间的夹角小于 2.8°,此时,卫星位置径向分量误差的影响将以不超过 1% 的形式反映到计算的相对钟差中,其他两个方向分量误差的

影响将以不超过5%的形式反映到计算的相对钟差中。对于相距3000km的两站,它们卫星视线之间的夹角小于8.4°,此时,卫星位置径向分量误差的影响将以不超过2.5%的形式反映到计算的相对钟差中,其他两个方向分量误差的影响将以不超过15%的形式反映到计算的相对钟差中。也就是说,对于相距1000km的两站,1m的卫星位置径向分量误差和10m的其他两个方向分量误差对相对钟差的影响不会超过2.3ns;对于相距3000km的两站,1m的卫星位置径向分量误差和10m的其他两个方向分量误差对相对钟差的影响也不会超过7ns。

当两站位于共视卫星轨道面的两侧和卫星最大高度角的同一侧时,显然,$\cos\gamma_{Si}^{0}$与$\cos\gamma_{Sj}^{0}$的符号相反,而其他两个分量夹角的余弦值同号。因此,经过求差,径向分量和沿轨方向分量误差的影响能够进一步减小,而垂直轨道方向分量误差的影响则进一步增大。对于MEO卫星,由于卫星观测方向与卫星地心矢径方向的夹角小于14°,所以由$\cos\gamma_{Si}^{0}-\cos\gamma_{Sj}^{0}$引起的影响不会超过48%,也就是说,10m垂直轨道方向分量的误差对相对钟差的影响不会超过16ns。其他两个方向分量误差的影响与上面相同。

当两站位于共视卫星轨道面同一侧和卫星最大高度角的两侧时,$\cos\beta_{Si}^{0}$与$\cos\beta_{Sj}^{0}$的符号相反,而其他两个分量夹角的余弦值同号。此时,只有沿轨方向分量的误差被放大,其他两个方向的误差被减小。沿轨方向分量的误差与垂直轨道方向分量的误差影响类似,同样不会超过其本身的48%。

当两站位于共视卫星轨道面和卫星最大高度角的两侧时,$\cos\alpha_{Si}^{0}$与$\cos\alpha_{Sj}^{0}$同号,而其他两个分量夹角的余弦值反号。此时,沿轨方向分量和垂直轨道方向分量的误差都进一步增大,只有径向分量的误差被减小。也就是说,10m垂直轨道方向分量的误差和10m沿轨方向分量的误差对相对钟差的影响不会超过22.3ns。

根据上面分析可以看出,卫星位置的径向分量误差经两站间求差始终被进一步地减小,而其他两个方向分量的误差要根据卫星与两站的位置关系来确定是减小还是放大。为了减小卫星位置误差的影响,应当使两站位于共视卫星轨道面和卫星最大高度角的同一侧,并且尽量选取对两站高度角都比较大的卫星进行观测。需要指出,考虑到上面的取值都是最大影响的情况,因此,实际情况中的影响可能比上面给出的值要小。

4.3.4.4　地面站坐标误差

由式(4.90)对测站位置求导,并忽略Sagnac效应的影响可得

$$\mathrm{d}\Delta T_{ij}=\frac{1}{c}\frac{\boldsymbol{\rho}_{Sj}}{\rho_{Sj}}\cdot\mathrm{d}\boldsymbol{X}_{j}-\frac{1}{c}\frac{\boldsymbol{\rho}_{Si}}{\rho_{Si}}\cdot\mathrm{d}\boldsymbol{X}_{i} \tag{4.102}$$

式中:$\mathrm{d}\boldsymbol{X}_{n}$($n=i$或$j$)为测站$n$在地固坐标系(如WGS-84、CGCS 2000等)中的坐标误差矢量。

如果顾及$\boldsymbol{\rho}_{Si}\approx\boldsymbol{\rho}_{Sj}\approx\boldsymbol{\rho}$,则式(4.102)可以表示为

$$\mathrm{d}\Delta T_{ij} = -\frac{1}{c}\frac{\boldsymbol{\rho}}{\rho}\cdot(\mathrm{d}\boldsymbol{X}_i - \mathrm{d}\boldsymbol{X}_j) = -\frac{1}{c}\frac{\boldsymbol{\rho}}{\rho}\cdot\nabla\mathrm{d}\boldsymbol{X}_{ij} \tag{4.103}$$

式中：$\nabla\mathrm{d}\boldsymbol{X}_{ij}$为 i、j 两站的相对位置误差矢量，$\nabla\mathrm{d}\boldsymbol{X}_{ij} = \mathrm{d}\boldsymbol{X}_i - \mathrm{d}\boldsymbol{X}_j$。

进而有

$$|\mathrm{d}\Delta T_{ij}| \leqslant \frac{1}{c}|\nabla\mathrm{d}\boldsymbol{X}_{ij}| \tag{4.104}$$

由式(4.104)可知，计算的相对钟差精度与 i、j 两站的相对位置误差矢量$\nabla\mathrm{d}\boldsymbol{X}_{ij}$有关。为达到1ns 的计算精度，两站间的相对位置误差不能超过0.3m；为达到0.1ns的计算精度，两站间的相对位置误差不能超过3cm。

当采用坐标分量形式时，与卫星位置误差类似，如果将测站位置误差分解为北、东、天三个方向，则根据式(4.98)可得

$$c\cdot\delta_{iS}^0 = \mathrm{d}X_i^{\mathrm{N}}\cos\alpha_{iS}^0 + \mathrm{d}X_i^{\mathrm{E}}\cos\beta_{iS}^0 + \mathrm{d}X_i^{\mathrm{V}}\cos Z_{iS}^0 \tag{4.105}$$

式中：δ_{iS}^0为跟踪段中点处测站 i 位置误差对 i 站的计算钟差产生的误差；α_{iS}^0、β_{iS}^0和 Z_{iS}^0分别为跟踪段中点处测站 i 到卫星的矢量 $\boldsymbol{\rho}_{iS}$与测站 i 位置误差的北向分量 $\mathrm{d}\boldsymbol{X}_i^{\mathrm{N}}$、东向分量 $\mathrm{d}\boldsymbol{X}_i^{\mathrm{E}}$ 和天顶方向分量 $\mathrm{d}\boldsymbol{X}_i^{\mathrm{V}}$ 之间的夹角。

同样，对于 j 站也有

$$c\cdot\delta_{jS}^0 = \mathrm{d}X_j^{\mathrm{N}}\cos\alpha_{jS}^0 + \mathrm{d}X_j^{\mathrm{E}}\cos\beta_{jS}^0 + \mathrm{d}X_j^{\mathrm{V}}\cos Z_{jS}^0 \tag{4.106}$$

式中：δ_{jS}^0为跟踪段中点处测站 j 位置误差对 j 站的计算钟差产生的误差；α_{jS}^0、β_{jS}^0和 Z_{jS}^0分别为跟踪段中点处测站 j 到卫星的矢量 $\boldsymbol{\rho}_{jS}$与测站 j 位置误差的北向分量 $\mathrm{d}\boldsymbol{X}_j^{\mathrm{N}}$、东向分量 $\mathrm{d}\boldsymbol{X}_j^{\mathrm{E}}$ 和天顶方向分量 $\mathrm{d}\boldsymbol{X}_j^{\mathrm{V}}$ 之间的夹角。

两站间求差可得

$$\begin{aligned} c\cdot(\delta_{iS}^0 - \delta_{jS}^0) = &(\mathrm{d}X_i^{\mathrm{N}}\cos\alpha_{iS}^0 - \mathrm{d}X_j^{\mathrm{N}}\cos\alpha_{jS}^0) + (\mathrm{d}X_i^{\mathrm{E}}\cos\beta_{iS}^0 - \mathrm{d}X_j^{\mathrm{E}}\cos\beta_{jS}^0) + \\ &(\mathrm{d}X_i^{\mathrm{V}}\cos Z_{iS}^0 - dX_j^{\mathrm{V}}\cos Z_{jS}^0) \end{aligned} \tag{4.107}$$

如果两测站采用同一方法测得站坐标，就可以认为它们具有相同的精度，即可以认为

$$\mathrm{d}X_i^{\mathrm{N}} \approx \mathrm{d}X_j^{\mathrm{N}},\mathrm{d}X_i^{\mathrm{E}} \approx \mathrm{d}X_j^{\mathrm{E}},\mathrm{d}X_i^{\mathrm{V}} \approx \mathrm{d}X_j^{\mathrm{V}}$$

此时式(4.107)能够简化为

$$\begin{aligned} c\cdot(\delta_{iS}^0 - \delta_{jS}^0) = &\mathrm{d}X_i^{\mathrm{N}}(\cos\alpha_{iS}^0 - \cos\alpha_{jS}^0) + \mathrm{d}X_i^{\mathrm{E}}(\cos\beta_{iS}^0 - \cos\beta_{jS}^0) + \\ &\mathrm{d}X_i^{\mathrm{V}}(\cos Z_{iS}^0 - \cos Z_{jS}^0) \end{aligned} \tag{4.108}$$

可见，由于卫星的天顶距不小于零，即 $\cos Z_{iS}^0$与 $\cos Z_{jS}^0$一直同号，所以经两站求差，测站天顶方向的误差始终被减小，而其他两个方向分量的误差要根据卫星与两站的位置关系来确定是减小还是放大。下面对三个分量的误差进行单独分析。

如果$|\cos Z_{iS}^0 - \cos Z_{jS}^0|$取为最大值1，也就是一个测站观测到卫星在天顶，而另一个共视测站观测到卫星在地平时，天顶方向的误差直接以100%形式影响计算钟差，即1m天顶方向的位置误差将引起3.3ns的计算钟差。一般情况下，

如果选取比较好的共视卫星，天顶方向的误差约以小1个数量级的形式反映到计算钟差中。

如果共视卫星位于一个测站的南面和另一个测站的北面，此时 $\cos\alpha_{iS}^0$ 与 $\cos\alpha_{jS}^0$ 反号，经两站求差，测站北向分量的误差将被放大。取 $\alpha_{iS}^0=45°$ 和 $\alpha_{jS}^0=135°$，则测站北向分量的误差将以约140%得到放大，即1m北向分量的误差将引起4.6ns的计算钟差。

如果共视卫星位于一个测站的东面和另一个测站的西面，此时 $\cos\beta_{iS}^0$ 与 $\cos\beta_{jS}^0$ 反号，经两站求差，测站东向分量的误差将被放大。取 $\beta_{iS}^0=45°$ 和 $\beta_{jS}^0=135°$，则测站东向分量的误差也将以约140%得到放大，即1m东向分量的误差也将引起4.6ns的计算钟差。

根据上面分析可以看出：两站的卫星高度角差别越大，测站位置的天顶分量误差影响越大；在两站位于卫星轨道面的同一侧并且卫星位于两站的近似同一方位时，测站位置东向分量和北向分量误差的影响最小；在两站位于卫星轨道面的两侧并且两站相对卫星呈东北—西南（或西北—东南）分布时，测站位置东向分量和北向分量误差的影响最大。因此，为了减小测站位置误差的影响，应当尽量选取两站间高度角差别比较小的卫星进行观测，同时选取的卫星也最好位于两站的同一侧和两站的近似同一方位。

上面分析的结果是基于两站等精度基础上的，当两站精度不等，一站（假设为 i 站）为高精度的已知站，另一站（假设为 j 站）为坐标不是很准的用户站时，则必须按照式(4.107)进行分析。此时，如果已知站相对用户站的精度足够高，那么式(4.107)就能够忽略已知站位置误差的影响，而仅仅包含用户站的坐标误差，式(4.107)就简化为

$$c\cdot(\delta_{iS}^0-\delta_{jS}^0)\approx \mathrm{d}X_j^{\mathrm{N}}\cos\alpha_{jS}^0+\mathrm{d}X_j^{\mathrm{E}}\cos\beta_{jS}^0+\mathrm{d}X_j^{\mathrm{V}}\cos Z_{jS}^0 \tag{4.109}$$

可见，此时用户站 j 位置误差对计算钟差的影响与 j 站相对卫星的位置有关。卫星的高度角越大，用户站位置天顶方向误差的影响越大，对于高度角45°的卫星，1m用户站位置天顶方向误差对计算钟差的影响为2.3ns。用户站位置北向分量误差的影响与卫星在用户站天顶的南北方向有关，而用户站位置东向分量误差的影响与卫星在用户站天顶的东西方向有关，对于高度角45°的卫星，这两个方向分量每一单独方向1m的误差对计算钟差的影响也约为2.3ns。因此，站坐标误差对计算钟差的影响比较大，应该尽量测得高精度的站坐标。

4.3.5　GPS共视试验分析

为了分析不同基线长度GPS共视时间比对的精度，采用北京地区的试验数据进行了计算分析。北京GPS共视时间比对试验的设备主要包括两台TTR-6 GPS定时接收机、本地和异地原子钟以及本地和异地数字钟、数据处理计算机和打印机。GPS共视时间比对试验的组成如图4.23所示。

试验分为零基线比对、短基线比对和长基线比对三种。零基线时间比对是

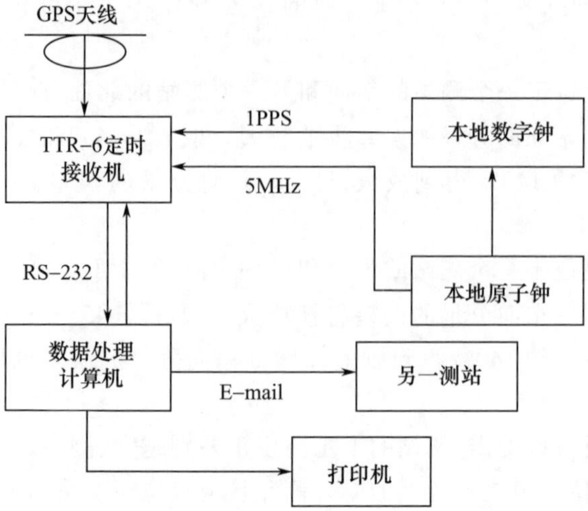

图 4.23　GPS 共视时间比对试验组成图

在北京基站进行，短基线时间比对在北京基站与中国航天科工集团第二研究院 203 所之间进行，长基线时间比对在北京基站与中国科学院国家授时中心(NTSC)之间进行。数据处理计算机通过 RS-232 串口线接收 TTR-6 GPS 定时接收机输出数据进行数据采集与存储，并通过通信网络与共视比对试验中另一测站进行数据的交换。在获得对方数据后，经过扣除设备时延等系统误差值，得出最终的时间比对结果。

4.3.5.1　零基线共视比对结果

零基线共视比对是在 2002 年 12 月 21 日至 27 日进行的。零基线共视接收机天线放置在北京基站原有的两个天线架上，输入信号由北京基站的同一台原子钟提供。零基线试验数据计算的 GPS 共视原始结果、6h 平滑处理结果、12h 平滑处理结果分别如图 4.24 ~ 图 4.26 所示。

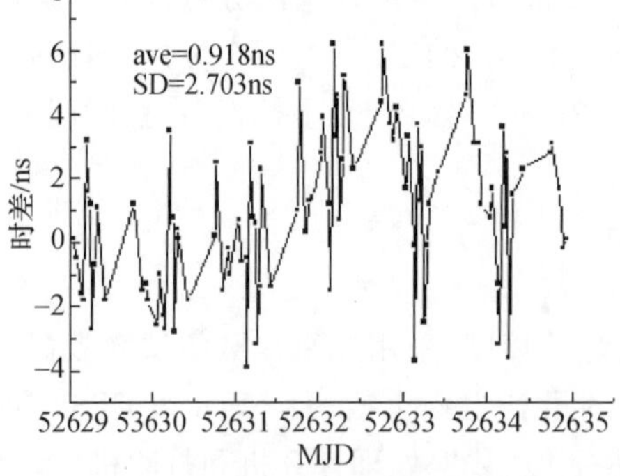

图 4.24　零基线共视原始结果

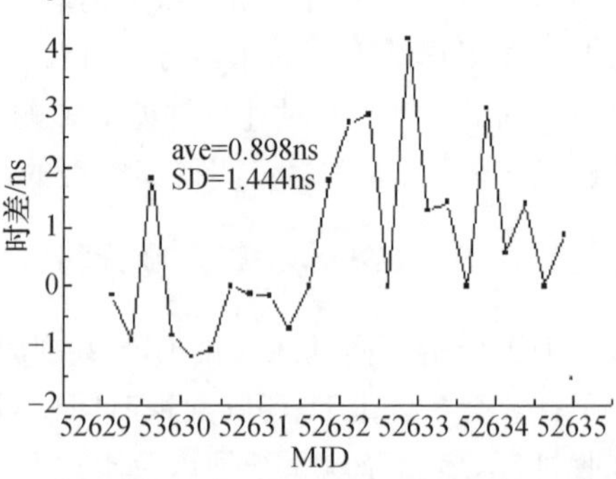

图 4.25　零基线共视 6h 平滑结果

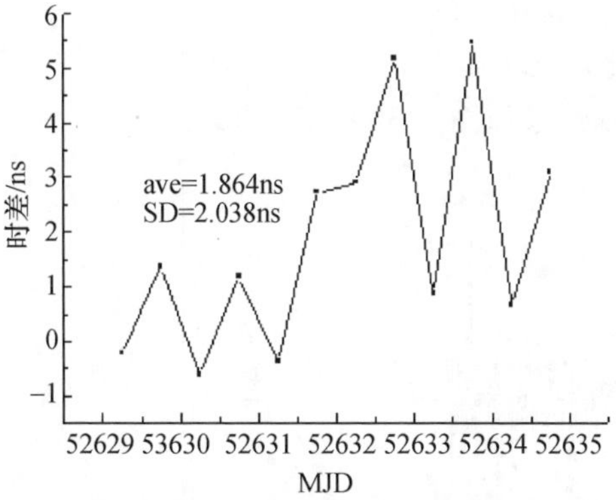

图 4.26　零基线共视 12h 平滑结果

4.3.5.2　短基线共视比对结果

短基线共视时间比对试验是在 2002 年 12 月 22 日至 2003 年 1 月 1 日进行的。由短基线试验数据计算的 GPS 共视原始结果、6h 平滑处理结果、12h 平滑处理结果分别如图 4.27 ~ 图 4.29 所示。

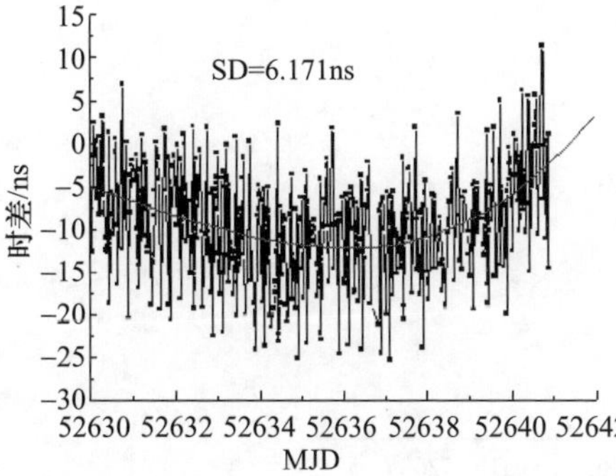

图 4.27　短基线共视原始结果

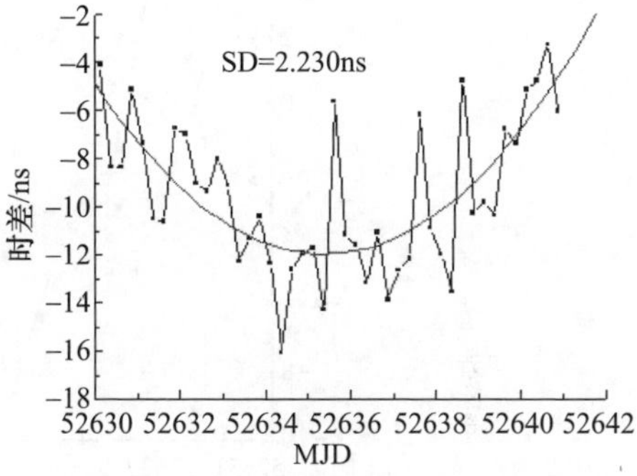

图 4.28　短基线共视 6h 平滑结果

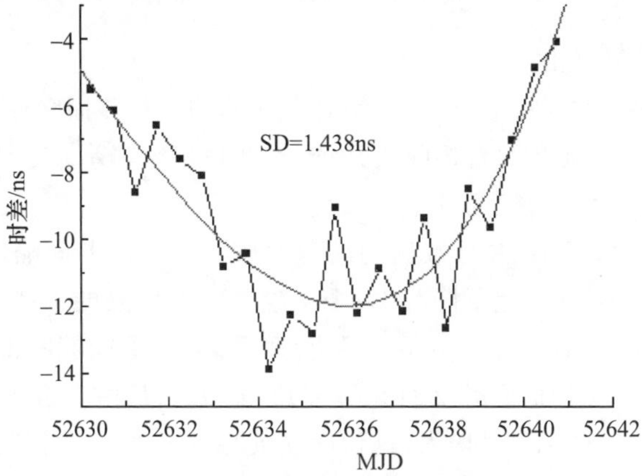

图 4.29　短基线共视 12h 平滑结果

4.3.5.3 长基线共视比对结果

长基线共视时间比对试验是在2003年12月23日至30日进行的。由长基线试验数据计算的GPS共视结果如图4.30～图4.32所示。

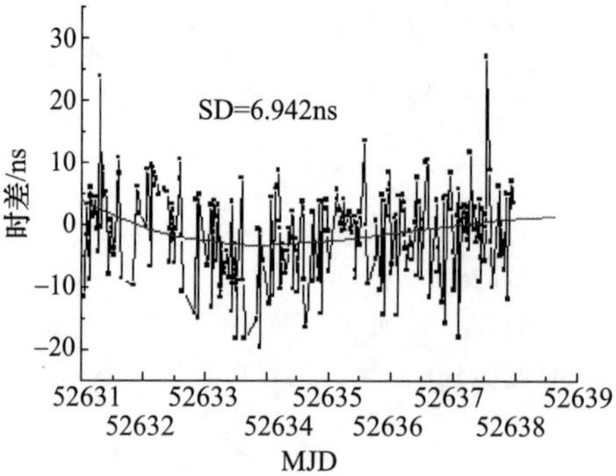

图4.30 长基线共视原始结果

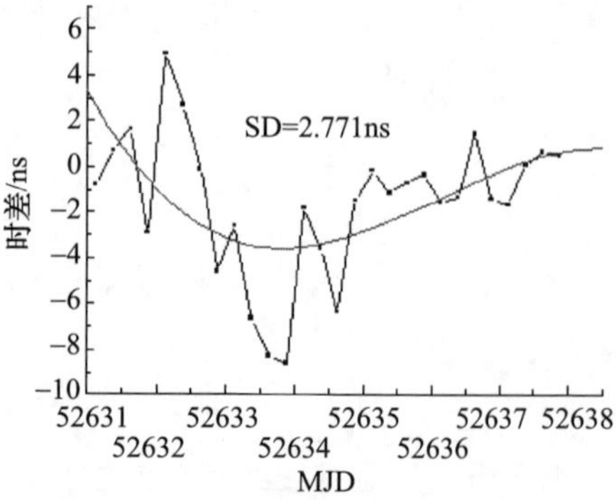

图4.31 长基线共视6h平滑结果

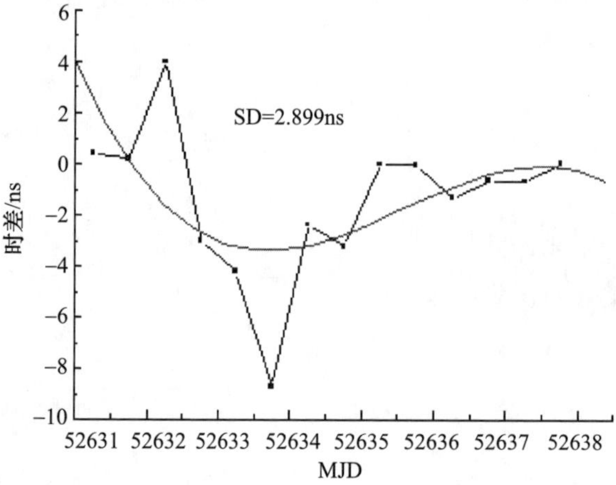

图4.32 长基线共视12h平滑结果

由上面各图可以看出：

（1）对于零基线时间比对，由于卫星到两测站的信号传播路径几乎完全相同，一些共性误差相互抵消；而且两台接收机共钟，也就是相对钟差为零，因此，结果的均值应该是两台接收机设备时延之差。从试验结果可以看出，原始观测值的平均值为0.92ns，标准差为2.7ns，并且数据的离散度较大；经过6h间隔的平滑处理以后，平均值下降为0.70ns，标准差下降为1.44ns，经过12h间隔的平滑处理以后，平均值增大为1.86ns，标准差则变为2.04ns。可见，采用6h平滑能够取得比原始值更好一些的比对效果，而采用12h平滑反而并不理想，这可能是由于数据较少造成的。另外，由于均值不为零，并且明显偏大，这说明所使用的GPS定时接收机的设备时延值不够准确，存在1ns左右的偏差。

（2）对于短基线时间比对，两台接收机的天线位置不同，比对结果会受到电离层和对流层时延误差、接收机位置误差以及卫星广播星历误差等因素的影响。由比对结果可以看出，两台接收机移开几十千米后，原始观测值的标准差迅速增大到6.17ns，与上面的零基线比对结果相比，离散度明显变大。由于一个测站位于市区，而对流层延迟误差、电离层延迟误差和卫星星历误差对两个站的影响基本相同，因此这可能是由环境干扰引起的。经过6h平滑，标准差减小到2.23ns，经过12h平滑，标准差则减小到1.44ns，这也说明平滑能够抵消一部分随机误差的影响，提高比对精度。

（3）对于长基线时间比对，在两台共视接收机移开约1000km距离时，原始观测值的标准差增大到6.94ns，离散度与上面的零基线比对结果相比也明显增大，但与短基线的结果相差不大。经过6h平滑，标准差减小到2.77ns，经过12h平滑，标准差则减小到2.70ns。6h和12h平滑结果的标准差变化很小，与短基线的平滑结果相差为0.5~1.3ns。

4.3.6　北斗共视试验分析

使用与TWSTFT同时间段连续13天BDS数据进行北斗共视法试验分析，试验数据时间为2013年7月5日至17日，数据采样频率为1次/s，未做平滑处理。选择了3个地面站，共视卫星为GEO卫星，计算得到的03站、05站与01站的站间钟差如图4.33和图4.34所示。

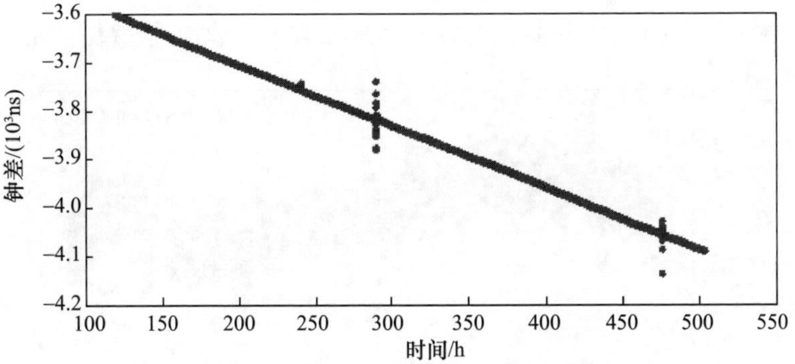

图4.33　03站与01站卫星共视法站间钟差

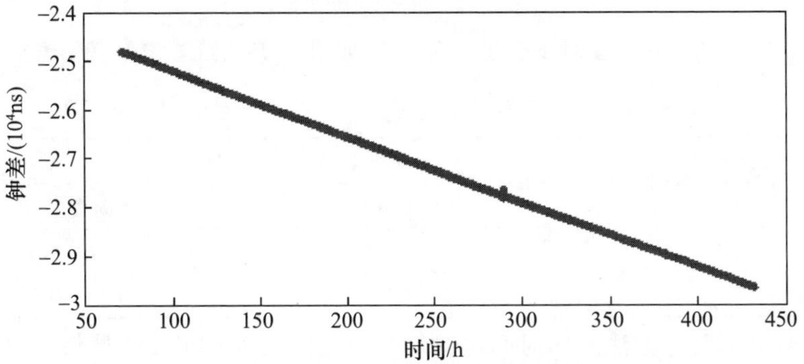

图4.34　05站与01站卫星共视法站间钟差

根据观测数据计算的星地钟差,在假设每个时刻计算的钟差独立等精度前提下,假定每天为一个观测弧段,采用最小二乘法求解钟差和钟速两个参数,并统计每个弧段的残差 RMS,可得连续 15 天各观测弧段的 RMS 最大为 1.09ns、最小为 0.13ns、平均值为 0.45ns,说明卫星共视的时间比对精度不及 C 频段双向法稳定,但是比对精度也比较好。

将上面得到的卫星共视法计算结果与 TWSTFT 结果进行了比较,具体结果如图 4.35 和图 4.36 所示。

表 4.6 给出了北斗卫星共视法结果与 C 频段 TWSTFT 方法结果之间的偏差统计结果。

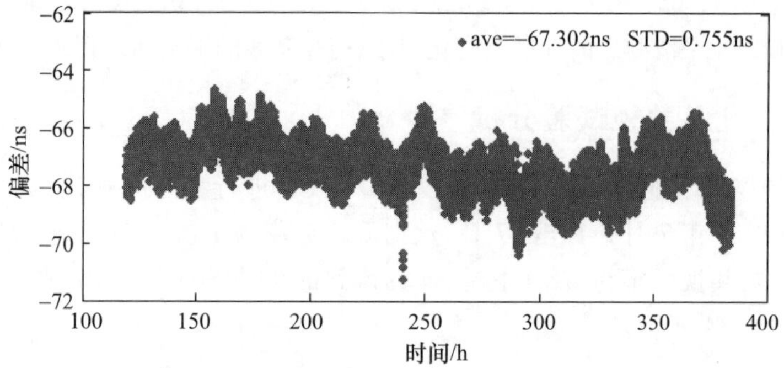

图 4.35 03 站与 01 站卫星共视法与 TWSTFT 方法结果比较(见彩图)

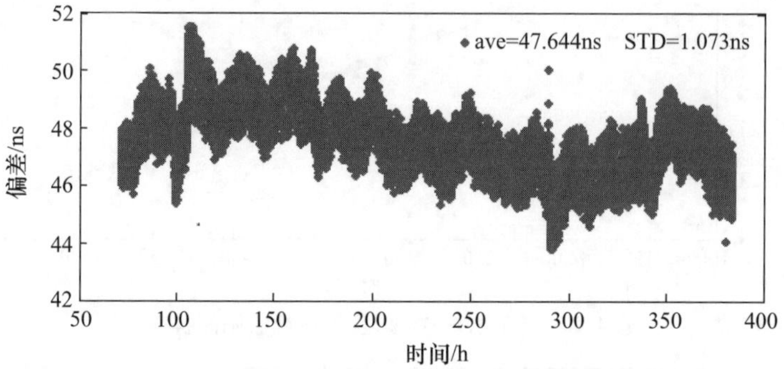

图 4.36 05 站与 01 站卫星共视法与 TWSTFT 方法结果比较(见彩图)

表 4.6 C 频段卫星双向法与共视法钟差结果比较统计

站号	统计结果	
	均值(ave)/ns	标准差(STD)/ns
3	−67.302	0.755
5	47.644	1.073

上面给出了两种方法站间时间比对结果差异性比较及相关统计信息,分析表明,两种站间钟差结果有一个固定的偏差,该偏差为系统性偏差,主要是由于地面硬件设

备时延差异引起的,在扣除系统性偏差的情况下,两种方法的一致性很好。

4.4　北斗 RDSS 单向共视法

BDS 除了具有基于 RNSS 体制的基本导航定位功能外,还具有基于 RDSS 体制的快速定位(导航)、双向短报文通信、定时授时功能[52]。因此,与 GNSS 共视法类似,提出了基于北斗 RDSS 体制的 RDSS 单向共视时间比对方法[28]。本节就对该方法的基本原理、计算模型和试验分析等做详细论述。

4.4.1　基本原理

北斗 RDSS 单向共视时间比对方法的基本原理如图 4.37 所示,中心站 O 在本地时间基准的控制下定时向卫星发射时间信号,该信号经卫星转发后被用户所接收,假设测站 A、B 接收同一卫星转发的中心站发射的同一时间信号,由于两个测站接收信号的传播路径基本相同(或相似),因此,通过两个测站间求差能够得到高精度的相对钟差。

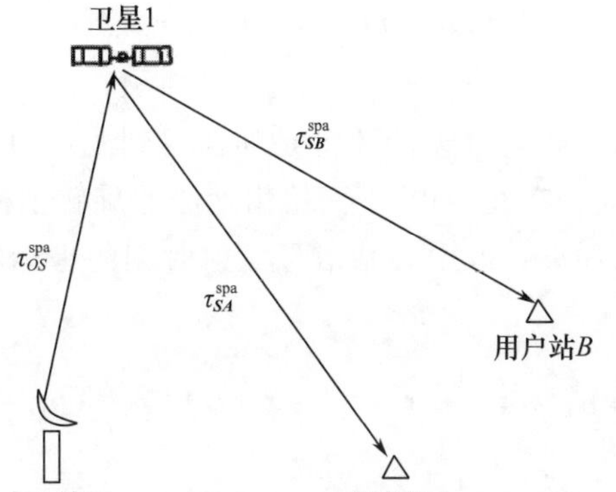

图 4.37　北斗 RDSS 单向共视时间比对方法的基本原理

假设在钟面时 T_O(对应系统时 t_0)时刻,中心站在主钟的控制下向卫星发射测距信号,该信号被两个测站 A、B 分别在地方钟面时 T'_A(对应系统时 t_A)和 T'_B(对应系统时 t_B)时刻所接收,从而测得两个观测时延 $R_A = T'_A - T_O$ 和 $R_B = T'_B - T_O$,根据北斗 RDSS 单向时间比对原理可得[52-53]

$$\begin{cases} R_A = t_A - t_0 + \Delta T_A = \tau_{OS}^{spa} + \tau_S + \tau_{SA}^{spa} + \tau_A^{r} + \Delta T_A \\ R_B = t_B - t_0 + \Delta T_B = \tau_{OS}^{spa} + \tau_S + \tau_{SB}^{spa} + \tau_B^{r} + \Delta T_B \end{cases} \tag{4.110}$$

式中:R_A、R_B分别为 A、B 两个测站实测的时延;ΔT_A、ΔT_B 分别为 A 站和 B 站相对系统时的钟差;τ_{OS}^{spa}为中心站信号发射时刻天线相位中心到卫星信号接收时刻天线相位中心的空间传播时延(包含电离层、对流层、引力时延以及其他不同步引起的时延);

τ_S 为卫星转发器时延；τ_{SA}^{spa}、τ_{SB}^{spa}分别为卫星信号发射时刻天线相位中心到 A、B 两测站信号接收时刻天线相位中心的空间传播时延（包含电离层、对流层、引力时延以及其他不同步引起的时延）；τ_A^{r}、τ_B^{r} 分别为 A、B 两测站的接收设备时延。

对式(4.110)中两式求差可得 A、B 两测站的相对钟差为

$$\Delta T_{AB} = (R_A - R_B) - (\tau_{SA}^{\mathrm{spa}} - \tau_{SB}^{\mathrm{spa}}) - (\tau_A^{\mathrm{r}} - \tau_B^{\mathrm{r}}) \tag{4.111}$$

式(4.111)即为北斗 RDSS 单向共视时间比对方法的原理公式。可见，经过两站间求差，一些共同误差源（如中心站设备时延、中心站到卫星时延和卫星转发时延等）被很好地消除，而一些与时空具有强相关性质的误差（如电离层延迟误差、对流层延迟误差等）也能得到较好的削弱，从而大大提高了两站间时间比对的精度。

4.4.2 计算模型

根据式(4.111)可知，由于两站的时延 R_A 和 R_B 为观测量，接收设备时延可以事先测定，因此，计算两站之间的相对钟差是详细计算卫星到两站之间的空间传播时延差。考虑各种误差的影响，卫星到两测站 A、B 的空间传播时延可以表示为

$$\begin{cases}\tau_{SA}^{\mathrm{spa}} = \tau_{SA}^{\mathrm{ion}} + \tau_{SA}^{\mathrm{tro}} + \tau_{SA}^{\mathrm{G}} + \tau_{SA}^{\mathrm{geo}} \\ \tau_{SB}^{\mathrm{spa}} = \tau_{SB}^{\mathrm{ion}} + \tau_{SB}^{\mathrm{tro}} + \tau_{SB}^{\mathrm{G}} + \tau_{SB}^{\mathrm{geo}}\end{cases} \tag{4.112}$$

可见，精确计算两站相对钟差的关键是如何得到式(4.112)中的最后一项。该项因采用的坐标系不同会存在变化，下面给出地心非旋转坐标系中的计算公式。在地心非旋转坐标系中，如果选取中心站信号发射时刻的坐标时 t_0 作为归算时间，则 τ_{SA}^{geo}和 τ_{SB}^{geo}可以表示为

$$\begin{cases}\tau_{SA}^{\mathrm{geo}} \equiv \rho_{SA}^{\mathrm{geo}}/c \equiv \dfrac{1}{c}\left|\boldsymbol{x}_A(t_A) - \boldsymbol{x}_S(t_S)\right| = \dfrac{1}{c}(\rho_{SA} + \Delta\rho_{SA}) \\ \tau_{SB}^{\mathrm{geo}} \equiv \rho_{SB}^{\mathrm{geo}}/c \equiv \dfrac{1}{c}\left|\boldsymbol{x}_B(t_B) - \boldsymbol{x}_S(t_S)\right| = \dfrac{1}{c}(\rho_{SB} + \Delta\rho_{SB})\end{cases} \tag{4.113}$$

式中：t_S 为卫星发射天线转发中心站的测距信号对应的坐标时；$\boldsymbol{x}_A$、$\boldsymbol{x}_B$ 和 $\boldsymbol{x}_S$ 分别为测站 A、B 和卫星发射天线中心在地心非旋转坐标系中的位置坐标；$\Delta\rho_{SA}$、$\Delta\rho_{SB}$分别为归算时刻卫星发射天线中心到测站 A、B 接收天线中心的几何距离改正，主要是由于卫星和两测站的运动以及观测时间与归算时间不同步引起的改正项；ρ_{SA}、ρ_{SB}分别为归算时刻 t_0 卫星发射天线中心到测站 A、B 接收天线中心的几何距离，即

$$\begin{cases}\rho_{SA} \equiv \left|\boldsymbol{x}_A(t_0) - \boldsymbol{x}_S(t_0)\right| \\ \rho_{SB} \equiv \left|\boldsymbol{x}_B(t_0) - \boldsymbol{x}_S(t_0)\right|\end{cases} \tag{4.114}$$

令 $\boldsymbol{v}_A$、$\boldsymbol{a}_A$、$\boldsymbol{v}_B$、$\boldsymbol{a}_B$ 和 $\boldsymbol{v}_S$、$\boldsymbol{a}_S$ 分别为 A、B 两站和卫星在归算时刻 t_0 的速度和加速度，$\Delta\tau_{SA}$、$\Delta\tau_{SB}$分别为归算时刻卫星到地面站 A、B 的几何距离改正时延，即 $\Delta\tau_{SA} \equiv \Delta\rho_{SA}/c$，$\Delta\tau_{SB} \equiv \Delta\rho_{SB}/c$，则将 $\Delta\tau_{SA}$和 $\Delta\tau_{SB}$展开到速度的二次幂和加速度的一次幂可得[1,28]

$$\Delta\tau_{SA}=\frac{\boldsymbol{\rho}_{SA}\cdot\boldsymbol{v}_A}{c\rho_{SA}}(t_A-t_0)+\frac{1}{2}\frac{\boldsymbol{\rho}_{SA}\cdot\boldsymbol{a}_A}{c\rho_{SA}}(t_A-t_0)^2+\frac{1}{2}\frac{\boldsymbol{v}_A\cdot\boldsymbol{v}_A}{c\rho_{SA}}(t_A-t_0)^2-\frac{1}{2}\frac{(\boldsymbol{\rho}_{SA}\cdot\boldsymbol{v}_A)^2}{c\rho_{SA}^3}(t_A-t_0)^2-\frac{\boldsymbol{\rho}_{SA}\cdot\boldsymbol{v}_S}{c\rho_{SA}}(t_S-t_0)-\frac{1}{2}\frac{\boldsymbol{\rho}_{SA}\cdot\boldsymbol{a}_S}{c\rho_{SA}}(t_S-t_0)^2+\frac{1}{2}\frac{\boldsymbol{v}_S\cdot\boldsymbol{v}_S}{c\rho_{SA}}(t_S-t_0)^2-\frac{1}{2}\frac{(\boldsymbol{\rho}_{SA}\cdot\boldsymbol{v}_S)^2}{c\rho_{SA}^3}(t_S-t_0)^2 \tag{4.115}$$

$$\Delta\tau_{SB}=\frac{\boldsymbol{\rho}_{SB}\cdot\boldsymbol{v}_B}{c\rho_{SB}}(t_B-t_0)+\frac{1}{2}\frac{\boldsymbol{\rho}_{SB}\cdot\boldsymbol{a}_B}{c\rho_{SB}}(t_B-t_0)^2+\frac{1}{2}\frac{\boldsymbol{v}_B\cdot\boldsymbol{v}_B}{c\rho_{SB}}(t_B-t_0)^2-\frac{1}{2}\frac{(\boldsymbol{\rho}_{SB}\cdot\boldsymbol{v}_B)^2}{c\rho_{SB}^3}(t_B-t_0)^2-\frac{\boldsymbol{\rho}_{SB}\cdot\boldsymbol{v}_S}{c\rho_{SB}}(t_S-t_0)-\frac{1}{2}\frac{\boldsymbol{\rho}_{SB}\cdot\boldsymbol{a}_S}{c\rho_{SB}}(t_S-t_0)^2+\frac{1}{2}\frac{\boldsymbol{v}_S\cdot\boldsymbol{v}_S}{c\rho_{SB}}(t_S-t_0)^2-\frac{1}{2}\frac{(\boldsymbol{\rho}_{SB}\cdot\boldsymbol{v}_S)^2}{c\rho_{SB}^3}(t_S-t_0)^2 \tag{4.116}$$

上面两式中

$$\begin{cases}t_S-t_0=\tau_{OS}^{\text{spa}}+\tau_S\\ t_A-t_0=\tau_{OS}^{\text{spa}}+\tau_S+\tau_{SA}^{\text{tro}}+\tau_{SA}^{\text{ion}}+\tau_{SA}^{\text{G}}+\tau_{SA}+\Delta\tau_{SA}\\ t_B-t_0=\tau_{OS}^{\text{spa}}+\tau_S+\tau_{SB}^{\text{tro}}+\tau_{SB}^{\text{ion}}+\tau_{SB}^{\text{G}}+\tau_{SB}+\Delta\tau_{SB}\end{cases} \tag{4.117}$$

式中:τ_{SA}、τ_{SB}分别为归算时刻卫星到地面站 A、B 的几何距离时延,$\tau_{SA}\equiv\rho_{SA}/c$,$\tau_{SB}\equiv\rho_{SB}/c$。

由前面分析可知,对于 1ns 量级的时间比对,上面两项改正只需要保留到速度的一次幂,对于速度的二次幂和加速度的一次幂可以忽略,忽略的误差不超过 10ps。

如果认为中心站到卫星和卫星到地面站 A、B 的几何距离时延为零阶小量,速度一次幂项为一阶小量,加速度项和速度二次幂项为二阶小量,顾及 $\rho_{SA}\approx\rho_{SB}\approx\rho$,则当忽略卫星在地心地固坐标系中的运动时,式(4.116)和式(4.117)完全展开到二阶小量并求差可得(保留了所有大于 1ps 的项)

$$\delta=\Delta\tau_{SA}-\Delta\tau_{SB}=\frac{\boldsymbol{\rho}_{SA}\boldsymbol{v}_A}{c^2}-\frac{\boldsymbol{\rho}_{SB}\boldsymbol{v}_B}{c^2}+\frac{1}{2}\frac{\boldsymbol{D}_{BA}\boldsymbol{a}_S}{c\rho}\frac{\rho_{OS}^2}{c^2}+\frac{1}{2}\left(\frac{\boldsymbol{\rho}_{SA}\boldsymbol{a}_A}{c\rho}-\frac{\boldsymbol{\rho}_{SB}\boldsymbol{a}_B}{c\rho}\right)\left(\frac{\rho_{OS}}{c}+\frac{\rho}{c}\right)^2 \tag{4.118}$$

式(4.118)右边第一项和第二项分别为 A 站和 B 站的 Sagnac 效应,第三项为由于卫星加速度和两站距离引起的改正,第四项为由于地面站加速度引起的改正。

当考虑卫星在地心地固坐标系中的运动时,式(4.116)和式(4.117)完全展开到二阶小量并求差可得(保留了所有大于 1ps 的项)

$$\delta=\Delta\tau_{SA}-\Delta\tau_{SB}=\frac{\boldsymbol{\rho}_{SA}\boldsymbol{v}_A}{c^2}-\frac{\boldsymbol{\rho}_{SB}\boldsymbol{v}_B}{c^2}+\frac{\boldsymbol{D}_{BA}\cdot\boldsymbol{V}_S}{c^2}+\frac{1}{2}\frac{\boldsymbol{D}_{BA}\boldsymbol{a}_S}{c\rho}\frac{\rho_{OS}^2}{c^2}+\frac{1}{2}\left(\frac{\boldsymbol{\rho}_{SA}\boldsymbol{a}_A}{c\rho}-\frac{\boldsymbol{\rho}_{SB}\boldsymbol{a}_B}{c\rho}\right)\left(\frac{\rho_{OS}+\rho}{c}\right)^2 \tag{4.119}$$

前面已经分析,对于地球同步卫星,卫星与地面站之间的 Sagnac 效应最大约为 200ns。如果取 $\rho\approx4\times10^7$m,$\tau_{OS}\approx0.13$s,$V_S\approx5$m/s,也可以分析,当 A、B 两站的基线长为 2000km 时,式(4.119)右边第三项的影响约为 0.11ns,第四项的影响约为 0.3ps,第五项中单一地面站加速度项的影响约为 3.8ps。因此,对于现在要求在纳秒量级的时间比对,式(4.119)后面三项的影响可以忽略。

将式(4.112)、式(4.113)、式(4.118)或式(4.119)代入式(4.111)可得

$$\Delta T_{AB}=(R_A-R_B)-(\tau_{SA}-\tau_{SB})-(\tau_{SA}^{\text{ion}}-\tau_{SB}^{\text{ion}})-(\tau_{SA}^{\text{tro}}-\tau_{SB}^{\text{tro}})-(\tau_{SA}^{\text{G}}-\tau_{SB}^{\text{G}})-(\tau_A^{\text{r}}-\tau_B^{\text{r}})-\delta \tag{4.120}$$

式(4.120)即为地心非旋转坐标系中北斗 RDSS 单向共视法计算两站间相对钟差的实用公式。式(4.120)右边第一项为两站实测的读数差;第二项为两站几何时延差,可由归算时刻的测站位置和卫星位置计算;第三项、第四项和第五项分别为卫星到两站间的电离层时延差、对流层时延差和相对论引力时延差;第六项为两测站接收设备时延之差,一般由事先标定值进行改正;最后一项为归算时刻与观测时刻不同步以及卫星和测站运动引起的时延差,可以由式(4.118)或式(4.119)计算。

前面已经证明,地心地固坐标系中的计算模型可以由地心非旋转坐标系中的计算模型通过坐标转换得到,因此,这里直接给出式(4.120)在地心地固坐标系中的表达式,即

$$\Delta T_{AB}=(R_A-R_B)-(\tau_{SA}-\tau_{SB})-(\tau_{SA}^{\text{ion}}-\tau_{SB}^{\text{ion}})-(\tau_{SA}^{\text{tro}}-\tau_{SB}^{\text{tro}})-(\tau_{SA}^{\text{G}}-\tau_{SB}^{\text{G}})-(\tau_A^{\text{r}}-\tau_B^{\text{r}})-\frac{\omega}{c^2}[X_S(Y_A-Y_B)-Y_S(X_A-X_B)]-\frac{\boldsymbol{D}_{BA}\cdot\boldsymbol{V}_S}{c^2} \tag{4.121}$$

4.4.3 试验分析

北斗 RDSS 单向共视比对试验设备连接如图 4.38 所示。在试验两地各安装一台北斗卫星共视接收机,在同一时刻接收同一北斗卫星波束信号,接收北斗地面中心站经卫星播发的时间帧询问信号,测出本地钟秒信号与询问信号相关峰的时间间隔;同时接收卫星播发的授时信息(卫星位置、卫星速度、电离层修正模型参数、正向传播时延),并输出每秒测距值和时延修正值。接收机按照 BDGS 数据文件格式存储并通过串口传至采集设备。数据处理计算机得到两地接收机同时测量的 24h 数据样本后,可得到每秒本地钟与北斗秒的时差 REFBD,每 20s 用最小二乘法作二次曲线拟合,然后对每 20min 中的 60 个曲线中点值进行高次曲线拟合,得出两地原子钟差曲线图。

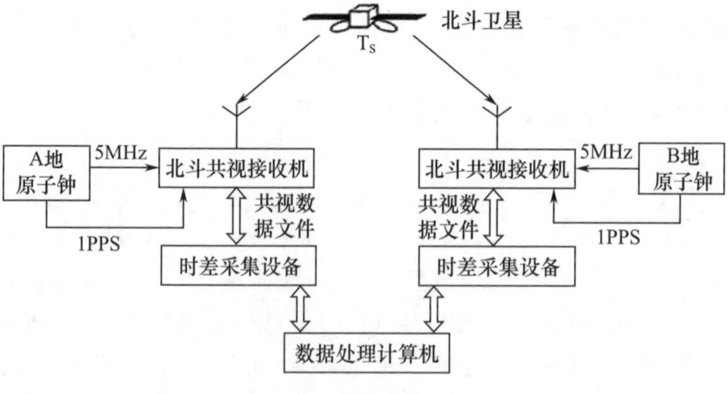

图 4.38 北斗 RDSS 单向共视时间比对试验设备连接

2004年9月13日,在北京与乌鲁木齐之间进行了北斗RDSS单向共视比对试验,单向共视比对数据处理结果如图4.39所示。

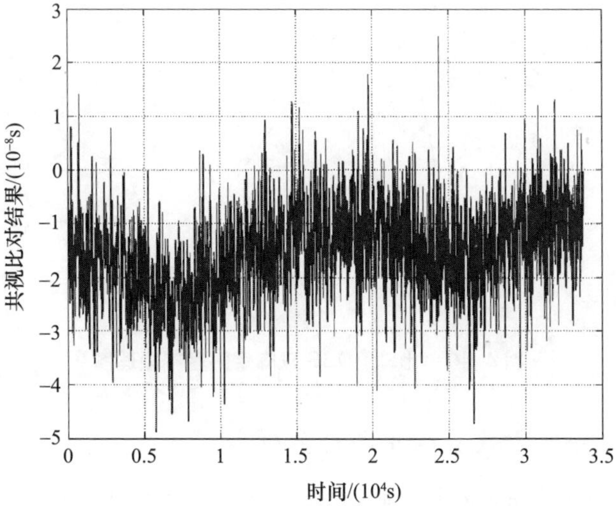

图4.39　北京—乌鲁木齐RDSS单向共视比对结果

由图4.39可见,乌鲁木齐相对于北京之间存在－15.2ns的系统性偏差,该偏差经分析为设备时延常量偏差,统计扣除均值之后的两地钟差处理结果的均方根误差为8.5ns。说明北斗RDSS单向共视法能够获得优于10ns的时间比对精度。

4.5　北斗RDSS双向共视法

北斗卫星导航系统RDSS体制不仅具有单向授时模式,而且具有双向定时模式。4.4节针对单向授时模式讨论了北斗RDSS单向共视法,本节就针对RDSS双向定时模式,讨论一种北斗RDSS双向共视时间比对方法[54]。

4.5.1　北斗RDSS双向定时基本原理

北斗RDSS双向定时的基本原理如图4.40所示,中心站O在本地时间基准的控制下定时向卫星发射时间帧询问信号,该信号经卫星转发后被用户双向定时终端所接收,从而测出询问信号相关峰到本地钟秒信号的时间间隔;同时用户双向定时终端向卫星发射响应信号,经卫星转发被中心站接收,由中心站测出信号往返时间延迟,并计算出该信号由中心站发出至用户双向定时终端接收的正向传播时延,再经卫星发送给用户双向定时终端作为双向定时时延修正值。用户利用该修正值就能得到相对于系统时间的钟差。

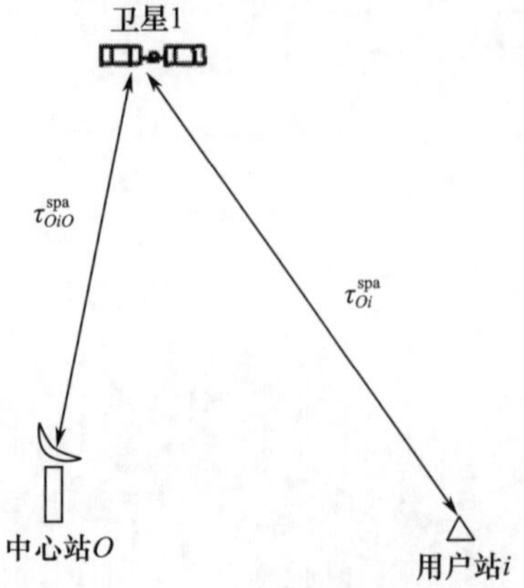

图 4.40 北斗 RDSS 双向定时基本原理图

4.5.2 北斗 RDSS 双向定时计算模型

根据北斗 RDSS 双向定时基本原理[54-55]，任一个用户 i 钟差 ΔT_i 的计算公式为

$$\Delta T_i = 1 - n \cdot \Delta t - R_i - \tau_{Oi} \tag{4.122}$$

式中：$n \cdot \Delta t$ 为第 n 帧对应的时间；$1 - n \cdot \Delta t$ 为第 n 帧对应时间与整秒时刻的时间差；R_i 为用户 i 的观测量；τ_{Oi} 为中心站 O 到用户 i 的正向传播时延。

北斗系统给出的 τ_{Oi} 计算公式为

$$\tau_{Oi} = \frac{1}{2}[R_{OiO} + (\tau_{Oi}^{air} - \tau_{iO}^{air}) - \tau_{OiO}^{equ}] + \tau_{Oi}^{equ} \tag{4.123}$$

式中：R_{OiO} 为中心站测得的到用户 i 的往返时延观测量；τ_{Oi}^{air} 为信号由中心站到用户正向传播过程中的大气时延（包括对流层时延和电离层时延）；τ_{iO}^{air} 为信号由用户到中心站反向传播过程中的大气时延（包括对流层时延和电离层时延）；τ_{Oi}^{equ} 为信号由中心站到用户正向传播过程中的设备时延和；τ_{OiO}^{equ} 为信号正反向传播过程中的设备时延和。

实际上，用户测得的时延观测量 R_i 可以表示为

$$R_i = \tau_{OS} + \tau_{OS}^{air} + \tau_{OS}^{sag} + \tau_{Si} + \tau_{Si}^{air} + \tau_{Si}^{sag} \tag{4.124}$$

式中：τ_{OS}、τ_{Si} 分别为中心站到卫星、卫星到用户路径的几何时延；τ_{OS}^{air}、τ_{Si}^{air} 分别为上述两条路径的大气时延（包括对流层时延和电离层时延）；τ_{OS}^{sag} 为信号由中心站到卫星的 Sagnac 效应时延；τ_{Si}^{sag} 为卫星到用户 i 的 Sagnac 效应时延。

同样，中心站观测量 R_{OiO} 可以表示为

$$\begin{aligned} R_{OiO} = {} & \tau_{OiO}^{equ} + \tau_{OS} + \tau_{OS}^{air} + \tau_{OS}^{sag} + \tau_{Si} + \tau_{Si}^{air} + \tau_{Si}^{sag} + \\ & \tau_{iS} + \tau_{iS}^{air} + \tau_{iS}^{sag} + \tau_{SO} + \tau_{SO}^{air} + \tau_{SO}^{sag} \end{aligned} \tag{4.125}$$

式中：τ_{iS}、τ_{SO} 分别为用户到卫星、卫星到中心站路径的几何时延；τ_{iS}^{air}、τ_{SO}^{air} 分别为用户到卫星、卫星到中心站路径的大气时延（包括对流层时延和电离层时延）；τ_{iS}^{sag}、τ_{SO}^{sag} 分

别为用户到卫星、卫星到中心站的Sagnac效应时延。

将式(4.125)代入式(4.123)可得

$$\tau_{Oi} = \tau_{OS} + \tau_{Si} + \tau_{OS}^{\text{air}} + \tau_{Si}^{\text{air}} - \frac{1}{2}\tau_{OiO}^{\text{equ}} + \tau_{Oi}^{\text{equ}} + (\tau_{OS}^{\text{sag}} + \tau_{Si}^{\text{sag}} + \tau_{iS}^{\text{sag}} + \tau_{SO}^{\text{sag}}) \tag{4.126}$$

由于信号往返路径的 Sagnac 效应大小基本相等,符号相反,可以计算式(4.126)最后四项 Sagnac 效应之和为 0,即正向传播时延改正 τ_{Oi}中不包含 Sagnac 效应项。

综上分析,对于式(4.122)给出的双向定时计算模型,还需要考虑中心站到用户 i 的 Sagnac 效应改正,这种影响对于距离中心站较近的用户可以忽略,而对于远距离用户的影响则可以达到几十纳秒。因此,双向定时的详细计算模型为

$$\Delta T_i = 1 - n \cdot \Delta t - R_i - \tau_{Oi} + \tau_{OS}^{\text{sag}} + \tau_{Si}^{\text{sag}} \tag{4.127}$$

这里不做推导地直接给出最后两项的计算公式(这里忽略了小于 1ns 的项):

$$\begin{cases} \tau_{OS}^{\text{sag}} = \dfrac{\omega(X_O Y_S - X_S Y_O)}{c^2} \\ \tau_{Si}^{\text{sag}} = \dfrac{\omega(X_S Y_i - X_O Y_i)}{c^2} \end{cases} \tag{4.128}$$

式中:X_O、Y_O 为中心站在地心固坐标系 X、Y 方向的坐标分量。

由式(4.128)可见,如果用户站与中心站并址,$\tau_{OS}^{\text{sag}} = -\tau_{Si}^{\text{sag}}$,则式(4.122)与式(4.127)等价,此时 Sagnac 效应不会影响用户钟差的计算。当用户站距离中心站较远时,$\tau_{OS}^{\text{sag}} \neq -\tau_{Si}^{\text{sag}}$,则式(4.122)与式(4.127)不等价,此时,双向定时必须采用式(4.127)进行计算。表 4.7 给出的是式(4.127)Sagnac 效应改正项在几个代表地区的大小[55]。

表 4.7 双向定时中 Sagnac 效应改正项在几个代表地区的大小　　单位:ns

卫星	乌鲁木齐	拉萨	海南	佳木斯
1	-58.07	76.13	-37.96	42.4
2	-78.77	-80.11	-19.97	33.97
3	-78.36	-62.61	3.38	16.45

由表 4.7 可知,对于双向定时,忽略 Sagnac 效应改正项会产生最大几十纳秒的误差。因为卫星运动很慢,可以近似看作不动,所以在短时间内,该项改正会使地球同步卫星定位系统用户的定时结果产生绝对偏差。

4.5.3 北斗 RDSS 双向共视基本原理

北斗 RDSS 双向共视时间比对方法的基本原理如图 4.41 所示,中心站在本地时间基准的控制下定时向卫星发射时间信号,该信号经卫星转发后被用户所接收,假设测站 A、B 接收同一卫星转发的中心站发射的同一时间信号,测出询问信号相关峰到本地钟秒信号的时间间隔,同时向卫星发射响应信号,由地面中心站测出信号往返时间并计算出该信号由中心站发出至接收机的正向传播时延,再发送给接收机作为双

向定时时延修正值;接收机接收到时延修正值后,进行定时信号修正,输出代表北斗时的秒脉冲;将接收机定时修正后的秒信号送至时间间隔计数器,与本地原子钟输出的秒脉冲比较,从而得到本地钟与中心站的钟差[54]。

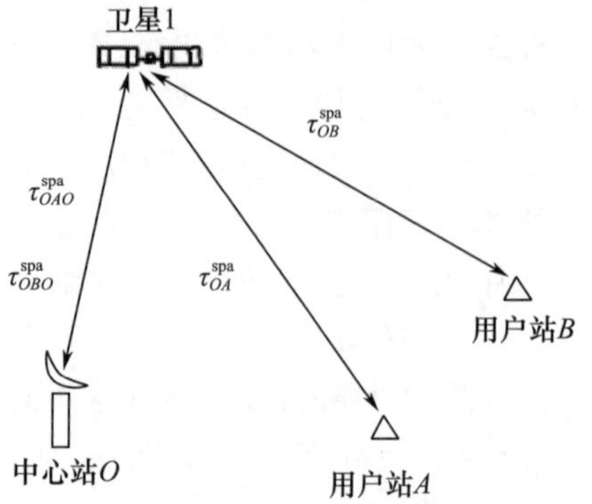

图 4.41　北斗 RDSS 双向共视时间比对方法的基本原理

4.5.4　北斗 RDSS 双向共视计算模型

根据 RDSS 双向定时基本原理,对位于不同地面站的两个用户 A、B,如果同时响应同一颗卫星的转发信号,并完成各自的双向定时,则两个用户计算的钟差求差就能获得两个用户的相对钟差,从而完成两站间的时间比对,即

$$\Delta T_{AB} \equiv \Delta T_A - \Delta T_B = (R_B + \tau_{OB}) - (R_A + \tau_{OA}) \tag{4.129}$$

式中:R_A、R_B 分别为用户 A、B 的观测量;τ_{OA}、τ_{OB} 分别为中心站到用户 A、B 的正向传播时延。

根据上面推导的 RDSS 双向定时计算模型,可得 RDSS 双向共视时间比对的计算模型为

$$\begin{aligned}\Delta T_{AB} = {} & (R_B + \tau_{OB} - \tau_{OS}^{sag} - \tau_{SB}^{sag}) - (R_A + \tau_{OA} - \tau_{OS}^{sag} - \tau_{SA}^{sag}) = \\ & (R_B - R_A) + \frac{1}{2}(R_{OBO} - R_{OAO}) + \frac{1}{2}(\tau_{SB}^{air} - \tau_{BS}^{air}) + \frac{1}{2}(\tau_{AS}^{air} - \tau_{SA}^{air}) + \\ & \frac{1}{2}(\tau_{OAO}^{equ} - \tau_{OBO}^{equ}) + (\tau_{OB}^{equ} - \tau_{OA}^{equ}) + (\tau_{SA}^{sag} - \tau_{SB}^{sag})\end{aligned} \tag{4.130}$$

式(4.130)等号右边第三项和第四项为卫星与用户之间的大气延迟改正(包括对流层时延和电离层时延),可以通过分布在全国范围的标校站数据计算得到;第五项为中心站与用户的双向设备时延之差,双向设备时延一般事先标定并存储在中心站作为常数处理;第六项为中心站到用户的单向设备时延之差,单向设备时延也已经事先标定并存储在用户机中作为常数处理;最后一项中的 τ_{SA}^{sag} 和 τ_{SB}^{sag} 可以采用式(4.128)计算。

可见,经过两站间求差,中心站到卫星间的公共传播时延被消除,不会影响双向共视比对结果。由于卫星基本不动,因此卫星与用户之间的对流层延迟也被很好地消除。卫星与用户之间的电离层延迟被消除掉大部分,剩余部分仅为电离层延迟随

上、下行频率不同引起的差异。设备时延中由于标定不准产生的系统性偏差也会被消除,剩余部分为设备时延标定的随机误差以及设备时延随环境变化引起的影响。因此,经过共视比对,大大提高了两站间的时间比对精度。

4.5.5　北斗 RDSS 双向共视试验分析

为了分析和验证地球同步卫星双向共视时间比对的精度,我们分别在北京与乌鲁木齐和北京与哈尔滨之间进行了共视比对试验,试验设备连接如图 4.42 所示。在与中心站并址的北京站放置定时终端 A,在乌鲁木齐和哈尔滨放置定时终端 B,北京时间间隔计数器开门采用中心站原子钟输出的 1PPS 信号,其他两站时间间隔计数器开门采用本地原子钟输出的 1PPS 信号,关门采用各自定时终端经过双向定时修正后的 1PPS 信号。

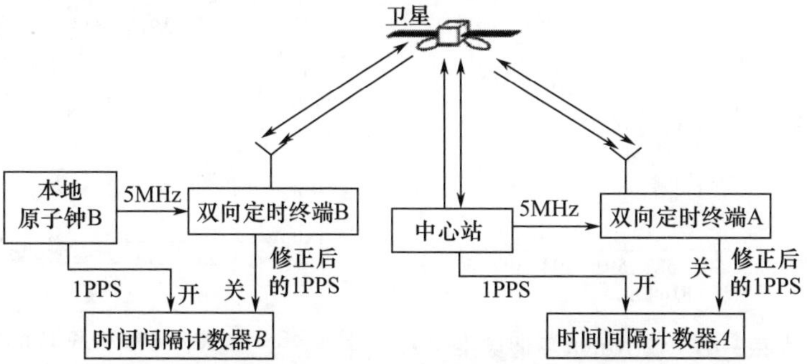

图 4.42　北斗 RDSS 双向共视时间比对试验设备连接

2004 年 9 月 12 日北京与乌鲁木齐和 2004 年 9 月 25 日北京与哈尔滨采用同一卫星同一波束双向共视观测数据的计算结果如图 4.43 ~ 图 4.48 所示。图 4.43、图 4.44 给出的是未经过平滑降频的原始结果,图 4.45、图 4.46 给出的是对原始结果进行 5min 平滑后的结果,图 4.47、图 4.48 给出的是对原始结果进行 15min 平滑后的结果。图中:"■"表示计算结果,平滑曲线表示多项式拟合结果。

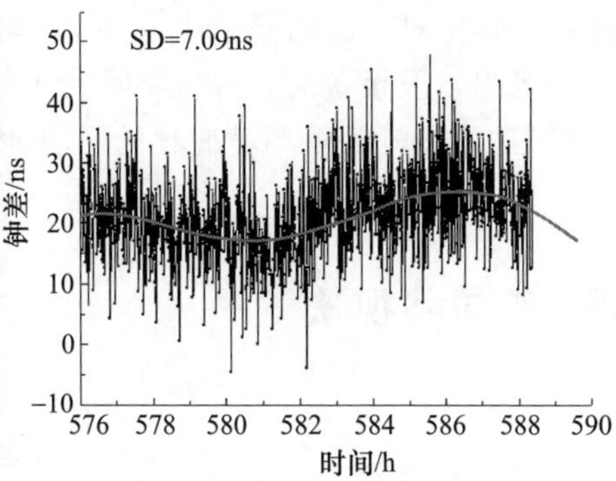

图 4.43　北京—哈尔滨原始结果

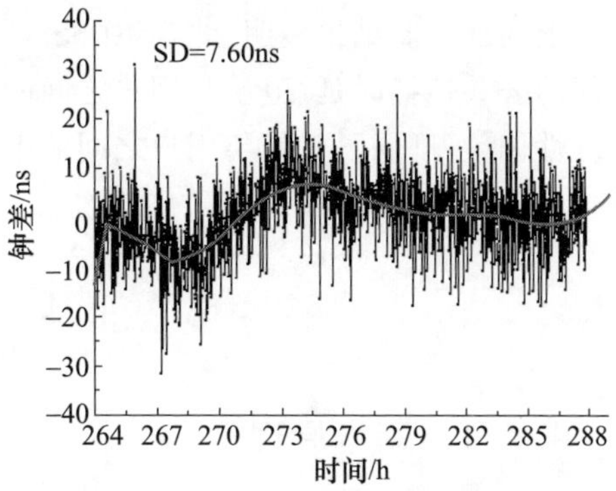

图 4.44　北京—乌鲁木齐原始结果

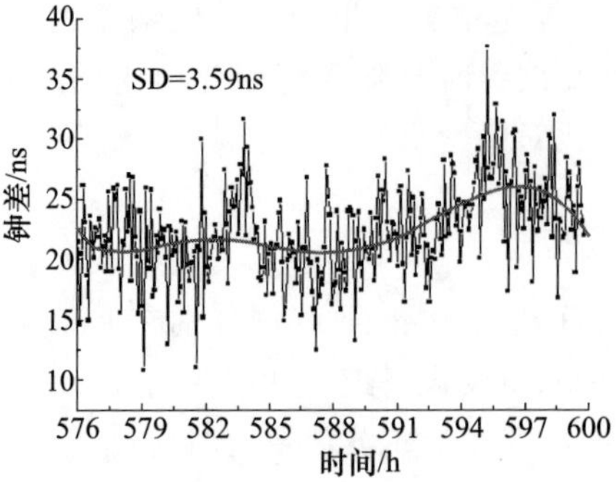

图 4.45　北京—哈尔滨 5min 平滑结果

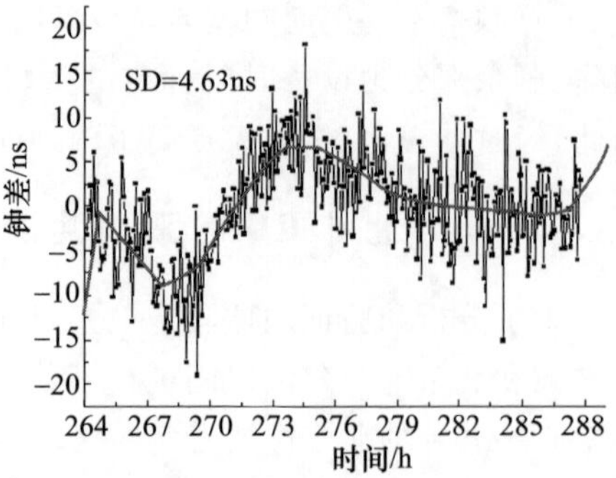

图 4.46　北京—乌鲁木齐 5min 平滑结果

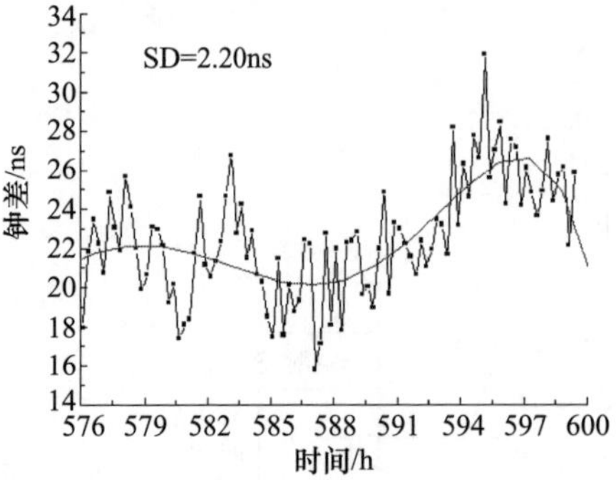

图 4.47　北京—哈尔滨 15min 平滑结果

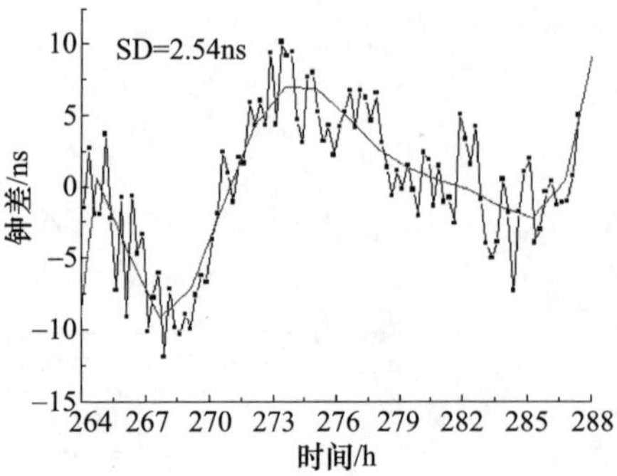

图 4.48　北京—乌鲁木齐 15min 平滑结果

由上面各图可以看出：乌鲁木齐相对于北京站之间经系统差修正后，已经不存在系统性偏差，但是哈尔滨与北京站之间仍然存在约 23ns 的系统性偏差，该偏差经分析也是由设备时延常量偏差引起的，扣除均值系统差之后，RDSS 双向共视原始比对结果与拟合曲线的标准差小于 8ns；对原始数据经过 5min 平滑后，标准偏差减小到约 4ns；经过 15min 平滑后，标准差降低到约 2.5ns，平滑结果精度比原始结果提高了 2 倍。说明北斗 RDSS 双向共视法也能够获得优于 10ns 的时间比对精度，并且数据平滑能够在一定程度上提高比对精度。与 RDSS 单向共视法相比，时间比对精度也由 8.5ns 提高到了 2.5ns。

上面的试验结果表明：北斗 RDSS 双向共视时间比对方法消除了中心站与卫星之间的公共传播时延、卫星与用户之间的对流层延迟以及设备时延标定不准产生的系统性偏差，削弱了卫星与用户之间的电离层延迟、设备时延随环境变化的影响，因此大大提高了两站时间比对的精度。

4.6　北斗 RNSS 双向共视法

4.6.1　基本原理

北斗 RNSS 双向共视时间比对法是在星地无线电双向法和卫星共视法两种技术

基础上提出的,卫星共视法在前面已经讨论,星地无线电双向法将在第5章中详细讨论。北斗RNSS双向共视法的基本原理如图4.49所示[56-58],当卫星处于两个地面站可视范围时,由两个地面站 i、j 分别向卫星发射测距信号,这两个测距信号被卫星上的两个独立通道 A/B 分别接收,从而测得两个上行伪距观测量;同时,两个地面站接收卫星发射的下行信号,从而测得两个下行伪距观测量;经两站分别星地双向求差,就可以分别得到卫星与两站之间的星地钟差;如果卫星两个独立通道 A/B 具有很好的一致性,最后,这两个星地钟差求差,就能得到两个地面站之间的站间钟差。

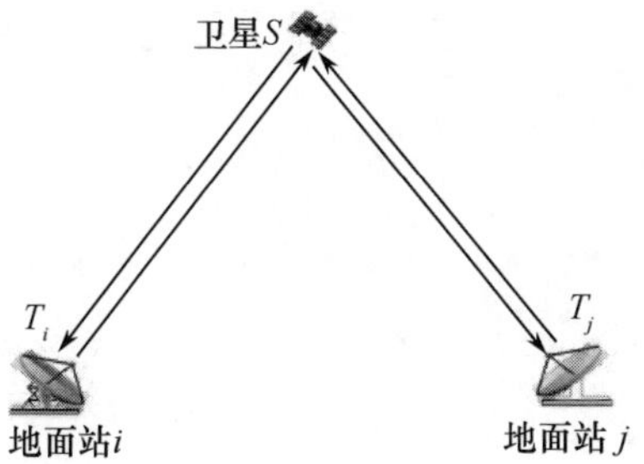

图4.49　北斗RNSS双向共视法的基本原理

可见,该方法首先利用了星地无线电双向法的优点,消除了卫星轨道误差、卫星钟误差、地面站址误差、对流层延迟误差等公共误差,初步削弱了具有频率相关特性的电离层延迟误差。其次,该方法又利用了共视法的优点,经两站之间进一步求差,二次削弱了具有空间强相关特性的电离层延迟误差,同时基本消除了卫星上、下行天线相位中心不一致引起的误差,即使在两站分别计算星地钟差时不进行天线相位中心修正,最终也能获得两站之间高精度的站间钟差。

4.6.2　计算模型

假设在本地钟面时整秒 T_0 时刻(对应系统时间 t_0 时刻),卫星 A/B 通道同时接收地面站 i、j 发射的上行测距信号,根据星地无线电双向时间比对计算模型[56],对于 i、j 两站分别有

$$\begin{cases}\Delta T_S(t_0)-\Delta T_i(t_0)\approx\dfrac{1}{2c}\left[\rho_{Si}^{\text{geo}}(t_1)-P_{Si}(t_1)\right]-\dfrac{1}{2c}\left[\rho_{iS}^{\text{geo}}(t_0)-P_{iS}(t_0)\right]+\dfrac{1}{2}(\Delta\tau'_{Si}-\Delta\tau'_{iS})\\[2ex]\Delta T_S(t_0)-\Delta T_j(t_0)\approx\dfrac{1}{2c}\left[\rho_{Sj}^{\text{geo}}(t_2)-P_{Sj}(t_2)\right]-\dfrac{1}{2c}\left[\rho_{jS}^{\text{geo}}(t_0)-P_{jS}(t_0)\right]+\dfrac{1}{2}(\Delta\tau'_{Sj}-\Delta\tau'_{jS})\end{cases}\tag{4.131}$$

式中:$\Delta T_S(t_0)$ 为 t_0 时刻对应的卫星钟差;$\Delta T_k(t_0)$ 为 t_0 时刻对应的地面站 k($k=i,j$,下同)钟差;$\rho_{Sk}^{\text{geo}}(t)$、$\rho_{kS}^{\text{geo}}(t)$ 分别为信号由卫星传播到地面站 k 和信号由地面站 k 传播到卫星的空间几何距离;$P_{Sk}(t)$、$P_{kS}(t)$ 分别为地面站 k 和卫星的观测伪距;$\Delta\tau'_{Sk}$、$\Delta\tau'_{kS}$ 分别为信号由卫星传播到地面站 k 和信号由地面站 k 传

播到卫星的路径上引力时延、大气时延（包括电离层延迟和对流层延迟）和设备时延等引起的时间延迟改正。

由式(4.131)可见，经星地双向伪距分别求差，i、j两站观测数据中包含的卫星钟差、卫星星历误差、对流层延迟等共同误差被很好地消除了，与信号频率有关的电离层误差也被大大地削弱了。

在此基础上，式(4.131)中的两式继续二次共视求差，可得

$$\Delta T_{ij}(t_0) \equiv \Delta T_j(t_0) - \Delta T_i(t_0) \approx \frac{1}{2c}[\rho_{Si}^{geo}(t_1) - P_{Si}(t_1)] - \frac{1}{2c}[\rho_{iS}^{geo}(t_0) - P_{iS}(t_0)] + \frac{1}{2}(\Delta\tau'_{Si} - \Delta\tau'_{iS}) - \frac{1}{2c}[\rho_{Sj}^{geo}(t_2) - P_{Sj}(t_2)] + \frac{1}{2c}[\rho_{jS}^{geo}(t_0) - P_{jS}(t_0)] - \frac{1}{2}(\Delta\tau'_{Sj} - \Delta\tau'_{jS}) \tag{4.132}$$

如果一个地面站时间为系统时间或相对系统时间的钟差已知（不失一般性，假设 $\Delta T_i(t_0)=0$），则式(4.132)可以简化为

$$\Delta T_j(t_0) = \frac{1}{2c}[\rho_{Si}^{geo}(t_1) - P_{Si}(t_1)] - \frac{1}{2c}[\rho_{iS}^{geo}(t_0) - P_{iS}(t_0)] + \frac{1}{2}(\Delta\tau'_{Si} - \Delta\tau'_{iS}) - \frac{1}{2c}[\rho_{Sj}^{geo}(t_2) - P_{Sj}(t_2)] + \frac{1}{2c}[\rho_{jS}^{geo}(t_0) - P_{jS}(t_0)] - \frac{1}{2}(\Delta\tau'_{Sj} - \Delta\tau'_{jS}) \tag{4.133}$$

在地心地固坐标系中，考虑到引力时延、电离层延迟、对流层延迟以及设备时延等改正项，有

$$\begin{aligned}\Delta T_j(t_0) = & \frac{1}{2c}[\rho_{Si}^{geo} - P_{Si}(t_1)] - \frac{1}{2c}[\rho_{Sj}^{geo} - P_{Sj}(t_2)] - \\ & \frac{1}{2c}[\rho_{iS}^{geo} - P_{iS}(t_0)] + \frac{1}{2c}[\rho_{jS}^{geo} - P_{jS}(t_0)] + \\ & \frac{1}{2}(\tau_i^{r} - \tau_i^{e}) - \frac{1}{2}(\tau_j^{r} - \tau_j^{e}) + \frac{1}{2}(\tau_{S_B}^{r} - \tau_{S_A}^{r}) + \\ & \frac{1}{2}(\tau_{Si}^{ion} - \tau_{iS}^{ion}) - \frac{1}{2}(\tau_{Sj}^{ion} - \tau_{jS}^{ion}) + \frac{1}{2}(\tau_{Si}^{tro} - \tau_{iS}^{tro}) - \frac{1}{2}(\tau_{Sj}^{tro} - \tau_{jS}^{tro})\end{aligned} \tag{4.134}$$

式中：τ_{Sk}^{ion}、τ_{Sk}^{tro}、τ_S^{r}、τ_k^{e}、τ_k^{r} 分别为信号由卫星传播到地面站 k 路径上的电离层延迟、对流层延迟、卫星接收设备时延、地面站发射设备延迟和接收设备延迟。

式(4.134)为北斗 RNSS 双向共视法的实用计算模型。可见，如果卫星 A/B 通道时延互差经过标定并保持稳定，那么经过星地无线电双向求差和共视求差，两站之间共同部分误差（如与卫星有关的误差、引力时延）得到消除，具有空间强相关特性的误差（如轨道误差、电离层延迟、对流层延迟）得到削弱，计算的两站钟差精度得到大大提高。

4.6.3 试验分析

4.6.3.1 卫星双通道一致性试验结果

由于该方法的前提是卫星 A/B 两个通道具有很好的一致性，因此，需要首先验

证这一假设的正确性。为此,采用同时同源伪距一致性方法进行验证,即卫星 A/B 两个通道同时接收同一个地面站的发射信号测得两个伪距观测量,对两个同时观测的伪距求差,该差值就代表了 A/B 两个通道的一致性。图 4.50 给出的是 2012 年 11 月 1 日的实测数据试验结果。

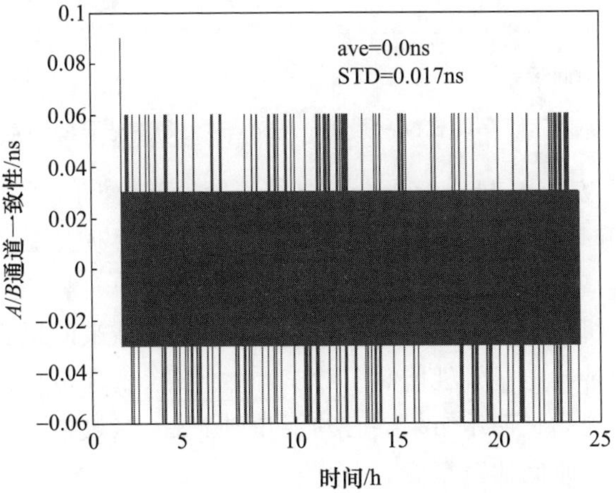

图 4.50　卫星 A/B 两个通道一致性试验结果

由上面结果可以看出,卫星两个通道的一致性最大未超过 0.1ns,均值在 0 附近,均方差为 0.02ns,说明卫星 A/B 两个通道具有很好的一致性,可以保证卫星双向共视站间时间同步结果不会受到卫星 A/B 两个通道不一致影响。

4.6.3.2　星地无线电双向时间比对试验结果

2012 年 11 月 2 日,我们利用北京和海南分别与北斗 GEO 卫星 A/B 两个通道进行了星地无线电双向时间比对,两站星地无线电双向法计算的星地钟差结果如图 4.51 和图 4.52 所示。图 4.53 和图 4.54 给出的是对上面两站星地钟差结果进行二阶多项式拟合的拟合残差。

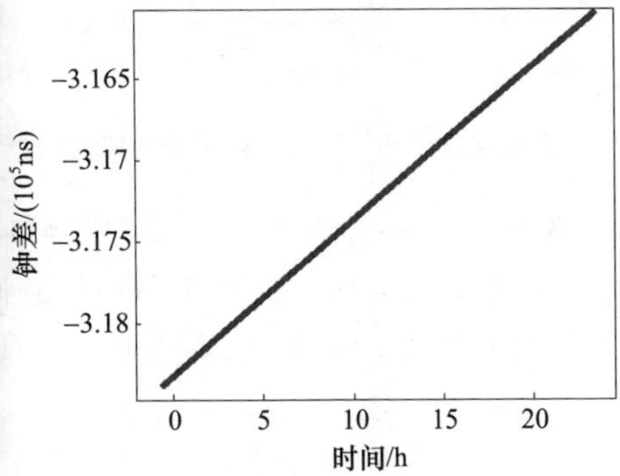

图 4.51　北京站计算的卫星钟差结果

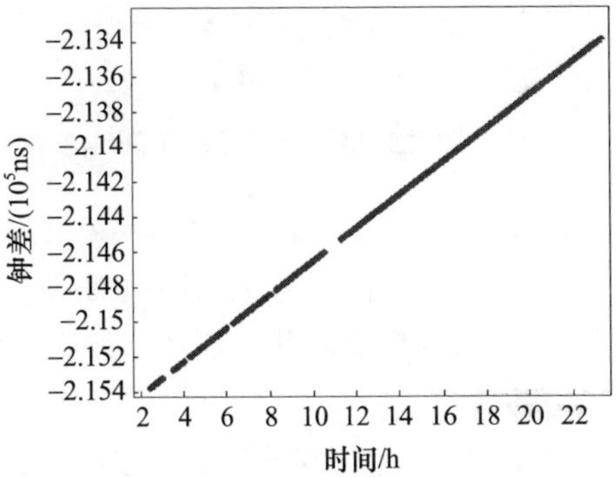

图 4.52　海南站计算的卫星钟差结果

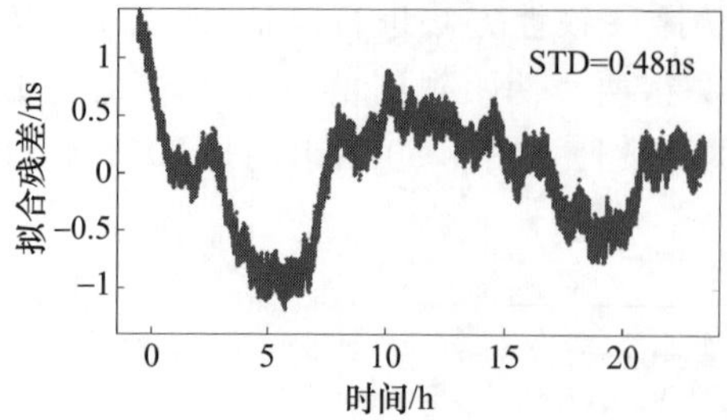

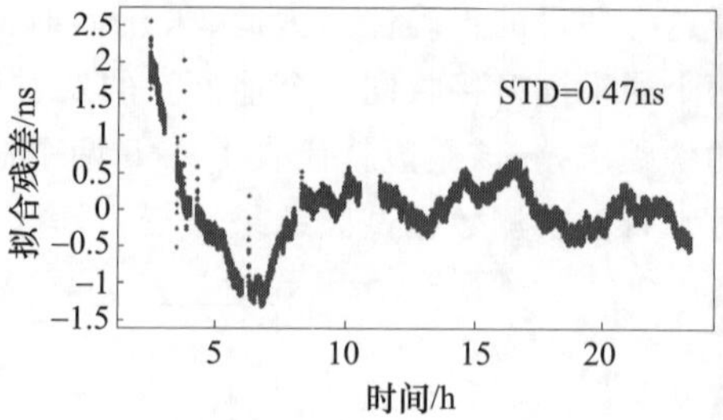

图 4.53 北京站卫星钟差二阶多项式拟合残差 图 4.54 海南站卫星钟差二阶多项式拟合残差

由上面各图可以看出,星地无线电双向法原始钟差数据的拟合残差在 0.48ns 左右,说明经过卫星和地面之间的无线电双向伪距求差,能够实现高精度的卫星钟差测定。

进一步对比分析图 4.53 和图 4.54 可以看出,两站结果的拟合残差变化趋势基本一致。由于地面钟比卫星钟性能高了约 1 个数量级,上述结果说明具有共同趋势的拟合残差主要体现的是两站结果共有的卫星钟特性,这也再次证明星地双向时间同步方法具有很高的时间比对精度。

4.6.3.3 北斗 RNSS 双向共视时间比对试验结果

为验证所提 RNSS 双向共视法的正确性和可行性,利用上面两站计算的星地钟差结果进行了双向共视时间比对试验[58]。在以北京为基准的情况下(认为北京站钟差为 0),计算得到海南相对于北京站的站间钟差结果如图 4.55 所示。对上面钟差结果进行二阶多项式拟合的拟合残差如图 4.56 所示。

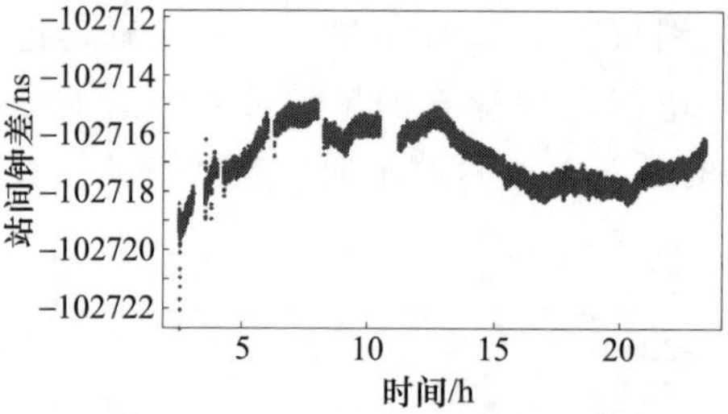

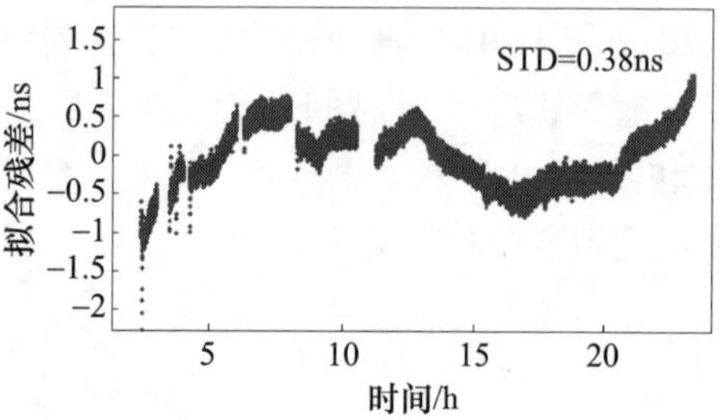

图 4.55 海南站相对于北京的站间钟差 图 4.56 海南与北京站间钟差二阶多项式拟合残差

由图 4.56 可以看出,经两站共视求差后,原来星地双向法拟合残差图 4.52 和图 4.54 中与卫星钟有关的误差被很好地消除了,卫星双向共视法结果主要体现了两站站钟特性。利用卫星双向共视法计算得到的两站站间钟差精度为 0.38ns,说明该方法具有很高的站间时间比对精度。

4.6.3.4 与 TWSTFT 精度比较分析

为了进一步验证北斗 RNSS 双向共视法计算结果的精度和正确性,采用国际上公认的高精度 TWSTFT 方法作为参考进行了比较试验[58]。图 4.57 和图 4.58 给出的是 2012 年 11 月 2 日，与上面双向共视试验同时间，采用外部独立的 C 频段TWSTFT获得的海南站与北京站之间的站间钟差结果和站间钟差的二阶多项式拟合残差结果。

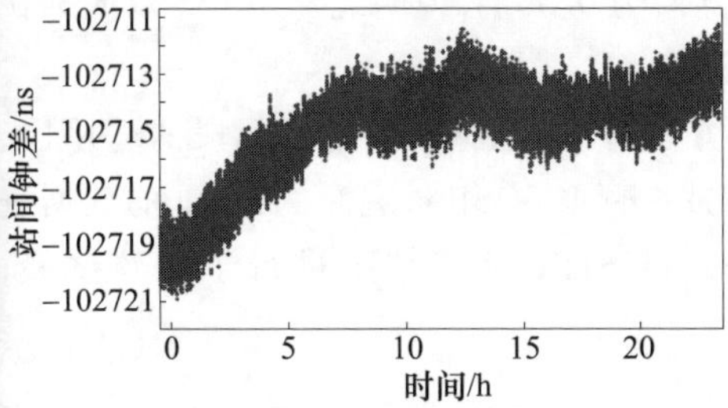

图 4.57　海南站相对北京站站间钟差

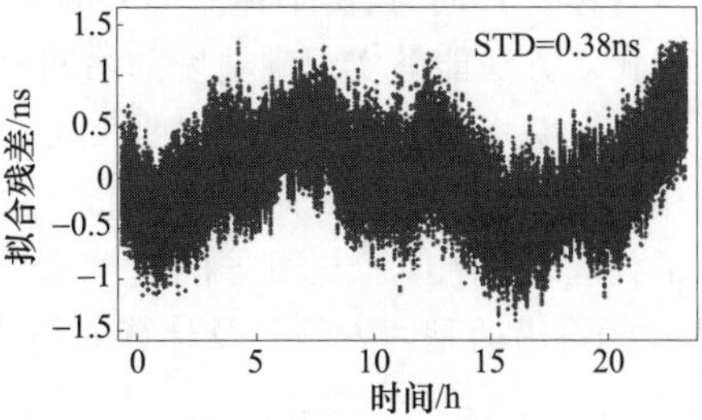

图 4.58　站间钟差二阶多项式拟合残差

可见，C 频段 TWSTFT 计算的站间钟差精度为 0.38ns，结果与文献[59]结果相当。进一步说明 C 频段 TWSTFT 是一种高精度的时间比对方法，并且该方法比较稳定，可以作为验证本节方法计算结果的参考。

与 C 频段 TWSTFT 比较试验的基本原理：若 t_k 时刻卫星与北京间的钟差为$\Delta T_{1S}(t_k)$、卫星与海南间的钟差为 $\Delta T_{2S}(t_k)$，则可以利用本节方法获得海南站与北京站的站间钟差 $\Delta T_{12}(t_k)=\Delta T_{2S}(t_k)-\Delta T_{1S}(t_k)$。同时，如果海南站与北京站之间采用 C 频段 TWSTFT 获得的站间钟差为 $\Delta T'_{12}(t_k)$，那么可以根据下式计算两个站间钟差之间的偏差：

$$\delta T(t_k)=\Delta T_{12}(t_k)-\Delta T'_{12}(t_k) \tag{4.135}$$

如果进行了 n 次观测，则可以对上面计算的偏差值进行均值和均方差统计，即

$$\begin{cases}\delta\bar{T}=\dfrac{1}{n}\sum\limits_{k=1}^{n}\delta T(t_k)\\ \sigma_T=\sqrt{\dfrac{1}{n}\sum\limits_{k=1}^{n}\left[\delta T(t_k)-\delta T^2\right]^2}\end{cases} \tag{4.136}$$

上面统计得到的均值体现了两种方法计算结果之间的系统性偏差，均方差体现了两种方法计算结果的随机性误差。图 4.59 给出的是北斗 RNSS 双向共视法与 C 频段 TWSTFT 两种方法的结果偏差以及计算的均值和均方差。

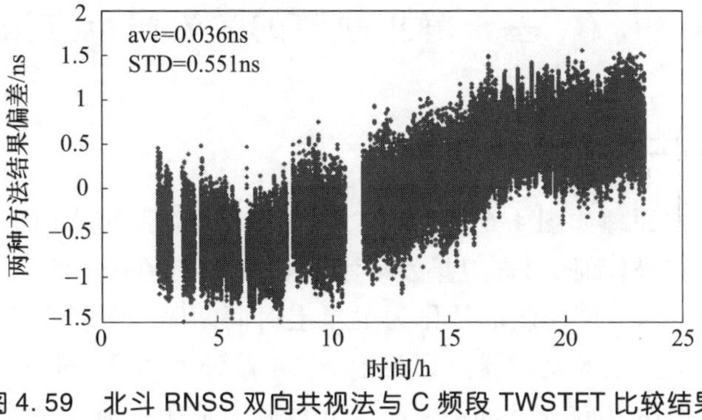

图 4.59　北斗 RNSS 双向共视法与 C 频段 TWSTFT 比较结果

图 4.59 给出的两个钟差结果的偏差均值为 0.04ns，说明北斗 RNSS 双向共视法和 C 频段 TWSTFT 计算的站间钟差之间已经没有系统性误差（前期已经对系统性偏差进行标定），同时，两个钟差结果的偏差均方差为 0.55ns，说明北斗 RNSS 双向共视时间比对方法能够实现高精度的站间时间同步。

为说明本节提出的北斗 RNSS 双向共视方法对不同卫星、不同时间段的适用性，利用 2012 年 7 月 23 日海南站与北京站通过另一颗 IGSO 卫星观测的近 3h 的数据进行了处理，采用上面方法与同时间段 C 频段 TWSTFT 计算结果进行了比较试验，图 4.60给出的是两者偏差及计算的均值和均方差。

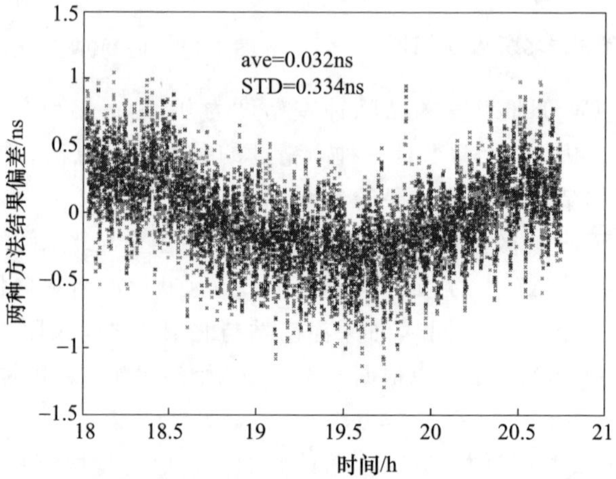

图 4.60　北斗 RNSS 双向共视法与 C 频段 TWSTFT 通过 IGSO 比较结果

与 2012 年 11 月 2 日结果比较可见，在 3 个月左右时间内，利用 GEO 和 IGSO两种不同类型卫星获得的双向共视法结果均与 C 频段 TWSTFT 结果保持很好的一致性。这不仅再次说明本节提出的双向共视法是一种高精度的时间比对方法，而且说明设备时延等系统性误差比较稳定，从而有效保证了两种方法结果长时间的正确性。

4.7　基于静止轨道的激光同步方法

4.7.1　基本原理

LASSO 的基本原理如图 4.61 所示[18,27]，与 TWSTFT 类似，地面站 A 在自己的钟面时 T_A 时刻（对应坐标时 t_0）向卫星发射激光脉冲信号，在坐标时 t_1 时刻（对应卫星钟读数 T_{S1}）到达卫星，并且该信号作为卫星上时间间隔计数器的开门信号，同时该信号被地球同步卫星上的反射器立即反射，在 A 站钟面时 T_{A2}时刻（对应坐标时 t_2）被接收，同样，地面站 B 在自己的钟面时 T_B 时刻（对应坐标时 $t_0+\Delta T_{AB}$）向卫星发射激光脉冲信号，在坐标时 t_3 时刻（对应卫星钟读数 T_{S3}）到达卫星，该信号作为卫星上时间间隔计数器的关门信号，并且反射回的信号被 B 站在钟面时 T_{B2} 时刻（对应坐标时 t_4）所接收，从而测得三个时延值，即 $R_A = T_{A2} - T_A$、$R_B = T_{B2} - T_B$ 和 $R_S = T_{S3} - T_{S1}$，然后，卫星通过通信链路将观测结果发送给地面观测站，经两站交换数据，就能精确计算出两站的相对钟差。

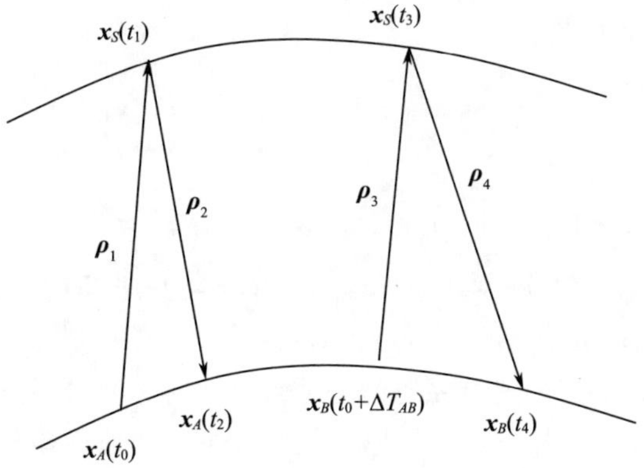

图 4.61　LASSO 的基本原理

4.7.2　计算模型

定义[27]

$$\begin{cases} t_A \equiv t_2 - t_0 \\ t_B \equiv t_4 - t_0 - \Delta T_{AB} \\ t_S \equiv t_3 - t_1 \end{cases} \tag{4.137}$$

$$\begin{cases} c(t_1 - t_0) \equiv \rho_1 + c \cdot \tau_{AS}^{G}, & \boldsymbol{\rho}_1 \equiv \boldsymbol{x}_S(t_1) - \boldsymbol{x}_A(t_0) \\ c(t_2 - t_1) \equiv \rho_2 + c \cdot \tau_{AS}^{G}, & \boldsymbol{\rho}_2 \equiv \boldsymbol{x}_S(t_1) - \boldsymbol{x}_A(t_2) \\ c(t_3 - t_0 - \Delta T_{AB}) \equiv \rho_3 + c \cdot \tau_{BS}^{G}, & \boldsymbol{\rho}_3 \equiv \boldsymbol{x}_S(t_3) - \boldsymbol{x}_B(t_0 + \Delta T_{AB}) \\ c(t_4 - t_3) \equiv \rho_4 + c \cdot \tau_{SB}^{G}, & \boldsymbol{\rho}_4 \equiv \boldsymbol{x}_S(t_3) - \boldsymbol{x}_B(t_4) \end{cases} \tag{4.138}$$

由于 R_A 和 R_B 小于 0.28s，因此，两地面站的时延读数与坐标时的关系为

$$\begin{aligned} t_A &= R_A \\ t_B &= R_B \end{aligned} \tag{4.139}$$

同样，卫星上的时延读数也必须划算为坐标时。对于地球同步卫星，当卫星钟不加调整并且 $R_S \leqslant 1\text{s}$ 时，卫星上的原时差也可以表示为

$$t_S = (1 - 5.5 \times 10^{-10}) R_S \tag{4.140}$$

根据 LASSO 的基本原理可得相对钟差的计算公式为[27]

$$\Delta T_{AB} = \frac{1}{2}(t_A - t_B) + t_S + \delta + \delta_{\text{gr}} \tag{4.141}$$

其中:δ 为相对论效应改正项,δ_{gr} 为引力时延改正项,且有

$$\begin{cases}\delta = \dfrac{1}{2c}(\rho_1 - \rho_2 - \rho_3 + \rho_4) \\ \delta_{gr} = \dfrac{1}{2}(\tau_{AS}^{G} - \tau_{SA}^{G} - \tau_{BS}^{G} + \tau_{SB}^{G})\end{cases} \tag{4.142}$$

在忽略设备时延和大气延迟影响的情况下,Klioner 给出了 t_0 时刻地心非旋转坐标系中的 δ 计算公式为[27]

$$\delta = \frac{1}{2c}(\boldsymbol{n}_A \Delta \boldsymbol{x}_A - \boldsymbol{n}_B \Delta \boldsymbol{x}_B + o(|\Delta x|^2/\rho)) \tag{4.143}$$

式中

$$\begin{cases}\Delta \boldsymbol{x}_A = \boldsymbol{x}_A(t_2) - \boldsymbol{x}_A(t_0) = \boldsymbol{\omega} \times \boldsymbol{x}_A(t_0) t_A + \cdots \\ \Delta \boldsymbol{x}_B = \boldsymbol{x}_B(t_4) - \boldsymbol{x}_B(t_0 + \Delta T_{AB}) = \boldsymbol{\omega} \times \boldsymbol{x}_B(t_0 + \Delta T_{AB}) t_B + \cdots \\ \boldsymbol{n}_A = \boldsymbol{\rho}_1/\rho_1, \quad \boldsymbol{n}_B = \boldsymbol{\rho}_3/\rho_3\end{cases} \tag{4.144}$$

Petit 在 t_0时刻地心旋转坐标系与地心非旋转坐标系重合并且忽略设备时延和大气延迟影响的情况下,给出了 t_0时刻地心旋转坐标系(地固坐标系)中 δ 的计算公式[34],即

$$\delta = \frac{1}{c^2}[\boldsymbol{D}_{AB}(\boldsymbol{\omega} \times \boldsymbol{X}_S) + \Delta T_{AB}(\boldsymbol{\omega} \times \boldsymbol{V}_S)\boldsymbol{X}_B] + o((v/c)(V_S/c)(\rho_0/c)) \tag{4.145}$$

式中:$\boldsymbol{D}_{AB}$ 为 A、B 两站的基线矢量,$\boldsymbol{D}_{AB} = \boldsymbol{X}_B - \boldsymbol{X}_A$;$\boldsymbol{X}_S$ 和 $\boldsymbol{V}_S$ 为 t_0时刻卫星在地固坐标系中的坐标和速度;$\boldsymbol{X}_A$、$\boldsymbol{X}_B$ 为 t_0时刻地面站在地固坐标系中的坐标。

当考虑各种误差源的影响时,式(4.141)也可以表达为

$$\begin{aligned}\Delta T_{AB} = {} & \frac{1}{2}[t_A - t_B] + t_S + \delta_{gr} + \frac{1}{2}[(\Delta\tau_A^{e} - \Delta\tau_A^{r}) - (\Delta\tau_B^{e} - \Delta\tau_B^{r})] + \\ & \frac{1}{2}[(\Delta\tau_{AS}^{ion} - \Delta\tau_{SA}^{ion}) - (\Delta\tau_{BS}^{ion} - \Delta\tau_{SB}^{ion})] + \frac{1}{2}[(\Delta\tau_{AS}^{tro} - \Delta\tau_{SA}^{tro}) - \\ & (\Delta\tau_{BS}^{tro} - \Delta\tau_{SB}^{tro})] - \frac{1}{2}[(\Delta\tau_{AS} - \Delta\tau_{SA}) - (\Delta\tau_{BS} - \Delta\tau_{SB})]\end{aligned} \tag{4.146}$$

式中:τ_i^{e}、τ_i^{r} 分别为 i 站的设备发射和接收时延($i = A, B$);τ_{iS}^{tro} 和 τ_{Si}^{tro}、τ_{iS}^{ion} 和 τ_{Si}^{ion} 分别为站到卫星与卫星到 i 站的对流层时延和电离层时延;$\Delta\tau_{iS}$ 和 $\Delta\tau_{Si}$ 分别为归算时刻地面站 i 到卫星与卫星到地面站 i 的几何距离改正时延。

在地心非旋转坐标系中,将式(4.146)等号右边的最后一项在 t_0时刻展开到加速度的一次幂和速度的二次幂可得[28]

$$\begin{aligned}\Delta\tau_{AS} - \Delta\tau_{SA} = {} & \frac{\boldsymbol{\rho}_{AS} \cdot \boldsymbol{v}_A}{c\rho_{AS}}(t_2 - t_0) + \frac{1}{2}\frac{\boldsymbol{\rho}_{AS} \cdot \boldsymbol{a}_A}{c\rho_{AS}}(t_2 - t_0)^2 + \\ & \frac{1}{2}\frac{\boldsymbol{v}_A \cdot \boldsymbol{a}_A}{c\rho_{AS}}(t_2 - t_0)^2 - \frac{1}{2}\frac{(\boldsymbol{\rho}_{AS} \cdot \boldsymbol{v}_A)^2}{c\rho_{AS}^3}(t_2 - t_0)^2\end{aligned} \tag{4.147}$$

$$\begin{aligned}\Delta\tau_{BS}-\Delta\tau_{SB}= & -\frac{\boldsymbol{\rho}_{BS}\cdot\boldsymbol{v}_B}{c\rho_{BS}}\Delta T_{AB}-\frac{1}{2}\frac{\boldsymbol{\rho}_{BS}\cdot\boldsymbol{a}_B}{c\rho_{BS}}\Delta T_{AB}^2+\frac{1}{2}\frac{\boldsymbol{v}_B\cdot\boldsymbol{a}_B}{c\rho_{BS}}\Delta T_{AB}^2- \\ & \frac{1}{2}\frac{(\boldsymbol{\rho}_{BS}\cdot\boldsymbol{v}_B)^2}{c\rho_{BS}^3}\Delta T_{AB}^2+\frac{\boldsymbol{\rho}_{BS}\cdot\boldsymbol{v}_B}{c\rho_{BS}}(t_4-t_0)+\frac{1}{2}\frac{\boldsymbol{\rho}_{BS}\cdot\boldsymbol{a}_B}{c\rho_{BS}}(t_4-t_0)^2+ \\ & \frac{1}{2}\frac{\boldsymbol{v}_B\cdot\boldsymbol{a}_B}{c\rho_{BS}}(t_4-t_0)^2-\frac{1}{2}\frac{(\boldsymbol{\rho}_{BS}\cdot\boldsymbol{v}_B)^2}{c\rho_{BS}^3}(t_4-t_0)^2\end{aligned}\tag{4.148}$$

式中：$\boldsymbol{\rho}_{AS}$和$\boldsymbol{\rho}_{BS}$分别为t_0时刻地面站A、B到卫星的距离矢量。

当考虑到大气延迟影响时，式(4.147)和式(4.148)进一步完全展开并保留所有大于 1ps 的项，可得实用的计算模型为

$$\begin{aligned}\delta= & \frac{1}{2}[(\Delta\tau_{AB}-\Delta\tau_{SA})-(\Delta\tau_{BS}-\Delta\tau_{SB})]= \\ & \frac{1}{c^2}(\boldsymbol{\rho}_{AS}-\boldsymbol{\rho}_{BS})\cdot\boldsymbol{v}_S+\frac{1}{2}\frac{\boldsymbol{\rho}_{AS}\cdot\boldsymbol{v}_S}{c\rho_{AS}}(\tau_{AS}^{at}+\tau_{SA}^{at})-\frac{1}{2}\frac{\boldsymbol{\rho}_{BS}\cdot\boldsymbol{v}_S}{c\rho_{BS}}(\tau_{BS}^{at}+\tau_{SB}^{at})+ \\ & \frac{\rho_{AS}\cdot\boldsymbol{\rho}_{AS}\cdot\boldsymbol{a}_A}{c^3}-\frac{\rho_{AS}\cdot\boldsymbol{v}_A\cdot\boldsymbol{v}_A}{c^3}+\frac{\rho_{AS}\cdot\boldsymbol{v}_A\cdot\boldsymbol{v}_S}{c^3}-\frac{\rho_{BS}\cdot\boldsymbol{\rho}_{BS}\cdot\boldsymbol{v}_B}{c^3}+\frac{\rho_{BS}\cdot\boldsymbol{v}_B\cdot\boldsymbol{v}_B}{c^3}- \\ & \frac{\rho_{BS}\cdot\boldsymbol{v}_B\cdot\boldsymbol{v}_S}{c^3}-\frac{\boldsymbol{\rho}_{BS}\cdot\boldsymbol{a}_B}{c^2}\Delta T_{AB}+\frac{\boldsymbol{v}_B\cdot\boldsymbol{v}_B}{c^2}\Delta T_{AB}-\frac{\boldsymbol{v}_B\cdot\boldsymbol{v}_S}{c^2}\Delta T_{AB}\end{aligned}\tag{4.149}$$

式(4.149)等号右边第一项为 Sagnac 效应项，第二项和第三项为大气延迟引起的 Sagnac 效应，第四项到第九项为与A站和B站有关的地面站加速度、速度二次幂以及地面站速度与卫星速度混合项改正，最后三项为与两站相对钟差有关的改正项。

可以证明，当式(4.147)和式(4.148)仅考虑卫星和地面站速度一次幂项并忽略大气延迟影响时，两式之和与式(4.142)等价。

式(4.56)已经给出了地面站在地心非旋转坐标系中的速度和加速度，类似地，地球同步卫星在地心非旋转坐标系中的速度和加速度也可以表示为

$$\begin{cases}\boldsymbol{v}_S=\boldsymbol{\omega}\times\boldsymbol{r}_S+\boldsymbol{V}_S \\ \boldsymbol{a}_S=\boldsymbol{\omega}\times(\boldsymbol{\omega}\times\boldsymbol{r}_S)+\boldsymbol{\omega}\times\boldsymbol{V}_S+\boldsymbol{a}_{rS}\end{cases}\tag{4.150}$$

式中：$\boldsymbol{r}_S$为地球同步卫星的地心矢量；$\boldsymbol{V}_S$为地球同步卫星在地心地固坐标系中的速度矢量；$\boldsymbol{a}_{rS}$为地球同步卫星在地心地固坐标系中的加速度矢量。

将式(4.56)和式(4.150)代入式(4.149)等号右边的最后一项可得

$$\begin{aligned}\frac{\boldsymbol{v}_B\cdot\boldsymbol{v}_S}{c^2}\Delta T_{AB}= & \frac{(\boldsymbol{\omega}\times\boldsymbol{x}_B)\cdot(\boldsymbol{\omega}\times\boldsymbol{x}_S+\boldsymbol{V}_S)}{c^2}\Delta T_{AB}= \\ & \frac{(\boldsymbol{\omega}\times\boldsymbol{x}_B)\cdot(\boldsymbol{\omega}\times\boldsymbol{x}_S)}{c^2}\Delta T_{AB}-\frac{(\boldsymbol{\omega}\times\boldsymbol{V}_S)\cdot\boldsymbol{x}_B}{c^2}\Delta T_{AB}\end{aligned}\tag{4.151}$$

显然,在 t_0 时刻地心旋转坐标系与地心非旋转坐标系重合的情况下,式(4.151)等号右边第二项就是 Petit 计算模型中的第二项。也就是说,Petit 计算模型仅考虑了式(4.149)等号右边第一项和最后一项的一部分。因此,本节推导的 LASSO 计算模型比其他两个计算模型更完整。

下面分析式(4.149)各相对论改正项的影响量级。如果取 $\boldsymbol{V}_S \approx 0, \boldsymbol{a}_{rS} \approx 0, r_S \approx 4.2 \times 10^7 \text{km}$,则地球同步卫星在地心非旋转坐标系中的运动速度约为 3km/s,加速度约为 0.2m/s^2。式(4.149)中,在仅考虑对流层延迟的情况下,大气延迟引起的 Sagnac 效应项约为 0.15ps,地面站 A 或 B 加速度项引起的改正约为 2ps,地面站速度二次幂项引起的改正约为 0.3ps,地面站速度与卫星速度混合项引起的改正约为 2ps,当相对钟差 $T_{AB} \approx 0.1\text{s}$ 时,最后三项与 A、B 两站相对钟差有关项引起的改正分别约为 1.5ps、0.24ps 和 1.5ps;而当 T_{AB} 达到几分钟时,最后三项引起的改正可分别达到几百皮秒、几十皮秒和几百皮秒。因此,对于 1ps 量级的计算模型,式(4.149)中除了地面站速度二次幂项在 $T_{AB} \approx 0.1\text{s}$ 时可以忽略以外,其他各项必须加以改正。

综上分析,对于 LASSO 时间比对,当要求到 0.1ns 的计算精度时,相对论改正项需要考虑 Sagnac 效应项,由于钟差 T_{AB} 引起的影响在 $T_{AB} < 1\text{min}$ 时可以忽略,而 $T_{AB} > 1\text{min}$ 时则必须考虑;当要求到 10ps 的计算精度时,除了 Sagnac 效应项以外,还需要考虑到引力时延的影响,并且 $T_{AB} \leqslant 6\text{s}$;而当要求到 1ps 的计算精度时,不仅 $T_{AB} \leqslant 0.6\text{s}$,而且地面站加速度项以及地面站速度与卫星速度混合项引起的改正也必须考虑。

4.8 多种方法综合比较分析

前面对常见的站间时间比对方法进行了详细讨论,下面进一步对各种方法进行综合比较分析。

搬运钟法是一种较早采用的时间比对技术,通过可移动的搬运钟,将基准时间传递给用户,从而实现用户与时间基准的时间同步。该方法的优点是方法简单,使用方便。但是,该方法需要具有可搬运的原子钟,并且受搬运钟性能、运动状态、持续时间等影响较大,其精度一般不高,近距离平稳搬移的精度可达纳秒量级,远距离搬运精度将进一步降低。

TWSTFT 是一种全天候、全天时、高精度时间比对技术,通过卫星双向转发,两个转发信号的空间传播路径基本相同,再经过两站之间求差,从而有效抵消了卫星星历、地面站坐标、对流层延迟、卫星转发器时延等公共误差影响,并且极大地削弱了电离层延迟影响,使时间比对精度可达几百甚至几十皮秒。但是,该方法实施需要建设单独的比对设备,设备套量较大,造价较高,并且需要租用或独立建设通信链路。

GNSS 卫星共视法也是一种全天候、全天时、高精度时间比对技术，主要思路是基于两个地面站同时跟踪同一颗卫星，两站之间求差，从而实现高精度的时间比对。经过共视求差，两站共有误差（如卫星钟差）得到消除，具有空间强相关特性的误差（如卫星轨道、电离层延迟、对流层延迟等）得到很大程度地削弱，从而有效提高了时间比对精度。但是，由于该方法主要是利用空间强相关性来削弱共同误差影响，因此，当两站距离较远时，这种相关性就会变弱，特别是在某些电离层异常区域或当卫星轨道误差过大时，也会使得该方法的结果迅速变差。

北斗 RDSS 单向共视法基于 RDSS 单向授时原理和卫星共视原理，在两站通过北斗 RDSS 单向授时基础上，经过两站共视求差，中心站到卫星间的公共传播时延（如中心站设备时延、中心站到卫星时延和卫星转发时延等）被消除，不会影响时间比对结果；由于卫星基本不动，卫星与用户之间的对流层延迟也被很好地消除；卫星与用户之间有关的卫星星历误差、电离层延迟误差被消除掉大部分，剩余部分仅为这些误差在两站时空上不相关引起的差异；用户设备时延中由于标定不准产生的系统性偏差也会被消除，剩余部分为用户设备时延标定的随机误差以及设备时延随环境变化引起的影响。因此，一些共同的误差源得到消除，一些具有强时空相关性的误差得到削弱，从而大大提高了站间时间比对精度。但是，该方法受 GEO 卫星星历精度不高、RDSS 测距误差、设备延迟误差等影响，时间比对精度不高，并且仅适用于在北斗中心站注册过的 RDSS 用户，用户数量也受到限制。

北斗 RDSS 双向共视法基于 RDSS 双向定时原理和卫星共视原理，在两站通过北斗 RDSS 双向授时基础上，经过两站共视和双向求差，电离层延迟和卫星星历误差得到进一步削弱，进一步提高了时间比对精度。该方法与 RDSS 单向共视法的优、缺点均类似，只是这里使用了 RDSS 双向定时结果。

北斗 RNSS 双向共视法综合利用了星地无线电双向时间比对技术和卫星共视两种技术，消除了卫星星历、卫星钟差、地面站站址、对流层延迟等公共误差源影响，与信号频率相关的电离层延迟经过星地双向求差和两站共视求差被两次削弱，因此时间比对精度很高。但是，该方法实施比较复杂，既需要地面站和卫星具备星地无线电双向时间比对能力，又需要两个地面站具备卫星共视法共同观测同一颗卫星条件，因此实际使用受到较多的限制。

基于静止轨道的激光同步（LASSO）是一种利用卫星激光测距实现地面钟同步的方法。由于激光脉冲频率高，受电离层延迟影响小，加之激光测距精度高，因此，该方法精度预计优于 0.1ns。但是，它的实施需要在卫星上安装激光反射器、快速成相二极管和高精度时间间隔计数器等昂贵设备，地面也需配备激光测距设备，整个系统造价高，实施复杂，而且激光测距设备工作受天气影响大，无法常规连续工作。

各种站间时间比对方法综合比较分析见表 4.8。

表 4.8　各种站间时间比对方法综合比较

方法	精度	优点	缺点	使用情况
搬运钟法	几纳秒到上百纳秒	方法简单,使用方便	需具有可搬运原子钟,受搬运钟性能、运动状态、持续时间等影响大,精度低	早期用户经常使用,现在较少使用
TWSTFT	几十皮秒到亚纳秒	全天候全天时工作,精度高,消除了卫星星历、地面站坐标、对流层延迟、卫星转发器时延等公共误差影响,削弱了电离层延迟影响	设备套量较大,造价较高,且需要租用或独立建设通信链路	BDS、GPS、TAI、时间实验室等使用该方法
GNSS 卫星共视法	亚纳秒到几纳秒	全天候全天时工作,精度高,消除了共有误差(如卫星钟差),削弱了空间强相关特性误差(如卫星轨道、电离层延迟、对流层延迟)	两站距离越远相关性越弱,时间比对精度越低;电离层异常区和卫星轨道误差较大时比对精度降低	TAI、时间实验室、GNSS 时间比对用户等使用该方法
北斗 RDSS 单向共视法	几纳秒到十几纳秒	全天候全天时工作,精度较高,消除了中心站到卫星的公共传播时延(如中心站设备时延、中心站到卫星时延、卫星转发时延等),削弱了卫星星历、电离层延迟等强时空相关性误差	精度不高,仅适用于北斗 RDSS 用户,用户数量也受到限制	BDS RDSS 用户使用该方法
北斗 RDSS 双向共视法	几纳秒	全天候全天时工作,精度较高,消除了中心站到卫星、卫星到用户的公共传播时延,以及卫星星历、对流层延迟等公共误差,削弱了电离层延迟等强时空相关性误差	仅适用于北斗 RDSS 用户,用户数量也受到限制	BDS RDSS 双向定时用户使用该方法
北斗 RNSS 双向共视法	亚纳秒	全天候全天时工作,精度高,消除了卫星星历、卫星钟差、地面站站址、对流层延迟等公共误差,电离层延迟经星地双向求差和共视求差两次差分被削弱	实施比较复杂,需要同时具备星地无线电双向时间比对条件和卫星共视条件,实际使用受到较多限制	BDS 具有该方法
基于静止轨道的激光同步方法	亚纳秒	利用高精度激光测距技术,精度高	地面需配备激光测距设备,卫星需具备激光测量能力,系统造价高,实施复杂,并且受天气影响,无法常规连续工作	试验方法

参考文献

[1] 刘利．相对论时间比对与高精度时间同步技术[D]．郑州:解放军信息工程大学,2004.

[2] 王正明,高俊法．高精度国际时间比对的进展[J]．天文学进展,2000,18(3):181-190.

[3] 卡特肖夫 P. 频率和时间[M]．漆贯荣,沈韦,郑恒秋,等译．北京:科学出版社,1987.

[4] 马凤鸣．计量测试技术手册(第 11 卷 时间频率)[M]．北京:中国计量出版社,1996.

[5] 马凤鸣．时间频率计量[M]．北京:企业管理出版社,1998.

[6] HOWE D A. High-accuracy time transfer via geostationary satellites: preliminary results[J]. IEEE T. Instrum. Meas,1988,37:418-423.

[7] ALLAN D W, WEISS M A. Accurate Time and frequency transfer during common-view of a GPS satellite[C]//Proc. 1980 Freq. Cont. Symp,1980.

[8] HOWE D A. Progress toward one-nanosecond two-way time transfer accuracy using Ku-band geostationary satellites[J]. IEEE T. Ultrason. Ferr,1987,34:639-646.

[9] NAWROCKI J, LEWANDOWSKI W, AZOUBIB J. Time transfer with GPS multi-channel Motorola Oncore receiver using CCDS standards[C]//Proc. 29th PTTI Meeting,1997.

[10] LEWANDOWSKI W, AZOUBIB J, GEVORKYAN A G, et al. A contribution to the standardization of GPS and GLONASS time transfers[C]//Proc. 28th PTTI,1996.

[11] LARSON K M, LEVINE J. Time transfer using GPS carrier phase methods[C]//Proc. 1997 PTTI Mtg,1997.

[12] 高玉平．GPS 载波相位在频率测量中的应用[J]．陕西天文台台刊,1999,22(2):97-100.

[13] BOGDANOV P. GNSS time scales analysis[R]. 13th Meeting of the International Committee on Global Navigation Satellite Systems, Xi'an, China,2018.

[14] AZOUBIB J, LEWANDOWSKI W. CGGTTS GPS/GLONASS data format version 02 report[R]. The 7th CGGTTS meeting, Reston Virginia,1998.

[15] 王正明,董绍武,等．CSAO 多通道 GPS/GLONASS 接收机试运行结果[J]．陕西天文台台刊,2001,24(2):106-113.

[16] DEFRAIGNE P, PETIT G, BRUYNINX C. Use of geodetic receivers for TAI[C]//Proc. PTTI,2001.

[17] VEILLET C, FERAUDY D, TORRE J M, 等．LASSO two-way and GPS time comparisons: a preliminary status report[C]//Proc. 1990 PTTI Mtg,1990.

[18] FRIDELANCE P, VEILLET C. Operation and data analysis in the LASSO experiment[J]. In Metrologia,1995,32:27-33.

[19] 杨福民,李鑫,等．激光时间传递技术的进展[C]//全国时频年会论文集,2003.

[20] 李志刚,李焕信,张虹．卫星双向法时间比对的归算[J]．天文学报,2002,43(4):422-431.

[21] LEWANDOWSKI W. Report on the uncertainty budget for TWSTFT[R]. Xi'an, China,2001.

[22] ASCARRUNZ F G, JEFFERTS S R, PARKER T E. A delay calibration system for two-way satellite time and frequency transfer[C]//Proc. 1998 IEEE Intl. Freq. Cont. Symp. ,250-253.

[23] ASCARRUNZ F G, JEFFERTS S R, PARKER T E. Environmental effects on errors in two-way time and frequency transfer[J]. IEEE CPEM 1996 Conf. Dig. ,1996,32(3):518-519.

[24] ASCARRUNZ F G, JEFFERTS S R, PARKER T E. Earth station errors in two- way time and frequency transfer[J]. IEEE T. Instrum. Meas, 1997, 46:205-208.

[25] JEFFERTS S R, WEISS M A, LEVINE J, et al. Two- way time and frequency transfer using optical fibers[J]. IEEE T. Instrum. Meas, 1997, 46:209-211.

[26] 李志刚,李焕信,张虹. 多通道终端进行卫星双向法时间比对的归算方法[J]. 陕西天文台台刊,2002,25(2):81-89.

[27] KLIONER S A. The problem of clock synchronization: a relativistic approach[J]. Celestial Mechanics and Dynamical Astronomy, 1992, 53:81-109.

[28] 刘利. 卫星导航系统时间同步技术研究(博士后出站报告)[R]. 上海:中科院上海天文台,2008.

[29] Recommendation ITU-R TF. 1153-1. The operational use of TWSTFT employing PN code[R]. 1995-1997.

[30] Recommendation ITU-R TF. 1153-2. The operational use of TWSTFT employing PN code[R]. 1995-1997-2003.

[31] 刘利,韩春好. 地心非旋转坐标系中的卫星双向时间比对计算模型[C]//全国时间频率学术交流会论文集(下册),2003.

[32] 夏一飞,黄天衣. 球面天文学[M]. 南京:南京大学出版社,1995.

[33] HANSON D W. Fundamentals of two-way time transfer by satellite[J]. Proc. 1989 IEEE Freq. Cont. Symp, 1989.

[34] PETIT G, WOLF P. Relativistic theory for picosecond time transfer in the vicinity of the Earth [J]. Astronomy Astrophysics, 1994, 286:971-977.

[35] 韩春好. GPS 中的相对论问题[C]//全国天文大地网与空间大地网联合平差论文集,郑州,1998.

[36] 韩春好. 相对论框架中的时间计量[J]. 天文学进展,2002,20(2):107-113.

[37] 高布锡. 天文地球动力学原理[M]. 北京:科学出版社,1997.

[38] HACKMAN C, JEFFERTS S R, PARKER T E. Common-clock two-way satellite time transfer experiments[C]. Proc. 1995 IEEE Intl. Freq. Cont. Symp., 1995.

[39] 孙宏伟. 日本通信综合研究所的时频研究[J]. 陕西天文台台刊,1999,22(2):118-122.

[40] DECHER R, ALLAN D W, ALLEY C O, et al. A space system for high- accuracy global time and frequency comparison of clocks[C]//Proc. 1980 PTTI Mtg, 1980.

[41] WEISS M A. Weighting and smoothing of data in GPS common view time transfer[C]//Proc. 1985 PTTI Mtg, 1985.

[42] 王正明. GPS 共视资料的处理和分析[J]. 天文学报,2001,42(2):184-190.

[43] TANG G F, LIU L, CAO J D, et al. Performance analysis for time synchronization with compass satellite common-view[C]//China Satellite Navigation Conference(CSNC) 2012 Proceedings, 2012.

[44] GUANG W, YUAN H B. Update of GNSS time offsets monitoring and BDS time transfer experiment [R]. 13th Meeting of the International Committee on Global Navigation Satellite Systems, Xi'an, China, 2018.

[45] 刘利,韩春好,朱陵凤,等. 基于伪距测量的钟差计算模型[J]. 时间频率学报,2009,32(1):

36-42.

[46] PETIT G, TAVELLA P. The BIPM support to the GNSS interoperability[R]. 13th Meeting of the International Committee on Global Navigation Satellite Systems, Xi'an, China, 2018.

[47] ALLAN D W, THOMAS C. Technical directives for standardization of GPS time receiver software [J]. Metrologia, 1994, 31:69-79.

[48] 杨元喜,许扬胤,李金龙,等. 北斗三号系统进展及性能预测:试验验证数据分析[J]. 中国科学:地球科学,2018,48(5):584-594.

[49] ALLAN D W, BARNES J A, CORDARA F, et al. Dependence of frequency on temperature, humidity, and pressure in precision oscillators[C]//Proc. 1992 IEEE Freq. Cont. Symp, 1992.

[50] 朱响. GNSS多路径效应与观测噪声削弱方法研究[D]. 西安:长安大学,2017.

[51] International Bureau of Weights and Measures. International metrology in the field of Time and frequency. [2019-11-08]. http://www. bipm. fr/.

[52] 谭述森. 卫星导航定位工程[M]. 2版. 北京:国防工业出版社,2010.

[53] 吴延忠,李贵琦. 地球同步卫星定位[M]. 北京:解放军出版社,1992.

[54] 刘利,韩春好,唐波. 地球同步卫星双向共视时间比对及试验分析[J]. 计量学报,2008,29(2):178-181.

[55] 李宝东,刘利,居向明,等. 卫星双向定时精度分析[J]. 时间频率学报,2010,33(2):129-133.

[56] 刘利,朱陵凤,韩春好,等. 星地无线电双向时间比对模型及试验分析[J]. 天文学报,2009,50(2):189-196.

[57] LIU L, ZHU L F, HAN C H, et al. The model of radio two-way time comparison between satellite and station and experimental analysis[J]. Chinese Astronomy and Astrophysics, 2009, 33(4):431-439.

[58] LIU L, TANG G F, HAN C H, et al. The method and experiment analysis of two-way common-view satellite time transfer for compass system[J]. Science China Physics, Mechanics & Astronomy, 2015, 58(8):089502.

[59] 刘利,朱陵凤,韩春好,等. 星地站间双向时间比对试验结果及分析[C]//卫星导航精密定轨与时间同步专题研讨会论文集,西安,2009.

第 5 章　星地时间比对方法及误差分析

卫星导航定位的基本原理是:用户在自己本地钟同一时刻同时观测多颗卫星播发的导航信号,从而测得多颗卫星的伪距和载波相位观测量,再利用每颗卫星导航电文所代表的已知卫星轨道、卫星钟差等信息反算出每颗卫星所代表的导航系统时间,在多颗卫星之间保持高精度时间同步基础上能够解算出用户钟差和三维位置信息[1-3]。卫星导航系统向用户提供的高精度时间基准服务是靠导航卫星的准确时间来具体实现的,这就遇到一个核心问题:为了使卫星时间能够尽可能精确地代表地面时间基准,就必须定期或不定期地用地面时间基准同步卫星钟,以使卫星时间与地面时间基准保持在一定的误差范围内。同步卫星钟就是计算出卫星钟相对于系统时间的偏差。实际上,导航电文中播发的卫星钟差参数 a_0、a_1、a_2 是将卫星钟时间转换到系统时间的计算参数[4-5]。

可见,卫星导航定位的外在表现是用户同时观测多颗卫星,内在核心却是各卫星之间的高精度时间同步。换句话说,卫星与卫星(星-星)之间的时间同步是根本目的,卫星与地面站(星-地)之间的时间同步是实现手段,而地面站与主控站(站-站)之间的时间同步是前提保障[4-5]。利用地面站精确时间来同步卫星钟的技术称为星地时间同步技术,利用主控站精确时间来同步其他地面站时间的技术称为站间时间同步技术,因此,星地时间同步和站间时间同步技术是卫星导航系统的核心关键技术。

各卫星之间的高精度时间同步是通过卫星与地面站的精密时间比对和卫星钟差参数的高精度预报来具体实现的。也就是说,时间同步包含两层含义:一是高精度时间比对,通过比对测量手段精确确定观测时刻两台钟之间的相对钟差;二是高精度钟差预报,通过时间比对获得的相对钟差时间序列预报出能够使用的钟差参数。卫星导航中可以使用的星地时间比对方法主要有:卫星单向法、星地无线电双向法、多星轨道钟差联合解算法、已知轨道法、激光与伪码测距法、激光双向法以及星间双向法等[4-11],多星轨道钟差联合解算法将在第 7 章单独讨论,站间时间比对所涉及的理论和技术方法在第 4 章已经进行详细讨论,高精度钟差预报理论和技术方法将在第 6 章进行详细讨论。本章主要针对其他几种星地时间比对所涉及的理论和技术方法进行详细讨论。

5.1　卫星单向法

5.1.1　基本原理

最早的卫星单向法采用单站模式[8],也就是卫星通过与一个地面站的观测来实现卫星钟差的测定。随着精度和可靠性要求的提高,特别是在卫星导航系统多个地面站均实现同步基础上提出了多站模式的卫星单向法[9]。单站模式卫星单向法的基本原理[4-5]如图5.1所示,卫星在本地钟的控制下产生并发播伪码测距信号,地面站在本地钟1PPS信号的控制下接收该信号,从而观测得到下行伪距和载波相位,地面站利用已知的卫星星历和站坐标,扣除卫星到地面站传播路径上的各项时延改正,就能得到卫星相对于地面站的钟差。

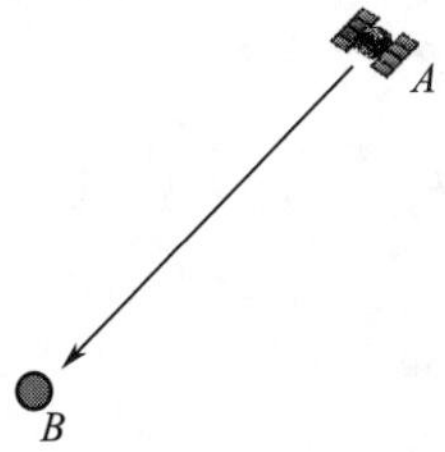

图5.1 卫星单向法基本原理图

对于多站模式,n个地面站分别在本地钟1PPS信号的控制下接收卫星播发信号,从而观测得到n个站的下行伪距和载波相位,这些观测数据经通信链路发送到主控站,主控站利用已知的卫星轨道和各地面站坐标,对各下行伪距和载波相位进行传播路径上的各项时延改正,从而得到卫星相对于各地面站的星地钟差。如果各地面站的时间已经同步到了系统时间,即采用第4章站间时间比对方法已经获得了各地面站与主控站之间的钟差[12],那么各地面站的星地钟差扣除相应的站间钟差就可以计算出卫星钟差,多个站的卫星钟差进行综合平差,就能得到卫星相对于系统时间的钟差,从而完成卫星钟与系统时间的时间比对。

5.1.2 理论计算模型

5.1.2.1 地心非旋转坐标系计算模型

根据钟差、伪距、真距、设备时延的定义以及无线电时间比对的基本原理有[4-5,13],对于任意A发射信号B接收的单向时间比对模型为

$$\Delta T_{AB}(t_B)=\rho'_{AB}/c-\rho_{AB}^{\text{geo}}/c-\Delta\tau_{AB}-\tau_A^{\text{e}}-\tau_B^{\text{r}} \tag{5.1}$$

式中:$\Delta T_{AB}(t_B)$为A、B在系统时间t_B时刻的相对钟差;ρ'_{AB}为B在系统时间t_B时刻接收A信号获得的观测伪距;ρ_{AB}^{geo}为A在t_A时刻发射信号位置到B在t_B时刻接收信号位置的空间距离;τ_A^{e}为A发射设备时延;τ_B^{r}为B接收设备时延;$\Delta\tau_{AB}$为A到B信号传播路径上仅包括引力时延和大气时延在内的时间延迟改正;c为真空中的光速。

令

$$\tau_{AB}^{\text{geo}}\equiv\rho_{AB}^{\text{geo}}/c=\frac{1}{c}\left|\boldsymbol{x}_B(t_B)-\boldsymbol{x}_A(t_A)\right|=\frac{1}{c}(\rho_{AB}+\Delta\rho_{AB}) \tag{5.2}$$

式中：$\boldsymbol{x}_A(t_A)$为 t_A 时刻 A 在地心非旋转坐标系中的坐标矢量；$\boldsymbol{x}_B(t_B)$为 t_B 时刻 B 在地心非旋转坐标系中的坐标矢量；ρ_{AB}、$\Delta\rho_{AB}$分别为归算时刻 $t_B B$ 接收天线相位中心到 A 发射天线相位中心的几何距离和几何距离改正，即

$$\begin{cases}\rho_{AB}^{\text{geo}} = |\boldsymbol{x}_B(t_B) - \boldsymbol{x}_A(t_A)| \\ \rho_{AB} = |\boldsymbol{x}_B(t_B) - \boldsymbol{x}_A(t_B)|\end{cases} \tag{5.3}$$

如图 5.2 所示，$\boldsymbol{\rho}_{AB}^{\text{geo}}$、$\boldsymbol{\rho}_{AB}$、$\Delta\boldsymbol{\rho}_{AB}$三者的空间几何关系可以表示为

$$\begin{gathered}\boldsymbol{\rho}_{AB}^{\text{geo}} = \boldsymbol{\rho}_{AB} + \Delta\boldsymbol{\rho}_{AB} \\ \rho_{AB}^{\text{geo}} = \rho_{AB} + v_A \cdot \tau_{AB} + \frac{1}{2}a_A \cdot \tau_{AB}^2\end{gathered} \tag{5.4}$$

式中：$\boldsymbol{\rho}_{AB}^{\text{geo}}$、$\boldsymbol{\rho}_{AB}$、$\Delta\boldsymbol{\rho}_{AB}$分别为 ρ_{AB}^{geo}、ρ_{AB}、$\Delta\rho_{AB}$对应的空间矢量；v_A、a_A 分别为 t_B 时刻 A 在地心非旋转坐标系的速度和加速度。

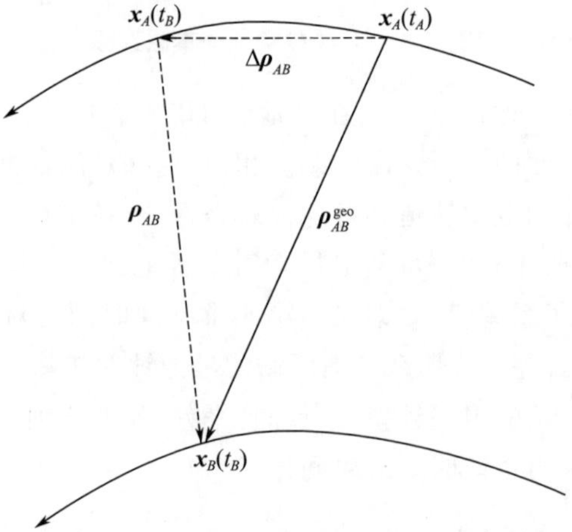

图 5.2　空间几何关系

将 $\Delta\rho_{AB}$展开到速度的二次幂和加速度的一次幂可得

$$\Delta\rho_{AB} = \frac{\boldsymbol{\rho}_{AB} \cdot \boldsymbol{v}_A}{c} + \frac{\rho_{AB}}{2c^2}\left[v_A^2 + \boldsymbol{\rho}_{AB} \cdot \boldsymbol{a}_A + \frac{(\boldsymbol{\rho}_{AB} \cdot \boldsymbol{v}_A)^2}{\rho_{AB}^2}\right] \tag{5.5}$$

式中：$\boldsymbol{v}_A$、$\boldsymbol{a}_A$ 分别为 A 在地心非旋转坐标系的速度矢量和加速度矢量。

可以分析[4-5]，对于 MEO 类型的导航卫星与地面站之间的伪距观测，式(5.5)右边卫星速度的影响最大约为 120ns，卫星加速度的影响约为 14.4ps，卫星速度二次幂项的影响约为 14.4ps。

综合式(5.1)、式(5.3)、式(5.5)可得

$$\begin{aligned}\Delta T_{AB} = {} & \rho'_{AB}(t_B)/c - \rho_{AB}/c - \frac{\boldsymbol{\rho}_{AB} \cdot \boldsymbol{v}_A}{c} - \\ & \frac{\rho_{AB}}{2c^3}\left[v_A^2 + \boldsymbol{\rho}_{AB} \cdot \boldsymbol{a}_A + \frac{(\boldsymbol{\rho}_{AB} \cdot \boldsymbol{v}_A)^2}{\rho_{AB}^2}\right] - \Delta\tau_{AB} - \tau_A^{\text{e}} - \tau_B^{\text{r}}\end{aligned} \tag{5.6}$$

式(5.6)为地心非旋转坐标系中一般意义下的卫星单向法钟差计算模型。

5.1.2.2 地固坐标系计算模型

如果地心非旋转坐标系中的坐标用$(t,\boldsymbol{x})$表示，地固坐标系中的坐标用$(T,\boldsymbol{X})$表示，则两坐标系之间的变换可表示为[4-5]

$$\begin{cases}\boldsymbol{x}=\boldsymbol{PNRWX}\\ \boldsymbol{X}=\boldsymbol{W}^{\mathrm{T}}\boldsymbol{R}^{\mathrm{T}}\boldsymbol{N}^{\mathrm{T}}\boldsymbol{P}^{\mathrm{T}}\boldsymbol{x}\end{cases}\tag{5.7}$$

式中：$\boldsymbol{P}$、$\boldsymbol{N}$、$\boldsymbol{R}$、$\boldsymbol{W}$分别为岁差矩阵、章动矩阵、自转矩阵和极移矩阵。

由于$\boldsymbol{P}$、$\boldsymbol{N}$、$\boldsymbol{W}$为慢变量，在信号传播过程中的变化可以忽略，因此有地心非旋转坐标系中的速度$\boldsymbol{v}$与地固坐标系中的速度$\boldsymbol{V}$的变换关系为

$$\begin{cases}\boldsymbol{v}=\boldsymbol{PN}\dot{\boldsymbol{R}}\boldsymbol{WX}+\boldsymbol{PNRWV}\\ \boldsymbol{V}=\boldsymbol{W}^{\mathrm{T}}\dot{\boldsymbol{R}}^{\mathrm{T}}\boldsymbol{N}^{\mathrm{T}}\boldsymbol{P}^{\mathrm{T}}\boldsymbol{x}+\boldsymbol{W}^{\mathrm{T}}\boldsymbol{R}^{\mathrm{T}}\boldsymbol{N}^{\mathrm{T}}\boldsymbol{P}^{\mathrm{T}}\boldsymbol{v}\end{cases}\tag{5.8}$$

式中：$\dot{\boldsymbol{R}}$为自转矩阵的一阶导数矩阵。

根据式(5.5)并且仅考虑到速度一次幂，可得

$$\begin{aligned}|\boldsymbol{\rho}_{AB}+\Delta\boldsymbol{\rho}_{AB}|=&|\boldsymbol{x}_B(t_B)-\boldsymbol{x}_A(t_B)+\boldsymbol{v}_A(t_B)(t_B-t_A)|=\\&|\boldsymbol{PNRW}(\boldsymbol{X}_B(t_B)-\boldsymbol{X}_A(t_B))+\boldsymbol{PNRWV}_A(t_B)(t_B-t_A)|+\\&|\boldsymbol{PN}\dot{\boldsymbol{R}}\boldsymbol{WX}_A(t_B)(t_B-t_A)|\end{aligned}\tag{5.9}$$

式中：$\boldsymbol{X}_A(t_B)$、$\boldsymbol{V}_A(t_B)$分别为归算时间t_B时刻对应的卫星A在地固坐标系中的坐标矢量和速度矢量；$\boldsymbol{X}_B(t_B)$为归算时间t_B时刻对应的地面站B在地固坐标系中的坐标矢量。

由于计算都是在归算时间t_B进行的，因此下面各公式中用到的坐标量均省略对应的时间t_B。令

$$\delta\boldsymbol{X}_{\mathrm{sag}}\equiv-\boldsymbol{W}^{\mathrm{T}}\boldsymbol{R}^{\mathrm{T}}\dot{\boldsymbol{R}}\boldsymbol{WX}_A(t_B-t_A)\tag{5.10}$$

则

$$|\boldsymbol{\rho}_{AB}+\Delta\boldsymbol{\rho}_{AB}|=|\boldsymbol{PNRW}(\boldsymbol{X}_B-\boldsymbol{X}_A+\boldsymbol{V}_A(t_B-t_A)-\delta\boldsymbol{X}_{\mathrm{sag}})|\tag{5.11}$$

由于旋转矩阵不改变矢量的模，因此

$$\begin{aligned}\rho_{AB}+\Delta\rho_{AB}=&|\boldsymbol{X}_B-\boldsymbol{X}_A+\boldsymbol{V}_A(t_B-t_A)-\delta\boldsymbol{X}_{\mathrm{sag}}|=\\&|\boldsymbol{X}_B-\boldsymbol{X}_A|+\frac{\boldsymbol{\rho}_{AB}\cdot\boldsymbol{V}_A}{\rho_{AB}}(t_B-t_A)-\frac{\boldsymbol{\rho}_{AB}\cdot\delta\boldsymbol{X}_{\mathrm{sag}}}{\rho_{AB}}\end{aligned}\tag{5.12}$$

对于式(5.12)等号右边的第二项$\frac{\boldsymbol{\rho}_{AB}\cdot\boldsymbol{V}_A}{\rho_{AB}}(t_B-t_A)$，有

$$\frac{\boldsymbol{\rho}_{AB}\cdot\boldsymbol{V}_A}{\rho_{AB}}(t_B-t_A)\approx\frac{(\boldsymbol{X}_B-\boldsymbol{X}_A)\cdot\boldsymbol{V}_A}{c}\approx\frac{\boldsymbol{X}_B\cdot\boldsymbol{V}_A}{c}\tag{5.13}$$

可见，该项改正与卫星A在地固坐标系中的运动速度和接收站B的地固坐标系位置有关。对于GEO卫星，由于其在地固坐标系的运动速度约为3m/s，忽略该项时

引起的误差约为 1ns；对于 MEO 卫星，由于其在地固坐标系的运动速度约为 4km/s，该项的影响最大约为 1200ns。

对于式(5.12)等号右边的第三项 $-\dfrac{\boldsymbol{\rho}_{AB}\cdot\delta\boldsymbol{X}_{\text{sag}}}{\rho_{AB}}$，有

$$-\frac{\boldsymbol{\rho}_{AB}\cdot\delta\boldsymbol{X}_{\text{sag}}}{\rho_{AB}}\approx\frac{\omega}{c}(X_AY_B-X_BY_A) \tag{5.14}$$

式中：ω 为地球自转角速度；X_A、Y_A 分别为卫星 A 在地固坐标系 X 轴和 Y 轴方向的坐标分量；X_B、Y_B 分别为地面站 B 在地固坐标系 X 轴和 Y 轴方向的坐标分量。

式(5.14)右边就是经典的 Sagnac 效应项，其影响大小与卫星 A 和接收站 B 在地固坐标系中的位置有关。对于 GEO 卫星，该项的影响最大约为 200ns；对于 MEO 卫星，该项的影响最大约为 120ns。

综上分析可得

$$\Delta T_{AB}=\frac{\rho'_{AB}(t_B)}{c}-\frac{\rho_{AB}}{c}-\frac{\boldsymbol{X}_B\cdot\boldsymbol{V}_A}{c^2}-\frac{\omega}{c^2}(X_AY_B-X_BY_A)-\Delta\tau_{AB}-\tau_A^{\text{e}}-\tau_B^{\text{r}} \tag{5.15}$$

式(5.15)为地固坐标系下一般意义的钟差计算模型。

5.1.3 实用计算模型

根据上面基本原理和理论计算模型，对于任意地面站 k，假设其在本地钟面时 $T_k(t_0)$ 时刻观测得到下行伪距为 ρ'_{Sk}（该伪距中含有负的卫星钟差），则在地面站 k 钟差已知或 $\Delta T_k(t_0)=0$ 的情况下，地心非旋转坐标系中钟差的实用计算模型为[6]

$$\Delta T_S(t_0)=\frac{1}{c}\left\{\rho_{Sk}+\frac{\boldsymbol{\rho}_{Sk}\cdot\boldsymbol{v}_S}{c}+\frac{\rho_{Sk}}{2c^2}\left[v_S^2+\boldsymbol{\rho}_{Sk}\cdot\boldsymbol{a}_S+\frac{(\boldsymbol{\rho}_{Sk}\cdot\boldsymbol{v}_S)^2}{\rho_{Sk}^2}\right]-\rho'_{Sk}(t_0)\right\}+\Delta\tau_{Sk}+\tau_S^{\text{e}}+\tau_k^{\text{r}} \tag{5.16}$$

在地固坐标系中，如果只考虑到卫星速度一次幂，则有

$$\Delta T_S(t_0)=\frac{1}{c}\left[\rho_{Sk}+\frac{\boldsymbol{X}_k\cdot\boldsymbol{V}_S}{c}+\frac{\omega}{c}(X_SY_k-X_kY_S)-\rho'_{Sk}(t_0)\right]+\Delta\tau_{Sk}+\tau_S^{\text{e}}+\tau_k^{\text{r}} \tag{5.17}$$

结合式(5.17)并考虑到引力时延、大气延迟以及设备时延等改正项，得到地固坐标系中的实用计算模型为

$$\Delta T_S(t_0)=\frac{\rho_{Sk}}{c}+\frac{\boldsymbol{X}_k\cdot\boldsymbol{V}_S}{c^2}+\frac{\omega}{c^2}(X_SY_k-X_kY_S)-\frac{\rho'_{Sk}(t_0)}{c}+\tau_{Sk}^{\text{G}}+\tau_{Sk}^{\text{ion}}+\tau_{Sk}^{\text{tro}}+\tau_S^{\text{e}}+\tau_k^{\text{r}} \tag{5.18}$$

式中：τ_{Sk}^{G}、τ_{Sk}^{ion}、τ_{Sk}^{tro} 分别为信号由卫星传播到地面站 k 路径上的引力时延、电离层延迟、对流层延迟。

如果 n 个站同时观测，在认为各站观测量独立且等精度的情况下，则可以采用 n 个站的平均值来代表最终的卫星钟差，即

$$\Delta T_S(t_0) = \frac{1}{n}\sum_{i=i}^{n}\Delta T_{Si}(t_0) \tag{5.19}$$

式中：$\Delta T_{Si}(t_0)$为第 $i(i=1,2,\cdots,n)$站计算的卫星钟差。

5.1.4 误差分析

卫星单向法的误差源主要包括测量误差、设备时延误差、对流层延迟误差、电离层延迟误差、卫星星历和卫星钟差误差、地面站位置误差和多路径误差。

5.1.4.1 测量误差

测量误差主要包括测距分辨率误差和接收机噪声[1-2]。第 4 章已经对接收机伪距和载波相位测量误差进行了分析，结果表明：BDS 接收机的伪距测量误差在宽相关模式下较大，约为 1.5ns，在窄相关模式下较小，约为 0.5ns；载波相位的测量误差能够优于 1mm。

5.1.4.2 设备时延误差

设备时延主要包括卫星的发射天线时延、地面设备接收天线时延、电缆时延、调制解调时延等。这部分误差相当于系统误差，它可以在卫星和地面设备出厂前进行检定，也可以在正式工作前进行解算标定，以确定其时延值，所以，卫星和地面收发设备时延一般作为已知值进行处理[14-15]。卫星发射和地面接收设备的系统差解算误差一般优于 0.5 ns。

5.1.4.3 对流层延迟误差

对流层延迟主要取决于卫星仰角、空气中的水蒸气含量、空气的密度和温度，一般采用对流层延迟模型进行改正。对于 Saastamoinen 和 Hopfield 干分量延迟模型，如果提供比较准确的气象元素，它们的改正精度就可以达到亚毫米级。但 Saastamoinen 干分量延迟模型优于 Hopfield 干分量延迟模型：首先是它的精度较高；其次它不含温度变量 T，不受温度误差的影响[2,16]。由于水蒸气分布不均匀，而且随时间变化较快，很难准确预报对流层湿分量延迟，因此对流层湿分量延迟模型的精度较差，约为几厘米。Saastamoinen 湿分量延迟模型精度为 2 ~ 5cm，稍优于 Hopfield 湿分量模型[4,16]。可见，天顶延迟模型的误差对测得时间的影响约为 0.1ns，对于 20ns 左右的单向时间比对，可以忽略。下面分析时忽略模型误差的影响。

另外，对于温度误差的影响，Hopfield 湿分量模型比 Saastamoinen 湿分量模型更敏感，因为 Hopfield 湿分量模型中含有温度 T 的二次项，而 Saastamoinen 湿分量模型中只有温度 T 的一次项。在时间比对处理软件中，通常采用的是 Hopfield 模型[17-18]，因此，下面采用 Hopfield 模型分析各气象参数对时间比对的影响。

1）气象参数引起的误差系数

当采用 Hopfield 模型进行对流层延迟改正时，可以分析，在 $h=0$ 和各气象参数均取为标准值的情况下，温度误差引起天顶方向的干湿延迟误差（mm）分别为

$$\begin{cases}\Delta d_{\text{dry}}^{z}=8\cdot\Delta T\\ \Delta d_{\text{wet}}^{z}=0.8\cdot\Delta T\end{cases}\tag{5.20}$$

同理,可得大气压误差引起天顶方向的干延迟误差(mm)为

$$\Delta d_{\text{dry}}^{z}=2.3\cdot\Delta P\tag{5.21}$$

大气湿压误差引起天顶方向的湿延迟误差(mm)为

$$\Delta d_{\text{wet}}^{z}=10\cdot\Delta e\tag{5.22}$$

由式(5.20)~式(5.22)可见:对于1℃的温度变化,将分别引起天顶方向8mm的干延迟误差和0.8mm的湿延迟误差;1mbar的大气压误差将引起天顶方向2.3mm的干延迟误差;1mbar的大气湿压误差将引起天顶方向10mm的湿延迟误差[4]。

当卫星不在用户天顶,而是具有一定高度角时,上面的影响还会进一步增大。对于高度角45°的卫星,各误差影响将放大约1.4倍;对于高度角15°的卫星,各误差影响将放大约4倍。

2)对流层延迟误差影响及使用约束分析

对于卫星与地面站之间的单向法时间比对,通常采用Hopfield模型进行改正,并且用户站也一般不进行气象参数的测定。也就是说,如果处理软件中不考虑气象参数误差的影响,则由于气象参数误差引起的计算误差很可能达不到精度要求。下面分析在20ns左右的单向时间比对精度下,各气象参数应该达到的精度。

根据误差传播要求,对于20ns左右的单向时间比对精度,应该要求计算误差不大于2ns。但是,如果在炎热的夏天(或寒冷的冬天),温度可达40℃(或-20℃),根据式(5.20)可知,仅由于温度误差就能产生大约0.7ns(或0.9ns)的天顶干延迟误差和大约0.07ns(或0.09ns)的天顶湿延迟误差,在卫星高度角为15°时,该影响则会进一步放大4倍,即将产生约3ns(或4ns)的总误差。反过来,为了达到2ns的计算精度,在卫星高度角为15°左右的低高度角时,温度参数相对于标准参数的偏差不能大于17℃,即温度变化为-2~32℃;对于高度角约45°的卫星,则温度变化为-35~65℃。

大气压一般随着高度的升高而减小,它与地面高度的函数关系为[16]

$$P=P_0\,(1-2.66\times10^{-5}h)^{5.225}\tag{5.23}$$

对于海拔高度为1000m的地面站,它的大气压约为900mbar。根据式(5.21)可知,由于大气压误差产生的对流层天顶干延迟计算误差约为0.87ns。对于海拔高度为6000m的地面站,它的大气压约为470mbar,由此产生的对流层天顶干延迟计算误差约为4.2ns,在卫星高度角为15°时,该影响会进一步放大为约17ns。如果将大气压简单地看作高度的函数,为了达到2ns的计算精度:对于高度角为15°左右的低高度角卫星,地面站的高度不能超过570m;对于高度角约为45°的卫星,地面站的高度不能超过1700m。

湿气压与测站高度和温度都有关系,在测站高度小于11km时,可以简单表示为[16]

$$e = e_0 \left[1 - \frac{0.0068}{T_0}h\right]^4 \tag{5.24}$$

当温度为标准参数15℃时，对于海拔高度为1000m的地面站，它的湿气压约为10.626mbar。根据式(5.22)可知，由于湿气压误差产生的天顶湿延迟计算误差约为0.036ns。在卫星高度角为15°时，该影响会进一步放大约为0.14ns。因此，如果将湿气压简单地看作高度的函数，那么对于要求约2ns的计算精度，气象参数e的影响可以忽略。

根据上面分析可见，如果测站不加测气象参数，并且处理软件也仅采用标准参数进行时间比对计算时，为了达到2ns的对流层延迟计算精度：在卫星低高度角为15°时，测站的温度变化要控制在-2~32°C，地面站的高度不能超过570m；对于高度角约45°的卫星，测站的温度变化应控制在-35~65°C，地面站的高度不能超过1700m。

当测站的气象参数不能满足上面要求时，特别是随着比对精度的提高，为了尽量减小对流层延迟误差的影响，一方面采用加测气象参数的方法来削弱，另一方面在数据处理软件中采用推估的方法来减小。

5.1.4.4 电离层延迟误差

对于单向法时间比对的电离层延迟，通常采用Klobuchar等单层模型进行改正[2,4,18]。根据电离层延迟的一般表达式，如果信号传播路径上的电子总含量取典型值$1 \times 10^{18}/\mathrm{m}^2$，对于BDS的B1频点载波频率为1.57GHz，则电离层延迟为5.45ns，对于约20ns量级的单向时间比对精度，该项误差也不能忽略，必须进行修正。假设经过单频电离层模型改正，可以改正约70%的电离层延迟，则剩余误差为1.63ns；改正50%时，剩余误差为2.72ns。同理，对于BDS的B2、B3频点1.207GHz和1.268GHz，电离层延迟更大，可分别达到9.33ns和8.35ns，即使改正约70%的电离层延迟，剩余误差仍为2.8ns和2.5ns。可见，采用单频电离层延迟模型进行电离层延迟改正，模型误差对单向时间比对的精度影响很大，为了提高比对的精度，该项误差需要仔细考虑。

由于电离层延迟与信号的频率有关：一种方法是采用双频接收机，此时电离层延迟采用双频改正模型进行改正，一般估计经过双频改正，剩余误差约在0.1ns量级[1-2]，因此，对于约20ns量级的单向时间比对完全可以忽略；另一种方法是采用差分，差分方法可以分为局域差分和广域差分，局域差分能得到比较好的精度，但服务范围有限，广域差分可能比局域差分的精度低一些，但它的作用范围大。

5.1.4.5 卫星星历和卫星钟差误差

卫星星历和卫星钟差误差主要由地面监测站的数量及分布、监测站观测量精度、卫星受力模型精度、计算精度和卫星钟的稳定度等因素决定。这些影响具体表现为卫星星历预报误差和卫星钟预报误差，而它们又可以等效为伪距误差。由于卫星很高，因此它的星历误差之径向分量可近似地认为等效伪距误差。这样，卫星星历误差和卫星钟差误差可以近似认为与接收机的位置无关。

对于卫星星历和卫星钟差,一般事先采用精密定轨和时间同步手段测定(精密定轨方法在后面章节有具体描述),通过精密定轨和时间同步处理,卫星星历和卫星钟差就可以作为已知值进行使用,卫星星历和卫星钟差误差通常为几厘米到几米量级[19-21]。对于 BDS 区域布站观测条件,卫星星历和卫星钟差误差的等效伪距误差在 1m 左右[22]。

5.1.4.6 地面站位置误差

对于地面站位置误差,可以将它的径向分量近似地认为等效于距离误差。对于地面站位置坐标,一般采用大地测量手段事先测定,在精密定轨与时间同步处理时作为已知值进行使用,大地测量获得的站址坐标至少能达到厘米级精度,其径向分量也会更小,该误差可以忽略。对于一般的用户接收机,其坐标一般未知,通常利用单点定位结果作为已知坐标,此时,BDS 用户接收机的单点定位精度一般为 3 ~ 10m,等效伪距误差为 1 ~ 4m[23-24]。

5.1.4.7 多路径误差

多路径效应是指除直接的导航信号外,还有一种或多种反射信号进入接收机天线,从而造成的接收误差。多路径效应对伪码和载波都有影响,对伪码观测值的影响比对载波相位观测值的影响要大 2 个数量级。在一般环境下,多路径效应对伪距观测值的影响约为 1.0m,在反射很强的环境下可达 4 ~ 5m,因此,多路径效应也必须加以预防或改正[25-26]。

1) 北斗多路径效应特点分析

北斗多路径效应主要具有以下特点[27]:

(1) 多路径具有时空效应的特点,它与卫星相对于天线的空间关系以及天线周围的地物环境有关,地物所造成的多路径效应影响与地物对信号的反射能力又有关。

(2) 由于不同工作原理的卫星导航接收机跟踪和锁定卫星信号的过程不同,从而导致接收机输出的观测量受到的多路径效应的影响不一样。接收机内部工作机理与多路径效应的产生是密不可分的;接收机天线性能对接收机抗多路径性能有直接影响。

(3) 依据反射物相对于天线的位置,反射信号对直接信号的项移周期可能为几分钟至几十分钟甚至几小时。如果周期短,多路径效应就可以用时间平均近似消除,对一般静态测量不产生重要影响。如果周期较长,那么其长期分量将被估计参数吸收,短周期包含在残差中。

(4) 多路径效应是直接信号和多路径信号的叠加,破坏了载波相位的原有波形,接收机相关器和跟踪锁定环特性决定了多路径误差的量值范围,理论上伪距测量精度不会超过一个码元,载波相位的量测精度不会超过 1/4 波长。

(5) 当产生多路径时,反射介质的反射特性也一定,多路径信号随着卫星的运行而不断改变入射角度,这种现象的产生和结束都在一定的频率范围内进行。

2) 多路径效应提取方法及误差分析

根据多路径效应提取算法,可以推得多路径效应误差传递模型为[25]

$$M_{\rho1}=M_1+\varepsilon_{\rho1}+\frac{1}{f_1^2-f_2^2}(f_1^2\lambda_1N_1+f_2^2\lambda_1N_1-2f_2^2\lambda_2N_2)+$$
$$\frac{1}{f_1^2-f_2^2}(f_2^2\varepsilon_{\varphi1}+f_1^2\varepsilon_{\varphi1}-2f_2^2\varepsilon_{\varphi2}+f_2^2M_{\varphi1}+f_1^2M_{\varphi1}-2f_2^2M_{\varphi2}) \tag{5.25}$$

$$M_{\rho2}=M_2+\varepsilon_{\rho2}+\frac{1}{f_1^2-f_2^2}(2f_1^2\lambda_1N_1-f_2^2\lambda_1N_1-f_1^2\lambda_2N_2)+$$
$$\frac{1}{f_1^2-f_2^2}(2f_1^2\varepsilon_{\varphi1}-f_2^2\varepsilon_{\varphi2}-f_1^2\varepsilon_{\varphi2}) \tag{5.26}$$

式中：M_1、M_2 为 B1、B2 频点伪距；f_1、f_2 为 B1、B2 频点频率；λ_1、λ_2 为 B1、B2 频点波长；N_1、N_2 为 B1、B2 频点整周模糊度；$M_{\varphi1}$、$M_{\varphi2}$ 为 B1、B2 频点相位观测值；$\varepsilon_{\rho1}$、$\varepsilon_{\rho2}$ 为 B1、B2 频点伪距测量噪声；$\varepsilon_{\varphi1}$、$\varepsilon_{\varphi2}$ 为 B1、B2 频点相位测量噪声。

式(5.25)和式(5.26)的值本质上是一个常量 + 多路径 + 随机噪声的组合，包括的误差项为

$$\sigma_{M_{\rho1}}=\sqrt{\sigma_{M_1}^2+\sigma_{\varepsilon_{\rho1}}^2+\left(\frac{f_1^2+f_2^2}{f_1^2-f_2^2}\right)^2(\sigma_{\varepsilon_{\varphi1}}^2+\sigma_{M_{\varphi1}}^2)+\left(\frac{2f_2^2}{f_1^2-f_2^2}\right)^2(\sigma_{\varepsilon_{\varphi2}}^2+\sigma_{M_{\varphi2}}^2)} \tag{5.27}$$

$$\sigma_{M_{\rho2}}=\sqrt{\sigma_{M_2}^2+\sigma_{\varepsilon_{\rho2}}^2+\left(\frac{f_1^2+f_2^2}{f_1^2-f_2^2}\right)^2(\sigma_{\varepsilon_{\varphi1}}^2+\sigma_{M_{\varphi1}}^2)+\left(\frac{2f_2^2}{f_1^2-f_2^2}\right)^2(\sigma_{\varepsilon_{\varphi2}}^2+\sigma_{M_{\varphi2}}^2)} \tag{5.28}$$

式中：σ 为各类观测对应的误差项。

载波相位中的多路径噪声无法直接测量，但是利用三个频点导航信号计算不同载波相位无电离层组合，通过间接方式可以大致估算载波相位的多路径噪声量级。具体方法是分别计算 B1 频点相位与 B2 频点相位的无电离层组合 LC12，和 B1 频点相位与 B3 频点相位的无电离层组合 LC13。LC12 与 LC13 的差别应包括模糊度、随机噪声以及可能的多路径误差。

三个频点伪距、载波相位观测量计算的无电离层组合求差可得

$$\text{difPC}=\text{PC12}-\text{PC13}=M_{\text{PC12}}-M_{\text{PC13}}+\tau_{\text{bias12}}-\tau_{\text{bias13}} \tag{5.29}$$

$$\text{difLC}=\text{LC12}-\text{LC13}=M_{\text{LC12}}-M_{\text{LC13}}+\text{AMB}_{\text{LC12}}-\text{AMB}_{\text{LC13}} \tag{5.30}$$

式中：difPC 为伪距无电离层组合差分；difLC 为载波相位无电离层组合差分；PC12 为 B1、B2 频点伪距无电离层组合；PC13 为 B1、B3 频点伪距无电离层组合。

根据 BDS 信号频率计算，无电离层组合观测量中随机噪声放大约 2 倍。卫星和接收机的通道时延可认为是常数，即 $\tau_{\text{bias12}}-\tau_{\text{bias13}}$ 为常值，若伪距观测中无多路径误差，则扣除通道时延组合常值后，不同频率的伪距无电离层组合差值 difPC 时间序列应为均值为零的白噪声。因为载波相位观测量存在模糊度，不同频率的相位无电离层组合差值 difLC 中包含了三个频点载波相位模糊度的组合值。对不同频率的相位无电离层组合差值 difLC 进行周跳探测，若前后历元间 difLC 差值超过 0.5m（根据组合放大倍数，约等价为 1 周的周跳），则认为某个频点发生周跳，标识该周跳位置，统计未发生周跳时段内的 difLC 均值作为该段时间内的组合模糊度。

3）多路径效应提取结果分析

利用 BDS GEO 卫星连续三天实测数据分析得到三频点载波相位无电离层组合差值如图 5.3 所示，伪距无电离层组合差值如图 5.4 所示。

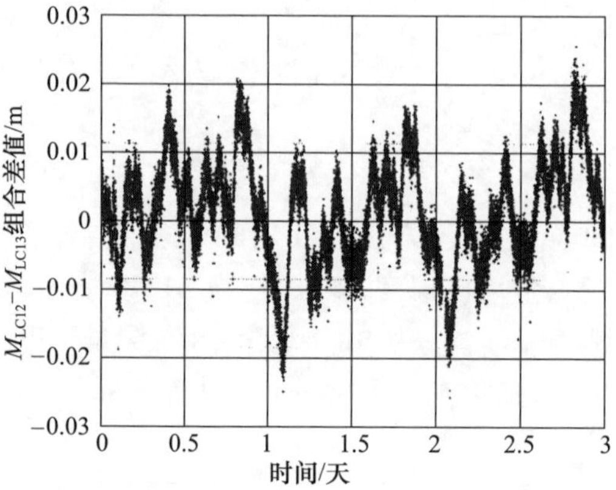

图 5.3　载波相位 $M_{LC12}-M_{LC13}$ 组合结果

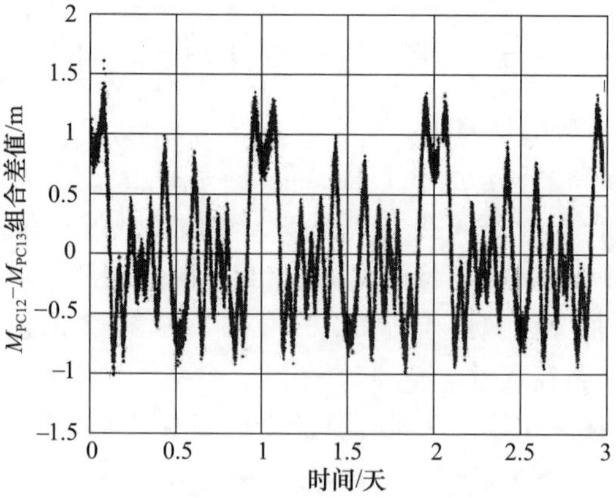

图 5.4　伪距 $M_{PC12}-M_{PC13}$ 组合结果

可见，载波相位中的多路径误差组合峰-峰值小于 3cm，连续三天统计的多路径噪声 RMS = 0.008m；相同时段伪距的多路径误差组合峰-峰值约为 1.5m，连续三天统计的多路径噪声 RMS = 0.549m。从图 5.4 可以看出，连续三天的伪距组合观测量中多路径误差具有明显的周日重复性，连续三天的载波相位组合观测量中多路径误差也具有一定的周日重复性。试验分析表明，这种周日重复性是 GEO 卫星静地特性在多路径误差中的体现。

5.1.4.8　综合误差分析

由于卫星单向法是在地面站与卫星间进行的，当地面站与系统时间存在误差时，该误差也自然会传递到计算的卫星钟差中，如第 4 章所述，站间时间比对误差一般优

于 1ns,因此,如果假设各误差源互相独立,则卫星单向法的误差可以表示为

$$m_\rho = \sqrt{m_R^2 + m_t^2 + m_e^2 + m_{ion}^2 + m_{tro}^2 + m_{xs}^2 + m_{xu}^2 + m_w^2} \tag{5.31}$$

式中:m_R 为接收机测量误差;m_t 为站间时间同步误差;m_e 为设备时延误差;m_{ion}为电离层延迟误差;m_{tro}为对流层延迟误差;m_{xs}为卫星星历和卫星钟差等效伪距时延误差;m_{xu}为用户位置等效伪距时延误差;m_w 为多路径误差。

根据上面对每一单独误差源的误差分析,表 5.1 给出了各误差源在上面取值情况下的卫星单向法所能实现的理论精度。

表 5.1　卫星单向法理论精度　　单位:ns

m_R	m_t	m_e	m_{ion}	m_{tro}	m_{xs}	m_{xu}	m_w	m_ρ
1.5	1	0.5	3	3	3	12	15	19.98
0.5	1	0.5	1.6	1	3	3	3	5.66

由表 5.1 可见,对于目前各误差源的精度水平,卫星单向法的时间比对精度一般约为 19.98ns,最好约为 5.66ns,其中主要误差源为多路径误差、卫星星历和卫星钟差误差、地面站位置误差、电离层和对流层延迟误差。

5.1.5 试验分析

为了分析卫星单向法的时间比对精度,采用同时段星地无线电双向法结果作为基准,对两者的时间比对结果进行了比较分析,试验数据为 2015 年 3 月 19 日 0 时至 26 日 0 时,共 7 天。图 5.5 和图 5.6 分别给出的是 BDS GEO 卫星 PRN1 和 IGSO 卫星 PRN6 与星地无线电双向法的比较结果。

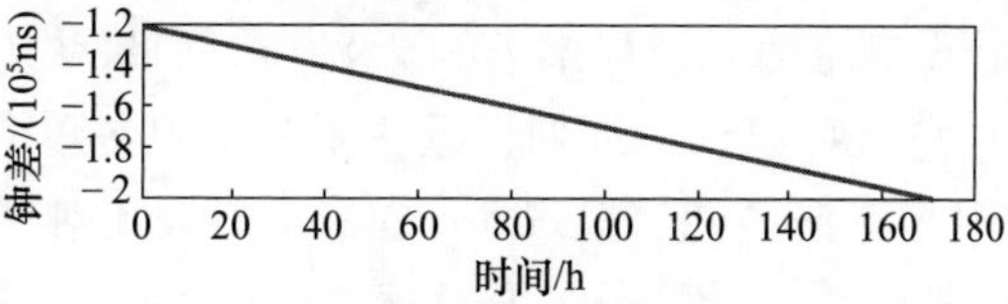

(a) 星地无线电双向法结果

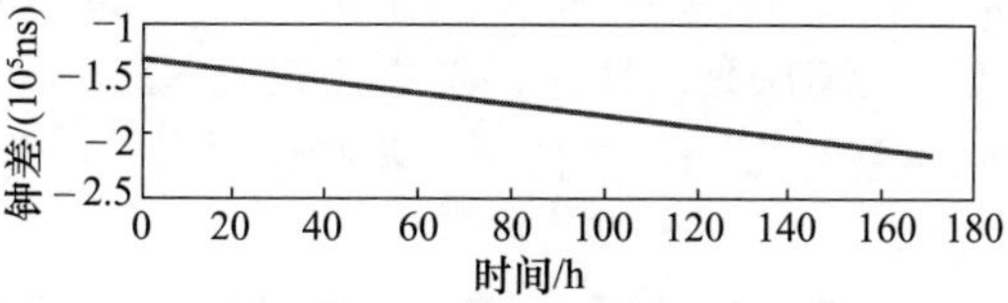

(b) 卫星单向法结果

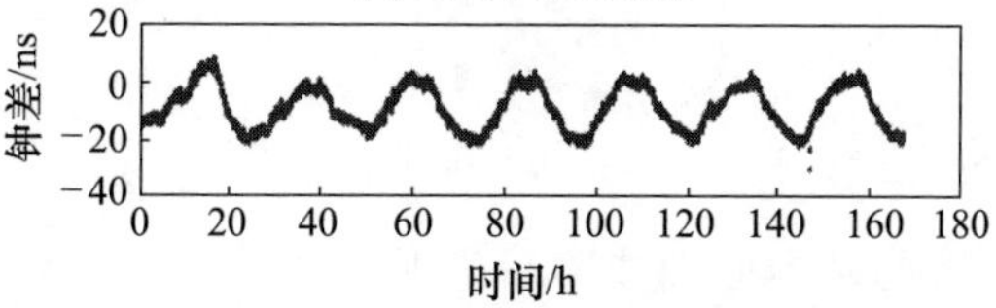

(c) 卫星单向法与星地无线电双向法结果偏差

图 5.5　PRN1 卫星单向法与星地无线电双向法比较

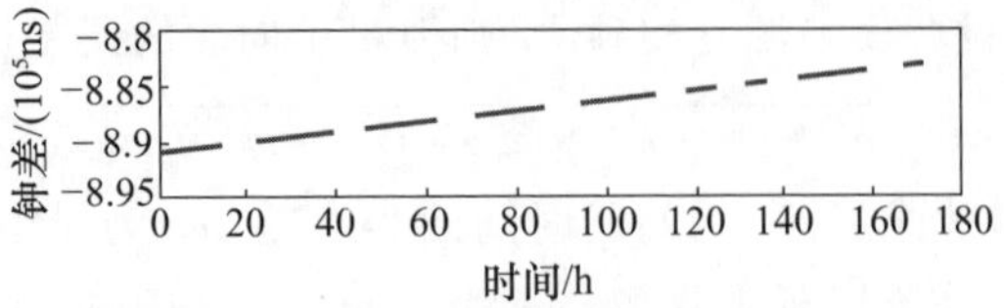

(a) 星地无线电双向法结果

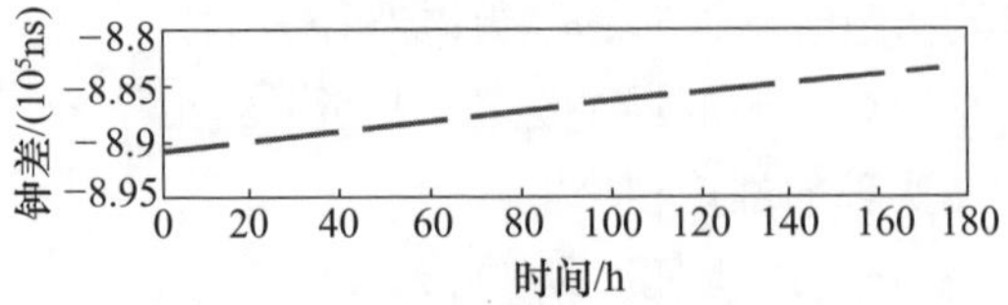

(b) 卫星单向法结果

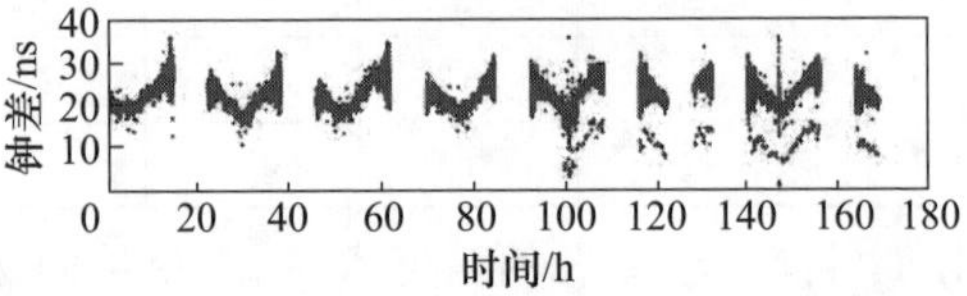

(c) 卫星单向法与星地无线电双向法结果偏差

图 5.6 PRN6 卫星单向法与星地无线电双向法比较

由上面结果可见：

(1) 卫星单向法与星地无线电双向法之间存在着系统性偏差：对于 BDS PRN1 卫星，该偏差均值为 11.52ns；对于 PRN6 卫星，该偏差均值为 22.13ns。经事后分析，该系统性偏差主要是由于星地无线电双向法设备与卫星单向法设备不同产生。

(2) 卫星单向法与星地无线电双向法之差存在着明显的天周期误差，并且与卫星高度角存在一定的相关性。扣除上面的系统性偏差后，BDS PRN1 卫星的残差标准差为 6.88ns，而 PRN6 卫星的残差标准差为 2.88ns。如果认为星地无线电双向法较精确（参见 5.2 节），那么可以认为周期误差主要是由卫星单向法引起的。结果说明，基于 BDS 卫星的卫星单向法能够实现 5ns 左右的时间比对精度。

(3) GEO 卫星的残差明显比 IGSO 卫星偏大，经分析，这主要与电离层误差、GEO 卫星轨道误差和多路径误差较大有关。因为 PRN1 卫星高度角偏低，采用单层电离层延迟模型修正后，电离层延迟残余误差仍然较大，并且呈现周日变化。试验期间，GEO 卫星轨道径向误差约为 1m，并且存在着明显的周日变化。

5.2 星地无线电双向法

5.2.1 基本原理

星地无线电双向法的基本原理如图 5.7 所示[4,7,28]，卫星 S 和地面站 k 分别在本地钟的控制下产生并播发伪码测距信号，地面站 k 在本地 1PPS 对应的钟面时 $T_k(t_0)$ 时刻观测得到下行伪距 $\rho'_{Sk}(t_0)$（该伪距中含有负的卫星钟差），卫星 S 在本地 1PPS

对应的钟面时 $T_S(t_1)$ 时刻观测得到上行伪距 $\rho'_{kS}(t_1)$（该伪距中含有正的卫星钟差），同时，卫星将自己的上行伪距观测值通过通信链路发送给地面站 k，地面站 k 利用本地测量的下行伪距和接收到的上行伪距求差，就能得到卫星相对于地面站 k 的钟差，从而完成星地之间的时间比对。

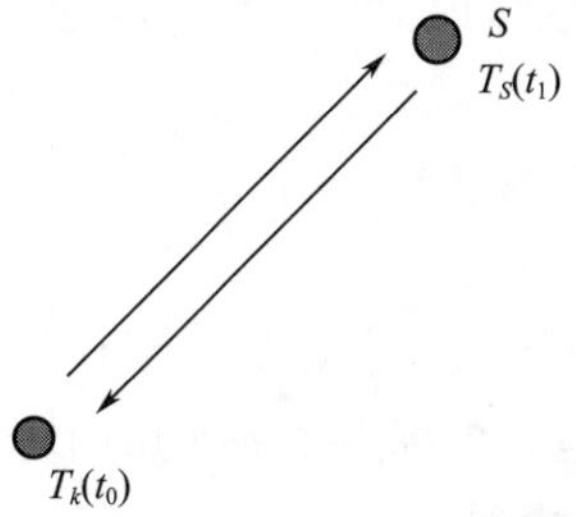

图 5.7　星地无线电双向法的基本原理

对于卫星与地面站之间的时间比对，需要计算的是卫星钟差，这时一般将地面站钟作为参考，即地面站钟差已知或 $\Delta T_k(t)=0$。因此，对于下行伪距，根据无线电时间比对的基本原理可得[4,6]

$$\Delta T_S(t_0)=\frac{1}{c}\left[\rho_{Sk}^{\text{geo}}(t_0)-\rho'_{Sk}(t_0)\right]+\Delta\tau'_{Sk} \tag{5.32}$$

式中：$\Delta T_S(t_0)$ 为下行伪距观测时刻 t_0 对应的卫星钟差；$\rho_{Sk}^{\text{geo}}(t_0)$ 为信号由卫星传播到地面站 k 的空间延迟；$\Delta\tau'_{Sk}$ 为信号由卫星传播到地面站 k 的路径上包括引力时延、大气时延和设备时延等引起的时间延迟改正。

同理，对于上行伪距，有

$$\Delta T_S(t_1)=\frac{1}{c}\left[\rho'_{kS}(t_1)-\rho_{kS}^{\text{geo}}(t_1)\right]-\Delta\tau'_{kS} \tag{5.33}$$

式中：$\Delta T_S(t_1)$ 为上行伪距观测时刻 t_1 对应的卫星钟差；$\rho_{kS}^{\text{geo}}(t_1)$ 为信号由地面站 k 传播到卫星的空间延迟；$\Delta\tau'_{kS}$ 为信号由地面站 k 传播到卫星的路径上包括引力时延、大气时延和设备时延等引起的时间延迟。

根据星地无线电双向时间比对的基本原理可得

$$\Delta T_S(t_0)+\Delta T_S(t_1)=\frac{1}{c}\left[\rho_{Sk}^{\text{geo}}(t_0)-\rho'_{Sk}(t_0)\right]+\Delta\tau'_{Sk}-\frac{1}{c}\left[\rho_{kS}^{\text{geo}}(t_1)-\rho'_{kS}(t_1)\right]-\Delta\tau'_{kS} \tag{5.34}$$

可见，为了准确地求得星地钟差，必须详细计算式（5.34）中的信号传播空间延迟及各项时延改正。

5.2.2　计算模型

5.2.2.1　下行伪距归算模型

根据基于伪距测量的钟差计算模型和 5.1 节卫星单向法计算模型[6]，在地心非

旋转坐标系中有

$$\Delta T_S(t_0)=\frac{1}{c}\left\{\rho_{Sk}+\frac{\boldsymbol{\rho}_{Sk}\cdot\boldsymbol{v}_S}{c}+\frac{\rho_{Sk}}{2c^2}\left[v_S^2+\boldsymbol{\rho}_{Sk}\cdot\boldsymbol{a}_S+\frac{(\boldsymbol{\rho}_{Sk}\cdot\boldsymbol{v}_S)^2}{\rho_{Sk}^2}\right]-\rho'_{Sk}(t_0)\right\}+\Delta\tau'_{Sk} \tag{5.35}$$

在地固坐标系中,如果不仅考虑卫星速度一次幂,而且考虑引力时延、大气延迟以及设备时延等改正项,则有

$$\Delta T_S(t_0)=\frac{\rho_{Sk}}{c}+\frac{\boldsymbol{X}_k\cdot\boldsymbol{V}_S}{c^2}+\frac{\omega}{c^2}(X_SY_k-X_kY_S)-\frac{\rho'_{Sk}(t_0)}{c}+ \\ \tau_{Sk}^{\mathrm{G}}+\tau_{Sk}^{\mathrm{ion}}+\tau_{Sk}^{\mathrm{tro}}+\tau_S^{\mathrm{e}}+\tau_k^{\mathrm{r}} \tag{5.36}$$

式(5.36)为下行伪距在地固坐标系中的实用归算模型。

5.2.2.2 上行伪距归算模型

同理,在地心非旋转坐标系中有[4-5]

$$\Delta T_S(t_1)=\frac{1}{c}\left\{\rho'_{kS}(t_1)-\rho_{kS}-\frac{\boldsymbol{\rho}_{kS}\cdot\boldsymbol{v}_k}{c}-\frac{\rho_{kS}}{2c^2}\left[v_k^2+\boldsymbol{\rho}_{kS}\cdot\boldsymbol{a}_k+\frac{(\boldsymbol{\rho}_{kS}\cdot\boldsymbol{v}_k)^2}{\rho_{kS}^2}\right]\right\}-\Delta\tau'_{kS} \tag{5.37}$$

式中:$\boldsymbol{v}_k$、$\boldsymbol{a}_k$ 分别为地面站 k 在地心非旋转坐标系的速度矢量和加速度矢量;v_k 为地面站 k 在地心非旋转坐标系的速度;$\Delta\tau'_{kS}$为信号由地面站 k 传播到卫星的路径上包括引力时延、大气时延和设备时延等引起的时间延迟改正;$\boldsymbol{\rho}_{kS}$为 t_1 时刻地面站 k 到卫星的空间矢量,可以表示为

$$\boldsymbol{\rho}_{kS}=\boldsymbol{x}_S(t_1)-\boldsymbol{x}_k(t_1) \tag{5.38}$$

式中:$\boldsymbol{x}_k(t_1)$、$\boldsymbol{x}_S(t_1)$分别为 t_1 时刻地面站 k 和卫星在地心非旋转坐标系的坐标矢量。

同理,在地固坐标系中,如果只考虑到地面站速度一次幂,则有

$$\Delta T_S(t_1)=\frac{1}{c}\left[\rho'_{kS}(t_1)-\rho_{kS}-\frac{\boldsymbol{\rho}_{kS}\cdot\boldsymbol{V}_k(t_1)}{c}-\frac{\omega}{c}(X_kY_S-X_SY_k)\right]-\Delta\tau'_{kS} \tag{5.39}$$

式中:$\boldsymbol{V}_k(t_1)$为 t_1 时刻地面站 k 在地固坐标系的速度矢量。

由于地面站在地固坐标系中的运动速度非常小,式(5.39)中的$\dfrac{\boldsymbol{\rho}_{kS}\cdot\boldsymbol{V}_k(t_1)}{c}$项可以忽略,则式(5.39)可以简化为

$$\Delta T_S(t_1)=\frac{1}{c}\left[\rho'_{kS}(t_1)-\rho_{kS}-\frac{\omega}{c}(X_kY_S-X_SY_k)\right]-\Delta\tau'_{kS} \tag{5.40}$$

同样,考虑引力时延、大气延迟以及设备时延等改正项,则可得

$$\Delta T_S(t_1)=\frac{1}{c}\left[\rho'_{kS}(t_1)-\rho_{kS}-\frac{\omega}{c}(X_kY_S-X_SY_k)\right]-\tau_{kS}^{\mathrm{G}}-\tau_{kS}^{\mathrm{ion}}-\tau_{kS}^{\mathrm{tro}}-\tau_k^{\mathrm{e}}-\tau_S^{\mathrm{r}} \tag{5.41}$$

式中:τ_{kS}^{G}、τ_{kS}^{ion}、τ_{kS}^{tro}、τ_k^{e}、τ_S^{r} 分别为信号由地面站 k 传播到卫星路径上的引力时延、电离层延迟、对流层延迟、地面站发射设备延迟和卫星接收设备延迟。

式(5.41)为上行伪距在地固坐标系中的实用归算模型。

5.2.2.3　钟差计算模型

由于原子钟不可避免地存在频率准确度偏差,也就是说,钟差也是时间的函数,不同时间的钟差结果会存在差异,而上面推导得到的上行伪距计算模型对应的时间与下行伪距时间不一致,因此,为得到真实的星地钟差值,需要对其中的至少一个伪距计算模型进行不同时刻归算。考虑星地时间同步的参考钟为地面钟,即下行伪距的观测时刻与系统时间相一致,所以需要对上行伪距观测值进行时间归算。上述伪距归算涉及计算伪距变率 $\dot{\rho}'_{kS}(t_0)$ 和伪距加速度 $\ddot{\rho}'_{kS}(t_0)$,而 $\dot{\rho}'_{kS}(t_0)$ 和 $\ddot{\rho}'_{kS}(t_0)$ 的计算又涉及卫星和地面站坐标及其偏导数,计算过程比较复杂,为此,下面给出一种相对简单又能保证计算精度的计算模型。

考虑

$$\Delta T_S(t_1) \approx \Delta T_S(t_0) + R_S \cdot (t_1 - t_0) \tag{5.42}$$

式中:R_S 为卫星钟的钟速。

如果忽略大气时延和设备时延等引起的上下行时间不一致影响,则 $t_1 - t_0 \approx \Delta T_S$,式(5.34)可以表示为

$$2\Delta T_S(t_0) + R_S \cdot \Delta T_S(t_0) = \frac{1}{c}[\rho_{Sk}^{\mathrm{geo}}(t_0) - \rho'_{Sk}(t_0)] + \Delta\tau'_{Sk} - \frac{1}{c}[\rho_{kS}^{\mathrm{geo}}(t_1) - \rho'_{kS}(t_1)] - \Delta\tau'_{kS} \tag{5.43}$$

由于导航卫星星载原子钟的频率准确度一般均优于 1×10^{-10},ΔT_S 也会控制在 1ms 之内,因此,通常情况下可以近似认为 $\Delta T_S(t_1) \approx \Delta T_S(t_0)$。在此近似下,即使钟差接近 1s,产生的误差一般也不会超过 0.1ns。

综上分析,在 0.1ns 精度范围内,式(5.43)可以表示为

$$\Delta T_S(t_0) \approx \frac{1}{2c}[\rho_{Sk}^{\mathrm{geo}}(t_0) - \rho'_{Sk}(t_0)] - \frac{1}{2c}[\rho_{kS}^{\mathrm{geo}}(t_1) - \rho'_{kS}(t_1)] + \frac{1}{2}(\Delta\tau'_{Sk} - \Delta\tau'_{kS}) \tag{5.44}$$

在地心非旋转坐标系中,考虑引力时延、大气延迟及设备时延等改正项,则有[4-5]

$$\begin{aligned}\Delta T_S(t_0) = &\frac{1}{2c}\left\{\rho_{Sk} + \frac{\boldsymbol{\rho}_{Sk}\cdot\boldsymbol{v}_S}{c} + \frac{\rho_{Sk}}{2c^2}\left[v_S^2 + \boldsymbol{\rho}_{Sk}\cdot\boldsymbol{a}_S + \frac{(\boldsymbol{\rho}_{Sk}\cdot\boldsymbol{v}_S)^2}{\rho_{Sk}^2}\right] - \rho'_{Sk}(t_0)\right\} - \\ &\frac{1}{2c}\left\{\rho_{kS} + \frac{\boldsymbol{\rho}_{kS}\cdot\boldsymbol{v}_k}{c} + \frac{\rho_{kS}}{2c^2}\left[v_k^2 + \boldsymbol{\rho}_{kS}\cdot\boldsymbol{a}_k + \frac{(\boldsymbol{\rho}_{kS}\cdot\boldsymbol{v}_k)^2}{\rho_{kS}^2}\right] - \rho'_{kS}(t_1)\right\} + \\ &\frac{1}{2}(\tau_{Sk}^{\mathrm{G}} - \tau_{kS}^{\mathrm{G}}) + \frac{1}{2}(\tau_{Sk}^{\mathrm{ion}} - \tau_{kS}^{\mathrm{ion}}) + \frac{1}{2}(\tau_{Sk}^{\mathrm{tro}} - \tau_{kS}^{\mathrm{tro}}) + \frac{1}{2}(\tau_S^{\mathrm{e}} + \tau_k^{\mathrm{r}} - \tau_k^{\mathrm{e}} - \tau_S^{\mathrm{r}})\end{aligned} \tag{5.45}$$

在地固坐标系中,考虑到引力时延、大气延迟及设备时延等改正项,则有[4-5]

$$\Delta T_S(t_0) = \frac{1}{2c}\left[\rho_{Sk} + \frac{\boldsymbol{X}_k\cdot\boldsymbol{V}_S}{c^2} + \frac{\omega}{c}(X_S Y_k - X_k Y_S) - \rho'_{Sk}(t_0)\right] -$$

$$\frac{1}{2c}\left[\rho_{kS}+\frac{\omega}{c}(X_kY_S-X_SY_k)-\rho'_{kS}(t_1)\right]+\frac{1}{2}(\tau_{Sk}^{\mathrm{G}}-\tau_{kS}^{\mathrm{G}})+$$
$$\frac{1}{2}(\tau_{Sk}^{\mathrm{ion}}-\tau_{kS}^{\mathrm{ion}})+\frac{1}{2}(\tau_{Sk}^{\mathrm{tro}}-\tau_{kS}^{\mathrm{tro}})+\frac{1}{2}(\tau_S^{\mathrm{e}}+\tau_k^{\mathrm{r}}-\tau_k^{\mathrm{e}}-\tau_S^{\mathrm{r}}) \tag{5.46}$$

由于上、下行信号的传播路径基本相同,因此,经过双向求差,一些公共误差源(如对流层延迟、卫星星历误差和地面站站址坐标误差等)的影响可以得到基本消除,与信号频率有关的电离层延迟也被很大程度地削弱,从而使时间比对精度得到很大提高。

5.2.3 误差分析

星地无线电双向法的误差源主要包括测量误差、设备时延误差、对流层延迟误差、电离层延迟误差、卫星星历误差、地面站位置误差和多路径误差。

5.2.3.1 测量误差

星地无线电双向法的测量值主要是地面和卫星的双向伪距观测量,因此,测量误差主要包括地面设备测量误差和卫星设备测量误差。如前面小节所述,地面接收机和卫星接收机的测量误差约为0.5ns。

5.2.3.2 设备时延误差

设备时延主要包括卫星和地面双向设备的发射天线时延、接收天线时延、电缆时延、调制解调时延等误差。如前面小节所述,该误差约为0.5ns。

5.2.3.3 对流层延迟误差

由于对流层延迟是频率不相关的,并且地面站与卫星上、下行链路的时间间隔小于0.15s,在这么短的时间内,地面站的气象参数和地固坐标系看来的卫星仰角都基本不变,因此,经上、下两条路径相减,对流层延迟能够得到很好的消除,它引起的不对称部分一般不再考虑。

5.2.3.4 电离层延迟误差

由于电离层延迟与信号频率的平方成反比,因此,对于卫星与地面站的上下行路径,电离层延迟可以采用下式进行改正

$$\tau_{Sk}^{\mathrm{ion}}-\tau_{kS}^{\mathrm{ion}}=\frac{40.28\ \mathrm{TEC}_{kS}}{c}\left(\frac{1}{f_{\mathrm{U}}^2}-\frac{1}{f_{\mathrm{D}}^2}\right) \tag{5.47}$$

式中:f_{U}、f_{D} 分别为上行和下行信号频率;TEC_{kS}为信号传播路径上的电子总含量。

由于电离层延迟是地方时、太阳活动状况、测站纬度等的函数,在短时间内,电离层延迟变化较小,因此,电离层延迟的改正误差需要看作系统误差。如果将信号传播路径的TEC取为典型值 1×10^{18}个/m^2,对于星地无线电双向法中采用的$f_{\mathrm{U}}\approx1.34\mathrm{GHz}$和$f_{\mathrm{D}}\approx1.268\mathrm{GHz}$,上、下行路径电离层延迟分别为7.48ns和8.35ns,但是经过上、下行求差,该影响会进一步减小,如果不进行任何修正,则电离层延迟对计算的相对钟差影响约为0.87ns。对于1ns精度要求的时间比对来说,电离层延迟必须进行修正,当采用电

离层延迟模型进行修正时。假设上、下行电离层延迟存在 70% 的相关性，则电离层延迟对计算钟差的影响约为 0.26ns；如果上、下行电离层延迟的相关性降低为 50%，则电离层延迟对计算钟差的影响约为 0.43ns。当采用双频观测数据来修正时，电离层延迟误差可以进一步减小到厘米级，此时其影响可以忽略。

5.2.3.5　卫星星历误差

如前所述，卫星星历的等效距离误差约为 1m。但是，由于卫星星历误差对上、下行伪距都有影响，并且影响基本相同，因此经上、下行数据求差后，该影响已经被尽可能地消除，不会影响最后的钟差计算结果。

5.2.3.6　地面站位置误差

与卫星星历误差类似，地面站位置误差对上、下行伪距也都有影响，但是影响基本相同，因此经上、下行数据求差后，该影响也尽可能地消除，不会影响最后的钟差计算结果。

5.2.3.7　多路径误差

目前，星地无线电双向法所用的地面接收天线一般均为大口径天线，其受多路径效应的影响较小，误差一般小于 0.3ns，并且经过上、下行求差，多路径效应误差也能进一步得到削弱，通常可以忽略。

假设各误差源互相独立，则星地无线电双向法计算卫星钟差的误差可以表示为

$$m_{\Delta T} = \frac{1}{2}\sqrt{m_{\mathrm{s}}^2 + m_{\mathrm{c}}^2 + 4m_{\mathrm{e}}^2 + 2m_{\mathrm{ion}}^2 + 2m_{\mathrm{w}}^2} \tag{5.48}$$

式中：m_{s} 为卫星测量误差；m_{c} 为地面站测量误差。

根据上面对每一单独误差源的误差分析，表 5.2 给出了各误差源在上面取值情况下的钟差精度。

表 5.2　星地无线电双向法理论误差分析　　单位：ns

m_{s}	m_{c}	m_{e}	m_{ion}	m_{w}	$m_{\Delta T}$
0.5	0.5	0.5	1	0.3	1.36
0.5	0.5	0.5	0.3	0	0.92

由表 5.2 可见，对于目前各误差源的精度水平，理论上星地无线电双向法计算的星地钟差误差最大约为 1.36ns，最小约为 0.92ns。

5.2.4　试验分析

2007 年 10 月 25 日至 11 月 8 日共 15 天，利用地面站观测 MEO 卫星的 15 个弧段，在地面站和卫星同时进行星地无线电时间比对观测，并将卫星观测数据下传给地面站，在认为地面站钟差为 0 的情况下，利用这些星地双向时间比对数据进行了卫星钟差解算，得到的计算结果如图 5.8 所示[7,29]。

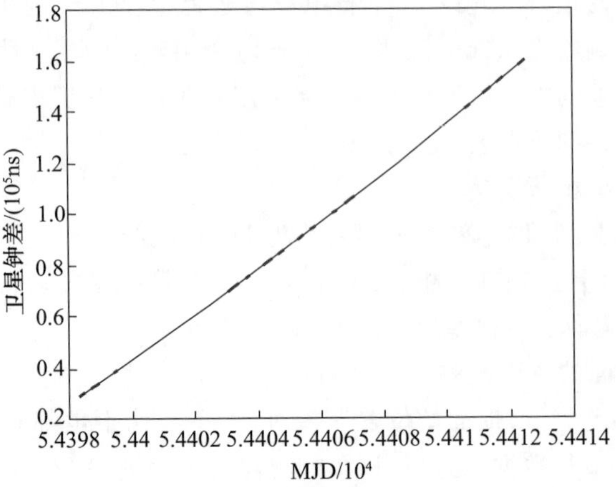

图 5.8　地面站与 MEO 卫星无线电双向时间比对结果

根据上面 15 个观测弧段观测数据计算的星地钟差,在假设每个时刻计算的星地钟差独立等精度前提下,每个观测弧段采用最小二乘法求解钟差 a_0 和钟速 a_1,并统计每个弧段计算的中误差,结果如表 5.3 所列。

表 5.3　15 个观测弧段统计结果

序号	弧段时间	a_0/ns	a_1/(ns/s)	中误差 /ns
1	10 月 25 日弧段 1	30461.26	0.0960	0.2957
2	10 月 25 日弧段 2	34155.99	0.0971	0.3515
3	10 月 26 日弧段 1	38823.96	0.0974	0.2130
4	10 月 30 日弧段 1	72824.67	0.1042	0.5175
5	10 月 30 日弧段 2	75788.96	0.1052	0.1331
6	10 月 31 日弧段 1	82510.19	0.1056	0.3885
7	10 月 31 日弧段 2	85982.16	0.1067	0.5540
8	11 月 1 日弧段 1	91996.61	0.1072	0.4218
9	11 月 1 日弧段 2	94876.13	0.1084	0.3290
10	11 月 2 日弧段 1	101407.58	0.1089	0.1481
11	11 月 2 日弧段 2	106812.73	0.1099	0.5859
12	11 月 6 日弧段 2	142406.67	0.1160	0.1421
13	11 月 7 日弧段 1	149795.44	0.11641	0.3278
14	11 月 7 日弧段 2	153625.37	0.1174	0.3282
15	11 月 8 日弧段 1	160354.88	0.1181	0.4285
平均值	—	—		0.3443

可见,上面15个观测弧段的中误差最大为0.5859ns,最小为0.1331ns,平均值为0.3443ns,说明星地无线电双向时间比对具有很高的比对精度。

5.3 激光与伪码测距法

5.3.1 基本原理

激光与伪码测距法的基本原理如图5.9所示[4-5],地面站 A 在坐标时 t_0 时刻向卫星发射激光信号,该信号在坐标时 t_1 时刻到达卫星并被立即反射,在坐标时 t_2 时刻返回 A 站并被 A 站接收,从而测得激光距离观测量 $\rho_{AA}=c(t_2-t_0)$,而且卫星在坐标时 $t_0+\Delta T_{AS}$ 时刻向地面站发射导航信号,被地面站 A 在坐标时 t_3 时刻接收,从而测得另一个伪距观测量 $\rho'_{SA}=c(t_3-t_0-\Delta T_{AS})$。由于地面站接收卫星发出的伪随机码可以获得包含星地钟差的站星伪距,同时,地面站利用激光测距技术可以测得卫星与地面站的几何距离,则在观测伪距中扣除由激光测距获得的站星距,就可以得到卫星钟与地面钟之间的钟差,从而完成星地之间的时间同步。

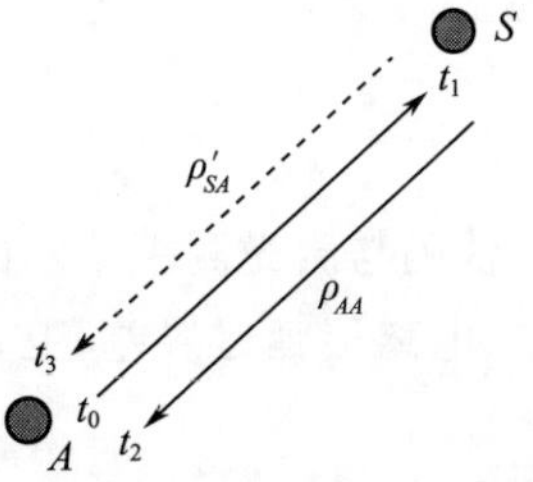

图5.9 激光与伪码测距法的基本原理

5.3.2 计算模型

根据上面的基本原理和卫星单向法基本原理[4,6],对于卫星发射被地面站 A 接收的伪码信号,有

$$\Delta T_{SA}=\frac{\rho'_{SA}}{c}-\tau_{SA}^{\mathrm{geo}}-\Delta\tau'_{SA} \tag{5.49}$$

对于激光脉冲信号,有[4-5]

$$\tau_{SA}^{\mathrm{geo}}=\frac{1}{2}\left(\frac{\rho_{AA}}{c}-\Delta\tau'_{AA}\right) \tag{5.50}$$

式中:$\Delta\tau'_{AA}$ 为激光信号往返路径传播时延改正。

如果认为激光测距求得的 τ_{SA}^{geo} 是准确的,则将式(5.50)代入式(5.49),并考虑各项改正,可得星地钟差的计算公式为

$$\Delta T_{SA}=\frac{1}{c}\left(\rho'_{SA}-\frac{1}{2}\rho_{AA}\right)-(\tau_{SA}^{\mathrm{ion}}+\tau_{SA}^{\mathrm{tro}}+\tau_{SA}^{\mathrm{G}}+\tau_{S}^{\mathrm{e}}+\tau_{A}^{\mathrm{r}}+\Delta\tau_{SA})+$$

$$\frac{1}{2}(\tau_{AA}^{\text{ion}}+\tau_{AA}^{\text{tro}}+\tau_{AA}^{\text{G}}+\tau_{AA}^{\text{e}}+\Delta\tau_{AA}) \tag{5.51}$$

式中：τ_{AA}^{ion}、τ_{AA}^{tro}、τ_{AA}^{G}、τ_{AA}^{e}分别为激光信号由地面站 A 发射到地面站 A 接收的电离层延迟、对流层延迟、引力时延、设备时延；$\Delta\tau_{SA}$、$\Delta\tau_{AA}$分别为两类观测量中地面站和卫星运动引起的时延改正，详细计算模型为

$$\begin{aligned}\delta=&\frac{1}{2}\Delta\tau_{AA}-\Delta\tau_{SA}=\\&\frac{\boldsymbol{\rho}_{AS}\cdot\boldsymbol{v}_S}{c^2}+\frac{1}{2}\frac{\rho_{AS}\cdot\boldsymbol{\rho}_{AS}\cdot\boldsymbol{a}_S}{c^3}+\frac{1}{2}\frac{\rho_{AS}\cdot\boldsymbol{v}_S\cdot\boldsymbol{v}_S}{c^3}-\\&\frac{1}{2}\frac{\rho_{AS}\cdot\boldsymbol{\rho}_{AS}\cdot\boldsymbol{a}_A}{c^3}+\frac{1}{2}\frac{\rho_{AS}\cdot\boldsymbol{v}_A\cdot\boldsymbol{v}_A}{c^3}-\\&\frac{\rho_{AS}\cdot\boldsymbol{v}_A\cdot\boldsymbol{v}_S}{c^3}-\frac{\boldsymbol{\rho}_{AS}\cdot\boldsymbol{v}_S}{c\rho_{AS}}\Delta T_{SA}+\frac{\boldsymbol{\rho}_{AS}\cdot\boldsymbol{v}_A}{c\rho_{AS}}\Delta T_{SA}+\\&\frac{\boldsymbol{\rho}_{AS}\cdot\boldsymbol{v}_A}{c\rho_{AS}}\tau_{SA}^{\text{at}}-2\frac{(\boldsymbol{\rho}_{AS}\cdot\boldsymbol{v}_A)^2}{c^3\rho_{AS}}\end{aligned} \tag{5.52}$$

式中：τ_{SA}^{at}为导航信号的大气时延。

5.3.3 误差分析

根据上面的基本原理可知，伪码与激光测距技术的误差源也主要包括测量误差、设备时延误差、对流层延迟误差、电离层延迟误差、卫星星历误差、地面站位置误差和多路径误差。

5.3.3.1 测量误差

测量误差包括伪码测量误差和激光测量误差。地面站的伪码测量误差与前面星地无线电双向法相同，这里不再赘述。激光时延测量是通过时间间隔计数器得到的，测量误差与激光器的脉冲宽度和计数器分辨率有关，新一代激光器的脉冲宽度已达 0.1～0.2ns，测距精度为 1～3cm[30-31]。

5.3.3.2 设备时延误差

设备时延包括伪码设备时延和激光测距设备时延。伪码设备的时延误差与上面星地无线电双向法相同，激光测距设备的通道时延漂移一般优于 0.5ns/天，偏心改正精度一般优于 0.15ns[30-31]。

5.3.3.3 对流层延迟误差

对于伪码与激光测距时间比对，对流层延迟对时间比对结果的影响与激光测距信号往返对流层延迟的一半和导航信号的对流层延迟之差有关。同样，如果认为在很短时间内（小于 0.3s）激光测距信号往返对流层延迟相等，并且考虑对流层延迟与信号频率无关，则经激光测距信号往返延迟一半与导航信号路径延迟求差，对流层延迟的影响被尽可能的消除，不会影响最后的钟差计算结果。

5.3.3.4　电离层延迟误差

对于伪码与激光测距时间比对，电离层延迟对时间比对结果的影响与激光测距信号往返电离层延迟的一半和导航信号的电离层延迟之差有关。考虑电离层延迟与信号频率有关，并且激光信号的频率很高（约10^{14} Hz），可以估计，电离层延迟对单程激光测距的影响约为1.3×10^{-5}ps，可以忽略。因此，影响主要来自于导航信号的电离层延迟，它的改正精度与前面分析的卫星单向法相同。

5.3.3.5　卫星星历误差和地面站位置误差

卫星星历误差和地面站位置误差对激光测距和伪码测距两条路径的影响都基本相同，因此经两者求差后，它们的影响被尽可能的消除，不会影响最后的钟差计算结果。

5.3.3.6　多路径误差

多路径误差与前面的分析和精度相同，这里不再赘述。

假设各误差源互相独立，则激光与伪码测距法计算卫星钟差的误差可以表示为

$$m_{\Delta T}=\sqrt{m_{\mathrm{R}}^2+\frac{1}{4}m_{\mathrm{L}}^2+m_{\mathrm{Re}}^2+\frac{1}{4}m_{\mathrm{Le}}^2+\frac{1}{4}m_{\mathrm{La}}^2+m_{\mathrm{ion}}^2+m_{\mathrm{w}}^2}\tag{5.53}$$

式中：m_{L}为激光测量误差；m_{Re}为伪码测量设备时延误差；m_{Le}为激光设备时延误差；m_{La}为激光设备偏心改正误差。

根据上面对每一单独误差源的误差分析，表5.4给出了各误差源在上面取值情况下的钟差精度。

表5.4　伪码与激光测距法计算的钟差误差　　单位：ns

m_{R}	m_{L}	m_{Re}	m_{Le}	m_{La}	m_{ion}	m_{w}	$m_{\Delta T}$
1.5	0.1	0.5	0.5	0.125	3	15	15.38
0.5	0.03	0.5	0.5	0.125	1.6	3	3.76

由表5.4可见，对于目前各误差源的精度水平，理论上伪码与激光测距法计算的星地钟差误差最大约为15.38ns，最小约为3.76ns。

5.3.4　试验分析

利用2007年10月25日长春激光站与BDS MEO卫星的激光测距数据和接收机伪距数据进行了激光与伪码测距法时间比对试验，激光O-C结果如图5.10所示，伪距O-C结果如图5.11所示，激光伪距时间比对计算的星地钟差结果如图5.12所示。

利用上面计算的时间比对结果进行线性拟合，得到的拟合标准差为2.31ns。可见，在数据质量较好情况下，该方法的时间比对精度约为2ns。

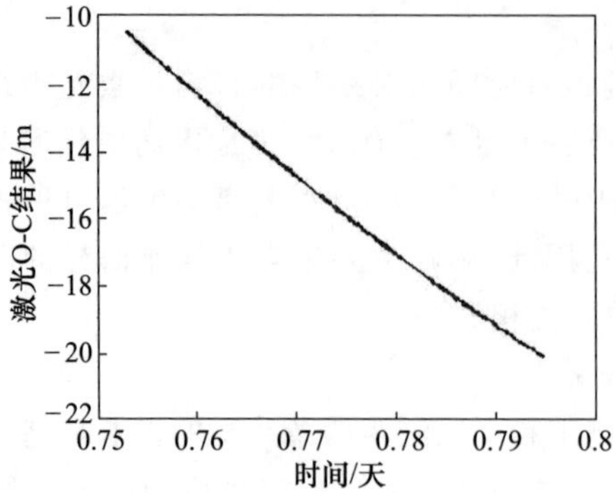

图 5.10　激光 O-C 结果

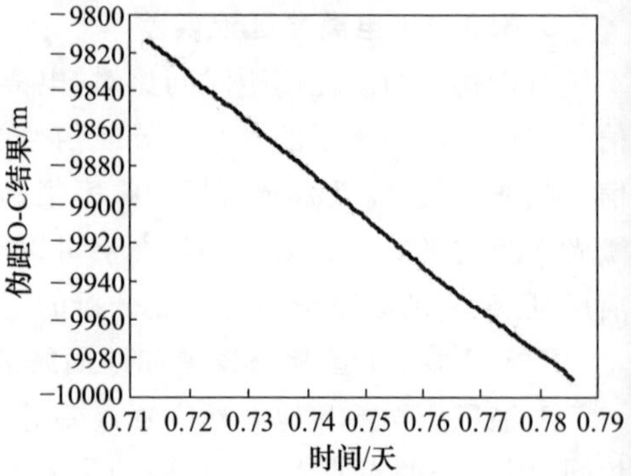

图 5.11　伪距 O-C 结果

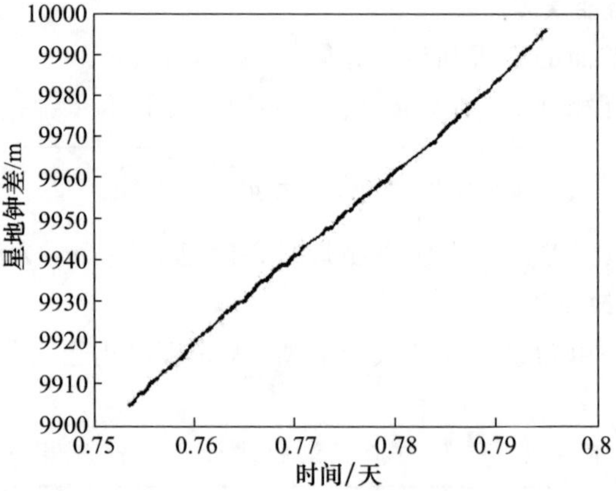

图 5.12　激光伪距时间比对钟差结果

5.4　激光双向法

5.4.1　基本原理

激光双向法的基本原理如图 5.13 所示[4-5]，地面站 A 在本地钟面时 $T_A(t_0)$时刻向卫星发射激光信号，该信号在卫星钟面时 $T_S(t_1)$时刻到达卫星并被卫星接收，从而测得伪距观测量 $\rho'_{AS}(t_1)=c(T_S(t_1)-T_A(t_0))$，同时地面站发射的激光信号经卫星反射器反射，被地面站 A 在 $T_A(t_2)$ 时刻接收，从而测得另一个距离观测量 $\rho_{AA}(t_0)=c(t_2-t_0)$。由于卫星上的激光观测量含有卫星相对于地面的钟差，而地面上的激光观测量不含卫星钟差，因此，在卫星上测得的激光观测量上扣除地面激光观测量测得的真实星地距离，就能得到卫星钟差。这时，只要卫星将自己测得的观测量通过通信链路发送给地面站，地面站就可以利用两个观测量得到卫星钟差，从而完成星地之间的时间比对。

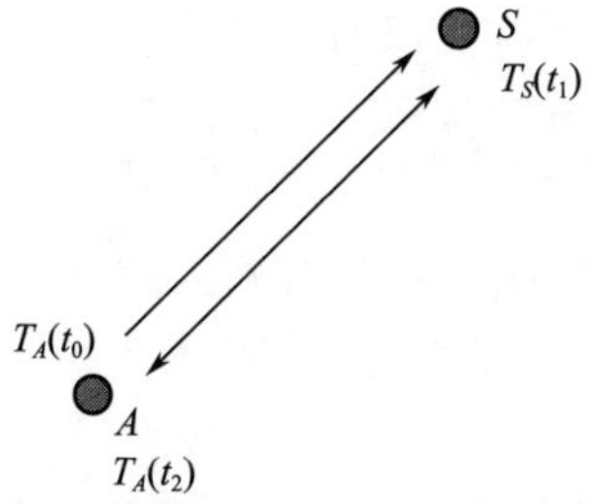

图 5.13　星地激光双向时间比对原理图

5.4.2　计算模型

根据激光双向法基本原理和上面激光与伪码测距法计算模型可得[4-5]

$$\Delta T_{AS} = \frac{1}{c}\rho'_{AS} - \frac{1}{2c}\rho_{AA} - \Delta\tau'_{AS} + \frac{1}{2}\Delta\tau'_{AA} \tag{5.54}$$

考虑到各种影响，则有

$$\Delta T_{AS} = \frac{1}{c}\rho'_{AS} - \frac{1}{2c}\rho_{AA} - (\tau_{AS}^{\text{ion}} + \tau_{AS}^{\text{tro}} + \tau_{AS}^{\text{G}} + \tau_{A}^{\text{e}} + \tau_{S}^{\text{r}} + \Delta\tau_{AS}) + \frac{1}{2}(\tau_{AA}^{\text{ion}} + \tau_{AA}^{\text{tro}} + \tau_{AA}^{\text{G}} + \tau_{AA}^{\text{e}} + \Delta\tau_{AA}) \tag{5.55}$$

$\Delta\tau_{AS}$ 和 $\Delta\tau_{AA}$ 的计算模型为

$$\Delta\tau_{AS} = \frac{\boldsymbol{\rho}_{AS}\cdot\boldsymbol{v}_A}{c^2} + \frac{\rho_{AS}}{2c^3}\left[v_A^2 + \boldsymbol{\rho}_{AS}\cdot\boldsymbol{a}_A + \frac{(\boldsymbol{\rho}_{AS}\cdot\boldsymbol{v}_A)^2}{\rho_{AS}^2}\right] \tag{5.56}$$

$$\begin{aligned}\Delta\tau_{AA} = \Delta\tau_{AS} + \Delta\tau_{SA} = {} & \frac{\boldsymbol{\rho}_{AS}\cdot\boldsymbol{v}_S}{c^2} + \frac{1}{2}\frac{\rho_{AS}\boldsymbol{\rho}_{AS}\cdot\boldsymbol{a}_S}{c^3} + \frac{1}{2}\frac{\rho_{AS}\boldsymbol{v}_S\cdot\boldsymbol{v}_S}{c^3} - \frac{1}{2}\frac{(\boldsymbol{\rho}_{AS}\cdot\boldsymbol{v}_S)^2}{c^3\rho_{AS}} - \\ & \frac{\boldsymbol{\rho}_{SA}\cdot\boldsymbol{v}_S}{c^2} - \frac{1}{2}\frac{\rho_{SA}\boldsymbol{\rho}_{SA}\cdot\boldsymbol{a}_S}{c^3} + \frac{1}{2}\frac{\rho_{SA}\boldsymbol{v}_S\cdot\boldsymbol{v}_S}{c^3} + \frac{1}{2}\frac{(\boldsymbol{\rho}_{SA}\cdot\boldsymbol{v}_S)^2}{c^3\rho_{SA}} + \\ & 2\frac{\boldsymbol{\rho}_{SA}\cdot\boldsymbol{v}_A}{c^2} + 2\frac{\rho_{SA}\boldsymbol{\rho}_{SA}\cdot\boldsymbol{a}_A}{c^3} + 2\frac{\rho_{SA}\boldsymbol{v}_A\cdot\boldsymbol{v}_A}{c^3} - 2\frac{(\boldsymbol{\rho}_{SA}\cdot\boldsymbol{v}_A)^2}{c^3\rho_{SA}}\end{aligned} \tag{5.57}$$

5.4.3　误差分析

激光双向法的误差源主要包括测量误差、设备时延误差、对流层延迟误差、卫星星历误差、地面站位置误差。

激光双向法与星地无线电双向法原理相同，只不过地面站和卫星发射的均为激光信号，因此电离层延迟的误差可以忽略，有差别的仅是激光测距的精度比无线电测距的精度更高。其他误差对激光双向法的影响与星地无线电双向法相同，这里不再赘述。

假设各误差源互相独立,则激光双向法计算的卫星钟差误差可以表示为

$$m_{\Delta T}=\sqrt{\frac{1}{4}m_{\mathrm{L}}^{2}+m_{\mathrm{Ls}}^{2}+\frac{1}{4}m_{\mathrm{Le}}^{2}+m_{\mathrm{Les}}^{2}+\frac{1}{4}m_{\mathrm{La}}^{2}} \tag{5.58}$$

式中:m_{Ls}为星上激光测距误差;m_{Les}为星上激光测距设备时延误差。

根据上面对每一单独误差源的误差分析,表 5.5 给出了激光双向法的理论钟差精度。

表 5.5 激光双向法的理论钟差精度 单位:ns

m_{L}	m_{Ls}	m_{Le}	m_{Les}	m_{La}	$m_{\Delta T}$
0.1	0.1	0.5	0.5	0.125	0.57
0.03	0.03	0.5	0.5	0.125	0.56

由表 5.5 可见,对于目前各误差源的精度水平,激光双向法的理论星地钟差精度约为 0.57ns。

5.4.4 试验分析

为了验证激光双向法时间比对模型的正确性,分别模拟了地面站与 GEO 和 MEO 卫星 2017 年 11 月 1 日至 15 日 15 天激光双向观测数据。模拟数据设置如下:GEO 和 MEO 卫星轨道采用的是 BDS 卫星实际在轨信息,其中 GEO 卫星一直可视,具有连续观测数据,MEO 卫星存在出入境,共 21 个观测弧段,每个观测弧段具有连续观测数据,卫星钟钟速、钟漂、钟稳定度为评估的 BDS 卫星星载原子钟结果,观测数据随机误差按照上述误差分析量级设置,模拟时认为地面站钟没有误差,所有原子钟引起的误差全部归到卫星钟。采用模拟激光双向时间比对数据计算的时间比对结果如图 5.14 和图 5.15 所示。

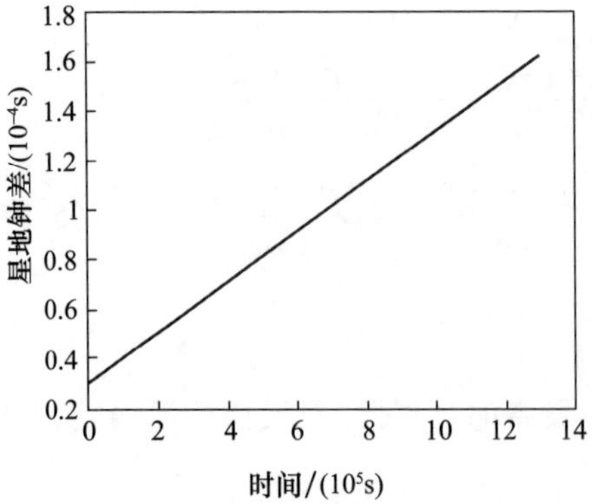

图 5.14 GEO 卫星时间比对结果

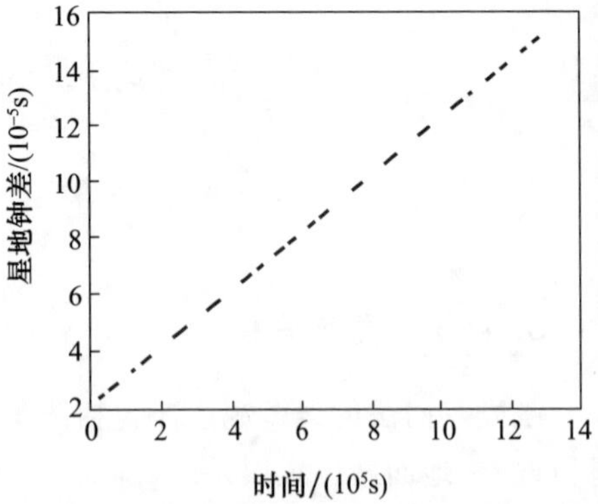

图 5.15 MEO 卫星时间比对结果

利用 GEO 和 MEO 获得的激光双向法星地钟差结果,对每天或每个弧段进行计算值与理论值残差统计,统计的残差 RMS 分别如表 5.6 和表 5.7 所列。

表 5.6　激光双向法时间比对误差统计(GEO)

日期	RMS/ns
11 月 1 日	0. 2009
11 月 2 日	0. 1999
11 月 3 日	0. 1979
11 月 4 日	0. 1974
11 月 5 日	0. 2054
11 月 6 日	0. 1966
11 月 7 日	0. 2023
11 月 8 日	0. 1952
11 月 9 日	0. 1986
11 月 10 日	0. 1994
11 月 11 日	0. 1975
11 月 12 日	0. 2083
11 月 13 日	0. 2046
11 月 14 日	0. 2023
11 月 15 日	0. 2039
平均值	0. 2007

表 5.7　激光双向法时间比对误差统计(MEO)

弧段号	RMS/ns
1	0. 2118
2	0. 2074
3	0. 1696
4	0. 1943
5	0. 1927
6	0. 2045
7	0. 2071
8	0. 1989
9	0. 1996
10	0. 2057
11	0. 1986
12	0. 2066
13	0. 2012
14	0. 1984
15	0. 2015

（续）

弧段号	RMS/ns
16	0.2085
17	0.2125
18	0.2048
19	0.1912
20	0.2193
21	0.2023
平均值	0.2017

GEO 卫星的激光双向法时间比对结果与理论值之差为 0.1952 ~ 0.2083ns，平均值为 0.2007ns。MEO 卫星的激光双向法时间比对结果与理论值之差为0.1701 ~ 0.2193ns，平均值为 0.202ns。可见，采用模拟数据和推导的计算模型，能够准确计算得到星地钟差结果，计算结果与仿真结果基本一致。

5.5 多种方法综合比较分析

上面对常见的每种星地时间比对方法进行了详细讨论，下面进一步对各种方法进行综合比较分析。

卫星单向法仅需要接收卫星发射的导航信号和导航电文就能实现卫星钟差测定，是一种最基本、最简单的时间比对技术手段；但是该方法精度低，已经无法适配现有高精度原子钟性能，也无法满足卫星导航系统时间比对需求。

多星轨道钟差联合解算法仅利用地面站接收的伪距和载波相位数据一体化解算卫星轨道、卫星钟差、地面站钟差、系统差等信息。该方法的优点是卫星轨道与卫星钟差具有较好的自洽性，能够保证用户使用的导航电文具有较高的精度。但是，该方法解算的卫星和地面站钟差是有偏钟差，即卫星钟差中包括卫星参考频点的绝对设备时延和卫星频率间偏差组合系统差，地面站钟差则包括接收机参考频点绝对设备时延和接收机频率间偏差组合系统差。并且，该方法本质上是根据卫星轨道与钟差相对地面观测网变化特性不同来分离两类参数，由于卫星轨道径向误差与卫星钟差参数强相关，特别是对于相对地面观测网变化较慢的 GEO 卫星，很难准确分离卫星钟差信息，因此，解算的卫星钟差结果中会吸收部分轨道误差及其他不确定性系统误差，在扣除线性或二阶钟差参数的残差结果中可以看到与轨道相关的周期性误差，也就是说，解算出的卫星钟差信息不能真实反映卫星钟特性。

星地无线电双向法采用双向求差方式，消除了卫星星历、对流层延迟、地面站坐标等共同误差源的影响，由于星地上、下行信号频率相近，很大程度地削弱了与频率有关的电离层延迟误差，因此，时间比对精度比卫星单向法得到很大提高。但是，该方法的实现需要地面具有大量上行发射和下行接收设备，卫星也必须具有上行测距能力，这样就造成卫星和地面设备复杂，设备套量较大，经费投入较高。同时，该方法实施时需要注意以下问题：①电离层延迟残差。对于 L 频段信号，如果仅对双向伪距直接求差，不做其他修正，当卫星高度角低于 10°时，电离层延迟的剩余残差会达到 1ns 左右。减小电离层延迟残差影响，一方面尽可能使用高度角较高的卫星观测数据，另一方面在双向伪距求差前采用电离层延迟模型进行事先修正，先期消除部分电离层延迟误差影响。②卫星上、下行天线相位中心不一致。由于卫星上、下行天线为不同天线，两个天线相位中心之间存在一定的偏差，该偏差在钟差计算时需要进行事先修正。

激光双向法与星地无线电双向法原理相同，只是采用了激光信号代替了无线电信号，因此，该方法的时间比对精度高，一般可以作为其他技术的检核手段使用。但是，该方法也有类似于星地无线电双向法的缺点，并且在实施过程中，激光观测受到天气等影响较大，使得该方法无法实现常规连续观测。

激光与伪码测距法综合利用了卫星单向伪距数据和激光双向测距数据，时间比对精度介于单向法和双向法之间。该方法也存在必须具有激光测距设备、激光测距受天气影响无法常规连续观测等问题，并且每次仅能对一颗卫星进行时间比对，设备造价高，操作实施复杂，因此，工程和实践上很少实际采用。

各种星地时间比对方法综合比较见表 5.8。

表 5.8　各种星地时间比对方法综合比较

方法	精度	优点	缺点	使用情况
卫星单向法	几纳秒至几十纳秒	方法简单易行，设备便宜	受卫星星历、大气延迟、地面站等误差影响，精度低，无法满足高精度时间比对需要	广大授时用户常用该方法
多星轨道钟差联合解算法	优于 1ns	卫星轨道与钟差一体化解算，设备简单，处理精度高	卫星轨道与钟差参数强相关，很难准确分离卫星钟差信息，特别是不适用 GEO 卫星，卫星钟差信息不能真实反映卫星钟特性	GPS、Galileo 系统等使用该方法
星地无线电双向法	优于 1ns	消除了卫星星历、地面站、对流层延迟等公共误差影响，精度高	卫星需具备上行信号测量能力，设备套量大，经费投入高	BDS 使用该方法
激光与伪码测距法	几纳秒至十几纳秒	消除了卫星星历、地面站等误差影响，精度适中	卫星需安装激光反射器，工作受天气影响大，无法常规连续工作，设备昂贵复杂	GLONASS、BDS 具有该方法
激光双向法	优于 1ns	消除了卫星星历、地面站、对流层延迟等公共误差影响，精度高	卫星需具备激光测量能力，受天气影响大，无法常规连续工作，设备昂贵复杂	BDS 试验了该方法

参考文献

[1] 许其凤. 空间大地测量学:卫星导航与精密定位[M]. 北京:解放军出版社,2001.

[2] 周忠谟,等. GPS 卫星测量原理与应用[M]. 北京:测绘出版社,1995.

[3] 刘基余,等. 全球定位系统原理及应用[M]. 北京:测绘出版社,1993.

[4] 刘利. 相对论时间比对与高精度时间同步技术[D]. 郑州:解放军信息工程大学,2004.

[5] 刘利. 卫星导航系统时间同步技术研究(博士后出站报告)[R]. 上海:中科院上海天文台,2008.

[6] 刘利,韩春好,朱陵凤,等. 基于伪距测量的钟差计算模型[J]. 时间频率学报,2009,32(1):36-42.

[7] 刘利,朱陵凤,韩春好,等. 星地无线电双向时间比对模型及试验分析[J]. 天文学报,2009,50(2):189-196.

[8] 王正明,高俊法. 高精度国际时间比对的进展[J]. 天文学进展,2000,18(3):181-190.

[9] 杨福民,李鑫,等. 激光时间传递技术的进展[J]. 全国时频年会论文集,2003.

[10] PETIT G,WOLF P. Relativistic theory for picosecond time transfer in the vicinity of the Earth [J]. Astronomy Astrophysics,1994,286:971-977.

[11] KLIONER S A. The problem of clock synchronization:A relativistic approach[J]. Celestial Mechanics and Dynamical Astronomy,1992,53:81-109.

[12] 李志刚,李焕信,张虹. 多通道终端进行卫星双向法时间比对的归算方法[J]. 陕西天文台台刊,2002,25(2):81-89.

[13] 韩春好,刘利,赵金贤. 伪距测量的概念、定义与精度评估方法[J]. 宇航学报,2009,11(6):2421-2425.

[14] 原亮,楚恒林. 几种新的电缆时延测量方法[R]. 北京卫星导航中心,2008.

[15] 原亮,王宏兵,刘昌洁. 天线时延标定在卫星导航技术中的应用[J]. 无线电工程,2010,40(10):32-34.

[16] 杨力. 大气对 GPS 测量影响的理论与研究(博士论文)[D]. 郑州:信息工程大学测绘学院,2001.

[17] ALLAN D W,BARNES J A,CORDARA F,et al. Dependence of Frequency on temperature,humidity,and pressure in precision oscillators[C]//Proc. 1992 IEEE Freq. Cont. Symp,1992.

[18] ALLAN D W,THOMAS C. Technical directives for standardization of GPS time receiver software [J]. Metrologia,1994,31:69-79.

[19] 杨元喜,许扬胤,李金龙,等. 北斗三号系统进展及性能预测:试验验证数据分析[J]. 中国科学:地球科学,2018,48(5):584-594.

[20] LI X J,ZHOU J H,HU X G,et al. Orbit determination and prediction for Beidou GEO satellites at the time of the spring/autumn equinox[J]. Science China Physics,Mechanics & Astronomy,2015,58:089501.

[21] SHI C,ZHAO Q L,LI M. Precise orbit determination of Beidou Satellites with precise positioning [J]. Science China:Earth Sciences,2012,55:1079-1086.

[22] ZHOU S S, WU B, HU X G, et al. Signal-in-space accuracy for Beidou navigation satellite system: challenges and solutions[J]. Science China: Earth Sciences, 2017, 60: 019531.

[23] ZHOU S S, CAO Y L, ZHOU J H. Positioning accuracy assessment for the 4GEO/5IGSO/2MEO constellation of COMPASS[J]. Science China Physics, Mechanics & Astronomy, 2012, 55: 2290-2299.

[24] YANG Y X, LI J L, WANG A B. Preliminary assessment of the navigation and positioning performance of Beidou regional navigation satellite system[J]. Science China: Earth Sciences, 2014, 57: 144-152.

[25] WU X L, ZHOU J H, WANG G, et al. Multipath error detection and correction for GEO/IGSO satellites[J]. Science China Physics, Mechanics & Astronomy, 2012, 55(7): 1147-1334.

[26] FENG X C, WU X L, ZHANG Z X, et al. Multipath mitigation technique based on modifications to GNSS monitor station antennas field[C]// China Satellite Navigation Conference (CSNC) 2012 Proceedings, 2012.

[27] 吴晓莉,周善石,胡小工,等. 区域导航系统伪距波动分析[C]//第二届中国卫星导航学术年会论文集,2011.

[28] LIU L, ZHU L F, HAN C H, et al. The model of radio two-way time comparison between satellite and station and experimental analysis[J]. Chinese Astronomy and Astrophysics, 2009, 33(4): 431-439.

[29] 刘利,朱陵凤,韩春好,等. 星地站间双向时间比对试验结果及分析[C]//导航卫星精密定轨与时间同步专题研讨会,西安,2009.

[30] 杨福民,李鑫,等. 激光时间传递技术的进展[C]//全国时频年会论文集,2003.

[31] FRIDELANCE P, VEILLET C. Operation and data analysis in the LASSO experiment[J]. In Metrologia, 1995, 32: 27-33.

第 6 章　高精度钟差预报方法

前面已经介绍过，卫星导航定位的基本原理是利用卫星播发的已知位置与时间信息来确定用户的三维位置和一维钟差，卫星播发的已知位置和时间信息是通过导航电文中的卫星轨道和卫星钟差参数来具体表示的，而导航电文的更新周期一般为 1～2h[1-2]。主控站高精度时间同步和精密定轨计算不是实时进行的，而是具有一定的计算时间间隔，也就是说，在上一次计算完成以后，必须要等到下一个时间间隔(如 1h 或 1 天)后才能进行新的计算。特别是对于在空间轨道飞行的卫星，卫星钟与地面时间基准的比对可能不是连续进行的，在地面监测站观测不到的弧段内，卫星钟与系统时间的同步以及卫星精密轨道信息只能由卫星自已维持。更极端的情况，如果主控站下一次的计算无法完成或计算产生了错误，为了保证两次计算间隔之间以及以后一定时间范围内的使用，就必须对卫星钟和卫星轨道的运行结果进行高精度预报。实际上，用户使用的导航电文中的卫星钟差和卫星轨道参数就是主控站预报值。

卫星钟差参数的高精度预报，需要根据原子钟的运行性能，建立准确的原子钟模型。原子钟模型可分为确定性时间模型和随机模型两部分。确定性时间模型可以根据监测站的观测信息采用最小二乘法等方法建立，结果采用一阶或二阶多项式的形式给出，并在导航电文中播发给用户[3-5]。随机模型主要受原子钟噪声过程的控制，现在公认的与实验数据符合最好的模型是幂律谱噪声模型。幂律谱噪声模型由五种独立的噪声组成，而五种噪声的表现又与取样时间有关，也就是说，随着取样时间变长，有的噪声贡献增大，变为主要的，有的噪声贡献减少，变为次要的[6-9]。进行原子钟预报重要的是分析原子钟的确定性时间模型，计算原子钟确定性时间模型的基本方法有多项式拟合法、卡尔曼滤波方法、时间序列分析的 AR 模型法、灰色模型方法以及各种方法综合应用等[10-16]。

钟差的预报精度主要受原子钟类型、原子钟性能、时间比对精度、钟差预报模型、预报时间长度、预报采用的数据资料长度、预报采用的数据采样频度等因素影响[10,12]。原子钟类型和原子钟性能与实际采用的原子钟有关，在每颗卫星或地面站运行过程中，一般以一台物理钟为参考，因此，在原子钟未进行切换和稳定运行的一定时间内，可以通过历史数据对原子钟噪声类型和运行性能等钟性能进行分析，在确定原子钟特性经验值后，可以将该经验值作为已知条件使用。时间比对精度主要与时间比对方法有关，在比对方法一定的情况下，时间比对精度可以通过长期数据进行统计分析来确定，一般来说每种方法的精度基本稳定，选定了比对方法情况下可以认为比对精度已知。预报时间长度、预报采用的数据资料长度主要与卫星出入境时间、卫星钟性能以及注入频度等有关,卫星出入境又与星座设计和监测站布设相关,因此,在星座、布站、钟性能、注入频度均确定情况下,也就确定了预报时间长度和每次预报采用的数据资料长度。预报采用的数据采样频度主要与观测模式、观测频度有关,观测频度一般为 1 次/s,为降低原始观测数据噪声影响,可以采用相应的数据平滑算法进行降噪。

本章主要针对原子钟噪声类型进行分析,详细讨论表征原子钟特性的性能指标和评估模型,并在此基础上进一步分析讨论各种高精度钟差预报方法。

6.1　原子钟噪声类型分析

6.1.1　原子钟噪声类型

原子钟噪声过程是几种独立噪声的叠加组合,随着取样时间的变化,有的噪声贡献增大,变为主要的,有的噪声贡献减少,变为次要的。为了得到尽可能高精度的时间基准,需要确定表征频率标准的噪声过程。引起原子钟频率随机起伏的主要是五种独立噪声,现在国际上公认的幂律谱噪声模型的经验公式为[6,17]

$$S_y(f) = \sum_{\alpha=-2}^{2} h_\alpha f^\alpha \tag{6.1}$$

式中:f 为傅里叶频率;α 为噪声类型指数,为 −2、−1、0、1、2,分别对应于调频随机游走噪声(RWFM)、调频闪变噪声(FFM)、调频白噪声(WFM)、调相闪变噪声(FPM)和调相白噪声(WPF)。

6.1.2　原子钟噪声类型分析方法

确定时域噪声类型的方法主要有斜率法、偏函数法、指数函数法和两种阿伦(Allan)方差比较法等[6,18]。根据功率谱密度与 Allan 方差的关系,可以得到 Allan 方差 $\sigma_y^2(\tau)$ 与噪声类型的关系为

$$\sigma_y^2(\tau) = K_\alpha \cdot \tau^{\mu} \tag{6.2}$$

式中:τ 为取样时间;μ 为噪声类型指数,$\mu = -(\alpha+1)$;K_α 为常数。

用方根表示为

$$\sigma_y(\tau) = \sqrt{K_\alpha} \cdot \tau^{\mu/2} \tag{6.3}$$

6.1.2.1　斜率法

由式(6.2)取对数,可得

$$\log\sigma_y^2(\tau) = \log K_\alpha + \mu\log\tau \tag{6.4}$$

式中:μ 为噪声类型指数,其计算公式为

$$\mu = 2\log\frac{\sigma_y(t+1)}{\sigma_y(t_i)} \Big/ \log\frac{t_i+1}{t_i} \tag{6.5}$$

令

$$\sigma_y(t_i+1)/\sigma_y(t_i)=P,\quad (t_i+1)/t_i=Q$$

将以上两式代入式(6.5),可得

$$\mu=2\log P/\log Q \tag{6.6}$$

取 $Q=10$,即取样时间变化 10 倍,确定噪声类型的 $\mu(P)$ 如表 6.1 所列[6]。

表 6.1　确定噪声类型的 $\mu(P)$ 表

噪声类型		WPF	FPM	WFM	FFM	RWFM
指数	μ	-2	-2	-1	0	1
	α	2	1	0	-1	-2
P		0.1	0.1	0.316	1	3.16

从表 6.1 中可看出,时频测量值与斜率变化的关系,结合有关公式和对照噪声模型图,可以粗略且较快地确定某种相应的噪声过程,并可了解不同噪声随取样时间变化的关系。如果斜率法求出的 μ 不是整数,则说明是两种不同噪声叠加的贡献,可在交叉点两边附近选取适当点的数值再求解 μ 的结果。

6.1.2.2　偏函数法

表 6.2 给出了五种独立噪声的取样方差和偏函数。

表 6.2　五种独立噪声的取样方差和偏函数($T=\tau$)

噪声类型		N 次取样方差	双取样方差	偏函数
μ	α	$\sigma_y^2(N,\tau,\tau)$	$\sigma_y^2(\tau)$	$A(K,\mu)$
1	-2	$h_{-2}\dfrac{(2\pi)^2}{12}N\tau$	$h_{-2}\dfrac{(2\pi)^2}{6}\tau$	$\dfrac{K}{2}$
0	-1	$h_{-1}\dfrac{N}{N-1}\ln N$	$h_{-1}\cdot 2\cdot\ln 2$	$\dfrac{N\ln N}{2(N-1)\ln N}$
-1	0	$h_0\dfrac{1}{2\tau}$	$h_0\dfrac{1}{2\tau}$	1
-2	1	$h_1\dfrac{2(N+1)}{N(2\pi\tau)^2}\left[2+\ln(2\pi fh\tau)-\dfrac{\ln N}{N-1}\right]$	$h_1\dfrac{1.038+3\ln(2\pi fh\tau)}{(2\pi\tau)^2}$	$\dfrac{2(N+1)}{3N}$
-2	2	$h_2\dfrac{2(N+1)fh}{N(2\pi\tau)^2}$	$h_2\dfrac{3fh}{(2\pi\tau)^2}$	$\dfrac{2(N+1)}{3N}$

依据表 6.2 以及偏函数 $A(K,\mu)$ 与取样次数 N 之间的关系,从实际测量中获得 $\sigma_y(N,\tau)$、$\sigma_y(\tau)$ 和 $A(N,\mu)$ 的估算值时,可以利用 $A(N,\mu)$ 作为原子钟某种噪声显著性的判据。对于有两种噪声过程叠加的情况,可用解方程方法确定两个噪声强度系数。

6.1.2.3　指数函数法

由式(6.1)及一系列的 $\sigma_y(\tau)$ 随 τ 变化的实测数据进行最小二乘拟合,给出 K

和 μ 的估计值,可以确定噪声类型,这就是指数函数法。

6.1.2.4 两种 Allan 方差比较法

用前面几种方法确定的结果,对于调相白噪声和调相闪变噪声仍难以区分(指数 μ 均为 -2)。Allan 在 1981 年提出的修正(改进)Allan 方差,一般用 $\mathrm{Mod}\sigma_y(\tau)$ 表示[19],为解决这种模糊问题提供了方便条件。这种方差用软件带宽方法使这两种调相噪声的指数有了严格的区别,这种方法能容易区别晶振和测量系统中存在的调相白噪声和调相闪变噪声。

对于无间隙的时差测量,Allan 方差和修正 Allan 方差的表达式为

$$\sigma_y^2(\tau) = \frac{1}{2\tau^2}(X_{i+2} - 2X_{i+1} + X_i)^2 \tag{6.7}$$

$$\mathrm{Mod}\sigma_y^2(\tau) = \frac{1}{2\tau^2}\left(\frac{1}{n}\sum_{i=1}^{n}(X_{i+2} - 2X_{i+1} + X_i)\right)^2 \tag{6.8}$$

修正 Allan 方差的软件带宽是通过几个相邻的 X_i 相加后平均来实现的(比系统测量带宽窄了 $1/n$)。

用修正 Allan 方差也可以给出噪声模型的幂律谱,其表达式为

$$\mathrm{Mod}\sigma_y(\tau) = K_\mu \cdot \tau^{\mu/2} \tag{6.9}$$

根据一系列取样时间 τ 的 $\mathrm{Mod}\sigma_y(\tau)$ 测量计算结果,式(6.9)两边取对数进行最小二乘法拟合,给出 K_μ 和 μ 的估计值,如果 $\mu/2$ 为 -1.5 和 -1,就可以判定为调相白噪声和调相闪变噪声。

根据两种 Allan 方差的比率,也可以区分各种调频噪声,比率的表达式为

$$R_n = \frac{\mathrm{Mod}\sigma_y(\tau)}{\sigma_y(\tau)} \tag{6.10}$$

依据两种 Allan 方差的幂率和比值来确定噪声类型的判据如表 6.3 所列[6]。

表 6.3 依据两种 Allan 方差的幂率和比值来确定噪声类型的判据

噪声类型	幂律指数 $\mu/2$		比值
	$\sigma_y(\tau)$	$\mathrm{Mod}\sigma_y(\tau)$	$R_n = \frac{\mathrm{Mod}\sigma_y(\tau)}{\sigma_y(\tau)}$
调相白噪声	-1	-1.5	—
调相闪变噪声	-1	-1	—
调频白噪声	-0.5	-0.5	0.707
调频闪变噪声	0	0	0.821
调频随机游走噪声	0.5	0.5	0.980

6.1.3 试验分析

6.1.3.1 GPS 卫星钟噪声类型分析

2006 年 12 月以来,基于 GFZ、JPL 等数据分析中心结果,IGS 官方进行了综合处

理,消除了不同数据中心采用不同的基准而引起的系统性偏差,推出了基于事后处理30s间隔的精密钟差产品。IGS事后精密钟差目前已优于0.1ns,可以用来分析评估卫星钟的噪声类型。

采用Block ⅡF PRN25卫星和Block ⅡA PRN32卫星两颗GPS在轨卫星作为试验分析对象进行GPS卫星钟噪声类型分析,分析数据段为2011年2月1日至15日共15天的精密卫星钟差数据,具体分析结果如下。

1) Block ⅡF卫星

采用GPS Block ⅡF PRN25卫星2011年2月1日至15日采样率为30s的IGS精密钟差数据,最大星地钟差值为 -6.632160×10^{-5} s,最小星地钟差值为 -6.833910×10^{-5} s,数据连续性较好,无跳频和跳相现象,对该段数据首先进行Allan方差和修正Allan方差分析,然后利用两种方差进行斜率拟合,分析噪声类型。

Allan方差结果如图6.1所示。

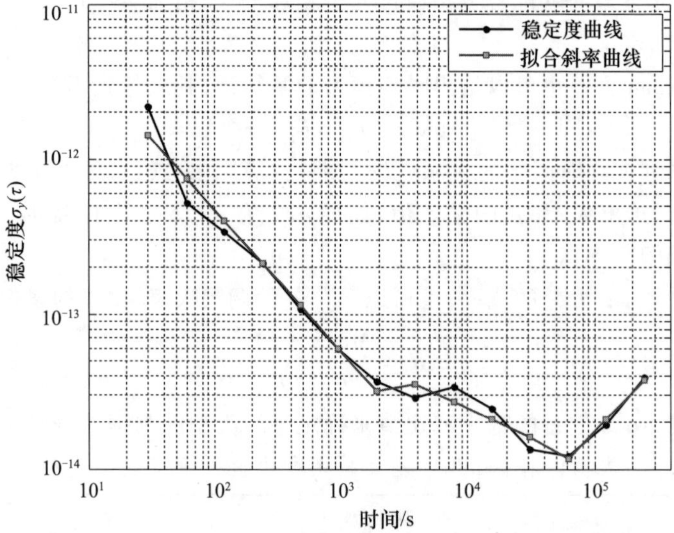

图6.1　GPS Block ⅡF PRN25卫星主钟噪声辨识情况

分析结果:1~1920s斜率为-0.911,说明主要噪声类型为调相白噪声或调相闪变噪声;1920~61400s斜率为-0.384,说明主要噪声类型为调频白噪声,但是前面有一段平台期,说明混合了调频闪变噪声影响;61400s以后斜率为0.842,说明主要噪声类型为随机游走噪声。

修正Allan方差结果如图6.2所示。

分析结果:1~1920s斜率为-1.095,说明主要噪声类型为调相闪变噪声;1920~61400s斜率为-0.582,说明主要噪声类型为调频白噪声,但是前面同样有一段平台期,说明确实混合了调频闪变噪声影响;61400s以后斜率为0.690,说明主要噪声类型为随机游走噪声。

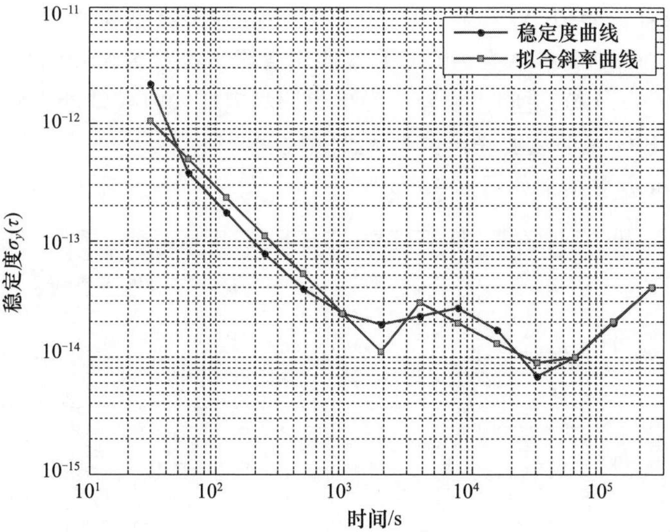

图 6.2 GPS Block ⅡF PRN25 卫星主钟噪声辨识情况

2）GPS Block ⅡA 卫星

采用 GPS Block ⅡA PRN32 卫星 2011 年 2 月 1 日至 15 日采样率为 30s 的 IGS 精密钟差数据，最大星地钟差值为 -1.869660×10^{-4} s，最小星地钟差值为 -1.971490×10^{-4} s，数据连续性较好，无跳频和跳相现象，对该段数据首先进行 Allan方差和修正 Allan 方差分析，然后采用利用两种方差进行斜率拟合，分析噪声类型。

Allan 方差结果如图 6.3 所示。

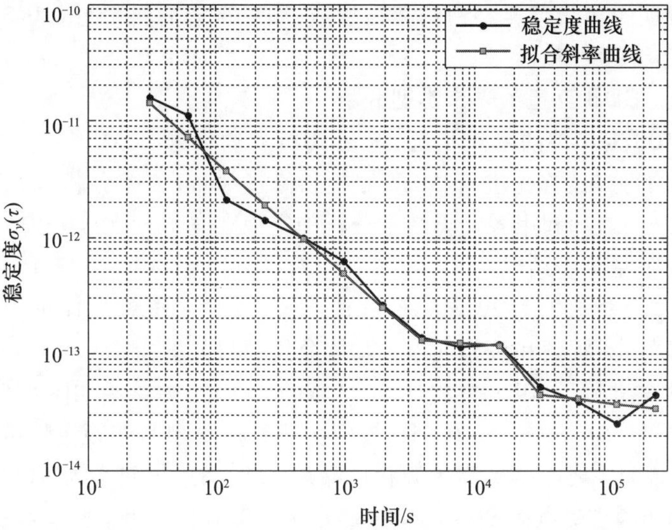

图 6.3 GPS Block ⅡA PRN32 卫星主钟噪声辨识情况

分析结果:1 ~ 1920s 斜率为 -0.970,说明主要噪声类型为调相闪变噪声或调相白噪声;1920 ~ 15400s 斜率为 -0.090,说明主要噪声类型为调频闪变噪声;15400 ~ 30720s 斜率为 -1.130,说明主要噪声类型为调相闪变噪声或调相白噪声;30720s 以后斜率为 -0.136,说明主要噪声类型为调频闪变噪声。

修正 Allan 方差结果如图 6.4 所示。

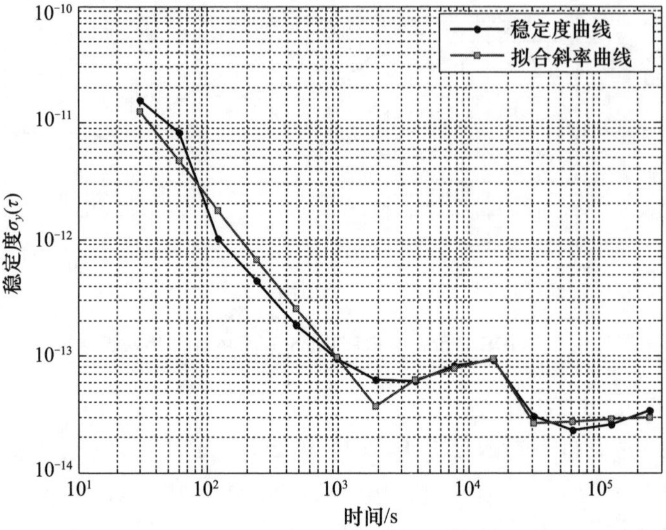

图 6.4　GPS Block ⅡA PRN32 卫星主钟噪声辨识情况

分析结果:1 ~ 1920s 斜率为 -1.401,说明主要噪声类型为调相白噪声;1920 ~ 15400s 斜率为 0.150,说明主要噪声类型为调频闪变噪声;15400 ~ 30720s 斜率为 -1.412,说明主要噪声类型为调相白噪声;30720s 以后斜率为 0.063,说明主要噪声类型为调频闪变噪声。

6.1.3.2　BDS 卫星钟噪声类型分析

为研究 BDS 卫星钟的噪声情况,选择 BDS 在轨两颗 GEO 卫星(PRN 号分别为 3、4)进行了试验分析:首先进行 Allan 方差和修正 Allan 方差分析;然后利用两种方差进行斜率拟合;最后利用各计算结果分析确定噪声类型。

1) PRN3 卫星分析结果

PRN3 卫星分析数据为 2013 年 6 月 10 日至 25 日采样率为 1s 的卫星钟差数据,数据连续性较好,无跳频和跳相现象。具体分析结果如下:

对上述数据进行了 Allan 方差计算,计算的 Allan 方差结果如图 6.5 所示。

分析结果:1 ~ 64s 斜率为 -0.651,说明主要噪声类型为调频白噪声;64 ~ 128s 斜率为 -1.856,说明主要噪声类型为调相白噪声;128 ~ 8190s 斜率为 -0.831,说明主要噪声类型为调相闪变噪声;8190 ~ 65500s 斜率为 -0.318,说明主要噪声类型为调频闪变和调频白噪声;65500s 以后斜率为 0.775,说明主要噪声类型为调频随机游走噪声。

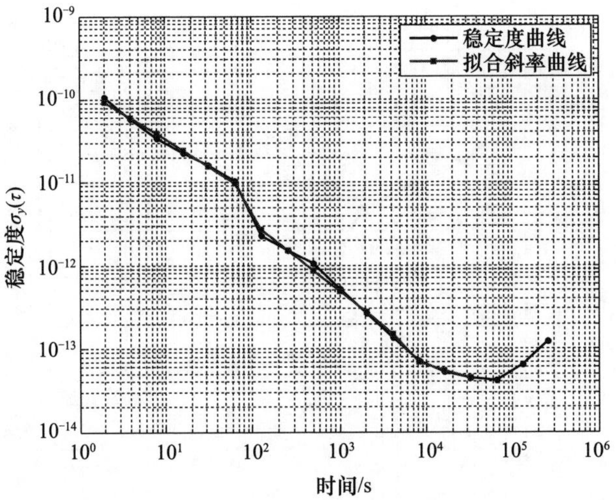

图 6.5　BDS PRN3 卫星主钟噪声辨识情况

对上述数据进行了修正 Allan 方差计算，计算的修正 Allan 方差结果如图 6.6 所示。

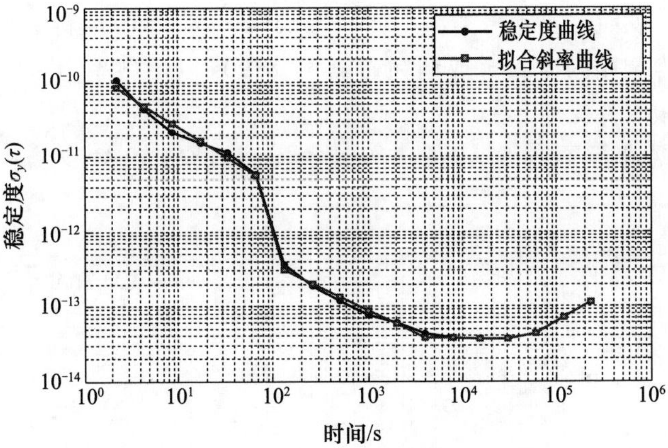

图 6.6　BDS PRN3 卫星主钟噪声辨识情况

分析结果：1 ~ 64s 斜率为 -0.783，说明主要噪声类型为调相闪变噪声；64 ~ 128s 斜率为 -2.842，说明主要噪声类型为调相白噪声；128 ~ 8190s 斜率为 -0.605，说明主要噪声类型为调频白噪声；8190 ~ 65500s 斜率为 -0.033，说明主要噪声类型为调频闪变噪声；65500s 以后斜率为 0.722，说明主要噪声类型为调频随机游走噪声。

2）PRN4 卫星分析结果

PRN4 卫星分析数据为 2013 年 4 月 1 日至 15 日采样率为 1s 的卫星钟差数据，数据连续性较好，无跳频和跳相现象。具体分析结果如下：

对上述数据进行了 Allan 方差计算，计算的 Allan 方差结果如图 6.7 所示。

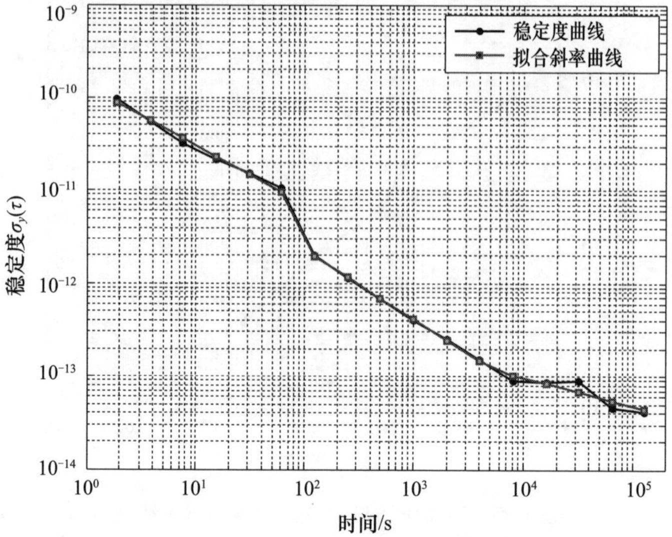

图 6.7　BDS PRN4 卫星主钟噪声辨识情况

分析结果:1~64s 斜率为 -0.634,说明主要噪声类型为调频白噪声;64~128s 斜率为 -1.990,说明主要噪声类型为调相白噪声;128~8190s 斜率为 -0.751,说明主要噪声类型为调相闪变噪声或调频白噪声;8190s 以后斜率为 -0.312,说明主要噪声类型为调频闪变噪声。

对上述数据进行了修正 Allan 方差计算,计算的修正 Allan 方差结果如图 6.8 所示。

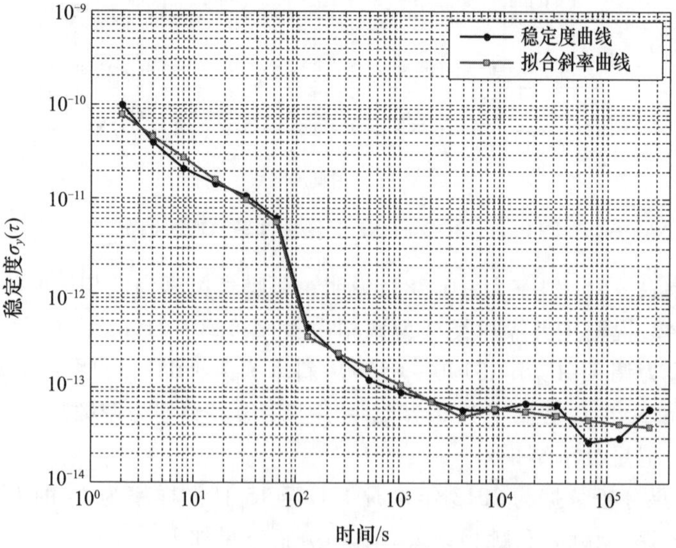

图 6.8　BDS PRN4 卫星主钟噪声辨识情况

分析结果:1~64s 斜率为 −0.752,说明主要噪声类型为调频白噪声或调相闪变噪声;64~128s 斜率为 −2.658,说明主要噪声类型为调相白噪声;128~8190s 斜率为 −0.562,说明主要噪声类型为调频白噪声;8190s 以后斜率为 −0.135,说明主要噪声类型为调频闪变噪声。

6.1.3.3 BDS 与 GPS 卫星钟噪声类型比较

对上述分析的 BDS 和 GPS 卫星钟噪声类型进行了比较,具体结果见表 6.4。

表 6.4 BDS 与 GPS 卫星钟噪声类型比较分析结果

卫星钟类别	噪声区间	幂律指数斜率 $\mu/2$		噪声结果	幂律指数斜率 $\mu/2$ 与噪声对应关系	
		$\sigma_y(\tau)$	$\text{Mod}\sigma_y(\tau)$		$\sigma_y(\tau)$	$\text{Mod}\sigma_y(\tau)$
BDS PRN3 铷原子钟	1~64s	−0.651	−0.783	调相闪变噪声	$\mu=-1$ 调相白噪声 $\mu=-1$ 调相闪变噪声 $\mu=-1/2$ 调频白噪声 $\mu=0$ 调频闪变噪声 $\mu=1$ 随机游走噪声	$\mu=-1$,调相白噪声 $\mu=-3/2$,调相闪变噪声 $\mu=-1/2$,调频白噪声 $\mu=0$,调频闪变噪声 $\mu=1$,随机游走噪声
	64~128s	−1.856	−2.842	调相白噪声		
	128~8190s	−0.831	−0.605	调频白噪声		
	8190~65500s	−0.318	−0.033	调频闪变噪声		
	>65500s	0.775	0.722	随机游走噪声		
BDS PRN4 铷原子钟	1~64s	−0.634	−0.752	调频白噪声		
	64~128s	−1.990	−2.658	调相白噪声		
	128~8190s	−0.751	−0.562	调频白噪声		
	>8190s	−0.312	−0.135	调频闪变噪声		
GPS Block ⅡF (PRN25) 铷原子钟	1~1920s	−0.911	−1.095	调相闪变噪声		
	1920~61400s	−0.384	−0.582	调频白噪声		
	>61400s	0.842	0.990	随机游走噪声		
GPS Block ⅡA (PRN32) 铷原子钟	1~1920s	−0.970	−1.401	调相白噪声		
	1920~15400s	−0.090	0.29956	调频闪变噪声		
	15400~30720s	−1.130	−1.412	调相白噪声		
	>30720s	−0.136	0.063	调频闪变噪声		

主要结论:

(1) 单独的斜率法不能辨识调相白噪声和调相闪变噪声,采用两种方差比较方法,可以有效区分这两种噪声类别。

(2) GPS Block ⅡF 卫星钟的调频白噪声时间最长为 61400s,而 BDS PRN3 和 PRN4 的国产卫星钟调频白噪声在万秒以前结束,GPS Block ⅡA 星钟介于两者之间,在 15400s 时结束 。

(3) BDS PRN3 卫星国产钟和 GPS Block ⅡF 卫星钟都发现有随机游走噪声,而且发生时间在 6×10^4s 附近。

(4) BDS PRN4 卫星国产钟和 GPS Block ⅡA 卫星钟都没有发现有随机游走噪

声，10^4s 以后的噪声主要是调频闪变噪声。

6.2 原子钟性能表征指标及评估模型

表征原子钟性能的指标有频率准确度、频率稳定度、频率漂移率、频率复现性、频率日波动和频率不确定度等[20-21]，原子钟性能分析的主要工作是计算原子钟的性能指标，并在此基础上分析评估钟的综合性能。频率准确度和频率漂移率表征原子钟（或频率标准）的准确特性，而频率稳定度表征原子钟的稳定特性。因此，原子钟性能评估主要是对原子钟的频率准确度、频率稳定度和频率漂移率进行分析评估。

6.2.1 频率准确度

根据时频计量规范，对于取样周期为 T（两次取样的时间间隔）的 N 个时差数据 x_i，应用最小二乘法以线性函数 $x = K_T \cdot t + C$ 拟合所得钟差序列，由此求得的系数 K_T 值便是时间单位 T 的频率偏差。当 $T = 1$ 天时，频率准确度计算模型为[20-21]

$$K_T = \frac{\left[\sum_{i=1}^{N} x_i t_i - \left(\sum_{i=1}^{N} x_i\right)\left(\sum_{i=1}^{N} t_i\right)/N\right]}{\sum_{i=1}^{N} t_i^{\ 2} - \left(\sum_{i=1}^{N} t_i\right)^2/N} \tag{6.11}$$

或

$$K_T = \frac{\sum_{i=1}^{N}(x_i - \bar{x})(t_i - \bar{t})}{\sum_{i=1}^{N}(t_i - \bar{t})^2} \tag{6.12}$$

式中

$$\begin{cases} \bar{x} = \dfrac{1}{N}\sum_{i=1}^{N} x_i \\ \bar{t} = \dfrac{1}{N}\sum_{i=1}^{N} t_i \end{cases} \tag{6.13}$$

考虑频率漂移率对频率准确度的影响，采用短期高频钟差数据计算频率准确度，通过对高频钟差数据进行一阶多项式拟合，求得一次项系数 K_T，即为频率准确度。具体模型为

$$X_i = X_0 + K_T(t_i - t_0) + \varepsilon_i \tag{6.14}$$

式中：X_i 为 t_i 时刻对应的钟差值；X_0 为 t_0 时刻对应的钟差值；ε_i 为 t_i 时刻钟差值的观测噪声。

但是，在实际计算过程中，由于不同数据的测量精度、各类型原子钟噪声水平和漂移率以及所受到的空间干扰等因素都存在差异，不同时间计算的频率准确度会存

在一定的差异,因此,也可以与频率漂移率等一起进行综合分析。

6.2.2 频率漂移率

频率源在连续运行过程中,由于受内部元器件的老化以及环境变化的影响,频率值将随时间单调增加或减少,频率源相对频率值这种随时间单调变化的线性率称为频率漂移率。频率漂移特性是频率源长期运行工作的基本特性,其表征量是频率漂移率,定义为连续工作的频率源输出频率在单位时间内输出频率的平均变化量,对晶振通常称为老化率。

设按时序每隔一段时间测得被测信号的相对频率偏差的一组取样值为

$$y_i = \frac{1}{\tau}\int_{t_i}^{t_i+\tau} y(t)\,\mathrm{d}t \tag{6.15}$$

根据时频计量规范[20-21],对于取样周期为 T(两次取样的时间间隔)的频差数据,应用最小二乘法可求得日漂移率 D,其计算过程与频率偏差求解类似,拟合结果为

$$D = \frac{\sum_{i=1}^{N}(y_i - \bar{y})(t_i - \bar{t})}{\sum_{i=1}^{N}(t_i - \bar{t})^2} \tag{6.16}$$

式中:$\bar{y}$ 为 N 个 y_i 取样值的平均值。

频率漂移拟合示意图如图6.9所示。

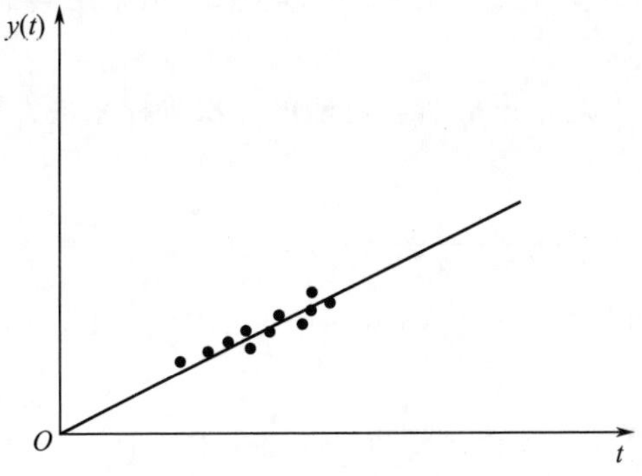

图6.9 频率漂移拟合示意图

卫星导航卫星钟的频率漂移率可以利用长期计算的频率准确度评估,具体方法:采用15天以上的卫星钟差数据每天进行一阶多项式拟合得出一次项系数,即每天的频率准确度,再计算频率准确度的变化率即卫星钟加速度,由此确定卫星钟的频率漂移率。

另外,由于频率漂移率可以通过钟差数据的二次差分取得,所以基于钟差数据计算频率漂移率可以通过确定二次时间模型的系数来得到,因此,为了得到更准确的频率漂移率,可以采用回归分析的方法,确定时间模型的一次和二次系数,从而同时得到卫星钟频率准确度和漂移率。

6.2.3 频率稳定度

频率稳定度是描述频标频率随机起伏的量。时域频率稳定度是指在某一时间间隔内平均频率的随机起伏程度。该时间间隔称为取样时间。时域频率稳定度通常用双采样方差(Allan 方差)的平方根值表示。

用日测得的 N 个时差序列 x_i 按双采样方法计算 Allan 方差 $\sigma_y^2(\tau)$ 的公式为[20-21]

$$\sigma_y^2(\tau) = \frac{1}{2(M-2)\tau^2}\sum_{i=1}^{N-2}\left[x_{i+2} - 2x_{i+1} + x_i\right]^2 \tag{6.17}$$

Allan 方差也可以直接用测得的频差序列 y_i 采用下式计算得到：

$$\sigma_y^2(\tau) = \frac{1}{2(M-1)}\sum_{i=1}^{M-1}\left[y_{i+1} - y_i\right]^2 \tag{6.18}$$

式中:M 为频差序列个数。

由于频率漂移率的存在会影响阿伦方差的可信度,因此,为提高计算结果的置信度,一般采用重叠 Allan 方差和重叠 Hadamard 方差计算稳定度。

利用时差序列计算重叠 Allan 方差的公式为

$$\sigma_y^2(\tau) = \frac{1}{2(N-2m)\tau^2}\sum_{i=1}^{N-2m}\left[x_{i+2m} - 2x_{i+m} + x_i\right]^2 \tag{6.19}$$

式中:$1 \leqslant m \leqslant \mathrm{int}(M/2)$。

重叠 Allan 方差的计算结果常简写为 AVAR,一般采用其平方根形式 $\sigma_y(\tau)$ 表示频率稳定度,简写为 ADEV。

重叠 Hadamard 方差通过形成所有可能的三次采样来最大限度的利用观测数据,重叠 Hadamard 方差计算公式为

$$H\sigma_y^2(\tau) = \frac{1}{6\tau^2(N-3m)}\sum_{i=1}^{N-3m}\left[x_{i+3m} - 3x_{i+2m} + 3x_{i+m} - x_i\right]^2 \tag{6.20}$$

根据时频计量规范[20-21],时域频率稳定度的评估,采样时间与采样组数规定见表 6.5。

表 6.5　时域频率稳定度的评估及采样时间与采样组数规定

取样时间 τ	1s	10s	100s	1 天
取样组数 m	100	50	30	14

由于导航卫星钟评估可以利用的时差数据源很多,如星上比相数据、星地无线电双向时间比对数据、激光双向时间比对数据、监测接收机伪距相位数据等,而各种数据计算的钟差精度也存在差异,为了能正确地评估出卫星钟的稳定度,在所选取的采样时间内的数据精度必须优于卫星钟稳定度引起的误差,因此,综合考虑各类型数据计算的钟差精度,千秒以下的中短期稳定度采用星上比相数据和激光双向时间比对数据进行计算,万秒以上的稳定度除了上面两种数据外,还可以采用星地无线电双向

时间比对数据和监测接收机伪距相位数据进行计算。

6.3　多项式拟合方法

在一般情况下，对于任意一台原子钟读数 T 与系统时间之间的关系可以用二阶多项式表示[10,22-23]，即

$$T - t = a_0 + a_1(t - t_0) + a_2(t - t_0)^2 \tag{6.21}$$

式中：a_0、a_1 和 a_2 分别为 t_0 时刻原子钟相对于系统时间 t 的钟差、钟速（频差）和半加速度（频率漂移的一半）。如果时钟读数的秒长均匀，那么 $a_2 = 0$。

设 z 为原子钟在 t 时刻相对于系统时间的钟差观测量，即

$$z(t) = T - t \tag{6.22}$$

显然，如果观测时间为 t_j，观测误差为 v_j，则根据式（6.22）可以建立误差方程：

$$z(t_j) + v_j = a_0 + a_1(t_j - t_0) + a_2(t_j - t_0)^2 \tag{6.23}$$

设 $\hat{a}_0$、$\hat{a}_1$、$\hat{a}_2$ 为钟参数 a_0、a_1 和 a_2 的估计值，则有

$$\hat{z}(t_j) = \hat{a}_0 + \hat{a}_1(t_j - t_0) + \hat{a}_2(t_j - t_0)^2 \tag{6.24}$$

根据最小二乘估计原则，钟参数 a_0、a_1 和 a_2 的估值可由多次钟差观测数据求出，即

$$\begin{bmatrix} \hat{a}_0 \\ \hat{a}_1 \\ \hat{a}_2 \end{bmatrix} = \begin{bmatrix} n & \sum_{j=1}^{n} \Delta t_j & \sum_{j=1}^{n} \Delta t_j^2 \\ \sum_{j=1}^{n} \Delta t_j & \sum_{j=1}^{n} \Delta t_j^2 & \sum_{j=1}^{n} \Delta t_j^3 \\ \sum_{j=1}^{n} \Delta t_j^2 & \sum_{j=1}^{n} \Delta t_j^3 & \sum_{j=1}^{n} \Delta t_j^4 \end{bmatrix}^{-1} \begin{bmatrix} \sum_{j=1}^{n} \Delta z_j \\ \sum_{j=1}^{n} \Delta z_j \Delta t_j \\ \sum_{j=1}^{n} \Delta z_j \Delta t_j^2 \end{bmatrix} \tag{6.25}$$

式中：n 为同步观测次数；Δz_j 为观测量的改正数；$\Delta t_j = t_j - t_0$。

另外，可以根据式（6.25），从理论上分析系统时间预报值的中误差 m_t 与单次时间同步中误差 m_x 之间的关系，即时间预报的精度与观测精度之间的关系。在等精度观测的条件下，如果取观测数 $n = 2m + 1$，且

$$t_j = t_0 + j\tau \qquad j = -m, \cdots, -1, 0, 1, \cdots, m \tag{6.26}$$

则式（6.25）可以进一步表示为

$$\begin{bmatrix} \hat{a}_0 \\ \hat{a}_1 \\ \hat{a}_2 \end{bmatrix} = \begin{bmatrix} 2m+1 & 0 & b \\ 0 & b & 0 \\ b & 0 & c \end{bmatrix}^{-1} \begin{bmatrix} \sum_{j=-m}^{m} z_j \\ \tau \sum_{j=1}^{m} j(z_j - z_{-j}) \\ \tau^2 \sum_{j=1}^{m} j^2 (z_j + z_{-j}) \end{bmatrix} \tag{6.27}$$

式中

$$b = 2\sum_{j=1}^{m} \Delta t_j^2 = \frac{\tau^2}{3} m(m+1)(2m+1) \tag{6.28}$$

$$c = 2\sum_{j=1}^{m} \Delta t_j^4 = \frac{\tau^4}{15} m(m+1)(2m+1)(3m^2+3m-1) \tag{6.29}$$

从而

$$\begin{bmatrix} \hat{a}_0 \\ \hat{a}_1 \\ \hat{a}_2 \end{bmatrix} = \frac{1}{nbc - b^3} \begin{bmatrix} bc & 0 & -b^2 \\ 0 & nc - b^2 & 0 \\ -b^2 & 0 & nb \end{bmatrix} \begin{bmatrix} \sum\limits_{j=-m}^{m} z_j \\ \tau \sum\limits_{j=1}^{m} j(z_j - z_{-j}) \\ \tau^2 \sum\limits_{j=1}^{m} j^2 (z_j + z_{-j}) \end{bmatrix} \tag{6.30}$$

根据式(6.21),任意时刻的系统时间可以表示为

$$t = T - [\hat{a}_0 + \hat{a}_1 (t - t_0) + \hat{a}_2 (t - t_0)^2] \tag{6.31}$$

由原子钟给出的系统时间,其准确度主要取决于钟参数的估计精度。根据误差传播公式,在 t 时刻系统时间预报值的中误差 m_t 与单次时间同步中误差 m_x 之间满足

$$m_t^2 = \frac{m_x^2}{nbc - b^3} [1 \ \ (t-t_0) \ \ (t-t_0)^2] \begin{bmatrix} bc & 0 & -b^2 \\ 0 & nc - b^2 & 0 \\ -b^2 & 0 & nb \end{bmatrix} \begin{bmatrix} 1 \\ (t-t_0) \\ (t-t_0)2 \end{bmatrix} =$$

$$\frac{bc - 3b^2 \Delta t^2 + n\Delta t^2 (c + b\Delta t^2)}{nbc - b^3} m_x^2 \tag{6.32}$$

若取 $\Delta t = t - t_0 = km\tau$,则有

$$m_t^2 = \frac{45m^2k^2(mk^2-1) + 9(3m^2+3m-1)(mk^2+m+1)}{(2m+3)(m+1)(4m^2-1)} m_x^2 \tag{6.33}$$

由于在通常情况下 $m \gg k > 1$,因此式(6.33)可近似为

$$m_t^2 = \frac{45k^4}{8m} m_x^2 \tag{6.34}$$

或者

$$m_t = \frac{3k^2}{4}\sqrt{\frac{10}{m}} m_x \tag{6.35}$$

6.4 卡尔曼滤波方法

根据式(6.21)可得任意一台原子钟以钟差、钟速和加速度为参数的卡尔曼滤波状态方程为[10,24,25]

$$\begin{bmatrix} a_0 \\ a_1 \\ a_2 \end{bmatrix}_k = \begin{bmatrix} 1 & \tau & \frac{1}{2}\tau^2 \\ 0 & 1 & \tau \\ 0 & 0 & 1 \end{bmatrix} \cdot \begin{bmatrix} a_0 \\ a_1 \\ a_2 \end{bmatrix}_{k-1} + \boldsymbol{w}_k \tag{6.36}$$

或写为

$$\boldsymbol{X}_k = \boldsymbol{\phi}_{k,k-1}\boldsymbol{X}_{k-1} + \boldsymbol{W}_k \tag{6.37}$$

式中：$\boldsymbol{X}_{k-1}$、$\boldsymbol{X}_k$ 分别为原子钟状态参量 $\boldsymbol{X} = [a_0, a_1, a_2]$ 的第 $k-1$ 步和 k 步的状态参量；$\boldsymbol{W}_k$ 为原子钟的动态噪声 $\boldsymbol{w}_k$ 构成的矩阵；$\boldsymbol{\phi}_{k,k-1}$ 为原子钟的状态转移矩阵，且有

$$\boldsymbol{\phi}_{k,k-1} = \begin{bmatrix} 1 & \tau & \frac{1}{2}\tau^2 \\ 0 & 1 & \tau \\ 0 & 0 & 1 \end{bmatrix}$$

式中：τ 为采样时间间隔，$\tau = t_k - t_{k-1}$。

任意一台原子钟的观测方程也可以表示为

$$\boldsymbol{z}_k = [1 \quad 0 \quad 0] \begin{bmatrix} a_0 \\ a_1 \\ a_2 \end{bmatrix}_k + \boldsymbol{v}_k \tag{6.38}$$

写成矩阵形式为

$$\boldsymbol{Z}_k = \boldsymbol{M} \cdot \boldsymbol{X}_k + \boldsymbol{V}_k \tag{6.39}$$

式中：$\boldsymbol{Z}_k$ 为观测量 $\boldsymbol{z}_k$ 构成的矩阵；$\boldsymbol{M}$ 为观测方程的系数矩阵，$\boldsymbol{M} = [1 \quad 0 \quad 0]$；$\boldsymbol{V}_k$ 为测量噪声 $\boldsymbol{v}_k$ 构成的矩阵。

如果 $\boldsymbol{W}_k$、$\boldsymbol{V}_k$ 为独立正态白噪声，则其统计特性为

$$\begin{cases} E(\boldsymbol{W}_k) = 0, & E(\boldsymbol{V}_k) = 0 \\ E(\boldsymbol{W}_k, \boldsymbol{W}_j^{\mathrm{T}}) = \boldsymbol{Q}\delta_{k,j}, & E(\boldsymbol{V}_k, \boldsymbol{V}_j^{\mathrm{T}}) = \boldsymbol{R}\delta_{k,j} \\ E(\boldsymbol{W}_k \boldsymbol{V}_k^{\mathrm{T}}) = 0 \end{cases} \tag{6.40}$$

式中：$\boldsymbol{Q}$、$\boldsymbol{R}$ 分别为动态噪声和观测噪声的方差阵；$\delta_{k,j}$ 为克罗内克函数，$\delta_{k,j} = \begin{cases} 0 & k \neq j \\ 1 & k = j \end{cases}$。

如果给定系统初始状态 $E(\boldsymbol{X}_0) = \hat{\boldsymbol{X}}_0$，$\mathrm{var}(\boldsymbol{X}_0) = \boldsymbol{P}_0$，则动态卡尔曼滤波递推公式为

$$\underline{\boldsymbol{X}}_k = \boldsymbol{\phi}_{k,k-1}\hat{\boldsymbol{X}}_{k-1} \tag{6.41}$$

$$\boldsymbol{P}_{k,k-1} = \boldsymbol{\phi}_{k,k-1}\boldsymbol{P}_{k-1}\boldsymbol{\phi}_{k,k-1}^{\mathrm{T}} + \boldsymbol{Q}_{k-1} \tag{6.42}$$

$$\boldsymbol{G}_k = P_{k,k-1}\boldsymbol{M}^{\mathrm{T}}(\boldsymbol{M} \cdot \boldsymbol{P}_{k,k-1} \cdot \boldsymbol{M}^{\mathrm{T}} + \boldsymbol{R}_{k-1})^{-1} \tag{6.43}$$

$$\hat{\boldsymbol{X}}_k = \underline{\boldsymbol{X}}_k + \boldsymbol{G}_k(\boldsymbol{Z}_k - \boldsymbol{M} \cdot \underline{\boldsymbol{X}}_k) \tag{6.44}$$

$$\boldsymbol{P}_k = (\boldsymbol{I} - \boldsymbol{G}_k\boldsymbol{M})\boldsymbol{P}_{k,k-1} \tag{6.45}$$

式中：$\underline{\boldsymbol{X}}_k$ 为状态参量的第 k 步预报值；$\hat{\boldsymbol{X}}_{k-1}$、$\hat{\boldsymbol{X}}_k$ 为状态参量的第 $k-1$ 步和第 k 步估

计值；$\boldsymbol{P}_{k,k-1}$、$\boldsymbol{P}_k$ 为第 k 步的权阵预报值和估计值；$\boldsymbol{G}_k$ 为增益矩阵。

根据上面各式计算原子钟的状态参数后，就能采用式(6.41)进行后面时刻的状态预报。

6.5 AR 模型方法

ARMA 系列模型是研究时间序列的有效手段，它是描述某变量自身在不同时刻相关性的一种模型。ARMA 系列模型有 AR 模型、MA 模型以及 ARMA 模型[10,22,23]。

大多数平稳离散随机过程都可看成由典型的噪声源激励一个线性系统产生的，这种噪声源通常是白噪声序列，其一般表达式为

$$X(n)-a_1X(n-1)-\cdots-a_pX(n-p)=e(n)-b_1e(n-1)-\cdots-b_qe(n-q) \tag{6.46}$$

式中：$X(n)$ 为离散平稳随机时间序列；$a_1,a_2,\cdots,a_p$ 为时间序列系数；$b_1,b_2,\cdots,b_q$ 为白噪声序列系数；$e(n)$ 为具有零均值、方差为 $\boldsymbol{\sigma}_W^2$ 的白噪声序列。

这种信号模型称为自回归滑动平均模型，通常用 ARMA(p,q) 表示。当系数 $b_1,b_2,\cdots,b_q$ 全部为零时，则有

$$X_k(n)=a_1X_k(n-1)+\cdots+a_pX_k(n-p)+e(n) \tag{6.47}$$

式(6.47)称为 p 阶自回归模型，用 AR(p) 表示，它即为 AR 方法的线性预测模型。

由式(6.46)和式(6.47)可知，AR 模型是线性模型，其参数估计只需解一个线性方程组，而 ARMA 模型是非线性模型，其参数确定则需解一个非线性方程组。况且任何有限方差的 ARMA 模型都可用一个阶次 p 为无穷大的 AR 模型来近似，因此，本章只讨论用 AR 模型来研究原子钟输出值时间序列的相关情况。

在计算 AR 模型参数之前，首先确定 AR 模型的阶次 p。阶次 p 是 AR 模型的一个重要参数，它的准确与否将直接影响模型质量，阶次选得低就如同用一低阶多项式去拟合一高阶多项式一样产生平滑，阶次选得高就会产生伪峰和统计不稳定性。1971 年，日本统计学家 Akaike 提出了两种确定 ARMA 模型阶数的新思想[10]。他把阶的确定作为使某个准则极小的参数估计问题来考虑，下面简单介绍他提出的几种定阶准则公式。

1）FPE 准则

最终预报误差(FPE)准则是用来确定 AR(p) 型阶数 p 的一个准则。它的基本思想是利用已知的样本拟合一个模型，并要求利用这个模型进行预测得到的预测误差最小。从这一思想出发可以得到最终预测误差为

$$\mathrm{FEP}(p)=\left[\left(1+\frac{p}{N}\right)\Big/\left(1-\frac{p}{N}\right)\right]\hat{\boldsymbol{\sigma}}_p^2 \tag{6.48}$$

式中：N 为样本数；p 为要识别的阶数；$\hat{\boldsymbol{\sigma}}_p^2$ 是线性预测误差的方差，且有

$$\hat{\sigma}_p^2 = \hat{r}_0 - \sum_{i=1}^{p} \hat{a}_{pi}\hat{r}(i) \tag{6.49}$$

其中：$\hat{r}(i)$为$\{X(n)\}$的自相关函数，且有

$$\hat{r}(i) = \frac{1}{N}\sum_{j=1}^{N-i} x_j x_{i+j} \tag{6.50}$$

2）AIC

赤池信息准则（AIC）又称为最小信息准则，它是Akaike1973年提出的确定ARMA(p,q)的阶数(p,q)的一种最优准则，它是建立在参数的极大似然估计基础上的。AIC定义为

$$\mathrm{AIC}(k) = \ln\hat{\sigma}_k^2 + 2k/N \tag{6.51}$$

式中：k为模型独立参数的个数；$\hat{\sigma}_k^2$为白噪声方差。

显然，对于AR(p)模型，式(6.51)可写为

$$\mathrm{AIC}(p) = \ln\hat{\sigma}_p^2 + 2p/N \tag{6.52}$$

3）BIC

利用AIC定阶比较方便，实用上也有一定的效果，因此得到了广泛的应用。但从理论上讲，得到的阶的估值不是真实阶的相容估计，即随着N的增大，它并不收敛于真值。于是，1976年Akaike又提出了贝叶斯信息准则（BIC），定义为

$$\mathrm{BIC}(p,q) = \ln\hat{\sigma}^2(p,q) + \frac{(p+q)\ln N}{N} \tag{6.53}$$

这种方法的缺点是，为了求得$\hat{\sigma}^2(p,q)$，需要很大的计算量，特别是当p和q大于真实值时，多余参数的不稳定使得计算毫无结果。

确定出模型阶数p以后，就能采用下式计算AR模型的参数，并进行后面时刻值的预报[26-29]：

$$\hat{a} = (\boldsymbol{R}_p^{\mathrm{T}}\boldsymbol{P}\boldsymbol{R}_p)^{-1}\boldsymbol{R}_p^{\mathrm{T}}\boldsymbol{P}\boldsymbol{E}_p \tag{6.54}$$

式中

$$\boldsymbol{R}_p = \begin{bmatrix} r_p(0,0) & r_p(0,1) & \cdots & r_p(0,p) \\ r_p(1,0) & r_p(1,1) & \cdots & r_p(1,p) \\ \vdots & \vdots & & \vdots \\ r_p(p,0) & r_p(p,1) & \cdots & r_p(p,p) \end{bmatrix} \tag{6.55}$$

$$\boldsymbol{E}_p = \sum_{j=0}^{p} a_j r_p(0,j) \tag{6.56}$$

其中

$$r_p(i,j) = \frac{1}{N-p}\sum_{n=p}^{N-1}[X(n-j)X(n-i) + X(n-p+j)X(n-p+i)] \quad 0 \leqslant i,j \leqslant p \tag{6.57}$$

求出AR(p)模型的阶数和系数后，就能采用下面的迭代公式进行预报：

$$X(n)=\hat{a}_1X(n-1)+\hat{a}_2X(n-2)+\cdots+\hat{a}_pX(n-p)\qquad n>0 \tag{6.58}$$

由于 $X_k(-n)=X_{k-n}(n\geqslant 0)$，因此 $AR(p)$ 序列的预报递推公式为

$$\begin{cases}\underline{X}_k(1)=\hat{a}_1X_k+\hat{a}_2X_{k-1}+\cdots+\hat{a}_pX_{k-p+1}\\ \underline{X}_k(2)=\hat{a}_1\underline{X}_k(1)+\hat{a}_2X_k+\cdots+\hat{a}_pX_{k-p+2}\\ \vdots\\ \underline{X}_k(p)=\hat{a}_1\underline{X}_k(p-1)+\hat{a}_2\underline{X}_k(p-2)+\cdots+\hat{a}_{p-1}\underline{X}_k(1)+\hat{a}_pX_k\\ \vdots\\ \underline{X}_k(n)=\hat{a}_1\underline{X}_k(n-1)+\hat{a}_2\underline{X}_k(n-2)+\cdots+\hat{a}_p\underline{X}_k(n-p)\qquad n>p\end{cases} \tag{6.59}$$

6.6 灰色模型方法

灰色模型的实质是用指数函数作为拟合函数对时间间隔相等的钟差时间序列进行拟合，通过对原始钟差数据实行累加或累减使之成为具有较强规律的新数列，然后对此生成数列进行建模。具体过程如下[12]：

设原始钟差数据序列为

$$x^0(k)=\{x^0(1),x^0(2),\cdots,x^0(n)\} \tag{6.60}$$

对 $x^0(k)$ 作一次累加得生成数列

$$x^1(k)=\{x^1(1),x^1(2),\cdots,x^1(n)\} \tag{6.61}$$

式中

$$x^1(k)=\sum_{i=1}^{k}x^0(i)\qquad k=1,2,\cdots,n \tag{6.62}$$

则对生成数列 $x^1(k)$ 有如下微分方程，即

$$\frac{\mathrm{d}x^1(t)}{\mathrm{d}t}+ax^1(t)=u\qquad t\in[0,\infty] \tag{6.63}$$

将式(6.63)在区间 $[k,k+1]$ 上积分，可得

$$x^1(k+1)-x^1(k)+a\int_k^{k+1}x^1(t)\mathrm{d}t=u\qquad k=1,2,\cdots,n-1 \tag{6.64}$$

而

$$x^1(k+1)-x^1(k)=x^0(k+1) \tag{6.65}$$

因此，式(6.64)可表示为

$$x^0(k+1)=-aZ^1(k+1)+u\qquad k=1,2,\cdots,n-1 \tag{6.66}$$

式中：$Z^1(k+1)$ 为 $x^1(k)$、$x^1(k+1)$ 两点的平均值，即

$$Z^1(k+1)=\frac{x^1(k+1)+x^1(k)}{2}\qquad k=1,2,\cdots,n-1 \tag{6.67}$$

将式(6.66)用矩阵表示，则有

$$\begin{bmatrix} x^0(2) \\ x^0(3) \\ \vdots \\ x^0(n) \end{bmatrix} = \begin{bmatrix} -Z^1(2) & 1 \\ -Z^1(3) & 1 \\ \vdots & \vdots \\ -Z^1(n) & 1 \end{bmatrix} \cdot \begin{bmatrix} a \\ u \end{bmatrix} \tag{6.68}$$

记 $\hat{\boldsymbol{a}} = \begin{bmatrix} a \\ u \end{bmatrix}$，并令

$$\boldsymbol{G} = \begin{bmatrix} -Z^1(2) & 1 \\ -Z^1(3) & 1 \\ \vdots & \vdots \\ -Z^1(n) & 1 \end{bmatrix}, \quad \boldsymbol{Y}_n = \begin{bmatrix} x^0(2) \\ x^0(3) \\ \vdots \\ x^0(n) \end{bmatrix}$$

可由最小二乘法求得估计值为

$$\hat{\boldsymbol{a}} = (\boldsymbol{G}^{\mathrm{T}}\boldsymbol{G})^{-1}\boldsymbol{G}^{\mathrm{T}}\boldsymbol{Y}_n \tag{6.69}$$

将式(6.69)代入并令$x^1(t)\big|_{t=1} = x^0(1)$，可得

$$\hat{x}^1(t) = \left[x^0(1) - \frac{u}{a}\right]\mathrm{e}^{-a(t-1)} + \frac{u}{a} \tag{6.70}$$

对于一次累加生成数列 $x^1(k)$，则有

$$\hat{x}^1(k+1) = \left[x^0(1) - \frac{u}{a}\right]\mathrm{e}^{-ak} + \frac{u}{a} \tag{6.71}$$

则原始钟差数据序列的预测值为

$$\hat{x}^0(1) = x^0(1) \tag{6.72}$$

$$\hat{x}^0(k+1) = \hat{x}^1(k+1) - \hat{x}^1(k) = (1-\mathrm{e}^a)\left[x^0(1) - \frac{u}{a}\right]\mathrm{e}^{-ak} \tag{6.73}$$

6.7　状态噪声分段自适应补偿滤波方法

现有的卫星钟差参数计算一般采用 Batch 算法，对于通常仅含有随机白噪声的测量数据，该算法稳定可靠，且预报精度较高。但是对于卫星钟差参数短期预报，由于更新周期短，实时服务中出现另外一个问题，即不同时段的预报结果偶尔会发生1～2ns的较大钟差跳跃现象，表明长期的钟差数据存在一定波动性，导致每小时更新的拼接点存在“跳变”。此外，目前 Batch 算法仅对计算时段内的钟差数据进行质量控制，没有对长期连续的数据序列采取有效的数据质量分析与控制。针对卫星钟差模型进行的改进，如多项式模型和灰度模型等，国内外学者的研究成果很多，但这些方法多适用于长期数据的拟合，且增加了钟差参数个数，因而不便短期数据的准实时处理。

针对系统模型和测量模型的随机波动性，常采用自适应滤波。在实际应用中，通常对两类统计参数即状态噪声方差和测量方差采用固定的经验值，通过引进自适应

因子来平衡两类模型信息的贡献。自适应滤波针对每个观测数据调整其自适应因子,算法较 Batch 算法复杂,精度高且适用性广。而具体到卫星钟的短期预报,在能够确保预报精度的前提下,更加关注连续分段预报的整体平滑度,因此非常需要研究更有针对性的滤波算法。

在常规 Batch 算法基础上,提出了一种基于状态噪声分段自适应补偿的钟差滤波算法[30]。在不改变现有钟差参数模型的前提下,充分利用相邻时段较高的数据重叠率,用邻近历史数据的超短期预报自适应调节过程噪声方差,从而逼近和平衡当前段的数据波动影响。与自适应滤波算法相比,该算法不需要引进自适应因子,在各分段间自适应调节过程噪声方差,在分段内各自采用自己的过程噪声方差。由于短期预报数据重叠率高、作用时效短,这种连续分段的过程噪声方差的起伏能够反映中长期钟差数据的整体性波动,从而既改善了分段内的钟差预报精度,又有效保证了各分段间的平滑过渡。

6.7.1 自适应补偿扩展卡尔曼滤波模型

卫星钟差的短期预报通常采用分段线性模型,模型参数为卫星钟差和钟速,即 $\boldsymbol{x}=(a_0,a_1)^{\mathrm{T}}$,计算模型参数的数据为数小时的星地时间比对钟差数据序列。钟差数据的滤波主要包括时间更新和测量更新。

1）时间更新

若顾及数据采样率和钟差的短稳特性,引进过程噪声补偿钟速变化,则有状态微分方程:

$$\dot{\boldsymbol{x}}=\boldsymbol{A}\boldsymbol{x}+\boldsymbol{B}\boldsymbol{u} \tag{6.74}$$

式中:$\boldsymbol{A}$、$\boldsymbol{B}$ 分别为状态传播矩阵和过程噪声投影矩阵;$\boldsymbol{u}$ 为过程白噪声。

$$\begin{cases}\boldsymbol{A}=\begin{bmatrix}0 & 1\\0 & 0\end{bmatrix},\quad \boldsymbol{B}=\begin{bmatrix}0\\1\end{bmatrix}\\ \begin{cases}E(\boldsymbol{u})=0\\ \sigma^2(\boldsymbol{u})=\sigma_u^2\delta(t-\tau)\end{cases}\end{cases} \tag{6.75}$$

式中:σ_u^2 为过程噪声方差因子。

对式(6.74)积分,由 t_{k-1} 时刻状态估值 $\hat{\boldsymbol{x}}_{k-1}$ 及其协方差矩阵 $\hat{\boldsymbol{P}}_{k-1}$ 得到 t_k 时刻的状态预测值 $\bar{\boldsymbol{x}}_k$ 及其协方差矩阵 $\bar{\boldsymbol{P}}_k$,有离散化的时间更新方程:

$$\begin{cases}\bar{\boldsymbol{x}}_k=\boldsymbol{\Phi}(t_k,t_{k-1})\hat{\boldsymbol{x}}_{k-1}\\ \bar{\boldsymbol{P}}_k=\hat{\boldsymbol{\Phi}}_{k-1}\boldsymbol{\Phi}^{\mathrm{T}}\boldsymbol{Q}_\eta\end{cases} \tag{6.76}$$

式中:$\boldsymbol{\Phi}(t_k,t_{k-1})$、$\boldsymbol{Q}_\eta(t_k,t_{k-1})$ 分别为状态转移矩阵和过程噪声协方差矩阵且有

$$\boldsymbol{\Phi}(t_k, t_{k-1}) = \begin{bmatrix} 1 & \Delta t \\ 0 & 1 \end{bmatrix} \tag{6.77}$$

$$\boldsymbol{Q}_\eta(t_k, t_{k-1}) = \sigma_u^2 \int_{t_{k-1}}^{t_k} \boldsymbol{\Phi}(t,\tau)\boldsymbol{B}\boldsymbol{B}^{\mathrm{T}}\boldsymbol{\Phi}^{\mathrm{T}}(t,\tau)\mathrm{d}\tau = \sigma_u^2 \begin{bmatrix} \frac{1}{3}\Delta t^3 & \frac{1}{2}\Delta t^2 \\ \frac{1}{2}\Delta t^2 & \Delta t \end{bmatrix} \tag{6.78}$$

这里,等采样间隔 $\Delta t = t_k - t_{k-1}$。需要注意,引进 $\boldsymbol{Q}_\eta$ 表明钟差线性模型的常值钟速已被修改为包含了方差因子 σ_u^2 的随机变化部分。

2)测量更新

滤波原始数据是卫星钟差数据序列,其线性测量方程为

$$\boldsymbol{Y}_k = (1 \quad 0)\begin{bmatrix} a_0 \\ a_1 \end{bmatrix} + \boldsymbol{\varepsilon}_k = \boldsymbol{H}\boldsymbol{x}_k + \boldsymbol{\varepsilon}_k \tag{6.79}$$

式中:$\boldsymbol{Y}_k$、$\boldsymbol{\varepsilon}_k$ 为 t_k 时刻的钟差实测值和观测噪声;$\boldsymbol{H}$ 为测量矩阵。

计算增益矩阵 $\boldsymbol{K}$ 和预测残差 $\boldsymbol{y}_k$

$$\begin{cases} \boldsymbol{K} = \bar{\boldsymbol{P}}_k \boldsymbol{H}^{\mathrm{T}}(\boldsymbol{H}\bar{\boldsymbol{P}}_k\boldsymbol{H}^{\mathrm{T}} + \boldsymbol{R}_k)^{-1} \\ \boldsymbol{y}_k = \boldsymbol{Y}_k - \boldsymbol{H}\bar{\boldsymbol{x}}_k \end{cases} \tag{6.80}$$

式中:$\boldsymbol{R}_k$ 为第 k 个观测值的方差,且观测噪声与过程噪声不相关。

则滤波的观测更新方程为

$$\begin{cases} \hat{\boldsymbol{x}}_k = \bar{\boldsymbol{x}}_k + \boldsymbol{K}\boldsymbol{y}_k \\ \boldsymbol{P}_k = (\boldsymbol{I} - \boldsymbol{K}\boldsymbol{H})\bar{\boldsymbol{P}}_k \end{cases} \tag{6.81}$$

3)统计参数的等价性补偿

滤波平滑效果在一定程度上取决于过程噪声协方差矩阵 $\boldsymbol{Q}_\eta$(具体说来是方差因子 σ_u^2)和钟差测量噪声方差 $\boldsymbol{R}_k$(即 σ_ε^2)的准确性,通常要求这两个统计参数的采用值应尽量符合系统模型和测量模型的噪声水平。其中,若避开卫星钟的调频调相操作段,则数小时内的频率随机特性较稳定,σ_u^2 应取秒稳定度经验值(通常为 1s 数据间隔);但是,通过星地时间比对计算得到的卫星钟差数据序列,其方差 σ_ε^2 在数小时内通常呈现一定的波动性。

事实上,两类统计参数都是通过增益矩阵 $\boldsymbol{K}$ 进而影响观测更新的。钟差参数 a_0 的增益为

$$K_1 = \frac{\sigma_u^2}{\sigma_u^2 + \sigma_\varepsilon^2} \tag{6.82}$$

显然,增益 K_1 反映了测量噪声水平与状态噪声水平的某种相对权比关系。在实

际数据处理中，通常将短期内数据做等精度处理（采用固定的 σ_ε^2），由式(6.82)可知，可以通过调节状态噪声方差 σ_u^2 来弥补测量噪声方差 σ_ε^2 采用值的不准确，从而得到算法上等价的增益 K_1。

增益 K_1 应能够反映 σ_ε^2 在数据滤波及短期预报时段内的整体波动。即测量数据质量整体下降时，状态噪声方差 σ_u^2 应适应性减小来抑制测量更新作用；测量数据质量较高时，则加大状态噪声方差 σ_u^2 来增强测量更新。显然，通常固定 σ_u^2 经验值的简单做法不能达到该效果。除了动态平衡数据质量的波动外，状态噪声补偿还减缓了式(6.81)的协方差更新，避免滤波饱和现象。

6.7.2 过程噪声方差的自适应调节方法

卫星钟的短期预报一般可采用 2h 左右数据解算钟差参数，每 1h 进行一次更新。因此，相邻解算时段总有 1h 数据重叠。针对这种特殊的高达 50% 数据重叠率，这里提出一种自适应调节方法，即总是利用最近的钟差数据（共 3h 数据）进行当前滤波处理，获得最优过程噪声方差 $\hat{\sigma}_u^2$，并应用于下 1h 的钟差参数预报。计算步骤如下：

(1) 取前面 2h 数据，利用常规最小二乘批处理 Batch 算法解算钟差参数（或者直接提取前次结果），将剔除粗差后的数据导入滤波器；

(2) 以 Batch 结果为初值，令过程噪声方差因子 σ_u^2 的取值范围为 $[10^{-22}, 10^{-8}]$，滤波并预报至最新得到的 1h 钟差数据。计算预报钟差与实测钟差的偏差 Δa_0，得到预报钟差偏差 Δa_0 与 σ_u^2 的变化关系；

(3) 将预报钟差偏差 Δa_0 最小对应的 σ_u^2 作为当前计算的最优方差因子 $\hat{\sigma}_u^2$，用于下 1h 钟差参数预报。

6.8 一种通用组合模型预报方法

6.8.1 钟差序列特性分析

考虑钟速和钟漂是原子钟特别是星载铷原子钟的基本物理特性，因此，这里以二次多项式模型作为基础模型，首先分析卫星钟扣除钟速和钟漂后的残差特性，以便为后续研究周期项和随机项的建模方法提供依据。

我们对 BDS 多颗在轨卫星的钟差序列进行了分析，分析数据的观测时间为 2013 年 7 月 1 日至 15 日，共 15 天，选择了 3 颗不同类别的卫星，其中 PRN1、PRN8 和 PRN14 分别为 GEO、IGSO 和 MEO 卫星。图 6.10 给出了这 3 颗卫星的钟差序列图，图 6.11 和图 6.12 分别给出了图 6.10 钟差的一阶线性拟合残差序列及二阶多项式拟合残差序列。

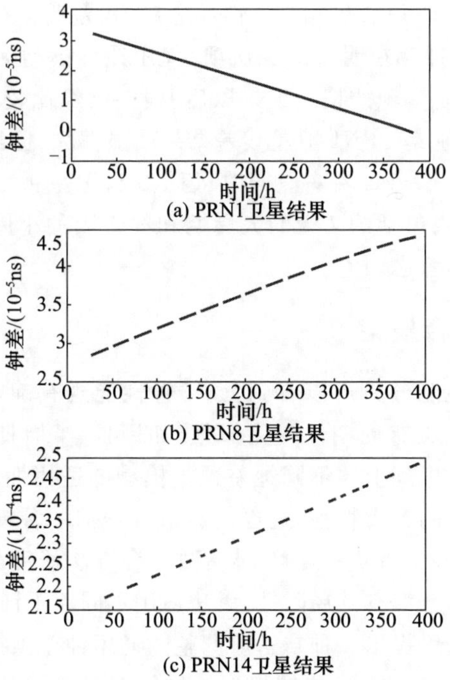

(a) PRN1卫星结果
(b) PRN8卫星结果
(c) PRN14卫星结果

图 6.10　卫星钟差序列

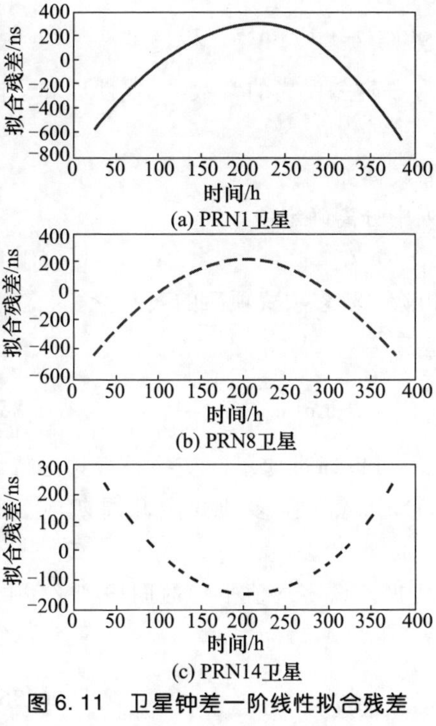

(a) PRN1卫星
(b) PRN8卫星
(c) PRN14卫星

图 6.11　卫星钟差一阶线性拟合残差

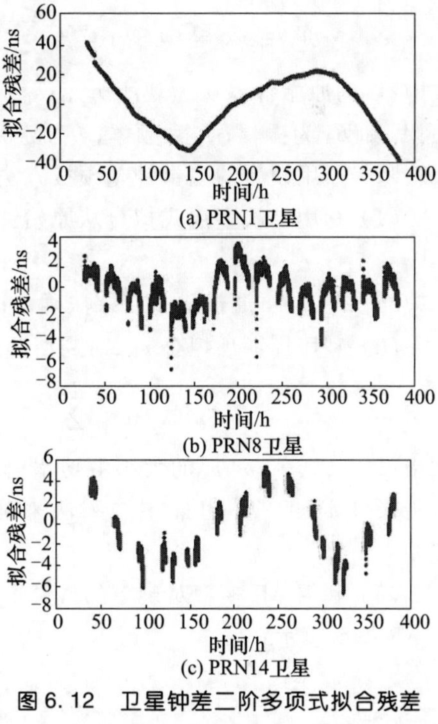

(a) PRN1卫星
(b) PRN8卫星
(c) PRN14卫星

图 6.12　卫星钟差二阶多项式拟合残差

由图6.10~图6.12可见，仅扣除线性项之后，残差明显存在类似抛物线的长期变化项，说明BDS卫星钟存在明显的二次项，仅用线性模型无法准确描述卫星钟特性。相对来说，扣除二阶多项式拟合结果以后，残差已经比较小，但是不同卫星残差大小存在较大差异，特别是PRN1卫星残差结果明显偏大，已经达到40ns左右，其他两颗卫星残差较小，仅为±6ns左右。同时可见，3台卫星钟二阶多项式拟合残差结果均存在明显的周期项，包括约7天的大周期和约1天的小周期，因此，周期项在卫星钟差建模中也是必须考虑因素。

6.8.2 通用组合模型

根据上面原子钟性能分析可以看到，原子钟性能既有确定性特性部分（一般可以用二阶多项式描述），又有周期性变化部分（如周日、半周日变化等），还有短周期以及随机变化部分。考虑到上述不同钟差预报模型的适用性，用任何单独一种模型都无法准确描述原子钟的各类特性，这也就会造成任何一种模型方法的预报精度都会受到限制。为此，很多学者进行了不同模型组合方法研究，取得了一些不错的结果[31-36]。但是，每种组合都有其局限性，无法适用不同原子钟类型、不同预报时间长度等各种情况，因此，这里提出一种自适应调整的通用钟差预报模型[37]，该模型涵盖了确定项、周期项和随机项，并且能够根据不同情况进行自适应调整。具体钟差模型为

$$Y_t = a_0 + a_1 t + a_2 t^2 + \sum_{k=1}^{m} (A_k s\cos(w_k t) + B_k \sin(w_k t)) + \varepsilon \tag{6.83}$$

式中：Y_t为原始钟差；t为观测历元；a_0、a_1、a_2为二阶多项式的常数项、线性项和二阶项；A_k和B_k为振幅；w_k为频率；ε为随机误差。

基于通用模型的卫星钟差预报方法与步骤具体如下：

（1）利用二次多项式拟合从原始钟差序列中分离确定项

$$v_{1t} = Y_t - a_0 - a_1 t - a_2 t^2 \tag{6.84}$$

式中：a_0、a_1、a_2可通过最小二乘法确定；v_{1t}为扣除二阶多项式项后的残差。

（2）利用周期项拟合v_{1t}，对周期项进行建模[34]

$$v_{2t} = v_{1t} - \sum_{k=1}^{m} (A_k s\cos(w_k t) + B_k \sin(w_k t)) \tag{6.85}$$

式中：$k=1,2,\cdots,m$，m的大小由功率谱决定；w_k可以通过傅里叶变换进行频谱特性分析来确定；A_k、B_k由最小二乘法来确定；v_{2t}为扣除二阶多项式项和周期项后的残差。

（3）利用AR模型对剩下的残差v_{2t}进行建模。设零均值平稳时间序列Z，用P阶AR模型表示：

$$Z_t = \sum_{i=1}^{m} \varphi_i Z_{t-1} + a_t \tag{6.86}$$

模型阶数选取

$$\mathrm{FPE}(M) = P_M(N+M+1)/(N-M-1) \tag{6.87}$$

最终预报误差准则为

$$P_M = \frac{1}{N-M}\sum_{t=M+1}^{N}\left(Z_t - \sum_{j=i}^{M}\varphi_i Z_{t-1}\right)^2 \tag{6.88}$$

模型参数估计,选择系数 $\varphi_1,\varphi_2,\cdots,\varphi_i$,使得

$$\begin{aligned} &Q = E\left[Z_t - \sum_{j=i}^{P}\varphi_j Z_{t-j}\right]^2 = \min \\ &R_i - \sum_{j=i}^{P}\varphi_j Z_{t-j} = 0 \qquad i = 1,2,\cdots,p \end{aligned} \tag{6.89}$$

写成矩阵形式

$$\begin{bmatrix} R_0 & R_1 & \cdots & R_{p-1} \\ R_1 & R_0 & \cdots & R_{p-2} \\ \vdots & \vdots & & \vdots \\ R_{p-1} & R_{p-2} & \cdots & R_0 \end{bmatrix}\begin{bmatrix} \varphi_1 \\ \varphi_2 \\ \vdots \\ \varphi_p \end{bmatrix} = \begin{bmatrix} R_1 \\ R_2 \\ \vdots \\ R_p \end{bmatrix} \tag{6.90}$$

采用 Burg 递推算法解此方程即可求得 AR 模型系数。

利用上述步骤确定的二次多项式参数、周期项参数和 AR 模型系数独立预报,并将三者的预报值相加即为钟差预报结果。

该模型不仅描述了星载原子钟主要的物理特性,而且刻画了钟差序列的数据特征,可以认为是一种通用的钟差模型,在特定条件下还可以进行适当地退化和丰富,以适应特定的原子钟。

6.9 钟差预报试验分析

6.9.1 多项式拟合与卡尔曼滤波模型比较分析

为了分析各种类型的原子钟在预报不同时间和不同取样数据下应当采用的预报模型以及在给定的预报模型和预报时间下应当采用的取样数据等问题,下面首先利用常用的多项式拟合方法与卡尔曼滤波方法进行钟差预报比较试验[10-11]。试验分析中使用的数据为 IGS 站提供的 GPS 精密定轨数据,并采用不同时期发射的各类型 GPS 卫星钟作为计算分析对象,以代表模型方法对不同卫星钟的适用性。

1) Block ⅡA 卫星钟

采用 IGS 站提供的 Block ⅡA PRN3 卫星钟每 15min 一个点的观测数据进行计算分析,不同模型不同数据资料结果如图 6.13 ~ 图 6.16 所示。

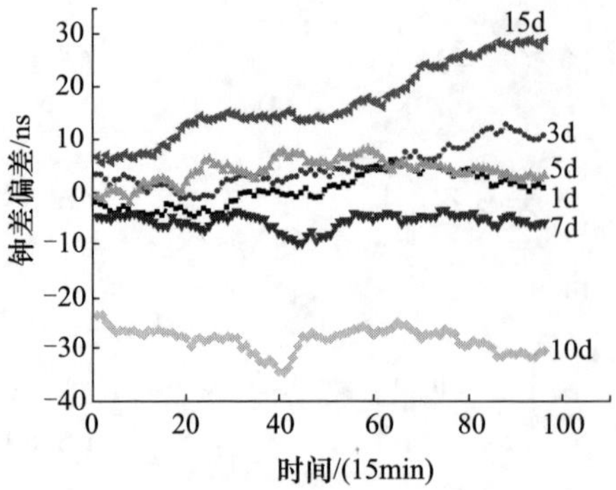

图 6.13　线性多项式拟合方法预报结果(见彩图)

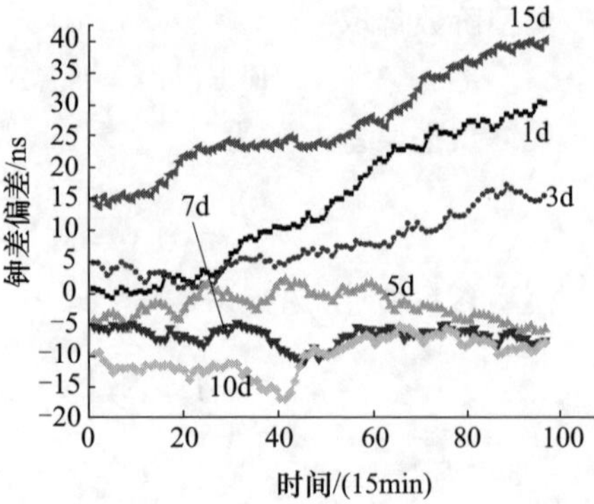

图 6.14　二阶多项式拟合方法预报结果(见彩图)

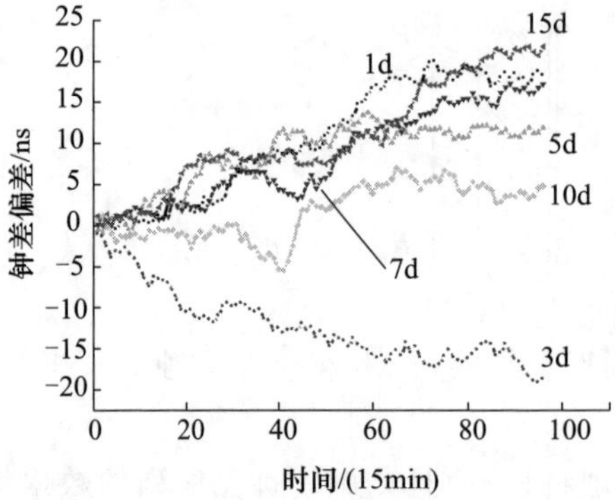

图 6.15　线性卡尔曼滤波方法预报结果(见彩图)

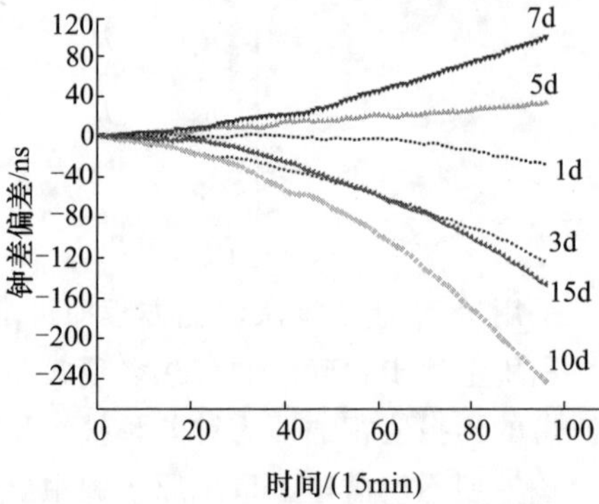

图 6.16　二阶卡尔曼滤波方法预报结果(见彩图)

2) Block ⅡR 卫星钟

采用 IGS 站提供的 Block ⅡR PRN13 卫星钟每 15min 一个点的观测数据进行计算分析,不同模型不同数据资料结果如图 6.17～图 6.20 所示。

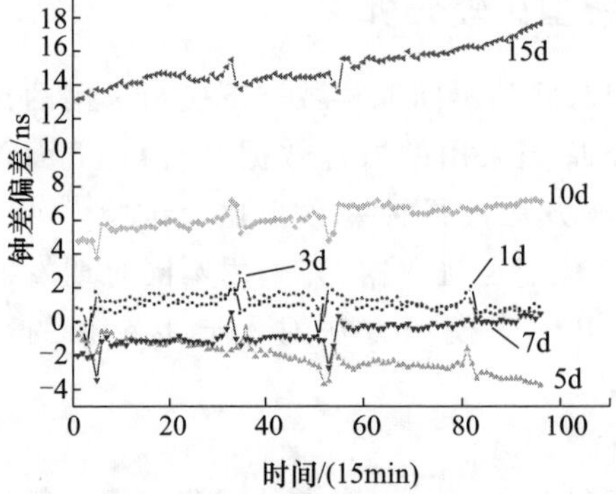

图 6.17　线性多项式拟合方法预报结果(见彩图)

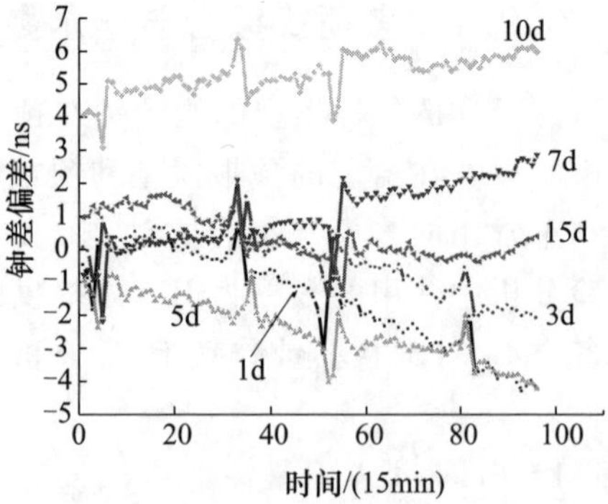

图 6.18　二阶多项式拟合方法预报结果(见彩图)

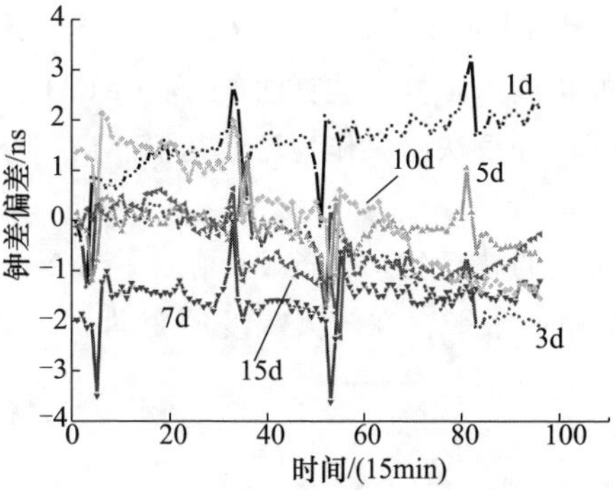

图 6.19 线性卡尔曼滤波方法预报结果(见彩图)

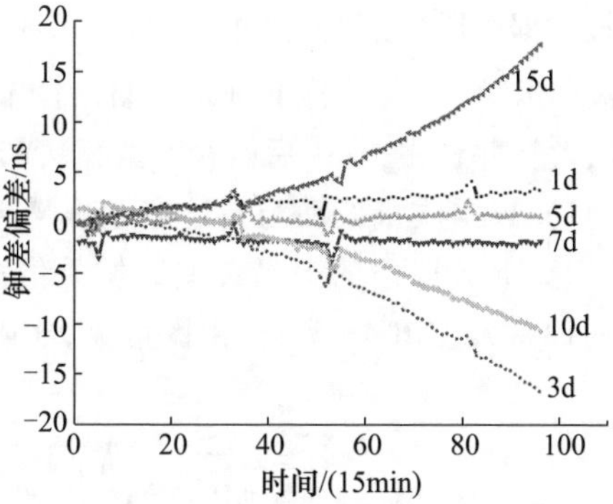

图 6.20 二阶卡尔曼滤波方法预报结果(见彩图)

由上面各图可以看出:

(1) 线性模型比二阶模型能取得更好的预报结果,特别是对于卡尔曼滤波方法,二阶模型会使预报结果偏差很大,所以只能采用线性模型。

(2) 采用多项式拟合方法和卡尔曼滤波方法进行线性模型预报时,对于不同类型的卫星钟,两种方法的差别不大。对于 Block ⅡA 和 Block ⅡR 类型的卫星钟采用最小二乘法稍好一些。

(3) 仅采用 1 天的观测数据时,对于 Block ⅡA 类型的卫星钟,采用多项式拟合方法能达到约 5ns 的预报精度,而卡尔曼滤波方法则只能达到约 20ns 的预报精度;对于 Block ⅡR 类型的卫星钟,采用多项式拟合方法能达到约 1.5ns 的预报精度,而卡尔曼滤波方法则只能达到约 2ns 的预报精度。

(4) 对于 Block ⅡA 类型的卫星钟,采用多项式拟合方法进行预报时,线性模型只需要采用 1 ~ 7 天的观测数据就能得到好于 10ns 的预报效果,而二阶模型则需要采用 3 ~ 10 天的数据才能得到好于 15ns 的预报效果;采用卡尔曼滤波方法和线性模型进行预报时,对于 10 天的观测数据才能取得好于 10ns 的预报结果,而其他天数得到的预报结果变得稍差一些。

(5) 对于 Block ⅡR 类型的卫星钟,采用多项式拟合方法进行预报时,线性模型只需要采用 1 ~ 3 天的观测数据就能得到好于 2ns 的预报效果,而二阶模型则需要采用 15 天的数据才能得到好于 2ns 的预报效果;采用卡尔曼滤波方法和线性模型进行预报时,除了 1 天和 7 天的预报结果稍差一些外,其他天数观测数据的结果差别不大,均能取得好于 2ns 的预报结果。

6.9.2 状态噪声分段自适应补偿滤波试验分析

为验证前面提出的状态噪声分段自适应滤波方法的正确性和可行性,利用 BDS 数据进行了试验分析[30]。数据源为 GEO 卫星的 3 天星地时间比对的卫星钟差数据,截取连续 67h 数据,依据 1h 预报更新要求,每 2h 作为一个分段共组成 66 个连续的短期预报数据时段(相邻分段相互重叠 1h 数据)。采用 Batch 算法、固定 $\hat{\sigma}_u^2$ 的扩展卡尔曼滤波(EKF)算法(简称 EKF1)和自动调节 $\hat{\sigma}_u^2$ 的扩展卡尔曼滤波算法(简称 EKF2)三种算法解算并预报,其中后两种滤波算法都采用 Batch 算法结果作为滤波初值。

1) 数据质量波动与自适应过程噪声补偿

每 2h 分段内的卫星钟差数据质量存在一定的波动性。图 6.21 给出了 Batch 解算的钟差残差 RMS 变化,由图可见,实际数据噪声水平存在较大幅度的变动。

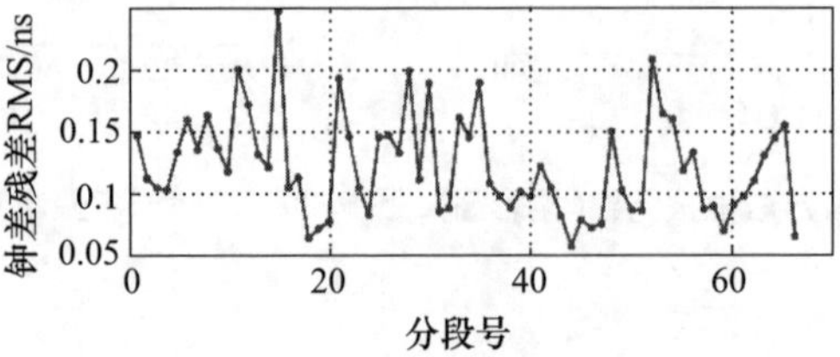

图 6.21 Batch 解算结果的残差 RMS 变化

为充分利用相邻分段的 1h 重叠数据,利用前面历史数据计算最优过程噪声方差 $\hat{\sigma}_u^2$ 并应用于新近数据段。为表明调节状态噪声具有补偿测量噪声的作用,图 6.22 对比给出了 EKF2 滤波钟差预报残差 RMS 以及自适应计算的最优过程噪声方差。图中横轴表示 3 天内每小时一组的钟差预报时段。过程噪声方差变化范围为 $[10^{-22},10^{-8}]$,为便于对比,这里给出其指数绝对值的变化。

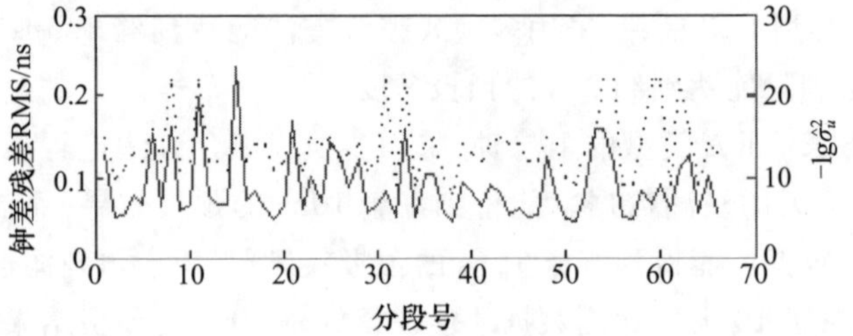

图 6.22 EKF2 预报残差 RMS 变化(实线)与最优过程噪声方差变化(虚线)

可以看出,两类随机参数具有较好的一致性变化趋势。分段数据质量降低,则状态预测值残差 RMS 较大,自适应过程噪声方差相应变小,从而抑制观测更新作用,反之亦然。如第 11 段钟差预报值残差 RMS 达到 0.2ns,其 $\hat{\sigma}_u^2$ 相应减小至 10^{-22}。

2)卫星钟差短期预报结果

对于数据质量正常的分段钟差残差(RMS 优于 0.1ns),三种算法的结果一致(此时 EKF1 的 $\hat{\sigma}_u^2$ 固定取 10^{-22}),从而验证了滤波算法的正确。但是由于 3 天钟差数据质量呈现一定波动性,改进的 EKF2 算法对于分段内预报和分段间预报拼接从总体上都是最为平滑的。

(1) 预报时段的最大偏差。预报时段内预报钟差与实测钟差的偏差最大值一定程度上可以反映分段内的平滑程度。图 6.23 给出了 EKF2 和 Batch 算法的预报时段最大偏差对比。

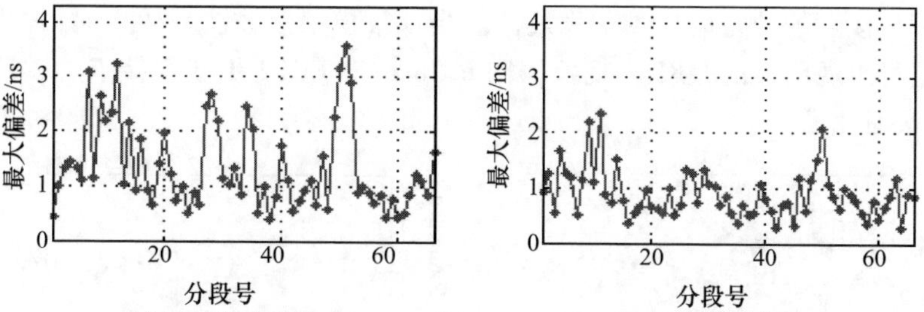

(a) Batch算法结果　　(b) EKF2算法结果

图 6.23　EKF2 预报偏差最大值与 Batch 算法结果对比

结果表明:常规 Batch 算法预报时段的最大偏差平均为 1.5ns,部分时段的预报最大偏差超过 3ns;而 EKF2 的预报最大偏差平均为 0.8ns,并且基本上控制在 2ns 以内。取其中第 50 段最差的结果作对比,如图 6.24 所示,显然,预报时段最大偏差由 3.6ns 减小到 2.05ns,说明顾及过程噪声的滤波解算精度高,而且短期预报效果更佳。

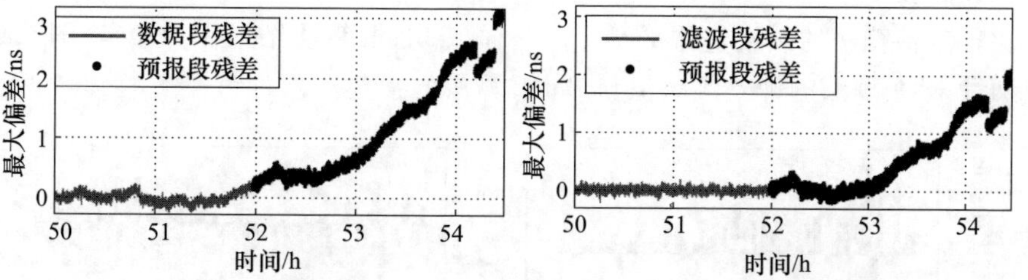

(a) Batch算法结果　　(b) EKF2算法结果

图 6.24　第 50 段 EKF2 预报偏差最大值与 Batch 算法结果对比(见彩图)

进一步统计比较三种算法的短期预报平滑性。以 Batch 算法预报结果作为参考,图 6.25 给出了两种 EKF 算法预报最大偏差与 Batch 结果的互差分布。

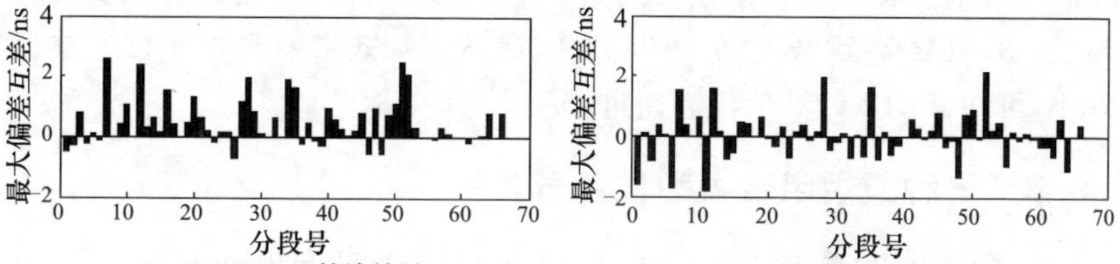

(a) EKF2-Batch算法结果　　(b) EKF1-Batch算法结果

图 6.25　两种 EKF 预报最大偏差与 Batch 算法结果的互差

由图 6.25 可以看出,与 Batch 算法相比,采用 EKF2 算法后,绝大部分时段修正值为正,且修正幅度明显,个别时段比 Batch 算法结果差,但互差不超过 1ns,并且发生在最大偏差较小的时段;图 6.25(b)是 $\hat{\sigma}_u^2$ 统一采用值为 10^{-14} 的 EKF1 算法结果,与常规 Batch 算法相比,总体上没有改进。

(2) 预报更新交接点的钟差互差。相邻预报时段有 1h 重叠,预报更新时要求两次预报段交接点的钟差应尽量平稳过渡。当预报模型参数波动较大时,提供用户的卫星钟差将出现明显的“跳跃”现象。图 6.26 给出 EKF2 更新交接点钟差跳跃值与 Batch 算法对比。

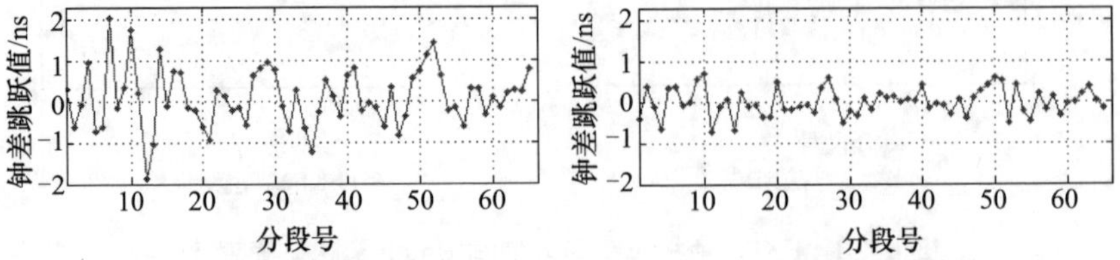

(a) Batch算法结果　　(b) EKF2算法结果

图 6.26　EKF2 更新交接点钟差跳跃值与 Bach 算法对比

由图 6.26 可见,各分段交接点的钟差跳跃反映了卫星钟长期连续预报的整体平滑程度,常规 Batch 算法的部分时段的跳跃超过 1ns,个别的甚至达到 2ns,而 EKF2 的跳跃控制在 1ns 以内。

比较三种算法的预报整体平滑性。同样以 Batch 算法结果作为参考,图 6.27 给出了两种 EKF 算法的钟差跳跃值与 Batch 算法的互差。

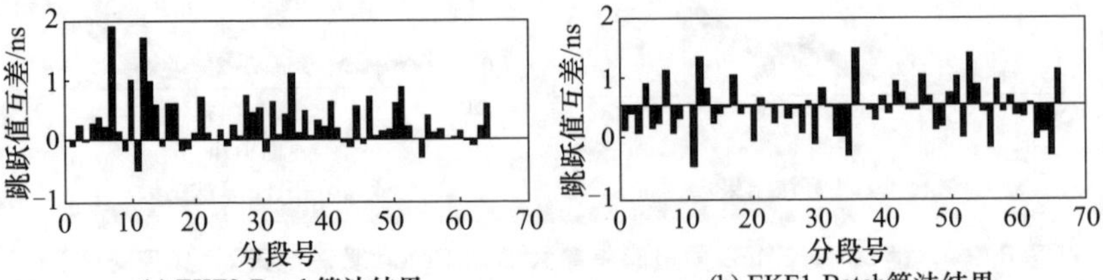

(a) EKF2-Batch算法结果　　(b) EKF1-Batch算法结果

图 6.27　两种 EKF 更新交接点钟差跳跃值与 Batch 算法的互差

图 6.27 表明,EKF2 的长期预报结果更平滑,绝大部分时段能够减弱钟差跳跃,个别时段比 Batch 钟差跳跃大,但幅度仍在 1ns 内。如效果最差的第 11 拼接段,比照图 6.26(b)可知,EKF2 计算值没有超过 1ns。

6.9.3　一种通用组合模型试验分析

为了验证上面提出的通用组合模型的钟差预报精度,利用 BDS 数据进行试验分析[37]。数据采集时段为 2013 年 3 月 1 日 0 时至 5 日 0 时,共 96h。这期间大多数卫星星载钟稳定度比较高,利用多项式模型和通用组合模型预报精度差别不大。但是对于有些稳定度较差的星载原子钟则预报精度相差非常大。

选取试验时段内星载原子钟稳定性较差的一颗 GEO 卫星和一颗 IGSO 卫星,分别利用一阶和二阶多项式模型,以及不同数据资料长度进行钟差预报,其中,GEO 卫星预报 6h,IGSO 卫星 12h,表 6.6 给出了具体的预报误差统计结果。

表 6.6　GEO 和 IGSO 卫星多项式模型预报误差

卫星	预报模型	不同数据长度预报误差/ns					
		5h	10h	15h	20h	25h	30h
GEO	1 阶	7.4	6.7	7.2	5.6	7.9	6.5
	2 阶	7.0	8.0	6.2	7.4	6.2	7.9
IGSO	1 阶	10.3	11.2	12.5	11.6	12.9	14.9
	2 阶	13.4	12.9	15.5	13.2	15.3	12.6

由表 6.6 可见，对于稳定性较差的原子钟，多项式钟差模型的预报精度也比较差，GEO 卫星预报 10h 最大误差可达 8.0ns，最小为预报 20h 5.6ns；IGSO 卫星预报 15h 最大误差可达 15.5ns，最小为预报 5h 10.3ns。

同样，利用上面 GEO 和 IGSO 卫星数据进行了通用组合模型预报试验，试验使用前 60h 数据作为历史数据进行建模，使用后 30h 数据进行预报结果评估，具体结果如图 6.28 所示。

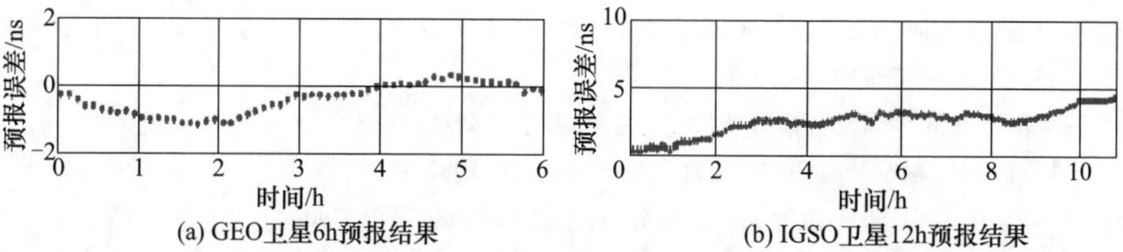

图 6.28　基于通用组合模型预报结果

试验结果表明：对于基于通用组合模型的卫星钟预报，6h 预报精度优于 2ns，12h 预报精度优于 5.5ns，与上面多项式模型相比，通用组合模型大幅提高了卫星钟差预报精度。

参考文献

[1] 中国卫星导航系统管理办公室．北斗卫星导航系统公开服务性能规范(1.0 版)[R]．北京：中国卫星导航系统管理办公室,2013:12.

[2] FYFE P, KOVACH K. Navstar GPS space segment/navigation user interfaces (public release version)[J]. European journal of theology,1991,24(5):272.

[3] ALLAN D W. Characterization optimum estimation and time prediction for precision clocks [R]. Proc. 1985 PTTI Mtg,1985.

[4] BARNES J A,JONES R H,TRYON P V,et al. Stochastic models for atomic clocks [R]. Proc. 1982 PTTI Mtg,1982.

[5] HOWE D A, LAINSON K J. The effect of drift on TOTALDEV [R]. Proc. 1996 IEEE Intl. Freq. Cont. Symp,1996.

[6] 胡锦伦. 时间频率测量的处理方法[M]. 上海:中科院上海天文台,1991.

[7] WEISS M A, GREENHALL C A. A simple algorithm for approximating confidence on the modified allan variance and the time variance[R]. Proc. 1996 PTTI Mtg,1996.

[8] PERCIVAL D B, HOWE D A. Total variance as an exact analysis of the sample variance [R]. Proc. 1997 PTTI Mtg,1997.

[9] HOWE D A. An extension of the Allan Variance with increased confidence at long term [R]. Proc. 1995 IEEE Intl. Freq. Cont. Symp,1995.

[10] 刘利. 相对论时间比对与高精度时间同步技术[D]. 郑州:解放军信息工程大学,2004.

[11] 刘利. 卫星导航系统时间同步技术研究(博士后出站报告)[R]. 上海:中科院上海天文台,2008.

[12] 郭海荣. 导航卫星原子钟时频特性分析理论与方法研究[D]. 郑州:信息工程大学,2006.

[13] 王宇谱,吕志平,陈正生,等. 卫星钟差预报的小波神经网络算法研究[J]. 测绘学报,2013,42(3):20-28.

[14] 张清华,隋立芬,牟忠凯. 基于小波与 ARMA 模型的卫星钟差预报方法[J]. 大地测量与地球动力学,2010,6:100-104.

[15] 崔先强,焦文海. 灰色系统模型在钟差预报中的应用[J]. 武汉大学学报(信息科学版),2005,30(5):447-450.

[16] 陈兆国. 时间序列及其谱分析[M]. 北京:科学出版社,1988.

[17] 卡塔肖夫 P. 频率和时间[M]. 北京:科学出版社,1987.

[18] 刘利,秦永志. GPS 卫星钟噪声类型分析[J]. 全球定位系统,2005,2:27-29.

[19] ALLAN D W, BARNES J A. A modified Allan Variance with increased oscillator characterization ability[R]. Proc. 1981 Freq. Cont. Symp,1981.

[20] 马凤鸣. 计量测试技术手册(第 11 卷 时间频率)[M]. 北京:中国计量出版社,1996.

[21] 马凤鸣. 时间频率计量[M]. 北京:企业管理出版社,1998.

[22] 马卓希,杨力,贾小林. 基于多项式模型的改进卫星钟差预报方法[J]. 全球定位系统,2016,41(2):27-33.

[23] 戴伟. GPS Block Ⅱ R(n)星载原子钟钟差预报研究[J]. 大地测量与地球动力学,2009,4:111-116.

[24] 孙启松,王宇谱. 基于方差递推法的 Kalman 滤波在钟差预报中的应用[J]. 测绘与空间地理信息,2016,39(6):93-97.

[25] 王继刚,胡永辉,何在民,等. 线性加权组合 Kalman 滤波在钟差预报中的应用[J]. 天文学报,2012,53(3):213-221.

[26] 丁月蓉,郑大伟. 天文测量数据的处理方法[M]. 南京:南京大学出版社,1990.

[27] 范旭亮,王晓红,张显云,等. 基于 ARIM 模型的卫星钟差短期预报研究[J]. 测绘与空间地理信息,2015,38(1):105-110.

[28] 刘利生. 外测数据事后处理[M]. 北京:国防工业出版社,2000.

[29] 张贤达. 现代信号处理[M]. 北京:清华大学出版社,1995.

[30] LIU L, DU L, ZHU L F, HAN C H, 等. Satellite clock parameter short-term prediction using piecewise adaptive filter with state noise compensation[C]//China Satellite Navigation Conference

(CSNC) 2012 Proceedings,2012.
[31] 杜兰,林丽,王若璞,等. 卫星出/入境期的钟差参数两步法拟合算法[J]. 大地测量与地球动力学,2013,33(5):120-123.
[32] 付文举. GNSS在轨卫星钟特性分析及钟差预报研究[D]. 西安:长安大学,2014.
[33] 郑作亚,卢秀山. 几种GPS卫星钟差预报方法比较及精度分析[J]. 山东科技大学学报(自然科学版),2008,4:12-17.
[34] 郑作亚,党亚民,卢秀山,等. 附有周期项的预报模型与其在GPS卫星钟差预报中的应用研究[J]. 天文学报,2010,1:97-104.
[35] 朱陵凤,李超,李晓杰,等. 神经网络在导航卫星钟差预报中的应用[J]. 宇航计测技术,2016,36(3):41-45.
[36] 朱陵凤,李超,刘利,等. 基于神经网络的卫星钟差预报及误差控制[J]. 全球定位系统,2016,3:68-72.
[37] 唐桂芬,许雪晴,王群仰. 基于一种通用钟差模型的卫星钟预报方法[J]. 中国科学:物理学 力学 天文学,2015,45(7):079502.

第7章 常规状态下导航卫星轨道精密测定与预报方法

卫星精密定轨是卫星导航系统的核心部分之一，精密、连续和稳定的卫星星历是提供导航服务的重要前提，是提升导航系统服务性能和可用度的重要保证。对于GPS、GLONASS和Galileo系统，其卫星星座均采用分布均匀的MEO卫星，地面跟踪网络能够实现卫星的全弧段跟踪。但我国BDS具有一些特殊性，主要体现在三个方面：一是BDS首次实现三频服务，为高精度数据处理提供了基础；二是BDS采用GEO、IGSO、MEO异构混合星座，给精密定轨等数据处理带来新的问题；三是BDS通过独立的测量技术实现了星地和站间时间同步。

对于GPS、GLONASS和Galileo系统，其卫星轨道与钟差的测定采用一体化解算模式，可以较好地实现轨道与钟差产品的自洽。对于BDS，其精密定轨与时间同步采用不同的观测手段和处理方法，测量设备可能存在的未准确标定的硬件时延将致使轨道与钟差产品的时空基准不一致，进而导致用户服务精度降低。同时，BDS采用异构星座设计，受限于地理分布有限的区域测轨监测网，无法实现对MEO和IGSO卫星跟踪弧段的全覆盖。而区域网观测条件下各卫星（特别是GEO卫星）轨道参数与钟差、中性大气折射修正等参数间统计相关，对高精度定轨和钟差参数的估计提出了新的挑战[1-2]。

本章分析了常用导航卫星测轨技术，给出了导航卫星通用的轨道参数估计理论和多星联合定轨方法，同时针对BDS GEO卫星定轨的特殊性，阐述了多种测轨技术条件下的GEO卫星单星定轨方法，最后对高精度卫星轨道预报方法进行了分析讨论。

7.1 常用导航卫星测轨技术分析

卫星导航系统包括多种轨道测定技术，主要有L频段伪距/相位观测、卫星激光测距（SLR）和C频段自发自收测距。各测量技术之间的优、缺点如下[3-4]：

（1）L频段伪距相位观测技术。该测轨技术主要基于监测接收机，其优点是监测接收机成本低，易于实现与推广。单星定轨算法根据卫星轨道与钟差相对地面监测网变化特性不同分离轨道与钟差参数，从而进行精密定轨解算。数据处理经验表明，在基于伪距观测的GEO单星定轨中，GEO卫星静地特性使得难以实现轨道参数与钟参数的有效分离，无法对星地组合钟差进行有效估计，需要外部卫星钟差或测站钟差的支持,将伪距和相位观测量转化为距离观测量,才能获得较好的定轨精度和稳定性。

伪距测量模型为

$$\rho = R + c\delta t_k - c\delta t^s + \Delta D_{\text{trop}} + \Delta D_{\text{ion}} + \Delta D_{\text{rel}} + \Delta D_{\text{ant}} + \Delta D_{\text{tide}} + \Delta D_{\text{mult}} + \varepsilon \quad (7.1)$$

式中:ρ 为实测的伪距;R 为卫星位置至接收机之间的几何距离;δt_k 为接收机钟差;δt^s 为卫星钟差;ΔD_{trop}为对流层延迟;ΔD_{ion}为电离层延迟;ΔD_{rel}为广义相对论效应;ΔD_{ant}为卫星和地面天线相位中心偏差、ΔD_{tide}为地球潮汐的影响;ΔD_{mult}为多路径效应的影响;ε 为偶然误差。

载波相位测量模型为

$$L = R + c\delta t_k - c\delta t^s + \lambda N_k^s + \Delta D_{\text{trop}} - \Delta D_{\text{ion}} + \Delta D_{\text{rel}} + \Delta D_{\text{ant}} + \Delta D_{\text{tide}} + \Delta D_{\text{mult}} + \varepsilon \quad (7.2)$$

式中:L 为实测的载波相位;N_k^s 为载波整周模糊度。

(2) SLR 技术。该测轨技术的观测数据精度高,目前已经达到厘米量级甚至毫米量级,而且不存在明显的系统性偏差。但是,该技术受天气条件影响太大,无法实现全天候观测,故不能成为常规的定轨手段,只能作为系统差检校手段和轨道外符合评估手段。国内外在基于 SLR 数据的定轨方面进行了很多深入研究,主要是集中在 MEO 卫星精密定轨、轨道评估和系统差检校。要实现 3.6×10^4km 外的 GEO 卫星激光测距,对卫星上的激光反射器和地面的激光测距系统都提出了很高的要求,BDS 首次实现了对斜距达到 4×10^4km 的 GEO 卫星的白天激光测距,精度达到 3cm。

SLR 观测模型为

$$\rho_{\text{SLR}} = R_{\text{up}} + R_{\text{down}} + c \cdot \tau_{\text{Delay}} + 2\Delta D_{\text{trop}} + 2\Delta D_{\text{rel}} + 2\Delta D_{\text{ant}} + 2\Delta D_{\text{tide}} + \varepsilon \quad (7.3)$$

式中:ρ_{SLR}为 SLR 测距值;R_{up}为上行星地几何距离;R_{down}为下行星地几何距离;τ_{Delay}为地面设备时延。

(3) C 频段自发自收测距技术。该技术的优点是观测量为距离观测量,不包含钟差信息,跟踪站之间不需要严格的时间同步,观测精度高。其缺点:首先是设备造价昂贵、利用率有限,设备只能在少数站部署,多个设备需同时跟踪观测安装 C/C 转发器的某一颗 GEO 卫星,未配备 C/C 转发器的 IGSO/MEO 卫星和未跟踪观测的 GEO 卫星的轨道确定无法采用该测轨技术;其次是卫星转发器时延和地面天线发射与接收时延等在内的设备时延精确标定,制约着该模式的定轨精度,需要定期利用 SLR 数据对各设备进行时延标定。

C 频段自发自收测距的观测模型为

$$\rho_{\text{CC}} = \mathrm{R}_{\text{up}} + R_{\text{down}} + c \cdot \tau_{\text{Delay}} + 2\Delta D_{\text{trop}} + 2\Delta D_{\text{ion}} + 2\Delta D_{\text{rel}} + 2\Delta D_{\text{ant}} + 2\Delta D_{\text{tide}} + \varepsilon \quad (7.4)$$

式中:ρ_{CC}为 C 频段自发自收测距值;τ_{Delay}为设备时延(包括卫星转发器和地面 C 频段设备时延)。

7.2　轨道参数估计方法

轨道参数估计方法总体上分为批处理方法和滤波方法两类。批处理方法是利用全部数据求解某一历元时刻的轨道根数及有关参数,适用于事后处理,既可精密定轨,又可测定各种物理参数。由于批处理方法是在整个观测结束后,用所有观测资料求解某一历元时刻轨道状态的"最优"估值,观测数据多,且具有良好的统计特征,因此解算精度较高。对导航卫星定轨而言,高精度的事后处理一般采用批处理方法。滤波方法是数据驱动模式,新的观测值输入即开始处理,求解参数为此时刻的卫星轨道根数及有关参数,下一时刻滤波计算不再单独使用前一时刻的观测量,而仅利用前一时刻滤波结果,该方法在快速、实时定轨中经常采用[5-9]。

7.2.1 批处理方法

批处理方法是在经典最小二乘法的基础上发展起来的一系列最优参数估计方法,包括加权最小二乘估计、具有先验信息的最小二乘估计、最小二乘递推估计、最小方差估计、具有先验信息的最小方差估计、最小范数估计、极大似然估计等。在利用观测资料进行定轨时,需要将观测方程在卫星近似位置处展开,为了尽量减小线性化带来的截断误差,要求估值过程的初值接近于真值,实际上这是很难保证的。为此,需要使用迭代方法重复求解,每次迭代都采用最新估值作为线性化的参考值。通常可以预设定一个较小参考值来判断迭代的收敛性。

将轨道量 $\boldsymbol{\sigma}$ 或 $(r, \dot{r})$ 和一些待估物理参数 $\boldsymbol{\beta}$(大气参数、光压参数等)一起称为状态量,记作 $\boldsymbol{X}$,即

$$\boldsymbol{X}=\begin{bmatrix}\boldsymbol{\sigma}\\ \boldsymbol{\beta}\end{bmatrix} \text{或} \boldsymbol{X}=\begin{bmatrix}\boldsymbol{r}\\ \dot{\boldsymbol{r}}\\ \boldsymbol{\beta}\end{bmatrix} \tag{7.5}$$

此时卫星的运动微分方程实际上可以写成一个一阶常微分方程,即

$$\begin{cases}\dot{\boldsymbol{X}}=\boldsymbol{F}(\boldsymbol{X},t)\\ t_0,\boldsymbol{X}_0=\boldsymbol{X}(t_0)\end{cases} \tag{7.6}$$

相应的解即状态方程为

$$\boldsymbol{X}(t)=\boldsymbol{X}(t_0,\boldsymbol{X}_0;t) \tag{7.7}$$

$$\boldsymbol{X}_{n+1}=\boldsymbol{X}(t_n,X_n;t_{n+1}) \qquad n=0,1,\cdots \tag{7.8}$$

观测量 $\boldsymbol{Y}$ 与状态量 $\boldsymbol{X}$ 满足测量方程

$$\boldsymbol{Y}=\boldsymbol{H}(\boldsymbol{X},t)+\boldsymbol{V} \tag{7.9}$$

式中:$\boldsymbol{H}$ 为相应观测量的理论值;$\boldsymbol{V}$ 为测量误差。

由于待估状态量 $\boldsymbol{X}_0$ 的真值无法得到,因此用其近似值作为参考值,记作 $\boldsymbol{X}_0^*$:

$$\boldsymbol{X}^*=\boldsymbol{X}(t_0,\boldsymbol{X}_0^*;t) \tag{7.10}$$

将式(7.9)在 $\boldsymbol{X}_0^*$ 处展开,舍弃高阶项,得到精密定轨基本方程的条件方程为

$$\boldsymbol{y}=\boldsymbol{B}\boldsymbol{x}_0+\boldsymbol{V} \tag{7.11}$$

式中

$$\boldsymbol{y}=\boldsymbol{Y}-\boldsymbol{H}(\boldsymbol{X}_0^*,t) \tag{7.12}$$

$$\boldsymbol{x}_0=\boldsymbol{X}_0-\boldsymbol{X}_0^* \tag{7.13}$$

$$\boldsymbol{B}=\left[\left[\frac{\partial \boldsymbol{H}}{\partial \boldsymbol{X}}\right]\left[\frac{\partial \boldsymbol{X}}{\partial \boldsymbol{X}_0}\right]\right]_{X_0^*} \tag{7.14}$$

其中:$\boldsymbol{y}$ 称为残差;$\boldsymbol{x}_0$ 为待估状态量 $\boldsymbol{X}_0$ 的改正值;$\boldsymbol{B}$ 矩阵中的$\left[\frac{\partial \boldsymbol{H}}{\partial \boldsymbol{X}}\right]$是测量矩阵,而$\left[\frac{\partial \boldsymbol{X}}{\partial \boldsymbol{X}_0}\right]$为状态转移矩阵,常以 $\boldsymbol{\Phi}$ 表示。

根据加权最小二乘估计原理,在批处理方法中,对于 m 次采样数据 t_j、$\boldsymbol{Y}_j(j=1,2,\cdots,m)$,条件方程式(7.11)的法方程为

$$\sum_{j=1}^{m}(\boldsymbol{B}_j^{\mathrm{T}}\boldsymbol{W}_j)\,y_j=\sum_{j=1}^{m}(\boldsymbol{B}_j^{\mathrm{T}}\boldsymbol{W}_j\boldsymbol{B}_j)\boldsymbol{x}_0 \tag{7.15}$$

式中:下标 j 对应采样时刻 t_j;$\boldsymbol{W}$ 为权矩阵,有 $\boldsymbol{W}=\boldsymbol{W}^{\mathrm{T}}$,如果是等权处理,则 $\boldsymbol{W}$ 为单位阵。

在无初始估计的条件下,法方程的解为

$$\hat{\boldsymbol{x}}_{0/m}=\left(\sum_{j=1}^{m}\boldsymbol{B}_j^{\mathrm{T}}\boldsymbol{W}_j\boldsymbol{B}_j\right)^{-1}\left(\sum_{j=1}^{m}\boldsymbol{B}_j^{\mathrm{T}}\boldsymbol{W}_j\boldsymbol{y}_j\right) \tag{7.16}$$

相应的待估状态量 $\boldsymbol{X}_0$ 的最优估计和方差为

$$\hat{\boldsymbol{X}}_{0/m}=\boldsymbol{X}_0^*+\hat{\boldsymbol{x}}_{0/m} \tag{7.17}$$

$$\boldsymbol{P}_{0/m}=\left(\sum_{j=1}^{m}\boldsymbol{B}_j^{\mathrm{T}}\boldsymbol{W}_j\boldsymbol{B}_j\right)^{-1} \tag{7.18}$$

若有初始估计($\hat{\boldsymbol{X}}_{0/0}$,$\boldsymbol{P}_{0/0}$),则法方程的解为

$$\begin{cases}\hat{\boldsymbol{x}}_{0/m}=\left(\boldsymbol{P}_{0/0}^{-1}+\displaystyle\sum_{j=1}^{m}\boldsymbol{B}_j^{\mathrm{T}}\boldsymbol{W}_j\boldsymbol{B}_j\right)^{-1}\left(\boldsymbol{P}_{0/0}^{-1}\hat{\boldsymbol{x}}_{0/0}+\displaystyle\sum_{j=1}^{m}\boldsymbol{B}_j^{\mathrm{T}}\boldsymbol{W}_j\boldsymbol{y}_j\right)\\ \hat{\boldsymbol{x}}_{0/0}=\hat{\boldsymbol{X}}_{0/0}-\boldsymbol{X}_0^*\end{cases} \tag{7.19}$$

相应的待估状态量 $\boldsymbol{X}_0$ 的最优估计和方差为

$$\hat{\boldsymbol{X}}_{0/m}=\boldsymbol{X}_0^*+\hat{x}_{0/m} \tag{7.20}$$

$$\boldsymbol{P}_{0/m}=\left(\boldsymbol{P}_{0/0}^{-1}+\sum_{j=1}^{m}B_j^{\mathrm{T}}W_jB_j\right)^{-1} \tag{7.21}$$

事实上,由于非线性测量方程线性化原因,定轨计算是一个迭代过程。状态量的参考值 $\boldsymbol{X}_0^*$ 实为迭代初值,记作 $\hat{\boldsymbol{X}}_{0/m}^{(l-1)}$,$l=1,2\cdots$即迭代次数。上述计算过程中,待估状态量的最优估计为

$$\hat{\boldsymbol{X}}_{0/m}^{(l)}=\hat{\boldsymbol{X}}_{0/m}^{(l-1)}+\hat{x}_{0/m}^{l}\qquad l=1,2\cdots \tag{7.22}$$

这里 $\hat{\boldsymbol{X}}_{0/m}^{(l-1)}$($l=1$ 时对应$\hat{\boldsymbol{X}}_0^{(0)}$)即作为每次迭代计算的参考值 $\boldsymbol{X}_0^*$。

迭代收敛条件通常取

$$\left|\sigma^{*(l)}-\sigma^{*(l-1)}\right|<\mu^{*} \tag{7.23}$$

μ^{*} 的取值根据测量误差和定轨精度要求等条件而定[10]。

综上所述,图 7.1 给出了统计定轨的批处理流程。

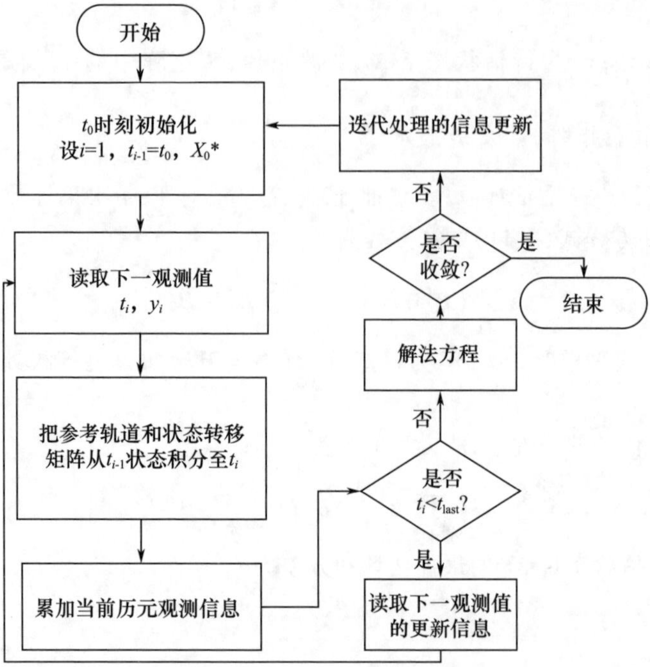

图 7.1　统计定轨的批处理流程

7.2.2　标准卡尔曼滤波方法

卡尔曼滤波是卡尔曼(R. E. Kalman)于 1960 年提出的从与被提取信号有关的观测量中通过算法估计出所需信号的一种滤波算法,也称为标准卡尔曼滤波(SKF)。它把状态空间的概念引入到随机估计理论中,把信号过程视为白噪声作用下的一个线性系统的输出,用状态方程来描述这种输入与输出关系,估计过程中利用系统状态方程、观测方程和白噪声激励(系统噪声和观测噪声)的统计特性形成滤波算法。由于所用的信息都是时域内的量,因此不但可以对平稳的一维随机过程进行估计,也可以对非平稳的、多维随机过程进行估计,因此,卡尔曼滤波实质上是一种最优估计。下面对估计理论进行简要的叙述,为分析卡尔曼滤波原理,及其滤波模型的建立和推导提供理论依据[11-12]。

在工程系统的随机控制和信息处理问题中,通常所得到的观测信号中不仅包含有用信号,而且包含有随机观测噪声和干扰信号。通过对一系列带有观测噪声和干扰信号的实际观测数据的处理,从中得到所需要的各种参量的估计值,这就是估计问题。在工程实践中，常常会遇到的估计问题大致分为两类：一是系统的结构参数部分或全部未知，需要确定；二是实施最优控制需要随时追踪系统的状态，而由于各种限制，系统中的部分或全部状态变量不能直接测得。这就形成了估计理论的两类问题——参数估计和状态估计。卡尔曼滤波作为一种最优估计算法，它对状态矢量（未知参数）的估计是无偏的，并且方差最小。假设 $\hat{\boldsymbol{X}}_{k,j}$ 表示根据 j 时刻和 j 以前时刻的观测值，对 k 时刻状态 $\boldsymbol{X}_k$ 做出的某种估计，则卡尔曼滤波存在三种性质不同的估计问题：

（1）滤波：依据过去直至现在的观测量来估计现在状态。即当 $k=j$ 时，对 $\hat{\boldsymbol{X}}_{k,j}$ 进行估计，并把 $\hat{\boldsymbol{X}}_{k,j}$ 称为 $\boldsymbol{X}_k$ 的最优滤波估计。这种估计主要用于对随机系统的实时控制。

（2）预测或外推：依据过去直至现在的观测量来预测未来状态。即 $k>j$ 时，对 $\hat{\boldsymbol{X}}_{k,j}$ 的估计，$\hat{\boldsymbol{X}}_{k,j}$ 称为 $\boldsymbol{X}_k$ 的最优预测估计值。这种估计主要用于对系统未来状态的预测和实时控制。

（3）平滑或内插：依据过去直至现在的观测量来估计过去的历史状态。$k<j$ 时，对 $\hat{\boldsymbol{X}}_{k,j}$ 的估计，并把 $\hat{\boldsymbol{X}}_{k,j}$ 称为 $\boldsymbol{X}_k$ 的最优平滑估计。这种估计主要应用于通过分析试验数据，对系统进行评估。

设随机线性离散系统的方程为

$$\begin{cases}\boldsymbol{X}_k=\boldsymbol{\phi}_{k,k-1}\boldsymbol{X}_{k-1}+\boldsymbol{\Gamma}_{k,k-1}\boldsymbol{w}_{k-1}\\ \boldsymbol{Z}_k=\boldsymbol{H}_k\boldsymbol{X}_k+\boldsymbol{e}_k\end{cases}\tag{7.24}$$

式中：$\boldsymbol{X}_k$ 为 n 维状态矢量；$\boldsymbol{Z}_k$ 为 m 维观测序列；$\boldsymbol{w}_{k-1}$ 为 p 维过程噪声序列；$\boldsymbol{e}_k$ 为 m 维观测噪声序列；$\boldsymbol{\phi}_{k,k-1}$ 为 $n\times n$ 维状态转移矩阵；$\boldsymbol{\Gamma}_{k,k-1}$ 为 $n\times p$ 维过程噪声输入序列；$\boldsymbol{H}_k$ 为 $m\times n$ 维观测矩阵。

关于系统过程噪声和观测噪声的统计特性，假设如下：

$$\begin{cases}E(\boldsymbol{w}_k)=0,E(\boldsymbol{e}_k)=0,E(\boldsymbol{w}_k e_j^{\mathrm{T}})=0\\ E(\boldsymbol{w}_k\boldsymbol{w}_j^{\mathrm{T}})=\boldsymbol{Q}_k\delta_{kj},E(\boldsymbol{e}_k\boldsymbol{e}_j^{\mathrm{T}})=\boldsymbol{R}_k\delta_{kj}\\ E(X_k)=\boldsymbol{\mu}_x,E(X_0)=\boldsymbol{\mu}_x(0)=\hat{X}(0/0)\end{cases}\tag{7.25}$$

式中：$\boldsymbol{Q}_k$ 为系统过程噪声的 $p\times p$ 维对称非负定方差矩阵；$\boldsymbol{R}_k$ 为观测噪声的 $m\times m$ 维对称正定方差阵；而 δ_{kj} 为 δ 函数。

常规卡尔曼滤波方法可描述如下：

输入 $k-1$ 历元的状态参数与协方差矩阵，$\hat{\boldsymbol{x}}_{k-1}$、$\boldsymbol{P}_{k-1}$、$\boldsymbol{X}^*(t_{k-1})$，$t_k$ 历元的观测矢量矩阵 $\boldsymbol{Y}(t_k)$：

（1）状态参数与状态转移矩阵从 t_{k-1} 历元传播到 t_k 历元，获得 $\boldsymbol{X}^*(t)$ 与 $\boldsymbol{\Phi}(t_k,t_{k-1})$

$$\dot{\boldsymbol{X}}^*(t)=\boldsymbol{F}(\boldsymbol{X}^*,t)\qquad(\boldsymbol{X}^*(t_{k-1});\text{初始状态})\tag{7.26}$$

$$\dot{\boldsymbol{\Phi}}(t_k,t_{k-1})=\boldsymbol{A}(t)\boldsymbol{\Phi}(t_k,t_{k-1}) \qquad (\boldsymbol{\Phi}(t_k,t_{k-1})=\boldsymbol{I};\text{初始状态}) \tag{7.27}$$

(2) 协方差矩阵与状态改正值的预报

$$\begin{cases}\bar{\boldsymbol{P}}_k=\boldsymbol{\Phi}(t_k,t_{k-1})\boldsymbol{P}_{k-1}\boldsymbol{\Phi}^{\mathrm{T}}(t_k,t_{k-1})\\ \bar{\boldsymbol{x}}_k=\boldsymbol{\Phi}(t_k,t_{k-1})\bar{\boldsymbol{x}}_{k-1}\end{cases} \tag{7.28}$$

(3) 计算 O-C 残差以及观测方程对状态参数的偏导数

$$\begin{cases}\boldsymbol{G}(\boldsymbol{X}^*(t_k),t_k)\\ \boldsymbol{y}_k=\boldsymbol{Y}(t_k)-\boldsymbol{G}(\boldsymbol{X}^*(t_k),t_k)\\ \boldsymbol{H}_k=[\partial\boldsymbol{G}/\partial\boldsymbol{X}]x=x^*\end{cases} \tag{7.29}$$

(4) 信息矩阵的计算、状态参数的更新以及协方差矩阵的计算

$$\begin{cases}\boldsymbol{K}_k=\bar{\boldsymbol{P}}_k\boldsymbol{H}_k^{\mathrm{T}}[\boldsymbol{H}_k\bar{\boldsymbol{P}}_k\boldsymbol{H}_k^{\mathrm{T}}+\boldsymbol{R}_k]^{-1}\\ \boldsymbol{P}_k=[\boldsymbol{I}-\boldsymbol{K}_k\boldsymbol{H}_k]\bar{\boldsymbol{P}}_k\\ \hat{\boldsymbol{x}}_k=\bar{\boldsymbol{x}}_k+\boldsymbol{K}_k(\boldsymbol{y}_k-\boldsymbol{H}_k\bar{\boldsymbol{x}}_k)\end{cases} \tag{7.30}$$

(5) 下一个历元 t_{k+1} 时刻观测量的处理,重复步骤(1)~(4)。

当所有观测量处理完成,最后历元的状态参数的改正量 $\hat{\boldsymbol{x}}_l$ 计算完成,再与 $\boldsymbol{X}^*(t_l)$ 求和即为 t_l 历元状态参数的估计值:

$$\hat{\boldsymbol{X}}(t_l)=\boldsymbol{X}^*(t_l)+\hat{\boldsymbol{x}}_l \tag{7.31}$$

7.2.3 扩展卡尔曼滤波方法

扩展卡尔曼滤波(EKF)包括测量更新和状态更新两个部分。

测量更新:

$$\begin{cases}\boldsymbol{K}=\boldsymbol{P}_k(-)\boldsymbol{H}_k^{\mathrm{T}}(\boldsymbol{H}_k\boldsymbol{P}_k(-)\boldsymbol{H}_k^{\mathrm{T}}+\boldsymbol{R}_k)^{-1}\\ \hat{\boldsymbol{x}}_k(+)=\hat{\boldsymbol{x}}_k(-)+\boldsymbol{K}_k(z_k-\boldsymbol{h}\,\hat{\boldsymbol{x}}_k(-))\\ \boldsymbol{P}_k(+)=(\boldsymbol{I}-\boldsymbol{K}_k\boldsymbol{H}_k)\boldsymbol{P}_k(-)\end{cases} \tag{7.32}$$

式中:$\hat{\boldsymbol{x}}_k(+)$ 为 t_k 历元观测修正状态;$\boldsymbol{P}_k(+)$ 为 t_k 历元观测修正状态协方差矩阵;$\boldsymbol{R}_k$ 为 t_k 历元观测量的协方差矩阵;$\boldsymbol{H}_k$ 为设计矩阵。

状态更新:

$$\begin{cases}\hat{\boldsymbol{x}}_{k+1}(-)=\hat{\boldsymbol{x}}_k(+)+\int_{t_k}^{t_{k+1}}f(\hat{\boldsymbol{x}}_k(+),\tau)\,\mathrm{d}\tau\\ \boldsymbol{P}_{k+1}(-)=\boldsymbol{\Phi}(t_{k+1},t_k)\boldsymbol{P}_k(+)\boldsymbol{\Phi}(_{k+1},t_k)^{\mathrm{T}}+\boldsymbol{Q}_k\end{cases} \tag{7.33}$$

式中:$\hat{\boldsymbol{x}}_{k+1}(-)$ 为 t_{k+1} 历元预报状态;$\boldsymbol{P}_{k+1}(-)$ 为 t_{k+1} 历元预报状态协方差矩阵;$\boldsymbol{\Phi}(t_{k+1},t_k)$ 为 t_k 到 t_{k+1} 历元的状态转移矩阵。

以 GPS 卫星为例，使用 25 个地面站的观测数据进行 32 颗卫星的精密定轨，每个历元估计的参数个数如表 7.1 所列。

表 7.1　每个历元估计的参数个数

参数	参数个数	卫星/测站个数	共计
卫星位置/速度	6	32	192
卫星光压参数	9	32	288
卫星钟差	1	32	32
接收机钟差	1	25	25
对流层总延迟(ZTD)	1	25	25
对流层水平梯度参数	5	25	125
模糊度参数	1	25 * 32	800
地球自转参数(ERP)	3	1	3
每历元估计参数总数	1490		

与标准卡尔曼滤波相比，EKF 在每一历元观测量处理完毕后，状态参数的改正量直接与状态参数相加作为当前历元参数的最佳估值，而 t_k 历元状态参数改正值的预报值 $\bar{\boldsymbol{x}}_k$ 设置为 0。

采用 EKF 代替标准卡尔曼滤波算法的原因：运动方程的线性化误差会有减弱，因为每一历元经过测量更新后获得更加准确的状态参数近似值；同时，采用测量更新后的状态参数计算状态转移矩阵，精度会有提高。

输入 t_{k-1} 历元状态参数的近似值 $\boldsymbol{X}_{k-1}^* = \hat{\boldsymbol{X}}_{k-1}$ 以及方差协方差矩阵 $\boldsymbol{P}_{k-1}$，t_k 历元观测量矩阵 $\boldsymbol{Y}(t_k)$，EKF 算法流程如下：

(1) 状态参数与状态转移矩阵从 t_{k-1} 历元积分到 t_k 历元，得到 $\boldsymbol{X}_k^* = \bar{\boldsymbol{X}}(t_k)$ 以及 $\boldsymbol{\Phi}(t_k, t_{k-1})$：

$$\dot{\boldsymbol{X}}(t) = \boldsymbol{F}(\boldsymbol{X}, t) \qquad \text{初值 } \hat{\boldsymbol{X}}(t_{k-1}) \tag{7.34}$$

$$\dot{\boldsymbol{\Phi}}(t_k, t_{k-1}) = \boldsymbol{A}(t)\boldsymbol{\Phi}(t, t_{k-1}) \qquad \text{初值 } \boldsymbol{\Phi}(t_{k-1}, t_{k-1}) = \boldsymbol{I} \tag{7.35}$$

式中：$\boldsymbol{A}(t) = \left[\dfrac{\partial \boldsymbol{F}}{\partial \boldsymbol{X}}\right]_{X=\bar{X}}$。

(2) 协方差矩阵的传播与标准卡尔曼滤波不同，在该步骤不进行状态参数改正值的更新(因为 $\bar{x}_k$ 设置为 0)：

$$\bar{\boldsymbol{P}}_k = \boldsymbol{\Phi}(t_k, t_{k-1})\boldsymbol{P}_{k-1}\boldsymbol{\Phi}^{\mathrm{T}}(t_k, t_{k-1}) \tag{7.36}$$

(3) 计算残差值 $\boldsymbol{y}_k$ 以及观测量对状态参数的偏导数 $\boldsymbol{H}_k$：

$$\begin{cases} \boldsymbol{y}_k = \boldsymbol{Y}(t_k) - \boldsymbol{G}(\bar{X}(t_k), t_k) \\ \boldsymbol{H}_k = [\partial \boldsymbol{G}/\partial \boldsymbol{X}]_{X_k = \bar{X}(t_k)} \end{cases} \tag{7.37}$$

(4) 计算测量更新矩阵$\boldsymbol{K}_k$、更新方差协方差矩阵 $\boldsymbol{P}_k$,以及状态参数测量更新值 $\hat{\boldsymbol{X}}_k$:

$$\begin{cases}\boldsymbol{K}_k=\bar{\boldsymbol{P}}_k H_k^{\mathrm{T}}[\boldsymbol{H}_k\bar{\boldsymbol{P}}_k H_k^{\mathrm{T}}+\boldsymbol{R}_k]^{-1}\\ \boldsymbol{P}_k=[\boldsymbol{I}-\boldsymbol{K}_k\boldsymbol{H}_k]\bar{\boldsymbol{P}}_k\\ \hat{\boldsymbol{X}}_k=\bar{\boldsymbol{X}}_k+\boldsymbol{K}_k\boldsymbol{y}_k\end{cases} \tag{7.38}$$

(5) 处理下一历元 t_{k+1}的观测数据,重复步骤(1) ~(4)。

7.2.4 均方根信息滤波方法

均方根信息滤波(SRIF)已成功应用于 JPL 开发的 GPS 数据处理软件 GIPSY,其在处理 GPS 数据及其他卫星跟踪数据时能有效克服滤波器的发散,具有较好的数值稳健性和计算高效性。均方根信息滤波算法流程如下:

假设 t_0 时刻拥有一组先验信息,并将其当成具有先验权方差阵 $\tilde{\boldsymbol{P}}_0$ 的虚拟观测值,由于$\tilde{\boldsymbol{P}}_0$ 阵的正定性可以用 Cholesky 分解将其分解成两个上三角阵的乘积,即

$$\tilde{\boldsymbol{P}}_0=\tilde{\boldsymbol{R}}_0^{-1}\tilde{\boldsymbol{R}}_0^{-\mathrm{T}} \tag{7.39}$$

式中:$\tilde{\boldsymbol{R}}_0$ 为上三角阵。

则虚拟观测量可表示为

$$\tilde{z}_0=\tilde{\boldsymbol{R}}_0\boldsymbol{x}+\tilde{\boldsymbol{v}}_0 \tag{7.40}$$

式中:$\tilde{\boldsymbol{v}}_0$ 为零均值随机矢量。

如果得到实际观测

$$\begin{bmatrix}\tilde{\boldsymbol{R}}_0\\ \boldsymbol{A}_0\end{bmatrix}\boldsymbol{x}=\begin{bmatrix}\tilde{z}_0\\ z_0\end{bmatrix}-\begin{bmatrix}\tilde{\boldsymbol{v}}_0\\ \boldsymbol{v}_0\end{bmatrix} \tag{7.41}$$

在式(7.41)两边同乘一个正交矩阵$\boldsymbol{T}_0$,进行 QR 分解,可得

$$\boldsymbol{T}_0\begin{bmatrix}\tilde{\boldsymbol{R}}_0\\ \boldsymbol{A}_0\end{bmatrix}\boldsymbol{x}=\boldsymbol{T}_0\begin{bmatrix}\tilde{z}_0\\ z_0\end{bmatrix}-\boldsymbol{T}_0\begin{bmatrix}\tilde{\boldsymbol{v}}_0\\ \boldsymbol{v}_0\end{bmatrix} \tag{7.42}$$

$\boldsymbol{T}_0$ 矩阵可以利用 Householder 变换得到,则式(7.40)可以转化为

$$\begin{bmatrix}\tilde{\boldsymbol{R}}_0\\ 0\end{bmatrix}\boldsymbol{x}=\begin{bmatrix}\tilde{z}_0\\ \boldsymbol{e}_0\end{bmatrix}-\begin{bmatrix}\tilde{\boldsymbol{v}}_0\\ \boldsymbol{v}_{e_0}\end{bmatrix} \tag{7.43}$$

考虑到正交矩阵的特性,误差方差函数可以表示为

$$\boldsymbol{J}(x)=\left\|\begin{bmatrix}\tilde{R}_0\\A_0\end{bmatrix}x-\begin{bmatrix}\tilde{z}_0\\z_0\end{bmatrix}\right\|^2=\|\tilde{R}_0-\tilde{z}_0\|^2+\|e_0\|^2 \tag{7.44}$$

由式(7.43)知$\boldsymbol{e}_0=\boldsymbol{v}_{\boldsymbol{e}_0}$,故$\|\boldsymbol{e}_0\|^2$为残差平方和,要使$\boldsymbol{J}(x)$最小,则要求

$$\tilde{\boldsymbol{R}}_0\boldsymbol{x}=\tilde{z}_0 \tag{7.45}$$

式中:$\tilde{\boldsymbol{R}}_0$为上三角矩阵。

则$\boldsymbol{x}$的解可表示为

$$\boldsymbol{x}=\tilde{\boldsymbol{R}}_0^{-1}\ \tilde{z}_0 \tag{7.46}$$

解的协方差阵为

$$\boldsymbol{\Gamma}=(\boldsymbol{R}_0^{\mathrm{T}}\boldsymbol{R}_0)^{-1}=\boldsymbol{R}_0^{-1}\boldsymbol{R}_0^{-\mathrm{T}} \tag{7.47}$$

不考虑过程噪声,可将t_0时刻变换后的信息矩阵$[\tilde{\boldsymbol{R}}_0\ \ \tilde{z}_0]$作为下一步$t_k$时刻观测量的先验信息$[\tilde{\boldsymbol{R}}_1\ \ \tilde{z}_1]$,加入新的观测值可得到下一步的观测信息矩阵$\begin{bmatrix}\tilde{\boldsymbol{R}}_1 & \tilde{z}_1\\\boldsymbol{A}_1 & z_1\end{bmatrix}$,重复式(7.41)～式(7.43)进行下一步正交变换,即可实现逐次滤波过程。

可以发现:如果不输出中间结果,就不需要求解方程式(7.45),整个处理过程只涉及扩展的信息矩阵$\begin{bmatrix}\tilde{\boldsymbol{R}}_0 & \tilde{z}_0\\\boldsymbol{A}_0 & z_0\end{bmatrix}$、$\begin{bmatrix}\tilde{\boldsymbol{R}}_1 & \tilde{z}_1\\\boldsymbol{A}_1 & z_1\end{bmatrix}$等,称为均方根信息滤波,这非常有利于采用后续大量观测数据确定轨道初值和动力学模型参数的动力学定轨过程。

7.2.5　无损卡尔曼滤波方法

假设导航卫星的离散状态方程和观测方程分别为

$$\begin{cases}\boldsymbol{X}_k=\boldsymbol{\phi}_{k,k-1}\boldsymbol{X}_{k-1}+\boldsymbol{\Gamma}_{k,k-1}\boldsymbol{w}_{k-1}\\\boldsymbol{Z}_k=h(\boldsymbol{X}_k)+\boldsymbol{e}_k\end{cases} \tag{7.48}$$

可见,无迹卡尔曼滤波(UKF)算法中的观测方程也是非线性函数。状态矢量$\boldsymbol{X}_k$和观测矢量$\boldsymbol{Z}_k$所包含的坐标矢量数量根据实际卫星的测量数据和定轨结果确定。

标准 UKF 的计算步骤如下:

(1) 利用初始状态估计,设定最初的$2n+1$个ξ点(Sigma 点)。

UKF 会将噪声项添加到状态项中,即状态扩维,并将驱动噪声阵$\boldsymbol{Q}$扩到$\boldsymbol{P}$阵中。进行状态扩充的原因是考虑驱动噪声对系统的影响,进行扩维以后的状态变量和其协方差矩阵为

$$
\begin{cases}
\boldsymbol{x}_k^a = [\boldsymbol{x}_k^{\mathrm{T}} \quad \boldsymbol{w}_k^{\mathrm{T}} \quad \boldsymbol{e}_k^{\mathrm{T}}]^{\mathrm{T}} \\
\boldsymbol{P}_k^a = \begin{bmatrix} \boldsymbol{P}_k & 0 & 0 \\ 0 & \boldsymbol{Q}_k & 0 \\ 0 & 0 & \boldsymbol{R}_k \end{bmatrix}
\end{cases}
\tag{7.49}
$$

设 $\boldsymbol{x}_k^a$ 为 L 维列矢量，显然 $L = n + p + q$。

(2) 利用过程模型变换这些 Sigma 点，即对状态变量进行 U 变换：

$$
\boldsymbol{X}_i(k+1/k) = f[\boldsymbol{X}_i(k/k), u(k), k] \tag{7.50}
$$

式中：$f[\cdot]$为 U 变换的具体方程。方程步骤如下：

$$
\begin{cases}
X_{k,0} = \bar{X}_k \\
X_{k,i} = \begin{cases} \bar{X}_k + \left(\sqrt{(m+\lambda)\sum \bar{X}_k}\right)_{i-1} & i = 1,\cdots,m \\ \bar{X}_k - \left(\sqrt{(m+\lambda)\sum \bar{X}_k}\right)_{i-1} & i = m+1,\cdots,2m \end{cases} \\
W_0^m = \lambda/(m+\lambda) \\
W_0^c = \lambda/(m+\lambda) + (1 - \alpha^2 + \beta) \\
W_i^m = W_i^c = 0.5/(m+\lambda) \qquad i = 1,\cdots,2m
\end{cases}
\tag{7.51}
$$

其中：m 为状态参数个数；λ 为尺度因子，$\lambda = \alpha^2(m+\kappa) - m$，$\alpha$ 为 Sigma 点到$\bar{\boldsymbol{X}}_k$ 的距离，一般取 $10^{-4} \leqslant \alpha \leqslant 1$，$\kappa$ 为常数，设置为 0 或 $3-m$；β 为用于融入预报矢量$\bar{\boldsymbol{X}}_k$ 的验前信息，对于高斯分布取 $\beta = 2$ 最优；$\left(\sqrt{(m+\lambda)\sum \bar{\boldsymbol{X}}_k}\right)_i$ 是矩阵平方根的第 i 列，可通过 Cholesky 分解获得。

(3) 计算预测估计值：

$$
\hat{\boldsymbol{X}}(k+1/k) = \sum_{i=0}^{2n} \boldsymbol{W}_i^{(m)} \boldsymbol{X}_i(k+1/k) \tag{7.52}
$$

(4) 计算预测协方差：

$$
\boldsymbol{P}(k+1/k) = \sum_{i=0}^{2n} \boldsymbol{W}_i^{(c)} [\boldsymbol{X}_i(k+1/k) - \hat{\boldsymbol{X}}(k+1/k)]^{\mathrm{T}} \tag{7.53}
$$

(5) 通过测量方程计算测量值：

$$
\boldsymbol{Z}_i(k+1/k) = h[\hat{\boldsymbol{X}}(k+1/k)] \tag{7.54}
$$

(6) 计算预测测量值：

$$
\hat{\boldsymbol{Z}}(k+1/k) = \sum_{i=0}^{2n} \boldsymbol{W}_i^{(m)} \hat{\boldsymbol{Z}}_i(k+1/k) \boldsymbol{X}_i(k+1/k) \tag{7.55}
$$

(7) 计算信息方差：

$$
\boldsymbol{P}_{ZZ}(k+1/k) = \sum_{i=0}^{2n} \boldsymbol{W}_i^{(c)} [\boldsymbol{Z}_i(k+1/k) - \hat{\boldsymbol{Z}}(k+1/k)]
$$

$$[\boldsymbol{Z}_i(k+1/k)-\hat{\boldsymbol{Z}}(k+1/k)]^{\mathrm{T}}+\boldsymbol{R}_k \tag{7.56}$$

式中,假设预报残差矢量$\boldsymbol{V}_k=\boldsymbol{Z}_i(k+1/k)-\hat{\boldsymbol{Z}}(k+1/k)$,可由此矢量确定等价权 $\bar{P}$,进而求出。

(8) 计算 $\hat{\boldsymbol{X}}(k+1/k)$和 $\hat{\boldsymbol{Z}}(k+1/k)$的协方差 $\boldsymbol{P}_{xz}$:

$$\boldsymbol{P}_{xz}(k+1/k)=\sum_{i=0}^{2n}\boldsymbol{W}_i^{(c)}[\boldsymbol{X}_i(k+1/k)-\hat{\boldsymbol{X}}(k+1/k)]$$

$$[\boldsymbol{Z}_i(k+1/k)-\hat{\boldsymbol{Z}}(k+1/k)]^{\mathrm{T}} \tag{7.57}$$

(9) 计算卡尔曼增益:

$$\boldsymbol{K}(k+1)=\boldsymbol{P}_{xz}\boldsymbol{P}_{zz}^{-1} \tag{7.58}$$

(10) 更新误差协方差:

$$\boldsymbol{P}(k+1/k+1)=\boldsymbol{P}(k+1/k)-\boldsymbol{K}(k+1)\boldsymbol{P}_{xz}\boldsymbol{K}^{\mathrm{T}}(k+1) \tag{7.59}$$

(11) 更新状态:

$$\hat{\boldsymbol{X}}(k+1/k+1)=\hat{\boldsymbol{X}}(k+1/k)+\boldsymbol{K}(k+1)[\boldsymbol{Z}(k+1)-\hat{\boldsymbol{Z}}(k+1/k)] \tag{7.60}$$

UKF 本质上是一种状态估计方法,其对系统参数的估计是通过联合估计来实现。联合估计将模型的参数也作为系统的动态变量,简单地追加在真实的状态矢量后,组成增广状态矢量,再使用自适应 UKF 对增广的系统模型参数及状态进行估计。UKF 方法最重要的是确定 Sigma 点的采样策略,也就是确定 Sigma 点的个数、位置以及相应的权值。目前,常用的是 $2n+1$ 个 Sigma 点对称采样策略,即 Sigma 点由状态的当前估计值 $\boldsymbol{X}$ 和矩阵方根 $\pm(n+k)P$ 的列产生,共 $2n+1$ 个,关于 $\boldsymbol{X}$ 呈对称分布,且其样本均值和方差与状态当前的相应值相同。

7.2.6　序贯处理方法

序贯处理方法是在传统卡尔曼滤波的基础上发展起来的,是基于物体运动状态参数的变化来描述物体运动规律的参数估计方法。它实质上是一套计算机实现的递推算法,每个递推周期中包含对被估计量的时间更新和测量数据更新两个过程。前者利用状态转移矩阵将卫星估计状态和协方差从一个时间历元外推到下一个时间历元;后者即是在前者的基础上,引进一组新的观测量,再进行参数估计。由于序贯处理不需要存储大量的历史观测数据,只需根据滤波方程及新的观测矢量即可求得新的状态矢量滤波值,大大减少了信息存储量及计算量,因此广泛应用于动态测量系统中。但在高动态定轨中,由于应用前提条件得不到完全满足,或计算方法的限制和观测值中存在粗差,往往会造成传统的卡尔曼滤波发散,使结果失真。因此,一系列发展的滤波方法相继在高动态定轨中得到应用,包括扩展卡尔曼滤波、自适应滤波、抗差滤波和均方根信息滤波等。这些滤波的使用有效地克服了模型误差、观测值粗差、计算的近似误差、统计特性误差等引起的滤波发散,以及数值不稳定引起的方差阵非正定问题。各种滤波方法在公式的实现方面各有差异,在此不加推导,仅给出序贯处理方法一般性流程,如图 7.2 所示。

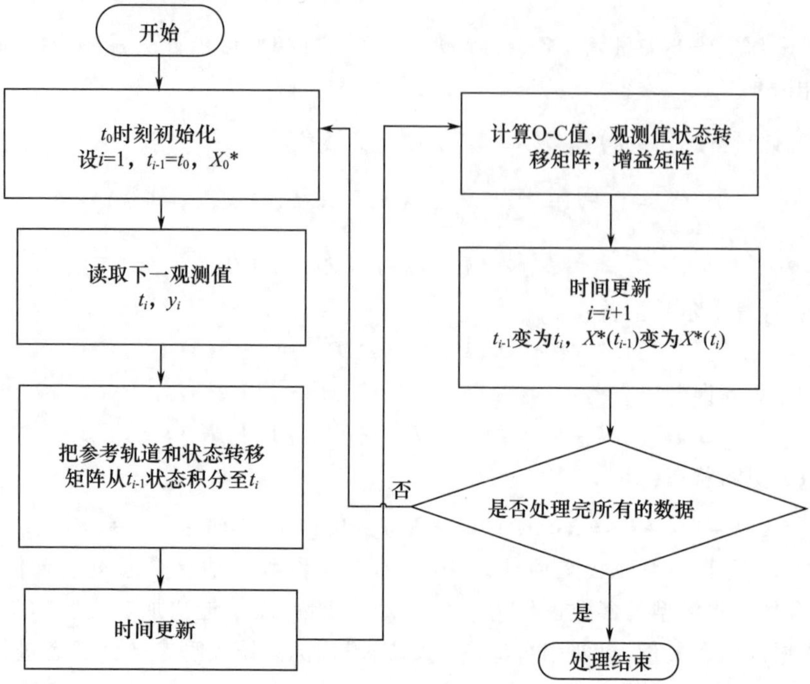

图 7.2　序贯处理方法流程

序贯处理与批处理两种估值方法本质上是等价的,都是基于最小二乘原则,对于线性系统来说,两种处理方法差别不大,但是对于卫星精密定轨来说,两者各有优、缺点:

(1) 批处理方法是在一个弧段结束后,用这一个弧段所有的观测值来得到特定历元参数的最佳估值,所以一般适合于事后定轨处理;而序贯处理方法在每个历元都处理一次,实时的更新参数,所以特别适合实时或近实时的定轨,当然也可以用于事后的定轨处理。

(2) 由于观测模型与状态矢量之间是非线性关系,因此批处理就要在参考轨道处线性化展开,通过不断迭代更新参考状态,设置收敛条件,以达到最佳估值的目的;而序贯处理方法不需要进行迭代,因为参考状态随着每历元的处理进行实时更新,当然也可以进行多次滤波,以期望得到每个历元参数的最佳估值。

(3) 批处理方法与序贯处理方法都有数值稳定性问题。批处理方法主要体现在法方程的组建上,而序贯处理方法主要体现在状态参数的协方差阵上,但是批处理的稳定性要高一些。观测值质量不高、初轨精度较差、高度的非线性都可能导致两种处理方式定轨失败。序贯处理方法更容易出现滤波发散的情况,即使观测质量很高,但是随着参数协方差矩阵不断求逆,导致协方差矩阵变得越来越小,滤波对新的观测不敏感。在实际编程实现中发现,滤波对于先验信息的准确度要求较高,特别对于像光压参数这种,如果先验值和先验噪声选取的不当,很有可能导致结果不好,甚至滤波发散,这也正是序贯处理方法的弊端所在。

(4) 由于批处理方法一次处理所有的观测值,因此要存储历史观测值,进行大维矩阵的求逆,对计算机的内存和计算速度要求较高,而且在程序实现过程中要进行参数的消除与恢复,进行法方程的叠加,虽然原理简单,但是实际实现起来困难较大。序贯处理方法不会出现这种问题,序贯处理中参数总的个数是不变的,因此编程实现就相对简单一点,而且不用存储前一历元的观测值,矩阵求逆的维数与本历元的观测维数相同,避免了大维矩阵求逆。

(5) 序贯处理方法引入了过程噪声,这也正是其特色之处,过程噪声在序贯处理中的作用有:状态更新时给参数的协方差对角线元素加入一定数值,防止滤波发散;减小历史观测数据对状态估计的影响,提高新数据的作用;如果参数的随机模型较准确,参数协方差的预报值就会越准确。

总结起来,批处理方法的数值稳定性较好,特别适合事后的精密定轨;序贯处理方法适合实时或近实时的卫星精密定轨和导航解算,而且编程相对简单。但是,两种方法处理得当,是可以达到同等精度的。

7.3　多星联合定轨方法

随着导航星座的逐渐组网,可以利用多个测站对所有在轨卫星的导航数据进行整网处理,实现多星轨道及钟差参数估计,该方法即多星联合定轨方法(也称多星定轨方法)。多星定轨方法根据卫星轨道与钟差相对监测网变化特性不同分离轨道与钟差参数,分析表明,仅GEO卫星组成的星座难以实现轨道参数与钟差参数的分离,而IGSO和MEO卫星相对于地面站的高度和方位角随时间存在显著变化,可以通过该特征有效分离卫星轨道与钟差,即在多星定轨算法中,利用IGSO和MEO卫星测量数据对钟差的约束可以在一定程度上降低GEO卫星钟差与轨道参数相关性[13]。

7.3.1　测量模型及动力学模型

监测接收机不仅能够进行伪距观测,而且可以获得更高精度的载波相位数据。多星定轨综合采用伪距与相位数据进行定轨,在轨道确定的同时实现了对卫星钟差与测站钟差的估计。

多星定轨的观测数据为双频伪距、载波相位无电离层组合,其观测方程可以表示为

$$\begin{cases} \mathrm{PC} = |\boldsymbol{R}^{\mathrm{sat}} - \boldsymbol{R}_{\mathrm{rcv}}| + \Delta t_{\mathrm{rcvclk}} - \Delta t_{\mathrm{satclk}} + \Delta t_{\mathrm{trop}} + \Delta t_{\mathrm{cor}} + \varepsilon_{\mathrm{PC}} \\ \mathrm{LC} = |\boldsymbol{R}^{\mathrm{sat}} - \boldsymbol{R}_{\mathrm{rcv}}| + \Delta t_{\mathrm{rcvclk}} - \Delta t_{\mathrm{satclk}} + \Delta t_{\mathrm{trop}} + \mathrm{AMB} + \Delta t_{\mathrm{cor}} + \varepsilon_{\mathrm{LC}} \end{cases} \tag{7.61}$$

式中:$\boldsymbol{R}^{\mathrm{sat}}$、$\boldsymbol{R}_{\mathrm{rcv}}$分别为卫星和接收机位置矢量;$\Delta t_{\mathrm{cor}}$为可以用模型修正的观测误差,包

括卫星与接收机的相位中心修正、偏心修正、潮汐修正等;ε_{PC}、ε_{LC}分别为伪距、相位无电离层组合观测噪声;Δt_{rcvclk}、Δt_{satclk}和Δt_{trop}分别为接收机、卫星钟差和测站大气折射误差;AMB 为整周模糊度参数[14-15]。

卫星所受摄动力及常用模型如表 7.2 所列。

表 7.2　卫星所受摄动力及常用模型

摄动力	模型
N 体摄动	DE405 太阳、行星摄动
重力场	EIGEN-GRACE02S 10×10
太阳辐射压	T20
地球固体潮	IERS-Conventions 1996
经验力	轨道 T/N 方向调和函数

多星联合定轨光压模型可以采用 T20 模型,它给出了太阳辐射压在 X 轴和 Z 轴分量上的辐射压(单位为 10^{-5}N)计算公式,它们是卫星至太阳方向和 $+Z$ 轴方向的夹角 B 的函数:

$$\begin{cases} F_X = -8.96\sin B + 0.16\sin 3B + 0.10\sin 5B - 0.07\sin 7B \\ F_Z = -8.43\cos B \end{cases} \tag{7.62}$$

式中:F_X、F_Z 分别为 X 和 Z 方向的太阳辐射压分量;B 为卫星至太阳方向与 $+Z$ 轴的夹角。

7.3.2　定轨解算策略

由于卫星和接收机钟差随时间变化具有一定不确定性,采用多项式拟合方法可以满足钟差预报精度要求,但拟合的残余误差可能会影响卫星轨道解算精度,因此对于高精度的导航卫星精密定轨,需要选取合适的参考钟,逐历元估计卫星和接收机钟差。对于单星定轨模式,通常估计各个测站的星地组合钟差参数(a_0, a_1, a_2)。而采用多星定轨模式时,多站多星得到的伪距观测量个数多于待估计的钟差参数个数,为轨道参数估计提供了冗余观测,有利于卫星钟差和测站钟差的分离。

多星定轨采用中国区域 7 个地面站,包括北京站、海南站、新疆站、四川站、黑龙江站、新疆站、广东站,定轨弧长为 3 天,数据采样率为 60s。估计参数包括:初始时刻卫星位置、速度,太阳辐射压摄动系数,辐射压 y-bias,T/N 方向经验力参数,各监测站大气天顶延迟,相位模糊度以及钟差。钟差估计时,估计每个历元卫星和接收机钟差。各历元固定北京站钟差,解算卫星、接收机相对北京站钟差。

随着星座的逐渐组网,可以利用 L 频段的下行导航数据实现区域网的多星定轨及钟差参数估计。多星定轨的基本假设是同一卫星对所有监测接收机钟差唯一,而同一监测接收机对所有卫星的钟差唯一。即对同一历元,多星定轨需要估计 $M+N$

(M 为卫星钟差个数,N 为测站钟差个数)个钟差参数(实际上,由于秩亏,通过选取某一测站作为参考钟,可以仅估计 $M+N-1$ 个独立的钟差参数)。而对整个定轨弧段,多星定轨需要估计 Nepoch ×($M+N-1$)个钟差参数,其中 Nepoch 为数据历元数。以 60s 数据采样计算,72h 多星定轨需要估计的参数多达 4320 ×($M+N-1$)个钟差参数(未考虑不可视弧段)。虽然该数目大大多于单星定轨的钟差参数,但是多星定轨的假设保证了钟差估计与轨道的自洽性,即在修正钟差后各卫星播发的时间在一定精度内保持了同步。

采用经验太阳辐射压模型可以模制辐射压对卫星轨道的主要摄动影响,但仍存在一定残余误差,精密定轨还需要估计经验力参数对残余误差进行补偿。从轨道误差来看,受地面监测站的约束,轨道径向误差可以得到较好的控制;但轨道的沿迹方向和轨道面法向的误差较难控制,因此需要在轨道沿迹方向和法向增加经验力参数进行估计,吸收光压模型的残余误差。

采用多星定轨还可以估计观测模型参数,如接收机的大气天顶延迟。由于常用的大气折射误差模型 SAASTAMOINEN 可以较好地模制干大气折射误差,而湿大气部分受局部水汽压影响较难精确建模,因此多星定轨将采用每 8h 估计大气天顶延迟方式来降低大气模型误差对精密定轨影响。对于 BDS,当 IGSO/MEO 卫星增多时,测站到卫星观测高度角随时间有明显变化,利用大气折射误差与高度角相关的特性可以降低大气折射误差与卫星轨道、钟差参数的相关性,因此有可能在多星定轨时同时估计大气参数,以降低大气模型误差对精密定轨精度的影响。多星定轨估计的大气参数为大气模型在常温、常压下计算改正值的修正因子。设一个接收机估计 M 个天顶延迟参数,则 t_i 时刻大气折射误差改正数可写为

$$\begin{cases}\delta\rho_{\text{trop}}=\text{trop\_ori}\times(x_{\text{trop}}(k)\times(1-\mathrm{d}t)+x_{\text{trop}}(k+1)\times\mathrm{d}t)\\ \mathrm{d}t=\dfrac{t_i-t_{\text{trop}}(k)}{t_{\text{trop}}(k+1)-t_{\text{trop}}(k)}\end{cases}\tag{7.63}$$

式中:trop_ori 为采用的大气模型,如 SAASTAMOINEN 模型在常温、常压下计算的斜路径大气折射误差;$x_{\text{trop}}(k)$($k=1,\cdots,M$)为该接收机估计的第 k 个大气参数;$t_{\text{trop}}(k)$($k=1,\cdots,M$)为第 k 个大气参数对应的时刻。

对大气参数进行线性化,第 t_i 时刻对第 k 和 $k+1$ 个大气参数偏导数为

$$\begin{cases}\dfrac{\partial\rho_i}{\partial x_{\text{trop}}(k)}=\text{trop\_ori}\times(1-\mathrm{d}t)\\ \dfrac{\partial\rho_i}{\partial x_{\text{trop}}(k+1)}=\text{trop\_ori}\times\mathrm{d}t\end{cases}\tag{7.64}$$

将大气参数与其他参数一起进行最小二乘平差,可得到大气估计值。

7.3.3　钟差约化算法

由于需解算单历元卫星和接收机钟差,精密定轨需估计大量钟差参数。为提

高处理效率，多星定轨将采用钟差约化算法，逐历元约化钟差参数，仅保留卫星状态参数、相位模糊度等全局参数，从而减小法方程大小，降低存储空间，加快求解速度。

钟差约化算法基本思想：将待估参数分为全局参数和钟差参数两类，通过逐历元对钟差参数进行约化的方法，消去钟参数，仅保留卫星状态、测站坐标等全局参数，从而减小法方程大小，降低存储空间，加快求解速度[14-15]。

设观测误差方程为

$$\boldsymbol{y} = \boldsymbol{H}\boldsymbol{X} + \boldsymbol{\varepsilon} \tag{7.65}$$

根据最小二乘原理，得待解参数估值为

$$\hat{\boldsymbol{X}} = (\boldsymbol{H}^{\mathrm{T}}H)^{-1}\boldsymbol{H}^{\mathrm{T}}y \tag{7.66}$$

式中：$\boldsymbol{X}$ 为待估计参数，$\boldsymbol{X} = [\boldsymbol{X}_0 \quad \boldsymbol{X}_1 \quad \cdots \quad \boldsymbol{X}_N]^{\mathrm{T}}$；$\boldsymbol{X}_0$ 为 m_0 维全局参数矢量，包括卫星轨道状态参数、测站坐标、模糊度参数、大气、太阳辐射压参数等；$\boldsymbol{X}_i$ 为第 $i(i=1,2,\cdots,N)$ 个观测历元 m_i 个待估钟差参数矢量，包括卫星和接收机钟差；$\boldsymbol{H}$ 为误差方程系数矩阵，且有

$$\boldsymbol{H} = \begin{bmatrix} \boldsymbol{H}_{10} & \boldsymbol{H}_{11} & \boldsymbol{0} & \cdots & \boldsymbol{0} \\ \boldsymbol{H}_{20} & \boldsymbol{0} & \boldsymbol{H}_{22} & \cdots & \boldsymbol{0} \\ \vdots & \vdots & \vdots & & \vdots \\ \boldsymbol{H}_{N0} & \boldsymbol{0} & \boldsymbol{0} & \cdots & \boldsymbol{H}_{NN} \end{bmatrix} \tag{7.67}$$

其中：$\boldsymbol{H}_{i0}$ 为 $n_i \times m_0$ 维矩阵$(i=1,\cdots,N)$；n_i 为第 $i(i=1,2,\cdots,N)$ 个历元误差方程个数；$\boldsymbol{H}_{ii}$ 为 $n_i \times m_i$ 维矩阵$(i=1,\cdots,N)$。

记各历元观测量为

$$\boldsymbol{y} = \begin{bmatrix} \boldsymbol{y}_1 \\ \vdots \\ \boldsymbol{y}_N \end{bmatrix} \tag{7.68}$$

误差方程系数阵转置后可写为

$$\boldsymbol{H}^{\mathrm{T}} = \begin{bmatrix} \boldsymbol{H}_{10}^{\mathrm{T}} & \boldsymbol{H}_{20}^{\mathrm{T}} & \cdots & \boldsymbol{H}_{N0}^{\mathrm{T}} \\ \boldsymbol{H}_{11}^{\mathrm{T}} & \boldsymbol{0} & \cdots & \boldsymbol{0} \\ \boldsymbol{0} & \boldsymbol{H}_{22}^{\mathrm{T}} & \cdots & \boldsymbol{0} \\ \vdots & \vdots & & \vdots \\ \boldsymbol{0} & \boldsymbol{0} & \cdots & \boldsymbol{H}_{NN}^{\mathrm{T}} \end{bmatrix} \tag{7.69}$$

法方程为

$$(\boldsymbol{H}^{\mathrm{T}}\boldsymbol{H})\boldsymbol{X} = \boldsymbol{H}^{\mathrm{T}}\boldsymbol{y} \tag{7.70}$$

式中

$$
\boldsymbol{H}^{\mathrm{T}}\boldsymbol{H}=\begin{bmatrix}\sum_{i=1}^{N}\boldsymbol{H}_{i0}^{\mathrm{T}}\boldsymbol{H}_{i0} & \boldsymbol{H}_{10}^{\mathrm{T}}\boldsymbol{H}_{11} & \boldsymbol{H}_{20}^{\mathrm{T}}\boldsymbol{H}_{22} & \cdots & \boldsymbol{H}_{N0}^{\mathrm{T}}\boldsymbol{H}_{NN}\\ \boldsymbol{H}_{11}^{\mathrm{T}}\boldsymbol{H}_{10} & \boldsymbol{H}_{11}^{\mathrm{T}}\boldsymbol{H}_{11} & \boldsymbol{0} & \cdots & \boldsymbol{0}\\ \vdots & \vdots & \vdots & & \vdots\\ \boldsymbol{H}_{NN}^{\mathrm{T}}\boldsymbol{H}_{N0} & \boldsymbol{0} & \boldsymbol{0} & \cdots & \boldsymbol{H}_{NN}^{\mathrm{T}}\boldsymbol{H}_{NN}\end{bmatrix}\equiv \tag{7.71}
$$

$$
\boldsymbol{NA}=\begin{bmatrix}\boldsymbol{NA}_{00} & \boldsymbol{NA}_{01} & \boldsymbol{NA}_{02} & \cdots & \boldsymbol{NA}_{0N}\\ \boldsymbol{NA}_{01}^{\mathrm{T}} & \boldsymbol{NA}_{11} & \boldsymbol{0} & \cdots & \boldsymbol{0}\\ \vdots & \vdots & \vdots & & \vdots\\ \boldsymbol{NA}_{0N}^{\mathrm{T}} & \boldsymbol{0} & \boldsymbol{0} & \cdots & \boldsymbol{NA}_{NN}\end{bmatrix}
$$

$$
\boldsymbol{H}^{\mathrm{T}}y=\begin{bmatrix}\sum_{i=1}^{N}\boldsymbol{H}_{i0}^{\mathrm{T}}\boldsymbol{y}_i\\ \boldsymbol{H}_{11}^{\mathrm{T}}\boldsymbol{y}_1\\ \vdots\\ \boldsymbol{H}_{NN}^{\mathrm{T}}\boldsymbol{y}_N\end{bmatrix} \tag{7.72}
$$

法方程成分量形式为

$$
\begin{cases}\boldsymbol{NA}_{00}\boldsymbol{X}_0+NA_{01}X_1+NA_{02}X_2+\cdots+NA_{0N}X_N=\sum_{i=1}^{N}H_{i0}^{\mathrm{T}}y_{\mathrm{i}}\\ NA_{01}^{\mathrm{T}}X_0+NA_{11}X_1=H_{11}^{\mathrm{T}}y_1\\ \vdots\\ NA_{0N}^{\mathrm{T}}X_0+NA_{NN}X_N=H_{NN}^{\mathrm{T}}y_N\end{cases} \tag{7.73}
$$

方程组(7.73)第二式可转化为

$$
\boldsymbol{X}_1=\boldsymbol{NA}_{11}^{-1}(\boldsymbol{H}_{11}^{\mathrm{T}}y_1-\boldsymbol{NA}_{01}^{\mathrm{T}}\boldsymbol{X}_0) \tag{7.74}
$$

代入方程组(7.73)第一式,可得

$$
\boldsymbol{NA}_{00}\boldsymbol{X}_0+\boldsymbol{NA}_{01}\boldsymbol{NA}_{11}^{-1}(\boldsymbol{H}_{11}^{\mathrm{T}}\boldsymbol{y}_1-\boldsymbol{NA}_0^{\mathrm{T}}1\boldsymbol{X}_0)+\boldsymbol{NA}_{02}\boldsymbol{X}_2+\cdots+\boldsymbol{NA}_0N\boldsymbol{X}_N=\sum_{i=1}^{N}\boldsymbol{H}_{i0}^{\mathrm{T}}\boldsymbol{y}_i \tag{7.75}
$$

消去第一个历元钟差参数 $\boldsymbol{X}_1$ 后,可得

$$
(\boldsymbol{NA}_{00}-\boldsymbol{NA}_{01}\boldsymbol{NA}_{11}^{-1}\boldsymbol{NA}_{01}^{\mathrm{T}})\boldsymbol{X}_0+\boldsymbol{NA}_{02}\boldsymbol{X}_2+\cdots+\boldsymbol{NA}_{0N}\boldsymbol{X}_N=\sum_{i=1}^{N}\boldsymbol{H}_{i0}^{\mathrm{T}}\boldsymbol{y}_i-\boldsymbol{NA}_{01}\boldsymbol{NA}_{11}^{-1}\boldsymbol{H}_{11}^{\mathrm{T}}\boldsymbol{y}_1 \tag{7.76}
$$

根据 $\boldsymbol{NA}_{01}=\boldsymbol{H}_{10}^{\mathrm{T}}\boldsymbol{H}_{11}$ 和 $\boldsymbol{NA}_{11}=\boldsymbol{H}_{11}^{\mathrm{T}}\boldsymbol{H}_{11}$ 定义,则式(7.76)左边 $\boldsymbol{NA}_{01}\boldsymbol{NA}_{11}^{-1}\boldsymbol{NA}_{01}^{\mathrm{T}}$ 部分有

$$
\begin{aligned}\boldsymbol{NA}_{01}\boldsymbol{NA}_{11}^{-1}\boldsymbol{NA}_{01}^{\mathrm{T}}&=(\boldsymbol{H}_{10}^{\mathrm{T}}\boldsymbol{H}_{11})(\boldsymbol{H}_{11}^{\mathrm{T}}\boldsymbol{H}_{11})^{-1}(\boldsymbol{H}_{10}^{\mathrm{T}}\boldsymbol{H}_{11})^{\mathrm{T}}=\\ &\boldsymbol{H}_{10}^{\mathrm{T}}(\boldsymbol{H}_{11}(\boldsymbol{H}_{11}^{\mathrm{T}}\boldsymbol{H}_{11})^{-1}\boldsymbol{H}_{11}^{\mathrm{T}})\boldsymbol{H}_{10}\end{aligned} \tag{7.77}
$$

式(7.76)右边新增项为

$$NA_{01}NA_{11}^{-1}H_{11}^{T}y_{1}=(H_{10}^{T}H_{11})(H_{11}^{T}H_{11})^{-1}H_{11}^{T}y_{1}=H_{10}^{T}(H_{11}(H_{11}^{T}H_{11})^{-1}H_{11}^{T})y_{1} \tag{7.78}$$

式中：$H_{11}(H_{11}^{T}H_{11})^{-1}H_{11}^{T}$只与第一个观测历元钟差参数误差方程系数阵有关。

同理，对第 i 个历元有 $X_i=NA_{ii}^{-1}(H_{ii}^{T}y_i-NA_{0i}^{T}X_0)$，消去该参数后，方程组(7.73)第一式左边新增部分为

$$B_iNA_{0i}NA_{ii}^{-1}NA_{0i}^{T}=(H_{i0}^{T}H_{ii})(H_{ii}^{T}H_{ii})^{-1}(H_{i0}^{T}H_{ii})^{T}=H_{i0}^{T}(H_{ii}(H_{ii}^{T}H_{ii})^{-1}H_{ii}^{T})H_{i0} \tag{7.79}$$

方程组(7.73)第一式右边新增部分为

$$L_iNA_{0i}NA_{ii}^{-1}H_{ii}^{T}y_i=(H_{i0}^{T}H_{ii})(H_{ii}^{T}H_{ii})^{-1}H_{ii}^{T}y_i=H_{i0}^{T}(H_{ii}(H_{ii}^{T}H_{ii})^{-1}H_{ii}^{T})y_i \tag{7.80}$$

按上述方法，只需保留全局变量对应的法方程矩阵 B 和 L。每增加一个历元观测数，计算本历元全局变量偏导数 H_{i0}和钟差参数系数阵 H_{ii}，累加法方程。所有历元处理完毕后，将消去各个历元钟差参数，仅剩待解的全局参数

$$BX_0=L \tag{7.81}$$

式中

$$B=\sum_{i=1}^{N}H_{i0}^{T}H_{i0}-\sum_{i=1}^{N}B_i,\quad L=\sum_{i=1}^{N}H_{i0}^{T}y_i-\sum_{i=1}^{N}L_i \tag{7.82}$$

钟差约化算法处理步骤如下：

(1) 申请法方程数组B和L存储空间；

(2) 对观测历元进行循环，计算第 i 历元全局变量偏导数阵H_{i0}、钟差参数系数阵H_{ii}，以及$H_{i0}^{T}H_{i0}$、$H_{i0}^{T}y_i$、B_i和L_i；

(3) 更新第 i 历元法方程$B^{(i)}$和$L^{(i)}$，即

$$B^{(i)}=B^{(i-1)}+H_{i0}^{T}H_{i0}-B_i,L^{(i)}=L^{(i-1)}+H_{i0}^{T}y_i-L_i \tag{7.83}$$

(4) 判断是否已处理所有历元，若处理未结束，则回到第(2)步，否则解算法方程$BX_0=L$；

(5) 逐历元解算钟差参数

$$X_i=NA_{ii}^{-1}(H_{ii}^{T}y_i-NA_{0i}^{T}X_0) \tag{7.84}$$

7.3.4 定轨残差精度分析

采用内符合和外符合评估相结合的方法对多星定轨精度进行综合评估，其中内符合精度评估方法包括定轨残差和重叠弧段，外符合精度评估利用 SLR 数据评估轨道视向精度。

采用多星定轨方法对 BDS 异构星座进行整网定轨处理。采用 2016 年 5 月 3 日至 6 日共 3 天弧长的定轨试验为例，选取北京站(1021)、海南站(1041)、黑龙江站(1091)、新疆站(1101)、广东站(1111)的伪距相位数据参与定轨处理。定轨得到每颗卫星与每个测站的伪距、相位残差。例如 PRN1 卫星，其定轨残差为 5 个测

站对该星的定轨残差统计值,北京站的定轨残差为 13 颗卫星对该站的定轨残差统计值。各测站与各卫星的伪距、相位无电离层组合残差如表 7.3、表 7.4 所列。可见,三天弧段区域网定轨伪距残差 RMS 优于 100cm,相位残差 RMS 约为 0.8cm,与区域跟踪网条件下 GPS 卫星定轨的残差水平相当,不同测站不同卫星的伪距、相位残差略有不同。

表 7.3　多星定轨的测站残差统计结果

测站	北京站	海南站	黑龙江站	新疆站	广东站
伪距残差/cm	75.2	83.6	66.0	59.4	57.4
相位残差/cm	0.9	0.8	0.7	0.8	0.7

表 7.4　多星定轨的卫星残差统计结果

卫星 PRN	1	2	3	4	5	6	7	8	9	10	11	12	14
伪距残差/cm	48.5	56.8	79.8	68.1	85.3	80.3	90.2	59.6	64.6	75.3	83.2	92.1	89.4
相位残差/cm	0.8	0.5	0.8	0.8	0.7	0.7	0.8	0.7	0.8	0.7	0.7	0.8	0.8

7.3.5　重叠弧段精度分析

下面分析多星定轨的重叠弧段精度,该评估方法反映了定轨结果的稳定性。评估方法为 3 天弧段重叠 2 天,具体过程:2016 年 5 月 6 日每小时均进行多星定轨解算,得到 24 组定轨结果,1 天后,即 2016 年 5 月 7 日每小时也各进行一次多星定轨解算,得到 24 组定轨结果。两天中相同小时的定轨结果有 2 天的重叠弧段,首先计算重叠弧段在径向、切向、法向上的误差($\Delta R_i, \Delta \mathrm{T}_i, \Delta N_i$),然后统计得到位置误差

$$\Delta r_i = \sqrt{\Delta R_i^{\ 2} + \Delta T_i^{\ 2} + \Delta N_i^{\ 2}} \tag{7.85}$$

考虑到导航服务实际,重点统计 URE,其中 GEO/IGSO 卫星的 URE 计算公式为

$$\mathrm{URE}_i = \sqrt{0.96\Delta R_i^{\ 2} + 0.04\Delta T_i^{\ 2} + 0.04\Delta N_i^{\ 2}} \tag{7.86}$$

MEO 卫星的 URE 计算公式为

$$\mathrm{URE}_i = \sqrt{\Delta R_i^{\ 2} + 0.0174\Delta T_i^{\ 2} + 0.0174\Delta N_i^{\ 2}} \tag{7.87}$$

最后统计得到各个方向的均方根误差

$$\mathrm{RMS} = \sqrt{\frac{\sum_{i=1}^{n} \Delta\sigma\ (t_i)^2}{n}} \tag{7.88}$$

作为该小时的重叠弧段结果(式中 $\Delta\sigma$ 可以代表 R、T、N、POS、URE 中的任一变量)。以天为单位,可以得到 24 组重叠弧段精度值。

表 7.5 给出了 13 颗 BDS 卫星重叠弧段比较在 R、T、N、POS、URE 方向的 RMS

值。可以看出多星定轨算法稳定,径向重叠弧段精度优于 0.3m,位置精度优于 1.5m,URE 精度优于 0.4m。

表 7.5　多星定轨的重叠弧段精度

卫星 PRN	R/m	T/m	N/m	POS/m	URE/m
1	0.178	1.013	0.831	1.415	0.314
2	0.201	1.162	0.757	1.412	0.340
3	0.194	0.932	0.806	1.256	0.311
4	0.189	0.906	0.736	1.191	0.298
5	0.187	0.897	0.852	1.246	0.307
6	0.231	1.083	0.788	1.362	0.350
7	0.236	0.589	0.512	0.839	0.279
8	0.296	0.952	0.638	1.186	0.369
9	0.265	1.213	0.802	1.481	0.388
10	0.219	0.867	0.783	1.188	0.317
11	0.186	1.135	0.695	1.352	0.255
12	0.192	0.679	0.733	1.083	0.250
14	0.182	0.899	0.821	1.239	0.242
平均	0.212	0.948	0.750	1.250	0.309

7.3.6　SLR 数据评估轨道视向精度分析

对于导航卫星而言,SLR 是独立于无线电测量的高精度测量手段。该测量方法通过测量地面发射与接收激光信号之间时差进行距离测量,其测量手段决定了 SLR 数据对卫星与接收机钟差不敏感。同时,由于激光测距的信号频率较高,传播路径上的介质时延量级比较小且可以较精确模制(厘米级),因此可以采用 SLR 数据进行轨道精度评估。具体步骤是对 SLR 观测值进行测站和卫星偏心改正、大气折射误差修正得到误差修正后的观测值。利用多星定轨解算卫星轨道和 SLR 站坐标可以计算给定时刻 SLR 双程距离理论值,计算观测值与理论值之差,从而得到 SLR 数据的残差作为轨道的视向精度。

BDS 有多颗卫星已经参加国际 SLR 联测,其中,1 颗 GEO(PRN1)、2 颗 IGSO(PRN8 和 PRN10)、1 颗 MEO(PRN11)自 2012 年以来已获得大量 SLR 观测。目前全球 ILRS 观测网由约 40 个测站组成,地理分布如图 7.3 所示。根据对历史资料的分析统计,其中 14 个测站观测数量大,观测质量高,称其为核心站,在图 7.3 中以星号表示。在核心站中,澳大利亚 Yarragadee 站和中国长春站观测数量最多,占全球总观测量的 90% 以上[16-17]。

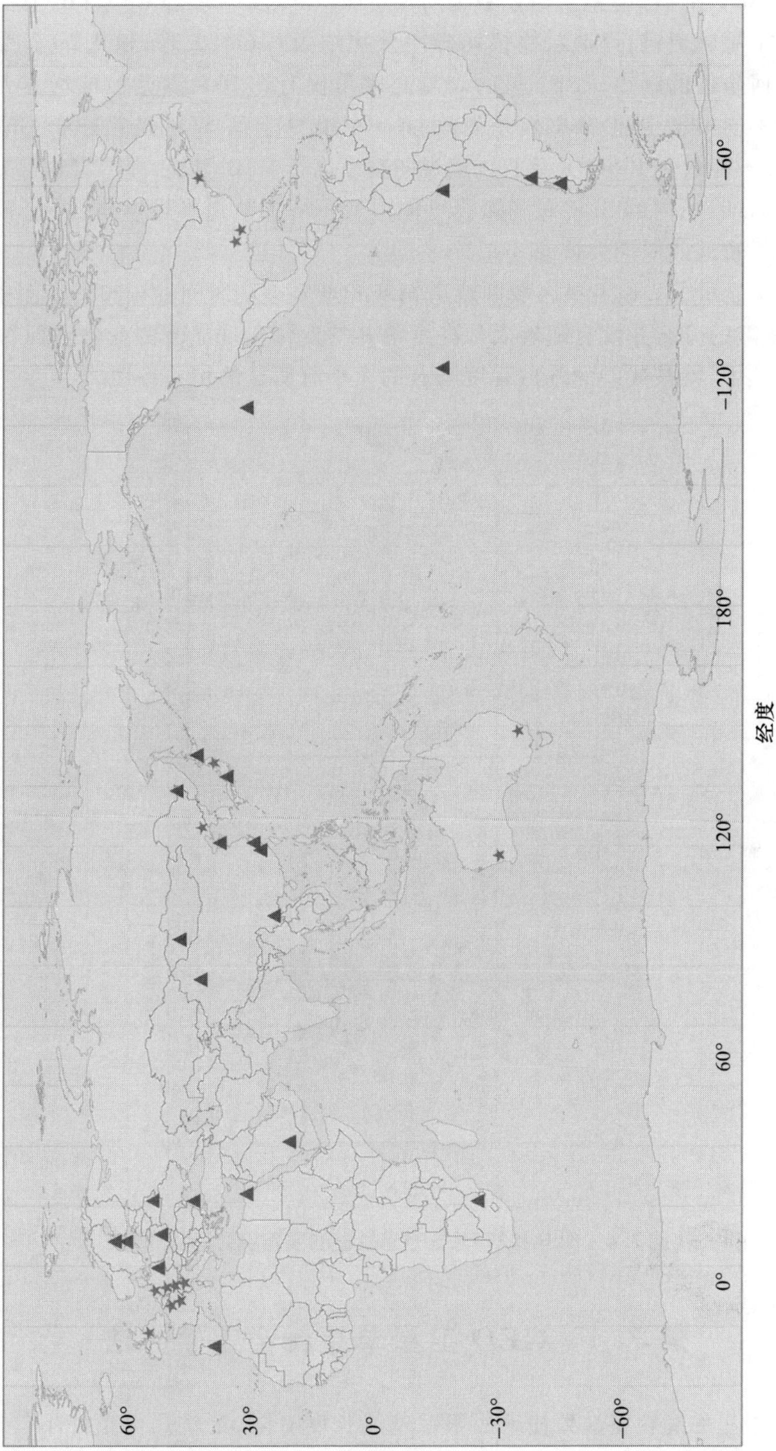

图 7.3　SLR 全球观测网的地理分布(见彩图)

利用 2013 年和 2014 年 SLR 数据对 GEO(PRN1)、IGSO(PRN8/PRN10)和 MEO(PRN11)卫星轨道进行检核,检核均方差分别约为 0.6m、0.3m 和 0.2m。受到区域网观测几何条件的制约,PRN1 星的观测高度角仅有约 20°,因此检核均方差明显偏大。比较不同类型卫星 SLR 残差发现,IGSO/MEO 卫星 SLR 残差好于 GEO 卫星。但是,这并不能代表 IGSO 卫星的轨道视向精度高于 GEO 卫星,由于定轨误差一定表现为轨道周期,不同的 SLR 观测弧段可能对应不同的轨道平近点角,因此 SLR 残差可能反映了轨道的周期性误差。

图 7.4 显示了 2 颗卫星区域网轨道 SLR 检核残差随时间的分布。从图中可以看到,检核残差的分布并没有随着太阳高度角 β 的变化出现显著的变化。而在 GPS 和 Galileo 系统中,检核残差的弥散程度与 β 的大小有明显的相关特性。

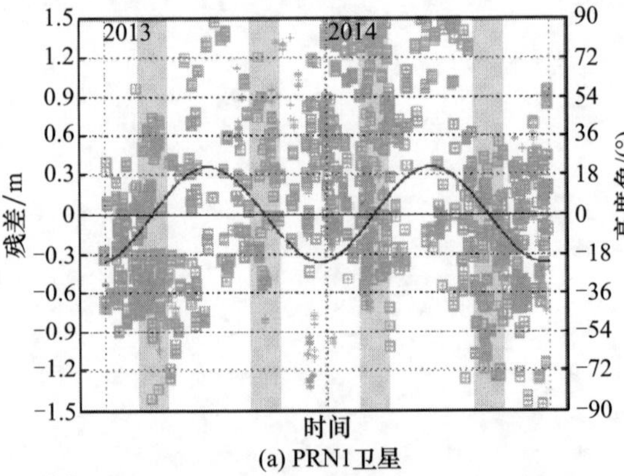

(a) PRN1卫星

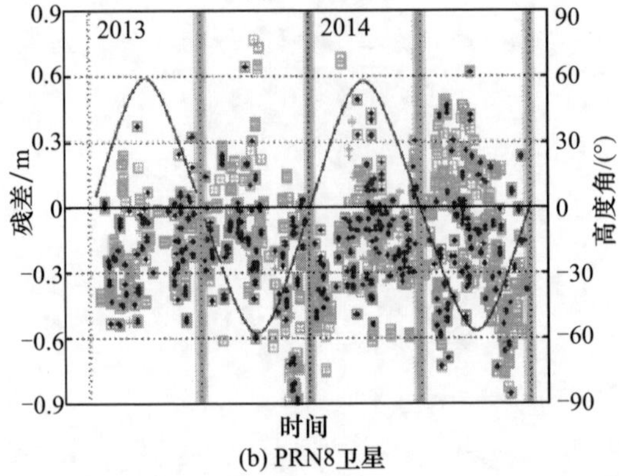

(b) PRN8卫星

图 7.4　SLR 检核 BDS 卫星轨道的残差序列(见彩图)

7.4　GEO 卫星单星精密定轨方法

GEO 卫星的高轨特性致使地面跟踪基线长度有限,定轨几何条件不佳,而 GEO 卫星的静地特性致使卫星轨道与钟差存在强相关特性,对基于伪距的单星定轨模式需要星地与站间时间同步技术的支持。BDS 具有丰富的测轨技术，主要包括 C 频段自发自收测距、L 频段伪距/相位观测和 SLR，这些为 GEO 卫星定轨方法研究和策略优化提供了较好的技术支撑。本节着重综合利用 BDS 中的多种测量技术和观测数据，实现 GEO 卫星单星模式的精密定轨。

7.4.1　基于 C 频段自发自收和 SLR 数据的联合定轨方法

自发自收测距实现了对 GEO 的全天候测距，成本较低，但其设备的系统误差难以独立准确标定；而 SLR 技术测量精度高，没有显著系统误差，但其成本较高，受天气影响无法实现全天候的测轨。本章立足于基于自发自收测距的 GEO 卫星精密定轨，设计了基于 SLR 和自发自收测距数据的 GEO 卫星联合定轨方案，探讨了两种新的设备时延精确标定方法，包括 SLR 并置比对法和联合定轨法。结果表明，标定后的设备时延对定轨精度的提高起到至关重要的作用[1-4]。

7.4.1.1　定轨处理方案

在动力学法定轨中，力学模型的选取和参数解算是关键，在 J2000 惯性系中作用于卫星的力 A 依照其性质可分解为三部分，即地球对卫星的中心引力 $A_{\text{two-body}}$、保守力摄动 A_{grav} 和非保守力摄动 $A_{\text{non-grav}}$：

$$\begin{cases} A = A_{\text{two-body}} + A_{\text{grav}} + A_{\text{non-grav}} \\ A_{\text{two-body}} = -\dfrac{GM_{\text{E}}}{r^3}\boldsymbol{r} \\ A_{\text{grav}} = A_{\text{N}} + A_{\text{NS}} + A_{\text{Tides}} + A_{\text{RO}} + A_{\text{REL}} \\ A_{\text{non-grav}} = A_{\text{drag}} + A_{\text{solar}} + A_{\text{earth}} + A_{\text{rad}} \end{cases} \tag{7.89}$$

式中：GM_{E} 为地球引力常数；$\boldsymbol{r}$ 为卫星位置矢量；A_{N} 为 N 体摄动；A_{NS} 为地球形状摄动；A_{Tides} 为潮汐摄动，包含固体潮、海潮摄动；A_{drag} 为大气阻力摄动，对于 GEO 卫星，该摄动项可以忽略；A_{solar} 为太阳直射辐射压摄动；A_{earth} 为地球反照辐射压摄动；A_{rad} 为卫星本体辐射摄动。其中地球引力场采用 10×10 阶 JGM-3 模型，行星历表采用 JPL DE403 参数，章动模型采用 IAU80 模型，太阳光压和地球反照辐射压模型可以采用简单的 Box-Wing 模型，固体潮采用 IERS96 模型。

在定轨解算中，对原始观测数据进行预处理。首先各跟踪站都进行了测站天线相位中心改正，其次将卫星 C 频段转发天线相位中心和激光反射器均归算到卫星的质量中心，最后对 C 频段观测数据扣除了电离层影响，其改正模型采用的是 CODE 发布的全球精密电离层延迟模型。

对于对流层延迟误差，我们利用跟踪站气象观测数据，在定轨解算中完成该误差的修正。对于 C 频段自发自收测距数据，其对流层延迟误差是采用Saastamoinen-Neil 模型进行扣除。对于 SLR 数据，其对流层延迟误差采用的是 Marini 模型进行修正。

7.4.1.2　基于 SLR 并置比对法的设备时延精确标定

在基于自发自收测距的 GEO 卫星定轨中，跟踪站的 C 频段设备时延精度直接影响定轨精度,准确、有效的设备时延标定是提高 GEO 卫星精密定轨的关键。通过对卫星转发器时延误差参数的求解,从一定程度上减弱了转发器时延误差的影响,同时采用约束各站系统偏差总和为零的原则,对跟踪站的设备时延进行建模处理,卫星定轨的内符合精度得到改善,但仍然无法消除时延误差的影响。

GEO 卫星是 BDS 的重要组成部分,BDS 不仅包含丰富的 C 频段自发自收测距数据,而且包含若干个 SLR 站的 SLR 观测数据。当 SLR 站与跟踪站对 GEO 卫星进行并置观测时(相距约 200 m),可以将跟踪站观测数据归算到 SLR 站,利用 SLR 数据对跟踪站的 C 频段设备时延进行精确标定。

利用已知的 GEO 卫星轨道,可以精确计算自发自收测距跟踪站和 SLR 站到卫星的理论距离和两者之间的差值,该差值对 GEO 精度不敏感。理论距离与实际观测距离之间存在如下关系:

$$\begin{cases}\Delta\hat{\rho}=\hat{\rho}_{\mathrm{CC}}-\hat{\rho}_{\mathrm{laser}}\\ \rho_{CC}=\hat{\rho}_{\mathrm{CC}}+\Delta\rho_{\mathrm{CC\_Tran}}+\Delta\rho_{\mathrm{CC\_Delay}}\\ \rho_{\mathrm{laser}}=\hat{\rho}_{\mathrm{laser}}+\Delta\rho_{\mathrm{laser\_Tran}}+\Delta\rho_{\mathrm{laser\_Delay}}\end{cases} \tag{7.90}$$

式中:$\hat{\rho}_{\mathrm{CC}}$、$\hat{\rho}_{\mathrm{laser}}$分别为自发自收测距跟踪站和 SLR 站到卫星的理论距离;$\Delta\hat{\rho}$ 为两者的理论距离差值;ρ_{CC}、ρ_{laser}分别为两者的观测距离;$\Delta\rho_{\mathrm{CC_Tran}}$、$\Delta\rho_{\mathrm{laser_Tran}}$分别为两者的空间介质传播误差;$\Delta\rho_{\mathrm{CC_Delay}}$、$\Delta\rho_{\mathrm{laser_Delay}}$分别为两者的设备时延,其中 $\Delta\rho_{\mathrm{laser\_Delay}}$ 可以精确测定,空间介质传播误差可以通过模型进行精确修正。

对于自发自收测距模式,卫星转发器时延可以在卫星发射之前测量得到,可以认为该值是准确的,其不准确部分全部归算到各个测站的设备时延,这样系统内部的设备时延实现了自洽。从实测的自发自收测距数据和 SLR 数据中扣除各种与传播路径相关的误差,根据如下公式可以精确标定测轨跟踪站的设备时延:

$$\begin{aligned}\Delta\rho_{\mathrm{CC\_Delay}}=&(\rho_{\mathrm{CC}}-\rho_{\mathrm{laser}})-(\hat{\rho}_{\mathrm{CC}}-\hat{\rho}_{\mathrm{laser}})-\\&(\Delta\rho_{\mathrm{CC\_Tran}}-\Delta\rho_{\mathrm{laser\_Tran}})+\Delta\rho_{\mathrm{laser\_Delay}}\end{aligned} \tag{7.91}$$

下面采用 BDS 的 PRN2 卫星的实测 SLR 和 C 频段并置观测数据进行比对试验,SLR 站(编号 7821)和 C 频段跟踪站(编号 1013)均位于北京地区。

表 7.6 给出了 2009 年 6 月 9 日至 11 日共 3 天的标定结果,从表中的结果可以看出,连续 3 天的时延标定结果非常稳定,其均值为 -2.002m,标准差为 0.075m,而且每天的时延变化很小,约为 0.25ns。由于卫星转发器时延的抖动也在 0.2ns 左右,同时考虑到传播时延的模型误差影响,因此可以认为 SLR 并置比对法本身的时延标定精度优于 0.5ns。图 7.5 给出了 2009 年 6 月 9 日北京站(1013)设备时延标定结果。

表 7.6 北京站(1013)设备时延标定结果

时间	2009 年 6 月 9 日	2009 年 6 月 10 日	2009 年 6 月 11 日	均值	标准差
时延/m	-1.987	-2.084	-1.936	-2.002	0.075

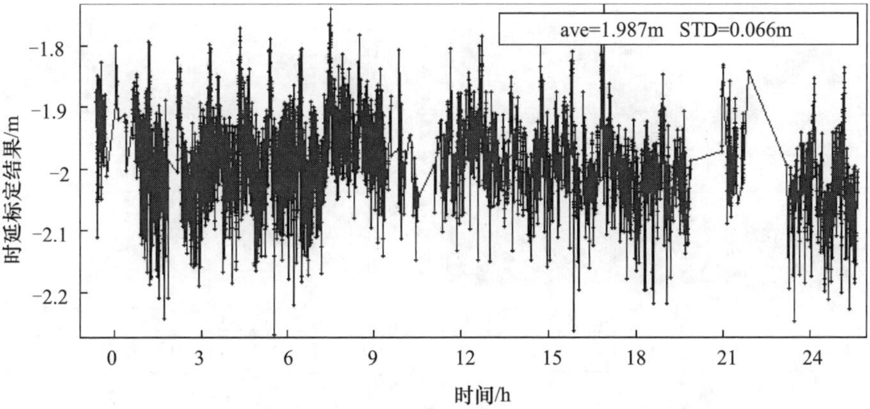

图7.5　2009年6月9日北京站(1013)设备时延标定结果

综上所述,可以采用2009年6月9至11日共3天的时延平均值,作为北京站1013号C频段自发自收测距设备时延的最终标定结果。值得注意的是:该方法采用并置比对的物理方法,优点是精度高;但其前提是SLR站和自发自收测距站同时进行并置观测,要求两站具有同时性和同地域性,因此其推广程度受到一定限制,同时要求获得较多的SLR数据。

7.4.1.3　基于SLR与自发自收测距的GEO卫星联合定轨

利用SLR并置比对法完成单个C频段设备时延的精确标定后,该C频段跟踪站既可作为GEO卫星轨道的约束条件,又可以作为估计其他C频段跟踪站设备时延的参考标准,实现GEO卫星精密定轨。下面利用BDS的PRN2卫星实测SLR和自发自收测距数据进行联合定轨试验。

采用2009年6月9日至11日共3天的观测数据,其中C频段自发自收测距跟踪站包括北京站、海南站、四川站、黑龙江站和广东站共5个站,北京站利用SLR并置观测的方法实现了精确时延标定,然后联合北京站并置SLR站(7821站)的SLR数据,进行动力学法联合定轨,其中两种类型数据的测量模型类似,都是双程观测距离。

在试验中,定轨策略采用1天观测弧段和5个自发自收测距跟踪站,以SLR站和北京站作为基准(该站设备时延已精确标定),解算其余各站的设备时延,同时估计卫星初轨和太阳光压参数。

图7.6给出了2009年6月9日的定轨残差图,其中,1013、1043、1091、1621、1641分别代表北京站、海南站、四川站、黑龙江站和广东站的C频段自发自收测距跟踪站。对连续3天的定轨残差进行统计,分别为0.218m、0.184m和0.214m,平均值为0.205m,反映了定轨解算的内符合精度。同时,从SLR数据的定轨残差来看,7821站3天的定轨残差分别为0.066m、0.061m和0.118m,均值为0.082m,所以定轨结果与SLR的视向内符合程度优于0.1m。

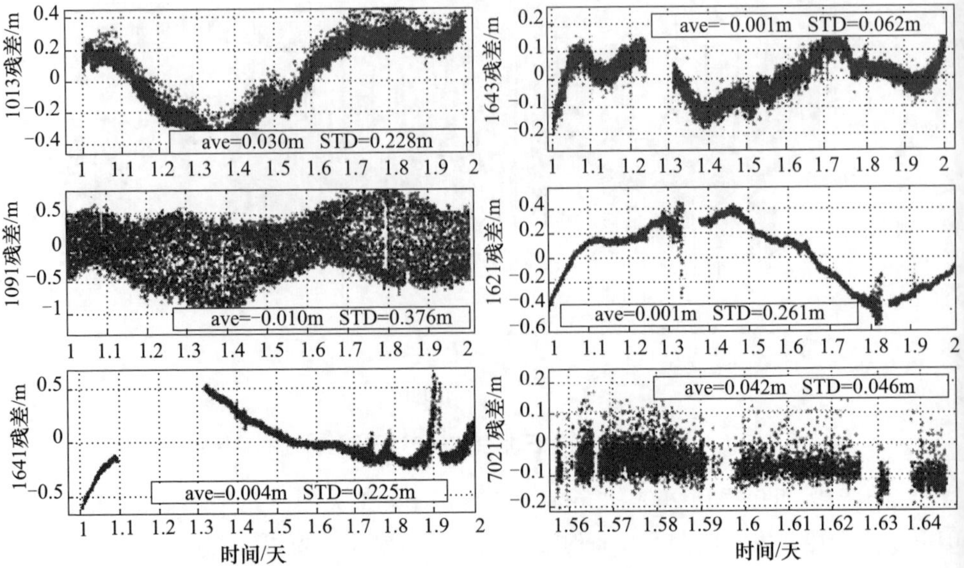

图 7.6 2009 年 6 月 9 日联合定轨残差

总之,联合 SLR 与自发自收测距数据的 PRN2 卫星定轨试验结果表明,定轨残差的均值为 0.205m,SLR 数据的定轨残差为 0.082m,卫星轨道与 SLR 的视向内符合程度优于 0.1m。

7.4.2 基于 C 频段自发自收数据的定轨方法

BDS 采用基于 GEO 卫星的 C 频段卫星双向法实现地面站之间的高精度时间同步。基于 GEO 卫星的 C 频段卫星双向法除具有地面站之间互发互收的伪距观测数据用于站间时间同步外,还包含各地面站自发自收的距离观测数据,这些自发自收的测距数据不包含卫星钟差信息,因此,无须对卫星钟差参数进行估计。但是,卫星转发器时延和测站设备时延误差是制约利用自发自收距离数据进行 GEO 卫星定轨精度的关键因素,仿真研究表明,1ns 的系统性误差可以引起米级的定轨误差。

7.4.2.1 定轨处理方案

利用前文提出的 SLR 并置比对法和联合定轨法,可以完成对 C 频段自发自收测距设备时延误差的精确标定,其精度分别优于 0.5ns 和 1ns。

在基于自发自收测距的 GEO 卫星定轨中,由于 GEO 卫星的静地特性,增加跟踪站设备时延参数估计将加大参数之间的相关性,对轨道精度非常不利。当精确标定自发自收测距跟踪站的设备时延后,可以将时延值固定,不需要在定轨解算中进行估计[2]。

下面利用我国境内多个自发自收测距跟踪站的观测数据和设备时延标定结果于 2009 年 5 月、6 月份共进行了 5 次定轨试验,其中 5 月份只包括北京站、海南站、四川站共 3 个跟踪站,6 月份增加了黑龙江站和广东站 2 个站,共 5 个自发自收跟踪站。在定轨预处理中,利用设备时延结果可以对观测数据进行时延修正。同时对其他各种误差进行了修正,包括测站天线相位中心改正、卫星 C 频段转发天线相位中心改正、对流层延迟误差和电离层延迟误差影响。

5 个跟踪站设备时延都采用 2009 年 6 月 9 日至 11 日的标定结果,并将时延值固定,不在定轨解算中求解。定轨解算策略采用 1 天观测弧段,待估参数仅包括卫星初轨和太阳光压。

7.4.2.2　定轨精度

根据上述定轨策略,利用观测数据进行 5 次定轨试验,表 7.7 给出了 5 天的定轨残差结果和 SLR 评估的外符合视向精度,图 7.7 给出了 2009 年 5 月 17 日 SLR 评估的轨道视向残差。

表 7.7　精密定轨精度统计

时间	2009 年 5 月 17 日	2009 年 5 月 18 日	2009 年 5 月 19 日	2009 年 6 月 22 日	2009 年 6 月 23 日	均值	标准差
定轨残差/m	0.222	0.151	0.220	0.222	0.211	0.205	0.031
SLR 评估外符合视向精度/m	0.166	0.164	0.048	0.151	0.134	0.133	0.049

从表 7.7 和图 7.7 的结果中可以看出,5 天 GEO 定轨试验结果的残差内符合平均精度在 0.205 m(约 0.684ns)。SLR 评估的轨道平均外符合视向精度约为 0.133m(约 0.444ns),而且定轨精度都非常稳定,变化幅度为 0.049m(标准差,约 0.163ns)。根据卫星视向精度与三维位置精度的比例关系(约为 1:30),从外符视向误差精度可以推知,GEO 卫星的三维位置精度优于 5m。从 SLR 比对残差图来看,SLR 比对残差表现为线性趋势,其原因主要是轨道误差引起的。

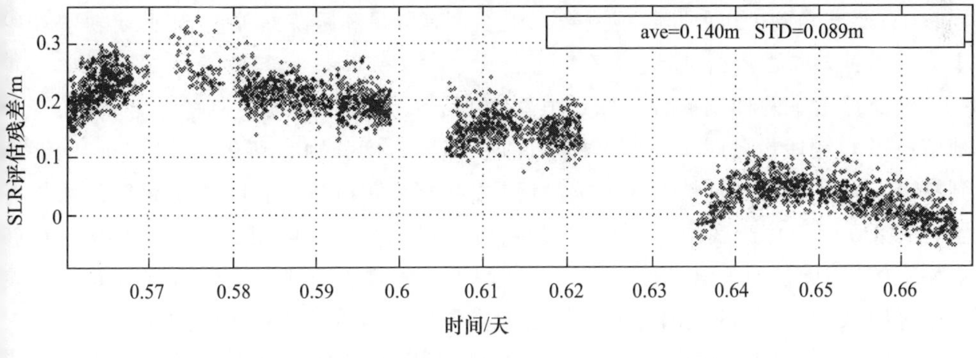

图 7.7　2009 年 5 月 17 日 SLR 评估轨道视向残差

7.4.2.3　轨道预报精度

为了进一步说明基于自发自收测距的 GEO 卫星定轨精度,我们对上述轨道的预报精度进行了统计分析。在统计过程中,定轨弧段仍然为 1 天,轨道预报精度从 2h 后开始统计,以 SLR 比对的外符合视向精度作为轨道的预报精度,即定轨弧段的最后 1 个点与 SLR 观测数据的第 1 个点相差 2h。表 7.8 给出了 5 天的 SLR 评估轨道预报精度结果。

表 7.8 轨道预报精度统计

时间	2009 年 5 月 17 日	2009 年 5 月 18 日	2009 年 5 月 19 日	2009 年 6 月 22 日	2009 年 6 月 23 日	均值	标准差
SLR 评估外符合视向预报精度/m	0.317	0.634	0.102	0.083	0.729	0.373	0.298

从轨道预报精度可以看出,采用 1 天定轨弧长预报 2h 的 SLR 评估的轨道外符合视向精度均值为 0.373m,标准差为 0.298m。从总体情况来看,预报精度不是很稳定,其变化量在 1ns 左右。其主要原因是轨道的力学模型不够精确,这也是困扰 BDS GEO 轨道预报的主要因素。

从 GEO 卫星的定轨精度和预报精度两方面都可以看出,基于自发自收测距的 GEO 卫星定轨精度优于 5m,同时说明两种设备时延的标定方法是有效和可靠的,各个跟踪站设备时延的标定结果是准确和可信的,因此,在我国区域网跟踪条件下,基于 C 频段自发自收测距的 GEO 卫星定轨方案是完全可行的。

值得注意的是,从时延标定时间和定轨试验时间来看,跟踪站设备时延的有效时间大约为 1 个月。因此,在有 SLR 数据的支持下,完全可以通过 SLR 并置比对法和联合定轨法对跟踪站的设备时延进行定期检校,修正设备时延的误差,进一步提高 GEO 卫星定轨精度。

7.4.3 基于 C 频段自发自收和伪距数据的联合定轨方法

在基于自发自收测距的 GEO 卫星定轨中,跟踪站之间并不需要纳秒量级的时间同步(只要准确到 1μs),同时观测数据中不含有卫星和跟踪站钟差,因此定轨解算中不需要对钟差参数进行估计。

前面提出了两种设备时延标定方法,包括 SLR 并置比对法和联合定轨法,有效地解决了 C 频段设备时延的精确标定问题,标定精度分别达到 0.5ns 和 1ns,能够达到精密定轨对设备时延精度的要求。但是,由于 C 频段自发自收测距跟踪站数量有限,当 GEO 卫星位于我国 150°E 左右时,位于我国西北部的跟踪站(如新疆站 1、新疆站 2 等)将无法对 GEO 卫星进行跟踪测量;当出现 1 个或若干个 C 频段跟踪站发生故障时,GEO 卫星的地面跟踪网将大大受限,从而直接影响定轨精度。

BDS 主要采用 L 频段的伪距导航体制,即导航信号直接由卫星上的原子钟生成。除了轨道信息,导航服务还需要为用户提供的高精度时间基准,主要是通过导航卫星的准确时间来具体实现的,因此通过星地时间同步确定卫星钟差是关键所在。自发自收测轨无法提供导航用的 L 频段星地钟差。同时,由于 C 频段转发测距数据中并不包含卫星钟差和站钟差信息,该方法无法同时提供准确的卫星钟差。卫星导航系统星地时间同步的主要方法是无线电比对法,常用星地时间同步方法包括星地无线电双向法、下行 L 频段轨道法等。但是，星地无线电双向法属于独立的时间同步技术，由于星地时间同步系统差难以准确测定，卫星钟差参数与自发自收测轨提供的卫星星历可能存在系统性偏差，因此，如何解决卫星星历与钟差参数之间的自洽，直接关系到导航服务性能。

本节设计了 C 频段自发自收和伪距数据的 GEO 卫星联合定轨方案，利用实测 L 频段伪距数据，增加了 GEO 的 C 频段测距，同时辅以 SLR 数据的支持后，获得单星模式下 GEO 卫星的高精度轨道和星地钟差的数据处理策略，有效地克服了 GEO 卫星定轨中 C 频段跟踪站数量有限的问题，实现了 GEO 卫星精密定轨，又对星地组合钟差进行了有效估计，实现了卫星星历和钟差参数的自洽，也为时间同步提供了一个新的实现方案[4]。

7.4.3.1　定轨处理方案

由于没有星地和站间时间同步的支持，卫星钟差和测站钟差都未知，定轨解算中需要对各伪距跟踪站的星地组合进行估计。高精度的自发自收测距数据既可以作为 GEO 卫星轨道的约束，又可以为星地组合钟差的参考标准，从而实现对卫星轨道和星地钟差的有效估计。这样既不需要引入另外的时间同步技术，也实现了卫星星历和卫星钟差是自洽的，导航服务中的广播星历和钟差信息不存在显著系统差。

采用 2009 年 5 月 17 日至 19 日共 3 天的观测数据，其中 C 频段自发自收测距跟踪站包括北京站、海南站和四川站共 3 个站，它们分别于 2009 年 6 月 9 日至 11 日利用 SLR 并置比对法和联合定轨法实现了精确时延标定，然后联合其他 4 个伪距跟踪站数据进行动力学法联合定轨，4 个伪距跟踪站分别为黑龙江站、四川站、库尔勒站和海南站，伪距数据中包含未知的卫星钟差和接收机钟差信息。两种类型数据的测量模型不相同，C 频段自发自收测距数据为双程观测数据，伪距数据为卫星下行的单程数据，包含卫星钟差和测站钟差。

利用两种类型观测数据进行动力学法联合定轨，因转发测距跟踪站已经利用前期的 SLR 数据进行了时延标定，其测距值在经过介质修正后等价于几何测距，因此解算过程中不对跟踪站的系统差进行估计。

在定轨解算中，定轨弧段仍然为 1 天，采用的力学模型和预处理方案与前文一致，解算参数包括卫星初轨、太阳光压、每个跟踪站全弧段 1 组星地组合钟差 $a_0/a_1/a_2$。

7.4.3.2　轨道内符合精度及钟差估计结果

表 7.9 给出了 3 天定轨残差统计结果，其中 C 频段跟踪站的编号 2041、2071、2131 和 2141 分别表示海南、四川、绥阳和库尔勒伪距跟踪站，从残差结果可以看出，3 天的定轨残差分别为 0.389m、0.311m 和 0.270m，平均值为 0.322m，反映了定轨解算的内符合精度。同时，从 C 频段自发自收测距和伪距的定轨残差统计结果来看，定轨残差分别为 0.203m 和 0.408m，说明 C 频段数据精度优于伪距数据。

表 7.9 C 频段和伪距数据联合定轨残差结果

时间	自发自收测距残差/m	伪距残差/m	总残差/m
2009 年 5 月 17 日	0.236	0.497	0.389
2009 年 5 月 18 日	0.161	0.410	0.311
2009 年 5 月 19 日	0.212	0.318	0.270
平均	0.203	0.408	0.322

图 7.8 和图 7.9 给出 2009 年 5 月 17 日两种不同模式下定轨精度的比较结果，图 7.8 为 1 天定轨弧段内的轨道比较结果，图 7.9 为有 SLR 数据期间的轨道比较结果。

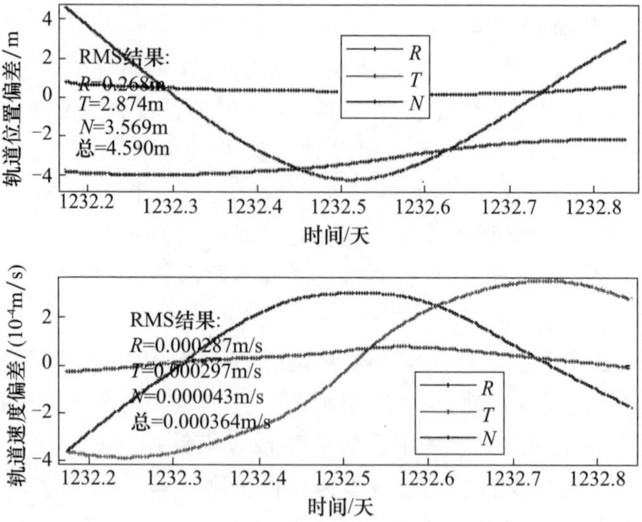

图 7.8 CC－LC 定轨结果比较（见彩图）

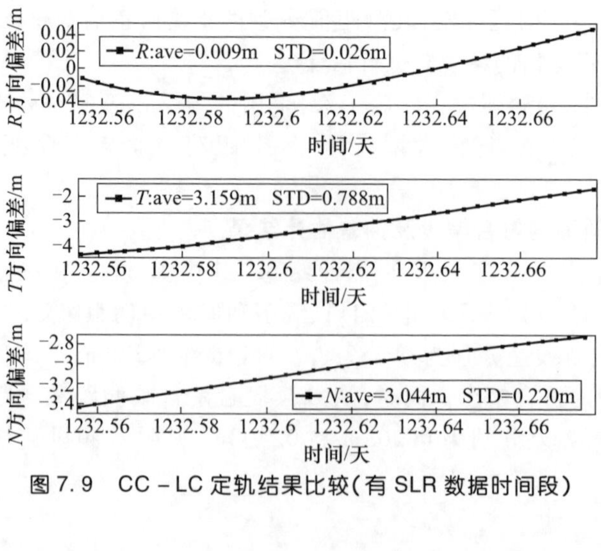

图 7.9 CC－LC 定轨结果比较（有 SLR 数据时间段）

从两种定轨比较结果中不难看出，全弧段轨道位置互差为 4.59m，视向互差为 0.268m，在有 SLR 数据期间，视向互差为厘米量级，位置互差在 3m 左右。

在联合定轨解算过程中，我们对星地组合钟差进行估计，表 7.10 给出了连续 3 天钟差参数中准确度 a_1 和漂移率 a_2 的估计结果，从结果中可以看出，原子钟的准确度在10^{-10}量级，漂移率在10^{-18}s/s^2 量级。另外，从各跟踪站的钟差参数解算结果来看，准确度解算结果比较稳定，变化幅度不大，但是漂移率的变化较大，尤其是海南站 5 月 18 日和绥阳站 5 月 19 日两天的解算结果。究其原因，钟差参数的估计结果与伪距数据的跟踪弧段长度有关，由于这两天海南和绥阳的伪距数据不多（约为 3h），因此采用二次多项式去描述卫星钟差并不一定准确，对漂移率 a_2 的估计精度影响较大。

表 7.10　钟差解算结果

时间		2009 年 5 月 17 日	2009 年 5 月 18 日	2009 年 5 月 19 日	均值
准确度 a_1/(s/s)	海南	-1.648×10^{-10}	-1.656×10^{-10}	-1.669×10^{-10}	-1.658×10^{-10}
	四川	-1.626×10^{-10}	-1.636×10^{-10}	-1.649×10^{-10}	-1.637×10^{-10}
	绥阳	-3.703×10^{-11}	-3.861×10^{-11}	-3.893×10^{-11}	-3.819×10^{-11}
	库尔勒	1.685×10^{-10}	1.676×10^{-10}	1.663×10^{-10}	1.675×10^{-10}
漂移率 a_2/(s/s^2)	海南	-9.290×10^{-18}	-2.547×10^{-17}	-7.818×10^{-18}	-1.419×10^{-17}
	四川	-9.038×10^{-18}	-7.686×10^{-18}	-5.150×10^{-18}	-7.291×10^{-18}
	绥阳	-1.152×10^{-17}	-1.137×10^{-17}	-2.266×10^{-18}	-8.385×10^{-18}
	库尔勒	-7.486×10^{-18}	-6.576×10^{-18}	-5.444×10^{-18}	-6.502×10^{-18}

从上述结果中可以看出，基于自发自收测距和伪距数据的联合定轨实现了对星地组合钟差的有效估计。当精密定轨的基准接收机数据也参与数据处理时，由于该接收机与系统的主钟共用相同时频，因此该站解算的星地组合钟差即为绝对的卫星钟差，由此可以实现其他接收机站钟差的有效估计。

钟差精度与卫星轨道的视向误差和定轨残差是相关的，从中定轨残差和前一节的轨道外符合视向精度来看，L 频段伪距残差为 0.408m，SLR 评估的轨道视向精度为 0.076m，综合两者可知钟差解算精度为 $\sqrt{0.408^2+0.076^2}=0.415$m，因此时间同步精度约 1.38ns，卫星的用户测距误差 URE 优于 2ns，实现了卫星星历和卫星钟差的自洽。

7.4.3.3　SLR 检核外符合精度

为了进一步检核自发自收测距与伪距数据联合定轨精度，我们采用北京站的 SLR 数据对轨道视向精度进行评估，其中 SLR 数据既未用于标定 C 频段设备时延，同时也未参加联合定轨解算。表 7.11 给出了 SLR 评估的 GEO 卫星轨道视向精度，为了比较分析联合定轨的优势，同时给出了 3 天基于自发自收测距的 GEO 卫星轨道视向精度（SLR 评估结果）。图 7.10 给出了 2009 年 5 月 18 日 SLR 评估的联合定轨视向精度。

表 7.11 SLR 评估的联合定轨精度

时间		2009 年 5 月 17 日	2009 年 5 月 18 日	2009 年 5 月 19 日	均值
SLR 数据个数		3082	2579	94	-
联合定轨	定轨残差/m	0.389	0.311	0.270	0.322
	SLR 评估外符合视向精度/m	0.092	0.056	0.084	0.076(加权)
自发自收测距定轨	定轨残差/m	0.222	0.151	0.220	0.198
	SLR 评估外符合视向精度/m	0.166	0.164	0.048	0.163(加权)

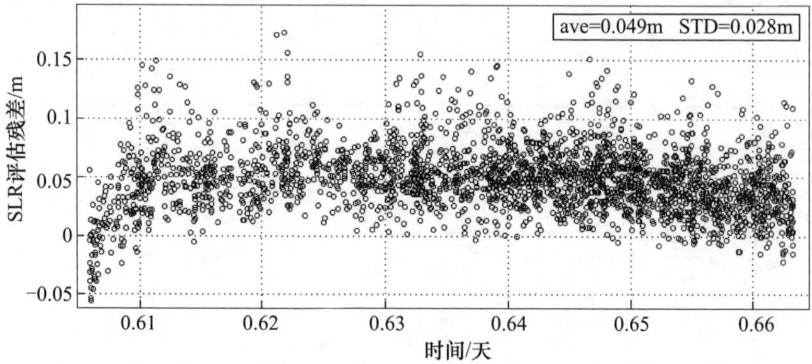

图 7.10 2009 年 5 月 18 日 SLR 评估联合定轨的视向精度(见彩图)

由于 SLR 数据个数不同,因此采用加权平均的方法统计轨道外符合视向精度。从结果中可以看出,基于自发自收测距和伪距数据的联合定轨视向精度达到 0.076m,比基于自发自收测距的定轨精度改善了约 50%,而且精度更加稳定。

从地面跟踪网来看,增加 4 个伪距跟踪站改善了卫星的几何跟踪条件,尤其是绥阳和库尔勒两个站弥补了我国东北和西北方向的跟踪空白,地面跟踪基线增大,但是必须对 4 个伪距跟踪站的钟差进行估计。通过对两种定轨策略的协方差分析发现,待估参数之间的相关性并没有明显减弱,观测几何构形并没有明显改善,X、Y 参数与其他参数之间的相关性没有改善,部分参数之间仍然是强相关的。其是由于增加了对伪距站钟差参数($a_0/a_1/a_2$)的估计,过度参数化所致,表 7.12 给出了两种模式下定轨参数之间的相关系数。

表 7.12 定轨参数之间的相关系数

待估参数	X	Y	Z	V_x	V_y	V_z	C_r
X	1.000	0.976	0.131	-0.991	0.917	0.178	-0.261
	1.000	0.989	0.099	-0.995	0.961	0.147	-0.197
Y	0.976	1.000	-0.040	-0.992	0.979	0.173	-0.158
	0.989	1.000	-0.013	-0.997	0.991	0.144	-0.117

（续）

	X	Y	Z	V_x	V_y	V_z	C_r
Z	0.131	-0.040	1.000	-0.050	-0.178	0.000	-0.004
	0.099	-0.013	1.000	-0.044	-0.101	0.003	-0.001
V_x	-0.991	-0.992	-0.050	1.000	-0.96	-0.112	0.198
	-0.995	-0.997	-0.044	1.000	-0.982	-0.103	0.146
V_y	0.917	0.979	-0.178	-0.96	1.000	0.071	-0.068
	0.961	0.991	-0.101	-0.982	1.000	0.079	-0.048
V_z	0.178	0.173	0.000	-0.112	0.071	1.000	0.003
	0.147	0.144	0.003	-0.103	0.079	1.000	-0.002
C_r	-0.261	-0.158	-0.004	0.198	-0.068	0.003	1.000
	-0.197	-0.117	-0.001	0.146	-0.048	-0.002	1.000
注:各单元格上下两个系数分别为仅 C 频段和 C 频段/伪距两种方案的待估参数之间相关系数							

虽然给出的 SLR 评估轨道外符合精度有明显改善，但是由于 SLR 数据有限，因此无法对全部定轨弧段的轨道视向精度进行客观评估；同时由于 SLR 数据都是在夜间观测的，其正好位于定轨弧段的中间，该时间段内的轨道精度应该优于定轨弧段的边缘时段，因此 SLR 评估的轨道视向精度具有一定的局限性。

从 SLR 评估的轨道外符合视向精度来看，基于自发自收测距和伪距的 GEO 卫星定轨外符合平均视向精度约为 0.076m，该精度同时要高于基于伪距的 MEO 导航卫星的多星定轨精度，其 SLR 检核的外符合平均视向精度为 0.3m。

综上所述，从 SLR 评估的外符合精度来看，联合定轨的视向精度得到了一定改善，对于提升导航服务性能具有积极的意义。但是仿真计算和误差协方差分析都表明，由于区域网跟踪的几何条件有限，卫星轨道的沿迹方向和法向误差很难约束，尤其是增加了对伪距跟踪站星地组合钟差的估计，参数之间的相关性没有得到改善，位置精度的改善程度有限。

7.4.3.4 轨道预报精度

为了进一步说明基于自发自收测距与伪距数据的联合定轨预报精度，对上述轨道的预报精度进行了统计分析。在统计过程中，定轨弧段仍然为 1 天，轨道预报时间为 2h，以 SLR 评估的视向精度作为轨道预报精度标准。表 7.13 给出了联合定轨和基于自发自收测距定轨的轨道预报精度统计结果，与前面完全一致，采用加权平均的方法统计轨道的平均预报视向精度。

表 7.13 轨道预报精度统计结果

定轨方法	2009 年 5 月 17 日	2009 年 5 月 18 日	2009 年 5 月 19 日	加权平均
联合定轨精度/m	0.094	0.786	0.107	0.404
转发测距定轨精度/m	0.317	0.634	0.102	0.456

从轨道预报精度来看,联合定轨预报 2h 的平均视向精度为 0.404m,与基于自发自收测距的定轨相比,精度略有改善。从总体情况来看,预报精度不是很稳定,变化量在 1ns 左右。主要原因是轨道的力学模型不够精确,这也是困扰 GEO 轨道预报的主要因素。

从 GEO 卫星的定轨精度和预报精度两个方面都可以看出,基于自发自收测距和伪距的 GEO 卫星定轨策略是完全可行的,GEO 卫星定轨的视向精度得到一定改善,同时实现了卫星轨道与钟差参数的自洽,能够进一步提高导航服务性能。

7.5 高精度卫星轨道预报方法

轨道预报是指根据所处空间环境,在已知卫星初始状态的情况下计算出未来一段时间内的运动状态。我国 BDS 同样采用精密定轨结果进行一段时间的轨道预报,以此来进行广播星历拟合,然后播发给用户使用,用户根据广播星历参数和观测量进行定位计算,因此导航卫星广播星历的精度是定位精度的基础;而广播星历本身便是轨道预报的结果,因此预报精度问题是制约我国 BDS 服务性能的关键因素[18-19]。

7.5.1 基于长弧精密星历的轨道预报方法

目前,轨道长期预报方法通常采用长弧精密星历进行轨道长弧段预报。目前常规精密定轨以 3 天观测数据为处理周期进行定轨处理。首先采用拼接方法得到长弧精密轨道。每小时进行一次定轨解算,定轨采用的数据弧长为 3 天,即从当前时刻向前推 3 天,故轨道确定的精密轨道弧长为 3 天。由于批处理的定轨方法是采用最小二乘原理,一般来说定轨弧段的中间弧段拟合度最高,定轨精度最高。故从每小时的精密定轨结果中选取最中间一天的轨道作为精密轨道,由此类推,拼接一条 $n(n>10)$ 天的长弧精密轨道。由于长弧精密轨道是拼接得到的,每次定轨采用的数据不同,因此两次定轨得到的轨道值在同一时刻也会有所差别,使得长弧精密轨道在拼接处存在不连续现象,其量级取决于定轨的精度,基本与相邻 2h 间的重叠弧度精度相当。

通过拼接获得的长弧精密轨道是离散的,整体不具有统一的动力学轨道特性。在此基础上,采用动力法对离散轨道进行平滑,得到高精度的动力学参数,再通过轨道积分得到卫星预报轨道。轨道动力学平滑与轨道改进的差别在于:轨道改进是利用实际观测量修正动力学参数;而轨道拟合则是不需要实际的观测量,只需知道一组卫星状态矢量,并将它们看成虚拟观测量来求解轨道参数[16]。具体过程如下:

描述一个弧段的轨道参数为 15 个,其中 6 个初始轨道根数和 9 个太阳光压参数。运动方程可以描述为

$$\ddot{\boldsymbol{r}} = -GM\frac{\dot{\boldsymbol{r}}}{\boldsymbol{r}^3} + a(t,\boldsymbol{r},\dot{\boldsymbol{r}},p_1,p_2,p_3,\cdots) = f(t,\boldsymbol{r},\dot{\boldsymbol{r}},\boldsymbol{P}) \tag{7.92}$$

设轨道改进的观测方程为

$$\boldsymbol{Y}_k = \boldsymbol{G}(\boldsymbol{X}_k,t_k) + \boldsymbol{\varepsilon}_k \tag{7.93}$$

卫星在 t_k 时的状态矢量 $\boldsymbol{X}_k$ 与参考时刻的状态矢量 $\boldsymbol{X}_0$ 关系为

$$\boldsymbol{X}_k = \theta_k(\boldsymbol{X}_0,t_0,t_k) \tag{7.94}$$

设参考时刻的状态矢量的参考解为 $\boldsymbol{X}_0^*$，可以线性化的观测方程为

$$\boldsymbol{Y}_k - \boldsymbol{G}(\boldsymbol{X}_k,t_k) = \boldsymbol{H}(\boldsymbol{X}_0^*,t_k)(\boldsymbol{X}_0 - \boldsymbol{X}_0^*) + \boldsymbol{\varepsilon}_k \tag{7.95}$$

式中

$$\boldsymbol{H}(\boldsymbol{X}_0^*,t_k) = \left[\left(\frac{\partial \boldsymbol{Y}_k}{\partial \boldsymbol{X}_k}\right)\left(\frac{\partial \boldsymbol{X}_k}{\partial \boldsymbol{X}_0}\right)\right]_{X_0 - X_0^*} \tag{7.96}$$

其中

$$\frac{\partial \boldsymbol{Y}_k}{\partial \boldsymbol{X}_k} = \frac{\partial \boldsymbol{G}(\boldsymbol{X}_k,t_k)}{\partial \boldsymbol{X}_k} \tag{7.97}$$

$\dfrac{\partial \boldsymbol{X}_k}{\partial \boldsymbol{X}_0}$为观测时刻的卫星状态（位置和速度）对卫星轨道弧段初始状态和力参数的偏导数值。这些值可由通过求解变分方程得到的，变分方程的形式可表示为

$$\ddot{\psi} = A(t)\psi + B(t)\dot{\psi} + C(t) \tag{7.98}$$

式中

$$A(t) \equiv \frac{\partial \ddot{r}}{\partial r}, B(t) \equiv \frac{\partial \ddot{r}}{\partial \dot{r}}, C(t) \equiv \left(\frac{\partial \ddot{r}}{\partial d}\right) \tag{7.99}$$

$$\psi \equiv \frac{\partial r}{\partial d}, \dot{\psi} \equiv \frac{\partial\left(\dfrac{\partial r}{\partial d}\right)}{\partial t} \equiv \frac{\partial \dot{r}}{\partial d}, \psi \equiv \frac{\partial^2\left(\dfrac{\partial r}{\partial d}\right)}{\partial t^2} \equiv \frac{\partial \ddot{r}}{\partial d} \tag{7.100}$$

可将式(7.100)写为

$$O - C = \boldsymbol{A}_k \boldsymbol{\Psi}(t_k,t_0)|_{X_0^*}(X_0 - X_0^*) + \boldsymbol{\varepsilon}_k \tag{7.101}$$

如果用虚拟观测值代替原始观测值，则可以得到线性化的观测方程，即

$$O_P - C = \boldsymbol{A}_k \boldsymbol{\Psi}(t_k,t_0)|_{X_0^*}(X_0 - X_0^*) + \boldsymbol{\varepsilon}_k \tag{7.102}$$

式中

$$\boldsymbol{A}_k = \frac{\partial \boldsymbol{Y}_k}{\partial \boldsymbol{X}_k} \tag{7.103}$$

对式(7.102)利用最小二乘解算即可求出初始值的改正数。由于初始值不准确，需要迭代计算，因此在实际解算中常用迭代的方法，即在第一次求解后，利用所求改正数对初轨进行更新，重新积分计算 t_k 时刻卫星轨道的理论值和状态转移矩阵，直到两次相邻解算出的轨道互差小于设定的阈值为止。

利用 2016 年 3 月 23 日至 4 月 3 日的 BDS 卫星精密数值轨道进行基于 Bern 模

型的长期预报试验,精密轨道弧长为10天。预报90天弧段的最后2天预报误差统计见表7.14。试验结果表明,采用Bern模型3参数预报90天URE为726m,Ω精度为139mas。

表7.14 基于精密星历的轨道长期预报结果

卫星PRN	R/m	T/m	N/m	URE/m	Ω/mas
31	55.8	8051.8	16.5	726.8	139.2
33	111.8	4998.6	2.5	699.9	15.6

参考文献

[1] 黄勇,胡小工,张秀忠,等. VLBI应用于GEO导航卫星的测定轨[J]. 科学通报,2011,56(24):1974-1981.

[2] 郭睿,刘雁雨,谭红力,等. 基于自发自收测距的GEO卫星精密定轨[J]. 测绘科学技术学报,2009,26(5):333-336.

[3] GUO R,HU X G,LIU L,et al. Orbit determination for geostationary satellites with the combination of transfer ranging and pseudorange data[J]. SCINECE CHINA,Physics,Mechanics & Astronomy,2010,53(9):1746-1754.

[4] GUO R,HU X G,TANG B,et al. Precise orbit determination for geostationary satellites with multiple tracking techniques[J]. Chinese Science Bulletin,2010,55(8),687-692.

[5] 刘林. 人造地球卫星轨道力学[M]. 北京:高等教育出版社,1992:48-72.

[6] 樊功瑜. 误差理论与测量平差[M]. 上海:同济大学出版社,1998:35-65.

[7] 茅永兴. 航天器轨道确定的单位矢量法[M]. 北京:国防工业出版社,2009:48-84.

[8] TAPLER B D,SCHUTZ B E,BORN G H. Statistical orbit determination[M]. London:Elesevier Academic Press,2004:63-89.

[9] XU G C,XU J. Orbits[M]. Berlin:Springer,2008:55-73.

[10] 李晓杰. CEI在精密定轨中的应用[D]. 郑州:解放军信息工程大学,2009:22-27.

[11] 邓自立. 卡尔曼滤波与维纳滤波[M]. 哈尔滨:哈尔滨工业大学出版社,2001:35-47.

[12] 杨元喜. 自适应动态导航定位[M]. 北京:测绘出版社,2006:51-87.

[13] 周建华,徐波. 异构星座精密轨道确定与自主定轨的理论和方法[M]. 北京:科学出版社,2015:25-61.

[14] ZHOU S S,HU X G,WU B,et al. Orbit determination and time synchronization for a GEO/IGSO satellite navigation constellation with regional tracking network[J]. Science China Physics,Mechanics & Astronomy,2011,54(6):1089-1097.

[15] ZHOU S S,CAO Y L,ZHOU J H,et al. Positioning accuracy assessment for the 4GEO/5IGSO/2MEO constellation of COMPASS[J]. Science China Physics,Mechanics & Astronomy,2012,55(12):2290-2299.

[16] URSCHL C,BEUTLER G,GURTNER W,et al. Contribution of SLR tracking data to GNSS orbit

determination[J]. Advances in Space Research,2007,39:1515-1523.

[17] MONTENBRUCK O,STEIGENBERGER P,KIRCHNER G. GNSS satellite orbit validation using satellite laser ranging. In: Proceedings of 18th ILRS workshop on laser ranging, Fujiyoshida, Japan,2013.

[18] CIABURRO G,VENKATESWARAN B. Neural networks with R[M]. Birmingham:Packt Publishing,2017:77-95.

[19] LIX J,GUO R,HU X G,et al. Construction of a BDSPHERE solar radiation pressure model for Beidou GEOs at vernal and autumn equinox periods[J]. Advances in Space Research,2018,62(7):1717-1727.

第 8 章　时间同步支持的精密定轨方法

随着 BDS 星座卫星数量的不断增多，可以利用区域网 L 频段的下行导航数据实现多星联合的轨道与钟差参数一体化估计，该方法即为混合星座条件下的区域导航卫星定轨方法。多星定轨算法根据卫星轨道与钟差相对监测网变化特性不同分离轨道与钟差参数，从而进行精密定轨解算。仿真分析表明，全部采用 GEO 卫星组成的星座难以实现轨道参数与钟差参数的分离，而由于 IGSO 和 MEO 卫星相对于接收机的高度及方位角随时间变化显著，可以通过该特征有效分离卫星与接收机钟差，即在多星定轨算法中，利用 IGSO 和 MEO 卫星测轨数据对接收机钟差的约束可以在一定程度上降低 GEO 卫星钟差与轨道参数相关性。但是，在卫星数量较少时，多星定轨难以有效分离轨道参数与钟差参数，定轨精度必然受影响。同时，受伪距多路径等各种观测数据质量及系统差的影响，定轨精度有时也会出现显著下降。若能在定轨处理过程中约束钟差信息，将伪距观测量转化为高精度的距离观测量，减少待估参数，降低参数相关性，有效地分离轨道与钟差参数，能够提高轨道确定的稳健性和精度，这即为本章重点讨论的时间同步支持的导航卫星精密定轨方法。

时间同步支持的 BDS 卫星精密定轨方法是在定轨预处理中对伪距数据扣除卫星钟差和测站钟差的影响，然后进行动力学定轨，从而提升定轨精度及稳健性。BDS 多类型观测数据为钟差提供了多种来源，本章主要介绍基于钟差约束的北斗卫星精密定轨方法，8.1 节着重讨论 BDS 异构星座和区域布站对精密定轨提出的挑战，8.2 节利用方差-协方差分析方法分析 BDS 卫星数据处理过程中的轨道与钟差参数之间的相关性，8.3 节和 8.4 节分别针对钟差支持下的单星定轨、多星定轨方法进行详细讨论。

8.1　BDS 卫星异构星座特点及面临的挑战

GPS 星座由分布于 6 个轨道面的超过 24 颗 MEO 卫星构成。相比之下，我国 BDS 空间部分采用 GEO/IGSO/MEO 异构星座设计。其中 BDS-2 5 颗 GEO 卫星定点位置为 58.75°E、80°E、110.5°E、140°E、160°E，轨道倾角接近于 0°（小于 2°），偏心率小于 0.0004，轨道运行周期为 23h56min。IGSO 和 MEO 卫星的轨道倾角均为 55°，MEO 卫星平均分布在 3 个轨道面上，相邻轨道面的升交点赤经相差 120°。IGSO 卫星轨道高度 35786km，轨道运行周期为 23h56min，MEO 卫星轨道高度 21500km，轨道运行周期为 12h55min。BDS-2 空间星座的构成如图 8.1 所示，其中 PRN1 ~ PRN5 为

GEO 卫星,PRN6 ~ PRN10 为 IGSO 卫星,PRN11 ~ PRN14 为 MEO 卫星[1]。

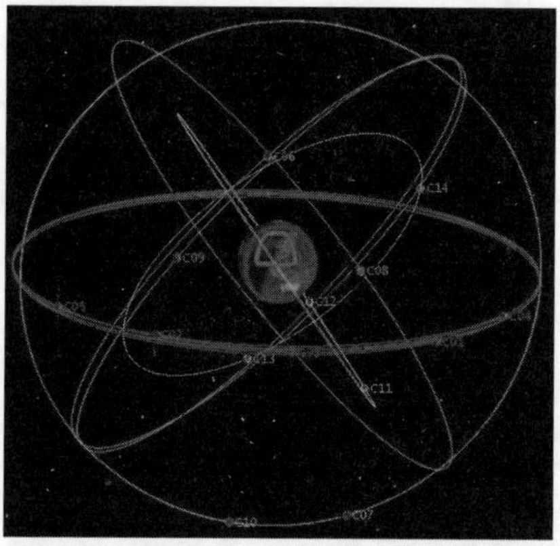

图 8.1　BDS-2 空间星座构成(见彩图)

图 8.2 和图 8.3 给出了在 5 颗 GEO 卫星以及 5GEO/5IGSO/4MEO 卫星条件下,我国中部地区 PDOP 变化曲线。由图可以看出若仅有 GEO 卫星,中部地区的 PDOP 为 65 ~ 105,增加 IGSO/MEO 卫星后,中部地区的 PDOP 直接降低为 2.2 左右。

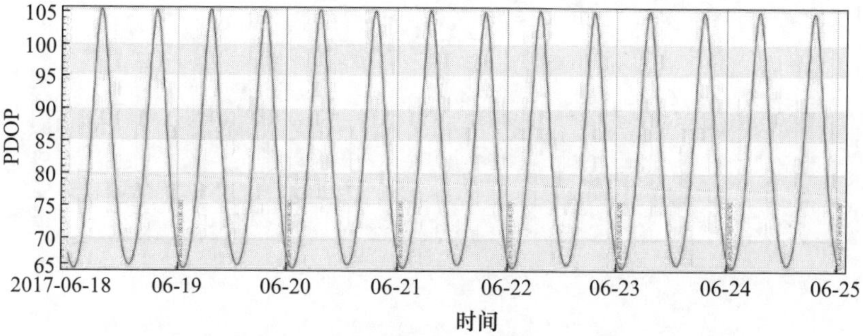

图 8.2　5 颗 GEO 卫星情况下中部地区 PDOP 变化曲线

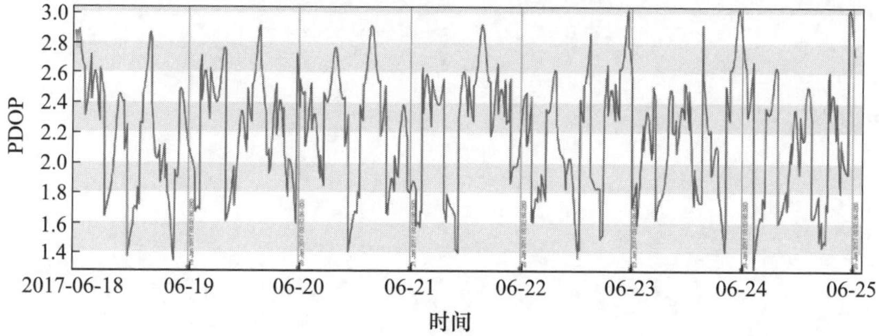

图 8.3　5GEO + 5IGSO + 4MEO 卫星情况下中部地区 PDOP 变化曲线

图 8.4 给出了 BDS-2 卫星的星下点轨迹,其中:黄色曲线代表 IGSO 卫星星下点

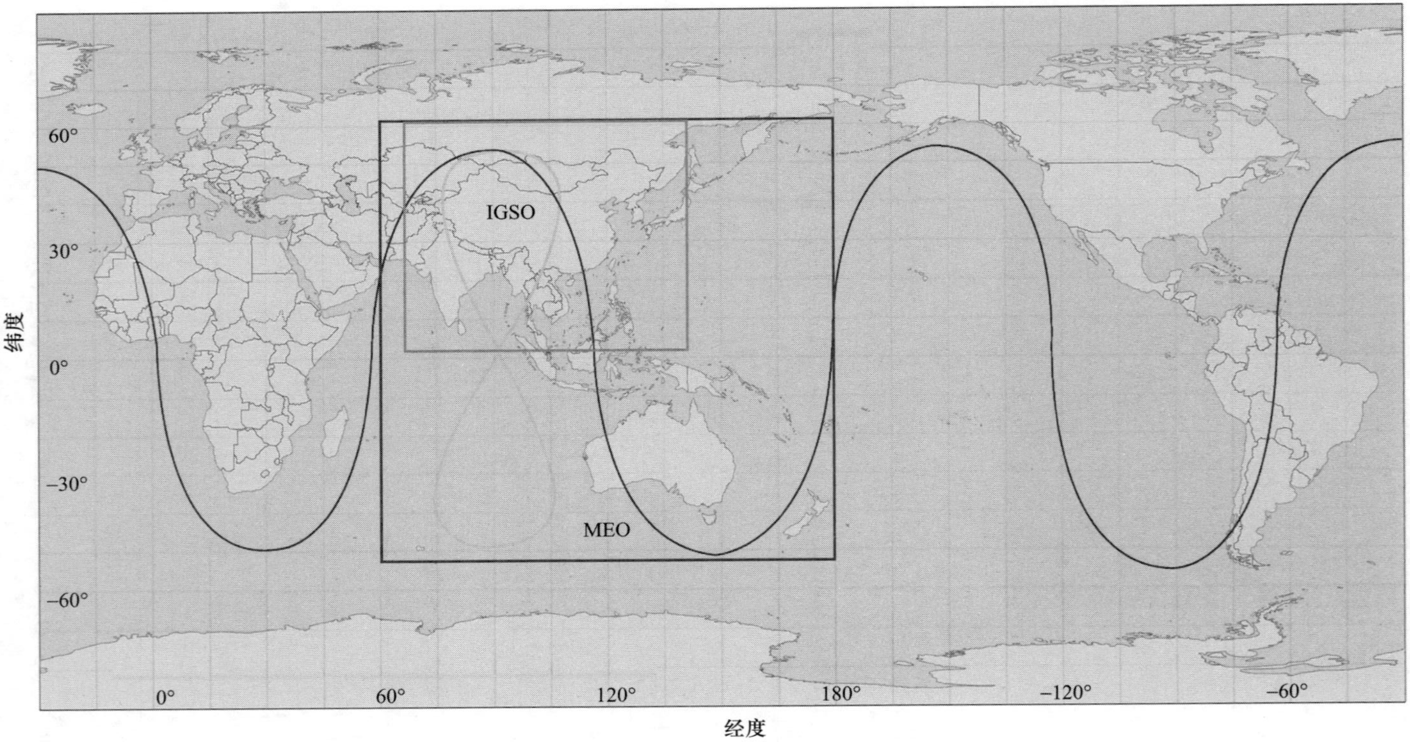

图 8.4　BDS-2 卫星的星下点轨迹(见彩图)

轨迹，其表现为一个“8”字；黑色曲线代表 MEO 卫星星下点轨迹，其表现为类正弦曲线；橘色框和蓝色框分别为 BDS 的重点服务区和普通服务区。IGSO 和 MEO 卫星克服了 GEO 卫星在高纬度地区仰角过低的问题，可以对高纬度地区和中国边境地区进行有效的信号增强，大大改善了定位观测几何[2]。

与 GPS 的全球布网不同，受限于国土地理分布的限制，BDS 的地面部分采用境内分布的区域监测网进行定轨与预报，由此带来的 BDS 卫星定轨与 GPS 相比存在较大挑战[3]。

GEO 卫星的静地特性使得跟踪几何几乎不变，地面站对卫星的动力学约束较弱，制约了 GEO 卫星定轨精度。仿真表明，对于基于伪距测量的 GEO 卫星定轨，在定轨解算中无法对星地组合钟差进行有效估计，需要卫星钟差或测站钟差的支持才能获得精确稳定轨道，因此，卫星钟差和测站钟差直接制约着 GEO 卫星定轨精度。虽然误差分析表明在混合星座组网运行时通过差分策略可消除 GEO 卫星钟差参数与轨道半长轴的统计相关性，但是在卫星在轨测试、轨道机动等仅能进行单星定轨模式计算时，仍然需要引进其他的测轨技术或外部信息才可能获得高精度的 GEO 轨道和钟差信息。

GPS 全部采用 MEO 卫星，卫星数目多，2006 年地面监测站数量增加到 16 个后，保证了任意一颗 GPS 卫星在任何时刻都至少有 3 个监测站跟踪，大大加强了卫星定轨的几何强度因子。由于 BDS 区域监测网不能覆盖 MEO 卫星全部轨道弧段，根据系统设计和仿真试验，我国区域的地面测轨监测网只能实现对 MEO 卫星平均不到 40% 的轨道覆盖，即 MEO 卫星的大部分弧段都没有地面测轨数据的约束，IGSO 卫星观测弧段虽然比 MEO 卫星好很多，但是绝大部分测站每天仍然有几小时的不可视，因而，如何基于区域监测网实现对 GEO/IGSO/MEO 异构星座卫星的精密定轨和时间同步是一个重大难题。

8.2　卫星轨道与钟差联合解算相关性分析

针对区域网条件下 BDS 卫星（特别是 GEO 卫星）轨道与钟差等参数间的统计相关问题，本节首先利用方差-协方差分析方法，从理论上分析轨道参数与钟差参数之间的相关性[4]。

8.2.1　方差-协方差分析方法

8.2.1.1　附加参数的自校准能力评定

1）附加参数的处理方法

在统计定轨中，除了轨道的状态量外，常常需要考虑附加参数，如动力学模型参数 $\boldsymbol{p}$ 和观测模型参数 $\boldsymbol{Y}_0$。根据观测技术和数据处理水平的不同，对这些参数通常有三种处理方式：

(1) 忽略:当参数误差很小,或者数值较大但可以通过外部校正系统(如 SLR)精确获得的情况下,可以完全不考虑参数误差的影响。

(2) 估计:当参数误差较大同时对观测数据类型敏感(能观性较强),则将参数纳入估计过程一并求解(自校准方法)。如果附加参数选取恰当,通常情况下轨道状态参量和校准参数的精度都会得到改进。

(3) 考查:当附加参数对状态参量的影响较为显著,但是通过观测数据的自校准能力不明显的情况下,可以作为考查参数不参加估计过程。此时考查参数的处理方法又分为两种:一是传统方法,即作为随机变量,不直接影响状态参量的估计结果,而是通过修正协方差矩阵来反映其对状态参量估计精度的影响(非自校准方法);二是现代数据处理方法,即作为确定性变量(如通过校准得到),不仅是通过修正协方差矩阵来反映其对状态参量估计精度的影响,而且能够直接修正校准状态参量的估计结果。

因此,从协方差分析角度考虑,通常打乱附加参数的原始分类,仅从校准能力上进行区分,即参数的划分为

$$\bar{\boldsymbol{X}} = \begin{bmatrix} \boldsymbol{X}_1 \\ \boldsymbol{X}_2 \\ \boldsymbol{X}_3 \end{bmatrix} \tag{8.1}$$

式中:$\boldsymbol{X}_1$ 和$\boldsymbol{X}_2$ 为估计参数,$\boldsymbol{X}_1$ 为卫星轨道状态参量,$\boldsymbol{X}_2$ 为附带求解的自校准参数;$\boldsymbol{X}_3$ 为不参与解算的考查参数。

需要说明的是,附加参数$\boldsymbol{X}_2$、$\boldsymbol{X}_3$ 仍来自于动力学模型参数和观测模型参数,根据参加估计与否,是两者各自子集的合集,即

$$\boldsymbol{X}_2 = \begin{bmatrix} \boldsymbol{p}_{\mathrm{S}} \\ \boldsymbol{Y}_{\mathrm{r}} \end{bmatrix}, \quad \boldsymbol{X}_3 = \begin{bmatrix} \bar{\boldsymbol{p}}_{\mathrm{S}} \\ \bar{\boldsymbol{Y}}_{\mathrm{r}} \end{bmatrix} \tag{8.2}$$

式中:$\bar{\boldsymbol{p}}_{\mathrm{S}}$、$\bar{\boldsymbol{Y}}_{\mathrm{r}}$ 分别为$\boldsymbol{p}_{\mathrm{S}}$、$\boldsymbol{Y}_{\mathrm{r}}$ 的补集。

2) 附加参数能否自校准的评定方法

自校准方法失效通常有两个原因:一是附加参数对观测数据的变化不敏感,即能观性差(如时变重力场系数对短期测轨数据);二是引进过多的模型参数可能导致参数之间或参数与某些轨道状态参量之间有较强的相关性(参见 8.3.5 节),造成算法的稳定性和增广系统的能观性降低,甚至求解失败。

因此,除参数本身的误差量级外,考虑附加参数能否自校准需要进行两方面的评定工作:

(1) 通过敏感度矩阵分析附加参数对状态参量的影响是否显著;

(2) 通过法方程增广矩阵的病态性分析是否出现了参数间的强相关性。

若某些参数能够通过上述两项检验工作,则可以作为解算参数归入自校准参数

集。对于不能同时满足上述两项检验工作的参数,通常作为非解算参数归入考查参数集。

附加参数的分析流程如图 8.5 所示。

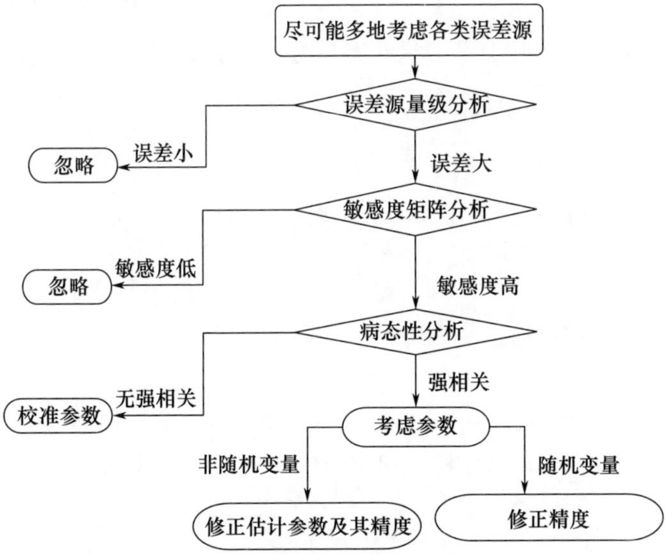

图 8.5　附加参数的分析流程

8.2.1.2　敏感度分析

将完整测量方程的线性化误差方程表示为

$$z = A_1 X_1 + A_2 X_2 + A_3 X_3 + v \tag{8.3}$$

式中:z、v 分别为观测值与计算值的差矢量和观测残差矢量;A_1、A_2、A_3 分别为 X_1、X_2、X_3 三类参数的系数矩阵。

为便于书写,本节公式中不再区分卫星动力学模型参数和观测模型参数,统一纳入到校准参数X_2 和考查参数X_3 中。

1) 利用完整法方程的计算公式

完整法方程如下:

$$\begin{bmatrix} N_{11} & N_{12} & N_{13} \\ N_{21} & N_{22} & N_{23} \\ N_{31} & N_{32} & N_{33} \end{bmatrix} \begin{bmatrix} X_1 \\ X_2 \\ X_3 \end{bmatrix} = \begin{bmatrix} u_1 \\ u_2 \\ u_3 \end{bmatrix} \tag{8.4}$$

式中:$N_{ij} = A_j^{\mathrm{T}} P A_j$;$u_i = A_i^{\mathrm{T}} P z$,$P$ 为权矩阵。

因为X_3 不能由观测量解算,所以实际解算的法方程为

$$\begin{bmatrix} N_{11} & N_{12} \\ N_{21} & N_{22} \end{bmatrix} \begin{bmatrix} X_1 \\ X_2 \end{bmatrix} = \begin{bmatrix} u_1 \\ u_2 \end{bmatrix} \tag{8.5}$$

X_1 的最小二乘解为

$$\hat{\boldsymbol{X}}_1 = (\boldsymbol{N}_{11} - \boldsymbol{N}_{12}\boldsymbol{N}_{22}^{-1}\boldsymbol{N}_{21})^{-1}(\boldsymbol{u}_1 - \boldsymbol{N}_{12}\boldsymbol{N}_{22}^{-1}\boldsymbol{u}_2) \tag{8.6}$$

将完整法方程式中的 $\boldsymbol{u}_1$ 和 $\boldsymbol{u}_2$ 代入式(8.6),可得

$$\hat{\boldsymbol{X}}_1 = \tilde{\boldsymbol{X}}_1 + (\boldsymbol{N}_{11} - \boldsymbol{N}_{12}\boldsymbol{N}_{22}^{-1}\boldsymbol{N}_{21})^{-1}(\boldsymbol{N}_{13} - \boldsymbol{N}_{12}\boldsymbol{N}_{22}^{-1}\boldsymbol{N}_{23})\boldsymbol{X}_3 \tag{8.7}$$

式(8.7)表明,$\tilde{\boldsymbol{X}}_1$ 实际上是卫星状态参量估计值 $\hat{\boldsymbol{X}}_1$ 和考查参数 $\boldsymbol{X}_3$ 的线性组合,记为

$$\tilde{\boldsymbol{X}}_1 = \hat{\boldsymbol{X}}_1 + \boldsymbol{S}_3\boldsymbol{X}_3 \tag{8.8}$$

式中:$\boldsymbol{S}_3$ 为敏感度矩阵,它反映了 $\tilde{\boldsymbol{X}}_1$ 对 $\boldsymbol{X}_3$ 误差的敏感程度,即

$$\boldsymbol{S}_3 = \left(\frac{\partial \boldsymbol{X}_1}{\partial \boldsymbol{X}_3}\right) \tag{8.9}$$

特别地,$\boldsymbol{S}_3$ 矩阵可以通过法矩阵的子矩阵进行计算:

$$\boldsymbol{S}_3 = -(\boldsymbol{N}_{11} - \boldsymbol{N}_{12}\boldsymbol{N}_{22}^{-1}\boldsymbol{N}_{21})^{-1}(\boldsymbol{N}_{13} - \boldsymbol{N}_{12}\boldsymbol{N}_{22}^{-1}\boldsymbol{N}_{23}) \tag{8.10}$$

在传统的定轨方法中,非校准参数(考查参数)通常看作期望值为零的随机变量而不参加估计,只是在协方差分析中用来反映更加真实的定轨精度。状态估值的协方差矩阵为

$$\boldsymbol{\Sigma}_{\tilde{X}_1} = \boldsymbol{\Sigma}_{\hat{X}_1} + \boldsymbol{S}_3\,\boldsymbol{\Sigma}_{X_3}\boldsymbol{S}_3^{\mathrm{T}} \tag{8.11}$$

式中:$\boldsymbol{\Sigma}$ 为协方差矩阵。

在现代数据处理中,只要组成的完整法方程矩阵中保留有与参数 $\boldsymbol{X}_3$ 有关的子矩阵 $\boldsymbol{N}_{i3}$,就能够计算相应的敏感度矩阵 $\boldsymbol{S}_3$;此外,通过其他外部校正系统有可能得到参数 $\boldsymbol{X}_3$ 的估计值 $\hat{\boldsymbol{X}}_3$。因此,非解算参数 $\boldsymbol{X}_3$ 可以直接影响状态估值的解算结果及其协方差矩阵,即

$$\begin{cases}\bar{\boldsymbol{X}}_1 = \hat{\boldsymbol{X}}_1 + \boldsymbol{S}_3 \cdot \hat{\boldsymbol{X}}_3 \\ \boldsymbol{\Sigma}_{\bar{X}_1} = \boldsymbol{\Sigma}_{\hat{X}_1} + \boldsymbol{S}_3\boldsymbol{\Sigma}_{\hat{X}_3}\boldsymbol{S}_3^{\mathrm{T}}\end{cases} \tag{8.12}$$

因此,对轨道确定影响较大的某些参数,不论自校准与否,都可以通过敏感度矩阵对定轨结果进行直接改正。由于非解算参数的参与,若校准作用显著,则通常可以有效地改善参数的估计精度。

在统计定轨中,有一些特殊的模型参数(如钟差参数),它们对观测量不敏感或者与其他估计参数强相关,虽然不能由某类测轨技术的自校准方法直接解算,但是可以通过其他外部手段获得。对于这些非随机性质的变量参数,除了用非校准方法的协方差分析来评估其误差的影响外,还能够直接用于对轨道估计结果的改正或比较。

2)均方根解算方法的计算公式

值得注意的是,在成熟的定轨软件中,为保证算法的稳定性,经常使用 QR 分解的方法对系数矩阵 $\boldsymbol{A}$ 进行相关矩阵的观测历元累积,即均方根解算方法。因此,这里给出相应的计算公式。

记观测方程的误差方程为

$$z = A\bar{X} + v \tag{8.13}$$

式中

$$A = (A_1 \quad A_2 \quad A_3),\bar{X} = (X_1 \quad X_2 \quad X_3) \tag{8.14}$$

为书写和推导方便,这里直接令观测权矩阵为单位阵(附加参数先验信息和加权观测的通用情况均可通过归一化即正交矩阵变换,将观测权矩阵转换为单位阵)。

对系数矩阵 A 进行 QR 分解,其形式为

$$A_{n\times t} = Q_{n\times n}\begin{bmatrix} R_{t\times t} \\ O_{(n-t)\times t} \end{bmatrix} \tag{8.15}$$

式中:Q 为正交矩阵,即有 $Q^{\mathrm{T}}Q = QQ^{\mathrm{T}} = I$(单位阵);$R$ 为上三角阵。

用正交矩阵 Q^{T} 左乘 z 矢量,可得

$$Q^{\mathrm{T}}z = \begin{bmatrix} b_{t\times 1} \\ d_{(n-t)\times 1} \end{bmatrix} \tag{8.16}$$

式中:b、d 分别为 $Q^{\mathrm{T}}z$ 的前 t 个和后 $n-t$ 个常数组成的子列矢量且

$$\begin{aligned} v^{\mathrm{T}}v &= (z - A\bar{X})^{\mathrm{T}}(z - A\bar{X}) = \\ &(z - A\bar{X})^{\mathrm{T}}QQ^{\mathrm{T}}(z - A\bar{X}) = \\ &(Q^{\mathrm{T}}z - Q^{\mathrm{T}}A\bar{X})^{\mathrm{T}}(Q^{\mathrm{T}}z - Q^{\mathrm{T}}A\bar{X}) = \\ &\begin{bmatrix} b - R\bar{X} \\ d \end{bmatrix}^{\mathrm{T}}\begin{bmatrix} b - R\bar{X} \\ d \end{bmatrix} = \\ &(b - R\bar{X})^{\mathrm{T}}(b - R\bar{X}) + d^{\mathrm{T}}d \end{aligned} \tag{8.17}$$

显然,由残差和最小的平差原理可以得到参数估计的唯一解:

$$R\bar{X} = b \tag{8.18}$$

其扩展形式为

$$\begin{bmatrix} R_1 & R_{12} & R_{13} \\ 0 & R_2 & R_{23} \\ 0 & 0 & R_3 \end{bmatrix}\begin{bmatrix} X_1 \\ X_2 \\ X_3 \end{bmatrix} = \begin{bmatrix} b_1 \\ b_2 \\ b_3 \end{bmatrix} \tag{8.19}$$

式中:子矩阵R_i 依旧保持上三角阵形式。

因为X_3 不能由观测量解算,则实际解算的方程为

$$\begin{bmatrix} R_1 & R_{12} \\ 0 & R_2 \end{bmatrix}\begin{bmatrix} X_1 \\ X_2 \end{bmatrix} = \begin{bmatrix} b_1 \\ b_2 \end{bmatrix} \tag{8.20}$$

X_1 的估计值为

$$\hat{\boldsymbol{X}}_1 = \boldsymbol{R}_1^{-1}(\boldsymbol{b}_1 - \boldsymbol{R}_{12}\boldsymbol{R}_2^{-1}\boldsymbol{b}_2) \tag{8.21}$$

将式(8.20)的b_1和b_2代入式(8.21),可得

$$\hat{\boldsymbol{X}}_1 = \tilde{\boldsymbol{X}}_1 + \boldsymbol{R}_1^{-1}(\boldsymbol{R}_{13} - \boldsymbol{R}_{12}\boldsymbol{R}_2^{-1}\boldsymbol{R}_{23})\boldsymbol{X}_3 \tag{8.22}$$

与式(8.7)相同,$\tilde{\boldsymbol{X}}_1$实际上是估计值$\hat{\boldsymbol{X}}_1$和$\boldsymbol{X}_3$的线性组合。

3)误差方程系数矩阵的分类组合

由敏感度矩阵的计算方法可知,必须提供完整的法矩阵$\boldsymbol{N}$或者相应的上三角阵$\boldsymbol{R}$。也就是说,仅提供估计参数矢量的法矩阵或者相应的上三角阵是不够的,还需要与考查参数对应的相关子矩阵,即给定完整误差方程的系数矩阵$\boldsymbol{A}=(\boldsymbol{A}_1\quad \boldsymbol{A}_2\quad \boldsymbol{A}_3)$。

子矩阵分别对应于观测值$\boldsymbol{Z}$关于$\boldsymbol{X}_1$、$\boldsymbol{X}_2$和$\boldsymbol{X}_3$的偏导数,即

$$\boldsymbol{A}_1 = \left[\frac{\partial \boldsymbol{Z}}{\partial \boldsymbol{X}_1}\right], \boldsymbol{A}_2 = \left[\frac{\partial \boldsymbol{Z}}{\partial \boldsymbol{X}_2}\right], \boldsymbol{A}_3 = \left[\frac{\partial \boldsymbol{Z}}{\partial \boldsymbol{X}_3}\right] \tag{8.23}$$

由于附加参数通常按照动力学模型参数$\boldsymbol{p}$和观测模型参数$\boldsymbol{Y}_0$进行分类和计算,因此,首先对相关的参数求偏导数矩阵:

$$\left[\frac{\partial \boldsymbol{Z}}{\partial \boldsymbol{X}_0}\quad \frac{\partial \boldsymbol{Z}}{\partial \boldsymbol{p}}\quad \frac{\partial \boldsymbol{Z}}{\partial \boldsymbol{Y}_0}\right] \tag{8.24}$$

计算步骤如下:

(1)由动力学模块提供扩展的自治常微分方程

$$\begin{cases} (\dot{\boldsymbol{X}}\quad \dot{\boldsymbol{\Phi}}\quad \dot{\boldsymbol{S}}) = (f(\boldsymbol{X})\quad \boldsymbol{A\Phi}\quad \boldsymbol{AS}+\boldsymbol{B}) \\ \boldsymbol{A} = \left[\dfrac{\partial f(\boldsymbol{X},t)}{\partial \boldsymbol{X}}\right] \\ \boldsymbol{B} = \left[\dfrac{\partial f(\boldsymbol{X},t)}{\partial \boldsymbol{p}}\right] \\ \boldsymbol{X}_0 = \boldsymbol{X}(t_0) \\ \boldsymbol{\Phi}(t_0,t_0) = \boldsymbol{I} \\ \boldsymbol{S}(t_0,t_0) = 0 \end{cases} \tag{8.25}$$

积分可得

$$\begin{cases} \boldsymbol{X}_i = \boldsymbol{X}(t_i) \\ \boldsymbol{\Phi}(t_i,t_0) = \dfrac{\partial \boldsymbol{X}}{\partial \boldsymbol{X}_0} \\ \boldsymbol{S}(t_i,t_0) = \dfrac{\partial \boldsymbol{X}}{\partial \boldsymbol{p}} \end{cases} \tag{8.26}$$

(2)由观测模块提供偏导数

$$\left[\frac{\partial \boldsymbol{Z}}{\partial \boldsymbol{X}_i}\quad \frac{\partial \boldsymbol{Z}}{\partial \boldsymbol{Y}_i}\right] \tag{8.27}$$

式中:$\boldsymbol{X}_i$为待估参数;$\boldsymbol{Y}_i$为观测模型的附加参数。

(3) 结合前两步结果可得

$$\begin{cases} \dfrac{\partial \boldsymbol{Z}}{\partial \boldsymbol{X}_0} = \left[\dfrac{\partial \boldsymbol{Z}}{\partial \boldsymbol{X}_i}\right]\boldsymbol{\Phi}(t_i,t_0) = \boldsymbol{Z}_X\boldsymbol{\Phi}(t_i,t_0) \\ \dfrac{\partial \boldsymbol{Z}}{\partial \boldsymbol{p}} = \left[\dfrac{\partial \boldsymbol{Z}}{\partial \boldsymbol{p}_i}\right]\boldsymbol{S}(t_i,t_0) = \boldsymbol{Z}_p\boldsymbol{S}(t_i,t_0) \\ \dfrac{\partial \boldsymbol{Z}}{\partial \boldsymbol{Y}_0} = \left[\dfrac{\partial \boldsymbol{Z}}{\partial \boldsymbol{Y}_i}\right]\boldsymbol{\Psi}(t_i,t_0) = \boldsymbol{Z}_Y\boldsymbol{\Psi}(t_i,t_0) \end{cases} \tag{8.28}$$

注:观测模型参数$\boldsymbol{Y}_0$的时变规律较简单,这里略去$\boldsymbol{\Psi}(t_i,t_0)$的公式。

在协方差分析中,附加参数是按照参与估计与否进行分类的,因此,这里对动力学模型参数$\boldsymbol{p}$和观测模型参数$\boldsymbol{Y}_0$进一步分类,即

$$\boldsymbol{p} = \begin{bmatrix} \boldsymbol{p}_2 \\ \boldsymbol{p}_3 \end{bmatrix}, \quad \boldsymbol{Y}_0 = \begin{bmatrix} \boldsymbol{Y}_{02} \\ \boldsymbol{Y}_{03} \end{bmatrix} \tag{8.29}$$

使得

$$\boldsymbol{X}_2 = \begin{bmatrix} \boldsymbol{p}_2 \\ \boldsymbol{Y}_{03} \end{bmatrix}, \quad \boldsymbol{X}_3 = \begin{bmatrix} \boldsymbol{p}_3 \\ \boldsymbol{Y}_{03} \end{bmatrix} \tag{8.30}$$

相应的系数矩阵中,有

$$\boldsymbol{A}_1 = \left[\frac{\partial \boldsymbol{Z}}{\partial \boldsymbol{X}_1}\right] = \frac{\partial \boldsymbol{Z}}{\partial \boldsymbol{X}_0} = \boldsymbol{Z}_X\boldsymbol{\Phi}(t_i,t_0) \tag{8.31}$$

合并可得

$$\begin{cases} \boldsymbol{A}_2 = \left[\dfrac{\partial \boldsymbol{Z}}{\partial \boldsymbol{X}_2}\right] = \begin{bmatrix} \dfrac{\partial \boldsymbol{Z}}{\partial \boldsymbol{p}_2} \\ \dfrac{\partial \boldsymbol{Z}}{\partial \boldsymbol{Y}_{02}} \end{bmatrix} \\ \boldsymbol{A}_3 = \left[\dfrac{\partial \boldsymbol{Z}}{\partial \boldsymbol{X}_3}\right] = \begin{bmatrix} \dfrac{\partial \boldsymbol{Z}}{\partial \boldsymbol{p}_3} \\ \dfrac{\partial \boldsymbol{Z}}{\partial \boldsymbol{Y}_{03}} \end{bmatrix} \end{cases} \tag{8.32}$$

8.2.1.3 病态性分析

1) 病态性和复共线性的概念

最小二乘估计具有许多优良的性质,特别是在观测值服从正态分布的前提下,最小二乘估计为方差最小的无偏估计。由于这个原因,最小二乘估计一直是被广泛采用的重要的估计方法。但是,在某些情况下,即使观测值服从正态分布,最小二乘估计也不理想,甚至很差。例如,在建立数学模型时过度参数化的情况下,引进的附加参数过多,难免未知参数之间存在近似线性相关,法矩阵接近奇异。此时,虽然最小二乘估计的方差在线性无偏估计类中最小,但其值很大,使最小二乘估计的精度较差,解算结果不稳定。

未知参数 $\boldsymbol{X}$ 的最小二乘估计可以写为

$$\hat{\boldsymbol{X}}_{\mathrm{LS}} = \boldsymbol{N}^{-1}\boldsymbol{W} = (\boldsymbol{A}^{\mathrm{T}}\boldsymbol{P}\boldsymbol{A})^{-1}\boldsymbol{A}^{\mathrm{T}}\boldsymbol{P}\boldsymbol{L} \tag{8.33}$$

式中:$\boldsymbol{N} = \boldsymbol{A}^{\mathrm{T}}\boldsymbol{P}\boldsymbol{A}$;$\boldsymbol{W} = \boldsymbol{A}^{\mathrm{T}}\boldsymbol{P}\boldsymbol{L}$。

该估计是残差最小意义下的最优线性估计。

下面分析最小二乘估计的稳定性。设 $\boldsymbol{N}$、$\boldsymbol{W}$ 分别有微小的扰动 $\delta\boldsymbol{N}$、$\delta\boldsymbol{W}$,引起估计量 $\hat{\boldsymbol{X}}$ 有误差 $\delta\hat{\boldsymbol{X}}$,则式(8.33)可表示为

$$\hat{\boldsymbol{X}} + \delta\hat{\boldsymbol{X}} = (\boldsymbol{N} + \delta\boldsymbol{N})^{-1}(\boldsymbol{W} + \delta\boldsymbol{W}) \tag{8.34}$$

根据 Banach 引理的推论可知,只要 $\|\boldsymbol{N}^{-1}\| \|\delta\boldsymbol{N}\| < 1$,则矩阵 $\boldsymbol{N} + \delta\boldsymbol{N}$ 总是非奇异的。显然,$\delta\boldsymbol{N}$、$\delta\boldsymbol{W}$ 对 $\delta\hat{\boldsymbol{X}}$ 的影响与$\boldsymbol{N}^{-1}$密切相关。对估计量 $\hat{\boldsymbol{X}}$ 做扰动分析,可得

$$\frac{\|\delta\hat{\boldsymbol{X}}\|}{\|\hat{\boldsymbol{X}}\|} \leqslant \frac{\|\boldsymbol{N}\| \|\boldsymbol{N}^{-1}\|}{1 - \|\boldsymbol{N}\| \|\boldsymbol{N}^{-1}\| \dfrac{\|\delta\boldsymbol{N}\|}{\|\boldsymbol{N}\|}}\left(\frac{\|\delta\boldsymbol{N}\|}{\|\boldsymbol{N}\|} + \frac{\|\delta\boldsymbol{W}\|}{\|\boldsymbol{W}\|}\right) \tag{8.35}$$

式中:矢量的范数为欧式范数,矩阵的范数为谱范数,以下若不特别声明,矢量和矩阵的范数都是这个意义。

式(8.35)中含有一个刻画不稳定程度的重要的数字指标,即法矩阵 $\boldsymbol{N} = \boldsymbol{A}^{\mathrm{T}}\boldsymbol{P}\boldsymbol{A}$ 的条件数:

$$K = \|\boldsymbol{N}\| \left\| \|\boldsymbol{N}\|^{-1} \right\| = \frac{\boldsymbol{\lambda}_{\max}}{\boldsymbol{\lambda}_{\min}} \tag{8.36}$$

式中:$\boldsymbol{\lambda}_{\max}$、$\boldsymbol{\lambda}_{\min}$分别为法矩阵 $\boldsymbol{N}$ 的最大和最小的特征值。

可见,条件数可以度量法矩阵特征值的分散程度。如果条件数很大,它将放大$\dfrac{\|\delta\boldsymbol{N}\|}{\|\boldsymbol{N}\|}$和$\dfrac{\|\delta\boldsymbol{W}\|}{\|\boldsymbol{W}\|}$,或者说放大 $\|\delta\boldsymbol{N}\|$ 和 $\|\delta\boldsymbol{W}\|$,使得估计量 $\hat{\boldsymbol{X}}$ 的误差 $\delta\hat{\boldsymbol{X}}$ 可能很大,由此导致 $\boldsymbol{X}$ 的最小二乘估计严重失真。误差 $\delta\boldsymbol{N}$、$\delta\boldsymbol{W}$ 分别是由设计矩阵和观测矢量的误差引起的,产生于实际问题到数学模型的简化、非线性问题的线性化处理、精度有限的观测等过程之中,是无法避免的,在一般情况下也是可以容忍的。然而,在条件数过大的情况下,即使这样的误差较小,也可能会被条件数过度地放大,解算结果完全扭曲了真值,这就是病态现象。由此可知,Gauss-Markov(G-M)模型在病态条件下用最小二乘方法求解参数是失效的。

在实际应用中,通常的做法是把需要解决的实际问题化为线性模型后再求解,此时的病态性则表现为复共线性,这使得我们对于病态性的表现及其危害的分析找到一个突破口。

下面以定轨和时间同步一体化解算为例进一步说明。原始观测量通常是伪距和载波相位观测,这两类观测量同时是卫星轨道参数和星地钟参数的非线性函数。若暂时忽略其他因素的影响,则线性化测量方程的误差方程的一般表达式为

$$\boldsymbol{z} = \boldsymbol{A}\bar{\boldsymbol{X}} + \boldsymbol{v} = \boldsymbol{A}_X\boldsymbol{x} + \boldsymbol{A}_Y\boldsymbol{y} + \boldsymbol{v} \tag{8.37}$$

式中:$\boldsymbol{x}$、$\boldsymbol{y}$ 分别为轨道参数和钟参数的改正数矢量。

扩展系数矩阵为

$$\boldsymbol{A}=(\boldsymbol{A}_X,\boldsymbol{A}_Y) \tag{8.38}$$

将法矩阵 $\boldsymbol{N}=\boldsymbol{A}^{\mathrm{T}}\boldsymbol{P}\boldsymbol{A}$ 进行特征值分解,若有一个非常小的特征值 $\lambda\approx0$,其相应的单位化特征矢量为 $\boldsymbol{u}$,则有 $\boldsymbol{N}\boldsymbol{u}=\lambda\boldsymbol{u}$,即

$$\boldsymbol{A}^{\mathrm{T}}\boldsymbol{P}\boldsymbol{A}\boldsymbol{u}=\lambda\boldsymbol{u} \tag{8.39}$$

式(8.39)两边左乘$\boldsymbol{u}^{\mathrm{T}}$,可得

$$\boldsymbol{u}^{\mathrm{T}}\boldsymbol{A}^{\mathrm{T}}\boldsymbol{P}\boldsymbol{A}\boldsymbol{u}=\lambda\boldsymbol{u}^{\mathrm{T}}\boldsymbol{u}=\lambda\approx0 \tag{8.40}$$

由 $\boldsymbol{P}$ 的正定性可知

$$\boldsymbol{A}\boldsymbol{u}\approx0 \tag{8.41}$$

设$\boldsymbol{u}^{\mathrm{T}}=(\boldsymbol{u}_X^{\mathrm{T}}\quad \boldsymbol{u}_Y^{\mathrm{T}})$,则有

$$\boldsymbol{A}_X\boldsymbol{u}_X+\boldsymbol{A}_Y\boldsymbol{u}_Y\approx0 \tag{8.42}$$

式(8.41)和式(8.42)表明:若定轨和时间同步参数混合解算的系统方程病态,则表现为:①法矩阵至少有一个非常小的特征值 $\lambda\approx0$;②系数阵的数据列之间至少有一个近似线性关系;③法矩阵半近似正定。

若特征矢量分量$\boldsymbol{u}_Y$的分量不全部为0,此时轨道参数和钟差参数的设计子矩阵的列矢量之间存在近似的线性关系。显然,具体涉及哪些参数,与特征矢量的分量数值相关。

若设计矩阵 $\boldsymbol{A}$ 的列矢量之间存在近似的线性关系,则称其为复共线性。由此可见,当法矩阵的条件数很大时,从其导致的结果看是最小二乘估计严重失真,从其背后产生的原因看是设计矩阵具有复共线性。法矩阵的条件数(或设计矩阵的条件数)是度量模型病态性(复共线性)程度的一个重要指标。

通过以上分析可知,复共线性是矢量之间的一种近似的共线性关系。可以从认识矢量之间的共线性关系出发,进而认识矢量之间的复共线性关系。两个矢量共线是指它们落在一条直线上;多个矢量共线则是指其中一个矢量可以由其他几个矢量线性表出。也就是说,共线表示的意思与线性相关相同。矢量之间的复共线性则表示的是矢量之间存在近似的线性相关关系。两个矢量之间存在复共线性是指它们几乎落在同一条直线上;多个矢量之间存在复共线性(近似线性相关)是指其中一个矢量几乎落在由其余矢量所张成的线性空间中。通常在反问题解算中所说的复共线性,是指反问题经过线性化处理之后(或本身就是线性问题),系数矩阵(或者说设计矩阵)的列矢量(也称为数据列)这种特定的矢量之间的复共线性。换句话说,是指其中的某些数据列可以由其余的数据列近似(非精确)地线性表示出来。

需要指出的是,复共线性对参数的最小二乘估计整体上确实构成了严重的危害;然而,在大多数情况下,复共线性并非对模型中所有参数的最小二乘估计都会构成危害。事实上,设计阵的复共线性关系通常不存在于它的全部数据列中,而仅存在于其中的部分数据列中,这部分数据列称为涉扰数据列,其余数据列未参与构成复共线性

关系,称为非涉数据列。在做最小二乘估计时,真正被复共线性侵扰或危害所涉及的参数,正是这部分参与构成复共线性关系的数据列所对应的参数,这部分参数称为涉扰参数,其余的参数因对应的数据列并未参与构成复共线性关系,故不会受到危害,其最小二乘估计准确而稳定,这部分参数称为非涉扰参数。

2）病态性分析的常用方法辨析

当附加参数对定轨结果影响较大时,是否可以考虑将其纳入定轨过程与轨道状态量一并求解？事实上,首先需要进行病态性分析。若增广的估计参量对应的设计阵所组成的列块之间具有复共线性,则将造成定轨法方程增广矩阵的严重病态。

参数间是否具有复共线性常用的分析方法包括:

(1) 相关系数矩阵。根据协方差传播定律,增广的估计参量的权逆阵(也称为协因数阵)为

$$\boldsymbol{Q}_{\tilde{X}} = \tilde{\boldsymbol{N}}^{-1} = (\boldsymbol{R}^{\mathrm{T}}\boldsymbol{R})^{-1} = \begin{bmatrix} Q_{11} & Q_{12} & \cdots & Q_{1t} \\ Q_{21} & Q_{22} & \cdots & Q_{2t} \\ \vdots & \vdots & & \vdots \\ Q_{t1} & Q_{t2} & \cdots & Q_{tt} \end{bmatrix} \tag{8.43}$$

则相应的相关系数矩阵为

$$\boldsymbol{r} = \begin{bmatrix} 1 & r_{12} & \cdots & r_{1t} \\ r_{21} & 1 & \cdots & r_{2t} \\ \vdots & \vdots & & \vdots \\ r_{t1} & r_{t2} & \cdots & 1 \end{bmatrix} \tag{8.44}$$

式中:r_{ij}为相关系数,且有

$$r_{ij} = \frac{Q_{ij}}{\sqrt{Q_{ii} \cdot Q_{jj}}} \tag{8.45}$$

如果两个参数近似线形相关即存在复共线性,那么两参数间的相关系数将接近于 ±1。

(2) 特征分析法。法矩阵 $\tilde{N}$ 的谱分解式(矩阵对角化)为

$$\boldsymbol{M}^{\mathrm{T}}\tilde{\boldsymbol{N}}\boldsymbol{M} = \boldsymbol{\Lambda} = \begin{bmatrix} \lambda_1 & & 0 \\ & \ddots & \\ 0 & & \lambda_{6+U} \end{bmatrix} \tag{8.46}$$

式中:$\boldsymbol{M}$ 为正交矩阵;$\boldsymbol{\Lambda}$ 为法矩阵 $\tilde{\boldsymbol{N}}$ 的对角阵;$\lambda_1 \geqslant \lambda_2 \geqslant \cdots \geqslant \lambda_{6+U}$为 $\tilde{\boldsymbol{N}}$ 的 $t(t=6+U)$个实特征值。

若某些参数对应的系数阵所组成的列块可以近似地由其他待定参数对应的系数阵所组成的列块表示(有复共线性),则这些参数所对应的特征值都将接近于零,而

其他特征值远远大于它们。

(3) 条件数法。谱条件数是反映算法稳定性的一个指标

$$K=\|\boldsymbol{N}\|\ \|\boldsymbol{N}^{-1}\|=\frac{\lambda_{\max}}{\lambda_{\min}} \tag{8.47}$$

谱条件数越小,数值稳定性越好,通常要求在 100 以内。当有复共线性存在时,特征值 $\lambda_{\min}$ 趋近于零,谱条件数将变得非常大。

条件数是目前最常用的一种度量复共线性程度的指标,它解决了特征分析法中究竟什么样的数算是“很接近于零”的把握问题。

由前述讨论可知,法矩阵的特征值接近于零是复共线性的一种表现,于是接近于零的特征值的个数反映了复共线性关系存在的个数。用这种方法判断复共线性关系存在的个数,原理直观,计算简单。但是,“法矩阵的特征值接近于零”是一个比较模糊的概念,没有衡量的阈值,在具体应用时难于把握。

(4) 方差扩大因子法。方差扩大因子法把参数估计的精度与自变量之间的相关性相结合,在一定程度上反映了设计矩阵的复共线性的严重程度。

第 j 个参数 X_j 的方差扩大因子定义为

$$\mathrm{VIF}_j=(1-r_j^2)^{-1} \tag{8.48}$$

式中:r_j 是以 X_j 为因变量时对其他自变量的复相关系数。

参数矢量 $\boldsymbol{X}$ 的最小二乘估计 $\hat{\boldsymbol{X}}$ 的协方差矩阵为

$$\mathrm{cov}(\hat{\boldsymbol{X}})=\sigma_0^2 N^{-1} \tag{8.49}$$

记$\boldsymbol{N}^{-1}$的第 j 个对角元素为 c_{jj},则第 j 个参数的最小二乘估计 $\hat{X}_j$ 的方差为

$$\mathrm{var}(\hat{X}_j)=\sigma_0^2 c_{jj}\qquad j=1,\cdots,t \tag{8.50}$$

可以证明

$$c_{jj}=\mathrm{VIF}_j=(1-r_j^2)^{-1}\qquad j=1,\cdots,t \tag{8.51}$$

由于复相关系数 r_j 度量了自变量间的线性相关程度,而 c_{jj}反映了各个自变量方差的差异性,故式(8.51)把参数估计的精度与自变量间的相关性结合起来,便于了解两者之间的关系。参数之间的相关性与设计矩阵的复共线性有一定的联系,但也有所区别,因此利用该方法诊断复共线性有一定的局限性。

此外,还有其他一些诊断复共线性的方法,如行列式判别法、F 法、E 法等诊断复共线性(病态性)。

以上这些对复共线性的诊断方法大都可以探明复共线性存在与否、严重与否。但是,这些方法未能提供更多的细节(如复共线性的表现形式),而从前面的分析可以看出,这些细节与解算方案是密切相关的。

可以通过一个简单的算例来分析复共线性对最小二乘估计危害的情况。对于G-M模型:

$$\begin{cases} \boldsymbol{L} = \boldsymbol{A}\boldsymbol{X} + \boldsymbol{\Delta} \\ E(\boldsymbol{\Delta}) = 0, \operatorname{cov}(\boldsymbol{\Delta}) = \sigma_0^2 \boldsymbol{P}^{-1} \end{cases} \tag{8.52}$$

式中

$$\boldsymbol{A} = \begin{bmatrix} 1 & -1 & 1 & 0 \\ -2 & 4.2+s & 0 & 1 \\ 3 & -1 & 4 & 8 \\ -1 & 2 & 0 & 0 \\ 0 & 1 & 1 & 2 \\ -2 & 3 & -1 & -1 \end{bmatrix}$$

$$s = -0.002 \times k \qquad k = 1,2,\cdots,40$$

$$\boldsymbol{L} = \begin{bmatrix} 16 \\ 34 \\ 193 \\ 9 \\ 55 \\ -22 \end{bmatrix}$$

$$\boldsymbol{P} = \boldsymbol{I}, \sigma_0^2 = 0.01$$

显然,设计阵 $\boldsymbol{A}$ 的前三列构成了一个复共线性关系:$2\boldsymbol{a}_1 + \boldsymbol{a}_2 - \boldsymbol{a}_3 \approx 0$,$s$ 的变化使得这个复共线性关系发生微小的变化,当 $s = -2$ 时,即为严格的线性关系。$\boldsymbol{A}$ 的第4列未参与构成复共线性关系。图 8.6 给出了 k 取 40 个不同的值时,相应的参数最小二乘估计的变化情况。

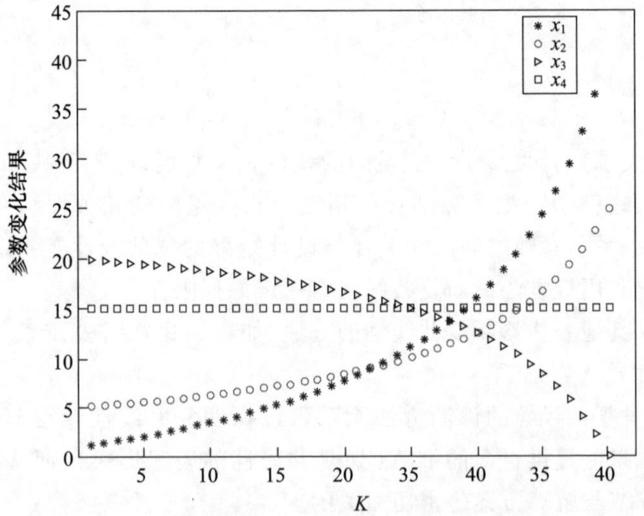

图 8.6　复共线关系对最小二乘解的影响

从图8.6可见，复共线性对参数的最小二乘估计整体上确实构成了严重的危害。然而，在大多数情况下，复共线性并非对模型中所有参数的最小二乘估计都会构成危害。事实上，设计阵的复共线性关系通常不存在于它的全部数据列中，而仅存在于其中的部分数据列之中（如式(8.52)设计阵 $\boldsymbol{A}$ 的 $\boldsymbol{a}_1$、$\boldsymbol{a}_2$ 和 $\boldsymbol{a}_3$），这部分数据列称为涉扰数据列，其余数据列（如式(8.52)设计阵 $\boldsymbol{A}$ 的 $\boldsymbol{a}_4$）未参与构成复共线性关系，称为非涉数据列。在做最小二乘估计时，真正被复共线性侵扰或危害所涉及的参数，正是这部分参与构成复共线性关系的数据列所对应的参数（如式(8.52) $\boldsymbol{X}$ 的 X_1、X_2 和 X_3），这部分参数称为涉扰参数，其余的参数（如式(8.52) $\boldsymbol{X}$ 的 X_4），因其对应的数据列（如式(8.52)设计阵 $\boldsymbol{A}$ 的 $\boldsymbol{a}_4$）并未参与构成复共线性关系，故不会受到危害，其最小二乘估计准确而稳定，这部分参数称为非涉扰参数。虽然在此过程中 $\boldsymbol{A}$ 只有一个元素前后仅变化了不到0.1，却导致涉扰参数 X_1、X_2、X_3 的解值发生了几倍甚至几十倍的变化（若 k 接近50，变化更剧烈），只有非涉扰参数 X_4 非常稳定。

3）特征值-条件指标-方差分解比诊断法

对于G-M模型有

$$\eta_k = \frac{\lambda_1}{\lambda_k} \qquad k = 1, \cdots, t \tag{8.53}$$

η_k 称为法矩阵 $\boldsymbol{N} = \boldsymbol{A}^{\mathrm{T}}\boldsymbol{PA}$ 的第 k 个条件指标，其中 $\lambda_1 \geqslant \lambda_2 \geqslant \cdots \geqslant \lambda_t \geqslant 0$ 为法矩阵 $\boldsymbol{N}$ 的特征值，记相应的正则化特征矢量为 $\boldsymbol{q}_1, \cdots, \boldsymbol{q}_t$，并记 $\boldsymbol{Q} = (q_{ij}) = (\boldsymbol{q}_1, \cdots, \boldsymbol{q}_t)$，$\boldsymbol{\Lambda} = \mathrm{diag}(\lambda_1, \cdots, \lambda_t)$。显然，$\eta_t$ 为熟知的法矩阵的条件数 K。

条件指标刻画了每个特征值相对于最大特征值“小”的程度，第 k 个条件指标越大，就表明第 k 个特征值相对越小。因此，条件指标不但可以像条件数一样用于判断设计阵的数据列之间有没有复共线性关系以及度量复共线性的严重程度，而且可以用来确定复共线性关系的个数。如果出现“高”的条件指标，就认为设计阵的数据列之间存在复共线性关系。统计应用的经验表明：若复共线性关系很弱，则条件指标小于100；若复共线性关系较强，则条件指标为100～1000；若复共线性关系很严重，则条件指标大于1000。因此，把100作为界定条件指标“高”的阈值，从而大于100的条件指标的个数就是复共线性关系的个数。

为了研究每个复共线性关系包含哪些数据列，下面引进方差分解比的概念。

第 k 个未知参数最小二乘估计的方差可以写为

$$\mathrm{var}(\hat{X}_{\mathrm{LS}}^{(k)}) = \sigma_0^2 \sum_{j=1}^{t} \frac{q_{jk}^2}{\lambda_j} = \sigma_0^2 \left(\frac{q_{1k}^2}{\lambda_1} + \cdots + \frac{q_{jk}^2}{\lambda_j} + \cdots + \frac{q_{tk}^2}{\lambda_t} \right) \tag{8.54}$$

即 $\mathrm{var}(\hat{X}_{\mathrm{LS}}^{(k)})$ 分解成 t 项之和，每一项仅与法矩阵的唯一的一个特征值有关，而此特征值出现在分母上，于是在其他条件相同的情况下，对应于复共线性关系（小的特征值）的项比其他的项要大。这表明，对应于同一个比较小的特征值，如果出现两个或两个以上的未知参数估计的方差之比非常大的情况，就有理由认为对应于该较小特征值的复共线性关系包含与这些未知参数对应的设计阵的数据列。

第 k 个未知参数最小二乘估计的方差分解式中的第 j 项与第 k 个未知参数最小二乘估计的方差之比称为第(k,j)个方差分解比,记为 π_{jk},即

$$\pi_{jk}=\frac{\varphi_{jk}}{\varphi_k}\qquad k,j=1,\cdots,t \tag{8.55}$$

式中:$\varphi_{jk}=\frac{q_{jk}^2}{\lambda_j}$; $\varphi_k=\sum_{j=1}^{t}\varphi_{jk}$。

于是得到一个 $t\times t$ 的方差分解比矩阵 $\Pi=(\pi_{jk})$,从而可形成表 8.1。

表 8.1　方差分解比矩阵

特征值	条件指标	方差分解比			
		$\mathrm{var}(\hat{X}_{\mathrm{LS}}^{(1)})$	$\mathrm{var}(\hat{X}_{\mathrm{LS}}^{(2)})$	…	$\mathrm{var}(\hat{X}_{\mathrm{LS}}^{(t)})$
λ_1	η_1	π_{11}	π_{12}	…	π_{1t}
λ_2	η_2	π_{21}	π_{22}	…	π_{2t}
⋮	⋮	⋮	⋮	⋮	⋮
λ_t	η_t	π_{t1}	π_{t2}	…	π_{tt}

上述 Π 矩阵中,每一行只与一个特征值 λ_i,或者说与条件指标 $\eta_i=\lambda_1/\lambda_i$ 有关,且每个数据列的元素之和等于 1。

下面根据特征值、条件指标和方差分解比提出诊断设计阵数据列之间复共线性关系的方法——特征值-条件指标-方差分解比法。其实施步骤如下:

(1) 将设计阵 A 的数据列单位化或标准化(减平均再除以标准差),其结果记为A^*。

(2) 计算A^*的特征值、条件指标及方差分解比。

(3) 按照特征值接近零以及条件指标大于 100 的双重评判标准确定复共线性关系的个数。

(4) 确定复共线性关系所包含的数据列。

一般地,一个数据列被认为包含在复共线性关系中,则它相应于"高"条件指标的方差分解比(或方差分解比之和)比较大,会超过某个阈值,此阈值一般设定为 0.5。在具体确定被包含的数据列时,又分两种情形:

情形Ⅰ:设计阵的数据列之间仅存在一个复共线性关系。此时仅有一个"高"条件指标,可直接从其所对应的那一行方差分解比中,找出方差分解比大于 0.5 的数据列,即为该复共线性关系所包含的数据列。

情形Ⅱ:设计阵的数据列之间同时存在两个或两个以上复共线性关系。此时有两个或两个以上"高"条件指标,通过计算这些"高"条件指标所对应的各个数据列的方差分解比之和,其中方差分解比之和大于 0.5 的数据列,即为该两个或两个以上复共线性关系所包含的数据列。需要特别指出的是,此时只能笼统指出哪几个数据列被包含在复共线性关系中,而不能确定每一个数据列具体被包含在哪个复共线性关系中。

（5）确定未包含在复共线性关系中的数据列。

如果一个数据列的相应于“低”条件指标的方差分解比之和超过阈值 0.5，则认为该数据列不包含在任何一个复共线性关系中。

虽然由步骤（3）可确定复共线性关系的个数（不妨设为 r 个），由步骤（4）可确定这些复共线性关系涉及的所有数据列（称为涉嫌列），但是还未找到这些涉嫌列间的 r 个近似线性关系表达式，对此采用辅助“回归”的方法来完成，在前面 5 步的基础上，增加下面的步骤。

（6）该步骤又分两阶段进行。第一阶段设法从涉嫌列中挑选 r 列作为枢轴列。为此，首先找出方差分解比矩阵第 t 行（最后一行）中的最大元素，若为 π_{tj}，则选第 j 列为第一个枢轴列；再找第 $t-1$ 行中的最大元素（第 j 个元素除外，因为第 j 列已选过），若为 $\pi_{t-1,k}$，则选第 k 列为第二个枢轴列；这样不断进行下去，直到利用第 $t-r+1$行把第 r 个枢轴列找到为止。这一阶段的实施有时需要从对复共线性整体认识的角度去把握，具有一定的经验性和艺术性。第二阶段做 r 个枢轴列关于剩余的 $t-r$个数据列的“回归”，并检验“回归”系数的显著性。

第一阶段完成质量好的标志是，删除枢轴列后的设计阵的条件数大为降低而成为良态情形。第二阶段完成质量好的标志是，在最后得到的“回归”方程中，涉嫌列对应的“回归”系数 t 值较高，而非涉嫌列对应的“回归”系数 t 值很低，这不仅证实了涉嫌列是设计阵数据列之间复共线性关系的主要制造者，而且通过辅助“回归”将设计阵数据列之间所有的复共线性关系的表达式悉数求出，这无疑是对设计阵中究竟存在着怎样的复共线性做出了最有说服力的诊断。

8.2.1.4　数据融合的优化分析

基于星地链路的 GEO 单星定轨，由于高轨静地特性致使卫星轨道与常值性系统差（如钟差和测距偏差等）存在强相关特性，因此解算存在严重的病态性。若与星间链路数据相组合，利用 MEO 和 IGSO 的相对运动可以打破原有的静地特性，并能够保证多星定轨算法的稳定性。

将联合数据的误差方程表示为

$$\begin{cases} \boldsymbol{z}_1 = \boldsymbol{A}_1 \boldsymbol{x} + \boldsymbol{v}_1 \\ \boldsymbol{z}_2 = \boldsymbol{A}_2 \boldsymbol{x} + \boldsymbol{v}_2 \end{cases} \tag{8.56}$$

相应的法矩阵为

$$\boldsymbol{N} = \boldsymbol{N}_1 + \boldsymbol{N}_2 = \boldsymbol{A}_1^{\mathrm{T}} \boldsymbol{P}_1 \boldsymbol{A}_1 + \boldsymbol{A}_2^{\mathrm{T}} \boldsymbol{P}_2 \boldsymbol{A}_2 \tag{8.57}$$

根据定理：$\boldsymbol{A}$ 和 $\boldsymbol{B}$ 为同维正定方阵；若 $(\boldsymbol{A}+\boldsymbol{B})$ 正定，则有 $(\boldsymbol{I}+\boldsymbol{B}\boldsymbol{A}^{-1})^{-1}$ 正定，并且

$$(\boldsymbol{A}+\boldsymbol{B})^{-1} = \boldsymbol{A}^{-1} - \boldsymbol{A}^{-1}(\boldsymbol{I}+\boldsymbol{B}\boldsymbol{A}^{-1})^{-1}\boldsymbol{B}\boldsymbol{A}^{-1} \tag{8.58}$$

则有附加数据源对解算协方差矩阵的改进形式

$$\boldsymbol{N}^{-1} = (\boldsymbol{N}_1+\boldsymbol{N}_2)^{-1} = \boldsymbol{N}_1^{-1} - \boldsymbol{N}_1^{-1}(\boldsymbol{I}+\boldsymbol{N}_2\boldsymbol{N}_1^{-1})^{-1}\boldsymbol{N}_2\boldsymbol{N}_1^{-1} \tag{8.59}$$

8.2.2 GEO 定轨协方差的简化解析模型

针对 GEO 卫星的静地特性，首先建立一个 GEO 定点处的转动坐标系，由相对运动方程给出二体问题下的线性动力学方程，并在此基础上将观测弧段的数据积累用积分形式进一步近似和简化。根据推导的计算方法，只需设置少量参数和先验信息即可快捷地进行协方差计算和分析。运用该模型可以方便快捷地对各类常用地面观测设备进行自校准和非校准方法的精度评定。

8.2.2.1 数学模型

新建一个 GEO 定点地固坐标系 $O-xyz$，即以卫星定点的开普勒轨道为参考轨道，将地心地固坐标系 $E-XYZ$ 绕 Z 轴转动星下点经度 λ_0，令 X 轴指向定点的地心向径方向，再将原点平移至参考轨道的定点位置 O。

在 GEO 定点地固坐标系下，以地面跟踪站的站星距观测为例，写出观测方程：

$$\rho = |\boldsymbol{R}_S - \boldsymbol{R}| + b + \varepsilon \tag{8.60}$$

式中：$\boldsymbol{R}_S$、$\boldsymbol{R}$ 分别为卫星和地面站位置矢量；ρ、ε 为观测值和观测噪声；$\boldsymbol{b}$ 为测距偏差，用于吸收地面和星上的设备延迟和钟（或钟同步）偏差以及跟踪站站址、信号传播延迟等校正后的残余影响。

卫星状态量 $\boldsymbol{X}$ 取为新建坐标系下的卫星位置和速度矢量，即 $\boldsymbol{X} = (\boldsymbol{R}_S, \dot{\boldsymbol{R}}_S)^{\mathrm{T}}$，当待估状态量分别为$\boldsymbol{X}_0$ 和 $\Delta \boldsymbol{X}_0 = (\boldsymbol{R}_{S0}, \dot{\boldsymbol{R}}_{S0}, \boldsymbol{b})^{\mathrm{T}}$ 时，状态量$\boldsymbol{X}_0$ 的非校准和自校准的协方差公式可表示为

$$\boldsymbol{\Sigma} = \boldsymbol{\Sigma}_{X_0} + \boldsymbol{S}\boldsymbol{\Sigma}_b^{\mathrm{apr}}\boldsymbol{S}^{\mathrm{T}} \tag{8.61}$$

$$\boldsymbol{\Sigma}' = \boldsymbol{\Sigma}_{X_0} + \boldsymbol{S}\boldsymbol{\Sigma}_b\boldsymbol{S}^{\mathrm{T}} \tag{8.62}$$

式中

$$\begin{cases} \boldsymbol{\Sigma}_{X_0} = \sigma_0^2(\boldsymbol{P}_0 + \boldsymbol{A}_{X_0}^{\mathrm{T}}\boldsymbol{P}A_{X_0})^{-1} \\ \boldsymbol{\Sigma}_b^{\mathrm{apr}} = \sigma_0^2\,\boldsymbol{P}_b^{-1} \\ \boldsymbol{S} = \boldsymbol{\Sigma}_{X_0}(\boldsymbol{A}_{X_0}^{\mathrm{T}}\boldsymbol{P}\boldsymbol{A}_b) \end{cases} \tag{8.63}$$

在非校准方法中，测距偏差 $\boldsymbol{b}$ 及其可靠性由经验或外部提供，其先验信息$\boldsymbol{\Sigma}_b^{\mathrm{apr}}$不会随估计过程而有变化，由式(8.62)可知，它对轨道的影响 $\boldsymbol{S}\boldsymbol{\Sigma}_b^{\mathrm{apr}}\boldsymbol{S}^{\mathrm{T}}$ 是固定的。

在自校准方法中，由式(8.63)可以看出，若测距偏差 $\boldsymbol{b}$ 具有自校准能力，参数校准的同时，其验后方差$\boldsymbol{\Sigma}_b$也将比验前方差 $\boldsymbol{\Sigma}_b^{\mathrm{apr}}$小，因此对轨道的影响 $\boldsymbol{S}\boldsymbol{\Sigma}_b\boldsymbol{S}^{\mathrm{T}}$ 相应减小，从而能够提高轨道确定精度。

从协方差计算公式可以看出，主要的计算量只有$\boldsymbol{A}_{X_0}^{\mathrm{T}}\boldsymbol{P}\boldsymbol{A}_{X_0}$和$\boldsymbol{A}_{X_0}^{\mathrm{T}}\boldsymbol{P}\boldsymbol{A}_b$，其中

$$\begin{cases} \boldsymbol{A}_{X_0} = \left(\dfrac{\partial \rho}{\partial \boldsymbol{X}}\right)\left(\dfrac{\partial \boldsymbol{X}}{\partial \boldsymbol{X}_0}\right) = \boldsymbol{A}_X\boldsymbol{\Phi}(t, t_0) \\ \boldsymbol{A}_b = \left(\dfrac{\partial \rho}{\partial b}\right) = 1 \end{cases} \tag{8.64}$$

因为 GEO 卫星通常要求定点控制在 ±0.1°范围内,其地面跟踪的观测几何 $\boldsymbol{A}_X$ 几乎不变,在较短跟踪弧段内可近似看作固定量,则 $\boldsymbol{A}_{X_0}$ 的变化主要体现在状态转移方程。

由于入轨条件的微小差异以及各种摄动因素的影响,卫星将在参考轨道附近运动。可以方便地在新建坐标系下描述卫星的运动,即相对运动的 Hill 方程:

$$\begin{cases}\ddot{x}-2n\dot{y}-3n^2x=f_x/m\\ \ddot{y}+2n\dot{x}=f_y/m\\ \ddot{z}+n^2z=f_z/m\end{cases}\tag{8.65}$$

这里$\boldsymbol{R}_S=(x,y,z)^{\mathrm{T}}$ 即为卫星在相对坐标系下的位置矢量。

若仅考虑无摄运动,积分上式有状态转移方程的严格解析表达式:

$$\boldsymbol{X}(t)=\boldsymbol{\Phi}(t)\boldsymbol{X}_0 \qquad \boldsymbol{X}_0=\boldsymbol{X}(t_0)=(\boldsymbol{R}_S(t_0)\ \dot{\boldsymbol{R}}_S(t_0))^{\mathrm{T}}\tag{8.66}$$

式中

$\boldsymbol{\Phi}(t)=$

$$\begin{bmatrix}4-3\cos(nt) & 0 & 0 & \sin(nt)/n & 2(1-\cos(nt))/n & 0\\ 6(\sin(nt)-nt) & 1 & 0 & 2(\cos(nt)-1)/n & 4\sin(nt)/n-3t & 0\\ 0 & 0 & \cos(nt) & 0 & 0 & \sin(nt)/n\\ 3n\cdot\sin(nt) & 0 & 0 & \cos(nt) & 2\sin(nt) & 0\\ 6n\cdot(\cos(nt)-1) & 0 & 0 & -2\sin(nt) & 4\cos(nt)-3 & 0\\ 0 & 0 & -n\cdot\sin(nt) & 0 & 0 & \cos(nt)\end{bmatrix}\tag{8.67}$$

由于仅考虑了无摄运动,直接利用式(8.67)进行轨道外推过于粗略,但是对于数小时至数天弧段的定轨协方差分析,摄动和线性化因素通常可以略去。

8.2.2.2 观测弧段数据积累的解析表示

由于状态转移矩阵 $\boldsymbol{\Phi}$ 关于时间 t 的特殊表现形式,法方程系数矩阵$\boldsymbol{A}_{X_0}^{\mathrm{T}}\boldsymbol{P}\boldsymbol{A}_{X_0}$在时间序列上的累积可以进一步解析表示。

对 $\boldsymbol{A}_{X_0}=\boldsymbol{A}_X\boldsymbol{\Phi}(t)$进行线性变换,将卫星的正弦、余弦曲线运动和线性运动提取出来,即

$$\boldsymbol{A}_{X_0}=\boldsymbol{G}(t)\boldsymbol{B}\tag{8.68}$$

其中

$$\begin{cases}\boldsymbol{G}(t)=\begin{bmatrix}1 & \cos(nt_1) & \sin(nt_1) & t_1\\ 1 & \cos(nt_2) & \sin(nt_2) & t_2\\ \vdots & \vdots & \vdots & \vdots\end{bmatrix}\\ \boldsymbol{B}=\boldsymbol{B}(\lambda-\lambda_0,\varphi)\end{cases}\tag{8.69}$$

式中:λ、φ 分别为地面跟踪站的经、纬度;λ_0 为卫星的定点经度。可见矩阵 $\boldsymbol{B}$ 仅仅与星地的相对位置有关。

假定观测序列独立且等精度,取观测权矩阵为单位阵 $\boldsymbol{P}=\boldsymbol{I}$,则有

$$A_{X_0}^{\mathrm{T}}PA_{X_0} = B^{\mathrm{T}}G(t)^{\mathrm{T}}G(t)B = B^{\mathrm{T}}JB \tag{8.70}$$

式中

$$J = G^{\mathrm{T}}G = \begin{bmatrix} \mathrm{Num} & \sum_j \cos nt_j & \sum_j \sin nt_j & \sum_j t_j \\ \cdots & \sum_j \cos^2 nt_j & \sum_j \cos nt_j \sin nt_j & \sum_j t_j \cos nt_j \\ \cdots & \cdots & \sum_j \sin^2 nt_j & \sum_j t_j \sin nt_j \\ \cdots & \cdots & \cdots & \sum_j t_j^2 \end{bmatrix} \tag{8.71}$$

对称阵 J 的计算可以进一步用观测弧长和采样间隔来解析表达。取初始时刻 $t_0=0$ 为观测弧段的中点，半弧段长为 ψ，采样间隔为 Δt，则总的观测数为

$$\mathrm{Num} = \frac{2\psi}{n\Delta t} + 1 \tag{8.72}$$

求和用求积分近似代替：

$$\sum_j f(nt_j) = \sum_{-\psi}^{\psi} f(\psi_j) = \frac{1}{n\Delta t}\int_{-\psi}^{\psi} f(\psi)\,\mathrm{d}\psi \tag{8.73}$$

注意到奇函数积分为零，整理可得

$$J = \frac{1}{n\Delta t}\begin{bmatrix} 2\psi & 2\sin\psi & 0 & 0 \\ 2\sin\psi & \psi + \frac{1}{2}\sin(2\psi) & 0 & 0 \\ 0 & 0 & \psi - \frac{1}{2}\sin(2\psi) & 2(\sin\psi - \psi\cos\psi)/n \\ 0 & 0 & 2(\sin\psi - \psi\cos\psi)/n & 2\psi^3/(3n^2) \end{bmatrix} \tag{8.74}$$

同理，可以写出 $A_{X_0}^{\mathrm{T}}PA_b$ 的解析表达式。若取系统误差为常值，即

$$A_b = (1\quad 1\quad 1\quad \cdots\quad 1)^{\mathrm{T}} \tag{8.75}$$

则有

$$A_{X_0}^{\mathrm{T}}PA_b = B^{\mathrm{T}}G^{\mathrm{T}}A_b = B^{\mathrm{T}}J(:,1) \tag{8.76}$$

式中：$J(:,1)$ 为对称阵 J 的第一列，$J(:,1) = G^{\mathrm{T}}A_b$。

若取系统误差为一个线性函数，即

$$A_b = \begin{bmatrix} 1 & 1 & 1 & \cdots & 1 \\ t_1 & t_2 & t_3 & \cdots & t_N \end{bmatrix}^{\mathrm{T}} \tag{8.77}$$

则有

$$A_{X_0}^{\mathrm{T}}PA_b = B^{\mathrm{T}}G^{\mathrm{T}}A_b = B^{\mathrm{T}}J(:,[1\quad 4]) \tag{8.78}$$

式中：$J(:,[1\quad 4])$ 为对称阵 J 的第一和第四列组成的子矩阵，$J(:,[1\quad 4]) = G^{\mathrm{T}}A_b$。

推导至此，经过适当的简化处理，定轨精度评定公式的主要计算工作$\boldsymbol{A}_{X_0}^{\mathrm{T}}\boldsymbol{P}\boldsymbol{A}_{X_0}$和$\boldsymbol{A}_{X_0}^{\mathrm{T}}\boldsymbol{P}\boldsymbol{A}_b$，可以由少量的几个设定参数直接计算，即通过设定地面跟踪网坐标与卫星星下点经度来计算和累计叠加矩阵$\boldsymbol{B}=\boldsymbol{B}(\lambda-\lambda_0,\varphi)$，通过选择观测弧长和采样间隔来唯一确定矩阵$\boldsymbol{J}=J(\psi,\Delta t)$。

至此，自校准的协方差公式可由式(8.62)得到：

$$\boldsymbol{\Sigma}_{X_0}=\sigma_0^2(\boldsymbol{P}_0+\boldsymbol{A}_{X_0}^{\mathrm{T}}\boldsymbol{P}\boldsymbol{A}_{X_0})^{-1}=\sigma_0^2(\boldsymbol{P}_0+\boldsymbol{B}^{\mathrm{T}}\boldsymbol{J}\mathbf{B})^{-1} \tag{8.79}$$

$$\boldsymbol{S}=\boldsymbol{\Sigma}_{X_0}(\boldsymbol{A}_{X_0}^{\mathrm{T}}\boldsymbol{P}\boldsymbol{A}_b)=\boldsymbol{\Sigma}_{X_0}(\boldsymbol{B}^{\mathrm{T}}\boldsymbol{J}(:,1)) \tag{8.80}$$

不同观测模型对应的几何条件不同，相对应的$\boldsymbol{B}$矩阵也不同。但是，$\boldsymbol{B}=\boldsymbol{B}(\lambda-\lambda_0,\varphi)$矩阵仅与星地的相对位置有关。

8.2.2.3　数值验证

为了证实上述计算方法的可靠性，用模拟的单程测距资料做了定轨计算。设GEO卫星定点于东经110°，四个地面模拟跟踪站设为北京站、佳木斯站、新疆站和海南站，基本观测量是伪距。定轨弧段取了8h至6天之间的10个计算弧段，因为是算法验证，为简便起见，假定卫星动力学模型无误差，待估状态量$\boldsymbol{X}_0$为相对坐标系下改进历元的位置和速度矢量，选取的考虑参数为每个地面跟踪站设一个常值测距偏差（代表外部测距校正系统的残余误差）。设测量随机误差为3m，测距偏差为1m，未顾及估计参数的先验统计信息。

图8.7为分别用协方差解析公式和模拟定轨得到的位置分量RMS的比对结果。由图8.7可以看出，计算结果总体上符合定轨计算结果，其中差别最大的项出现在短弧段，这是因为用积分代替求和，数据量较少会有一定影响。

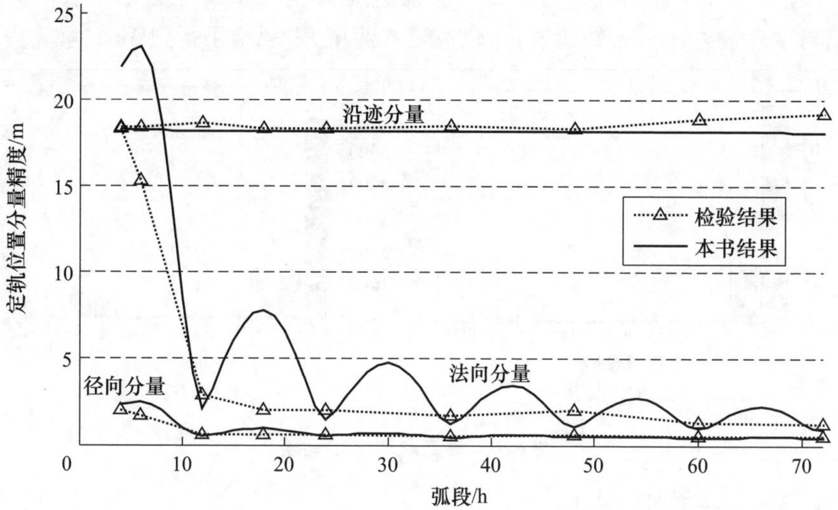

图8.7　GEO简化协方差模型与定轨模拟计算结果的比较

上述计算结果证实所提供的方法能够达到GEO卫星定轨协方差分析的效果，计算过程简单,并且便于考查各种考虑参数对估计参数的影响特性。

8.2.3 实测数据算例分析

采用 2011 年 1 月 26 日的实测数据对 PRN4 卫星进行定轨计算和协方差计算。四个测站为北京站、海南站、黑龙江站和广东站,首先对 L 伪距进行星地钟差改正,定轨弧长为 1 天,数据采样间隔为 30s,解算参数除了卫星状态和两个光压系数外,每个地面站用一个常值系统差代表外部校正系统差的残余影响。对系统差的处理分别采用如下三种方案:

方案 1:解算一个公共系统差。

方案 2:固定北京站,解算其他三个站的系统差。

方案 3:解算四个站的系统差。

8.2.3.1 定轨结果分析

长期定轨实践和统计分析表明,校正后各个测站的系统差可以用一个公共偏差较好表示,且其数值稳定。因此,这里将方案 1 的参数解算结果作为标准。将方案 2 和方案 3 的解算参数与标准相比,参数解算偏差如图 8.8 所示。

(1) 测站独立系统差的自校准能力较弱。每个测站解算的系统差偏差大,其中方案 2 不解算北京站的系统差,从图 8.8 可知,解算与不解算相差不大,仍在米级,个别站甚至解算更差。

(2) 若每个站均解算系统差,则定轨失败。方案 2 由于固定北京站系统差为 0,对定轨约束作用较为明显,定轨结果偏差在 50m 以内,北京站的系统差约为 3.5m,因此,引起 X 轴和 Y 轴方向的位置偏差分别达到 10 倍和 2.5 倍左右。在方案 3 中,将全部测站系统差作为未知参数,对轨道没有约束,定轨结果达到 6km,解算失败。

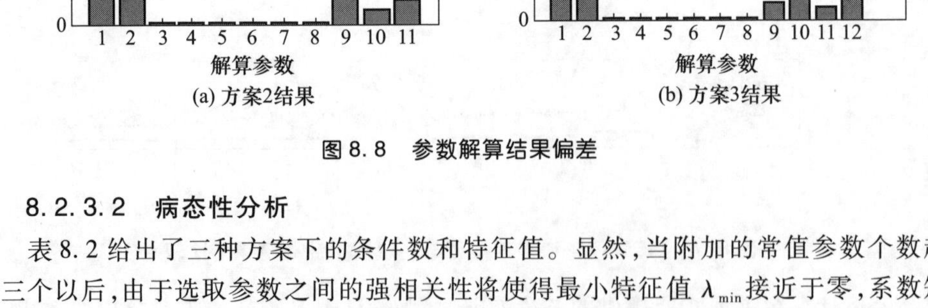

(a) 方案2结果 (b) 方案3结果

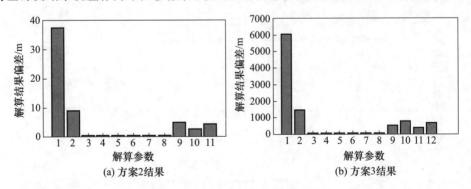

图 8.8 参数解算结果偏差

8.2.3.2 病态性分析

表 8.2 给出了三种方案下的条件数和特征值。显然,当附加的常值参数个数超过三个以后,由于选取参数之间的强相关性将使得最小特征值 $\lambda_{\min}$ 接近于零,系数矩阵具有复共线性,增广系统的能观性降低,造成系统参数自校准作用不明显和失效。

分析结论表明,基于地基测距定轨的系统差自校准能力有限。

表 8.2　三种方案对应的条件数和特征值

		方案 1	方案 2	方案 3
特征值	λ_1	1.5×10^{13}	1.5×10^{13}	1.5×10^{13}
	λ_2	2.3×10^{12}	2.3×10^{12}	2.3×10^{12}
	λ_3	1.9×10^{9}	1.9×10^{9}	1.9×10^{9}
	λ_4	3.1×10^{7}	3.1×10^{7}	3.1×10^{7}
	λ_5	1.3×10^{5}	1.2×10^{5}	1.3×10^{5}
	λ_6	1.9×10^{3}	5.4×10^{3}	5.5×10^{3}
	λ_7	247.5	5.0×10^{3}	5.4×10^{3}
	λ_8	8.3	1.8×10^{3}	5.0×10^{3}
	λ_9	3.1	882.3	1.3×10^{3}
	λ_{10}	—	8.1	36
	λ_{11}	—	1.1	7.7
	λ_{12}	—	—	2.3×10^{-5}
法矩阵的条件数		5×10^{12}	1.4×10^{13}	6.3×10^{17}
均方根信息矩阵的条件数		2.2×10^{6}	3.8×10^{6}	2.7×10^{8}

由表 8.2 第一列可知,即使最佳的方案 1,法矩阵的条件数也非常大,在 5×10^{12} 的量级上,表明参数解算具有一定的病态性。由于采用了数值稳定性较好的基于 Givens 变换的算法,利于病态矩阵的求解,系统方程的病态程度也有较大改善。比如采用均方根平差算法,则其均方根信息矩阵计算出来的条件数为法矩阵条件数的平方根。

需要指出的是,表 8.2 中对于附加参数不大于 2 个时,虽然条件数非常大,但是最小特征值分别为 3.1 和 1.1,没有出现接近零的情况,这表明此时方程没有复共线性关系。事实上,目前的常规定轨已经证明了这两种定轨方案的稳定性和定轨精度。

8.2.3.3　敏感度分析

针对方案 2,计算北京站系统差对解算参数的敏感度矩阵,其对解算参数的敏感因子如图 8.9 所示。

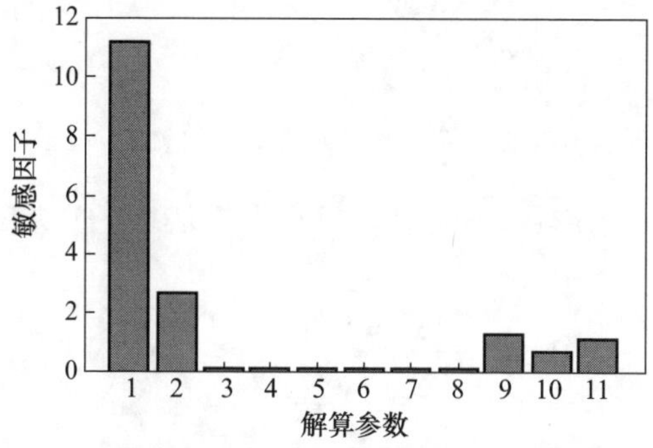

图 8.9　方案 2 的北京站系统差对参数解算结果的影响

显然,未顾及的北京站系统差对轨道的 X 和 Y 位置分量影响最大,放大因子分别达到 11 和 2.7。其次是对其他 3 个测站的系统差影响较大,放大系数均为 0.7~1.3。此外,对轨道的法向位置分量、卫星速度以及光压参数影响较小,可以忽略其影响。

8.2.3.4 非校准参数对估计的直接改正

静地特性致使卫星轨道与常值性系统差存在强相关特性,因此基于星地链路的 GEO 单星定轨和系统差混合解算存在严重的病态性,已达成共识。大量的模拟和实测数据也验证了这一点。为此,最重要的解决策略是采用独立的时间同步进行支持约束,即在 GEO 单星定轨中,钟差改正作为外部校准参数,可以通过站间和星地时间同步获取,并直接对观测数据进行改正,且钟差校准误差等通常合并作为系统差对待。那么,系统差误差将如何影响定轨结果和处理呢?

在卫星统计定轨中有一些特殊的模型参数,它们对观测量不敏感(如时变重力场系数对短期测轨数据)或者与其他估计参数强相关,虽然不能由某类测轨技术的自校准方法直接解算,但是许多参数通过其他外部手段获得。对于这些非随机性质的变量参数,除用非校准方法的协方差分析评估其误差的影响外,还能够直接用于对轨道估计结果的改正或比较。

在外部校准方法中,通常认为系统差仅仅作为影响定轨精度的"考虑参数"而非待估参数,即不参与参数估计过程,则式(8.37)改写为

$$\begin{cases} \boldsymbol{z} = \boldsymbol{A}_X\boldsymbol{x} + \tilde{\boldsymbol{v}} \\ \tilde{\boldsymbol{v}} = \boldsymbol{A}_Y\boldsymbol{y} + \boldsymbol{v} \end{cases} \tag{8.81}$$

令轨道状态参数对钟参数误差的敏感度矩阵为

$$\boldsymbol{S} = \frac{\partial \boldsymbol{x}}{\partial \boldsymbol{y}} \tag{8.82}$$

根据最小二乘原则,可以推导出钟差改正误差对轨道状态参数的影响为

$$\Delta\hat{\boldsymbol{x}} = (\boldsymbol{A}_X^{\mathrm{T}}\boldsymbol{P}\boldsymbol{A}_X)^{-1}\boldsymbol{A}_X^{\mathrm{T}}\boldsymbol{P}\boldsymbol{A}_Y\Delta y \tag{8.83}$$

即

$$\begin{cases} \Delta\hat{\boldsymbol{x}} = \boldsymbol{S}\Delta\boldsymbol{y} \\ \Sigma_{\Delta\hat{x}} = \boldsymbol{S}\Sigma_{\Delta y}\boldsymbol{S}^{\mathrm{T}} \\ \boldsymbol{S} = \dfrac{\partial \boldsymbol{x}}{\partial \boldsymbol{y}} = (\boldsymbol{A}_X^{\mathrm{T}}\boldsymbol{P}\boldsymbol{A}_X)^{-1}\boldsymbol{A}_X^{\mathrm{T}}\boldsymbol{P}\boldsymbol{A}_Y \end{cases} \tag{8.84}$$

为保证算法稳定性,定轨计算通常采用均方根信息平差方法。则与式(8.84)相应的计算公式为

$$\begin{cases} \Delta\hat{\boldsymbol{x}} = \boldsymbol{S}\Delta\boldsymbol{y} \\ \Sigma_{\Delta\hat{x}} = \boldsymbol{S}\Sigma_{\Delta y}\boldsymbol{S}^{\mathrm{T}} \\ \boldsymbol{S} = \dfrac{\partial \boldsymbol{x}}{\partial \boldsymbol{y}} = \boldsymbol{R}_x^{-1}\boldsymbol{R}_{xy} \end{cases} \tag{8.85}$$

式中：$\boldsymbol{R}_x$和$\boldsymbol{R}_{xy}$来自矩阵$\boldsymbol{A}$的QR分解，其形式为

$$\boldsymbol{A}_{n\times t}=\boldsymbol{Q}_{n\times n}\begin{bmatrix}\boldsymbol{R}_{t\times t}\\ \boldsymbol{0}_{(n-t)\times t}\end{bmatrix} \tag{8.86}$$

$$\boldsymbol{R}=\begin{bmatrix}\boldsymbol{R}_x & \boldsymbol{R}_{xy}\\ \boldsymbol{0} & \boldsymbol{R}_y\end{bmatrix} \tag{8.87}$$

其中：$\boldsymbol{R}_x$、$\boldsymbol{R}_y$为上三角阵。

根据上述推导，可以看出：

(1) 在忽略系统差情况下，系统差$\boldsymbol{y}$不参与估计（即定轨）过程，但是其误差$\Delta\boldsymbol{y}$以某种固定因子$\boldsymbol{S}\Delta\boldsymbol{y}$和$\boldsymbol{S}\boldsymbol{\Sigma}_{\Delta y}\boldsymbol{S}^{\mathrm{T}}$分别影响定轨结果及其精度。

(2) 在忽略系统差情况下，系统差$\boldsymbol{y}$对轨道状态参数的影响程度不一致，与敏感度矩阵$\boldsymbol{S}$中相应分量的数值大小关系密切。例如，轨道迹向位置分量误差对常值性系统偏差的敏感度达到10～20。若钟差误差为0.1ns，则对轨道迹向位置分量带来0.3～0.6m的影响。

在方案1的解算结果中，已知测站的公共系统差为－3.505m。因此，对于方案2，可以对未考虑的北京站系统差影响进行直接改正，即

$$\boldsymbol{X}_1=\hat{\boldsymbol{X}}_1+\boldsymbol{S}\boldsymbol{Y} \tag{8.88}$$

式中：敏感度矩阵$\boldsymbol{S}$已在前边计算得到，这就是顾及了非校准参数改正的估计公式。对方案2各解算参数的修正量如图8.10(a)所示（均取绝对值）。显然，与方案2的定轨结果偏差保持了较好的一致性，表明确实可以进行直接修正，修正精度与非校准参数自身的精度有关。

对方案2进行直接修正后的定轨结果能够与标准结果取得较好的一致性。图8.10(b)列出了修正后的方案2结果与标准的方案1结果的偏差，显然，修正后的方案2，其轨道精度由修正前的50m提高到优于2m，其他测站系统差由修正前的1m左右提高到0.2m左右。

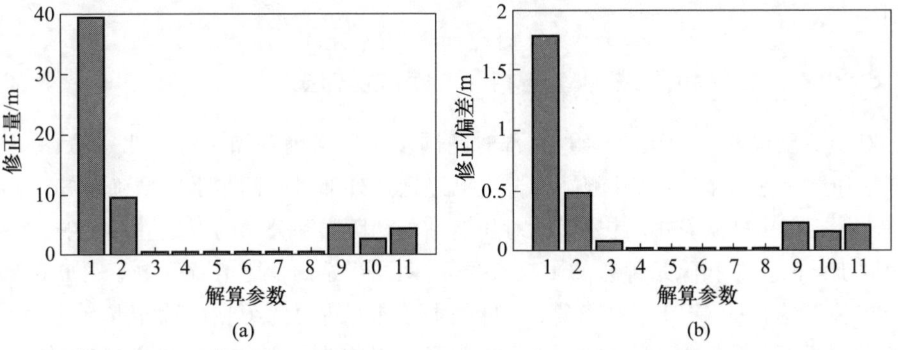

图8.10　北京站系统差作为非校准参数对估计直接修正和修正偏差

综上可见，即使不能确切获得非校准参数的数值，则通常被看作期望值为零的随

机变量,也应顾及其潜在的误差影响。

8.3 已知钟差支持的单星精密定轨方法

本节以 BDS GEO 卫星为例,分析和讨论基于伪距测量的 GEO 卫星定轨策略,论证了钟差二次项、星地时间同步精度、站间时间同步精度和系统差等因素对定轨精度的影响,设计了不同条件下 GEO 卫星的定轨方案[5-6]。

8.3.1 仿真条件

为了分析卫星钟差和测站钟差支持条件下的 GEO 卫星定轨问题,我们仿真了84°E 的 GEO 卫星的伪距和时间同步数据,仿真的跟踪站包括北京站、海南站、新疆站、昆明站、齐齐哈尔站、库尔勒站和宁波站共 7 个地面跟踪站,其中前 4 个站为时间同步站,其测站钟差已知,后 3 个站为非时间同步站。伪距跟踪站仿真信息如表 8.3 所列。

表 8.3 伪距跟踪站仿真信息

站号	地点	a_0/m	a_1/(s/s)	a_2/(s/s^2)	测距噪声/m
1021	北京站	0	0	0	0.2
1041	海南站	200	1.3×10^{-11}	1.3×10^{-18}	0.2
1061	新疆站	300	1.4×10^{-11}	1.4×10^{-18}	0.2
1071	昆明站	400	1.5×10^{-11}	1.5×10^{-18}	0.2
1091	齐齐哈尔站	500	1.2×10^{-10}	1.2×10^{-17}	0.2
1101	库尔勒站	600	1.3×10^{-10}	1.3×10^{-17}	0.2
1111	宁波站	700	1.4×10^{-10}	1.4×10^{-17}	0.2

在仿真中,同时对卫星钟差进行了仿真,其参数为 $a_0 = -1000\text{m}$,$a_1 = -1.0\times10^{-10}\text{s/s}$,$a_2 = -1.0\times10^{-17}\text{s/s}^2$,当卫星与地面实现时间同步后,卫星钟差可以准确获知。

8.3.2 卫星和测站钟差支持下的定轨方法

对于卫星钟差,由于已经通过外部时间同步手段精确获知。对于北京站、海南站、新疆站和昆明站 4 个测站,其测站钟差也已经通过外部时间同步手段精确获知。因此,在基于伪距的定轨解算中,首先可以对所有站的伪距扣除公共的卫星钟差影响,然后对时间同步站的伪距扣除站钟差的影响,这样时间同步站的伪距值就等效于距离观测量。

在基于伪距的 GEO 定轨解算中,4 个时间同步站的伪距在扣除卫星钟差和测站钟差影响后,既可以对卫星轨道进行约束,又可以作为其他伪距站钟差解算的参考标准,因此卫星钟差和测站钟差的精度直接影响 GEO 卫星定轨精度[7-8]。

考虑钟差参数误差和设备时延误差等因素的影响,在卫星钟差和测站钟差上分别加入不同量级的误差，然后进行定轨试验，定轨弧长为3天，解算参数包括卫星初轨、太阳光压参数(常数项和线性项)，以时间同步站作为参考标准与约束条件，全弧段估计一组非时间同步站钟差参数($a_0/a_1/a_2$)。表8.4给出了钟差误差对定轨精度的影响分析结果，其中，方案1、方案2、方案3分别给出了不同钟差误差情况下的定轨精度结果，方案4给出了增加估计卫星钟差后的定轨精度结果。

表8.4　钟差误差对定轨精度影响

方案	待估参数	钟差误差/ns	定轨精度/m
方案1	卫星初轨、太阳光压参数、全弧段估计一组非时间同步站钟差参数($a_0/a_1/a_2$)	0	$R=0.005$, $T=0.027$ $N=0.052$, POS $=0.059$
方案2		2	$R=0.673$, $T=7.100$ $N=1.043$, POS $=7.208$
方案3		3	$R=1.113$, $T=11.561$ $N=1.740$, POS $=11.744$
方案4	卫星初轨、太阳光压参数、全弧段估计一组非时间同步站钟差参数($a_0/a_1/a_2$)、卫星钟差(a_0)	3	$R=0.041$, $T=13.695$ $N=0.462$, POS $=13.703$

从表8.4中的定轨精度可以看出，在基于我国境内的地面跟踪网，3ns的钟差误差引起的GEO卫星轨道径向误差和位置误差分别为1.113m、11.744m，当增加对卫星钟差估计后，轨道的径向精度得到明显改善，但位置精度反而变差。因此，考虑到实测数据中的其他不可预测的因素，钟差精度要求至少达到纳秒量级才能进行精密定轨约束。

另外，在基于伪距的GEO定轨解算中，由于必须对非时间同步站的站钟差进行估计，因此，非时间同步站钟差建模和解算策略直接影响定轨精度。下面继续进行这部分的影响分析。

基于与上述相同的仿真条件，定轨弧长仍然为3天，解算参数包括卫星初轨、太阳光压参数(常数项和线性项)、非时间同步站钟差。解算方案包括两种：

方案1：全弧段解算一组站钟差参数$a_0/a_1/a_2$。

方案2：全弧段解算一组站钟差参数a_0/a_1。

为了分析不同钟差解算策略对定轨精度的影响，不考虑设备时延误差带来的影响，将其视为0，表8.5给出了两种解算方案的定轨精度比较结果，图8.11给出的是方案2的定轨残差图，图中不同颜色曲线表示不同站的定轨残差结果。

表8.5　不同非时间同步站钟差解算策略对定轨精度影响

方案	解算策略	定轨精度/m	定轨残差/m
方案1	全弧段解算一组星地组合钟差参数$a_0/a_1/a_2$	$R=0.005$, $T=0.027$ $N=0.052$, POS $=0.059$	0.196
方案2	全弧段解算一组星地组合钟差参数a_0/a_1	$R=8.280$, $T=22.077$ $N=16.557$, POS $=28.812$	21.016

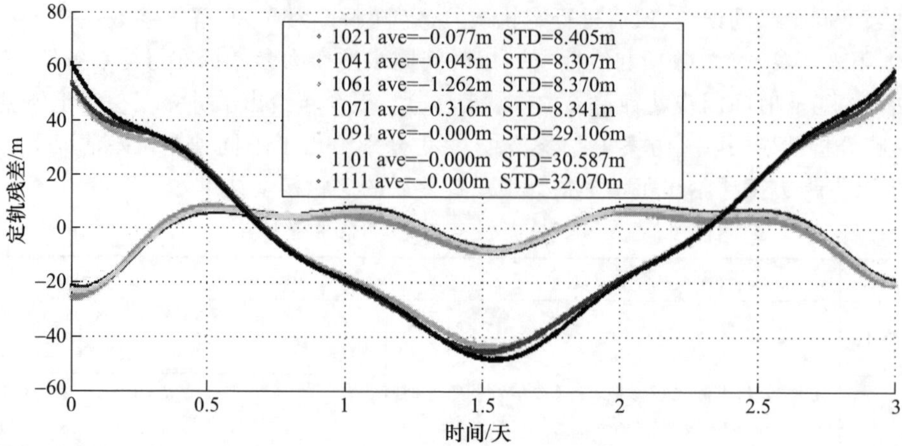

图 8.11 方案 2 定轨残差图(见彩图)

方案 1 与方案 2 的解算策略差异在于对钟差二次项的估计。从图 8.11 和表 8.5 中的结果可以看出,方案 2 的径向精度和位置精度分别为 8.280m 和 28.812m,定轨残差为 21.016m。结果表明,钟差二次项对 GEO 卫星定轨精度不容忽视,当 $a_2 = 1.2 \times 10^{-17} \mathrm{s/s^2}$,1 天的影响达到 26.86m,2 天的影响达到 107.42m,3 天的影响达到 241.70m,因此必须予以考虑。

在基于伪距的 GEO 定轨中,时间同步站首先对卫星轨道进行了强约束,当加入非时间同步站的伪距数据后需要增加对各站钟差的估计,那么非时间同步站的加入对定轨精度的影响程度需要进一步评估。

为了能够更好地说明影响程度,分别对有钟差误差和无钟差误差两种情况进行分析,定轨解算策略为 3 天,估计参数包括卫星初轨、光压参数和非时间同步站全弧段一组星地组合钟参数($a_0/a_1/a_2$),表 8.6 给出了不同定轨用站和不同钟差误差情况下的定轨精度统计结果。

表 8.6 定轨精度比较结果

方案	定轨用站	钟差误差/ns	定轨精度/m
方案 1-A	4 个时间同步站	0	$R = 0.005, T = 0.028$ $N = 0.039$, POS = 0.048
方案 1-B	4 个时间同步站 +3 个非时间同步站	0	$R = 0.005, T = 0.027$ $N = 0.052$, POS = 0.059
方案 2-A	4 个时间同步站	2	$R = 0.673, T = 6.670$ $N = 1.334$, POS = 6.835
方案 2-B	4 个时间同步站 +3 个非时间同步站	2	$R = 0.673, T = 7.100$ $N = 1.043$, POS = 7.208

从表 8.6 中的结果可以看出,与基于 4 个时间同步站的 GEO 卫星定轨精度相

比,增加伪距数据进行联合定轨对轨道精度没有改善,其原因是需要增加对钟差参数的估计,从某种意义上说,在 4 个时间同步站同时存在的情况下,非时间同步站对于卫星轨道意义不大。

但是,定轨解算的钟差结果为星地和站间时间同步提供了一个新的实现途径,即基于伪距精密定轨的时间同步,表 8.7 给出了非时间同步站的钟差解算精度结果。

表 8.7 站钟差解算精度

方案	齐齐哈尔站钟	库尔勒站钟	宁波站钟
方案 1-B	$a_0 = -0.077\text{m}$ $a_1 = 4.04\times10^{-16}\text{s/s}$ $a_2 = -9.76\times10^{-22}\text{s/s}^2$	$a_0 = -0.064\text{m}$ $a_1 = 1.41\times10^{-16}\text{s/s}$ $a_2 = -1.07\times10^{-21}\text{s/s}^2$	$a_0 = -0.075\text{m}$ $a_1 = 5.13\times10^{-16}\text{s/s}$ $a_2 = -2.17\times10^{-21}\text{s/s}^2$
方案 2-B	$a_0 = 0.315\text{m}$ $a_1 = -1.60\times10^{-14}\text{s/s}$ $a_2 = -8.07\times10^{-21}\text{s/s}^2$	$a_0 = -0.664\text{m}$ $a_1 = 8.05\times10^{-16}\text{s/s}$ $a_2 = -9.58\times10^{-21}\text{s/s}^2$	$a_0 = 0.393\text{m}$ $a_1 = -1.70\times10^{-14}\text{s/s}$ $a_2 = -9.66\times10^{-21}\text{s/s}^2$

综上所述,对于卫星与测站钟差支持条件下的 GEO 卫星定轨,当时间同步站很多时,伪距跟踪站对定轨精度贡献有限,但能够通过定轨解算非时间同步站钟差,实现站间时间同步[9-11]。当站间时间同步站数量有限时,完全基于时间同步站可能无法完成 GEO 卫星精密定轨任务,此时时间同步站可以作为其他站的约束和参考标准实现对非时间同步站钟差的有效估计,它解决了单个时间同步站无法完成精密定轨任务的难题。

8.3.3 仅卫星钟差支持下的定轨方法

当只有卫星钟差支持条件下,各跟踪站站钟差是未知的,因此必须对所有站钟差进行估计。GEO 卫星的静地特性使得钟差与轨道信息难以分离,估计所有站钟差将增大参数之间的相关性(参见 8.3.5 节),各种测量误差将被急剧放大。

如果以北京站作为主站和参考基准,其钟差可以认为是零,因此定轨解算中可以不进行估计。在主站伪距跟踪约束下,可以对卫星轨道和其他站钟差进行有效估计,因此,基于卫星钟差支持条件下伪距数据的 GEO 定轨是可行的。但是在具体实践中,由于传输设备时延标定等因素的影响,主站接收机伪距中不可避免地存在一定的系统差,该系统差将直接影响 GEO 卫星定轨精度[12-13]。

为了分析卫星钟差支持条件下伪距数据的 GEO 定轨精度,利用上述 7 个定轨跟踪站的伪距仿真数据进行定轨试验,其中卫星钟差已知,定轨弧长为 3 天,解算参数包括卫星初轨、太阳光压参数(常数项和线性项),以主站为参考,估计其他各站钟差 $a_0/a_1/a_2$,采用的力学模型与前面完全一致。

值得一提的是,由于卫星钟差本身存在一定的误差,对于主站,该误差与设备时延一起表现为系统性偏差,对于其他各站,该误差将被测站钟差吸收,因此,为了分析系统差对定轨精度的影响,在仿真中对主站加入了不同量级的误差,表8.8给出了不同系统差情况下的GEO卫星定轨精度结果。

表8.8 不同系统差条件下的GEO卫星定轨精度

方案	主站系统差/ns	定轨精度/m	定轨残差/m
方案1	0	$R=0.005, T=0.022, N=0.049$, POS = 0.054	0.196
方案2	2	$R=0.006, T=8.924, N=0.092$, POS = 8.925	0.196
方案3	3	$R=0.007, T=14.868, N=0.147$, POS = 14.868	0.196

根据试验结果可以得到如下结论:

(1)在卫星钟差支持条件下,利用伪距数据可以实现GEO卫星精密定轨,同时实现站钟差参数的有效估计;

(2)卫星钟差精度和主站时延等误差是制约定轨精度的关键因素,它们表现为系统性偏差,在我国区域网跟踪条件下,将对轨道的沿迹方向精度影响最为明显;

(3)当系统差为3ns时,定轨位置误差达到约15m,因此为了达到优于10m的GEO单星定轨精度,系统性偏差应该优于2ns;

(4)在卫星钟差支持条件下,由于只有1个站可以对轨道和钟差进行约束,因此该方案并不一定是最优的GEO卫星定轨方案。

8.3.4 仅测站钟差支持下的定轨方法

当只有测站钟差支持条件下,4个时间同步站钟差已知,各非时间同步站钟差是未知的,因此必须对所有非时间同步站钟差进行估计。GEO卫星的静地特性使得钟差与轨道信息难于分离,估计所有站星地组合钟差后,参数之间是强相关的,协方差阵达到$10^3 \sim 10^4$量级,那么各种测量误差将被急剧放大,定轨精度衰减十分明显。

卫星钟差是所有测站所共有的参数,因此可以作为公共参数进行估计。表8.9给出了测站钟差支持条件下不同解算方案的定轨精度结果。

表8.9 测站钟差支持条件下不同解算方案的定轨精度结果

方案	定轨用站	解算参数	站钟误差/ns	定轨精度/m
方案1-A	4个时间同步站	卫星钟参数 $a_0/a_1/a_2$	0	$R=0.004, T=0.031$ $N=0.036$, POS = 0.047
方案1-B	4个时间同步站+ 3个非时间同步站	卫星钟参数 $a_0/a_1/a_2$ 非时间同步站 $a_0/a_1/a_2$	0	$R=0.005, T=0.032$ $N=0.050$, POS = 0.059
方案2-A	4个时间同步站	卫星钟参数 $a_0/a_1/a_2$	2	$R=0.028, T=8.205$ $N=0.286$, POS = 8.210
方案2-B	4个时间同步站+ 3个非时间同步站	卫星钟参数 $a_0/a_1/a_2$ 非时间同步站 $a_0/a_1/a_2$	2	$R=0.018, T=8.205$ $N=0.211$, POS = 8.208

（续）

方　案	定轨用站	解算参数	站钟误差/ns	定轨精度/m
方案 3 - A	4 个时间同步站	卫星钟参数 $a_0/a_1/a_2$	3	$R = 0.044$, $T = 13.695$ $N = 0.471$, POS = 13.704
方案 3 - B	4 个时间同步站 + 3 个非时间同步站	卫星钟参数 $a_0/a_1/a_2$ 非时间同步站 $a_0/a_1/a_2$	3	$R = 0.028$, $T = 13.695$ $N = 0.318$, POS = 13.699

从表 8.9 可以看出，在测站钟差支持条件下，通过对卫星钟差和非时间同步站钟差的估计，可以实现 GEO 卫星精密定轨，在理想情况下，精度可达厘米量级。但是，已知测站钟差的精度是制约定轨精度的关键因素，要获得优于 10m 的定轨精度，测站钟差的精度应该优于 2ns。

另外，从方案 1-A/B 和方案 2-A/B 的结果可以看出，当站间时间同步站个数较多时，非时间同步站对定轨精度的贡献有限。当站间时间同步站个数有限时，非时间同步站的作用就比较明显。但是，由于既要对非时间同步站的钟差进行估计，又要估计公共的卫星钟差，当站间时间同步站的个数为 1 时，各参数之间是强相关的，协方差阵达到 $10^3 \sim 10^4$ 量级，测量噪声和各种模型误差将被急剧放大，无法实现高精度的定轨任务，因此时间同步站的个数至少需要 2 个，才能实现对卫星轨道和待估钟差的有效估计。

8.3.5　待估参数相关性分析

待估参数之间的相关特性，决定了定轨法方程的奇异程度，最终也决定了卫星的定轨精度。当各待估参数之间的强相关时，各种力学模型误差及测量误差将被放大。

为了进一步分析不同钟差支持条件下的定轨精度差异，表 8.10 给出了三种不同定轨方法（①卫星和测站钟差支持下的定轨方法；②仅卫星钟差支持下的定轨方法；③仅测站钟差支持下的定轨方法）待估参数之间的相关系数结果，其中 $X/Y/Z$ 分别为待估的卫星初轨位置参数，$V_x/V_y/V_z$ 分别为待估卫星初轨速度参数。

表 8.10　待估参数之间的相关系数

（各单元格从上到下三行数值分别代表方法①、方法②、方法③结果）

参数	X	Y	Z	V_x	V_y	V_z
X	1.000 1.000 1.000	0.964 **0.994** 0.978	0.162 0.089 0.158	**-0.985** **-0.998** **-0.991**	0.882 **0.981** 0.928	0.231 0.012 0.211
Y	0.964 **0.994** 0.978	1.000 1.000 1.000	-0.043 0.009 0.009	**-0.989** **-0.998** **-0.994**	0.972 **0.996** **0.983**	0.233 0.010 0.215
Z	0.162 0.089 0.158	-0.043 0.009 0.009	1.000 1.000 1.000	-0.059 -0.048 -0.085	-0.203 -0.053 -0.115	0.004 0.006 0.009

（续）

参数	X	Y	Z	V_x	V_y	V_z
V_x	**-0.985** **-0.998** **-0.991**	**-0.989** **-0.998** **-0.994**	-0.059 -0.048 -0.085	1.000 1.000 1.000	-0.946 **-0.992** -0.967	-0.157 0.020 -0.158
V_y	0.882 **0.981** 0.928	0.972 **0.996** **0.983**	-0.203 -0.053 -0.115	-0.946 **-0.992** -0.967	1.000 1.000 1.000	0.118 -0.035 0.129
V_z	0.231 0.012 0.211	0.233 0.010 0.215	0.004 0.006 0.009	-0.157 0.020 -0.158	0.118 -0.035 0.129	1.000 1.000 1.000

从结果中可以看出：

（1）对于卫星和测站钟差支持下的GEO卫星定轨方法，除X、Y与V_x参数是强相关（>0.98）外，其余参数之间都不存在强相关问题，所以从整体而言，该定轨解算策略是可行的。

（2）对于仅卫星钟差支持下的GEO卫星定轨方法，由于只有1个站可以对轨道和钟差进行约束，X、Y、V_x和V_y参数之间表现出强相关性，但是各参数与Z方向的相关性反而减弱了，从而致使径向误差与位置误差比例失衡，定轨精度偏差。

（3）对于仅测站钟差支持下的GEO卫星定轨方法，参数之间的相关性较仅卫星钟差支持方法有所改善，但是与卫星和测站钟差支持下的定轨结果相比较，参数之间的相关性略强一些。因此，仅从参数间相关性角度而言，基于站钟差支持方法要优于基于卫星钟差支持方法。

8.4 已知钟差支持的多星精密定轨方法

上面讨论了已知钟差支持的单星精密定轨方法，但是导航卫星精密定轨通常采用多星联合的精密定轨方法。在通常情况下，多星定轨主要满足导航卫星常规定轨和星历产品的输出。当卫星处于地影期时，由于力学模型存在误差，常规的多星定轨精度下降，需要尝试在多星定轨中进行相关约束，以提高定轨精度。下面讨论已知钟差支持的多星定轨方法。

8.4.1 定轨方案

在已知钟差支持的多星定轨解算过程中：首先利用已知的高精度卫星钟差数据和测站钟差数据将各测站的伪距和载波相位观测数据转化距离观测量，为卫星轨道的精确解算提供强约束；其次采用历史数据完成对星地时间同步数据和接收机数据系统差的综合解算，消除各种测量数据之间的系统性偏差，再次通过加密经验力参数的解算频度（1 天解算 1 组）以补偿卫星力学模型的误差；最后通过迭代计算，完成卫星的精密定轨[14-16]。

基于已知钟差约束的多星定轨方法的关键是通过时间同步技术约束伪距/载波相位观测量。对于卫星钟差，可以采用独立的星地时间同步技术获得，测站钟差可以采用站间时间同步技术获取。

8.4.2　算例分析

为了分析已知钟差支持的多星定轨方法的性能，下面利用 BDS 数据进行试验分析。我们采用 2012 年 9 月 21 日至 25 日共 5 天国内 7 个站的伪距相位观测数据，选取该段数据是因为 BDS GEO 卫星处于地影期，定轨弧长为 3 天，数据采样率为 60s，定轨过程中同时估计初始历元的卫星位置/速度，太阳辐射压摄动系数，y 轴方向太阳辐射压y-bias，每天解一组 T/N 方向经验力参数以吸收光压模型误差，各站大气天顶延迟，相位模糊度。

用户等效距离误差（UERE）是导航服务性能的重要指标参数，其反映了卫星轨道与钟差参数的综合误差。UERE 的计算公式为

$$\mathrm{UERE} = \rho' - (\rho + c\delta t_k - c\delta t^s + \varepsilon) \tag{8.89}$$

式中：ρ'为观测伪距；ρ 为基于轨道计算的星地距离；δt_k 为测站钟差；δt^s 为卫星钟差；ε 为误差修正项，包括对流层延迟、电离层延迟、地球自转改正、广义相对论改正、地球潮汐改正、天线相位中心修正等。

我们利用测站接收机的双频伪距数据进行了 UERE 计算，来比较分析常规多星定轨和已知钟差支持的多星定轨两种方法的差异。表 8.11 给出了 PRN1、PRN3、PRN4、PRN5 共 4 颗 GEO 卫星 UERE 对比统计结果，以及 UERE 小于 2.0m、4.0m 和 5.0m 的百分比，图 8.12 和图 8.13 分别给出 PRN3 卫星两种方法的 UERE 细节图[7]。

表 8.11　北京站监测的两种方法 UERE 统计结果

卫星		UERE/m	UERE <2m 所占比例/%	UERE <4m 所占比例/%	UERE <5m 所占比例/%
PRN1	常规多星	1.856	55.22	100	100
	钟差支持多星	0.508	100	100	100
PRN3	常规多星	2.532	63.15	85.40	91.91
	钟差支持多星	0.812	96.71	100	100
PRN4	常规多星	2.307	53.23	95.42	100
	钟差支持多星	0.748	99.96	100	100
PRN5	常规多星	1.841	71.13	97.18	99.81
	钟差支持多星	1.001	85.18	100	100

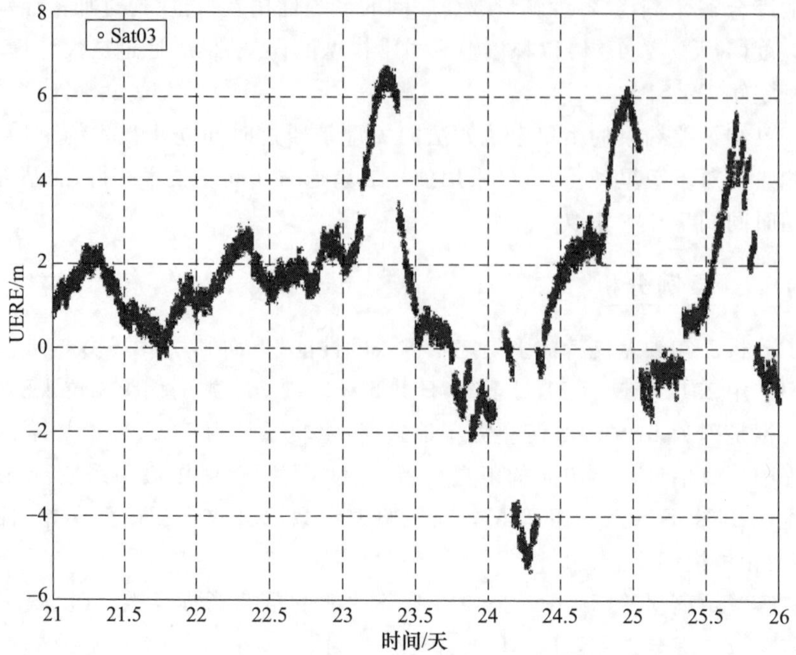

图 8.12　常规多星定轨的 UERE 细节图

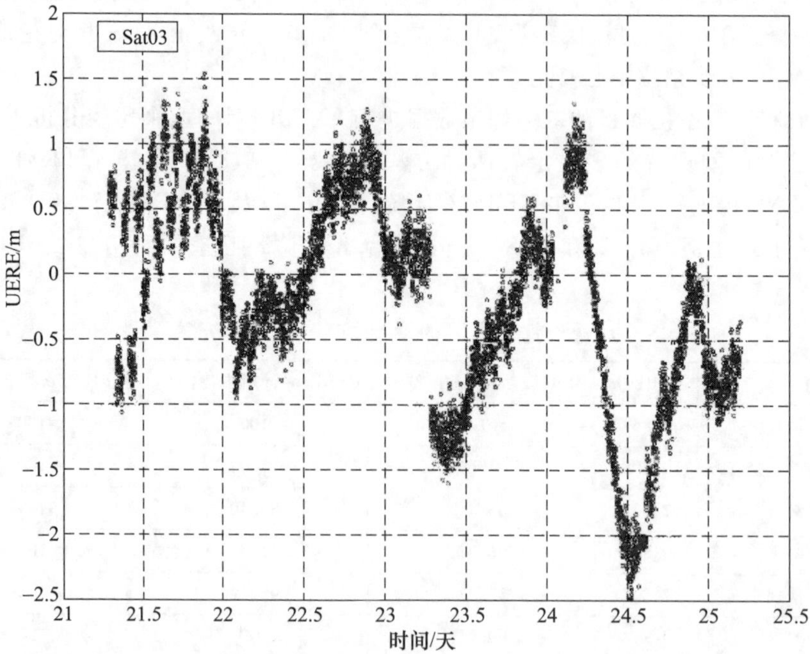

图 8.13　已知钟差支持多星定轨的 UERE 细节图

对比不同的结果可以发现,在地影期间,PRN3 卫星基于常规多星定轨方法的 UERE 不稳定,最差到了 6m,严重影响导航服务性能;而基于已知钟差支持的多星定轨方法的 UERE 明显变小,且稳定性高。PRN3 卫星在秋分附近 5 天 UERE 由 2.532m 提高至0.812m,UERE 小于2.0m 和4.0m 的百分比分别从63.15%、85.40% 提高至96.71%、100%,可用度得到大幅提升。

从表8.11 中其他 GEO 卫星的 UERE 统计结果可以得出类似的结论,基于已知钟差支持的多星定轨方法的 UERE 均优于 1m,各卫星的 UERE 在任一时刻均优于 4m,优于 2m 的百分比从 60% 左右提升至 85% 以上(其中 PRN1、PRN3、PRN4 为 95% 以上)。

UERE 值为综合了卫星钟差、轨道误差等多项导航产品误差的结果,真实反映了用户定位解算中的等效距离误差,其与 PDOP 之积可以大概估算用户定位精度。可见,基于已知钟差支持的多星定轨方法对提高 GEO 卫星地影期的定轨精度是有效的,可以提升 BDS 的服务性能。

参考文献

[1] 杨元喜. 北斗卫星导航系统的进展、贡献与挑战[J]. 测绘学报,2010,39(1):1-6.

[2] YANG Y X,LI J L,XU J Y,et al. Contribution of the compass satellite navigation system to global PNT users[J]. Chinese Science Bulletin,2011,56(26):2813-2819.

[3] 周建华,徐波. 异构星座精密轨道确定与自主定轨的理论和方法[M]. 北京:科学出版社,2015:104-108.

[4] 杜兰. GEO 卫星定轨技术研究[D]. 郑州:解放军信息工程大学,2006:75-82.

[5] 郭睿,刘利,李晓杰,等. 卫星与测站钟差支持条件下的 GEO 卫星精密定轨[J]. 空间科学学报,2012,32(3):405-411.

[6] GUO R,ZHOU J H,HU X G,et al. Precise orbit determination and rapid orbit recovery supported by time synchronization[J]. Advances in Space Research,2015,55(12):2889-2898.

[7] 刘利,韩春好. 地心非旋转坐标系中的 TWSTT 计算模型[J]. 天文学报,2004,21(2):96-98.

[8] LI X J,ZHOU J H,HU X G,et al. Orbit determination and prediction for Beidou GEO satellites at the time of the spring/autumn equinox[J]. Science China Physics,Mechanics & Astronomy,2015,58(8):089501.

[9] LIU L,TANG G F,HAN C H,et al. The method and experiment analysis of two-way common-view satellite time transfer for COMPASS system[J]. Science China,Physics,Mechanics & Astronomy,2015,58(8):089502.

[10] 李志刚,李焕信,张虹. 卫星双向法时间比对的归算[J]. 天文学报,2002,43(4):422-431.

[11] 刘利,韩春好. 卫星双向时间比对及其误差分析[J]. 天文学进展,2004,22(3):219-226.

[12] HE F,ZHOU S S,HU X G,et al. Satellite-station time synchronization information based real-time orbit error monitoring and correction of navigation satellite in Beidou system[J]. Science China

Physics, Mechanics & Astronomy, 2014, 57(7): 1395-1403.

[13] LIU L, SHI X, TANG G F, et al. Satellite clock offset determination and prediction with integrating regional satellite - ground and inter - satellite data[C]//China Satellite Navigation Conference (CSNC), 2014.

[14] 郭睿,周建华,胡小工,等. 北斗 IGSO 卫星姿态零偏航状态下精密定轨[J]. 测绘学报,2018, 47(S0): 18-27.

[15] 王冬霞,郭睿,谢金石,等. 北斗新一代导航卫星的组合钟差预报模型及精度评估[J]. 测绘学报,2018,47(S0): 61-70.

[16] LI X J, HU X G, GUO R, et al. Orbit and positioning accuracy for the new generation Beidou satellites during the Earth eclipsing period[J]. Journal of Navigation, 2018, 71(5): 1-19.

第9章 基于星间链路的导航卫星时间同步与精密定轨方法

基于星间链路的自主运行是指在没有地面运行控制系统支持条件下，通过星间双向测距、数据交换以及星载处理器滤波处理，不断修正地面站注入的卫星长期预报星历和钟差参数，并自主生成导航电文和维持星座基本构型，满足用户高精度导航定位应用需求[1-4]。

与传统星地链路运行处理相比，基于星间链路的卫星自主运行的主要作用有4点。首先，基于星间链路的自主运行能够保证导航系统在失去地面主控站条件下正常服务，保证了在战争或重大灾难条件下的导航定位服务能力[2,5]；其次，星间链路测距提供了一种独立观测资料，加强了对卫星轨道切向和法向的约束，星间链路测距资料与星地链路测距资料联合应用极大地提升了导航卫星定轨和时间同步精度，提高了系统服务性能[6-10]；再次，采用星间链路可以弥补区域布站的不足，对于我国这种不易实现全球布设监测站的情况，可有效地减少地面站的布设数量[2,6]；最后，星间链路自主运行可减少地面导航星历上注压力，降低整个系统的操作维护频度[2]。因此，基于星间链路的自主运行技术是当前卫星导航系统研究热点之一，世界主要卫星导航大国都对自主运行技术进行大力研究，并在导航星座中采用了星间链路技术。

9.1 星间链路测距模式

星间链路测距模式的选择与星座构型、星间距离及星载设备制造技术水平等有关。目前，星间链路测距模式主要包括光学、无线电两种[1,11-12]。光学测距模式以激光测距技术为主，其优点是测量精度高，没有电离层及多路径干扰；缺点是对目标定向精度要求高，观测准备时间长，设备功耗及体积均相当大。无线电测距模式包括特高频（UHF）测距、Ka频段测距以及S频段测距，下面简要介绍UHF测距、Ka频段测距两种主要体制。

9.1.1 UHF测距体制

GPS星间链路采用UHF测距体制[1,3]。UHF测距技术要求低，可以实现一发多收，对卫星载荷要求低，便于工程实现，但UHF信号易受干扰，运行可靠性易受影响。为解决UHF信号抗干扰问题，GPS现代化计划在GPS Ⅲ中采用Ka频段测距模式[13]。

GPS 卫星自主导航的可行性研究最早由 Ananda 等人于 1984 年完成[14]。1985 年,美国空军空间系统公司将 GPS 自主导航的深化概念和算法研究任务交给了 IBM 公司,在保留 Ananda 等人可行性算法体系结构的基础上,IBM 的自主导航算法增加了测量数据编辑和误差修正探测方案[15]。GPS 在其替代型卫星 Block ⅡR 以及下一代的 Block ⅡF 卫星都要求具有自主运行功能,如 Block ⅡR 卫星,在没有地面站支持的条件下,要求运行 180 天的系统导航精度仍与有地面站支持的精度相当[2,15]。GPS 各类卫星的自主运行时间与 URE 对应关系见表 9.1。

表 9.1 GPS 卫星自主运行时间与 URE 对应关系

卫星型号	有无地面站支持	对应 URE(1σ)
Block ⅡR	无	预报 180 天 6m(不包括地球定向误差)
Block ⅡF	无	预报 60 天 3m(不包括地球定向误差)

在自主导航体制下,每颗卫星均具有星间测距、星间通信以及星上计算能力,每颗卫星还能存储地面注入站每 30 天一次注入的 210 天星历数据,以保证即使失去地面联系,导航卫星上仍至少有 180 天的先验轨道和钟差信息,以支持实现 180 天的自主导航服务[2,15]。增加了自主导航功能后,GPS 的 Block ⅡR、Block ⅡF 卫星生存能力明显加强[2,15]。这包括:在恶劣的核爆炸环境仍能生存;通过新的功能设计,提高了系统可信度;即使没有地面站支持,系统仍能正常运行 180 天(对 Block ⅡR 卫星而言)。具有自主导航能力后,GPS 共有三种运行模式:一是全地面支持运行模式,即在有地面站支持的条件下,定轨和时间同步全部在地面完成,导航电文每天由注入站注入一次,再由卫星转发给用户;二是附有地面有限支持的半自主运行模式,在有地面站支持的条件下,由地面站计算导航电文,预报 210 天,广播星历每月由注入站注入一次,卫星通过星间测距和通信,对地面预报的轨道和卫星钟差进行改进;三是纯自主运行模式,即使失去地面站支持,每颗导航卫星仍至少有 180 天的预报星历,以这些预报星历为先验信息,结合星间双向测距获得的卫星间钟差和距离信息,采用适当的星上轨道算法,在卫星上完成轨道确定任务,并将改进的广播星历发给用户。模式一是目前采用的运行方法,它是为了保证在没有足够的 Block ⅡR 卫星时,不同阶段系统之间的兼容性;模式二是自主运行的常规方式;模式三则属于极端方式,即地面站被摧毁时才启用的运行方式。这三种模式之间可以切换。

GPS 卫星通信采用时分多址方式[1-2],假设共有 24 颗卫星,时分多址每帧长 36s,每颗卫星占 1.5s。卫星通信包括测距帧和数据帧,在测距帧,每颗卫星轮流在自己所属的 1.5s 时隙内播发双频 UHF 的测距信息,双频信号有助于消除电离层延迟影响,在其他卫星播发测距信号时隙测量自己到发射信号卫星的伪距。在数据帧,每颗卫星在自己所属的 1.5s 时隙内播发自身的数据信息,数据信息内容主要包括每颗卫星自己观测的伪距测量值、滤波计算的自己轨道和钟差信息以及对应的协方差信息。每颗卫星利用所有星间链路双向的伪距测量值可以处理得到星间距离和星间相对钟差两类间接观测量,这些间接观测量消除了大量强相关性和系统性误差,是卫星自主导航计算的实际输入信息。每颗卫星的轨道和钟差信息以及协方差信息也是其他卫星自主导航计算的输入信息,这些信息有助于其他卫星滤波计算的快速收敛。最后,每颗卫星利用自己滤波计算的卫星轨道和钟差改正量对存储的先验导航电文进行改进,提供给用户的正是改正后的导航电文。

卫星自主导航信息处理大致可以分成三步[2,6,8]:一是所有可视卫星进行伪距测量;二是所有可视卫星进行信息播发和信息交互;三是自主轨道与钟差处理,得到新的导航电文估计值。在第三步完成后,估计的卫星轨道和钟差信息将预报到下一个周期间隔,Block ⅡR 卫星设计的周期间隔为 1h。1h 后,这一过程又重复进行。在数据帧播发的卫星轨道和钟差信息以及对应的协方差信息实际上是 1h 前的预报值。与之前卫星相比,GPS 后续增加自主导航功能卫星的另一大特色是增加了卫星自主完好性监测功能。它可以自动探测不健康卫星,对其进行健康标记,并及时通报给用户。这主要是考虑在自主导航处理时,如果一颗卫星状态有误,就会影响整个系统服务精度。

9.1.2 Ka 测距体制

Ka 测距体制是一对一测量模式[3-4,15],每条星间链路需要一对设备,该模式要实现多星同时相互测量时对星上载荷要求较高,因此,设备负荷能力的限制使得 Ka 测距体制同时建立的星间链路数量比 UHF 少,自主定轨与时间同步的建链几何结构稍差。但 Ka 体制测距精度高,抗干扰能力强,使得 Ka 测距体制在高精度星间测量中应用较多[3,5]。

由于 Ka 测距体制的星间链路是动态建立的,每条链路建立需要综合考虑所有可行链路,因此,Ka 星间拓扑结构建立相对 UHF 难度较大。BDS-3 卫星采用了 Ka 星间链路测距体制[16],以保证在区域布站情况下实现全球高精度导航服务。据最新资料显示,BDS-3 Ka 星间链路测距体制具有良好的测距性能,相对于仅星地链路处理结果,BDS 卫星的轨道和钟差精度均有大幅提升[17-20]。

9.2 星间链路观测量及预处理

9.2.1 星间链路观测量

假设有 A、B 两颗共视导航卫星,则对这两颗导航卫星而言,星间测距的观测方程可以简单写为

$$P_{AB} = \rho_{AB} + I_{AB} + c \cdot \Delta T_{AB} \tag{9.1}$$

$$P_{BA} = \rho_{BA} + I_{BA} + c \cdot \Delta T_{BA} \tag{9.2}$$

式中:ρ_{AB}为卫星 B 发射信号时刻到卫星 A 接收信号时刻的空间距离;ρ_{BA}为卫星 A 发射信号时刻到卫星 B 接收信号时刻的空间距离;I_{AB}为信号从卫星 B 到卫星 A 的电离

层延迟；I_{BA} 为信号从卫星 A 到卫星 B 的电离层延迟；c 为真空中的光速；ΔT_{AB} 为卫星 A 相对卫星 B 的钟差；ΔT_{BA} 为卫星 B 相对卫星 A 的钟差。

必须指出，如果采用时分多址（TDMA）方式进行星间测量，则卫星 A 到卫星 B 和卫星 B 到卫星 A 测量并不是同时进行，为了导航业务计算，必须将观测量换算到同一时刻。经过归算后，满足 $\rho_{BA}=\rho_{AB}$，$\Delta T_{BA}=-\Delta T_{AB}$，将式(9.1)和式(9.2)相加和相减，可得到两个导出观测量：

$$\nabla\rho=(P_{AB}+P_{BA})/2=\rho_{AB}+(I_{AB}+I_{BA})/2 \tag{9.3}$$

$$\nabla\delta=(P_{AB}-P_{BA})/2=c\cdot\Delta T_{AB}+(I_{AB}-I_{BA})/2 \tag{9.4}$$

式中：$\nabla\rho$ 为用于轨道测定的距离观测量；$\nabla\delta$ 为用于自主时间同步的星间钟差观测量。

式(9.3)和式(9.4)即为导航卫星自主运行处理使用的观测量。

更进一步，设卫星 A 在惯性坐标系中的空间直角坐标为 x^A、y^A、z^A，卫星 B 在惯性坐标系中的空间笛卡儿坐标为 x^B、y^B、z^B，则有

$$\nabla\rho=\sqrt{(x^A-x^B)^2+(y^A-y^B)^2+(z^A-z^B)^2}+(I_{AB}+I_{BA})/2 \tag{9.5}$$

显然，式(9.5)包含了两颗卫星的相对位置信息，因此，通过距离观测量可以确定导航卫星的相对位置。

9.2.2 非同时观测数据归化模型

星间双向测距归化原理如图 9.1 所示。

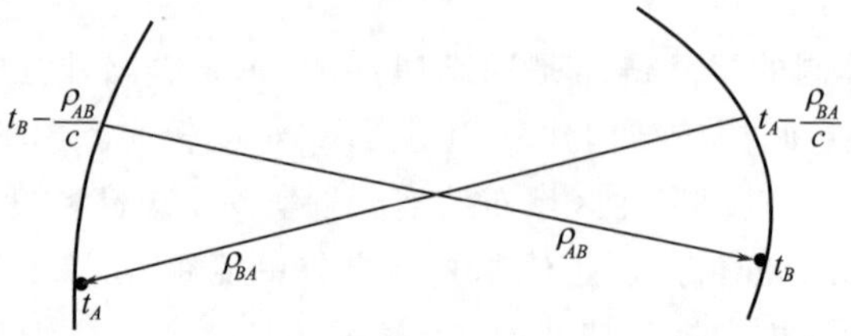

图 9.1 星间双向测距归化原理

卫星 A、B 之间的星间观测方程可以写为

$$\begin{cases} P_{BA}=\left|\boldsymbol{r}_A(t_A+\Delta T_A)-\boldsymbol{r}_B\left(t_A+\Delta T_A-\dfrac{\rho_{BA}}{c}\right)\right|+c(\Delta T_B-\Delta T_A)\big|_{t=t_A} \\ P_{AB}=\left|\boldsymbol{r}_B(t_B+\Delta T'_B)-\boldsymbol{r}_A\left(t_B+\Delta T'_B-\dfrac{\rho_{AB}}{c}\right)\right|+c(\Delta T'_A-\Delta T'_B)\big|_{t=t_B} \\ \quad\;\;=\left|\boldsymbol{r}_B(t_A+\Delta t_i+\Delta T'_B)-\boldsymbol{r}_A\left(t_A+\Delta t_i+\Delta T'_B-\dfrac{\rho_{AB}}{c}\right)\right|+c(\Delta T'_A-\Delta T'_B)\big|_{t=t_B} \end{cases} \tag{9.6}$$

式中：ΔT_A、ΔT_B 为 t_A 时刻 A、B 卫星相对系统时的钟差；$\Delta T'_A$、$\Delta T'_B$ 为 t_B 时刻 A、B 卫星相对系统时的钟差；$t_B=t_A+\Delta t_i$，Δt_i 为星间双向测距时间间隔；ρ_{BA} 为卫星 B 到 A 的

星间距离量；ρ_{AB}为卫星 A 到 B 的星间距离量；P_{AB}为 t_B 时刻卫星 B 观测卫星 A 的星间观测量；P_{BA}为 t_A 时刻卫星 A 观测卫星 B 的星间观测量；$\boldsymbol{r}_A$、$\boldsymbol{r}_B$ 分别为 A、B 卫星在地心坐标系的空间位置矢量。

仅考虑钟差的一阶项影响，那么

$$\begin{cases}\Delta T'_A = \Delta T_A + a_A \Delta t_i \\ \Delta T'_B = \Delta T_B + a_B \Delta t_i = \Delta T_A + \Delta T_{AB} + a_B \Delta t_i\end{cases} \tag{9.7}$$

式中：a_A、a_B 分别为 A、B 卫星相对系统时的钟速；ΔT_{AB}可表示为

$$\Delta T_{AB} = (t_B - t_A) \tag{9.8}$$

则式(9.6)变为

$$\begin{cases}P_{BA} = \left|\boldsymbol{r}_A(t_A + \Delta T_A) - \boldsymbol{r}_B\left(t_A + \Delta T_A - \dfrac{\rho_{BA}}{c}\right)\right| + c(\Delta T_B - \Delta T_A)\big|_{t=t_A} \\ P_{AB} = \left|\boldsymbol{r}_B(t_B + \Delta T'_B) - \boldsymbol{r}_A\left(t_B + \Delta T'_B - \dfrac{\rho_{AB}}{c}\right)\right| + c(\Delta T'_A - \Delta T'_B)\big|_{t=t_B} = \\ \qquad \Big|\boldsymbol{r}_B(t_A + \Delta T_A + \Delta t_i + \Delta T_{AB} + a_B \Delta t_i) - \boldsymbol{r}_A\Big(t_A + \Delta T_A + \Delta t_i + \Delta T_{AB} + \\ \qquad a_B \Delta t_i - \dfrac{\rho_{AB}}{c}\Big)\Big| + c(\Delta T_A - \Delta T_B) + c(a_A \Delta t_i - a_B \Delta t_i)\big|_{t=t_A}\end{cases} \tag{9.9}$$

将式(9.9)在 t_A 处展开，仅考虑一阶线性项，则有

$$\begin{cases}P_{BA} = |\boldsymbol{r}_A(t_A + \Delta T_A) - \boldsymbol{r}_B(t_A + \Delta T_A)| + \boldsymbol{e}_{AB} \cdot V_B \dfrac{\rho_{BA}}{c} + c(\Delta T_B - \Delta T_A)\big|_{t=t_A} \\ P_{AB} = \left|\boldsymbol{r}_B(t_A + \Delta T_A + \Delta t_i + \Delta T_{AB} + a_B \Delta t_i) - \boldsymbol{r}_A\left(t_A + \Delta T_A + \Delta t_i + \Delta T_{AB} + a_B \Delta t_i - \dfrac{\rho_{AB}}{c}\right)\right| + \\ \qquad c(\Delta T_A - \Delta T_B) + c(a_A \Delta t_i - a_B \Delta t_i)\big|_{t=t_A}\end{cases} \tag{9.10}$$

式中：$\boldsymbol{e}_{AB}$为 A、B 卫星间的单位矢量；V_B 为卫星 B 的速度。

式(9.10)中两式相减，可得星间时间同步观测量为

$$\Delta T_B - \Delta T_A = \frac{1}{2c}(P_{BA} - P_{AB}) + \frac{1}{2}\boldsymbol{e}_{AB} \cdot \boldsymbol{V}_B\left(\Delta t_i + \Delta T_{AB} + a_B \Delta t_i - \frac{\rho_{BA}}{c}\right) - \\ \frac{1}{2}\boldsymbol{e}_{AB} \cdot \boldsymbol{V}_A\left(\Delta t_i + \Delta T_{AB} + a_B \Delta t_i - \frac{\rho_{AB}}{c}\right) + \frac{1}{2}(a_A - a_B)\Delta t_i \tag{9.11}$$

式中：V_A 为卫星 A 的速度。

式(9.10)中两式相加，可得星间定轨观测量为

$$|\boldsymbol{r}_A(T_0) - \boldsymbol{r}_B(T_0)| = |\boldsymbol{r}_B(T_0) - \boldsymbol{r}_A(T_0)| = \\ \frac{1}{2}[P_{BA}(T_0) - \Delta\rho_{BA} + P_{AB}(T_1) - \Delta\rho_{AB}] \tag{9.12}$$

式中：ΔP_{BA}为卫星 B 到卫星 A 的空间延迟改正；ΔP_{AB}为卫星 A 到卫星 B 的空间延迟改正。

9.2.3 历元归化后的测距值精度分析

上面给出了非同时观测的星间链路观测量的归化模型，为了支持星间时间同步和精密定轨数据处理，还需要进一步分析归化后的星间链路测距值的精度。由于利用归化后的星间链路测距值计算的 O-C 结果受轨道误差影响较大，无法真实反映星间链路观测量本身的测量精度，考虑星间双向钟差消除了轨道、大气等共同误差影响，主要体现了星间链路测量精度，也是星间时间同步使用的主要导出观测量，因此，这里采用星间双向钟差数据进行归化后的测距值精度分析。

采用 2016 年年积日 193～205 期间 BDS PRN31、PRN32、PRN33、PRN34 共 4 颗卫星实测 Ka 星间链路数据，经数据归化后计算得到卫星星间双向钟差，然后，对每个弧段星间双向钟差数据进行最小二乘线性拟合，对拟合后的钟差残差进行统计分析，再假设两颗卫星等精度观测，就能获得单条星间链路的测距精度。部分结果如图 9.2 和图 9.3 所示，星间双向钟差拟合残差及单条链路测量精度及结果如表 9.2 所列。

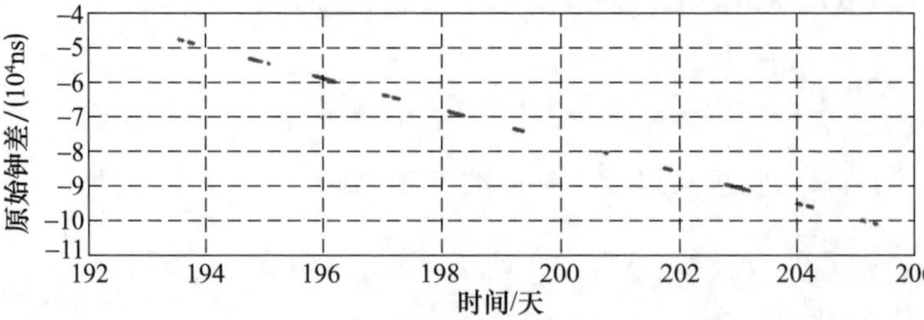

(a) 星间双向钟差结果

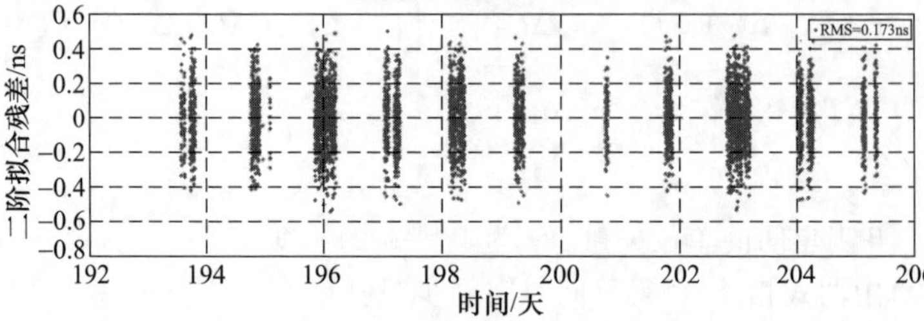

(b) 每个弧段的拟合残差结果

图 9.2 BDS PRN31-PRN34 卫星星间双向钟差及拟合残差

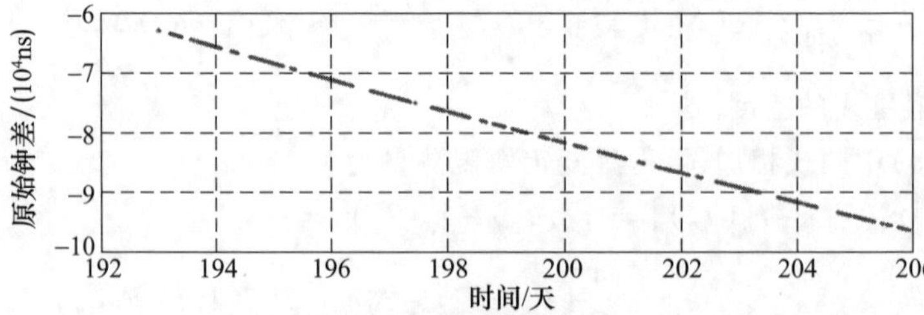

(a) 星间双向钟差结果

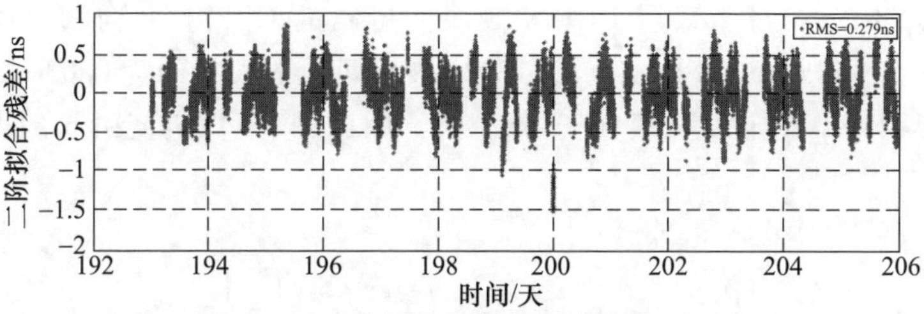

(b) 每个弧段的拟合残差结果

图 9.3 BDS PRN33-PRN34 卫星星间双向钟差及拟合残差

表 9.2 星间双向钟差拟合残差及单条链路测量精度结果

星间链路	钟差拟合残差/ns	单条链路测量精度/ns
PRN31-PRN33	0.244	0.345
PRN31-PRN34	0.173	0.245
PRN32-PRN33	0.151	0.214
PRN32-PRN34	0.169	0.239
PRN33-PRN34	0.279	0.395
均值	0.203	0.288

从图 9.2 和图 9.3 及表 9.2 结果可以看出，BDS 卫星的星间链路观测具有很好的建链性能，观测数据比较稳定可靠，并具有很高的测量精度，双向钟差精度约为 0.203ns，单条链路的测量精度约为 0.288ns。

9.2.4 星间双向测量间隔分析

可以分析，两颗 MEO 卫星之间星间链路的信号传播时间最大约为 0.17s，但 GEO 到 MEO 卫星之间的最大传播时间约为 0.23s。忽略星间双向测距收发间隔内由于卫星钟漂移率产生的误差，以及星间双向传播时间内产生的高阶小量，则钟差部分可简化为

$$
\begin{aligned}
&\Delta t_B(T_1) - \Delta t_A(T_0) + \Delta t_B\left(T_0 - \frac{\rho_{BA}}{c}\right) - \Delta t_A\left(T_1 - \frac{\rho_{AB}}{c}\right) = \\
&\Delta t_B(T_1) - \Delta t_A(T_1) + \frac{\mathrm{d}\Delta t_A}{\mathrm{d}t}(T_1 - T_0) + \Delta t_B(T_1) + \\
&\frac{\mathrm{d}\Delta t_B}{\mathrm{d}t}\left(T_0 - \frac{\rho_{BA}}{c} - T_1\right) - \Delta t_A(T_1) + \frac{\mathrm{d}\Delta t_A}{\mathrm{d}t}\frac{\rho_{AB}}{c} = \\
&2(\Delta t_B(T_1) - \Delta t_A(T_1)) + \frac{\mathrm{d}\Delta t_B}{\mathrm{d}t}\left(T_0 - \frac{\rho_{BA}}{c} - T_1\right) - \frac{\mathrm{d}\Delta t_A}{\mathrm{d}t}\left(T_0 - \frac{\rho_{AB}}{c} - T_1\right)
\end{aligned}
\tag{9.13}
$$

式中：$T_1 - T_0$ 为双向测距收发时间间隔。

理论上，如果卫星钟速优于10^{-12}，则在 1s 的收发间隔内，式(9.13)中最后两项

误差约为 0.001ns。对于采用 UHF 实现星间链路的 GPS,其双向测量间隔最大为 36s[4-5],因此,36s 收发间隔内,式(9.13)中最后两项的误差约为 0.036ns。同样,由于卫星钟短期频率稳定度一般优于 10^{-12}/天,因此,频率稳定度引起的误差也可以忽略。

对于式(9.6)中的轨道部分:

$$
\begin{aligned}
&\left|\boldsymbol{r}_B(T_1)-\boldsymbol{r}_A\left(T_1-\frac{\rho_{AB}}{c}\right)\right|-\left|\boldsymbol{r}_A(T_0)-\boldsymbol{r}_B\left(T_0-\frac{\rho_{BA}}{c}\right)\right|=\left|\boldsymbol{r}_B(T_1)-\boldsymbol{r}_A\left(T_1-\frac{\rho_{AB}}{c}\right)\right|-\\
&\left|\boldsymbol{r}_B(T_1)-\boldsymbol{r}_A\left(T_1-\frac{\rho_{AB}}{c}\right)+\boldsymbol{r}_A\left(T_1-\frac{\rho_{AB}}{c}\right)-\boldsymbol{r}_A(T_0)+\boldsymbol{r}_B\left(T_0-\frac{\rho_{AB}}{c}\right)-\boldsymbol{r}_B(T_1)\right|\approx\\
&\frac{\boldsymbol{r}_B(T_1)-\boldsymbol{r}_A\left(T_1-\frac{\rho_{AB}}{c}\right)}{\left|\boldsymbol{r}_B(T_1)-\boldsymbol{r}_A\left(T_1-\frac{\rho_{AB}}{c}\right)\right|}\cdot\left[\boldsymbol{r}_A\left(T_1-\frac{\rho_{AB}}{c}\right)-\boldsymbol{r}_A(T_0)+\boldsymbol{r}_B\left(T_0-\frac{\rho_{AB}}{c}\right)-\boldsymbol{r}_B(T_1)\right]
\end{aligned}
\tag{9.14}
$$

式(9.14)最后一行中前面一项为单位矢量,点乘后面的一项是与双向收发测距间隔有关的小量,进一步对其展开,可得

$$
\begin{aligned}
&\left(\boldsymbol{r}_A\left(T_1-\frac{\rho_{AB}}{c}\right)-\boldsymbol{r}_A(T_0)+\boldsymbol{r}_B\left(T_0-\frac{\rho_{AB}}{c}\right)-\boldsymbol{r}_B(T_1)\right)\approx v_A\left(T_1-\frac{\rho_{AB}}{c}-T_0\right)+\\
&0.5a_A\left(T_1-\frac{\rho_{AB}}{c}-T_0\right)^2+v_B\left(T_0-\frac{\rho_{AB}}{c}-T_1\right)+0.5a_B\left(T_0-\frac{\rho_{AB}}{c}-T_1\right)^2+\text{高阶量}\approx\\
&(v_A-v_B)(T_1-T_0)+(v_A+v_B)\frac{\rho_{AB}}{c}+0.5(a_A+a_B)\left(T_1-\frac{\rho_{AB}}{c}-T_0\right)^2+\text{高阶量}
\end{aligned}
\tag{9.15}
$$

从式(9.15)可以看出,若在数据预处理时利用预报轨道计算收发卫星的位置,则该项的计算误差取决于卫星之间相对速度的误差。假定卫星间相对速度的预报误差为 1mm/s,则 36s 收发间隔带来的计算误差约为 3.6cm,即 0.11ns。

综合以上分析,在双向伪距测量间隔不超过 36s 情况下,由卫星钟稳定性引起的星间时间比对误差约为 0.036ns,由轨道预报速度误差引起的误差为 0.11ns,综合影响优于 0.15ns。

9.3 基于星间链路的双向时间比对方法

9.3.1 星间双向时间比对基本原理

与地面站之间的卫星双向法类似,设两颗卫星 A 和 B 分别在自己钟面时 T_A 和 T_B 互发时间信号,则经时延 τ'_{AB}后,A 卫星发出的信号在钟面时 T'_A被 B 站接收,从而测得时延值 R_{AB},同样,经时延 τ'_{BA}后,B 卫星发出的信号在钟面时 T'_B被 A 卫星接收,

从而测得时延值 R_{BA}，然后，两颗卫星交换各自观测数据，最后，两颗卫星各自计算之间的相对钟差。

根据卫星双向时间同步的基本原理可得

$$\begin{cases} R_{AB} = \tau'_{AB} - \Delta T_{AB} = \tau_{AB} + \tau_A^{e} + \tau_B^{r} + \Delta\tau_{AB} - \Delta T_{AB} \\ R_{BA} = \tau'_{BA} + \Delta T_{AB} = \tau_{BA} + \tau_B^{e} + \tau_A^{r} + \Delta\tau_{BA} + \Delta T_{AB} \end{cases} \tag{9.16}$$

式中：τ_{AB}、τ_{BA}为两颗卫星间在归算时刻的几何时延；τ_A^{e}、τ_A^{r} 为卫星 A 的发射和接收时延；τ_B^{e}、τ_B^{r} 为卫星 B 的发射和接收时延；$\Delta\tau_{AB}$、$\Delta\tau_{BA}$为两条链路的传播路径时延修正（主要包括等离子体时延、引力时延以及运动引起的时延等）。

式(9.16)中两式相减可得

$$\Delta T_{AB} = \frac{1}{2}(R_{BA} - R_{AB}) + \frac{1}{2}(\tau_{BA} - \tau_{AB}) + \frac{1}{2}[(\tau_B^{e} + \tau_A^{r}) - (\tau_A^{e} + \tau_B^{r})] + \frac{1}{2}(\Delta\tau_{BA} - \Delta\tau_{AB}) \tag{9.17}$$

式(9.17)右边：第一项为两颗卫星测得的时差之差；第二项为两颗卫星间的几何时延之差；第三项为两颗卫星设备的发射和接收时延之差；第四项为两条链路的传播时延之差。

式(9.17)即为通过双向时间比对计算卫星间相对钟差的原理公式。

9.3.2　星间钟差计算模型

当采用地心非旋转坐标系进行式(9.17)计算时，需要严格计算最后一项。该项反映了两颗卫星间传播路径延迟的不对称部分，主要包括两颗卫星间等离子体时延、运动和时间不完全同步引起的改正以及信号传播引力时延。

卫星间等离子体时延与电离层时延相似，它主要取决于传播路径的等离子体含量以及信号的频率。由于两颗卫星之间的传播路径相近，所用的频率相同，因此，经两条路径相减该项影响可基本消除。

在地球附近，引力时延引起的距离改正为厘米量级。对于两颗卫星之间的两条路径，引力时延引起的距离改正经过双向求差之后可基本消除，因此，这里不予考虑。

如果选取卫星 A 的信号发射时刻的系统时间作为归算时刻，则在协议惯性坐标系中，两条路径上由于卫星运动引起的距离改正 $\Delta\rho_{AB}$、$\Delta\rho_{BA}$分别为

$$\Delta\rho_{AB} = \frac{\partial\rho_{AB}}{\partial X_A^i}\frac{\partial X_A^i}{\partial t}\mathrm{d}T_A + \frac{\partial\rho_{AB}}{\partial X_B^i}\frac{\partial X_B^i}{\partial t}\mathrm{d}T_B = \frac{X_A^i - X_B^i}{\rho_{AB}}V_A^i\tau_A^{e} - \frac{X_A^i - X_B^i}{\rho_{AB}}V_B^i(\tau_A^{e} + \tau_{AB} + \Delta\tau_{AB} + \tau_B^{r}) \tag{9.18}$$

$$\Delta\rho_{BA} = \frac{\partial\rho_{BA}}{\partial X_A^i}\frac{\partial X_A^i}{\partial t}\mathrm{d}T_A + \frac{\partial\rho_{BA}}{\partial X_B^i}\frac{\partial X_B^i}{\partial t}\mathrm{d}T_B = \frac{X_A^i - X_B^i}{\rho_{BA}}V_A^i(\tau_B^{e} + \Delta T_{AB} + \tau_{BA} + \Delta\tau_{BA} + \tau_A^{r}) - \frac{X_A^i - X_B^i}{\rho_{BA}}V_B^i(\tau_B^{e} + \Delta T_{AB}) \tag{9.19}$$

式中：X_A^i、X_B^i 分别表示为卫星 A、B 的第 $i(i=1,2,3)$ 维坐标分量；V_A^i 和 V_B^i 分别为卫

星 A、B 的第 $i(i=1,2,3)$ 维速度分量。

式(9.18)减式(9.19),可得两条链路的传播时延之差为

$$\Delta\tau_{AB}-\Delta\tau_{BA}=\frac{1}{c}(\Delta\rho_{AB}-\Delta\rho_{BA})=\frac{1}{c}\Big[\frac{(X_A^i-X_B^i)}{\rho_{AB}}(V_A^i-V_B^i)(\tau_A^{\mathrm{e}}-\tau_B^{\mathrm{e}}-\Delta T_{AB})-\frac{(X_A^i-X_B^i)}{\rho_{AB}}V_A^i(\tau_{BA}+\Delta\tau_{BA}+\tau_A^{\mathrm{r}})-\frac{(X_A^i-X_B^i)}{\rho_{AB}}V_B^i(\tau_{AB}+\Delta\tau_{AB}+\tau_B^{\mathrm{r}})\Big] \tag{9.20}$$

因此,归结上面所述,可得星间相对钟差的计算公式为

$$\Delta T_{AB}=\frac{1}{2}(R_{AB}-R_{BA})+\frac{1}{2}[\tau_{AB}-\tau_{BA}]+\frac{1}{2}[(\tau_A^{\mathrm{e}}+\tau_B^{\mathrm{r}})-(\tau_B^{\mathrm{e}}+\tau_A^{\mathrm{r}})]+\frac{1}{2c}\Big[\frac{(X_A^i-X_B^i)}{\rho_{AB}}(V_A^i-V_B^i)(\tau_A^{\mathrm{e}}-\tau_B^{\mathrm{e}}-\Delta T_{AB})-\frac{(X_A^i-X_B^i)}{\rho_{AB}}V_A^i(\tau_{BA}+\Delta\tau_{BA}+\tau_A^{\mathrm{r}})-\frac{(X_A^i-X_B^i)}{\rho_{AB}}V_B^i(\tau_{AB}+\Delta\tau_{AB}+\tau_B^{\mathrm{r}})\Big] \tag{9.21}$$

9.3.3 对坐标、速度和初始钟差的精度要求

为与纳秒量级的时间比对精度相适应,计算模型的精度必须优于0.1ns。由于卫星的运动和卫星钟之间的非完全同步,因此,为达到纳秒量级计算精度,必须对卫星的坐标和速度误差以及初始钟差提出严格要求。下面对此分别加以讨论。

9.3.3.1 对坐标和速度的要求

当卫星位置、速度有误差时,即

$$\begin{cases}X_A^i=X_{A0}^i+\Delta X_A^i\\ V_A^i=V_{A0}^i+\Delta V_A^i\\ X_B^i=X_{B0}^i+\Delta X_B^i\\ V_B^i=V_{B0}^i+\Delta V_B^i\end{cases} \tag{9.22}$$

式中:X_{A0}^i、ΔX_A^i 分别为归算时刻卫星 A 的第 i 维坐标和坐标误差;X_{B0}^i、ΔX_B^i 分别为归算时刻卫星 B 的第 i 维坐标和坐标误差;V_{A0}^i、ΔV_A^i 分别为归算时刻卫星 A 的第 i 维速度和速度误差;V_{B0}^i、ΔV_B^i 分别为归算时刻卫星 B 的第 i 维速度和速度误差。

假设各同类误差独立等精度,误差量统一用 m 变量表示,则根据式(9.18)和式(9.19),可以求得卫星位置和速度误差对计算时延值的误差传播公式为

$$\begin{cases}m_{\Delta\tau_{AB}}^2=(A_1^i)^2m_{\Delta X_A^i}^2+(A_2^i)^2m_{\Delta X_B^i}^2+(A_3^i)^2m_{\Delta V_A^i}^2+(A_4^i)^2m_{\Delta V_B^i}^2\\ m_{\Delta\tau_{BA}}^2=(B_1^i)^2m_{\Delta X_A^i}^2+(B_2^i)^2m_{\Delta X_B^i}^2+(B_3^i)^2m_{\Delta V_A^i}^2+(B_4^i)^2m_{\Delta V_B^i}^2\end{cases} \tag{9.23}$$

式中:系数 A_j^i、$B_j^i(j=1,2,3,4)$ 的表达式为

$$\begin{cases} A_1^i = \dfrac{V_A^i \cdot \tau_A^{\mathrm{e}} - V_B^i(\tau_A^{\mathrm{e}} + \tau_{AB} + \tau_B^{\mathrm{r}})}{c\rho_{AB}} + \dfrac{(X_A^i - X_B^i)^2[V_B^i(\tau_A^{\mathrm{e}} + \tau_{AB} + \tau_B^{\mathrm{r}}) - V_A^i \tau_A^{\mathrm{e}}]}{c\rho_{AB}^3} \\ A_2^i = -A_1^i \\ A_3^i = \dfrac{(X_A^i - X_B^i)\tau_A^{\mathrm{e}}}{c\rho_{AB}} \\ A_4^i = \dfrac{(X_A^i - X_B^i)(\tau_A^{\mathrm{e}} + \tau_{AB} + \tau_B^{\mathrm{r}})}{c\rho_{AB}} \end{cases} \tag{9.24}$$

$$\begin{cases} B_1^i = \dfrac{[V_A^i(\tau_B^{\mathrm{e}} + \Delta T_{BA} + \tau_{AB} + \tau_A^{\mathrm{r}}) - V_B^i(\tau_B^{\mathrm{e}} + \Delta T_{AB})]}{c\rho_{AB}} + \\ \qquad \dfrac{(X_A^i - X_B^i)^2[V_B^i(\tau_B^{\mathrm{e}} + \Delta T_{AB}) - V_A^i(\tau_B^{\mathrm{e}} + \Delta T_{AB} + \tau_{BA} + \tau_A^{\mathrm{r}})]}{c\rho_{AB}^3} \\ B_2^i = -B_1^i \\ B_3^i = \dfrac{(X_A^i - X_B^i)(\tau_B^{\mathrm{e}} + \Delta T_{AB} + \tau_{BA} + \tau_A^{\mathrm{r}})}{c\rho_{AB}} \\ B_4^i = \dfrac{(X_A^i - X_B^i)(\tau_B^{\mathrm{e}} + \Delta T_{AB})}{c\rho_{AB}} \end{cases} \tag{9.25}$$

对于 MEO 卫星，它在地心惯性系的运动速度 $V \approx 5.7\text{km/s}$，卫星间距离 $\rho_{AB} \approx 37600\text{km}$，因此，下面在此条件下进行分析。

假设设备接收和发射时延为 0，卫星间相对钟差为 10ms，则可以估算，在 1m 的卫星位置误差和 1m/s 的速度误差下，各种误差源引起的计算时延值误差和钟差误差如表 9.3 所列。

表 9.3 各种误差源对计算时延值和钟差的影响

误差源 / 误差	$m_{\Delta X_A^i}$/m	$m_{\Delta X_B^i}$/m	$m_{\Delta V_A^i}$/(m/s)	$m_{\Delta V_B^i}$/(m/s)
$m_{\Delta\tau_{AB}}$/ns	1×10^{-4}	1×10^{-4}	0	0.4
$m_{\Delta\tau_{BA}}$/ns	1×10^{-4}	1×10^{-4}	0.45	0.03
$m_{\Delta T_{AB}}$/ns	5×10^{-5}	5×10^{-5}	0.23	0.20

由表 9.3 可见，当忽略设备接收和发射时延时，卫星的位置误差对计算的相对钟差影响很小，影响相对钟差的主要因素为卫星的速度误差。在上面的假设下，为达到 1ns 的计算精度，卫星位置误差应当小于 20km，卫星速度误差应当优于5m/s。为达到 0.1ns 的计算精度，卫星位置误差应当小于 2km，卫星速度误差应当优于 0.5m/s。

9.3.3.2 对初始钟差的要求

上面各种误差源对计算钟差的影响分析是在钟差初始值量级较小时给出的，由计算模型可以看出，当钟差初始值量级较大时，将会对计算钟差产生影响，因此，还需要讨论不同的比对精度对初始钟差量级的要求。根据双向时间比对计算模型，各种误差源对计算钟差的影响可表示为

$$m_{\Delta T_{AB}}^2 = \frac{1}{2}m_{\mathrm{m}}^2 + m_{\mathrm{E}}^2 + \frac{1}{4}(A_3^{i2}m_{\Delta V_A}^2 + A_4^{i2}m_{\Delta V_B}^2) + \frac{1}{4}(B_3^{i2}m_{\Delta V_A}^2 + B_4^{i2}m_{\Delta V_B}^2) \quad (9.26)$$

式中：m_{m} 为单条链路的测量误差；m_{E} 为卫星的设备接收和发射时延误差（假设接收和发射时延等精度）。

表 9.4 给出了不同误差和时间比对精度下对初始钟差的要求。

表 9.4 不同误差和时间比对精度下对初始钟差的要求

误差源 比对精度/ns	测量误差/ns	设备时延误差/ns	速度误差/(m/s)	初始钟差/s
2	0.2	0.5	1	0.75
1	0.2	0.5	1	0.43
0.5	0.1	0.2	0.5	0.31

由表 9.4 可见，对于 0.5 ~ 2ns 的比对精度，在 0.1 ~ 0.2ns 的测量误差、0.2 ~ 0.5ns 的设备接收和发射时延误差以及 0.5 ~ 1m/s 的卫星速度误差下，初始钟差只要达到 0.31 ~ 0.75s，这对于高精度的星载原子钟来说是非常容易满足的。因此，星载钟之间的相对钟差对比对精度影响很小。

9.3.4 分布式时间同步处理方法

分布式时间同步数据处理可分为两步进行：第一步利用卫星钟差先验信息及单历元卫星间观测量采用最小二乘方法确定单历元卫星钟差；第二步以第一步解算得出的单历元钟差信息及协方差为观测量，结合卫星钟动态模型采用卡尔曼滤波法确定卫星钟差及钟速。

9.3.4.1 单历元卫星钟差计算

将经过历元归化后的一对星间双向观测方程直接相减可得到星间时间同步观测方程，假设在某个历元，卫星 j 观测了 k 个卫星，k 个卫星钟先验钟差和协方差信息分别为 ΔT_i、$C_i(i=1,2,\cdots,k)$，卫星 j 钟先验钟差为 ΔT_j，协方差为 C_j，则在该观测历元采用平方根信息滤波法同时解算卫星 j 及其他 k 个卫星钟差的先验信息阵为

$$\boldsymbol{R} = \begin{bmatrix} C_1^{-1/2} & 0 & 0 & 0 \\ \vdots & \vdots & \vdots & \vdots \\ 0 & \cdots & C_k^{-1/2} & 0 \\ 0 & \cdots & 0 & C_j^{-1/2} \end{bmatrix} \quad (9.27)$$

单历元卫星 j 与其所观测到的 k 个卫星之间时间同步观测方程为

$$\boldsymbol{H}^j\boldsymbol{Y}^j=\boldsymbol{L}^j+\varepsilon \tag{9.28}$$

式中：$\boldsymbol{H}^j$ 为系数矩阵；$\boldsymbol{Y}^j$ 为卫星 j 与其所观测到 k 个卫星的卫星钟差；$\boldsymbol{L}^j$ 为观测量矩阵；ε 为方差为 1 的观测噪声。

基于最小二乘原理，综合先验信息单历元卫星钟差最小二乘解要求下式最小[21]：

$$\min=\left\|\begin{bmatrix}\boldsymbol{R}\\ \boldsymbol{H}^j\end{bmatrix}\boldsymbol{Y}^j-\begin{bmatrix}\boldsymbol{Y}_0^j\\ \boldsymbol{L}^j\end{bmatrix}\right\| \tag{9.29}$$

式中：$\boldsymbol{Y}_0^j$为卫星钟差先验值。

解方程可得到卫星 j 钟差及协方差。

9.3.4.2　分布式卡尔曼滤波

用上述方法可得到含先验信息及历元观测信息的卫星钟差，并没有考虑卫星钟的物理特性，如果仅考虑卫星钟的调频白噪声和调频随机游走噪声，则卫星钟可用含两个状态的线性模型表征。递推公式如下：

$$\begin{bmatrix}a_1^{k+1}\\ a_2^{k+1}\end{bmatrix}=\begin{bmatrix}1 & \mathrm{d}t\\ 0 & 1\end{bmatrix}\begin{bmatrix}a_1^k\\ a_2^k\end{bmatrix}+\begin{bmatrix}\varepsilon_{\mathrm{WF}}\\ \varepsilon_{\mathrm{RWF}}\end{bmatrix}=\boldsymbol{\Phi}_{k+1,k}\begin{bmatrix}a_1^k\\ a_2^k\end{bmatrix}+\begin{bmatrix}\varepsilon_{\mathrm{WF}}\\ \varepsilon_{\mathrm{RWF}}\end{bmatrix} \tag{9.30}$$

式中：a_1^k、a_2^k 分别为 t_k 时刻卫星钟差和卫星钟速；a_1^{k+1}、a_2^{k+1} 分别为 t_{k+1}时刻卫星钟差和卫星钟速；$\mathrm{d}t$ 为采样间隔；$\varepsilon_{\mathrm{WF}}$、$\varepsilon_{\mathrm{RWF}}$分别为调频白噪声和调频随机游走噪声，由卫星钟特性决定，$\boldsymbol{\Phi}_{k+1,k}$为状态转移矩阵，$\boldsymbol{\Phi}_{k+1,k}=\begin{pmatrix}1 & \mathrm{d}t\\ 0 & 1\end{pmatrix}$。

递推计算的卡尔曼滤波模型为[22-23]

$$\begin{cases}\boldsymbol{y}_{R,R-1}=\boldsymbol{\Phi}_{k,k-1}\boldsymbol{y}_{k-1}\\ \boldsymbol{P}_{R,R-1}=\boldsymbol{\Phi}_{k,k-1}\boldsymbol{P}_{k-1}\boldsymbol{\Phi}_{k,k-1}^{\mathrm{T}}+\boldsymbol{Q}_{k-1}\\ \boldsymbol{K}_k=\boldsymbol{P}_{R,R-1}\boldsymbol{H}_k^{\mathrm{T}}(\boldsymbol{H}_K\boldsymbol{P}_{R,R-1}\boldsymbol{H}_K^{\mathrm{T}}+\boldsymbol{R}_k)^{-1}\\ \boldsymbol{y}_k=\boldsymbol{y}_{R,R-1}+\boldsymbol{K}_K(\boldsymbol{Z}_K-\boldsymbol{H}_K\boldsymbol{y}_{R,R-1})\\ \boldsymbol{P}_k=(\boldsymbol{I}-\boldsymbol{K}_K\boldsymbol{H}_K)\boldsymbol{P}_{R,R-1}\end{cases} \tag{9.31}$$

式中：$\boldsymbol{R}_k$ 为钟差协方差阵；$\boldsymbol{y}_k=\begin{bmatrix}a_1^k\\ a_2^k\end{bmatrix}$，$\boldsymbol{H}_K=\begin{bmatrix}1\\ 0\end{bmatrix}$，$\boldsymbol{Q}_{k-1}=\begin{bmatrix}q_{a_1} & q_{a_1a_2}\\ q_{a_1a_2} & q_{a_2}\end{bmatrix}$；$\boldsymbol{Q}_{k-1}$矩阵元素可利用卫星钟噪声统计值确定，即

$$\boldsymbol{Q}_{k-1}=\begin{bmatrix}\dfrac{h_0}{2}\Delta t+\dfrac{2\pi^2h_{-2}}{3}\Delta t^3 & \pi^2h_{-2}\Delta t^2\\ \pi^2h_{-2}\Delta t^2 & \dfrac{2\pi^2h_{-2}}{3}\Delta t\end{bmatrix} \tag{9.32}$$

其中：h_0、h_{-2}分别为调频白噪声及调频随机游走噪声的功率谱密度。

9.3.5 集中式时间同步处理方法

星间时间同步处理方法是基于分布式处理模式，即每颗卫星仅处理自己与其可见卫星的星间时间同步数据[24-25]。这种处理模式实质上仅考虑了每颗卫星与其直接可见卫星间的相关信息，并没有考虑通过卫星共视而产生的间接相关信息，因此，滤波处理结果是次优的。集中处理模式是处理星间时间同步数据更加严密的模式。集中处理方法是将同一时刻全部星间时间同步观测量采用卡尔曼滤波统一处理，相当于对整个星间测距的时间同步网整体平差，因此其处理结果是最小方差意义下最优的。集中式卡尔曼滤波形式观测方程及状态转移方程分别为[21-22]

$$\boldsymbol{y}_{i-1} = \boldsymbol{H}\boldsymbol{x}_{i-1} + \varepsilon \tag{9.33}$$

$$\boldsymbol{x}_i = \boldsymbol{\Phi}_{i-1,i}\boldsymbol{x}_{i-1} + \omega \tag{9.34}$$

$$\boldsymbol{H} = \begin{bmatrix} 1 & \cdots & 0 & \cdots & -1 & \cdots & 0 \\ \vdots & & \vdots & & \vdots & & \vdots \\ 0 & \cdots & 1 & \cdots & 0 & \cdots & 0 \end{bmatrix} \tag{9.35}$$

$$\boldsymbol{\Phi}_{i-1,i} = \begin{bmatrix} 1 & \Delta t & \cdots & 0 & 0 \\ 0 & 1 & \cdots & 0 & 0 \\ \vdots & \vdots & & \vdots & \vdots \\ 0 & 0 & \cdots & 1 & \Delta t \\ 0 & 0 & \cdots & 0 & 1 \end{bmatrix} \tag{9.36}$$

式中：$\boldsymbol{x}_i$ 为 n 颗卫星组成星座中由 $2n$ 个元素组成的列矢量，包含星座中所有卫星的钟差及钟漂参数，矩阵 $\boldsymbol{H}$ 为 $m \times 2n$ 其偶数列为零矢量的矩阵，其每行除了两个元素分别为 1 及 -1 外，其余元素为零。

9.4 卫星自主综合原子时处理方法

综合原子时是利用多台原子钟进行加权计算，来获得一个组合钟[26-29]。与单台钟相比，组合钟的主要优点[26-27]：一是可以避免由于单台钟引起的跳变，具有更好的可靠性；二是具有比单台钟更好的稳定度。所以，当采用组合钟技术时，能够得到更加稳定的时间系统。一般说来，采用的钟数量越多，得到的可靠性和稳定性越好。

组合钟的精度主要取决于参与组合计算的单台原子钟性能，从理论上说，假定参加计算的各个钟具有相同的准确度和稳定度(具有相同的权重),那么组合钟的准确度和稳定度与参加计算的原子钟数量的平方根成正比。所以,要使组合钟具有比单台钟好 n 倍的准确度和稳定度,至少要有 n^2 台原子钟。

卫星自主综合原子时处理方法是采用一颗卫星作为主星,主星收集其他卫星的有关钟差测量信息,通过加权综合原子时算法,在主星上建立和维持一个相对自主的原子时,并定期计算出其他卫星相对自主综合原子时的偏差和钟速,从而实现所有卫星钟的同步和修正。

9.4.1　钟差预处理归算

由于基于星间链路观测获得的卫星钟差为每两颗卫星之间的相对钟差,而综合原子时计算需要的是各卫星钟相对于主钟的钟差,因此,首先必须将卫星间钟差按照规定的采样间隔归算出各颗卫星相对于主钟的钟差。具体的计算方法如下:

假设卫星标号分别为 $i,j,k,\cdots,n,M$,其中 M 为主星标号,卫星 (i,j),(j,k),$\cdots$,(n,M) 各为一组实现了两两之间的星间观测,通过观测获得星间钟差为

$$\begin{cases} \Delta T_{ij} = T_i - T_j \\ \Delta T_{jk} = T_j - T_k \\ \vdots \\ \Delta T_{nM} = T_n - T_M \end{cases} \tag{9.37}$$

则由这些钟差数据可得到第 i 颗卫星相对于主星 M 的钟差为

$$\Delta T_{iM} = T_i - T_M = \Delta T_{ij} + \Delta T_{jk} + \cdots + \Delta T_{nM} \tag{9.38}$$

与此类似,可获得所有卫星钟相对于主钟的钟差,并用于综合原子时的计算。当然,如果每两颗星之间都进行了星间链路测量并获得了相对钟差,这样采用上面简单归算就会存在很多冗余观测量。为提高精度和整体一致性,也可以采用整体平差方法来计算各卫星钟相对主钟的钟差。

9.4.2　综合原子时计算模型

参考 TAI 的计算原理[26],任意时刻 t 导航卫星自主综合原子时 $M(t)$ 的计算模型为

$$M(t) = \frac{\sum_{i=1}^{n} P_i [L_i + a_{1i} + a_{2i}(t - t_0)]}{\sum_{i=1}^{n} P_i} \tag{9.39}$$

式中:L_i 为第 i 台钟的钟面时间读数;a_{1i}、a_{2i} 分别为起点 t_0 时刻第 i 台钟的钟差和钟速修正值;P_i 为第 i 台钟的权;n 为参加综合原子时的星载原子钟台数。

定义未知数为综合原子时与单台卫星钟读数之差,即

$$Z_i(t_j) \equiv M(t_j) - L_i(t_j) \tag{9.40}$$

式中：$Z_i(t_j)$为t_j时刻综合原子时与第i台卫星钟读数之差；$M(t_j)$为t_j时刻对应的综合原子时；$L_i(t_j)$为t_j时刻对应的第i台卫星钟读数。

假设在计算间隔内测量N次，并取第一台钟作为参考钟，每次测量得到第i台钟与参考钟的读数差$l_i(t_j)=L_i(t_j)-L_1(t_j)(j=0,1,2,\cdots,N)$，待求未知数为每台钟与综合原子时之差。则参考钟读数与综合原子时之差为

$$Z_1(t_j)=M(t_j)-L_1(t_j) \tag{9.41}$$

根据综合原子时计算公式有

$$Z_i(t_j)=\left(\sum_{i=1}^{n}P_i\right)^{-1}\sum_{i=1}^{n}P_i[a_{1i}(t_0)+a_{2i}(t_j-t_0)-l_i(t_j)] \tag{9.42}$$

$$Z_i(t_j)=Z_1(t_j)+l_i(t_j) \tag{9.43}$$

每台钟相对综合原子时的平均速率$\bar{a}_{2i}$可以根据$N+1$个$Z_i(t_j)$值采用最小二乘法求解，也可以采用两点法计算，即

$$\bar{a}_{2i}=\frac{Z_i(t_N)-Z_i(t_0)}{t_N-t_0} \tag{9.44}$$

9.4.3 速率及权重计算

9.4.3.1 取权方法

综合原子时在某一取样时间的稳定度可用此取样时间内原子钟的平均速率真方差，即相对理想原子时的速率方差来表示[26-29]。为了得到最好的综合原子时稳定度，每台钟的权应与其速率的真方差成反比。它们的真方差可以采用循环比对和参考于综合原子时两种方法得到。已有学者证明[26]，利用真方差计算权是比较理想的；但比较麻烦，特别是当构成综合原子时的钟异地分布时，无法通过循环比对计算真方差。一种比较方便而又不降低指标的方法是以综合原子时作参考[26]，求出每台钟相对它的速率方差，利用这个相对方差计算权。由于钟的相对速率是在综合原子时计算时要求的量，可以直接利用这个速率计算方差，因此比较方便。真方差的获得是以简单的加权平均原子时作参考，计算公式如下：

$$\sigma^2_{a_{\mathrm{SM}}}(\tau)=\left(1-\frac{2}{N}\right)\sigma^2_{a_{\mathrm{S0}}}(\tau)+\frac{1}{N^2}\sum_{i=1}^{N}\sigma^2_{a_{i0}}(\tau) \tag{9.45}$$

式中：$\sigma^2_{a_{\mathrm{SM}}}(\tau)$为新计算综合原子时的真方差；$\sigma^2_{a_{\mathrm{S0}}}(\tau)$为上一间隔计算综合原子时的真方差；$\sigma^2_{a_{i0}}(\tau)$为$i$次取样的真方差。

而相对方差的获得也是以简单的平均原子时作参考，采用下式计算：

$$\bar{a}_{2i}=\frac{Z_i(t_M)-Z_i(t_0)}{t_M-t_0} \tag{9.46}$$

计算方差时，取样时间一般为1天或1个月，取样个数一般为12。

因为采用相对方差计算权比较简单实用，并且在不同取样时间下，对于两种不同

的取权方法得到的综合原子时的稳定度无明显差别，所以一般用相对方差来代替真方差取权。

9.4.3.2　速率和权的预测

在综合原子时计算中，速率预测和取权方法由子程序处理，这样钟的加入和除去能比较容易处理。为了将更多的钟加入综合原子时计算，并考虑到对钟的运行稳定性要求，取样时间可取为1天，取样个数 N 可取为6。间隔 j 的预测速率校正 a_{2i}^{j} 取间隔 $j-1$ 的实测速率校正 a_{2i}^{j-1}，权 $P^{j}(i)$ 取为正比于间隔 $j-5\sim j$ 的实测速率校正方差的倒数。由于权的确定包括有计算间隔内的数据，而当利用速率方差计算权时，本间隔内钟的速率和权是相互利用的，因此，整个计算是一个迭代过程。对于第一次迭代，权 $P^{j}(i)$ 取 $P^{j-1}(i)$ 的值。在钟不具备过去延续6个间隔时，它的权将随间隔数减少。

9.4.3.3　权重计算

主星接收到参加计算的卫星以约定格式发送来的数据，经过数据预处理来检查遗漏的数据、错误的数据和跳跃，然后按照规定的时间间隔用程序来处理这些数据，以求得卫星综合原子时。在开始计算时刻，a_{1i} 和 a_{2i} 的初始值选择在该时刻没有时间和频率的跳跃。

在单独的取权子程序中，权重计算公式为[26]

$$P(i)=\frac{1000}{\sigma_{\mathrm{d}}^{2}} \tag{9.47}$$

式中：取样方差 σ_{d} 单位为ns/天。

另外，在考虑的间隔 j 和前面间隔 $j-1$ 观测到大于某一限定频率变化 $\mathrm{d}f_{\max}$ 的频率异常时，其权取为零。

在最近6个间隔内工作的钟，有6个相对于卫星综合原子的实测平均速率（ns/天），用 $a_{2}^{1},a_{2}^{2},\cdots,a_{2}^{6}$ 表示，a_{2}^{6} 为卫星综合原子计算间隔期间的速率，它由迭代法得到。第一步迭代使用前面间隔的权，权重值由平均速率的6次取样方差导出：

$$P_{1}=\frac{1000}{\sigma_{\mathrm{d}}^{2}} \tag{9.48}$$

$$\sigma_{\mathrm{d}}^{2}=\frac{1}{5}\sum_{i=1}^{6}\left(a_{2i}-\frac{1}{6}\sum_{j=1}^{6}a_{2}^{j}\right)^{2} \tag{9.49}$$

对于工作少于6个间隔的钟，其 N 次取样 $a_{2}^{6-N+1},a_{2}^{6-N+2},\cdots,a_{2}^{6}(3\leqslant N\leqslant 5)$ 是有效的。计算方法：首先计算 N 次取样方差 $\sigma_{\mathrm{d}N}^{2}$，然后假定一个随机游走频率调制，从而计算

$$\sigma_{\mathrm{d}}^{2}=\frac{6}{N}\sigma_{\mathrm{d}N}^{2} \tag{9.50}$$

权重 P_{2} 由下式给出：

$$P_{2}=\begin{cases}P_{1} & P_{1}\leqslant P_{\max}\\ P_{\max} & P_{1}>P_{\max}\end{cases} \tag{9.51}$$

式中：P_{max}为最大权。

如果 N 为 1 或 2，$P_2=0$，那么只有在对不规则特性检测的验证以后，最终权才被认可。

9.4.3.4 安全措施

安全措施的设立是防止从 σ_d^2 或迭代方法得到过高的权[26]。参加计算的钟有一个权上限，这样获得最大权的钟具有足够大的百分比（这个最大权相当于参加原子时计算的优良型钟的正常特性），而且出现不规则频率变化的钟被除去（零权）。

假定每两个平均速率的 N 次连续取样是有效的，$3 \leqslant N \leqslant 6$（$N=1$，$N=2$ 时，最终权 $P=0$）。这些取样如下：

$$a_2^{6-N+1}, a_2^{6-N+2}, \cdots, a_2^6 \tag{9.52}$$

可以计算

$$\bar{a}_2 = \frac{1}{N-1}\sum_{i=1}^{N-1} a_2^{6-N+1} \tag{9.53}$$

$$a_{2S}^2 = \frac{6}{N} \cdot \frac{1}{N-2}\sum_{i=1}^{N-1} (a_2^{6-N+1} - \bar{a}_2)^2 \tag{9.54}$$

式中：a_{2S}^2为从有效取样直到 a_2^5 时的 6 次取样方差。

$$S = \begin{cases} a_{2S} & a_{2S} \geqslant a_{2S}^{ave} \\ a_{2S}^{ave} & a_{2S} < a_{2S}^{ave} \end{cases} \tag{9.55}$$

式中：a_{2S}^{ave} 相当于参加原子时计算的优良型钟正常的速率变化特性。

安全措施以下面的参数 E 为依据：

$$E = \frac{|a_2^6 - \bar{a}_2|}{S} \tag{9.56}$$

a_2^6 和 $\bar{a}_2$ 单位为 ns/天。则最终权为

$$P = \begin{cases} 0 & E \geqslant 3 \\ P_1 & E < 3 \end{cases} \tag{9.57}$$

用这种取权方法和安全措施，一个新钟在覆盖 2 个计算间隔的连续期间的检验期内给予零权。考虑到平均速率的计算实际上固定在一个计算间隔内，在差的情况中，检验周期可延长到 3 个计算间隔。

9.4.4 取样时间和取样个数

计算方差时，国际原子时一般取样时间 $\tau=1$ 个月和取样个数 $N=12$，即利用每台钟连续运转一年的数据计算它的稳定度。参照 TAI 算法，卫星综合原子时计算的取样时间 $\tau=1$ 天、取样个数 N 为 6 或 12，为了使权取得合理，参加平均的所有钟的取样个数都应相同。当有些钟连续运转时间达不到规定的 12 个取样时间时，应加以

换算[26]。假设某些钟的取样个数为 m,则可利用 Barnes 公式进行换算:

$$\sigma_a(\tau)_N = \frac{B(N,r,\mu)}{B(m,r,\mu)}\sigma_a(\tau)_m \tag{9.58}$$

式中:$r = T/\tau$,T 为取样周期;μ 为噪声类型系数;$B(m,r,\mu)$ 为

$$B(m,r,\mu) = \frac{1 + \sum_{k=1}^{m-1} \frac{m-k}{m(m-1)}[2|kr|^{\mu+2} - |kr+1|^{\mu+2} - |kr-1|^{\mu+2}]}{1 + \frac{1}{2}[2|r|^{\mu+2} - |r+1|^{\mu+2} - |r-1|^{\mu+2}]} \tag{9.59}$$

当 $r=1$ 和 $\mu \neq 0$ 时,有

$$B(m,1,\mu) = \frac{m(1-m^{\mu})}{2(m-1)(1-2^{\mu})} \tag{9.60}$$

当 $\mu=0$ 时,利用 L'Hospital 法则计算。

9.4.5 计算中的迭代过程

在计算每台钟的方差从而计算权时,应包括本计算间隔内每台钟的速率。当利用相对方差计算权时,本间隔内钟的速率和权是相互利用的,因此,在整个计算过程中需用迭代方法。迭代步骤如下:

(1) 利用上一间隔的权和相对速率,由综合原子时计算公式计算各钟钟差 $Z^{(1)}$,并由此求出各钟相对速率 $a_2^{(1)}$ 和相应的权 $P^{(1)}$;

(2) 令 $P=P^{(1)}$ 和 $a_2=a_2^{(1)}$,重复步骤(1)的计算,求得各钟相对速率 $a_2^{(2)}$ 和相应的权 $P^{(2)}$;

(3) 令 $P=P^{(2)}$ 和 $a_2=a_2^{(2)}$,继续进行上述计算,直到 $Z^{(k)}=Z^{(k-1)}$ 小于某个给定的值为止;

(4) 取 $a_2=a_2^{(k)}$,$P=P^{(k-1)}$ 作为本间隔内钟的相对速率和权,以供下一间隔计算使用。

9.4.6 试验分析

由于采用不同性能的卫星钟进行综合将会得到不同的计算结果[2,30-31],因此,有必要对不同性能的卫星钟进行比较分析,以模拟卫星钟达到不同指标时的自主运行实现状况。为此,选用 Block ⅡA 和 Block ⅡR 两种不同类型的 GPS 卫星钟数据为例分别进行分析。下面给出不同运行时间及不同取权方法的仿真计算结果。

9.4.6.1 Block ⅡA 卫星钟仿真试验

利用 GPS PRN01、PRN03、PRN04、PRN05 和 PRN06 5 颗 Block ⅡA 卫星,在 2002 年 2 月 13 日到 9 月 5 日共 204 天的运行数据,其中,PRN01、PRN04、采用的是铷原子钟;PRN03、PRN05、PRN06 采用的是铯原子钟。

图 9.4 ~ 图 9.6 给出的是利用 5 颗卫星星载钟在不同取样个数、计算间隔和取

权方法下的自主运行 180 天计算的综合原子时结果,图中不同颜色曲线分别代表 0.5 天、1 天、2 天、4 天计算间隔结果。

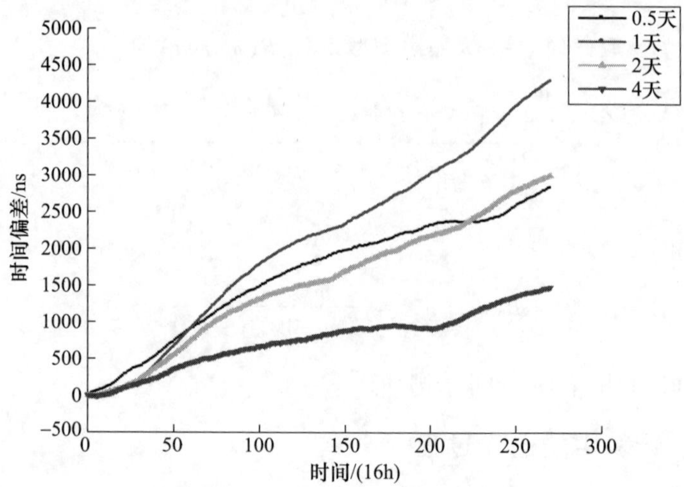

图 9.4　6 次取样和平均稳定度取最大权下不同计算间隔计算的结果(见彩图)

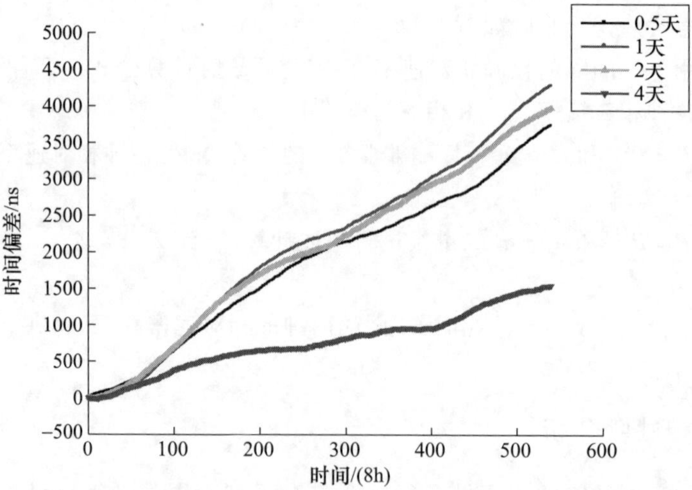

图 9.5　12 次取样和平均稳定度取最大权下不同计算间隔计算的结果(见彩图)

由图 9.4 ~ 图 9.6 可以看出:采用 4 天计算间隔计算的综合原子时与 GPS 时间的差别最小;对于 1 天和 4 天的计算间隔,采用 6 次或 12 次取样个数计算的综合原子时没有明显差别;对于 0.5 天和 2 天的计算间隔,不同取样个数计算的综合原子时存在明显差异,6 次取样比 12 次取样结果更好。

另外,利用 5 台 Block ⅡA 卫星钟计算的综合原子时与 GPS 时间存在明显的钟速差。如果不去除该钟速差,要使自主综合原子时与系统时间偏差控制在 1μs 以内,采用 4 天计算间隔仅能自主运行 100 天左右。

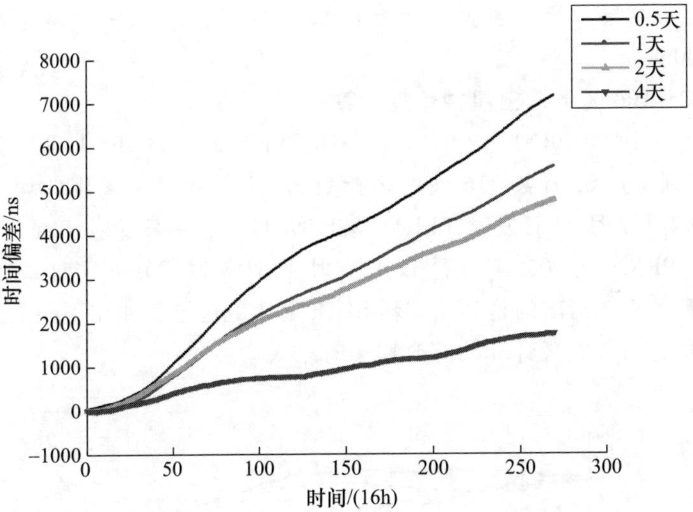

图 9.6　3 倍平均稳定度取最大权和 6 次取样下不同计算间隔计算的结果(见彩图)

在上面最优的 6 次取样 4 天计算间隔计算的综合原子时下,将每次计算的自主综合原子时与 GPS 时间偏差作为先验信息,利用不同时间长度的先验信息分别进行线性拟合,来获得钟速差结果,图 9.7 给出的是去除不同时间长度先验信息拟合的钟速差之后的结果,图中不同颜色曲线分别代表去除 80 天、120 天、160 天、180 天拟合的钟速差结果。

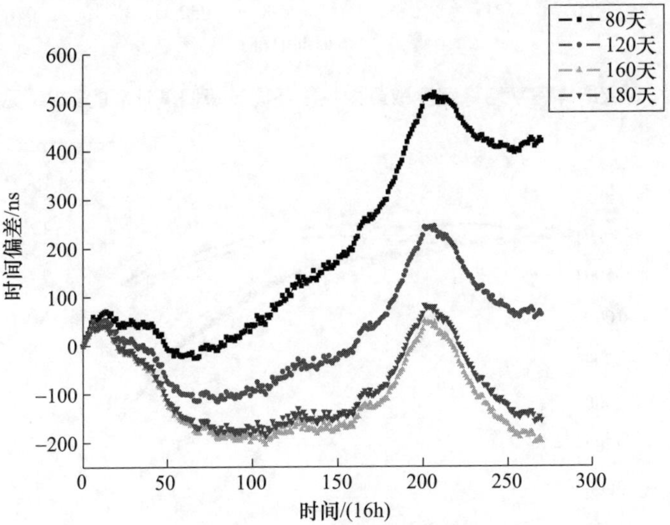

图 9.7　6 次取样 4 天计算间隔下去除钟速差结果(见彩图)

对于 4 天的计算间隔:去除由 120 天结果计算的钟速差得到的综合原子时与 GPS 时间的差别较小,在 180 天的计算范围内,两者的差别为 -100 ~ 250ns;去除由

160 天和 180 天结果计算的钟速差得到的综合原子时与 GPS 时间的差别也不大，为 -200 ~ 100ns。

9.4.6.2 Block ⅡR 卫星钟仿真计算

利用 GPS PRN11、PRN13、PRN14、PRN18 和 PRN20 5 颗 Block ⅡR 卫星，在 2002 年 2 月 18 日到 9 月 21 日共 216 天的运行数据，其中，5 颗星采用的均是铷原子钟，PRN13 为 1997 年 7 月 23 日发射，PRN11 为 1999 年 10 月 7 日发射，PRN14 为 2000 年 1 月 30 日发射，PRN20 为 2000 年 5 月 11 日发射，PRN18 为 2001 年 7 月 23 日发射。

图 9.8 和图 9.9 给出的是利用 5 颗 Block ⅡR 卫星星载钟在不同取样个数、计算间隔下的自主运行 200 天计算的综合原子时结果。

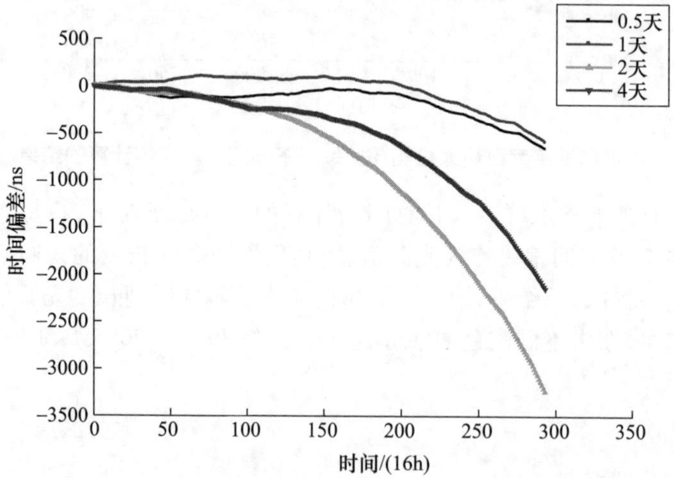

图 9.8 6 次取样和平均稳定度取最大权下不同计算间隔计算的结果（见彩图）

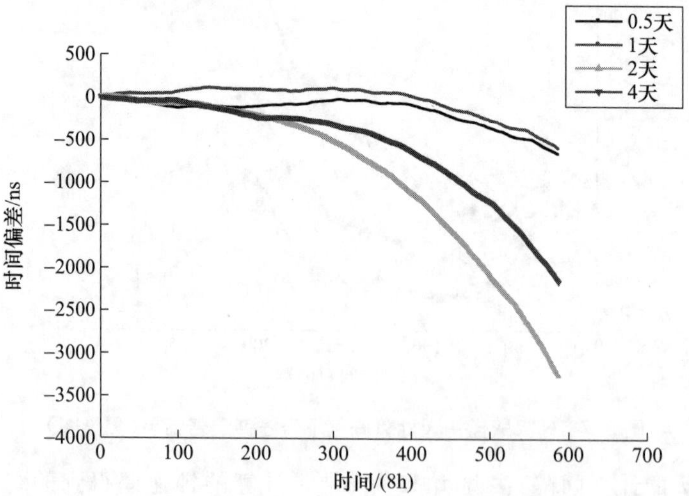

图 9.9 12 次取样和平均稳定度取最大权下不同计算间隔计算的结果（见彩图）

可见，对于 Block ⅡR 类型的卫星钟，采用 6 次还是 12 次取样个数计算的综合原子时没有明显差别。0.5 天和 1 天计算间隔计算的综合原子时与 GPS 时间的偏差较小，两者的差异也不大，均比 2 天和 4 天计算间隔结果要优。

采用5 台 Block ⅡR 卫星钟计算的综合原子时与 GPS 时间也存在明显的钟速差，即使不去除该钟速差，采用 0.5 天和 1 天计算间隔自主运行 180 天后，综合原子时与系统时间仍然能够控制在 1μs 以内。

同样，在上面最优的 6 次取样 1 天计算间隔计算的综合原子时下，去除不同时间长度先验偏差信息拟合的钟速差之后的结果如图 9.10 所示。

可见，对于 1 天的计算间隔，自主运行 180 天，去除钟速差结果与系统时间偏差均能控制在 1μs 范围内。去除由 200 天先验信息计算的钟速差获得的综合原子时与 GPS 时间的差别较小，在 200 天的计算时间内，偏差为 -400 ~ 100ns；去除由 60 天、100 天、120 天和 150 天结果计算的钟速差得到的综合原子时之间的差别不大。

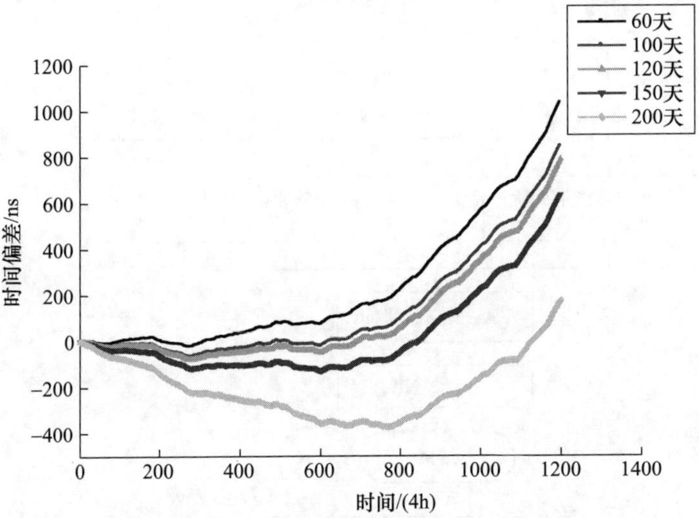

图 9.10　6 次取样 1 天计算间隔下去除钟速差结果（见彩图）

9.5　基于星间链路的精密定轨方法

9.5.1　处理模式及流程

基于星间链路观测量的定轨有分布式处理与集中式处理两种模式[2]。集中式处理是将所有卫星的星间测距信息发送到一颗或几颗卫星或地面站，由该卫星或地面站集中进行处理，并生成广播星历，最后将计算出的广播星历发送到所有卫星。集中式处理模式理论上较为严密，处理结果是整体最优的，当由卫星完成时，对星载计算机数据处理能力及可靠性要求较高，因此，集中式处理模式一般是在地面处理，但是这样增加了对地面的依赖。而分布式处理由每颗卫星利用自己与可见星间的测距信息确定自己星历,这种处理模式不需要地面站的支持,是自主导航常用的运行模式;但是这种模式要求所有卫星均具备一定的存储和计算能力,同时由于不能使用所有星间测距信息,所得计算结果不是整体最优解。

基于星间链路的卫星自主定轨流程如图 9.11 所示。

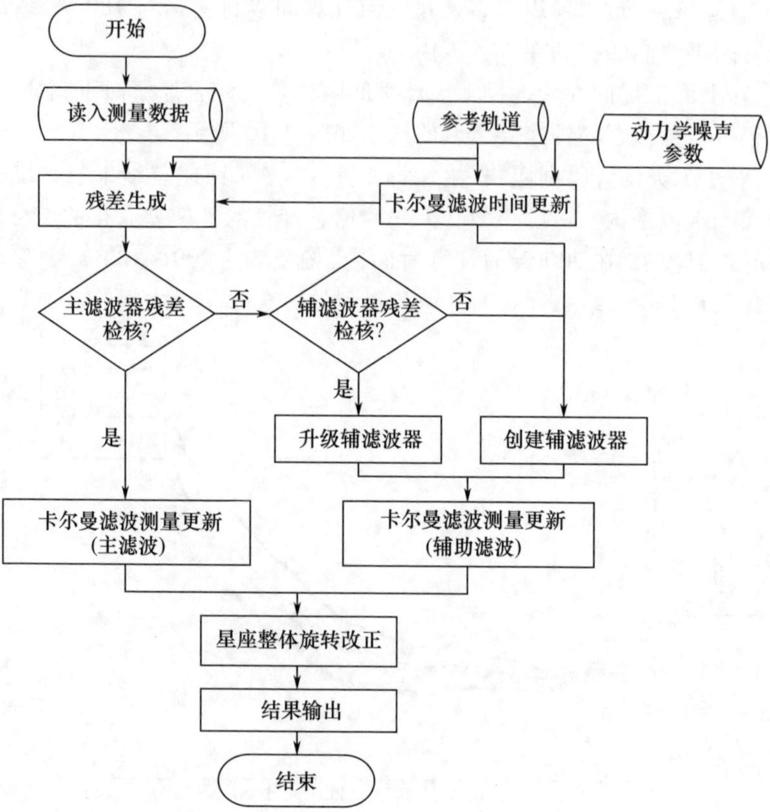

图 9.11 基于星间链路的卫星自主定轨流程

9.5.2 偏导数及加权处理方法

设卫星轨道参数矢量为 $\boldsymbol{S}$,则观测矢量 $\boldsymbol{y}=[\boldsymbol{y}_1^{\mathrm{T}},\boldsymbol{y}_2^{\mathrm{T}},\cdots,\boldsymbol{y}_m^{\mathrm{T}}]^{\mathrm{T}}$ 对卫星轨道参数偏导数为

$$\frac{\partial \boldsymbol{y}}{\partial \boldsymbol{S}}=\sum_{i=1}^{3}\frac{\partial \boldsymbol{y}}{\partial \boldsymbol{x}_i}\frac{\partial \boldsymbol{x}_i}{\partial \boldsymbol{S}} \tag{9.61}$$

式中:$\frac{\partial \boldsymbol{x}_i}{\partial \boldsymbol{S}}$由轨道数值积分得到;观测量对位置偏导数计算公式为

$$\frac{\partial \boldsymbol{y}}{\partial \boldsymbol{x}_i}=\frac{\Delta \boldsymbol{x}_i}{\rho}=\frac{\Delta \boldsymbol{x}_i}{\sqrt{(x_1^{\mathrm{s}}-x_1^{\mathrm{r}})^2+(x_2^{\mathrm{s}}-x_2^{\mathrm{r}})^2+(x_3^{\mathrm{s}}-x_3^{\mathrm{r}})^2}} \tag{9.62}$$

式中：x_1^{s}、x_2^{s}、x_3^{s} 分别为卫星 s 的三维坐标分量；x_1^{r}、x_2^{r}、x_3^{r} 分别为观测者的三维坐标分量；$\boldsymbol{\rho}$ 为两星之间的距离矢量；$\Delta\boldsymbol{x}_i$ 为第 i 维坐标差矢量。

设残差矢量 $\boldsymbol{V}=[\boldsymbol{v}_1^{\mathrm{T}},\boldsymbol{v}_2^{\mathrm{T}},\cdots,\boldsymbol{v}_m^{\mathrm{T}}]^{\mathrm{T}}$，观测系数矩阵 $\boldsymbol{H}^{\mathrm{T}}=[\boldsymbol{H}_1^{\mathrm{T}},\boldsymbol{H}_2^{\mathrm{T}},\cdots,\boldsymbol{H}_m^{\mathrm{T}}]^{\mathrm{T}}$，则可以组成误差方程式

$$\boldsymbol{y}=\boldsymbol{H}\boldsymbol{x}_0+\boldsymbol{V} \tag{9.63}$$

采用加权最小二乘可得

$$\begin{cases}\hat{\boldsymbol{x}}_0=(\boldsymbol{H}^{\mathrm{T}}\boldsymbol{P}\boldsymbol{H})^{-1}\boldsymbol{H}^{\mathrm{T}}\boldsymbol{P}\boldsymbol{y}\\ \boldsymbol{\Sigma}_{x_0}=(\boldsymbol{H}^{\mathrm{T}}\boldsymbol{P}\boldsymbol{H})^{-1}\hat{\boldsymbol{\sigma}}_0^2\\ \hat{\boldsymbol{\sigma}}_0^2=\boldsymbol{V}^{\mathrm{T}}\boldsymbol{P}\boldsymbol{V}/(m-n)\end{cases} \tag{9.64}$$

式中：$\boldsymbol{P}$ 为观测矢量的权矩阵；$\boldsymbol{\Sigma}_{x_0}$为协方差矩阵；$m$ 为观测个数；n 为待估参数个数。

由于在卫星轨道确定中，使用的状态方程和观测方程都是线性化近似的结果，非线性部分对结果将产生影响，这一问题需通过不断的迭代来解决。在轨道确定中，设置的收敛准则如下：

（1）卫星位置矢量最新估值的方差小于预先指定的判据$\mathrm{POS}_{\min}$，即

$$(\hat{\sigma}_x^2+\hat{\sigma}_y^2+\hat{\sigma}_z^2)^{\frac{1}{2}}\leqslant \mathrm{POS}_{\min} \tag{9.65}$$

式中：$\hat{\sigma}_x$、$\hat{\sigma}_y$、$\hat{\sigma}_z$ 为第 k 次迭代所得卫星位置分量的均方差。

（2）观测残差的均方差满足条件

$$\frac{\mathrm{RMS}-\mathrm{RMSP}}{\mathrm{RMS}}\leqslant\varepsilon \tag{9.66}$$

式中：ε 为预指定的一个小量；RMS、RMSP 分别为观测残差均方差和观测残差均方差的线性预报值，且有

$$\begin{cases}\mathrm{RMS}=\sqrt{\dfrac{(\boldsymbol{V}^k)^{\mathrm{T}}\boldsymbol{P}\boldsymbol{V}^k}{\sum\limits_{i=1}^{l}p_{\mathrm{f}}}}\\ \mathrm{RMSP}=\sqrt{\dfrac{(\boldsymbol{V}^k-\boldsymbol{H}^k\hat{\boldsymbol{x}}^{k+1})^{\mathrm{T}}\boldsymbol{P}(\boldsymbol{V}^k-\boldsymbol{H}^k\hat{\boldsymbol{x}}^{k+1})}{\sum\limits_{i=1}^{l}p_i}}\end{cases} \tag{9.67}$$

式中：$\boldsymbol{V}^k$ 为第 k 次迭代中观测数据的残差；$\sum\limits_{i=1}^{l}p_i$ 为对参加估值的 l 个观测数据的权和；$\hat{\boldsymbol{x}}^{k+1}$为第 $k+1$ 次迭代估值状态改正量。

当条件(1)或(2)有一个满足时，再迭代一次即认为估计过程正常收敛而终止。设 $k+1$ 次迭代收敛，则被估状态矢量的最优估值为

$$\hat{X}_0^{k+1}=\hat{X}_0^k+\hat{x}^{k+1}=X_0+\sum_{i=1}^{k+1}\hat{x}^i \tag{9.68}$$

式中：X_0 为估值状态矢量的先验值；$\hat{X}_0^{k+1}$、$\hat{X}_0^k$ 分别为第 $k+1$、第 k 次的最优估值。

9.5.3 分布式卡尔曼滤波算法

分布式卡尔曼滤波是星座中的每颗卫星只使用自身的观测值来计算其状态参数估值。在每个计算周期的数据处理过程中,执行卡尔曼滤波的次数与星座中卫星的总数相同。

图9.12给出分布式卡尔曼滤波并行处理方式流程。并行处理方式是星座中的所有卫星同时利用卫星状态矢量的先验值和自身所获得的观测值计算其自身的状态参数估值,而且在下次迭代时,将最新计算出的状态参数估值替代原来的先验值。

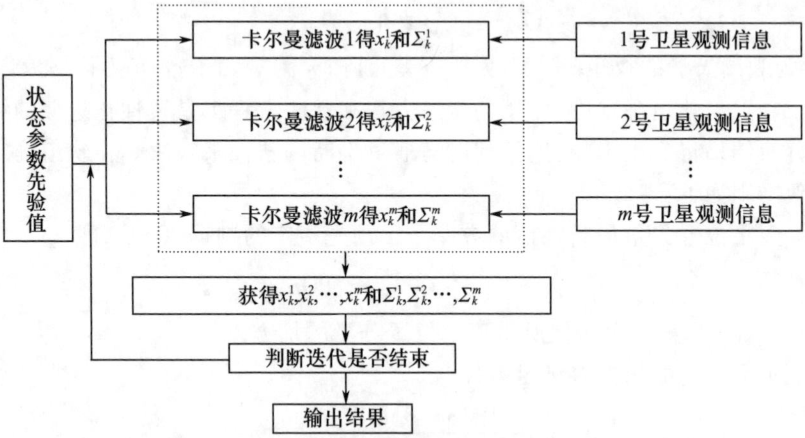

图9.12　分布式卡尔曼滤波并行处理方式流程

分布式卡尔曼滤波处理模型如下:

对第 i 颗卫星,用泰勒近似公式将其非线性观测方程和状态方程展开,可得

$$\begin{cases}\boldsymbol{x}_k^i=\boldsymbol{\Phi}^i(t_k,t_j)\boldsymbol{x}_j^i+\boldsymbol{\Delta}_k^i\\ \boldsymbol{z}_k^i=\boldsymbol{A}_k^i\ \boldsymbol{x}_k^i+\boldsymbol{\varepsilon}_k^i\end{cases}\tag{9.69}$$

式中:$\boldsymbol{x}_k^i$、$\boldsymbol{x}_j^i$ 分别为卫星 i 第 k、j 历元的 $6+n_p+n_q$ 维状态矢量;$\boldsymbol{\varepsilon}_k^i$ 为观测噪声矢量;$\boldsymbol{\Delta}_k^i$ 为卫星 i 的系统动态噪声;$\boldsymbol{z}_k^i$ 为卫星 i 在第 k 历元的 n^i 维观测矢量;$\boldsymbol{\Phi}^i(t_k,t_j)\boldsymbol{A}_k^i$ 分别为卫星 i 从第 j 历元到第 k 历元的$(6+n_p+n_q)\times(6+n_p+n_q)$维状态转移矩阵和 $n^i\times(6+n_p+n_q)$维观测设计矩阵,且有

$$\boldsymbol{\Phi}^i(t_k,t_j)=\begin{bmatrix}\boldsymbol{\Phi}^i(y)_{6\times6} & \boldsymbol{0}_{6\times n_p} & \boldsymbol{0}_{6\times n_q}\\ \boldsymbol{0}_{n_p\times6} & \boldsymbol{I}_{n_p\times n_p} & \boldsymbol{0}_{n_p\times n_q}\\ \boldsymbol{0}_{n_q\times6} & \boldsymbol{0}_{n_q\times n_p} & \boldsymbol{I}_{n_q\times n_q}\end{bmatrix}\tag{9.70}$$

$$\boldsymbol{A}_k^i = \begin{bmatrix} \dfrac{\partial \boldsymbol{z}_1^i}{\partial \boldsymbol{y}(t)} & \dfrac{\partial \boldsymbol{z}_1^i}{\partial \boldsymbol{p}} & \dfrac{\partial \boldsymbol{z}_1^i}{\partial \boldsymbol{q}} \\ \dfrac{\partial \boldsymbol{z}_2^i}{\partial \boldsymbol{y}(t)} & \dfrac{\partial \boldsymbol{z}_2^i}{\partial \boldsymbol{p}} & \dfrac{\partial \boldsymbol{z}_2^i}{\partial \boldsymbol{q}} \\ \vdots & \vdots & \vdots \\ \dfrac{\partial \boldsymbol{z}_n^i}{\partial \boldsymbol{y}(t)} & \dfrac{\partial \boldsymbol{z}_n^i}{\partial \boldsymbol{p}} & \dfrac{\partial \boldsymbol{z}_n^i}{\partial \boldsymbol{q}} \end{bmatrix} \tag{9.71}$$

假设其统计噪声模型满足

$$\begin{cases} E(\boldsymbol{\Delta}_k^i) = 0, \operatorname{cov}(\boldsymbol{\Delta}_k^i(\boldsymbol{\Delta}_j^i)^{\mathrm{T}}) = \boldsymbol{Q}_k^i \delta_{kj} \\ E(\boldsymbol{\varepsilon}_k^i) = 0, \operatorname{cov}(\boldsymbol{\varepsilon}_k^i(\boldsymbol{\varepsilon}_j^i)^{\mathrm{T}}) = \boldsymbol{R}_k^i \delta_{kj} \\ \operatorname{cov}(\boldsymbol{\Delta}_k^i(\boldsymbol{\varepsilon}_j^i)^{\mathrm{T}}) = 0 \end{cases} \tag{9.72}$$

式中：$\boldsymbol{Q}_k^i$、$\boldsymbol{R}_k^i$ 分别为已知的系统动态噪声和观测噪声的协方差矩阵；δ_{kj}的表达式为

$$\delta_{kj} = \begin{cases} 0 & k \neq j \\ 1 & k = j \end{cases} \tag{9.73}$$

若已知初始状态的统计特性为

$$\begin{cases} E(\boldsymbol{x}_0^i) = \hat{\boldsymbol{x}}_0^i \\ \operatorname{var}(\boldsymbol{x}_0^i) = \boldsymbol{\Sigma}_0^i \end{cases} \tag{9.74}$$

式中：$\boldsymbol{\Sigma}_0^i$ 为初始状态的协方差矩阵。

则卫星 i 的扩展卡尔曼滤波解可写为

$$\begin{cases} \hat{\boldsymbol{x}}_k^i = \bar{\boldsymbol{x}}_k^i + \boldsymbol{K}_k^i(z_k^i - \boldsymbol{A}_k^i \bar{\boldsymbol{x}}_k^i) \\ \bar{\boldsymbol{x}}_k^i = \boldsymbol{\Phi}^i(t_k, t_j)\hat{\boldsymbol{x}}_k^i \\ \boldsymbol{\Sigma}_k^i = (\boldsymbol{I} - \boldsymbol{K}_k^i \boldsymbol{A}_k^i)\bar{\boldsymbol{\Sigma}}_k^i \\ \boldsymbol{K}_k^i = \bar{\boldsymbol{\Sigma}}_k^i(\boldsymbol{A}_k^i)^{\mathrm{T}}(\boldsymbol{A}_k^i\bar{\boldsymbol{\Sigma}}_k^i(\boldsymbol{A}_k^i)^{\mathrm{T}} + \boldsymbol{R}_k^i)^{-1} \\ \bar{\boldsymbol{\Sigma}}_k^i = \boldsymbol{\Phi}^i(t_k, t_j)\boldsymbol{\Sigma}_j^i(\boldsymbol{\Phi}^i(t_k, t_j))^{\mathrm{T}} + \boldsymbol{Q}_k^i \end{cases} \tag{9.75}$$

式中：$\hat{\boldsymbol{x}}_k^i$ 为状态参数估值；$\bar{\boldsymbol{x}}_k^i$ 为状态参数预报值；$\boldsymbol{K}_k^i$ 为增益矩阵；$\boldsymbol{\Sigma}_k^i$ 为状态参数估值的协方差矩阵；$\bar{\boldsymbol{\Sigma}}_k^i$ 为状态参数预报值的协方差矩阵。

在计算过程中，需不断地利用新信息来初始化积分运动方程，从而使积分轨道不

断得到更新。

9.5.4 分布式定轨试验分析

为分析全星座分布式自主定轨的性能,下面利用仿真的24颗MEO卫星时分多址Ka星间链路数据进行试验,仿真数据时间为2018年1月21日至3月21日共60天。表9.5给出24颗MEO卫星分布式自主定轨60天后的计算结果与理论结果的差值。

表9.5 24颗MEO卫星基于星间链路的60天分布式自主定轨结果

卫星号	*R*/m	*T*/m	*N*/m	POS/m	URE/m
1	0.46	0.911	0.766	1.276	0.510
2	0.478	0.880	0.762	1.258	0.523
3	0.489	0.859	0.745	1.238	0.531
4	0.469	0.849	0.752	1.227	0.512
5	0.487	0.876	0.768	1.263	0.531
6	0.313	0.830	0.755	1.165	0.380
7	0.344	0.887	0.779	1.230	0.411
8	0.470	0.925	0.778	1.297	0.520
9	0.406	1.157	0.762	1.444	0.484
10	0.414	1.131	0.819	1.456	0.493
11	0.412	1.158	0.786	1.459	0.491
12	0.419	1.166	0.803	1.476	0.499
13	0.428	1.203	0.750	1.481	0.506
14	0.206	1.169	0.709	1.383	0.340
15	0.426	1.192	0.762	1.477	0.504
16	0.411	1.179	0.757	1.460	0.490
17	0.736	0.909	1.043	1.567	0.772
18	0.565	0.920	0.967	1.449	0.615
19	0.623	0.926	0.974	1.481	0.667
20	0.625	0.921	1.001	1.497	0.670
21	0.623	0.890	1.038	1.503	0.669
22	0.615	0.844	1.083	1.504	0.662
23	0.694	0.864	1.108	1.567	0.735
24	0.776	0.887	1.092	1.607	0.810
平均值	0.495	0.981	0.857	1.407	0.555

图9.13和图9.14给出部分卫星(这里选取PRN19、PRN24两颗卫星)分布式自主定轨误差结果。

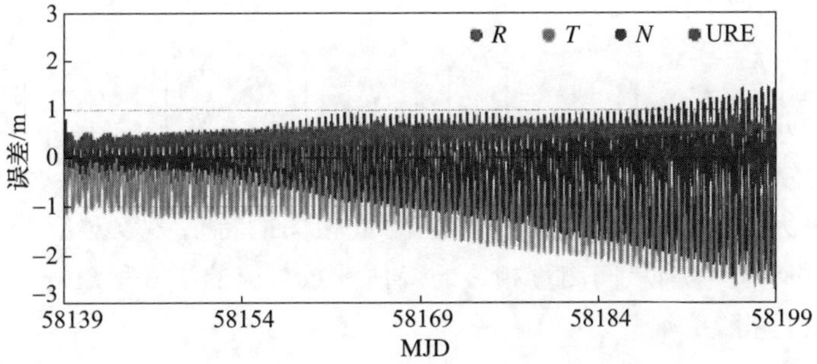

图 9.13　PRN19 号星的自主定轨误差结果(见彩图)

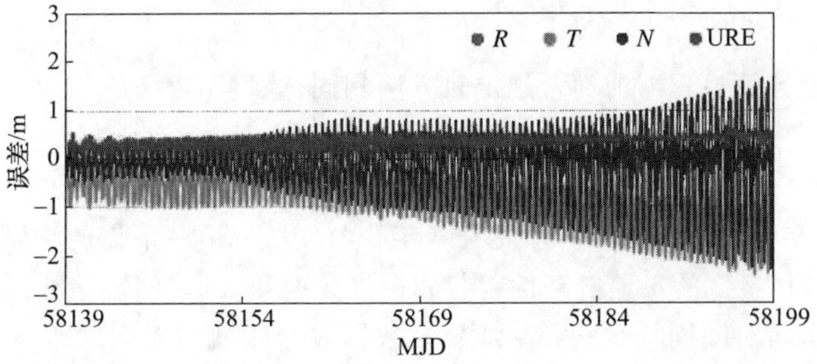

图 9.14　PRN24 号星的自主定轨误差结果(见彩图)

由图 9.13 和图 9.14 及表 9.5 结果可以看出,在理想的全星座仿真时分多址 Ka 星间链路数据条件下,分布式自主定轨 60 天,星座内卫星的轨道虽有缓慢发散现象,但是总的来说,各卫星轨道误差能够得到很好控制,轨道三个方向 R、T、N 的平均误差分别为 0.495m、0.981m、0.857m,最大值分别为 0.776m、1.203m、1.108m,卫星三维位置误差平均值为 1.407m,最大值为 1.607m,轨道 URE 平均值为 0.555m,最大值为 0.810m。

9.6　星地星间数据联合的精密定轨与时间同步方法

9.6.1　法方程叠加

为了充分利用星间测量数据对区域监测网的增强作用,在上面基于星间链路的精密定轨方法基础上,这里继续讨论星地星间数据联合的精密定轨与时间同步处理方法[32-33]。为了数据处理的简便,采用了星地数据法方程与星间数据法方程叠加的处理方法[34]。具体方法是:对星地链路计算的法方程信息矩阵暂时储存,星间链路计算的法方程矩阵待估参数与星地链路对应的参数进行逐一求和,然后对叠加后的法方程进行求逆,最后统一解算所有待估参数[35-37]。

设星地链路法方程信息矩阵为 N_g 和 U_g,星间链路法方程信息矩阵为 N_{sst} 和

U_{sst}，即

$$N_g = \begin{bmatrix} N_{xx} & N_{xa} \\ N_{xa} & N_{aa} \end{bmatrix},\quad U_g = \begin{bmatrix} U_x \\ U_a \end{bmatrix},\quad N_{sst} = \begin{bmatrix} N'_{xx} & N_{xb} \\ N_{xb} & N_{bb} \end{bmatrix},\quad U_{sst} = \begin{bmatrix} U'_x \\ U_b \end{bmatrix} \tag{9.76}$$

式中：N_{xx}、N'_{xx}分别为星地链路、星间链路对应的轨道及动力学待估参数对应的法方程矩阵；N_{aa}为大气延迟、模糊度等与星地测量相关的待估参数对应的法方程矩阵；N_{bb}为星间链路时延等与星间测量相关的待估参数对应的法方程矩阵。

则叠加后可得

$$N_g + N_{sst} = \begin{bmatrix} N_{xx}+N'_{xx} & N_{xa} & N_{xb} \\ N_{xa} & N_{aa} & 0 \\ N_{xb} & 0 & N_{bb} \end{bmatrix},\quad U_g + U_{sst} = \begin{bmatrix} U_x + U'_x \\ U_a \\ U_b \end{bmatrix} \tag{9.77}$$

后续其他计算过程与前面常规定轨方法相同，这里不再赘述。

9.6.2 试验分析

利用2016年7月9日至7月24日（年积日191～206）采集的4颗BDS在轨卫星（PRN31～PRN34）的星地链路伪距载波相位数据和Ka星间链路数据，分别进行仅星地链路定轨与时间同步试验和星地星间数据联合定轨与时间同步试验，并进行了两种模式处理结果的比较分析。

9.6.2.1 卫星钟差测定与预报试验分析

1）卫星钟差测定试验分析

图9.15和图9.16给出PRN32和PRN33两颗卫星连续3天的星地星间数据联合卫星钟差测定结果，其中，PRN32卫星为IGSO卫星，PRN33卫星为MEO卫星，红色结果表示仅星地数据计算卫星钟差，蓝色结果表示星间数据计算卫星钟差。

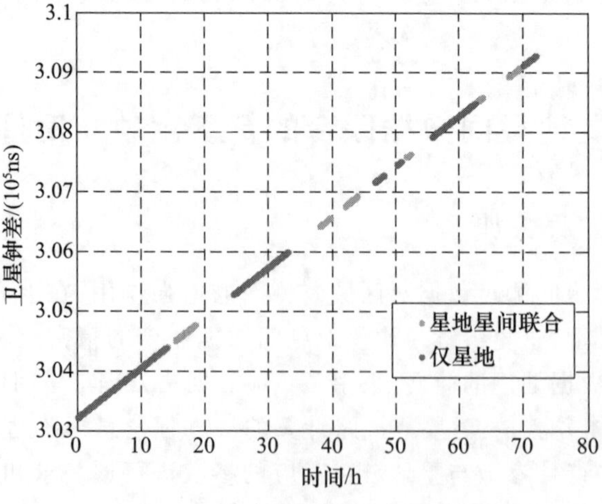

图9.15 IGSO卫星钟差测定试验结果（见彩图）

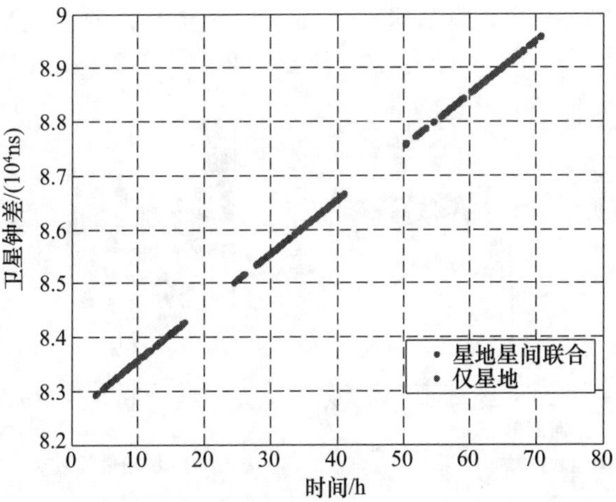

图 9.16　MEO 卫星钟差测定试验结果(见彩图)

结果表明,加入星间链路观测数据后,IGSO 卫星的钟差测定弧段得到适当补充,即使在仅有 4 颗卫星建立星间链路情况下,也能使 IGSO 卫星钟差测定弧段提升 15% 左右;但是 MEO 卫星的钟差测定弧段却大大延长,即使在仅有 4 颗卫星建立星间链路情况下,平均提升也在 40% 以上。

利用星间观测数据解算的两颗卫星之间的星间钟差,将其与星地钟差联合处理,最终得到每颗卫星相对于系统时间的星地星间联合钟差,再分别对星地星间联合钟差和仅星地钟差结果进行二阶多项式拟合,统计的拟合残差 RMS 如表 9.6 所列。

表 9.6　星地星间联合的 BDS 卫星钟差测定试验结果

卫星	使用数据	拟合残差/ns
PRN31	仅星地	0.211
	星地星间联合	0.211
PRN32	仅星地	0.408
	星地星间联合	0.408
PRN33	仅星地	0.180
	星地星间联合	0.200
PRN34	仅星地	0.566
	星地星间联合	0.480

对仅星地钟差和星地星间联合钟差结果的拟合残差进行比较分析,可见两种方法的结果基本一致,说明星间链路数据与星地链路数据的测量精度相当,星间链路数据可以很好地补充星地链路观测数据的不足。

2) 卫星钟差预报试验分析

利用仅星地链路卫星钟差数据和星地星间联合卫星钟差数据分别进行卫星钟差

预报试验,将预报结果与实测结果进行求差,部分卫星的偏差结果如图9.17和图9.18所示。

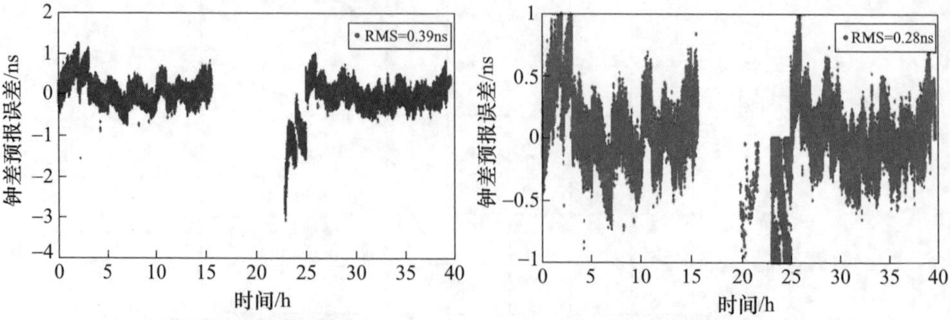

(a) 仅星地数据预报结果　　(b) 星地星间数据联合预报结果

图9.17　PRN31卫星钟差预报精度与实测结果比较

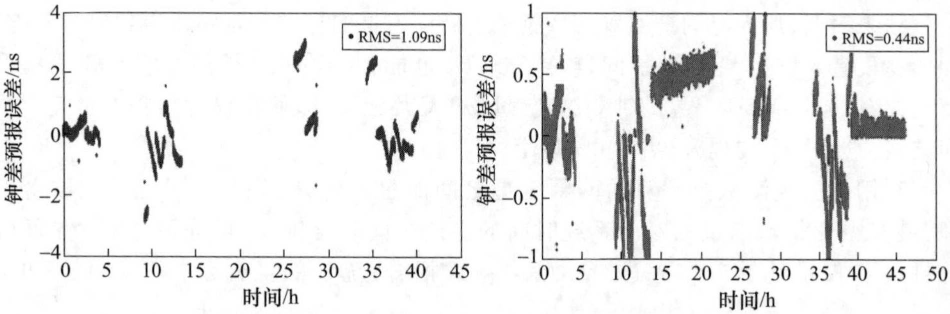

(a) 仅星地数据预报结果　　(b) 星地星间数据联合预报结果

图9.18　PRN33卫星钟差预报精度与实测结果比较

同时,对4颗BDS卫星的钟差预报与实测结果的偏差进行RMS统计,作为每颗卫星的钟差预报精度,具体统计结果如表9.7所列。

表9.7　星地星间联合卫星钟差预报试验结果

卫星	使用数据	预报精度/ns
PRN31/IGSO	仅星地数据	0.39
	星地星间联合	0.28
PRN32/IGSO	仅星地数据	0.74
	星地星间联合	0.74
PRN33/MEO	仅星地数据	1.09
	星地星间联合	0.44
PRN34/MEO	仅星地数据	1.18
	星地星间联合	0.51

由图9.17和图9.18及表9.7可以看出，相对仅星地数据结果，增加星间链路观测数据后，对于IGSO卫星的钟差预报精度有所提高，提高最大在28%左右；但是对于MEO卫星的钟差预报精度提高非常明显，提高均在1倍以上，并且精度提高主要体现在卫星刚入境弧段。

9.6.2.2 卫星轨道测定与预报试验分析

1）轨道测定试验分析

利用星地星间数据联合进行轨道测定试验，同时利用仅星地数据进行轨道测定试验，定轨采用数据长度为3天，两次定轨重叠弧段为1天。分别对两种方法1天重叠弧段的两次定轨结果在径向R、切向T、法向N三个方向和三维位置的偏差进行RMS统计分析，两种方法的重叠弧段精度具体结果比较如表9.8所列。

表9.8 两种方法重叠弧段精度比较

卫星	仅星地数据				星地星间联合			
	R/m	T/m	N/m	POS/m	R/m	T/m	N/m	POS/m
PRN31	0.168	0.655	0.405	0.789	0.115	0.385	0.245	0.479
PRN32	0.158	0.587	0.260	0.661	0.126	0.419	0.199	0.494
PRN33	0.278	1.281	0.515	1.408	0.080	0.296	0.278	0.431
PRN34	0.525	3.343	0.535	3.425	0.084	0.265	0.195	0.345
平均	0.282	1.467	0.429	1.571	0.101	0.341	0.229	0.437

PRN31 IGSO卫星和PRN33 MEO卫星连续14天的两种方法重叠弧段精度统计结果如图9.19和图9.20所示。

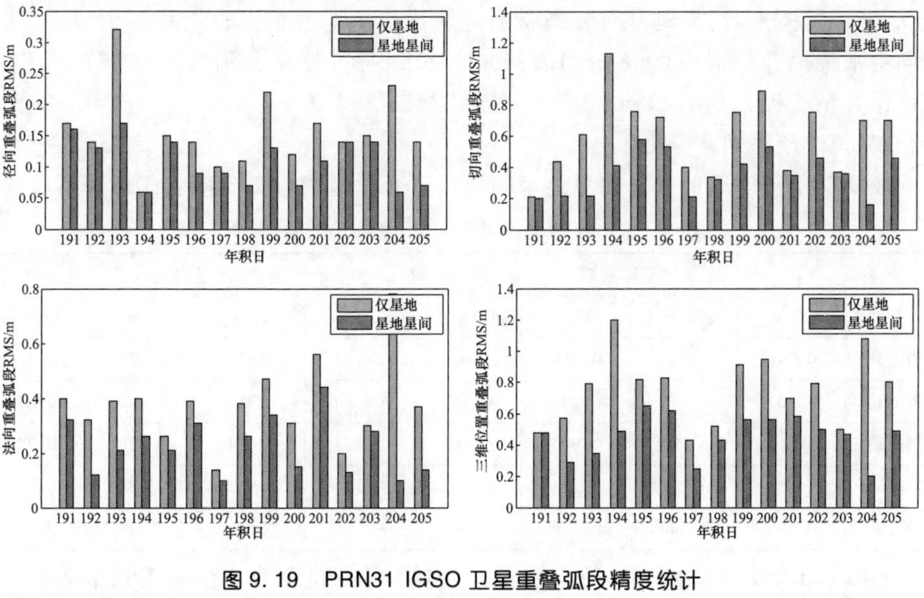

图9.19 PRN31 IGSO卫星重叠弧段精度统计

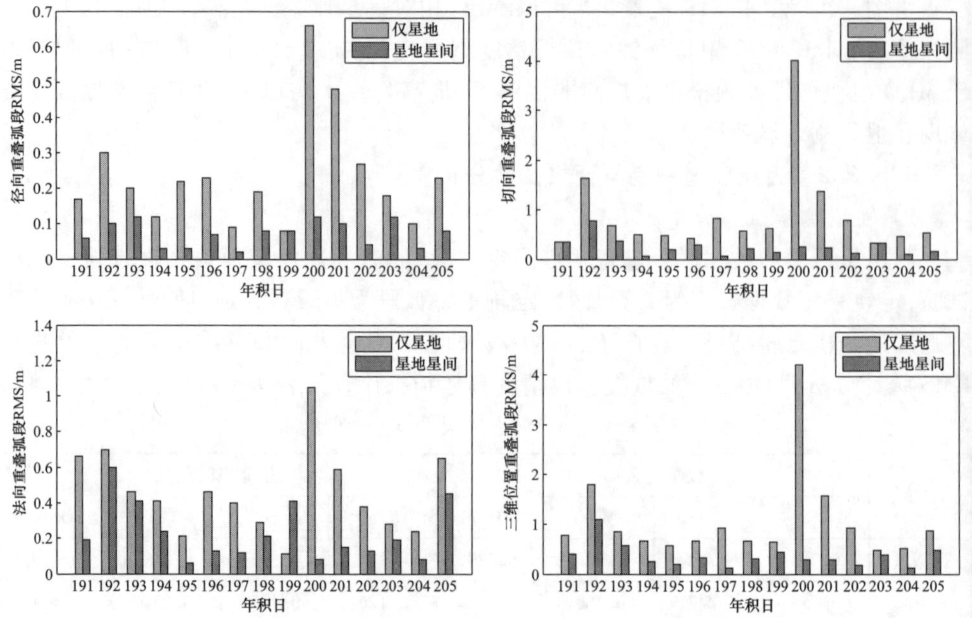

图 9.20　PRN33 MEO 卫星重叠弧段精度统计

试验结果表明:在定轨弧段内,无论是 R、T、N 三个方向,还是三维位置精度,星地星间数据联合定轨方法的结果均大大优于仅星地链路定轨方法。其中,IGSO 和 MEO 卫星的星地星间数据联合定轨 R 方向精度分别优于 0.15m 和 0.1m,T 方向精度分别优于 0.45m 和 0.3m,N 方向精度分别优于 0.25m 和 0.3m,三维位置精度均优于 0.5m。整体来看,星地星间数据联合定轨比仅星地数据定轨结果在 R、T、N 三个方向上平均提升分别为 0.181m、1.126m、0.20m,提升比率分别为 64%、77%、47%,三维位置精度提升了 1.134m,提升比率为 72%。

2）轨道预报试验分析

表 9.9 给出仅星地数据和星地星间数据联合轨道预报 24h 精度比较结果。

表 9.9　两种方法轨道预报 24h 精度比较

卫星	仅星地数据				星地星间联合			
	R/m	T/m	N/m	POS/m	R/m	T/m	N/m	POS/m
PRN31	0.248	0.765	0.416	0.906	0.173	0.442	0.270	0.550
PRN32	0.261	0.880	0.285	0.962	0.180	0.581	0.192	0.652
PRN33	0.667	6.034	1.083	6.166	0.133	0.634	0.260	0.700
PRN34	0.854	6.881	0.571	6.955	0.156	0.912	0.238	0.963
平均	0.508	3.640	0.589	3.747	0.161	0.642	0.240	0.716

PRN31 IGSO 卫星和 PRN33 MEO 卫星连续 14 天的两种方法轨道预报 24h 精度统计结果如图 9.21 和图 9.22 所示。

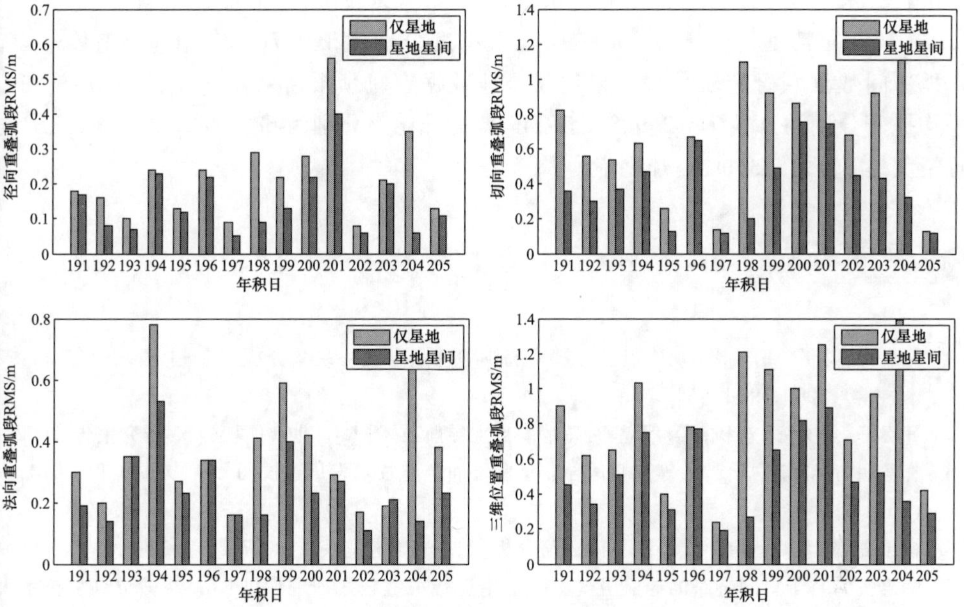

图9.21 PRN31 IGSO卫星轨道预报24h精度统计

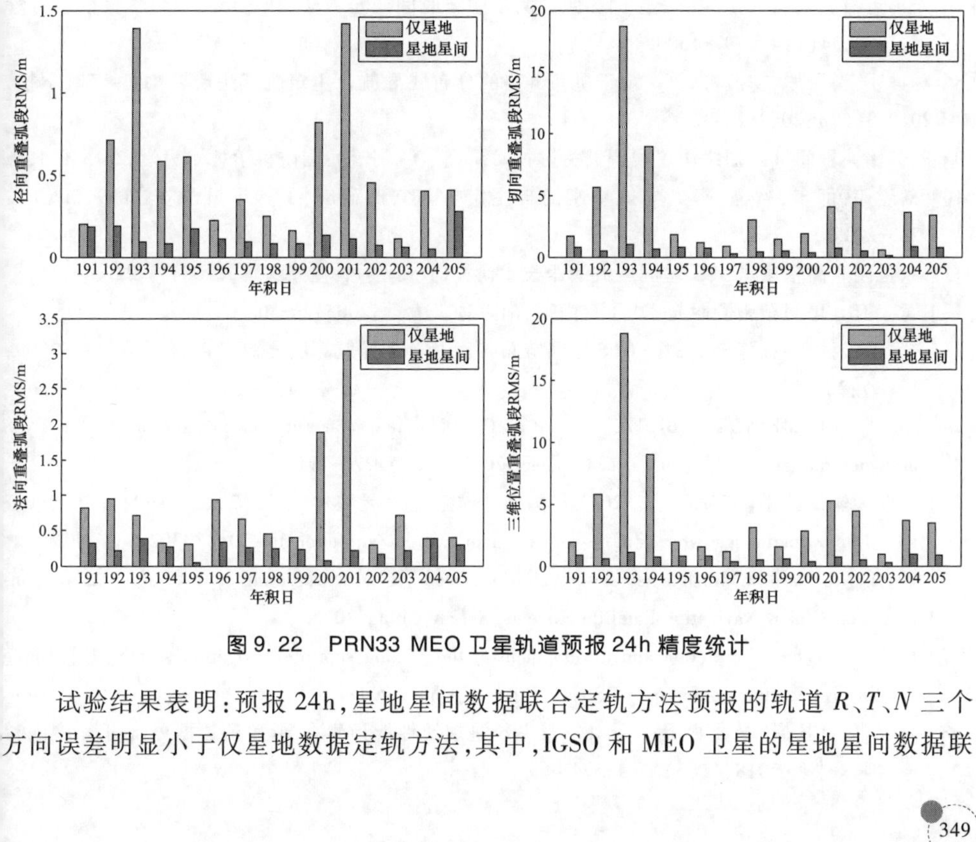

图9.22 PRN33 MEO卫星轨道预报24h精度统计

试验结果表明：预报24h，星地星间数据联合定轨方法预报的轨道 R、T、N 三个方向误差明显小于仅星地数据定轨方法，其中，IGSO和MEO卫星的星地星间数据联

合定轨方法 R 方向精度分别优于 0.18m 和 0.16m，T 方向精度分别优于 0.6m 和 1.0m，N 方向精度均优于 0.3m，三维位置精度分别优于 0.7m 和 1.0m。整体来看，星地星间数据联合定轨预报结果比仅星地数据定轨预报结果在 R、T、N 三个方向上平均提升分别为 0.347m、2.998m、0.349m，提升比率分别为 68%、82%、59%，三维位置精度提升了 3.031m，提升比率为 81%。

参考文献

[1] 陈忠贵，帅平，曲广吉．现代卫星导航系统技术特点与发展趋势分析[J]. 中国科学(E辑:技术科学)，2009，39(4):686-695.

[2] 韩春好，焦文海，刘利，等．天基网高精度自主导航技术[R]. 北京:国家863研究报告，2002.

[3] 林益明，何善宝，郑晋军，等．全球导航星座星间链路技术发展建议[J]. 航天器工程，2010，19(6):1-7.

[4] 杨宁虎，陈力．卫星导航系统星间链路分析[J]. 全球定位系统，2007，2:17-20.

[5] 陈忠贵．基于星间链路的导航卫星星座自主运行关键技术研究[D]. 长沙:国防科学技术大学，2012:21-30.

[6] 曾旭平．导航卫星自主定轨研究及模拟结果[D]. 武汉:武汉大学，2004:10-18.

[7] 宋小勇，贾小林，毛悦．基于星间测距的两步滤波时间同步方法[J]. 武汉大学学报信息科学版，2009，34(11):1297-1300.

[8] 林益明，秦子增，初海彬，等．基于星间链路的分布式导航自主定轨算法研究[J]. 宇航学报，2010，31(9):2088-2094.

[9] 刘骐铭．星间链路网络协议栈测试关键技术研究[D]. 长沙:国防科学技术大学，2015:6-13.

[10] 刘建业，郁丰，贺亮，等．导航星座的自主定位与守时研究[J]. 宇航学报，2009，30(1):215-219.

[11] 余世刚．高精度K频段星间微波测距技术研究[D]. 兰州:兰州大学，2008:13-22.

[12] 黄荣府．星间精密测距技术[D]. 南京:南京理工大学，2005:26-36.

[13] 郑晋军，林益明，陈忠贵，等．GPS星间链路技术及自主导航算法分析[J]. 航天器工程，2009，18(2):28-35.

[14] ARNOLD D，MEINDL M，BEUTLER G，et al. CODE's new solar radiation pressure model for GNSS orbit determination [J]. Journal of Geodesy，2015，89(8):775-791.

[15] 武汉大学测绘学院智库动态．2017年国外导航卫星发展综述[R]. (2018-03-02)[2020-03-01]. http://main.sgg.whu.edu.cn/keyan/gaoduanzhiku/zhikudongtai/2018/0302/3691.html.

[16] MA J Q. Update on BeiDou navigation satellite system[R]. 13th Meeting of the International Committee on Global Navigation Satellite Systems，Xi'an，China，2018.

[17] RAN C Q. The construction and development of the Beidou satellite navigation system[R]. China Satellite Navigation Conference(CSNC)，Haerbin，China，2018.

[18] 杨元喜，许扬胤，李金龙，等．北斗三号系统进展及性能预测:试验验证数据分析[J]. 中国科学:地球科学，2018，48(5):584-594.

[19] REN X,YANG Y X,ZHU J,et al. Orbit determination of the next-generation Beidou satellite with intersatellite link measurements and priori orbit constraints[J]. Advances in Space Research,2017,60(10):2155-2165.

[20] PAN J Y,HU X G,ZHOU S S,et al. Time synchronization of new-generation BDS satellites using inter-satellite link measurements[J]. Advances in space research,2017,61:145-153.

[21] TANG C P,HU X G,ZHOU S S,et al. Initial results of centralized autonomous orbit determination of the new-generation BDS satellites with inter-satellite link measurements[J]. Journal of Geodesy,2018,92(10):1155-1169.

[22] 陶本藻. 测量数据处理的统计理论和方法[M]. 北京:测绘出版社,2007:9-30.

[23] 杨元喜. 抗差估计理论及其应用[M]. 北京:测绘出版社,1993:6-15.

[24] 杨元喜. 自适应动态导航定位[M]. 北京:测绘出版社,2006:30-35.

[25] 顾亚楠,陈忠贵,帅平. 基于 Hadamard 方差的导航星座自主时间同步算法研究[J]. 中国空间科学技术,2010,2(1):1-9.

[26] 毛悦,胡小工,宋小勇,等. 基于广播星历参数的卫星自主导航算法[J]. 中国科学:物理学力学 天文学,2015,45(7):079512.

[27] 胡锦伦. 时间频率测量的处理方法[M]. 上海:中科院上海天文台,1991:23-30.

[28] 马凤鸣. 计量测试技术手册(第 11 卷 时间频率)[M]. 北京:中国计量出版社,1996:33-46.

[29] 马凤鸣. 时间频率计量[M]. 北京:企业管理出版社,1998:33-45.

[30] 李变. 我国综合原子时计算软件设计[D]. 陕西:中国科学院国家授时中心,2005:11-23.

[31] 刘利. 相对论时间比对与高精度时间同步技术[D]. 郑州:解放军信息工程大学,2004:31-45.

[32] 刘利. 卫星导航系统时间同步技术研究(博士后出站报告)[R]. 上海:中科院上海天文台,2008:33-36.

[33] 张敏,闻德保,黄文德. 基于 Bayes 理论的星间链路自主定轨误差评估方法[J]. 大地测量与地球动力学,2016,36(5):411-414.

[34] 韩松辉. 混合导航星座星间链路设计及自主定轨算法研究[D]. 郑州:解放军信息工程大学,2014:12-32.

[35] 林益明,秦子增,初海彬,王海红. 基于星间链路的分布式导航自主定轨算法研究[J]. 宇航学报,2010,31(9):2088-2094.

[36] 张博. 卫星导航系统星地/星间链路联合定轨方法研究[D]. 郑州:解放军信息工程大学,2015:23-34.

[37] 朱俊. 基于星间链路的导航卫星轨道确定及时间同步方法研究[D]. 长沙:国防科学技术大学,2011:21-40.

第10章 北斗导航电文参数定义、模型及应用方法

自2003年BDS-1正式提供服务以来,BDS已经在交通运输、海洋渔业、水文监测、气象测报、森林防火、通信时统、电力调度、救灾减灾和国家安全等领域得到广泛应用,产生显著的社会效益和经济效益[1-5]。特别是随着BDS-2的建成以及接口控制文件的陆续公布,北斗应用正在呈现"井喷式"发展态势[4]。当前正在运行的BDS-2主要提供区域RNSS、RDSS和广域差分三种服务。其中:RNSS定位精度水平优于10m、高程优于10m,单向授时精度优于50ns,测速精度优于0.2m/s[6-9];RDSS区域特色短报文通信服务能力为120个汉字/次[2,6,9];广域差分服务是为中国及周边地区提供比RNSS精度和完好性更高的一种服务[2,6]。目前,我国正在加快BDS-3的研制建设步伐,已于2018年底开始为"一带一路"地区提供初始RNSS服务,计划2020年底为全球用户提供服务[4-5]。

众所周知,用户导航定位的基本原理是接收4颗以上的导航卫星信号,在导航卫星空间位置和时间已知的情况下,计算出用户的三维位置和用户钟差。导航卫星已知的空间位置和时间信息就是通过导航卫星播发的导航电文来具体实现的,对导航电文信息的深入理解和正确使用,是用户实现更高精度导航定位的基础,因此,本章针对BDS播发的导航电文信息的定义与使用问题进行探讨,以期为用户更好地应用北斗提供借鉴和参考。

10.1 BDS导航信号及导航电文特征

为了在尽可能少投入情况下满足全球高精度PNT需求,同时考虑到系统服务对已有用户的兼容,BDS对空间星座、导航信号、地面站布设、主控站处理等各个方面均进行了统筹优化设计。

10.1.1 BDS卫星播发信号及其特征

BDS是世界上第一个实现全星座三频服务的卫星导航系统。BDS-2每颗卫星均播发B1、B2、B3共3个频点信号,每个频点上采用QPSK方式正交调制了I、Q两个支路信号,因此,每颗卫星均播发了B1I/Q、B2I/Q、B3I/Q共6个不同支路信号,其中B1I、B2I码速率为2.046chip/s,B3I码速率为10.23chip/s。按照BDS设计,I支路

信号为开放信号，供广大用户使用，目前3个频点的I支路信号接口控制文件(ICD)已经全部开放[6,8-9]；Q支路信号为授权信号，仅供经过授权的特殊用户使用。BDS-3对BDS-2进行了继承和发展，BDS-3每颗卫星均播发B1I、B3I/Q共3个平稳过渡信号，同时播发B1C、B1A、B2a、B2b和B3A新信号[4-5,10-12]。其中，增加播发B1C和B2a两个民用信号主要为了提高多GNSS兼容性，B1C信号实现了与GPS L1C信号和Galileo E1信号兼容互操作，B2a信号实现了与GPS L5信号和Galileo E5a信号兼容互操作；增加播发B2b信号主要为了向用户提供精密定位服务[5]。

表10.1给出BDS和GPS卫星播发开放信号的主要特征。综合来看，对于BDS的B1I、B2I、B3I信号和GPS的L1C/A老信号，BDS与GPS在信号的中心频点、伪码速率、调制方式等方面都有较大的差异，这对用户的兼容使用带来一定的困难。而对于BDS的B1C、B2a和GPS的L1C、L5C现代化信号，由于在信号体制设计之初就考虑了多系统间的兼容与互操作需求，两系统信号的中心频点、伪码速率、调制方式等主要特征基本相似，给用户终端的设计带来了极大的便利，有利于多系统联合为用户提供更优的导航服务。

表10.1 BDS和GPS卫星播发开放信号特征

系统	信号	中心频点/MHz	码速率/(10^6chip/s)	符号速率/(symbol/s)	调制方式	所属卫星
BDS	B1I	1561.098	2.046	50(MEO/IGSO) 500(GEO)	BPSK	GEO/IGSO/MEO
	B2I	1207.14	2.046	50(MEO/IGSO) 500(GEO)	BPSK	仅BDS-2 GEO/IGSO/MEO
	B3I	1268.52	10.23	50(MEO/IGSO) 500(GEO)	BPSK	GEO/IGSO/MEO
	B1C	1575.42	1.023	100	数据BOC(1,1) 导频QMBOC(6,1,4/33)	仅BDS-3 IGSO/MEO
	B2a	1176.45	10.23	200	QPSK	仅BDS-3 IGSO/MEO
	B2b	1207.14	10.23	暂未公开	暂未公开	仅BDS-3 GEO/IGSO/MEO
GPS	L1C/A	1575.42	1.023	50	BPSK	MEO
	L1C	1575.42	1.023	100	数据BOC(1,1) 导频TMBOC(6,1,4/33)	MEO
	L2C	1227.6	1.023	50	BPSK	MEO
	L5C	1176.45	10.23	100	QPSK	MEO

注：BPSK—二进制相移键控；BOC—二进制偏移载波

10.1.2 BDS 卫星播发导航电文信息及其特征

根据 BDS-2 设计，BDS 卫星在每个频点的每个支路上均调制播发导航电文信息，用户利用任意频点的任意支路信号均能独立进行导航定位和授时。BDS-2 卫星播发的导航电文数据码分为 D1 码和 D2 码[6,9]。MEO/IGSO 卫星 B1I、B2I、B3I 播发 D1 码，GEO 卫星 B1I、B2I、B3I 播发 D2 码。

D1 码导航电文速率为 50bit/s，内容为基本导航信息，主要包含[6,9]本星基本导航信息、全部卫星历书信息、与其他系统时间同步信息。D1 码导航电文帧结构由超帧、主帧和子帧组成。每个超帧为 36000bit，历时 12min，由 24 个主帧组成（24 个页面）；每个主帧为 1500bit，历时 30s，由 5 个子帧组成；每个子帧为 300bit，历时 6s，由 10 个字组成；每个字为 30bit，历时 0.6s。其中：子帧 1～3 用来播发本星基本导航信息；子帧 4、5 播发全部卫星历书以及与其他系统时间同步信息，由 24 个页面分时发送。也就是说，用户收齐所有基本导航信息最长需要 12min。D1 码导航电文主帧结构及信息内容如图 10.1 所示。

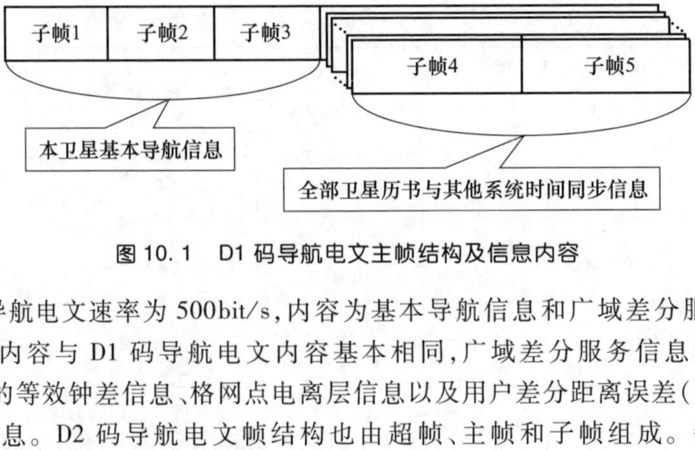

图 10.1 D1 码导航电文主帧结构及信息内容

D2 码导航电文速率为 500bit/s，内容为基本导航信息和广域差分服务信息，基本导航信息内容与 D1 码导航电文内容基本相同，广域差分服务信息内容主要包括[6,9]BDS 的等效钟差信息、格网点电离层信息以及用户差分距离误差（UDRE）等差分完好性信息。D2 码导航电文帧结构也由超帧、主帧和子帧组成。每个超帧为 180000bit，历时 6min，由 120 个主帧组成；每个主帧为 1500bit，历时 3s，由 5 个子帧组成；每个子帧为 300bit，历时 0.6s；每个子帧由 10 个字组成，每个字为 30bit，历时 0.06s。其中：子帧 1 用来播发本星基本导航信息，由 10 个页面分时发送；子帧 2～4 用来播发 BDS 广域差分与完好性信息，由 6 个页面分时发送；子帧 5 用来播发全部卫星历书、格网点电离层信息以及与其他系统时间同步信息，由 120 个页面分时发送。也就是说，用户收齐所有基本导航信息以及广域差分信息最长需要 6min。D2 码导航电文主帧结构及信息内容如图 10.2 所示。

可见，与 D1 码相比，D2 码导航电文速率更高，超帧、主帧、子帧的周期更短，因此，除本星基本导航信息接收外，用户可以主要使用 GEO 卫星 D2 码播发的全部卫星历书信息作为搜星、锁星的基础信息，以加快首次定位时间。同时，由于 D2 码播发信息内容更多，同步搭载播发了广域差分信息，这样就从卫星信号和播发信息层面实

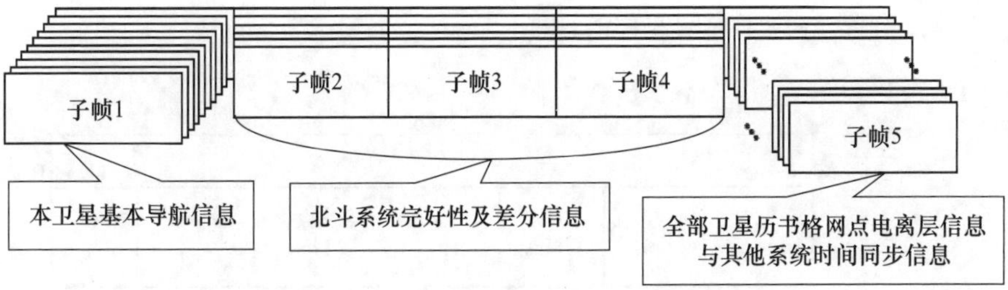

图 10.2　D2 码导航电文主帧结构及信息内容

现了 RNSS 和广域差分的一体化设计，用户只要接收 GEO 卫星 D2 码信号和信息，就能够同时实现基本导航定位和更高精度的广域差分定位。

BDS-3 卫星同时播发原有的 B1I、B3I 信号以及 B1C 和 B2a 全球新信号[10-11]，其中全球新信号上播发新格式导航电文。B1C 信号的数据分量上调制了 B-CNAV1 广播电文，B2a 信号的数据分量上调制了 B-CNAV2 广播电文。B-CNAV1 每帧电文长度为 1800 符号位，符号速率为 100symbol/s，播发周期为 18s。B-CNAV2 每帧电文长度为 600 符号位，符号速率为 200symbol/s，播发周期为 3s。B-CNAV1 帧结构如图 10.3所示，B-CNAV2 帧结构如图 10.4 所示。

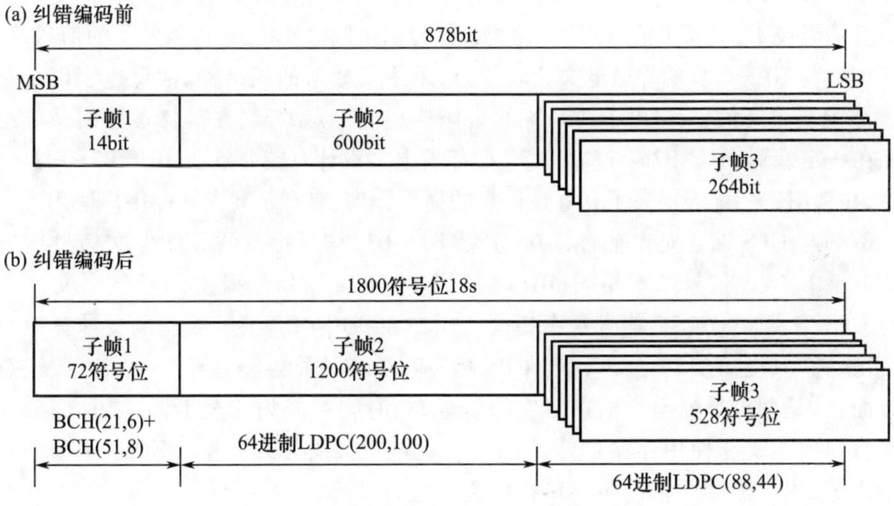

图 10.3　B-CNAV1 帧结构

BDS 导航电文参数的时间基准为 BDT，空间基准为 BDCS[13-15]，时间基准和空间基准定义在第 2 章已经描述。

BDS 播发的导航电文特点可根据信号体制差异大致划分为两个阶段：

第一阶段对应于老体制信号，即 B1I、B2I、B3I 信号，导航电文采用了固定帧结构的方式，与 GPS L1C/A 的帧结构类似，但比 L1C/A 播发的电文内容更丰富，除播发卫星星历、卫星钟差、电离层延迟模型、历书等基本导航信息外，还利用 GEO 卫星播发广域差分信息,提高了导航定位的性能。

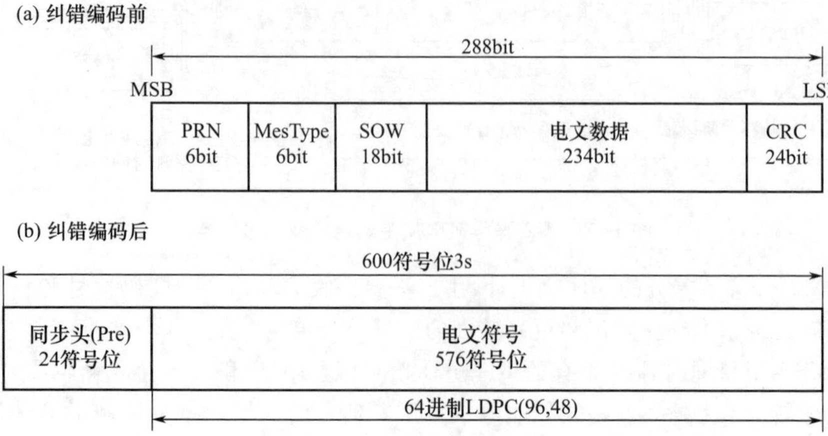

图 10.4　B-CNAV2 帧结构

第二阶段对应于新体制信号,即 B1C、B2a 信号,导航电文结构采用了固定帧与可变帧相结合的方式,可根据电文更新特点不同和可能的扩展需求实现播发顺序、播发频度的灵活调整。同时,B1C、B2a 信号的导航电文还采用了 LDPC 编码、交织编码等信道编码技术,提高了信息的解调性能,有利于在低信噪比、干扰条件下的信息接收。BDS B1C 与 GPS L1C 的导航电文比较接近,采用了相似的帧结构、信息速率以及新的 18 参数卫星星历信息,但由于两系统的星座构型有一定差异,在具体参数的精细结构上存在一定差别;BDS B2a 与 GPS L5C 的导航电文设计有较大差别,BDS B2a 信息速率更高,并利用这一优势提高了完好性信息的播发频度,有利于高完好性用户使用。

BDS 与 GPS 综合对比来看,BDS 卫星 B1I、B3I 信号播发的导航电文信息内容与 GPS 卫星 L1C/A 信号基本相同,BDS 卫星 B1C、B2a 新信号播发的导航电文信息内容与 GPS 卫星 L1C、L5C 信号基本相同。用户在利用 BDS 卫星导航电文计算卫星位置、卫星钟差、电离层延迟等时,与 GPS 相应算法和计算过程差异不大。需要注意两个方面:一是两者导航电文信息对应的坐标系、时间系统均完全不同;二是部分导航电文参数的定义和使用存在差异,如 TGD 参数、电离层延迟参数、GEO 卫星星历和历书使用等,用户需要严格按照接口文件说明进行计算。

10.2　卫星星历参数定义、模型及应用方法

10.2.1　卫星星历参数定义

卫星星历参数定义为导航卫星播发的、用于用户计算卫星在一段时间内的空间运行轨迹的一组参数。

卫星星历参数主要有两种表达形式[16-17]:一种是卫星状态矢量形式,它主要包

括卫星三维位置、速度、加速度 9 个参数和 1 个参考时间参数；另一种是轨道根数形式，包括 16 参数和 18 参数两类模型，16 参数模型由 15 个卫星轨道和 1 个参考时间参数，即 t_{oe}、$\sqrt{A}$、e、i_0、Ω_0、ω、M_0、Δn、$\dot{\Omega}$、IODT、C_{rs}、C_{rc}、C_{us}、C_{uc}、C_{is}、C_{ic} 构成，18 参数模型由 17 个卫星轨道和 1 个参考时间参数，即 t_{oe}、ΔA、e、i_0、Ω_0、ω、M_0、Δn_0、$\dot{\Omega}$、$\dot{i}$、C_{rs}、C_{rc}、C_{us}、C_{uc}、C_{is}、C_{ic}、$\dot{A}$、$\Delta\dot{n}_0$ 构成。BDS 采用的是轨道根数形式，16 参数模型主要用于 BDS-2 卫星以及 BDS-3 卫星的 B1I 和 B3I/Q 信号，18 参数模型主要用于 BDS-3 卫星的新增加信号[10-11]。

BDS 卫星播发的有关 16 参数和 18 参数卫星星历详见表 10.2 和表 10.3[6-11]。

表 10.2　16 参数卫星星历表

参数	比特数	量化单位	有效范围	单位
t_{oe}	17	2^3	604792	s
$\sqrt{A}$	32	2^{-19}	8192	$m^{1/2}$
e	32	2^{-33}	0.5	—
ω	32①	2^{-31}	±1	π
Δn	16①	2^{-43}	$\pm 3.73\times10^{-9}$	π/s
M_0	32①	2^{-31}	±1	π
Ω_0	32①	2^{-31}	±1	π
$\dot{\Omega}$	24①	2^{-43}	$\pm 9.54\times10^{-7}$	π/s
i_0	32①	2^{-31}	±1	π
IDOT	14①	2^{-43}	$\pm 9.31\times10^{-10}$	π/s
C_{uc}	18①	2^{-31}	$\pm 6.10\times10^{-5}$	rad
C_{us}	18①	2^{-31}	$\pm 6.10\times10^{-5}$	rad
C_{rc}	17①	2^{-6}	±2048	m
C_{rs}	17①	2^{-6}	±2048	m
C_{ic}	18①	2^{-31}	$\pm 6.10\times10^{-5}$	rad
C_{is}	18①	2^{-31}	$\pm 6.10\times10^{-5}$	rad
① 参数为二进制补码，最高有效位是符号位				

表 10.3　18 参数卫星星历表

参数	比特数	量化单位	有效范围	单位
t_{oe}	11	300	0 ~ 604500	s
ΔA②	26①	2^{-9}	±65536	m
e	33	2^{-34}	0.5	—
ω	33①	2^{-32}	±1	π
Δn_0	17①	2^{-44}	$\pm 3.73\times10^{-9}$	π/s

（续）

参数	比特数	量化单位	有效范围	单位
M_0	33①	2^{-32}	±1	π
Ω_0	33①	2^{-32}	±1	π
$\dot{\Omega}$	19①	2^{-44}	$\pm 1.49 \times 10^{-8}$	π/s
i_0	33①	2^{-32}	±1	π
$\dot{i}_0$	15①	2^{-44}	$\pm 9.31 \times 10^{-10}$	π/s
C_{uc}	21①	2^{-30}	$\pm 9.77 \times 10^{-4}$	rad
C_{us}	21①	2^{-30}	$\pm 9.77 \times 10^{-4}$	rad
C_{rc}	24①	2^{-8}	±32768	m
C_{rs}	24①	2^{-8}	±32768	m
C_{ic}	16①	2^{-30}	$\pm 3.05 \times 10^{-5}$	rad
C_{is}	16①	2^{-30}	$\pm 3.05 \times 10^{-5}$	rad
$\dot{A}$	25①	2^{-21}	±8	m/s
$\Delta\dot{n}_0$	23①	2^{-57}	2.91×10^{-11}	π/s^2

① 参数为二进制补码，最高有效位是符号位。

② ΔA 表示的是相对于卫星轨道半长轴参考值的偏差，BDS 不同类型卫星的半长轴参考值不同，其中，MEO 卫星的半长轴参考值 $A_{ref}=27906100$m，GEO/IGSO 卫星的半长轴参考值 $A_{ref}=42162200$m

与 18 参数模型相对应的还有一个卫星类型标识参数 SatType，SatType 为一个 2bit 二进制数，其含义为 01 代表 GEO 卫星，10 代表 IGSO 卫星，11 代表 MEO 卫星，00 为预留[10-11]。用户需要首先利用该参数判断所接收的卫星类型，再使用对应的半长轴参考值 A_{ref} 和对应的星历参数应用模型。

此外，在 16 参数卫星星历模型中[6-9]，用 1 个星历数据龄期（AODE）参数表示对应的某一组卫星星历数据龄期，其定义为本组卫星星历参数的外推时间间隔，用卫星星历参数参考时刻 t_{oe} 与卫星定轨计算所使用的最后一个观测数据时刻之差来表示，即

$$\mathrm{AODE} = t_{oe} - t_L \tag{10.1}$$

式中：t_{oe} 为卫星星历参数参考时刻（s）；t_L 为卫星定轨计算所使用的最后一个观测数据时刻（s）。

16 参数卫星星历对应的 AODE 共 5bit，具体含义见表 10.4。

表 10.4　16 参数卫星星历 AODE 含义表

AODE 值	内容说明
0 ~ 24	单位为 1h，其值为星历数据龄期的小时数
25	表示星历数据龄期为 2 天
26	表示星历数据龄期为 3 天

（续）

AODE 值	内容说明
27	表示星历数据龄期为 4 天
28	表示星历数据龄期为 5 天
29	表示星历数据龄期为 6 天
30	表示星历数据龄期为 7 天
31	表示星历数据龄期超过 7 天

在 BDS 卫星播发的 B1C、B2a 新信号中，18 参数卫星星历对应的星历数据期号（IODE）参数有两个方面含义[10-11]：一是 IODE 作为本组星历数据版本标识，当星历数据中任意一个参数更新时，IODE 也将更新，用户可通过 IODE 的变化来判断星历数据是否发生变化；二是 IODE 数值反映本组星历数据龄期范围。IODE 共 8bit，其数值范围与星历数据龄期的对应关系见表 10.5。

表 10.5　18 参数 IODE 数值与星历数据龄期对应关系

IODE 数值	星历数据龄期
0 ~ 59	小于 12h
60 ~ 119	12h ~ 24h
120 ~ 179	1 ~ 7 天
180 ~ 239	预留
240 ~ 255	超过 7 天

10.2.2　卫星星历参数用户应用模型

10.2.2.1　16 参数用户应用模型

BDS 用户利用接收到的 16 参数卫星星历计算卫星空间位置的计算模型如下[8,9]：

（1）计算观测时刻到卫星星历参数参考时刻的时间差：

$$t_k = t - t_{oe} \tag{10.2}$$

式中：t 为信号发射时刻的北斗时（s）。

（2）计算平均角速度：

$$n = n_0 + \Delta n \tag{10.3}$$

式中：n_0 为卫星星历参数参考时刻对应的卫星平均角速度（π/s），且有

$$n_0 = \sqrt{\frac{\mu}{A^3}} \tag{10.4}$$

其中：μ 为 BDCS 下的地心引力常数，$\mu = 3.986004418 \times 10^{14}\,\mathrm{m^3/s^2}$；$A$ 为卫星轨道半长轴（m），且有

$$A = (\sqrt{A})^2 \tag{10.5}$$

(3) 计算平近点角：

$$M_k = M_0 + nt_k \tag{10.6}$$

(4) 迭代计算偏近点角：

$$M_k = E_k - e\sin E_k \tag{10.7}$$

(5) 计算真近点角：

$$\begin{cases} \sin v_k = \dfrac{\sqrt{1-e^2}\sin E_k}{1-e\cos E_k} \\ \cos v_k = \dfrac{\cos E_k - e}{1-e\cos E_k} \end{cases} \tag{10.8}$$

(6) 计算纬度幅角参数：

$$\phi_k = v_k + \omega \tag{10.9}$$

(7) 计算纬度幅角改正项、径向改正项、轨道倾角改正项：

$$\begin{cases} \delta u_k = C_{\mathrm{us}}\sin 2\phi_k + C_{\mathrm{uc}}\cos 2\phi_k \\ \delta r_k = C_{\mathrm{rs}}\sin 2\phi_k + C_{\mathrm{rc}}\cos 2\phi_k \\ \delta i_k = C_{\mathrm{is}}\sin 2\phi_k + C_{\mathrm{ic}}\cos 2\phi_k \end{cases} \tag{10.10}$$

(8) 计算改正后的纬度参数：

$$u_k = \phi_k + \delta u_k \tag{10.11}$$

(9) 计算改正后的径向参数：

$$r_k = A(1 - e\cos E_k) + \delta r_k \tag{10.12}$$

(10) 计算改正后的轨道倾角：

$$i_k = i_0 + \mathrm{IDOT}\cdot t_k + \delta i_k \tag{10.13}$$

(11) 计算卫星在轨道平面内的坐标：

$$\begin{cases} x_k = r_k\cos u_k \\ y_k = r_k\sin u_k \end{cases} \tag{10.14}$$

(12) 计算 t_{oe}时刻的升交点经度。

MEO/IGSO 卫星升交点经度为

$$\Omega_k = \Omega_0 + (\dot{\Omega} - \dot{\Omega}_{\mathrm{e}})t_k - \dot{\Omega}_{\mathrm{e}}t_{\mathrm{oe}} \tag{10.15}$$

GEO 卫星升交点经度为

$$\Omega_k = \Omega_0 + \dot{\Omega}t_k - \dot{\Omega}_{\mathrm{e}}t_{\mathrm{oe}} \tag{10.16}$$

(13) 计算 BDCS 中的(X_k, Y_k, Z_k)。

MEO/IGSO 卫星在 BDCS 中的坐标为

$$\begin{cases} X_k = x_k\cos\Omega_k - y_k\cos i_k\sin\Omega_k \\ Y_k = x_k\sin\Omega_k + y_k\cos i_k\cos\Omega_k \\ Z_k = y_k\sin i_k \end{cases} \tag{10.17}$$

GEO 卫星在 BDCS 中的坐标为

$$\begin{cases} X_k = x_k\cos\Omega_k - y_k\cos i_k\sin\Omega_k \\ Y_k = x_k\sin\Omega_k + y_k\cos i_k\cos\Omega_k \\ Z_k = y_k\sin i_k \end{cases} \tag{10.18}$$

$$\begin{bmatrix} X_{GK} \\ Y_{GK} \\ Z_{GK} \end{bmatrix} = R_Z(\dot{\Omega}_e t_k) R_X(-5^\circ) \begin{bmatrix} X_K \\ Y_K \\ Z_K \end{bmatrix} \tag{10.19}$$

式中

$$\begin{cases} R_X(-5^\circ) = \begin{pmatrix} 1 & 0 & 0 \\ 0 & \cos(-5^\circ) & \sin(-5^\circ) \\ 0 & -\sin(-5^\circ) & \cos(-5^\circ) \end{pmatrix} \\ R_Z(\dot{\Omega}_e t_k) = \begin{pmatrix} \cos(\dot{\Omega}_e t_k) & \sin(\dot{\Omega}_e t_k) & 0 \\ -\sin(\dot{\Omega}_e t_k) & \cos(\dot{\Omega}_e t_k) & 0 \\ 0 & 0 & 1 \end{pmatrix} \end{cases} \tag{10.20}$$

10.2.2.2　18 参数用户应用模型

BDS 用户利用接收到的 18 参数卫星星历计算卫星空间位置的计算模型如下[10-11]：

（1）计算观测时刻到卫星星历参数参考时刻的时间差：

$$t_k = t - t_{oe} \tag{10.21}$$

（2）计算参考时刻的半长轴：

$$A_0 = A_{ref} + \Delta A \tag{10.22}$$

（3）计算观测历元时刻的半长轴：

$$A_k = A_0 + (\dot{A})t_k \tag{10.23}$$

（4）计算卫星平均角速度：

$$n_0 = \sqrt{\frac{\mu}{A_0^3}} \tag{10.24}$$

（5）计算平均角速度改正值：

$$\Delta n_A = \Delta n_0 + 1/2\Delta\dot{n}_0 t_k \tag{10.25}$$

（6）计算真实的平均角速度：

$$n_A = n_0 + \Delta n_A \tag{10.26}$$

（7）计算平近点角：

$$M_k = M_0 + n_A t_k \tag{10.27}$$

（8）迭代计算偏近点角：

$$M_k = E_k - e\sin E_k \tag{10.28}$$

(9) 计算真近点角:

$$\begin{cases} \sin\nu_k = \dfrac{\sqrt{1-e^2}\sin E_k}{1-e\cos E_k} \\ \cos\nu_k = \dfrac{\cos E_k - e}{1-e\cos E_k} \end{cases} \tag{10.29}$$

(10) 计算纬度幅角参数:

$$\phi_k = \nu_k + \omega \tag{10.30}$$

(11)计算纬度幅角改正项、径向改正项、轨道倾角改正项:

$$\begin{cases} \delta u_k = C_{us}\sin 2\phi_k + C_{uc}\cos 2\phi_k \\ \delta r_k = C_{rs}\sin 2\phi_k + C_{rc}\cos 2\phi_k \\ \delta i_k = C_{is}\sin 2\phi_k + C_{ic}\cos 2\phi_k \end{cases} \tag{10.31}$$

(12) 计算改正后的纬度幅角参数:

$$u_k = \phi_k + \delta u_k \tag{10.32}$$

(13) 计算改正后的径向距离:

$$r_k = A_k(1 - e\cos E_k) + \delta r_k \tag{10.33}$$

(14) 计算改正后的倾角:

$$i_k = i_0 + \dot{i} \cdot t_k + \delta i_k \tag{10.34}$$

(15) 计算卫星在轨道平面内的坐标(x_k, y_k):

$$\begin{cases} x_k = r_k\cos u_k \\ y_k = r_k\sin u_k \end{cases} \tag{10.35}$$

(16) 改正后的升交点经度:

MEO/IGSO 卫星升交点经度为

$$\Omega_k = \Omega_0 + (\dot{\Omega} - \dot{\Omega}_e)t_k - \dot{\Omega}_e t_{oe} \tag{10.36}$$

GEO 卫星升交点经度为

$$\Omega_k = \Omega_0 + \dot{\Omega} t_k - \dot{\Omega}_e t_{oe} \tag{10.37}$$

(17) 计算卫星在 BDCS 中的坐标:

MEO/IGSO 卫星在 BDCS 中的坐标为

$$\begin{cases} X_k = x_k\cos\Omega_k - y_k\cos i_k\sin\Omega_k \\ Y_k = x_k\sin\Omega_k + y_k\cos i_k\cos\Omega_k \\ Z_k = y_k\sin i_k \end{cases} \tag{10.38}$$

GEO 卫星在 BDCS 中的坐标为

$$\begin{cases} X_k = x_k\cos\Omega_k - y_k\cos i_k\sin\Omega_k \\ Y_k = x_k\sin\Omega_k + y_k\cos i_k\cos\Omega_k \\ Z_k = y_k\sin i_k \end{cases} \tag{10.39}$$

$$\begin{bmatrix} X_{GK} \\ Y_{GK} \\ Z_{GK} \end{bmatrix} = R_Z(\dot{\Omega}_e t_k) R_X(-55^\circ) \begin{bmatrix} X_K \\ Y_K \\ Z_K \end{bmatrix} \tag{10.40}$$

式中

$$\begin{cases} R_X(-55^\circ) = \begin{pmatrix} 1 & 0 & 0 \\ 0 & \cos(-55^\circ) & \sin(-55^\circ) \\ & -\sin(-55^\circ) & \cos(-55^\circ) \end{pmatrix} \\ R_Z(\dot{\Omega}_e t_k) = \begin{pmatrix} \cos(\dot{\Omega}_e t_k) & \sin(\dot{\Omega}_e t_k) & 0 \\ -\sin(\dot{\Omega}_e t_k) & \cos(\dot{\Omega}_e t_k) & 0 \\ 0 & 0 & 1 \end{pmatrix} \end{cases} \tag{10.41}$$

10.2.3　卫星星历参数应用说明

用户在应用 BDS 卫星星历参数时，需要注意以下问题：

(1) 利用卫星星历参数计算出的卫星轨道是卫星 B3 频点天线相位中心在 BDCS 中的空间位置，卫星 B1、B2 频点天线相位中心相对于 B3 频点天线相位中心的偏差反映到 TGD 和 ISC 参数中，用户使用系统播发的卫星星历参数时应同时使用相应的卫星钟差、TGD 和 ISC 参数。

(2) BDS 采用的 BDCS 定义的椭球参数与 GPS 采用的 WGS-84 定义的椭球参数存在差异[14-15,18-20]，BDS 用户应严格按照 BDCS 参数使用。用户使用错误时，最大可以产生米级的误差。BDCS 与 WGS-84 定义参数比较见表 10.6。

表 10.6　BDCS 与 WGS-84 定义参数比较

内容	BDCS	WGS-84
长半轴/m	6378137.0	6378137.0
扁率	1/298.257222101	1/298.257223563
地心引力常数/(m^3/s^2)	3.986004418×10^{14}	3.986005×10^{14}
地球自转角速度/(rad/s)	7.2921150×10^{-5}	$7.2921151467\times10^{-5}$

(3) 用户应根据 AODE/IODE 数值判断卫星星历参数的预报时间，当某颗卫星 AODE 值大于 24 时或 IODE 值大于 119 时，用户定位/授时计算时可对该颗星的观测数据进行降权使用。

(4) 当用户没有接收到某颗卫星新的卫星星历参数时，可以继续使用上 1h 接收的卫星星历参数。一组卫星星历参数只能再继续使用1h。

(5) GEO卫星与IGSO/MEO卫星的卫星星历参数使用方法存在差异,用户使用时必须区别对待,并严格按照接口控制文件公布的用户算法模型进行卫星位置计算。

(6) Ω_0 参数表示 t_{oe}时刻升交点到北斗时本周0时的格林尼治子午线之间的经度,用户不能将其当作卫星星历参考时刻的升交点赤经使用。

10.3 卫星钟差与群时间延迟参数定义、模型及应用方法

10.3.1 卫星钟差和群时间延迟参数定义

10.3.1.1 卫星钟差参数定义

卫星钟差是指同一时刻卫星的钟面时与北斗时钟面时之差。BDS卫星钟差参数包括 t_{oc}、a_0、a_1和 a_2四个参数[6-11]。

在BDS卫星播发的B1I、B3I信号中,卫星钟差参数见表10.7。

表10.7 B1I/B3I信号卫星钟差参数

参数	比特数	量化单位	有效范围	单位
t_{oc}	17	2^3	604792	s
a_0	24①	2^{-33}	$\pm 0.976 \times 10^{-3}$	s
a_1	22①	2^{-50}	$\pm 1.863 \times 10^{-9}$	s/s
a_2	11①	2^{-66}	$\pm 1.387 \times 10^{-17}$	s/s^2
① 参数为二进制补码,最高有效位是符号位				

在BDS卫星播发的B1I、B3I信号中[6-9],还包含一个钟差参数数据龄期(AODC),其定义为本组卫星钟差参数的外推时间间隔,用本组卫星钟差参数参考时刻 t_{oc}与计算钟差参数所使用的最后一个观测数据时刻之差来表示,即

$$AODC = t_{oc} - t_L \tag{10.42}$$

式中:t_{oc}为卫星钟差参数的参考时间(s);t_L 为计算钟差参数所使用的最后一个观测数据时刻(s)。

AODC的具体含义见表10.8。

表10.8 B1I/B3I信号AODC具体含义

AODC值	内容说明
0~24	单位为1h,其值为卫星钟差参数数据龄期的小时数
25	表示卫星钟差参数数据龄期为2天
26	表示卫星钟差参数数据龄期为3天
27	表示卫星钟差参数数据龄期为4天
28	表示卫星钟差参数数据龄期为5天

（续）

AODC 值	内容说明
29	表示卫星钟差参数数据龄期为 6 天
30	表示卫星钟差参数数据龄期为 7 天
31	表示卫星钟差参数数据龄期超过 7 天

在 BDS 卫星播发的 B1C、B2a 新信号中[10-11]，卫星钟差参数见表 10.9。

表 10.9　B1C/B2a 信号卫星钟差参数

参数	比特数	量化单位	有效范围	单位
t_{oc}	11	300	604500	s
a_0	25①	2^{-34}	$\pm 0.976\times10^{-3}$	s
a_1	22①	2^{-50}	$\pm 1.863\times10^{-9}$	s/s
a_2	11①	2^{-66}	$\pm 1.387\times10^{-17}$	s/s^2
① 参数为二进制补码，最高有效位是符号位				

在 BDS 卫星播发的 B1C、B2a 新信号中，钟差数据版本标识（IODC）包含两个方面含义[10-11]：一是表示本组卫星钟差数据的版本标识，当钟差数据中任意一个参数更新时，IODC 也将更新；二是反映本组钟差参数的数据龄期。IODC 参数共 10bit，其范围由高 2bit 和低 8bit 共同标识，具体含义见表 10.10。

表 10.10　B1C/B2a 新信号 IODC 具体含义

高 2bit 数值	低 8bit 数值	钟差参数数据龄期
0	0~59	小于 12h
	60~119	12~24h
	120~179	1~7 天
	180~239	预留
	240~255	超过 7 天
1	0~59	小于 12h
	60~119	小于 12h
	120~179	小于 1 天
	180~239	预留
	240~255	小于 7 天
2	0~59	超过 12h
	60~119	超过 24h
	120~179	超过 7 天
	180~239	预留
	240~255	超过 7 天
3	预留	预留

10.3.1.2 群时间延迟参数定义

根据第 3 章设备发射时延定义,卫星硬件延迟定义为卫星发射信号天线相位中心到星载频率源之间的延迟。卫星硬件延迟对码相位测量的影响通过钟差参数 a_0 和硬件延迟参数共同补偿。BDS 公开信号以 B3I 频点作为基准,即 B3I 导航电文中播发的钟差参数 a_0 包含了 B3I 信号的硬件延迟,其他公开信号与 B3I 的硬件延迟偏差通过相应的卫星硬件延迟参数进行修正[16-17]。

BDS 卫星硬件延迟参数包括 TGD 和 ISC 两类[10-11]。TGD 用来表示卫星 B1、B2 频点发射链路时延相对于 B3 频点发射链路时延之差;ISC 用来表示卫星同一频点数据码和导频码发射链路之间的时延之差。TGD 参数适用于 BDS 所有卫星,ISC 参数仅适用于 BDS-3 卫星的新增加信号。

BDS 卫星 B1I 和 B3I 信号播发的 TGD 参数共包括 $\mathrm{T}_{\mathrm{GD1}}^{\mathrm{I}}$、$\mathrm{T}_{\mathrm{GD2}}^{\mathrm{I}}$ 两个参数[6-9],两个 TGD 参数用公式表示为

$$\begin{cases} T_{\mathrm{GD1}}^{\mathrm{I}} = \tau_{\mathrm{S1}}^{\mathrm{I}} - \tau_{\mathrm{S3}}^{\mathrm{I}} \\ T_{\mathrm{GD2}}^{\mathrm{I}} = \tau_{\mathrm{S2}}^{\mathrm{I}} - \tau_{\mathrm{S3}}^{\mathrm{I}} \end{cases} \tag{10.43}$$

式中:$\tau_{\mathrm{S1}}^{\mathrm{I}}$ 为卫星 B1 频点 I 支路发射链路的时延(ns);$\tau_{\mathrm{S2}}^{\mathrm{I}}$ 为卫星 B2 频点 I 支路发射链路的时延(ns);$\tau_{\mathrm{S3}}^{\mathrm{I}}$ 为卫星 B3 频点 I 支路发射链路的时延(ns)。

BDS 卫星 B1I 和 B3I 信号 TGD 参数见表 10.11。

表 10.11 B1I/B3I 信号 TGD 参数

参数	比特数	量化单位	分辨率	有效范围	单位
$T_{\mathrm{GD1}}^{\mathrm{I}}$	10①	0.1	0.1	±51.2	ns
$T_{\mathrm{GD2}}^{\mathrm{I}}$	10①	0.1	0.1	±51.2	ns
① 参数为二进制补码,最高有效位是符号位					

BDS-3 卫星 B1C 和 B2a 公开信号卫星硬件延迟参数定义及参数对应表见表 10.12[10-11]。

表 10.12 B1C/B2a 信号卫星硬件延迟参数

参数	比特数	比例因子	有效范围	单位
T_{GDB2ap}	12①	2^{-34}	$\pm 2^{-23}$	s
T_{GDB1Cp}	12①	2^{-34}	$\pm 2^{-23}$	s
$\mathrm{ISC}_{\mathrm{B1Cd}}$	12①	2^{-34}	$\pm 2^{-23}$	s
$\mathrm{ISC}_{\mathrm{B2ad}}$	12①	2^{-34}	$\pm 2^{-23}$	s

10.3.2 卫星钟差和群时间延迟参数用户应用模型

BDS 用户根据接收到的导航电文卫星钟差参数计算卫星信号发射时刻北斗时的计算模型如下[6-11]:

$$t = t_{sv} - \Delta t_{sv} \tag{10.44}$$

式中：t_{sv}为信息发送时刻卫星测距码相位时间(s)；Δt_{sv}为卫星测距码相位时间偏差(s)。

Δt_{sv}的计算公式为

$$\Delta t_{sv} = a_0 + a_1(t - t_{oc}) + a_2(t - t_{oc})^2 + \Delta t_x \tag{10.45}$$

式中：Δt_x 为相对论校正项(s)，且有

$$\Delta t_x = Fe(A)^{1/2}\sin E_k$$

其中：e 为卫星轨道偏心率，由本星卫星星历参数得到；$(A)^{1/2}$为卫星轨道半长轴的开方($m^{1/2}$)，由本星卫星星历参数得到；E_k 为卫星轨道偏近点角(π)，由本星卫星星历参数计算得到 F 的计算公式为

$$F = -2\mu^{1/2}/c^2 = -4.442807633 \times 10^{-10}\,\mathrm{s/m^{1/2}} \tag{10.46}$$

B3 频点单频用户不需要进行 TGD 和 ISC 修正，其他单频点用户和双频用户均需要进行 TGD 或 ISC 修正。

B1I 频点单频用户，TGD 修正公式为

$$(\Delta t_{sv})_{B1} = \Delta t_{sv} - T_{GD1}^{I} \tag{10.47}$$

B2I 频点单频用户 TGD 修正公式为

$$(\Delta t_{sv})_{B2} = \Delta t_{sv} - T_{GD2}^{I} \tag{10.48}$$

B1I/B3I 频点双频用户 TGD 修正公式为

$$(\Delta t_{sv})_{B1/B3} = \Delta t_{sv} - \frac{f_1^2}{f_1^2 - f_3^2} \cdot T_{GD1}^{I} \tag{10.49}$$

B1I/B2I 频点双频用户 TGD 修正公式为

$$(\Delta t_{sv})_{B1/B2} = \Delta t_{sv} - \frac{f_1^2}{f_1^2 - f_2^2} \cdot T_{GD1}^{I} + \frac{f_2^2}{f_1^2 - f_2^2} \cdot T_{GD2}^{I} \tag{10.50}$$

B2I/B3I 频点双频用户 TGD 修正公式为

$$(\Delta t_{sv})_{B2/B3} = \Delta t_{sv} - \frac{f_2^2}{f_2^2 - f_3^2} \cdot T_{GD2}^{I} \tag{10.51}$$

B1C 频点导频分量信号的单频用户 TGD 修正公式为

$$(\Delta t_{sv})_{B1Cp} = \Delta t_{sv} - T_{GDB1Cp} \tag{10.52}$$

B1C 频点数据分量信号的单频用户 TGD 和 ISC 修正公式为

$$(\Delta t_{sv})_{B1Cd} = \Delta t_{sv} - T_{GDB1Cp} - \mathrm{ISC}_{B1Cd} \tag{10.53}$$

B2a 频点导频分量信号的单频用户 TGD 修正公式为

$$(\Delta t_{sv})_{B2ap} = \Delta t_{sv} - T_{GDB2ap} \tag{10.54}$$

B2a 频点数据分量信号的单频用户 TGD 和 ISC 修正公式为

$$(\Delta t_{sv})_{B2ad} = \Delta t_{sv} - T_{GDB2ap} - \mathrm{ISC}_{B2ad} \tag{10.55}$$

B1C/B2a 频点导频分量的双频用户 TGD 修正公式为

$$(\Delta t_{sv})_{B1Cp/B2ap}=\Delta t_{sv}-\frac{f_1^2}{f_1^2-f_2^2}\cdot T_{GDB1Cp}+\frac{f_2^2}{f_1^2-f_2^2}\cdot T_{GDB2ap} \tag{10.56}$$

B1C/B2a 频点数据分量的双频用户 TGD 和 ISC 修正公式为

$$(\Delta t_{sv})_{B1Cd/B2ad}=\Delta t_{sv}-\frac{f_1^2}{f_1^2-f_2^2}\cdot(T_{GDB1Cp}+ISC_{B1Cd})+\frac{f_2^2}{f_1^2-f_2^2}\cdot(T_{GDB2ap}+ISC_{B2ad}) \tag{10.57}$$

10.3.3 卫星钟差与群时间延迟参数应用说明

用户在应用 BDS 卫星钟差与群时间延迟参数时，需要注意以下问题[16-17]：

(1) BDS 卫星公开信号和授权信号播发的卫星钟差参数 a_0 与 TGD/ISC 参数均不同，用户应使用本支路播发的卫星钟差参数和 TGD 参数；

(2) B3 频点单频用户不进行 TGD 参数修正，其他频点单频用户或双频用户均应进行 TGD 或 ISC 修正；

(3) 卫星 B1、B2 频点天线相位中心相对于 B3 频点天线相位中心的偏差被 TGD 参数吸收，因此，用户必须一同使用系统播发的相应卫星星历、卫星钟差和 TGD 参数，不能单独替换使用其中一个；

(4) 用户应根据 AODC/IODC 参数值判断卫星钟差参数的预报时间，当某颗卫星 AODC 数值超过 2 或 IODC 数值超过 59 时，用户可以降权使用该颗卫星的观测数据；

(5) 当用户没有接收到某颗卫星新的卫星钟差参数时，可继续使用上 1h 接收的卫星钟差参数，但一组卫星钟差参数只能再继续使用 1h；

(6) 当用户没有接收到某颗卫星最新的卫星 TGD 和 ISC 参数时，可以继续使用上一次接收的 TGD 和 ISC 参数。

10.4 电离层延迟模型参数定义、模型及应用方法

10.4.1 电离层延迟模型参数定义

电离层延迟模型参数是用来描述无线电信号穿过电离层引起的天顶方向时间延迟（超前）的一组参数。BDS 卫星播发了 8 参数、9 参数和 14 参数三种电离层延迟模型参数[8-9,16-17,21]。

10.4.1.1 8 参数模型

8 参数模型将夜间的电离层延迟量看成常数，把白天的电离层延迟量看成余弦波中正的部分，初始相位固定为地方时 14 时，幅值 A 和周期 P 分别用穿刺点地理纬度绝对值的三阶多项式来表示，其模型为[8-9,16-17]

$$I'_{B1}(t)=\begin{cases}5\times10^{-9}+A\cos\left[\dfrac{2\pi(t-50400)}{P}\right] & |t-50400|<P/4\\ 5\times10^{-9} & |t-50400|\geqslant P/4\end{cases}\qquad(10.58)$$

式中：$I'_{B1}(t)$为 t 时刻 B1 频点上电离层垂直延迟改正值；t 为接收机至卫星连线与电离层穿刺点处的地方时(s)，取值范围为 0～86400s；幅值 A 和周期 P 分别用 4 个多项式系数 $\alpha_n(n=0,1,2,3)$ 和 4 个 $\beta_n(n=0,1,2,3)$ 表示，电文中将这些系数作为参数播发，即

$$\begin{cases}A=\sum_{n=0}^{3}\alpha_n\,|\varphi_P|^n\\ P=\sum_{n=0}^{3}\beta_n\,|\varphi_P|^n\end{cases}\qquad(10.59)$$

式中：φ_P 为穿刺点 P 的地理纬度(π)。

因此，B1I、B3I 信号播发的电离层延迟模型 8 参数包括 $\alpha_n(n=0,1,2,3)$参数和 $\beta_n(n=0,1,2,3)$参数。

BDS 卫星 B1I、B3I 信号 8 参数电离层延迟模型参数见表 10.13。

表 10.13　8 参数电离层延迟模型参数

参数	比特	量化单位	有效范围	单位
α_0	8①	2^{-30}	$\pm1.19\times10^{-7}$	s
α_1	8①	2^{-27}	$\pm9.53\times10^{-7}$	s/π
α_2	8①	2^{-24}	$\pm7.63\times10^{-6}$	s/π^2
α_3	8①	2^{-24}	$\pm7.63\times10^{-6}$	s/π^3
β_0	8①	2^{11}	$\pm2.62\times10^{5}$	s
β_1	8①	2^{14}	$\pm2.1\times10^{6}$	s/π
β_2	8①	2^{16}	$\pm8.4\times10^{6}$	s/π^2
β_3	8①	2^{17}	$\pm1.68\times10^{7}$	s/π^3
① 参数为二进制补码，最高有效位是符号位				

10.4.1.2　9 参数模型

9 参数电离层延迟模型(BDGIM)以改进的球谐函数为基础，用户接收机根据 BDGIM 模型计算天顶方向电离层延迟改正值的具体公式为[10-11]

$$I'_{B1}(t)=\frac{40.28\times10^{16}}{f^2}\cdot\left[A_0+\sum_{i=1}^{9}\alpha_iA_i\right]\qquad(10.60)$$

式中：f 为信号对应的载波频率(Hz)；$\alpha_i(i=1,9)$为 BDGIM 模型的播发参数(单位为 TECU)；A_0 为根据固化于用户接收机的非播发电离层参数、用户穿刺点位置及观测时刻计算得到的电离层延迟预报值(单位为 TECU)；$A_i(i=1,9)$为根据用户穿刺点位置及观测时刻计算得到的函数值。

BDS 卫星 9 参数电离层延迟模型参数见表 10.14。

表 10.14　9 参数电离层延迟模型参数

参数	比特	量化单位	有效范围②	单位
α_1	10	2^{-3}	—	TECU
α_2	8①	2^{-3}	—	TECU
α_3	8	2^{-3}	—	TECU
α_4	8	2^{-3}	—	TECU
α_5	8	-2^{-3}	—	TECU
α_6	8①	2^{-3}	—	TECU
α_7	8①	2^{-3}	—	TECU
α_8	8①	2^{-3}	—	TECU
α_9	8①	2^{-3}	—	TECU
① 参数为二进制补码表示，最高位是符号位；				
② 除非在“有效范围”栏中另有说明，否则参数的有效范围是给定的位数与比例因子共同确定的最大范围				

10.4.2　电离层延迟模型参数用户应用模型

10.4.2.1　8 参数用户应用模型

用户根据接收到的 8 参数电离层延迟模型计算卫星到用户信号传播路径上电离层延迟量，具体步骤如下[8-9,16-17]。

1）根据用户概略位置计算电离层穿刺点位置

卫星导航系统通常将电离层抽象为距离地面一定高度的单层模型，星站连线与单层模型的交点称为电离层穿刺点 P。用户与卫星连线穿刺点示意图如图 10.5 所示。

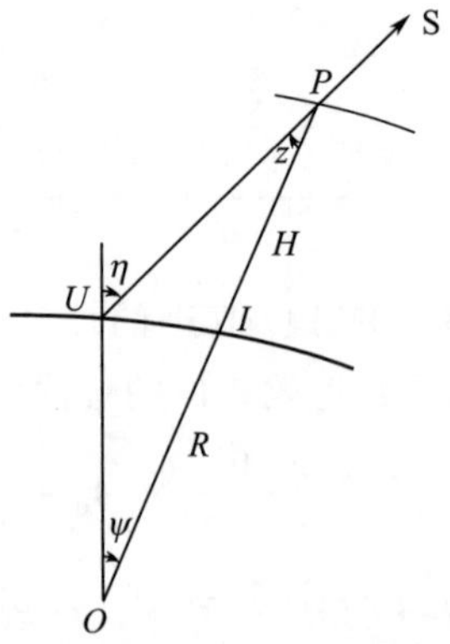

图 10.5　用户与卫星连线穿刺点示意图

计算卫星 S 至接收机 U 的距离：

$$\rho_{SU} = \sqrt{(x_S - x_U)^2 + (y_S - y_U)^2 + (z_S - z_U)^2} \tag{10.61}$$

计算接收机 U 至地心 O 的距离：

$$d_{OU} = \sqrt{x_U^2 + y_U^2 + z_U^2} \tag{10.62}$$

计算地心夹角：

$$\psi = \frac{\pi}{2} - E - \arcsin\left(\frac{R}{R+H} \cdot \cos E\right) \tag{10.63}$$

式中：E 为卫星高度角(rad)；H 为电离层薄层高度，$H = 400\text{km}$；R 为地球平均半径，$R = 6378\text{km}$。

计算用户 U 与穿刺点 P 的距离：

$$d_{PU} = \sqrt{(R+H)^2 + d_{OU}^2 - 2(R+H) \cdot d_{OU} \cdot \cos\psi} \tag{10.64}$$

计算穿刺点在 BDCS 中的坐标(x_P, y_P, z_P)：

$$\begin{cases} x_P = x_U + \dfrac{d_{PU}}{\rho_{SU}} \cdot (x_S - x_U) \\ y_P = y_U + \dfrac{d_{PU}}{\rho_{SU}} \cdot (y_S - y_U) \\ z_P = z_U + \dfrac{d_{PU}}{\rho_{SU}} \cdot (z_S - z_U) \end{cases} \tag{10.65}$$

计算穿刺点 P 的地理纬度和经度：

$$\begin{cases} \varphi_P = \arctan\left(\dfrac{z_P}{\sqrt{x_P^2 + y_P^2}}\right) \\ \lambda_P = \arctan\left(\dfrac{y_P}{x_P}\right) \end{cases} \tag{10.66}$$

2）用户根据电离层延迟 8 参数模型计算天顶延迟

用户根据接收到的 8 参数电离层延迟模型计算电离层延迟改正的具体步骤如下：

根据用户时间和地理经度计算接收机至卫星连线与电离层穿刺点 P 处的地方时，计算公式为

$$t = (t_E + \lambda_P \times 43200/\pi)\,[\text{模 } 86400] \tag{10.67}$$

式中：t_E 为用户测量时刻的 BDT，取周内秒计数部分。

根据接收的 $\alpha_n(n=0,1,2,3)$参数计算幅值：

$$A = \begin{cases} \sum_{n=0}^{3} \alpha_n \, |\varphi_P|^n & A \geqslant 0 \\ 0 & A < 0 \end{cases} \tag{10.68}$$

根据接收的 $\beta_n(n=0,1,2,3)$参数计算周期：

$$P=\begin{cases}172800 & P\geqslant 172800\\ \sum_{n=0}^{3}\beta_n\left|\varphi_P\right|^n & 172800>P>72000\\ 72000 & P<72000\end{cases} \tag{10.69}$$

根据式(10.58)计算天顶方向 B1 频点电离层延迟量 $I'_{\mathrm{B1}}(t)$。

10.4.2.2 9 参数用户应用模型

用户根据接收到的 9 参数电离层延迟模型计算卫星到用户信号传播路径上电离层延迟量的具体步骤如下[10-11]。

1) 计算电离层穿刺点位置

电离层穿刺点在地球表面投影的地理纬度和地理经度的计算公式为

$$\begin{cases}\varphi_P=\arcsin(\sin\varphi_u\cdot\cos\psi+\cos\varphi_u\cdot\sin\psi\cdot\cos A)\\ \lambda_P=\lambda_u+\arctan\left(\dfrac{\sin\psi\cdot\sin A\cdot\cos\varphi_u}{\cos\psi-\sin\varphi_u\cdot\sin\varphi_P}\right)\end{cases} \tag{10.70}$$

式中:φ_u 为用户地理纬度(rad);λ_u 为用户地理经度(rad);A 为卫星方位角(rad)。

地固坐标系下,电离层穿刺点在地球表面投影的地磁纬度和地磁经度的计算公式为

$$\begin{cases}\varphi_{\mathrm{m}}=\arcsin(\sin\varphi_{\mathrm{M}}\cdot\sin\varphi_P+\cos\varphi_{\mathrm{M}}\cdot\cos\varphi_P\cdot\cos(\lambda_P-\lambda_{\mathrm{M}}))\\ \lambda_{\mathrm{m}}=\arctan\left(\dfrac{\cos\varphi_P\cdot\sin(\lambda_P-\lambda_{\mathrm{M}})\cdot\cos\varphi_{\mathrm{M}}}{\sin\varphi_{\mathrm{M}}\cdot\sin\varphi_{\mathrm{m}}-\sin\varphi_P}\right)\end{cases} \tag{10.71}$$

式中:φ_{M} 为地磁北极的地理纬度,$\varphi_{\mathrm{M}}=\dfrac{80.27^\circ}{180^\circ}\cdot\pi$;$\lambda_{\mathrm{M}}$ 为地磁北极的地理经度,$\lambda_{\mathrm{M}}=\dfrac{-72.58^\circ}{180^\circ}\cdot\pi$。

日固坐标系下,电离层穿刺点的地磁纬度和地磁经度的计算公式为

$$\begin{cases}\varphi'=\varphi_{\mathrm{m}}\\ \lambda'=\lambda_{\mathrm{m}}-\arctan\left(\dfrac{\sin(S_{\mathrm{ion}}-\lambda_{\mathrm{M}})}{\sin\varphi_{\mathrm{M}}\cdot\cos(S_{\mathrm{ion}}-\lambda_{\mathrm{M}})}\right)\end{cases} \tag{10.72}$$

式中:S_{ion}为平太阳地理经度(rad),其计算公式为

$$S_{\mathrm{ion}}=\pi\cdot[1-2(t_{\mathrm{d}}-\mathrm{int}(t_{\mathrm{d}}))] \tag{10.73}$$

式中:t_{d} 为计算时刻,以 MJD 表示,单位为天;int(·)表示向下取整。

2) $A_i(i=1\sim 9)$的计算

$$A_i=\begin{cases}P_{|n_i|,|m_i|}(\sin\varphi')\cdot\cos(m_i\cdot\lambda') & m_i\geqslant 0\\ P_{|n_i|,|m_i|}(\sin\varphi')\cdot\sin(-m_i\cdot\lambda') & m_i<0\end{cases} \tag{10.74}$$

式中:n_i 和 m_i 对应的取值见表 10.15。

表 10.15　n_i 和 m_i 对应取值

i	1	2	3	4	5	6	7	8	9
n_i/m_i	0/0	1/0	1/1	1/-1	2/0	2/1	2/-1	2/2	2/-2

φ'与λ'根据式(10.72)计算得到;$P_{n,m}$表示 n 度 m 阶的归化勒让德函数,$P_{n,m}=N_{n,m}\cdot P_{n,m}$($P_{n,m}$计算时,$n$、$m$ 均取绝对值);$N_{n,m}$为正则化函数,其计算公式为

$$\begin{cases} N_{n,m}=\sqrt{\dfrac{(n-m)!\cdot(2n+1)\cdot(2-\delta_{0,m})}{(n+m)!}} \\ \delta_{0,m}=\begin{cases}1 & m=0\\ 0 & m>0\end{cases}\end{cases} \tag{10.75}$$

$P_{n,m}$为标准的勒让德函数,其递推计算公式为

$$\begin{cases} P_{n,m}(\sin\varphi')=(2n-1)!!\ (1-(\sin\varphi')^2)^{n/2} & n=m \\ P_{n,m}(\sin\varphi')=\sin\varphi'\cdot(2m+1)\cdot P_{n,m}(\sin\varphi') & n=m+1 \\ P_{n,m}(\sin\varphi')=\dfrac{(2n-1)\cdot\sin\varphi'\cdot P_{n-1,m}(\sin\varphi')-(n+m-1)\cdot P_{n-2,m}(\sin\varphi')}{n-m} & \text{其他}\end{cases} \tag{10.76}$$

式中:$(2n-1)!!=(2n-1)\cdot(2n-3)\cdots1$,$P_{0,0}(\sin\varphi')=1$。

3) 电离层延迟预报值 A_0 的计算

$$\begin{cases} A_0=\sum_{j=1}^{17}\beta_j\cdot B_j \\ B_j=\begin{cases}P_{|n_j|,|m_j|}(\sin\varphi')\cdot\cos(m_j\cdot\lambda') & m_j\geqslant 0\\ P_{|n_j|,|m_j|}(\sin\varphi')\cdot\sin(-m_j\cdot\lambda') & m_j<0\end{cases}\end{cases} \tag{10.77}$$

式中:n_j 和 m_j 的具体取值参见表 10.15;$P_{|n_j|,|m_j|}(\sin\varphi')$的计算由式(10.74)和式(10.76)得到;$\beta_j(j=1\sim17)$由下式计算:

$$\begin{cases} \beta_j=a_{0,j}+\sum_{k=1}^{12}(a_{k,j}\cdot\cos(\omega_k\cdot t_p)+b_{k,j}\cdot\sin(\omega_k\cdot t_p)) \\ \omega_k=\dfrac{2\pi}{T_k}\end{cases} \tag{10.78}$$

式中:$a_{k,j}$与 $b_{k,j}$为表 10.16 BDGIM 模型的非播发系数(单位为 TECU);T_k 为表 10.16 中各非播发系数对应的预报周期;t_p 对应当天约化儒略日的奇数整点时刻(01:00,03:00,05:00,…,23:00),单位为天,用户计算时选取距离当前计算时刻最近的 t_p 使用。

4) 穿刺点处垂直方向电子总含量 VTEC 的计算

穿刺点处垂直方向电离层延迟 VTEC(单位为 TECU)的计算公式为

$$\mathrm{VTEC}=A_0+\sum_{i=1}^{9}\alpha_iA_i \tag{10.79}$$

表 10.16 BDGIM 模型的非播发系数及预报周期

编号 k \ 参数	编号 j	1	2	3	4	5	6	7	8	9	10	11	12	13	14	15	16	17	周期
	n_j/m_j	3/0	3/1	3/−1	3/2	3/−2	3/3	3/−3	4/0	4/1	4/−1	4/2	4/−2	5/0	5/1	5/−1	5/2	5/−2	T_k/天
0	$a_{0,j}$	−0.61	−1.31	−2.00	−0.03	0.15	−0.48	−0.40	2.28	−0.16	−0.21	−0.10	−0.13	0.21	0.68	1.06	0	−0.12	—
1	$a_{k,j}$	−0.51	−0.43	0.34	−0.01	0.17	0.02	−0.06	0.3	0.44	−0.28	−0.31	−0.17	0.04	0.39	−0.12	0.12	0	1
	$b_{k,j}$	0.23	−2.00	−0.31	0.16	−0.03	0.02	0.04	0.18	0.34	0.45	0.19	−0.25	−0.12	0.18	0.40	−0.09	0.21	
2	$a_{k,j}$	−0.06	−0.05	0.06	0.17	0.15	0	0.11	−0.05	−0.16	0.02	0.11	0.04	0.12	0.07	0.02	−0.14	−0.14	0.5
	$b_{k,j}$	0.02	−0.08	−0.06	−0.11	0.15	−0.14	0.01	0.01	0.04	−0.14	−0.05	0.08	0.08	−0.01	0.01	0.11	−0.12	
3	$a_{k,j}$	0.01	−0.03	0.01	−0.01	0.05	−0.03	0.05	−0.03	−0.01	0	−0.08	−0.04	0	−0.02	−0.03	0	−0.03	0.33
	$b_{k,j}$	0	−0.02	−0.03	−0.05	−0.01	−0.07	−0.03	−0.01	0.02	−0.01	0.03	−0.10	0.01	0.05	−0.01	0.04	0.00	
4	$a_{k,j}$	−0.01	0	0.01	0	0.01	0	−0.01	−0.01	0	0	0	0	0	0	0	0	0	14.6
	$b_{k,j}$	0	−0.02	0.01	0	−0.01	0.01	0	−0.02	0	0	0	0	0	0	0	0	0	
5	$a_{k,j}$	0	0	0.03	0.01	0.02	0.01	0	−0.02	0	0	0	0	0	0	0	0	0	27.0
	$b_{k,j}$	0.01	0	0	0.01	0	0	0	0	0	0	0	0	0	0	0	0	0	
6	$a_{k,j}$	−0.19	−0.02	0.12	−0.10	0.06	0	−0.02	−0.08	−0.02	−0.07	0.01	0.03	0.15	0.06	−0.05	−0.03	−0.10	121.6
	$b_{k,j}$	−0.09	0.07	0.03	0.06	0.09	0.01	0.02	0	−0.04	−0.02	−0.01	0.01	−0.1	0	−0.01	0.02	0.05	
7	$a_{k,j}$	−0.18	0.06	−0.55	−0.02	0.09	−0.08	0	0.86	−0.18	−0.05	−0.07	0.04	0.14	−0.03	0.37	−0.11	−0.12	182.51
	$b_{k,j}$	0.15	−0.31	0.13	0.05	−0.09	−0.03	0.06	−0.36	0.08	0.05	0.06	−0.02	−0.05	0.06	−0.20	0.04	0.07	
8	$a_{k,j}$	1.09	−0.14	−0.21	0.52	0.27	0	0.11	0.17	0.23	0.35	−0.05	0.02	−0.6	0.02	0.01	0.27	0.32	365.25
	$b_{k,j}$	0.50	−0.08	−0.38	0.36	0.14	0.04	0	0.25	0.17	0.27	−0.03	−0.03	−0.32	−0.10	0.20	0.10	0.30	
9	$a_{k,j}$	−0.34	−0.09	−1.22	0.05	0.15	−0.29	−0.17	1.58	−0.06	−0.15	0.00	0.13	0.28	−0.08	0.62	−0.01	−0.04	4028.71
	$b_{k,j}$	0	−0.11	−0.22	0.01	0.02	−0.03	−0.01	0.49	−0.03	−0.02	0.01	0.02	0.04	−0.04	0.16	−0.02	−0.01	
10	$a_{k,j}$	−0.13	0.07	−0.37	0.05	0.06	−0.11	−0.07	0.46	0.00	−0.04	0.01	0.07	0.09	−0.05	0.15	−0.01	0.01	2014.35
	$b_{k,j}$	0.05	0.03	0.07	0.02	−0.01	0.03	0.02	−0.04	−0.01	−0.01	0.02	0.03	0.02	−0.04	−0.04	−0.01	0	
11	$a_{k,j}$	−0.06	0.13	−0.07	0.03	0.02	−0.05	−0.05	0.01	0	0	0	0	0	0	0	0	0	1342.90
	$b_{k,j}$	0.03	−0.02	0.04	−0.01	−0.03	0.02	0.01	0.04	0	0	0	0	0	0	0	0	0	
12	$a_{k,j}$	−0.03	0.08	−0.01	0.04	0.01	−0.02	−0.02	−0.04	0	0	0	0	0	0	0	0	0	1007.18
	$b_{k,j}$	0.04	−0.02	−0.04	0.00	−0.01	0	0.01	0.07	0	0	0	0	0	0	0	0	0	

5）穿刺点处垂直方向电离层延迟的计算

根据式(10.60)计算天顶方向 B1 频点电离层延迟量 $I'_{B1}(t)$。

6）穿刺点处用户视线方向电离层延迟的计算

根据投影函数计算得到卫星到用户视线方向各频点信号的电离层延迟 $I_{B1}(t)$、$I_{B2}(t)$、$I_{B3}(t)$：

$$\begin{cases} I_{B1}(t) = I'_{B1}(t) \cdot M_F \\ I_{B2}(t) = I'_{B2}(t) \cdot M_F \\ I_{B3}(t) = I'_{B3}(t) \cdot M_F \end{cases} \tag{10.80}$$

式中：M_F 为电离层穿刺点处的投影函数，其计算公式为

$$M_F = \frac{1}{\sqrt{1 - \left(\frac{R}{R+H} \cdot \cos E\right)^2}} \tag{10.81}$$

另外，利用上述 8 参数和 9 参数电离层延迟模型计算出的电离层延迟量为 B1 频点值。对于 B2 单频或 B3 单频用户，还应乘以一个与频率有关的比例因子 $k(f)$ 进行电离层延迟换算：

$$\begin{cases} I'_{B2}(t) = k(f)_{B2} \cdot I'_{B1}(t) \\ I'_{B3}(t) = k(f)_{B3} \cdot I'_{B1}(t) \end{cases} \tag{10.82}$$

对于 B2 频点用户，该比例因子为

$$k(f)_{B2} = \frac{f_1^2}{f_2^2} = 1.6724 \tag{10.83}$$

对于 B3 频点用户，该比例因子为

$$k(f)_{B3} = \frac{f_1^2}{f_3^2} = 1.5145 \tag{10.84}$$

10.4.3　电离层延迟模型参数应用说明

虽然 BDS 的 8 参数电离层延迟模型与 GPS 采用的 Klobuchar 模型形式上相同，但是，两者存在本质差别。这些差别主要是[16-17]：

(1) 坐标系不同：GPS Klobuchar 模型采用地磁坐标系；BDS 的 8 参数模型采用的是地理坐标系。

(2) 参数来源不同：GPS Klobuchar 模型参数为采用历史数据事先计算出的固定 370 组参数；BDS 8 参数模型参数采用 BDS 实测数据解算得到。

(3) 更新周期不同：GPS 根据年积日和太阳平均流量来选择模型参数，一般按天更新；BDS 采用 2h 快速更新。

(4) 电离层薄层参考高度不同：GPS 电离层薄层参考高度为 350km；BDS 为 375km。

BDS 的 9 参数电离层延迟模型仅在 BDS-3 卫星新增加的 B1C、B2a 等信号播发，9 参数模型与 8 参数模型也存在一些差异，主要是：

（1）坐标系不同：8 参数模型采用地理坐标系；9 参数模型采用的是地磁坐标系。

（2）电离层薄层参考高度不同：8 参数模型电离层薄层参考高度为 375km；9 参数模型为 400km。

（3）播发使用模式不同：8 参数模型的参数全部通过导航电文播发；9 参数模型只有 9 个参数通过导航电文播发，A0 项参数由接收机固化到软件中。

另外，用户在应用 BDS 电离层延迟模型参数时，还需要注意以下一些使用问题：

（1）BDS 同时播发了 8 参数、14 参数和 9 参数三种电离层延迟模型参数。其中，8 参数模型在 B1I、B2I、B3I 信号播发，14 参数模型在 B3Q 信号播发，9 参数模型在 B1C、B2a 等信号播发。

（2）利用 8 参数和 14 参数电离层延迟模型计算电离层延迟量时，公式中纬度为电离层穿刺点的地理纬度，而不是地磁纬度。

（3）对于南半球用户，需要将其电离层穿刺点地理纬度取绝对值后代入公式计算相应的电离层延迟改正。

（4）在某颗 IGSO 或 MEO 卫星刚入境时，用户同一时间接收到的该颗卫星播发的电离层延迟模型参数可能与其他卫星播发的参数不同，用户进行定位或授时计算时，各颗卫星的电离层延迟改正必须选用同一组电离层延迟模型参数计算。如果用户利用多颗卫星定位或授时计算时各卫星采用了不同的电离层延迟模型参数，就会将不同组模型参数之间的误差引入观测量修正，从而影响定位或授时精度。建议用户选择 GEO 卫星播发的电离层延迟模型参数。

（5）当用户没有接收到某颗卫星的电离层延迟模型参数时，可以使用其他卫星播发的电离层延迟模型参数；但是用户利用多颗卫星进行定位或授时计算时，各颗卫星观测数据修正必须使用同一组电离层延迟模型参数。

（6）当用户没有接收到所有卫星播发的电离层延迟模型参数时，可以继续使用上一次接收的电离层延迟模型参数，精度不会受此影响。

10.5 卫星历书参数定义、模型及应用方法

10.5.1 卫星历书参数定义

卫星历书参数与卫星星历参数一样，同样用来描述在一段拟合时间间隔内的卫星空间轨道位置。与卫星星历参数相比，卫星历书参数描述的轨道适用时间更长，但精度相对较低，主要用于用户快速搜星使用。利用卫星历书参数计算出的卫星轨道时间空间基准和空间参考点与卫星星历参数相同。

BDS 卫星共播发了两类历书参数，即中等精度历书和简约历书。BDS-2 卫星播

发的历书参数包括1个卫星历书参考时刻、7个轨道参数、2个钟差参数和2个历书信息扩展播发标识共12个参数[8-9,17]，历书参数定义见表10.17。

表10.17 BDS-2卫星历书参数定义

参数	定义	说明
t_{oa}	卫星历书参考时刻	—
$\sqrt{A}$	轨道半长轴的平方根	卫星空间轨道的开普勒根数
e	轨道偏心率	
ω	轨道近地点幅角	
M_0	参考时间的平近点角	
Ω_0	升交点到北斗时本周0时的格林尼治子午线之间的经度	
δ	参考时间的轨道参考倾角的改正量	
$\dot{\Omega}$	升交点经度变化率	卫星轨道变化的长周期改正数
a_0	卫星钟差	卫星钟变化特性参数
a_1	卫星钟速	
AmEpID	历书信息扩展标识	用于标识子帧5的页面11~24是否扩展播发31~63号卫星历书和健康信息
AmID	分时播发识别标识	用于识别子帧5的页面11~24分时播发的历书和健康信息

用户在使用历书参数时，应先根据AmEpID判断是否有扩展播发历书，再结合AmID识别扩展播发的相应卫星历书。其中，AmEpID参数共2bit，其值仅为“11”时有效，表示子帧5的页面11~23可扩展播发31~63号卫星历书，子帧5的页面24可扩展播发31~63号卫星健康信息；AmEpID不为“11”时，表示子帧5的页面11~24为预留页面，不进行历书参数扩展播发。AmID参数共2bit，用于识别子帧5的页面11~24分时播发的卫星历书和健康信息，具体的AmID参数值与分时播发卫星历书信息对应关系见表10.18。

表10.18 AmID参数与分时播发卫星历书信息对应关系

AmID	页面编号	扩展历书对应的卫星编号
01	11~23	31~43
10	11~23	44~56
11	11~17	57~63
	18~23	预留
00	11~23	预留

B1I/B3I信号卫星历书参数见表10.19。

表 10.19 B1I/B3I 卫星历书参数

参数	比特数	量化单位	有效范围	单位
t_{oa}	8	2^{12}	602112	s
$\sqrt{A}$	24	2^{-11}	8192	$m^{1/2}$
e	17	2^{-21}	0.0625	—
ω	24[①]	2^{-23}	±1	π
M_0	24[①]	2^{-23}	±1	π
Ω_0	24[①]	2^{-23}	±1	π
$\dot{\Omega}$	17[①]	2^{-38}	—	π/s
δ	16[①]	2^{-19}	—	π
a_0	11[①]	2^{-20}	—	s
a_1	11[①]	2^{-38}	—	s/s
① 参数为二进制补码,最高有效位是符号位				
注:δ 为相对于轨道倾角参考值的改正量,对 GEO 卫星而言,轨道倾角参考值为 0°,对 MEO/IGSO 卫星而言,轨道倾角参考值为 54°				

现在的 BDS-3 卫星 B1I、B3I 信号保持了 BDS-2 卫星相同模式[10-11],但是在 B1C、B2a 新信号上增加播发了简约历书,并对原有中等精度历书参数进行扩展,增加 PRNa、SatType、WNa 三个参数,用于区分历书参数对应的卫星编号、卫星类型和周计数,以方便用户使用。新增加的简约历书参数定义见表 10.20。

表 10.20 B1C/B2a 信号简约历书参数定义

δ_A	参考时刻半长轴相对于参考值的偏差
Ω_0	升交点到北斗时本周 0 时的格林尼治子午线之间的经度
Φ_0	参考时刻纬度幅角

在简约历书中,不同类型卫星的半长轴参考值不同,MEO 卫星的半长轴参考值 $A_{ref} = 27906100m$,GEO/IGSO 卫星的半长轴参考值 $A_{ref} = 42162200m$。$\Phi_0 = M_0 + \omega$,其他参数参考值 $e = 0$,MEO/IGSO 卫星倾角 $i = 55°$,GEO 卫星倾角 $i = 0°$。

B1C/B2a 信号简约历书参数见表 10.21。

表 10.21 B1C/B2a 信号简约历书参数

参数	比特数	量化单位	有效范围	单位
δ_A	8[①]	2^9	—	m
Ω_0	7[①]	2^{-6}	—	π
Φ_0	7[①]	2^{-6}	—	π
① 参数为二进制补码,最高有效位是符号位				

10.5.2　卫星历书参数用户应用模型

用户根据接收到的卫星中等精度历书参数可以计算卫星在 BDCS 中的位置，具体计算模型如下[8-9,17]：

（1）计算半长轴：

$$A = (\sqrt{A})^2 \tag{10.85}$$

（2）计算卫星平均角速度：

$$n_0 = \sqrt{\frac{\mu}{A^3}} \tag{10.86}$$

（3）计算观测时刻到参考时刻的时间差：

$$t_k = t - t_{oa} \tag{10.87}$$

（4）计算平近点角：

$$M_k = M_0 + n_0 t_k \tag{10.88}$$

（5）迭代计算偏近点角：

$$M_k = E_k - e\sin E_k \tag{10.89}$$

（6）计算真近点角：

$$\begin{cases} \sin v_k = \dfrac{\sqrt{1-e^2}\sin E_k}{1-e\cos E_k} \\ \cos v_k = \dfrac{\cos E_k - e}{1-e\cos E_k} \end{cases} \tag{10.90}$$

（7）计算纬度幅角：

$$\phi_k = v_k + \omega \tag{10.91}$$

（8）计算向径：

$$r_k = A(1 - e\cos E_k) \tag{10.92}$$

（9）计算卫星在轨道平面内的坐标(x_k, y_k)：

$$\begin{cases} x_k = r_k \cos\phi_k \\ y_k = r_k \sin\phi_k \end{cases} \tag{10.93}$$

（10）计算升交点的经度：

$$\Omega_k = \Omega_0 + (\dot{\Omega} - \dot{\Omega}_e)t_k - \dot{\Omega}_e t_{oa} \tag{10.94}$$

（11）参考时间的轨道倾角：

$$i = i_0 + \delta \tag{10.95}$$

（12）计算 GEO/MEO/IGSO 卫星在 BDCS 中的坐标(x_k, y_k, z_k)：

$$\begin{cases} X_k = x_k\cos\Omega_k - y_k\cos i\sin\Omega_k \\ Y_k = x_k\sin\Omega_k + y_k\cos i\cos\Omega_k \\ Z_k = y_k\sin i \end{cases} \tag{10.96}$$

简约历书的用户算法与中等精度历书用户算法相同,只是简约历书中没有给出的参数,初始值设为0。

10.5.3 卫星历书参数应用说明

用户在应用BDS卫星历书参数时,需要注意以下问题[16-17]:

(1)利用卫星历书参数计算出的卫星轨道为卫星质心在BDCS中的位置,卫星历书参数精度约在数百米至千米量级,因此,卫星历书参数只能用来大概确定卫星的位置。

(2)B1I、B3I信号播发历书参数参考时间 t_{oa} 的量化单位为 2^{12},因此,卫星历书参数参考时间 t_{oa} 为4096的整倍数。

(3)GEO卫星与IGSO/MEO卫星的历书使用算法中定义的 i_0 参考值不同,GEO卫星的 i_0 参考值为0.0,IGSO/MEO卫星的 i_0 参考值为0.30π,用户使用时必须区别对待。

(4)当用户没有接收到某颗卫星播发的卫星历书参数时,可以使用其他卫星播发的卫星历书参数。

(5)当用户没有接收到所有卫星播发的卫星历书参数时,可以继续使用上一次接收的卫星历书参数,但是精度会有所降低。

(6)在B1I、B3I信号播发31~63号卫星的扩展历书时,用户须将AmEpID和AmID参数联合判断使用,仅当AmEpID为"11"时后面播发信息才有效;否则,均无效。

10.6 广域差分与完好性参数定义、模型及应用方法

10.6.1 广域差分与完好性参数定义

10.6.1.1 广域差分与完好性信息

BDS在B1I和B3I/Q信号上为重点服务区播发的广域差分参数主要包括等效钟差改正数和格网点电离层垂直延迟两类,完好性参数主要包括区域用户距离精度(RURA)、用户差分距离误差(UDRE)、格网点电离层垂直延迟改正数误差(GIVE)三类[8-9,17]。

广域差分参数包括等效钟差改正数和格网点电离层垂直延迟两类。等效钟差改正数即单颗卫星播发的等效径向距离误差;格网点电离层垂直延迟即格网点处的电离层垂直延迟量,供单频广域差分用户进行电离层延迟修正。

广域差分完好性信息包括用户差分距离误差(UDRE)和格网点电离层垂直延迟改正数误差(GIVE)两类。用户差分距离误差是等效钟差参数的完好性信息;格网点电离层垂直延迟误差是格网点电离层垂直延迟的完好性信息。

区域用户距离精度(RURA)为基本导航服务的完好性信息。

10.6.1.2 等效钟差改正数参数定义

等效钟差改正数定义为卫星星历误差和卫星星钟误差在重点服务区内对用户产生的等效径向距离改正,它用来表示单颗卫星播发的等效径向距离误差。

BDS 卫星 B1I 和 B3I 开放信号等效钟差改正数参数见表 10.22[6-9]。

表 10.22 开放信号等效钟差改正数参数

参数	比特数	量化单位	有效范围	单位
$\Delta\rho_1$	13①	0.1	±409.6	m
$\Delta\rho_2$	13①	0.1	±409.6	m
$\Delta\rho_3$	13①	0.1	±409.6	m
① 参数为二进制补码,最高有效位是符号位				

10.6.1.3 用户差分距离误差参数定义

用户差分距离误差定义为等效钟差改正数的完好性信息,它用来表示该颗卫星播发的等效钟差改正数精度以及等效钟差改正数不能满足用户使用时及时告警的能力。

BDS 计算的 UDRE 以用户差分距离误差标识(UDREI)的形式播发给用户使用,用户通过 UDREI 与 UDRE 转换关系可以得到用户差分距离误差,并用来判断某颗卫星的等效钟差改正数精度。UDREI 与 UDRE 转换关系见表 10.23[6-9]。

表 10.23 UDREI 与 UDRE 转换关系

UDREI 编码	UDRE(置信度为 99.9%)/m
0	1.0
1	1.5
2	2.0
3	3.0
4	4.0
5	5.0
6	6.0
7	8.0
8	10.0
9	15.0
10	20.0
11	50.0
12	100.0
13	150.0
14	未被监测
15	不可用

BDS 卫星 B1I 和 B3I 开放信号用户差分距离误差指数参数见表 10.24。

表 10.24　用户差分距离误差指数

参数	比特数	量化单位	有效范围	单位
UDREI	4①	1	0 ~ 15	—
① 参数为二进制补码,最高有效位是符号位				

10.6.1.4　格网点电离层垂直延迟参数定义

BDS 将重点服务区域(70° ~ 145°E,7.5° ~ 55°N)按经、纬度 5° × 2.5°划分为 320 个格网点。格网点电离层垂直延迟定义为 375km 电离层薄层高度处每个格网点的电离层垂直延迟量,参考频率为 B1 频点频率值,即 1561.098MHz。主控站每 3min 计算出每个格网点处的电离层垂直延迟量,以供单频广域差分用户用来进行电离层延迟修正。

BDS 将 70° ~ 145°E,10° ~ 55°N 区域按经、纬度 5° × 5°进行划分,形成 160 个格网点,格网点编号具体定义见表 10.25[6-9]。

表 10.25　电离层格网点(IGP)编号

纬度/(°) \ 经度/(°)	70	75	80	85	90	95	100	105	110	115	120	125	130	135	140	145
55	10	20	30	40	50	60	70	80	90	100	110	120	130	140	150	160
50	9	19	29	39	49	59	69	79	89	99	109	119	129	139	149	159
45	8	18	28	38	48	58	68	78	88	98	108	118	128	138	148	158
40	7	17	27	37	47	57	67	77	87	97	107	117	127	137	147	157
35	6	16	26	36	46	56	66	76	86	96	106	116	126	136	146	156
30	5	15	25	35	45	55	65	75	85	95	105	115	125	135	145	155
25	4	14	24	34	44	54	64	74	84	94	104	114	124	134	144	154
20	3	13	23	33	43	53	63	73	83	93	103	113	123	133	143	153
15	2	12	22	32	42	52	62	72	82	92	102	112	122	132	142	152
10	1	11	21	31	41	51	61	71	81	91	101	111	121	131	141	151

当格网点编号小于或等于 160 时,对应的经、纬度为

$$
\begin{cases}
L = 70 + \mathrm{INT}((\mathrm{IGP} - 1)/10) \times 5 \\
B = 5 + \{\mathrm{IGP} - \mathrm{INT}[(\mathrm{IGP} - 1)/10] \times 10\} \times 5
\end{cases} \tag{10.97}
$$

式中:INT( )表示取整函数;IGP 表示电离层格网点编号。

BDS 将东经 70° ~ 145°E,北纬 7.5° ~ 52.5°N 的区域按经、纬度 5° × 5°进行划分,形成另外 160 个格网点,格网点编号见表 10.26。

表 10.26 格网点 IGP 编号

纬度/(°) \ 经度/(°)	70	75	80	85	90	95	100	105	110	115	120	125	130	135	140	145
52.5	170	180	190	200	210	220	220	230	250	260	270	280	290	300	310	320
47.5	169	179	189	199	209	219	229	239	249	259	269	279	289	299	309	319
42.5	168	178	188	198	208	218	228	238	248	258	268	278	288	298	308	318
37.5	167	177	187	197	207	217	227	237	247	257	267	277	287	297	307	317
32.5	166	176	186	196	206	216	226	236	246	256	266	276	286	296	306	316
27.5	165	175	185	195	205	215	225	235	245	255	265	275	285	295	305	315
22.5	164	174	184	194	204	214	224	234	244	254	264	274	284	294	304	314
17.5	163	173	183	193	203	213	223	233	243	253	263	273	283	293	303	313
12.5	162	172	182	192	202	212	222	232	242	252	262	272	282	292	302	312
7.5	161	171	181	191	201	211	221	231	241	251	261	271	281	291	301	311

当格网点编号大于 160 时,对应的经、纬度为

$$\begin{cases} L = 70 + \mathrm{INT}((\mathrm{IGP} - 161)/10) \times 5 \\ B = 2.5 + (\mathrm{IGP} - 161 - \mathrm{INT}((\mathrm{IGP} - 161)/10) \times 10) \times 5 \end{cases} \tag{10.98}$$

格网点电离层垂直延迟参数见表 10.27。

表 10.27 格网点电离层垂直延迟参数

参数	比特数	量化单位	有效范围	单位
$d\tau$	9	0.125	0 ~ 63.625	m
注:当 $d\tau$ = 63.750m 时,表示该格网点"未被监测";当 $d\tau$ = 63.875m 时,表示该格网点"不可用"				

10.6.1.5 格网点电离层垂直延迟误差参数定义

格网点电离层垂直延迟误差定义为格网点电离层垂直延迟的完好性信息,表示对应格网点电离层垂直延迟的精度以及格网点电离层垂直延迟不能满足用户使用时及时告警的能力。

BDS 计算的 GIVE 以格网点电离层垂直延迟改正数误差指数(GIVEI)的形式播发给用户使用,用户通过 GIVEI 与 GIVE 转换关系可以得到用户差分距离误差,并用来判断对应格网点电离层垂直延迟参数精度[6-9]。GIVEI 与 GIVE 转换关系见表 10.28。

表 10.28 GIVEI 与 GIVE 转换关系

GIVEI 编码	GIVE(置信度为 99.9%)/m
0	0.3
1	0.6
2	0.9
3	1.2

（续）

GIVEI 编码	GIVE(置信度为 99.9%)/m
4	1.5
5	1.8
6	2.1
7	2.4
8	2.7
9	3
10	3.6
11	4.5
12	6.0
13	9.0
14	15.0
15	45.0

格网点电离层垂直延迟误差标记见表 10.29。

表 10.29　格网点电离层垂直延迟误差标记

参数	比特数	量化单位	有效范围	单位
GIVEI	4	1	0 ~ 15	—

10.6.1.6　区域用户距离精度参数定义

区域用户距离精度定义为基本导航服务的完好性信息，它用来表示该颗卫星提供给用户使用的基本导航服务精度以及基本导航服务精度不能满足用户使用时的及时告警能力。

BDS 计算的 RURA 以区域用户距离精度指数(RURAI)的形式播发给用户使用，用户通过 RURAI 与 RURA 转换关系可以得到区域用户距离精度，并用来判断某颗卫星的基本导航服务精度[6-9]。RURAI 与 RURA 转换关系见表 10.30。

表 10.30　RURAI 与 RURA 转换关系

RURAI 编码	RURA(置信度为 99.9%)/m
0	0.75
1	1.0
2	1.25
3	1.75
4	2.25
5	3.0
6	3.75
7	4.5

（续）

RURAI 编码	RURA（置信度为 99.9%）/m
8	5.25
9	6.0
10	7.5
11	15.0
12	50.0
13	150.0
14	300.0
15	>300

区域用户距离精度指数见表 10.31。

表 10.31　区域用户距离精度指数

参数	比特数	量化单位	有效范围	单位
RURAI	4①	1	0 ~ 15	—
① 参数为二进制补码，最高有效位是符号位				

10.6.2　广域差分与完好性参数应用模型

10.6.2.1　等效钟差与 UDRE 参数应用模型

用户在使用等效钟差改正数之前，首先应该判断对应的 UDREI 值：如果某颗卫星的 UDREI 为 14 或 15，那么该卫星不能参与定位计算；如果某颗卫星的 UDREI 为 0 ~ 13 内的一个值，那么用户应当根据 UDREI 对应表示的误差值，结合自己的定位精度要求来决定该卫星是否参与定位计算。经过以上卫星选择判断之后，用户就可以对有效卫星观测数据进行等效钟差修正，具体计算模型如下。

1）单频广域差分用户等效钟差使用模型

单频广域差分定位是在单频基本定位的基础上，对卫星轨道和卫星钟差进一步修正等效钟差改正数，电离层延迟利用格网点电离层垂直延迟进行内插计算。

对于某一频点 $B_i(i=1,2,3)$ 单频广域差分用户，修正等效钟差改正数的计算模型为

$$P_i=\rho+d_{\text{trop}}+d_{\text{rel}}+c(\Delta t_{\text{r}}-\Delta t_{\text{s}})-\Delta\rho_i+\frac{f_1^2}{f_i^2}d_{\text{ion}}+d_{\text{rtgd}i}+c\cdot T_{\text{GD}i}^{\text{I}}+\varepsilon_{p_i}\qquad i=1,2,3 \tag{10.99}$$

式中：P_i 为频率 B_i 的伪距观测量（m）；ρ 为卫星与接收机之间的空间几何距离（m）；d_{trop} 为对流层延迟改正（m）；d_{rel} 为相对论效应改正（m）；Δt_{r} 为接收机钟差（s）；Δt_{s} 为卫星钟差（s）；$\Delta\rho_i$ 为频率 B_i 的等效钟差（m）；$d_{\text{rtgd}i}$ 为频率 B_i 的接收机通道时延改正（m）；ε_{p_i} 为频率 B_i 的观测噪声（m）；d_{ion} 为 B1 频率上的电离层延迟改正（m），可以根

据 $d_{\text{ion}} \cdot f_1^2/f_i^2$ 得出频率 B_i 的电离层延迟改正。

2）双频广域差分用户等效钟差使用模型

双频广域差分定位是在双频基本定位的基础上,对卫星轨道和卫星钟差进一步修正等效钟差改正数,电离层延迟利用双频组合进行消除。

对于 B1IB3I 双频用户,无电离层组合观测量 P_{B1B3} 进一步修正等效钟差改正数的计算模型为

$$P_{\text{B1B3}} = \frac{f_1^2}{f_1^2 - f_3^2}(P_1 + \Delta\rho_1 - c \cdot T_{\text{GD1}}^{\text{I}}) - \frac{f_3^2}{f_1^2 - f_3^2}(P_3 + \Delta\rho_3) \tag{10.100}$$

B1IB2I 双频用户无电离层组合观测量 P_{B1B2} 修正等效钟差改正数的计算模型为

$$P_{\text{B1B2}} = \frac{f_1^2}{f_1^2 - f_2^2}(P_1 + \Delta\rho_1 - c \cdot T_{\text{GD1}}^{\text{I}}) - \frac{f_2^2}{f_1^2 - f_2^2}(P_2 + \Delta\rho_2 - c \cdot T_{\text{GD2}}^{\text{I}}) \tag{10.101}$$

B2IB3I 双频用户无电离层的组合观测量 P_{B2B3} 修正等效钟差改正数的计算模型为

$$P_{\text{B2B3}} = \frac{f_2^2}{f_2^2 - f_3^2}(P_2 + \Delta\rho_2 - c \cdot T_{\text{GD2}}^{\text{I}}) - \frac{f_3^2}{f_2^2 - f_3^2}(P_3 + \Delta\rho_3) \tag{10.102}$$

10.6.2.2 格网点电离层垂直延迟与 GIVE 应用模型

单频广域差分用户利用接收到的格网点电离层垂直延迟和对应的完好性参数 GIVE 进行电离层延迟计算。

图 10.6 给出了用户穿刺点与其四周格网点的示意图,用户与某一颗卫星连线对应的电离层穿刺点(IPP)地理位置用地理经纬度(λ_P, φ_P)表示。穿刺点周围 4 个格网点的坐标分别用(λ_i, φ_i)($i = 1, \cdots, 4$)表示,4 个格网点电离层垂直延迟用 VTEC_i($i = 1, \cdots, 4$)表示,穿刺点与 4 个格网点的距离权值分别用 w_i($i = 1, \cdots, 4$)表示。

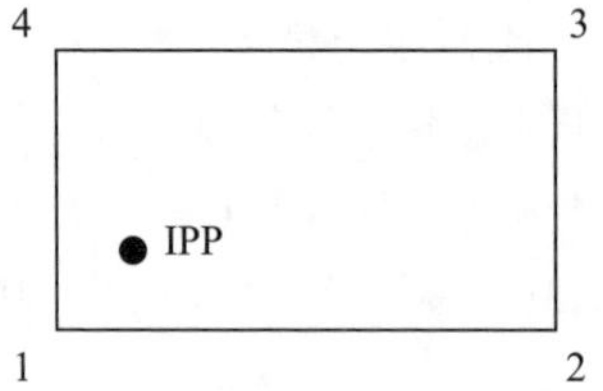

图 10.6 用户穿刺点与格网点示意图

单频广域差分用户在计算电离层延迟前,应当首先利用接收到的格网点完好性参数 GIVEI 判断周围 4 个格网点的 GIVE 值:如果某个格网点的 GIVEI 为 14 或 15,则该格网点不参与计算;如果某个格网点的 GIVEI 为 0 ~ 13 内的一个值,那么用户应当根据 GIVEI 对应表示的 GIVE 误差值,结合自己的定位精度要求来决定该格网点是否参与计算。经过以上格网点选择判断之后,当穿刺点周围仍然至少有 3 个有效格网点时,用户就根据这些有效格网点上的电离层垂直延迟,采用双线性内插法计算

穿刺点处的 B1 频点电离层垂直延迟，计算模型为[6-9]

$$I'_P = \frac{\sum_{i=1}^{4} w_i \cdot \mathrm{VTEC}_i}{\sum_{i=1}^{4} w_i} \tag{10.103}$$

式中

$$\begin{cases} w_1 = (1 - x_p) \cdot (1 - y_p) \\ w_2 = x_p \cdot (1 - y_p) \\ w_3 = x_p \cdot y_p \\ w_4 = (1 - x_p) \cdot y_p \end{cases} \tag{10.104}$$

$$\begin{cases} x_p = \dfrac{\lambda_p - \lambda_1}{\lambda_2 - \lambda_1} \\ y_p = \dfrac{\varphi_p - \varphi_1}{\varphi_4 - \varphi_1} \end{cases} \tag{10.105}$$

对于 B2 频点用户，还需要乘上一个比例因子 $f_1^2/f_2^2 = 1.6724$；对于 B3 频点用户，还需要乘上一个比例因子 $f_1^2/f_3^2 = 1.5145$。

最后通过电离层投影函数，计算用户观测方向的电离层延迟。

10.6.3 广域差分与完好性参数应用说明

用户在应用 BDS 广域差分与完好性参数时，需要注意以下问题：

（1）广域差分与完好性信息仅在 GEO 卫星播发，各卫星播发信息相同。广域差分与完好性信息在各频点和支路独立播发，即三个频点、不同支路分别播发不同的等效钟差改正数和用户差分距离误差指数，用户应当对应使用自己频点和支路信息，不能混用。

（2）等效钟差是对卫星播发的基本导航电文卫星星历和卫星钟差的改正数，等效钟差改正数需要与对应的卫星星历和卫星钟差参数匹配使用。

（3）如果没有收到某颗卫星、某个频点或某个支路的等效钟差改正数，用户就可以根据上次接收到的等效钟差改正数继续延用 180s；当超过 180s 仍没有收到新的等效钟差改正数时，该颗卫星不能参与广域差分计算。

（4）用户差分距离误差表示的是 99.9% 置信度下的等效钟差改正精度；格网点电离层垂直延迟误差表示的是 99.9% 置信度下的格网点电离层垂直延迟精度。

（5）等效钟差改正数与用户差分距离误差需要一同使用：当某颗卫星的 UDREI 为 14 或 15 时，该颗卫星观测数据不能参与广域差分计算；当某颗卫星的 UDREI 为 0 ~ 13 内的一个值时，用户可以根据 UDREI 对应的误差值，结合自己的定位精度要求来决定该卫星观测数据是否参与定位计算。

（6）格网点电离层垂直延迟改正数与格网点电离层垂直延迟误差应当一同使

用:当某个格网点 GIVEI 为 14 或 15 时,该格网点不能参与广域差分计算;当某个格网点的 GIVEI 为 0 ~ 13 内的一个值时,用户应当根据 GIVEI 对应的误差值,结合自己的定位精度要求来决定该格网点是否参与定位计算。

(7) BDS 播发的格网点电离层垂直延迟改正数参考的电离层薄层参考高度为 375km,参考频点为 B1 频点,与美国广域增强系统(WAAS)的参考高度 350km 和参考频点 L1 均不同。

(8) 单频广域差分用户有三种使用格网点电离层的方式:一是仅使用前 160 个格网点信息或者仅使用后 160 个格网点信息,该方式采用的是 5°×5°格网使用方式;二是按照 3min 更新周期交替使用前 160 个格网点信息和后 160 个格网点信息,用户仍采用 5°×5°格网使用方式;三是按照 6min 周期收齐所有 320 个格网点信息一起使用,此时,用户采用 2.5°×5°格网使用方式,该方式的精度和可用性均最高。

(9) 如果没有接收到某个或某些格网点的电离层垂直延迟参数,用户就可以根据上次接收到的格网点电离层垂直延迟参数继续延用 600s;当超过 600s 仍没有收到新的格网点电离层垂直延迟参数时,该格网点不能参与广域差分计算。

(10) BDS 广域差分重点服务区部分边缘格网点不能全时段满足可用性要求,当单频广域差分用户处于重点服务区边缘时,会存在单频广域差分结果变差的情况。在重点服务区边缘时,用户应该使用双频广域差分方式。

(11) 当某颗卫星的自主健康信息 SatH1 标识为“不可用”,而 UDREI 为可用时,用户仍然可以根据自己的精度要求和 UDREI 判断使用该颗卫星参与广域差分定位。

10.7 卫星健康信息参数定义与应用方法

早期发布的 B1I、B3I 老信号接口控制文件中[6-9],卫星健康信息主要包括卫星自主健康信息(SatH1)、历书中的卫星健康信息和差分完好性信息健康标识(SatH2)三类。SatH1 用来表示该颗卫星基本导航服务是否满足用户使用精度的状态,分为“可用”和“不可用”两种状态。Health 用来表示该颗卫星基本导航服务是否满足用户使用精度的状态、三个频点和 I/Q 支路信号是否正常状态以及基本导航信息是否可用的状态。SatH2 用来表示三个频点和 I/Q 支路的等效钟差、格网点电离层垂直延迟、RURA、UDRE、GIVE 等差分与完好性信息是否正确的状态。

最新发布的 BDS-3 卫星 B1C、B2a 新信号接口控制文件中[10-11],卫星健康信息主要包括卫星健康状态(HS)、卫星电文完好性标识(DIF)、卫星信号完好性标识(SIF)、系统告警标识(AIF),以及空间信号精度(SISA)和空间信号监测精度(SISMA)。卫星健康状态用来表示该颗卫星当前健康状态。卫星电文完好性标识、卫星信号完好性标识、系统告警标识是卫星完好性状态标识。空间信号精度描述的是导航电文中播发的卫星轨道和钟差参数的预测精度,包括卫星轨道切向与法向精度（$SISA_{oe}$）和卫星钟差与卫星轨道径向精度（$SISA_{oc}$）两个参数，并通过卫星轨道切向与法向精度指数（$SISAI_{oe}$）和卫星钟差与卫星轨道径向精度指数（$SISAI_{oc}$）标识精度范围。其中，$SISAI_{oc}$又包含卫星钟差与轨道径向固定偏差精度指数（$SISAI_{ocb}$）、卫星钟频偏精度指数（$SISAI_{oc1}$）、卫星钟频漂精度指数（$SISAI_{oc2}$）。空间信号监测精度描述的是利用零均值高斯分布模型对空间信号精度估计的误差，用空间信号监测精度指数（SISMAI）来表征。

10.7.1 B1I/B3I信号卫星健康信息

10.7.1.1 卫星自主健康信息定义

B1I/B3I信号SatH1为1bit，“0”表示卫星“可用”，“1”表示卫星“不可用”。该信息状态可由卫星自主填写，也可以由地面根据监测的服务性能发送控制指令填写[6-9]。

10.7.1.2 历书中的卫星健康信息定义

B1I/B3I信号历书中的Health为9bit[6-9]，具体内容说明见表10.32。

表10.32 B1I/B3I信号Health参数内容说明

信息位	信息编码	健康状况标识
第9位（MSB）	0	卫星钟可用
	1	卫星钟不可用或卫星故障或永久关闭
第8位	0	B1 I信号正常
	1	B1 I信号不正常
第7位	0	B2 I信号正常
	1	B2 I信号不正常
第6位	0	B3 I信号正常
	1	B3 I信号不正常
第3~5位	0	预留
	1	预留
第2位	0	导航信息可用
	1	导航信息不可用（龄期超限）
第1位（LSB）	—	预留

注：1. 卫星钟不可用是指卫星钟调相、调频、跳相、钟切换及钟差超标。

2. 信号不正常：平时信号功率比额定值下降10dB，功率增强时比额定值下降18dB。

3. 第9位（最高位）为“1”时：后8位均为“0”时，表示卫星钟不可用；后8位均为“1”时，表示卫星故障或永久关闭；后8位为其他值时，待定

10.7.1.3 差分完好性信息健康标识定义

B1I、B3I信号SatH2设计为2bit[6-9]，具体内容说明见表10.33。

表 10.33 B1I、B3I 信号 SatH2 参数内容说明

信息位	信息编码	SatH2 信息含义
第 2 位(MSB)	0	RURA、UDRE 及 $\Delta\rho$ 信息校验正确
	1	RURA、UDRE 及 $\Delta\rho$ 信息校验存在错误
第 1 位(LSB)	0	格网点电离层信息校验正确
	1	格网点电离层信息校验存在错误

10.7.2 B1C/B2a 信号卫星健康信息

10.7.2.1 卫星健康状态定义

卫星健康状态(HS)为无符号整型,共 2bit,其中:"0"表示该星当前健康,提供服务;"1"表示本星当前不健康或测试中,不提供服务[10-11]。其详细定义见下表 10.34。

表 10.34 HS 参数定义

HS	定义	说明
0	卫星健康	该颗卫星提供服务
1	卫星不健康或在测试中	该颗卫星不提供服务

10.7.2.2 卫星完好性状态标识定义

DIF、SIF 和 AIF 均为 1bit,其中,"0"表示本信号正常或有效,"1"表示不正常或无效[10-11]。其详细定义见表 10.35。

表 10.35 卫星完好性状态标识定义

标识	数值	定义
DIF	0	本信号播发的电文参数误差未超出预测精度
	1	本信号播发的电文参数误差超出预测精度
SIF	0	本信号正常
	1	本信号不正常
AIF	0	本信号 SISMAI 值有效
	1	本信号 SISMAI 值无效

B1C 信号的三个完好性状态标识参数在 B1C 信号导航电文 B-CNAV1 子帧 3 中播发,同时也在 B2a 信号导航电文 B-CNAV2 中播发。而 B2a 信号的三个完好性状态标识只在 B2a 信号导航电文 B-CNAV2 中播发。

10.7.3 卫星健康信息参数应用说明

对于使用 B1I、B3I 信号的用户,在应用 BDS 卫星健康信息参数时,需要注意以下问题:

(1) 用户可以使用 SatH1 标志判断卫星的可用状态:当系统监测到卫星故障或

URE 超限时,SatH1 状态会被置为“不可用”;当卫星故障恢复或 URE 恢复正常时,SatH1 状态会被置为“可用”。系统判断和指令执行都需要时间,即从卫星开始故障或 URE 超限到卫星被置为“不可用”存在时延,因此,用户在使用 SatH1 标志判断卫星的可用状态的同时,需要增加用户接收机自主完好性算法,以避免定位/授时结果受到单颗卫星故障或 URE 超限的影响。

(2) Health 信息第 9 位表示的卫星钟可用状态 1h 更新 1 次,当本小时卫星故障或者卫星恢复时刻发生在历书电文编辑时刻之后,本小时播发的 Health 信息第 9 位状态与实际 SatH1 状态将不一致,用户仅可以使用 Health 信息第 9 位状态辅助判断卫星的可用状态,卫星真实的可用状态应以 SatH1 标识状态为准。

(3) 如果 SatH2 指示某字段的差分信息有误,则用户不能使用该类信息进行广域差分计算。

对于使用 B1C、B2a 信号的用户,在应用 BDS 卫星健康信息参数时,需要注意以下问题:

(1) 对于每颗卫星而言,4 个健康信息参数需要综合判断使用。HS 表示了该颗卫星的整体健康状态,其不健康时,该星不能使用;其表示健康时,还需结合其他 3 个参数判断使用。SIF 仅表示该星某一信号的完好性状态,仅用于单一信号是否正常判断:当其正常并且 HS 健康时,该路信号才可以使用;当其不正常时,即使 HS 健康,该路信号也不要使用。DIF 仅表示该路信号播发的导航电文完好性状态:当其表示的电文参数误差未超出预测精度并且 HS 健康时,该路信号导航电文才可以使用;当其表示的电文参数误差超出预测精度时,即使 HS 健康,该路信号的导航电文也不要使用。AIF 仅表示该路信号的系统监测完好性状态:当其表示的该信号 SISMAI 值有效并且 HS 健康时,该路信号才可以使用;当其表示的该信号 SISMAI 值无效时,即使 HS 健康,该路信号也不要使用。

(2) 由于 B2a 信号导航电文的更新频度更高,对于使用 B1C 和 B2a 信号的双频用户,建议优先使用 B2a 信号播发的完好性状态标识。

参考文献

[1] 广东北斗. RNSS 与 RDSS 的集成[OL]. [2011-08-23]. http://www.beidou.org.cn/GnssDetail.aspx? Id = 579&Code = 0501.

[2] 中国卫星导航系统管理办公室. 北斗卫星导航系统发展报告 2.1 版[R]. 北京:中国卫星导航系统管理办公室,2013:12.

[3] 冉承其. 北斗卫星导航系统运行与发展[J]. 卫星应用,2017,23(8):10-13.

[4] 冉承其. 北斗卫星导航系统运行与发展[R]. 哈尔滨:第九届中国卫星导航学术年会,2018.

[5] MA J Q. Update on Beidou navigation satellite system[R]. 13th Meeting of the International Committee on Global Navigation Satellite Systems, Xi'an, China, 2018.

[6] 中国卫星导航系统管理办公室. 北斗卫星导航系统空间信号接口控制文件:公开服务信号B1I(1.0版)[Z]. 北京:中国卫星导航系统管理办公室,2012.

[7] 中国卫星导航系统管理办公室. 北斗卫星导航系统空间信号接口控制文件:公开服务信号(2.0)[Z]. 北京:中国卫星导航系统管理办公室,2013.

[8] 中国卫星导航系统管理办公室. 北斗卫星导航系统空间信号接口控制文件:公开服务信号(2.1)[Z]. 北京:中国卫星导航系统管理办公室,2016:11.

[9] 中国卫星导航系统管理办公室. 北斗卫星导航系统空间信号接口控制文件:公开服务信号B3I(1.0)[Z]. 北京:中国卫星导航系统管理办公室,2018:2.

[10] 中国卫星导航系统管理办公室. 北斗卫星导航系统空间信号接口控制文件:公开服务信号B1C(1.0)[Z]. 北京:中国卫星导航系统管理办公室,2017:12.

[11] 中国卫星导航系统管理办公室. 北斗卫星导航系统空间信号接口控制文件:公开服务信号B2a(1.0)[Z]. 北京:中国卫星导航系统管理办公室,2017:12.

[12] 杨元喜,许扬胤,李金龙,等. 北斗三号系统进展及性能预测:试验验证数据分析[J]. 中国科学:地球科学,2018,48(5):584-594.

[13] ZHANG L. The recent status of BDT and the plan of the coming system upgrade[R]. 13th Meeting of the International Committee on Global Navigation Satellite Systems,Xi'an,China,2018.

[14] WU F M. Beidou coordinate system and its first realization[R]. 13th Meeting of the International Committee on Global Navigation Satellite Systems,Xi'an,China,2018.

[15] LIU L. Development and update strategy of Beidou reference frame[R]. 13th Meeting of the International Committee on Global Navigation Satellite Systems,Xi'an,China,2018.

[16] 刘利,时鑫,栗靖,等. 北斗基本导航电文定义与使用方法[J]. 中国科学物理学力学天文学,2015,45(7):079509.

[17] 周建华,刘利,时鑫,等. 北斗卫星导航系统导航电文定义、模型及使用方法[J]. 专业军用测绘标准 CHB 5.12-2014,2014.

[18] The Navstar GPS Directorate. IS-GPS-800A Navstar GPS Space Segment/Navigation User L1C Interfaces[Z/OL]. [2010-06-08]. https://www.gps.gov/technical/icwg/IS-GPS-800A.pdf.

[19] The Navstar GPS Directorate. IS-GPS-705A Navstar GPS Space Segment/Navigation User L5 Interfaces[Z/OL]. [2010-06-08]. https://www.gps.gov/technical/icwg/IS-GPS-705A.pdf.

[20] The Navstar GPS Directorate. IS-GPS-200E Navstar GPS Space Segment/Navigation User Interfaces[Z/OL]. [2010-06-08]. https://www.gps.gov/technical/icwg/IS-GPS-200E.pdf.

[21] YUAN Y B. BDS-3 globally broadcast ionospheric time delay correction model(BDGIM) for single-frequency users[R]. 13th Meeting of the International Committee on Global Navigation Satellite Systems,Xi'an,China,2018.

缩 略 语

AIC	Akaike Information Criterion	赤池信息准则
AODC	Age of Data Clock	钟差参数数据龄期
AODE	Age of Data Ephemeris	星历数据龄期
AT	Atomic Time	原子时
BCRS	Bary Centric Reference System	太阳质心天球参考系
BDCS	BeiDou Coordinate System	北斗坐标系
BDS	BeiDou Navigation Satellite System	北斗卫星导航系统
BDT	BDS Time	北斗时
BIC	Bayesian Information Criterion	贝叶斯信息准则
BIH	Bureau International de I' Heure	国际时间局
BIPM	Bureau International des Poids et Measures	国际计量局
BOC	Binary Offset Carrier	二进制偏移载波
BPSK	Binary Phase-Shift Keying	二进制相移键控
CCTF	Consultative Committee for Time and Frequency	时间频率咨询委员会
CDMA	Code Division Multiple Access	码分多址
CEP	Celestial Ephemeris Pole	天球历书极
CGCS2000	China Geodetic Coordinate System 2000	2000 中国大地坐标系
CIO	Conventional International Origin	国际协议原点
CIS	Conventional Inertial System	协议惯性坐标系
CLAS	Centimeter Level Augmentation Service	厘米级增强服务
CMC	Code Minus Camer	码减载波
CODE	Center for Orbit Determination in Europe	欧洲定轨中心
CORS	Continuously Operating Reference Stations	连续运行参考站
CS	Commercial Service	商业服务
CTP	Conventional Terrestrial Pole	协议地球极
CTRS	Conventional Terrestrial Reference System	协议地球参考系
CTS	Conventional Terrestrial System	协议地球坐标系
DMA	Defense Mapping Agency	国防制图局

DORIS	Doppler Orbitography and Radio - Positioning Integrated by Satellite	星基多普勒轨道和无线电定位组合系统
EAL	Free Atomic Time Scale/ÉChelle Atomique Libre	自由原子时
EKF	Extended Kalman Filter	扩展卡尔曼滤波
EOP	Earth Orientation Parameters	地球定向参数
ET	Ephemeris Time	历书时
FPE	Final Prediction Error	最终预报误差
GAST	Greenwich Apparent Sidereal Time	格林尼治真恒星时
GCRS	Geocentric Celestial Reference System	地心天球参考系
GEO	Geostationary Earth Orbit	地球静止轨道
GEONET	GNSS Earth Observation Network	全球定位系统永久性跟踪网
GIVE	Grid Point Ionospheric Vertical Delay Error	格网点电离层垂直延迟改正数误差
GIVEI	Grid Point Ionospheric Vortical Delay Error Index	格网点电离层垂直延迟改正数误差指数
GLONASS	Global Navigation Satellite System	(俄罗斯)全球卫星导航系统
GLONASST	GLONASS Time	GLONASS 时
GMST	Greenwich Mean Sidereal Time	格林尼治平恒星时
GNSS	Global Navigation Satellite System	全球卫星导航系统
GPS	Global Positioning System	全球定位系统
GPST	GPS Time	GPS 时
GSO	Geo-Synchronization Orbit	地球同步轨道
GST	Galileo System Time	Galileo 系统时
GTRF	Galileo Terrestrial Reference Frame	Galileo 地球参考框架
HS	Healthy State	健康状态
IAU	International Astronomical Union	国际天文学联合会
ICAO	International Civil Aviation Organization	国际民航组织
ICD	Interface Control Document	接口控制文件
IERS	International Earth Rotation Service	国际地球自转服务
IGP	Ionospheric Grid Point	电离层格网点
IGS	International GNSS Service	国际 GNSS 服务
IGSO	Inclined Geosynchronous Orbit	倾斜地球同步轨道
IMO	International Maritime Organization	国际海事组织
INS	Intertial Navigation System	惯性导航系统
IODC	Issue of Data Clock	钟差数据版本标识
IODE	Issue of Data Ephemeris	星历数据期号

IPP	Ionospheric Pierce Point	电离层穿刺点
IRM	IERS Reference Meridian	IERS 参考子午面
IRNSS	Indian Regional Navigation Satellite System	印度区域卫星导航系统
IRP	IERS Reference Pole	IERS 参考极
ITRF	International Terrestrial Reference Frame	国际地球参考框架
ITRS	International Terrestrial Reference System	国际地球参考系
IUGG	International Union of Geodesy and Geophysics	国际大地测量学和地球物理学联合会
JCR	Joint Committee on General Relativity	相对论联合委员会
JD	Julian Day	儒略日
JPL	Jet Propulsion Laboratory	喷气推进实验室
LASSO	Laser Synchronization from Stationary Orbit	基于静止轨道的激光同步
LLR	Lunar Laser Ranging	月球激光测距
MC	Master Clock	主钟
MEO	Medium Earth Orbit	中圆地球轨道
MJD	Modified Julian Day	修正儒略日
MOY	Minute of Year	年内分钟(计数)
MST	Mean Solar Time	平太阳时
NavIC	Navigation with Indian Constellation	印度导航星座
NIMA	National Imagery and Mapping Agency	国家影像与制图局
NIST	National Institute of Standards and Technology	美国国家标准与技术研究所
NPL	National Physical Laboratory	国家物理实验室
NTSC	National Time Service Center	中国科学院国家授时中心
OCS	Operational Control System	运行控制系统
OS	Open Service	开放服务
PDOP	Position Dilution of Precision	位置精度衰减因子
PNT	Positioning, Navigation Timing	定位、导航与授时
PPP	Precise Point Positioning	精密单点定位
PPS	Pulse Per Second	秒脉冲
PRS	Public Regulated Service	公共监管服务
PTB	Physikalisch-Technische Bundesanstalt	德国物理技术研究院
QZSS	Quasi-Zenith Satellite System	准天顶卫星系统
RDSS	Radio Determination Satellite Service	卫星无线电测定业务
RMS	Root Mean Square	均方根
RNSS	Radio Navigation Satellite Service	卫星无线电导航业务

RTK	Real Time Kinematic	实时动态
RURA	Regional User Range Accuracy	区域用户距离精度
RURAI	Regional User Range Accuracy Index	区域用户距离精度指数
SAR	Search and Rescue	搜索与援救
SBAS	Satellite Based Augmentation Systems	星基增强系统
SI	Le Système International d' Unités	国际单位制
SIS	Signal-in-Space	空间信号
SISA	Signal-in-Space Accuracy	空间信号精度
SISMA	Signal-in-Space Monitoring Accuracy	空间信号监测精度
SLAS	Sub-Meter Level Augmentation Service	亚米级增强服务
SLR	Satellite Laser Ranging	卫星激光测距
SOW	Second of Week	周内秒
SoLS	Safety of Life Service	生命安全服务
SRIF	Square Root Information Filter	均方根信息滤波
ST	Sidereal Time	恒星时
STD	Standard Deviation	标准差
TAI	International Atomic Time	国际原子时
TCB	Barycentric Coordinate Time	质心坐标时
TCG	Geocentric Coordinated Time	地心坐标时
TDB	Barycentric Dynamical Time	质心力学时
TDMA	Time Division Multiple Access	时分多址
TDT	Terrestrial Dynamic Time	地心力学时
TEC	Total Electron Content	电子总含量
TECU	Total Electron Content Unit	电子总含量单位
TGD	Time Group Delay	群时间延迟
TT	Terrestrial Time	地球时
TWSTFT	Two-Way Satellite Time and Frequency Transfer	卫星双向时间频率传递
UDRE	User Differential Range Error	用户差分距离误差
UDREI	User Differential Range Error Index	用户差分距离误差标识
UERE	User Equivalent Range Error	用户等效距离误差
UHF	Ultra High Frequency	特高频
UKF	Unscented Kalman Filter	无迹卡尔曼滤波
URE	User Range Error	用户测距误差
USNO	United States Naval Observatory	美国海军天文台
UT	Universal Time	世界时

UTC	Coordinated Universal Time	协调世界时
VLBI	Very Long Baseline Interferometry	甚长基线干涉测量
WAAS	Wide Area Augmentation System	广域增强系统
WGS-84	World Geodetic System 1984	1984 世界大地坐标系
WN	Week Number	整周计数
YN	Year Number	整年计数